Springer-Lehrbuch

Karl-Heinz Goldhorn · Hans-Peter Heinz

Mathematik
für Physiker 1

Grundlagen aus Analysis und Linearer Algebra

Mit 17 Abbildungen

 Springer

Dr. Karl-Heinz Goldhorn
Professor Dr. Hans-Peter Heinz
Johannes-Gutenberg-Universität Mainz
Institut für Mathematik – Fachbereich 08:
Physik, Mathematik, Informatik
Staudinger Weg 9
55099 Mainz, Germany
E-Mail: heinz@mathematik.uni-mainz.de

Bibliografische Information der Deutschen Bibliothek

Die Deutsche Bibliothek verzeichnet diese Publikation in der Deutschen Nationalbibliografie;
detaillierte bibliografische Daten sind im Internet über http://dnb.ddb.de abrufbar.

ISSN 0937-7433
ISBN 978-3-540-48767-8 Springer Berlin Heidelberg New York

Springer ist ein Unternehmen von Springer Science+Business Media

springer.de

© Springer-Verlag Berlin Heidelberg 2007

Satz und Herstellung: LE-TeX Jelonek, Schmidt & Vöckler GbR, Leipzig
Einbandgestaltung: WMXDesign GmbH, Heidelberg

Gedruckt auf säurefreiem Papier   56/3100/YL - 5 4 3 2 1 0

Für Christel und Lin, ohne deren Geduld und Unterstützung
dies nicht möglich gewesen wäre.

Vorwort

Lehrbücher, die – wörtlich oder sinngemäß – den Titel „Mathematik für Physiker" tragen, sind in den letzten Jahren mit zunehmender Häufigkeit erschienen. Dass wir dennoch ein weiteres derartiges Werk vorlegen, hat folgenden Grund: Der erste Autor hat über gut drei Jahrzehnte hinweg die mathematische Ausbildung der Studierenden der Physik an der Johannes Gutenberg-Universität Mainz maßgeblich mitgestaltet, und zwar, wie wir ohne Übertreibung sagen dürfen, mit einer ausgesprochen positiven Resonanz bei Lehrenden und Lernenden gleichermaßen. Die fragliche Lehrtätigkeit bestand nicht nur aus einem viersemestrigen Grundkurs, der immer wieder umgestaltet, modernisiert und optimiert wurde, sondern auch aus weiterführenden Vorlesungen zu Themen wie etwa „Differenzialoperatoren der mathematischen Physik", „Lineare Analysis", „Gruppen und Darstellungen in der Physik" oder „Mannigfaltigkeiten in der Physik". Der zweite Autor hat sich bei seiner eigenen Lehrtätigkeit im Rahmen des Service für die Physiker mit diesem Material auseinander gesetzt und ist dabei zu der Überzeugung gelangt, dass es verdient, der Nachwelt erhalten zu bleiben und einem größeren Kreis von Interessenten zugänglich gemacht zu werden. So entstand der Plan, es zu einem modernen Lehrwerk auszugestalten, ergänzt durch weiterführende Abschnitte, zusätzliche Übungsaufgaben, Ausblicke und Literaturhinweise für die stärker theoretisch orientierten Studierenden. Das vorliegende Buch ist der erste von drei geplanten Bänden, und ein weiteres Lehrbuch, das auf einem fortgeschrittenen Niveau ansetzt (nämlich [14]) ist in Vorbereitung.

Die große Beliebtheit der Vorlesungen, aus denen dieses Buch und seine Nachfolgebände entstanden sind, dürfte in erster Linie auf ihre kompromisslose Konzentration aufs Wesentliche zurückzuführen sein. Die mathematische Ausbildung der zukünftigen Physiker und Physikerinnen steht heute ja mehr denn je im Spannungsfeld zwischen zwei gegensätzlichen Anforderungen: Einerseits verwendet und benötigt die Physik – zumindest in ihrer theoretischen Ausrichtung – immer mehr und immer anspruchsvollere Mathematik aus den verschiedensten Teildisziplinen dieser vielfältigen Wissenschaft, und so entsteht das Bedürfnis, die Studierenden sogar schon im Grundstudium zur Beherrschung einer erstaunlichen Fülle mathematischer Werkzeuge anzuleiten. Andererseits bleibt die Mathematik für die physikalischen Studiengänge doch nur ein Nebenfach, das auf keinen Fall das Kerngeschäft Physik beeinträchtigen oder davon ablenken soll, zumal einige eher experimentell orientierte Fachleute argumentieren werden, dass der durchschnittliche Physiker für einen Großteil der fortgeschrittenen mathematischen Werkzeuge gar keine Verwendung habe. Die neuen Bachelor- und Master-Studiengänge mit ihrer stärkeren Straffung der Studieninhalte werden dieses Dilemma noch verschärfen. Wir behaupten nicht, dass uns hier die Quadratur des Kreises gelungen wäre, aber wir glauben, dass wir zu einer recht guten Approximation gelangt sind. Dabei präsentieren wir in einem „Basistext" ein Minimalprogramm, das man jedem Studierenden der Physik zumuten muss, und in den jedem Kapitel beigefügten „Ergänzungen" bieten wir den mathematisch interessierten Lesern – die tendenziell auch in ihrer physikalischen Laufbahn eher theoretisch ausgerichtet sein werden – anregenden, aufregenden und nutzbringenden Zusatzstoff. Entfernt man aus jedem Kapitel die Abschnitte „Ergänzungen", „Aufgaben" sowie die als „Formelsammlung" gekennzeichneten Sonderabschnitte, so bleiben ca. 250 Seiten Basistext übrig, und auf diesen 250 Seiten behandeln wir den gesamten üblichen Stoffkanon der Differenzial- und Integralrechnung in einer und mehreren Variablen (mit Ausnahme der Potenzreihen, die am Beginn des zweiten Bandes im Zusammenhang mit komplexer Funktionentheorie systematisch diskutiert werden), die Grundlagen der linearen Algebra einschl. Räumen mit Skalarprodukt und ihrer speziellen Transformationen, ferner die klassische Vektoranalysis in zwei und drei Dimensionen, elementar lösbare Differenzialgleichungen erster und zweiter Ordnung sowie lineare Systeme von Differenzialgleichungen erster Ordnung, und schließlich die wichtigsten topologischen Grundlagen der Analysis.

Bei der Ausgestaltung dieses Basistexts haben wir uns von folgenden Gedanken leiten lassen:

- Die Auswahl des Stoffes deckt ein breites Spektrum mathematischer Konzepte und Methoden ab, die für die heutige Physik relevant sind. Im Gegenzug wird das Herumreiten auf angeblich erhellenden Einzelheiten, in das man als Mathematiker so gerne verfällt, überall dort vermieden, wo sie sich in der Praxis als nicht wirklich erhellend erwiesen haben. Gerade in dieser Hinsicht wurde das zugrunde liegende Vorlesungsskript im Laufe einer langjährigen Lehrerfahrung immer weiter optimiert. Die umfangreiche Sammlung von Übungsaufgaben liefert natürlich etliche Details nach, die im Basistext vermisst werden könnten.
- Die Anordnung des Materials folgt nicht so sehr einer mathematischen Systematik als vielmehr den kurrikularen Bedürfnissen des Physikstudiums. Das wirkt zwar oft etwas unkonventionell und führt auch zu gewissen Redundanzen, vermeidet aber den verbreiteten Missstand, dass wichtige mathematische Begriffe und Methoden von den Dozenten der Physik ad hoc eingeführt werden müssen, weil das betreffende Material im mathemati-

schen Grundkurs erst viel später an der Reihe ist. Dabei werden auch Vor-
wärtszitate in Kauf genommen, und diese werden didaktisch nutzbringend
eingesetzt, indem abstraktere und für die Studierenden schwer motivier-
bare theoretische Überlegungen zurückgestellt werden, bis sie schließlich
als Lösung eines schon durch mehrfache Erfahrung vertrauten Problems in
Erscheinung treten. Ebenso haben die erwähnten Redundanzen einen di-
daktischen Nutzeffekt, da man einen abstrakten Begriff wesentlich besser
versteht, wenn man vorher schon sein Auftreten in verschiedenen konkreten Situationen erlebt hat.

- Die Präsentation und sprachliche Ausgestaltung folgt dem Prinzip, dass
  gute Didaktik nicht darin besteht, möglichst viele Worte zu machen, sondern durch wenige gut gewählte Worte erreicht wird, unterstützt durch
  geeignete Illustrationen und ein breites Angebot von sinnvollen Übungsaufgaben. Ein derartiges Lehrbuch existiert ja nicht im luftleeren Raum,
  sondern wird i. Allg. im Rahmen des Lehrbetriebs an einer Hochschule
  benutzt, wo den Studierenden stets kompetente Ansprechpartner für ihre Fragen zur Verfügung stehen dürften. Ein Buchautor sollte also nicht
  versuchen, jede denkbare Frage zu beantworten, die ein Leser oder eine
  Leserin eventuell haben könnte, sondern seine Kommentare darauf beschränken, den wichtigsten und offensichtlichsten Quellen von Unverständ-
  nis oder Missverständnissen entgegenzutreten.
- Die meisten Behauptungen werden auch bewiesen oder hergeleitet, doch
  handelt es sich nur im Ausnahmefall um die detaillierte Ausführung eines mathematisch rigorosen Beweises. Zumeist ist es eine recht knappe
  Darstellung des prinzipiellen Gedankengangs, manchmal unterstützt durch
  Veranschaulichungen oder physikalische Motivationen. Die Beweisteile, die
  am ausführlichsten dargestellt sind, sind Rechengänge, wie sie auch für
  die Praxis des Physikers typisch sind. Manchmal wird ein leichter Spezialfall bewiesen und die dringend benötigte allgemeinere Version schlicht
  berichtet. Bei Bedarf sind Literaturzitate als Quellennachweis angeführt.
  Einfache Beweisdetails nachzuliefern ist natürlich für die Studierenden immer eine gute Übung, und an vielen Stellen werden die Leser ausdrücklich
  hierzu aufgefordert.
- Wo immer auf einen vollständigen Beweis verzichtet wird, wird deutlich
  erklärt, dass hier eine Beweislücke in Kauf genommen wurde. Im Sinne
  der begrifflichen Klarheit und der Schulung der mathematischen Kritikfä-
  higkeit erscheint es uns nämlich dringend geboten, dem Leser stets reinen
  Wein darüber einzuschenken, ob er es gerade mit einem strengen Beweis,
  einer Beweisskizze oder einer bloßen Plausibilitätserklärung zu tun hat.
  Was als Beweis bezeichnet wird, kann ein knapp skizzierter Beweis sein,
  aber kein fehlerhafter.
- Hier und da werden exemplarisch auch mathematische Beweise in aller
  Strenge und Ausführlichkeit dargeboten, um die Studierenden mit der mathematischen Denk- und Ausdrucksweise zu konfrontieren und ihre Kritik-
  fähigkeit bezüglich mathematischer Vertrauenswürdigkeit einer Argumen-

tation zu schulen. Dies scheint uns in der Tat – zumindest für die begabteren Studierenden – ein wichtiger Aspekt zu sein, angesichts einer schier unübersehbaren Flut von Fachliteratur, bei der junge Wissenschaftler es oft als eine Herausforderung empfinden, zwischen vertrauenswürdigen und weniger vertrauenswürdigen Beiträgen zu unterscheiden.

- Manche weiterführenden Themen, die den Rahmen des Buches sprengen würden, werden durch Verwendung einer modernen mathematischen Sprache, durch frühzeitige Einführung bestimmter Grundbegriffe (z. B. Gruppen) und durch Diskussion von illustrativen Beispielen gezielt vorbereitet. In Bezug auf die Sprache steuern wir allerdings einen Mittelweg und benutzen häufig auch ältere, in der angewandten Literatur verbreitete Sprechweisen, um für die Leser nicht eine unnötige Sprachbarriere zu schaffen.

- Wir möchten der Sprachbarriere zwischen Mathematik und Physik weiter entgegenwirken, indem wir überall dort, wo für ein und dieselbe Sache unterschiedliche Konventionen oder Terminologien benutzt werden, explizit auf diesen Umstand hinweisen und die beiden Terminologien gleichberechtigt nebeneinander stellen.

- Der Basistext ist auch als Nachschlagewerk zur Klausur- und Prüfungsvorbereitung verwendbar. Dies wird zum einen durch ein sehr ausführliches Sachregister erreicht, zum anderen dadurch, dass die nummerierten und kursiv gedruckten Zusammenfassungen i. Allg. für sich alleine verständlich sind und das unverzichtbare Katalogwissen abdecken. Durch die Wahl der Überschriften „Theorem", „Satz", „Korollar" und „Lemma" wird unter den mathematischen Behauptungen eine Reihung bezüglich ihrer Wichtigkeit vorgenommen, die den Anfängern den Überblick über den Stoff erleichtern soll.

Die schon angesprochenen „Ergänzungen", mit denen wir den mathematisch interessierten Leserinnen und Lesern entgegenkommen wollen, sind weniger straff organisiert und sprachlich meist in einem essayistischen Ton gehalten. Sie bieten in loser Folge:

- Nachträge von Beweisen oder Beweisschritten mit stärker theoretischem Charakter,
- interessante Beispiele und Gegenbeispiele,
- mögliche Verallgemeinerungen (soweit sie physikalisch relevant sind) und
- Ausblicke auf fortgeschrittene Themen und entsprechende Literaturhinweise.

Die Aufgabensammlung enthält etwa zu 70–80% Aufgaben, bei denen das Schwergewicht auf dem Einüben von Rechentechniken liegt. Theoretische Aufgaben, die helfen, Begriffe zu klären, Beweisschritte nachzutragen, logisches Argumentieren zu üben oder Ausblicke auf zusätzlichen Stoff zu geben, sind durchaus vertreten, aber nur zu 20–30%. Diese Angaben bleiben unpräzise, weil die Grenze zwischen beiden Aufgabentypen fließend ist. Bei den allermeisten Aufgaben, in denen Beweise verlangt werden, bestehen diese Beweise aus intelligenten Rechnungen, wie sie auch in der theoretischen Physik gang und gäbe sind.

Das Material dieses ersten Bandes entspricht, wenn man nur den Basistext berücksichtigt, etwa anderthalb bis zwei Semestern eines vierstündigen Vorlesungszyklus. Es lässt sich in vielerlei Weise umstellen oder auch durch Streichen gewisser Abschnitte auf ein Semester reduzieren. Z. B. ist es denkbar, die Kap. 4 und 8 und/oder die Kap. 10 und 12 wegzulassen, wenn gesichert ist, dass die entsprechenden Themen – also die elementare Theorie der linearen Differenzialgleichungen im ersten Fall, die Vektoranalysis und Integralsätze in zwei und drei Dimensionen im zweiten – den Studierenden im Rahmen ihrer physikalischen Lehrveranstaltungen in befriedigender Weise nahe gebracht werden. Es spricht auch sachlich nichts dagegen, mit linearer Algebra zu beginnen, also etwa die Kap. 5–7 direkt hinter Kap. 1 einzufügen. Uns scheint es jedoch psychologisch günstiger, in den ersten Wochen noch bei Material zu verweilen, das wenigstens teilweise aus der Schule vertraut ist. Unendliche Reihen werden erst recht spät eingeführt (nämlich am Schluss von Kap. 13), und das ist unserer Meinung nach angebracht, weil andere Themen für die Physik vordringlicher sind, aber auch hier ist nach geringer Modifikation eine Verschiebung der entsprechenden Abschnitte in den Teil über Analysis in einer reellen Variablen leicht möglich. Des Weiteren lässt sich Zeit sparen, indem man die Redundanzen des Textes vermeidet. In erster Linie betrifft das die topologischen Grundbegriffe über Mengen und Abbildungen im n-dimensionalen euklidischen Raum, die in den Kap. 8–12 überall dort, wo man sie braucht, ad hoc eingeführt werden, obwohl sie dann in den Kap. 13, 14 im Kontext metrischer Räume durchaus systematisch behandelt werden. Die Kap. 13 und 14 sowie ein Großteil von Kap. 15 lassen sich aber vor die Analysis in mehreren Variablen schieben, und dann kann man die provisorische Behandlung besagter topologischer Grundbegriffe einsparen. Allerdings entsteht dabei für die Studierenden eine ausgesprochene Durststrecke, in der sie keine Anwendung und erst recht keine physikalische Motivation für das theoretische Material wahrnehmen können. Es war in erster Linie dieser Umstand, der uns von unserer Anordnung überzeugt hat.

Zusammen mit den nächsten beiden Bänden wird sich ein drei- bis viersemestriger Grundkurs ergeben. Für diese Bände sind die folgenden Themen vorgesehen:

- Potenzreihen und komplexe Funktionentheorie,
- Exponentialfunktion von Matrizen und klassische Gruppen,
- Allgemeine Theorie der gewöhnlichen Differenzialgleichungen: Existenz, Eindeutigkeit und Stabilität, dynamische Systeme, Flüsse und Phasenporträts, Ausblick auf deterministisches Chaos,
- Teilmannigfaltigkeiten des euklidischen Raums, Extremwertaufgaben mit Nebenbedingungen, PFAFF'sche Formen, Integration über Teilmannigfaltigkeiten, GAUSS'scher Integralsatz in beliebiger Dimension,

- Variationsrechnung und mathematische Grundlagen der klassischen Mechanik,
- Orthogonalreihen, insbes. FOURIERreihen,
- Potenzialgleichung, Wellengleichung, Wärmeleitungsgleichung,
- Reihenansätze für Randwertprobleme und Anfangs-Randwertprobleme, STURM-LIOUVILLE-Probleme, spezielle Funktionen und
- Integraltransformationen und ihre Anwendung auf partielle Differenzialgleichungen.

Die mathematischen Grundlagen von Quantenmechanik und Relativitätstheorie finden in diesem Basiskurs allerdings keinen Platz, sondern sind dem geplanten Aufbaukurs [14] vorbehalten.

Zuletzt bleibt die angenehme Pflicht, allen denjenigen, die dieses Unternehmen mit Rat und Tat unterstützt haben, unseren herzlichen Dank auszusprechen. An erster Stelle sind hier Prof. Dr. Volker Bach und Prof. Dr. Florian Scheck zu nennen, die uns zu diesem Projekt ermutigt und wertvolle Hinweise und Hilfestellungen gegeben haben. Des Weiteren danken wir Herrn Prof. Dr. Nils Blümer und Frau Privatdozentin Dr. Margarita Kraus für ihre Durchmusterung großer Teile des Manuskripts und die daraus resultierenden kritischen Anmerkungen und konstruktiven Vorschläge. Herr stud. nat. Martin Huber hat mit großer Gewissenhaftigkeit die Zeichnungen angefertigt, immer wieder technisch unterstützt von Herrn Dr. Peter Dauscher, und Frau Renate Emerenziani hat sich mit bewundernswertem Fleiß und Sachverstand der mühseligen Aufgabe unterzogen, die handschriftliche Vorlage in LaTeX-Quelltext zu verwandeln. Ihnen allen gilt unser aufrichtiger Dank. Last but not least danken wir den betroffenen Mitarbeiterinnen und Mitarbeitern des Springer-Verlags, die uns stets mit Verständnis, Geduld, Flexibilität und großer Kompetenz zur Seite gestanden haben.

Mainz,   *Karl-Heinz Goldhorn*
Oktober 2006   *Hans-Peter Heinz*

Benutzerhinweise

Wenn Sie als Student oder Studentin mit Hauptfach Physik dieses Buch zur Hand nehmen, so ist es mit einiger Wahrscheinlichkeit das erste Mathematikbuch auf Hochschulniveau, in das Sie je hinein geschaut haben. Natürlich liest man ein solches Buch nicht von vorne bis hinten durch – das wäre sehr mühsam und würde auch nicht viel nützen. Hier also ein paar Tipps und Tricks über den effizienten Umgang mit diesem Buch:

- Entfernt man aus jedem Kapitel die Ergänzungen und Aufgaben sowie die als Formelsammlung gekennzeichneten Sonderabschnitte, so bleiben etwa 250 Seiten „Basistext" übrig. Dieser enthält ein mathematisches Minimalprogramm, ohne das man heute keine ernst zu nehmende Physik betreiben kann, und Gleiches gilt für die entsprechenden Teile der weiteren Bände. Die Ergänzungen hingegen sind vollkommen freiwillig und wenden sich vor allem an diejenigen unter Ihnen, die sich für Mathematik und ihre Anwendung in der Naturforschung besonders interessieren und eventuell auch eine Laufbahn im Bereich der theoretischen Physik anstreben.
- Die wichtigen mathematischen Informationen (Begriffe und Resultate) sind, soweit sie sich kurz und prägnant formulieren lassen, in nummerierten und kursiv gedruckten *Zusammenfassungen* versammelt, wie es heute in der Mathematik weithin üblich ist. Dabei sind die mathematischen Behauptungen durch feste Überschriften nach ihrer Wichtigkeit geordnet: Ein *Theorem* ist ein Hauptsatz, den man im Schlaf beherrschen und auch bei jeder Prüfung reproduzieren können muss. Ein *Lemma* ist ein Hilfssatz, der eigentlich nur innerhalb einer größeren mathematischen Argumentationskette einen wesentlichen Schritt markiert und den man deshalb notfalls auch wieder vergessen darf, nachdem man ihn einmal verstanden hat. Irgendwo dazwischen sind die *Sätze* und *Korollare* angesiedelt, wobei der Ausdruck „Korollar" darauf hinweist, dass es sich um eine einfache Folgerung aus vorhergehenden Resultaten handelt.
- Der Rest des Basistextes besteht aus Kommentaren, Erläuterungen, Motivationen, Beispielen und mathematischen Beweisen. Die Beweise sind oft

nur skizziert, und Beweistechniken, die für die Physik untypisch sind, werden fast immer weggelassen. Die im Text vorgeführten Details sind daher i. Allg. als Vorbilder, Musterbeispiele und Anregungen für Ihre eigenen Überlegungen nutzbringend, und darin liegt ihr hauptsächlicher Zweck. Häufig werden Sie aufgefordert, gewisse Einzelheiten als Übung selber zu ergänzen, und dies ist stets zu empfehlen (auch ohne ausdrückliche Aufforderung), denn die Beherrschung von Mathematik ist in erster Linie eine Sache von *Fähigkeiten*, und diese erwirbt man sich durch das aktive Betreiben von Mathematik anhand von Übungsproblemen, die in Gestalt von Aufgaben oder eben als fehlende Details in einer Schlusskette auf einen zukommen.

- Ein Buch wie dieses wird in kleinen Portionen durchgearbeitet, meist parallel zu einem entsprechenden Vorlesungszyklus an einer Hochschule oder zur Ergänzung der Lehrveranstaltung während der Semesterferien. Dabei wird der aktuelle Abschnitt nicht nur aufmerksam durchgelesen. Man versucht vielmehr, sich von den eingeführten abstrakten Begriffen und Sachverhalten möglichst zutreffende konkrete Bilder zu machen und sich von der Zweckmäßigkeit der Begriffsbildungen anhand von Beispielen und Anwendungen zu überzeugen. Ebenso wichtig ist es, die Korrektheit der Rechnungen und die Logik der mathematischen Schlüsse nachzuvollziehen und die eigene Fähigkeit zur Durchführung derartiger Berechnungen und Beweisschritte durch ständiges Üben immer weiter zu vervollkommnen. Das pure Auswendiglernen sollte dagegen in den Hintergrund treten und sich quasi durch die intensive aktive Beschäftigung mit dem Material von selbst erledigen.

- Wer den Stoff grundsätzlich gut verstanden hat, kann sich gegenüber vielen Details auch die Philosophie „Bildung ist, wenn man weiß, wo's steht" erlauben und dieses Buch als Nachschlagewerk benutzen. Dabei unterstützen Sie ein ausführliches Sachverzeichnis, unzählige Querverweise und nicht zuletzt die Tatsache, dass die nummerierten Zusammenfassungen weitgehend für sich verständlich sind, also nur wenig Kontextinformation benötigen. Insbesondere kann man das Buch zur gezielten Wiederholung vor Prüfungen nutzen, indem man sich an den Kursivtext hält.

Und nun wünschen wir viel Erfolg und möglichst auch Spaß an der Sache!

Inhaltsverzeichnis

Teil II Lineare Algebra und lineare Differenzialgleichungen

Teil I

Analysis in einer reellen Variablen

1

Reelle und komplexe Zahlen

Als Vorbereitung auf die Analysis müssen wir mit einigen Grundbegriffen über Mengen und Abbildungen, die gängigen Zahlbereiche und die elementaren Funktionen beginnen. Manches davon – aber sicher nicht alles – wird Ihnen aus der Schule bekannt sein.

A. Mengen, Funktionen, Körper

Die Grundbegriffe der Mengenlehre liefern für die gesamte Mathematik einen einheitlichen sprachlichen Rahmen. Diese Formulierung der Mathematik hat sich in den letzten hundert Jahren sehr bewährt und allgemein durchgesetzt, und auch wir wollen und müssen uns ihr anschließen. Daher wiederholen wir zunächst die wichtigsten Begriffe, Vokabeln, Sprech- und Schreibweisen aus der Mengenlehre.

Dabei benutzen wir auch zwei logische Zeichen, die man zwischen *Aussagen* $\mathfrak{A}, \mathfrak{B}, \ldots$ setzt:

$$\mathfrak{A} \implies \mathfrak{B}$$

(gesprochen „$\mathfrak{A}$ impliziert $\mathfrak{B}$" oder „Aus $\mathfrak{A}$ folgt $\mathfrak{B}$" oder „Wenn $\mathfrak{A}$, dann $\mathfrak{B}$") bedeutet, dass $\mathfrak{B}$ wahr ist, wenn $\mathfrak{A}$ wahr ist. Man sagt dann auch, $\mathfrak{A}$ sei eine *hinreichende Bedingung* für $\mathfrak{B}$, oder, noch anders ausgedrückt, $\mathfrak{B}$ sei eine *notwendige Bedingung* für $\mathfrak{A}$. Die Schreibweise

$$\mathfrak{A} \iff \mathfrak{B}$$

bedeutet

$$\mathfrak{A} \implies \mathfrak{B} \text{ und } \mathfrak{B} \implies \mathfrak{A},$$

und man spricht sie „$\mathfrak{A}$ äquivalent $\mathfrak{B}$" oder „$\mathfrak{A}$ gilt genau dann, wenn $\mathfrak{B}$ gilt" oder „$\mathfrak{A}$ gilt dann und nur dann, wenn $\mathfrak{B}$ gilt".

Schließlich muss noch vermerkt werden, dass das Wörtchen „oder" im Folgenden (und auch sonst in der Mathematik!) nicht als „entweder oder" zu verstehen ist. Die Aussage „$\mathfrak{A}$ oder $\mathfrak{B}$" schließt also den Fall ein, dass $\mathfrak{A}$ und $\mathfrak{B}$ beide wahr sind.

Definitionen 1.1.

a. Eine Menge M *ist eine Zusammenfassung von verschiedenen* Elementen:

$$x \in M \Longleftrightarrow x \text{ ist ein Element von } M;$$
$$y \notin M \Longleftrightarrow y \text{ ist kein Element von } M.$$

b. Sind A, B Mengen, so schreibe

$$A \subseteq B \Longleftrightarrow A \text{ ist Teilmenge von } B$$
$$\Longleftrightarrow (a \in A \Longrightarrow a \in B)$$
$$A = B \Longleftrightarrow A \subseteq B \text{ und } B \subseteq A.$$

c. Sind A, B Mengen, so definiert man
   (i) Durchschnitt
$$A \cap B = \{x | x \in A \text{ und } x \in B\}$$

   (ii) Vereinigung
$$A \cup B = \{x | x \in A \text{ oder } x \in B\}$$

   (iii) Differenz

$$A \setminus B = \{a \in A | a \notin B\}$$
$$B \setminus A = \{b \in B | b \notin A\}.$$

d. Die leere Menge $\emptyset$ *enthält keine Elemente.*
   A, B disjunkt $\Longleftrightarrow A \cap B = \emptyset$.

Hier wurde die übliche Schreibweise

$$\{x | \quad \ldots\ldots \quad \}$$

verwendet, bei der durch eine *Bedingung* festgelegt wird, welche x zu der Menge gehören und welche nicht. Die Menge

$$M = \{x | \quad \ldots (\text{Bedingung an } x) \ldots \quad \}$$

besteht also exakt aus denjenigen x, die die rechts angegebene Bedingung erfüllen. Und diese Information – also was dazugehört und was nicht – ist auch alles, was die Menge M ausmacht. Wenn z. B. eine endliche Menge durch Auflistung ihrer Elemente angegeben wird wie etwa

$$A = \{2, 3, 5, 7, 11\},$$

so ist die Reihenfolge, in der die Elemente aufgeschrieben sind, völlig uner-heblich, denn sie hat ja keinen Einfluss darauf, was dazugehört und was nicht.

Die obige Menge A könnte ebenso gut beschrieben werden als die Menge aller Primzahlen, die kleiner sind als 12, und in dieser Beschreibung kommt keine Reihenfolge mehr vor.

Die Mengenlehre kennt aber auch echte Listen, bei denen also die Reihenfolge ein Teil der mitgelieferten Information ist. Eine Liste (x, y) aus zwei Elementen nennt man auch ein *geordnetes Paar*, eine aus drei Elementen ein *Tripel*, bei vier Elementen spricht man von einem *Quadrupel*, und bei einer unbestimmten oder beliebigen Anzahl n von Elementen spricht man von einem *n-Tupel* und schreibt

$$x = (x_1, \ldots, x_n)$$

für die gesamte, hier mit x abgekürzte Liste.

Aus solchen Listen lassen sich natürlich neue Mengen bilden, was im ersten Teil der nächsten Definition für den Fall der geordneten Paare geschieht.

Definitionen 1.2. *Seien A, B Mengen.*

a. *Dann ist das* kartesische Produkt $A \times B$ *die Menge* $A \times B = \{(a, b) | a \in A, b \in B\}$.

b. *Sei $D \subseteq A$. Eine* Abbildung (Funktion) f *aus A in B ist eine Vorschrift, die jedem $a \in D$ genau ein $b = f(a) \in B$ zuordnet, das sogenannte* Bild *von a unter f oder den* Funktionswert *von f an der Stelle a. Schreibe:*

$$A \supseteq D \ni a \longmapsto f(a) \in B$$
$$f : D \longrightarrow B, \ D \subseteq A.$$

Man nennt: $D = D(f) \subseteq A$ den Definitionsbereich von f.
$R = R(f) = \{b \in B | b = f(a) \text{ für ein } a \in D\} \subseteq B$ den Wertebereich von f.
$G = G(f) = \{(a, b) | a \in D, b = f(a)\} \subseteq A \times B$ den Graph von f.
Für $D_0 \subseteq D(f)$ heißt $f(D_0)$ das Bild von D_0, und für $C \subseteq B$ heißt

$$f^{-1}(C) = \{a \in D | f(a) \in C\} \subseteq D \text{ das inverse Bild (Urbild) von } C.$$

c. *Sind*

$$f_1 : A \supseteq D_1 \longrightarrow B, \quad f_2 : A \supseteq D_2 \longrightarrow B$$

Funktionen aus A in B, so definiert man:

$$f_1 \subseteq f_2 \iff f_1 \text{ ist Einschränkung von } f_2$$
$$\iff f_2 \text{ ist Fortsetzung von } f_1$$
$$\iff D_1 \subseteq D_2 \text{ und } f_1(x) = f_2(x) \text{ für } x \in D_1$$
$$\iff f_1 = f_2|_{D_1}$$
$$f_1 = f_2 \iff D_1 = D_2 \text{ und } f_1(x) = f_2(x) \text{ für } x \in D_1.$$

Das vielleicht vertrauteste Beispiel für ein kartesisches Produkt entsteht, wenn wir für A und B die Zahlengerade $\mathbb{R}$ nehmen. Die geordneten Paare (x, y)

mit $x, y \in \mathbb{R}$ kann man dann als Punkte einer Ebene deuten, wobei jeweils x die Abszisse, y die Ordinate des betreffenden Punktes ist. Dann ist also $A \times B = \mathbb{R}^2$ die Ebene. Für eine Funktion $f : \mathbb{R} \to \mathbb{R}$ besteht der Graph $G(f) \subseteq \mathbb{R}^2$ gerade aus den Punkten, die man zeichnen würde, wenn man versucht, den „Kurvenverlauf" der Funktion in der Ebene grafisch darzustellen.

Definitionen 1.3. *Sei* $f : A \supseteq D \longrightarrow B$ *eine Funktion.*

a. *f heißt* injektiv *(eineindeutig), wenn* $D \ni x_1, x_2, x_1 \neq x_2 \Longrightarrow f(x_1) \neq f(x_2)$.
In diesem Fall existiert die inverse Abbildung *(Umkehrfunktion)*

$$f^{-1} : B \supseteq R(f) \longrightarrow A$$

von f mit

$$f^{-1}(f(x)) = x \quad \text{für } x \in D(f) = R(f^{-1})$$
$$f(f^{-1}(y)) = y \quad \text{für } y \in R(f) = D(f^{-1}) \,.$$

b. *f heißt* surjektiv, *wenn* $R(f) = B$ *und f heißt* bijektiv, *wenn f injektiv und surjektiv ist.*
c. *Ist* $g : B \supseteq D(g) \longrightarrow C$ *eine zweite Funktion, mit* $R(f) \subseteq D(g)$, *so heißt*

$$h := g \circ f : A \supseteq D(f) \longrightarrow C$$
$$(g \circ f)(x) := g(f(x)), \; x \in D(f)$$

die Komposition *von g mit f.*

Als Nächstes definieren wir spezielle Rechenoperationen und Objekte wie Gruppen und Körper.

Wir benötigen dazu aber noch zwei logische Zeichen, nämlich die sog. *Quantoren* „$\forall$" (gesprochen „für alle") und „$\exists$" (gesprochen „es gibt"): Wird einer Aussage über Elemente x einer festen Grundmenge M das Zeichen

$$\forall \, x \in M$$

hinzugefügt, so bedeutet dies, dass die Aussage für jedes $x \in M$ gilt. Wird das Zeichen

$$\exists \, x \in M$$

hinzugefügt, so bedeutet dies, dass die Aussage für mindestens ein $x \in M$ gilt. Mit anderen Worten: Es gibt dann in der Menge M (mindestens) ein Element x, für das die betreffende Aussage gültig ist. Wenn aus dem Zusammenhang heraus klar ist, um welche Grundmenge M es sich handelt, so kann die Nennung vom M natürlich auch entfallen.

Definitionen 1.4.

a. *Eine Menge $G \neq \emptyset$ heißt eine* Gruppe, *wenn in G eine Verknüpfung*

$$G \times G \ni (a, b) \longrightarrow a \circ b = ab \in G$$

definiert ist mit folgenden Eigenschaften:
(i) Assoziativgesetz*:*

$$(ab)c = a(bc) \qquad \forall\, a, b, c \in G \,.$$

(ii) Existenz einer Eins (neutrales Element)*:*
Es existiert ein $e \in G$ mit

$$ea = ae = a \qquad \forall\, a \in G \,.$$

(iii) Existenz eines inversen Elementes*:*
Zu jedem $a \in G$ existiert genau ein $a^{-1} \in G$ mit

$$aa^{-1} = a^{-1}a = e \,.$$

Gilt zusätzlich das
(iv) Kommutativgesetz

$$ab = ba \qquad \forall\, a, b \in G \,.$$

so heißt G eine Abel'sche *(= kommutative) Gruppe.*
b. *Eine Menge $\mathbb{K}$ mit wenigstens 2 Elementen heißt ein* Körper, *wenn in $\mathbb{K}$ zwei Verknüpfungen*

$$\mathbb{K} \times \mathbb{K} \ni (x, y) \longmapsto x + y \in \mathbb{K} \quad Addition$$
$$\mathbb{K} \times \mathbb{K} \ni (x, y) \longmapsto x \cdot y = xy \in \mathbb{K} \quad Multiplikation$$

definiert sind mit folgenden Eigenschaften:
(i) $\mathbb{K}$ ist bzgl. $+$ eine abel'sche Gruppe mit neutralem Element 0.
(ii) $\mathbb{K} \setminus \{0\}$ ist bzgl. $\cdot$ eine abel'sche Gruppe mit neutralem Element 1.
(iii) Distributivgesetz

$$x(y + z) = xy + xz \qquad \forall\, x, y, z \in \mathbb{K} \,.$$

Die drei Rechenregeln für die Verknüpfung in einer Gruppe nennt man *Gruppenaxiome*. Die grundlegenden Rechenregeln für Addition und Multiplikation in einem Körper bezeichnet man entsprechend als *Körperaxiome*. Was man sich konkret unter einer Gruppe oder einem Körper vorzustellen hat, ist an dieser Stelle für Sie wahrscheinlich noch recht unklar. Es wird immer klarer werden, je mehr Beispiele für Gruppen bzw. Körper Sie kennenlernen. Erste Beispiele werden wir in Kürze antreffen, wenn wir die wichtigsten Zahlensysteme diskutieren (vgl. 1.6). Axiomatische Definitionen sind in der Mathematik aus dem Bedürfnis entstanden, die Gemeinsamkeiten vieler verschiedener Situationen herauszukristallisieren. Bei einer erfolgreichen axiomatischen

Theorie werden aus den Axiomen – manchmal sehr weitgehende – logische Schlussfolgerungen gezogen, und alle diese Folgerungen stehen dann in jeder Situation, wo die Axiome erfüllt sind, als gesicherte Erkenntnis zur Verfügung. Es handelt sich also um ein Mittel, die Mathematik möglichst effizient zu gestalten – man kommt mit möglichst geringem Aufwand an Beweisen zu möglichst umfangreichen und vielseitig anwendbaren Resultaten.

Folgende Aussagen lassen sich leicht aus den Körperaxiomen herleiten:

Satz 1.5. *Sei* $\mathbb{K}$ *ein Körper. Dann gilt für* $x, y, z \in \mathbb{K}$:

a.

$$x \cdot 0 = 0 \quad \forall\, x \in \mathbb{K}$$
$$x \cdot y = 0 \quad \Longrightarrow x = 0 \text{ oder } y = 0 \,.$$

b.

$$(-x)\, y = -(xy) = x(-y)$$
$$(-x)\, (-y) = xy \,.$$

c. Die Gleichung

$$x + y = z$$

hat für gegebene $x, z \in \mathbb{K}$ stets die eindeutige Lösung

$$y = z - x := z + (-x) \,.$$

d. Die Gleichung

$$x \cdot y = z$$

hat für alle $x, z \in \mathbb{K}$, $x \neq 0$, die eindeutige Lösung

$$y = \frac{z}{x} := zx^{-1} = x^{-1}z \,.$$

B. Anordnung, Betrag, Induktion

Folgende Mengen setzen wir als bekannt voraus:

Definitionen 1.6.

$$\mathbb{N} = \{1, 2, 3, \dots\} \quad \textit{die Menge der } \text{natürlichen Zahlen,}$$
$$\mathbb{N}_0 = \{0, 1, 2, \dots\} \quad = \mathbb{N} \cup \{0\},$$
$$\mathbb{Z} = \{0, 1, -1, \dots\} \quad \textit{die Menge der } \text{ganzen Zahlen } \textit{und}$$
$$\mathbb{Q} = \left\{ r = \frac{p}{q},\ p, q \in \mathbb{Z},\ q \neq 0 \right\} \quad \textit{die Menge der } \text{rationalen Zahlen.}$$

$\mathbb{Z}$ bildet bzgl. „+" eine Gruppe, $\mathbb{Q}$ bildet bzgl. „+" und „·" einen Körper, der jedoch die unangenehme Eigenschaft hat, dass z. B. kein $r \in \mathbb{Q}$ existiert mit $r^2 = 2$. Es sei daher $\mathbb{R}$ ein Körper, der $\mathbb{Q}$ enthält und der außerdem Rechenoperationen wie „Wurzelziehen" ermöglicht. Seine Elemente nennen wir *reelle Zahlen*. Anschaulich stellt man sich $\mathbb{R}$ als *Zahlengerade* vor, was zu folgenden zusätzlichen Eigenschaften führt, die allerdings auch $\mathbb{Q}$ besitzt:

Definitionen 1.7.

a. $\mathbb{R}$ *(und* $\mathbb{Q}$*) ist ein* angeordneter Körper, *d. h. für jedes* $x \in \mathbb{R}$ *gilt genau eine der Relationen*

$$x > 0 \,,\; x = 0 \,,\; -x > 0 \,,$$

sodass

$$x > 0 \,,\; y > 0 \quad \Longrightarrow \quad \begin{cases} x + y > 0 \\ x \cdot y \;\; > 0 \end{cases}.$$

Schreibe:

$$x > y \Longleftrightarrow x - y > 0 \,, \quad x \geq y \Longleftrightarrow x > y \; oder \; x = y \,,$$
$$x < y \Longleftrightarrow y > x \quad\;\;, \quad x \leq y \Longleftrightarrow y \geq x \,.$$

b. **Folgerungen:**

$$x > 0 \Longleftrightarrow x^{-1} > 0$$
$$x \neq 0 \Longleftrightarrow x^2 > 0 \Longrightarrow 1 > 0$$
$$x < y \Longleftrightarrow -x > -y$$
$$0 < x < y \Longrightarrow x^{-1} > y^{-1},\; \frac{y}{x} > 1$$
$$x < y \,,\; c < 0 \Longrightarrow x \cdot c > y \cdot c \,.$$

c. **Bezeichnungen:** *(Intervalle)* Sei $a < b$ in $\mathbb{R}$.

$$[a,b] = \{x \in \mathbb{R} \,|\, a \leq x \leq b\}$$
$$]a,b] = \{x \in \mathbb{R} \,|\, a < x \leq b\}$$
$$[a,b[= \{x \in \mathbb{R} \,|\, a \leq x < b\}$$
$$]a,b[= \{x \in \mathbb{R} \,|\, a < x < b\}$$
$$]-\infty,a] = \{x \in \mathbb{R} \,|\, x \leq a\} \,,\;]-\infty,a[= \{x \in \mathbb{R} \,|\, x < a\}$$
$$[b,+\infty[= \{x \in \mathbb{R} \,|\, x \geq b\} \,,\;]b,+\infty[= \{x \in \mathbb{R} \,|\, x > b\} \,.$$

Alle diese Eigenschaften und Bezeichnungen setzen wir als bekannt voraus, ebenso folgende Begriffe und Aussagen:

Satz 1.8.

a. Definiert man für $a \in \mathbb{R}$ den Betrag *von a durch*

$$|a| := \begin{cases} a, & \text{falls } a \geq 0 \\ -a, & \text{falls } a < 0 \end{cases},$$

so gelten für $a, b, c \in \mathbb{R}$ und $\varepsilon > 0$ folgende Relationen:

$$|-a| = |a|, |(|a|)| = |a|$$

$$|a| < \varepsilon \Longleftrightarrow -\varepsilon < a < \varepsilon$$

$$|a + b| \leq |a| + |b|, |ab| = |a| \cdot |b|$$

$$\big||a| - |b|\big| \leq \begin{cases} |a - b| \\ |a + b| \end{cases}.$$

b. Definiert man für $a, b \in \mathbb{R}$ Maximum *und* Minimum *durch*

$$\max(a, b) = \begin{cases} a, & \text{für } a \geq b \\ b, & \text{für } a < b \end{cases}, \min(a, b) = \begin{cases} a, & \text{für } a \leq b \\ b, & \text{für } a > b \end{cases},$$

so gilt

$$\max(a, b) = \frac{1}{2}(a + b + |b - a|), \ \min(a, b) = \frac{1}{2}(a + b - |b - a|).$$

Die folgenden Bezeichnungen dürften ebenfalls bekannt sein. Wir verwenden zu ihrer Formulierung wieder das Zeichen $\mathbb{K}$, das für einen beliebigen Körper steht. Dabei denken wir aber (vorläufig) in erster Linie an den Körper $\mathbb{R}$ der reellen Zahlen:

Definitionen 1.9.

a. Für $n \in \mathbb{N}$ und $x_1, x_2, \ldots, x_n \in \mathbb{K}$ setzt man:

$$\sum_{i=1}^{n} x_i := x_1 + \cdots + x_n , \ \prod_{i=1}^{n} x_i := x_1 \cdots x_n$$

$$0! := 1, \quad n! := 1 \cdot 2 \cdot 3 \cdots n \quad (n \text{ Fakultät}).$$

b. Definiert man für $0 \leq k \leq n$ den Binomialkoeffizient *„n über k“ durch*

$$\binom{n}{k} := \frac{n(n-1)\cdots(n-k+1)}{k!} = \frac{n!}{k!(n-k)!},$$

so gilt

$$\binom{n}{k} = \binom{n}{n-k}, \quad \binom{n}{k-1} + \binom{n}{k} = \binom{n+1}{k}$$

$$(k+1)\binom{n}{k+1} = (n-k)\binom{n}{k}.$$

Eine der wichtigsten Eigenschaften der ganzen Zahlen $\mathbb{Z}$ ist die Gültigkeit des Induktionsprinzips, das eine definierende Eigenschaft von $\mathbb{Z}$ ist.

Axiom 1.10 (Induktionsprinzip). *Sei $n_0 \in \mathbb{Z}$ und sei $\mathcal{A}(n)$ eine Aussage, die für alle ganzen Zahlen $n \geq n_0$ definiert ist. Angenommen man kann beweisen:*

   a. Induktionsanfang: $\mathcal{A}(n_0)$ ist richtig.

   b. Unter der Induktionsannahme, dass $\mathcal{A}(n)$ für ein $n \geq n_0$ richtig ist, folgt die Induktionsbehauptung, dass $\mathcal{A}(n+1)$ richtig ist.

Dann ist $\mathcal{A}(n)$ für alle $n \in \mathbb{Z}$, $n \geq n_0$ richtig.

Beispiel. Es gilt: $n! > 2^n$ für alle $n \geq n_0 = 4$, denn

   a. $4! = 24 > 16 = 2^4$.

   b. Gelte $n! > 2^n \implies (n+1)! = (n+1) \cdot n! > (n+1) \cdot 2^n > 2 \cdot 2^n = 2^{n+1}$.

Folgende Aussagen können durch Induktion als Übung bewiesen werden:

Satz 1.11.

   a. Für jedes $h \geq -1$ und $n = 0, 1, 2, \ldots$ gilt die BERNOULLI'sche Ungleichung

$$(1 + h)^n \geq 1 + nh .$$

   b. Für $q \in \mathbb{K}$, $q \neq 1$ und $n = 0, 1, 2, \ldots$ gilt die Summenformel für die endliche geometrische Reihe

$$\sum_{k=0}^{n} q^k = 1 + q + q^2 + \cdots + q^n = \frac{1 - q^{n+1}}{1 - q} .$$

   c. Für $a, b \in \mathbb{K}$ und $n = 0, 1, \ldots$ gilt die binomische Formel

$$(a + b)^n = \sum_{k=0}^{n} \binom{n}{k} a^k b^{n-k} .$$

Diese drei Ergebnisse werden sich noch oft als nützlich erweisen, und dasselbe gilt für die folgende Formel:

Satz 1.12. *Für $a, b \in \mathbb{K}$, $n \in \mathbb{N}$ gilt*

$$a^n - b^n = (a - b) \sum_{k=0}^{n-1} a^{n-1-k} b^k .$$

Zum Beweis schreibt man die Summenformel für die endliche geometrische Reihe in der Form

$$1 - q^n = (1 - q) \sum_{k=0}^{n-1} q^k,$$

setzt darin $q = b/a$ und multipliziert alles mit a^n. (Für die Ausnahmefälle $a = 0$ und $a = b$ ist die Behauptung ja sowieso klar!) – Man kann aber auch die rechte Seite ausdistribuieren und stellt dann fest, dass sich in der entstehenden Summe alle Terme wegheben bis auf den ersten und den letzten („Teleskopsumme").

C. Das Supremumsaxiom

Wir benötigen noch eine Eigenschaft, die $\mathbb{R}$ von $\mathbb{Q}$ unterscheidet, damit z. B. $x \in \mathbb{R}$ mit $x^2 = 2$ definiert werden kann. Folgende Begriffe werden dazu benötigt:

Definitionen 1.13. *Eine Menge $\emptyset \neq A \subseteq \mathbb{R}$ heißt nach oben (unten) beschränkt, wenn es eine obere (untere) Schranke von A gibt, d. h. ein $\overline{s} \in \mathbb{R}$ ($\underline{s} \in \mathbb{R}$) mit*

$$a \leq \overline{s} \quad \forall\, a \in A \qquad (\underline{s} \leq a \quad \forall\, a \in A).$$

Man nennt die kleinste obere Schranke (bzw. die größte untere Schranke) $\overline{\sigma}$ (bzw. $\underline{\sigma}$) von A auch das Supremum (bzw. das Infimum) von A und schreibt

$$\overline{\sigma} = \sup A,$$
$$\underline{\sigma} = \inf A.$$

Das größte (bzw. kleinste) Element von A (falls es existiert) nennt man Maximum $\max A$ (bzw. Minimum $\min A$) von A. A heißt beschränkt, wenn A nach oben und unten beschränkt ist.

Folgende Aussage ist dann klar:

Satz 1.14. *Ist $\emptyset \neq A \subseteq \mathbb{R}$ nach oben beschränkt, so ist die Menge $B = -A :=$ $\{-a\,|\,a \in A\}$ nach unten beschränkt und $\inf B = -\sup A$, $\min B = -\max A$, falls $\sup A$ bzw. $\max A$ existieren.*

Folgendes Axiom charakterisiert die reellen Zahlen vollständig:

Axiom 1.15 (Supremumsaxiom). *Jede nichtleere nach oben (unten) beschränkte Menge $A \subseteq \mathbb{R}$ besitzt ein Supremum (Infimum).*

Man beachte, dass das Supremumsaxiom in $\mathbb{Q}$ falsch wäre, denn die Menge $A = \{q \in \mathbb{Q}\,|\,q^2 < 2\}$ hat in $\mathbb{Q}$ kein Supremum. Die folgende Aussage wird ganz häufig benutzt:

Satz 1.16. *Sei $A \neq \emptyset$ nach oben (unten) beschränkt und $\sigma = \sup A$ ($\mu = \inf A$). Dann gibt es zu jedem $\varepsilon > 0$ ein $a \in A$ mit $\sigma - a < \varepsilon$ ($a - \mu < \varepsilon$).*

Beweis. Wäre die Behauptung falsch, so gäbe es ein $\varepsilon > 0$ mit

$$\sigma - a \geq \varepsilon \quad (a - \mu < \varepsilon) \quad \forall a \in A \,.$$

Dann wäre aber $\sigma' = \sigma - \frac{\varepsilon}{2} < \sigma$ eine obere Schranke von A im Widerspruch zur Definition von $\sigma = \sup A$. $\qquad \square$

Satz 1.17.

> *a.* $\mathbb{N}$ *ist nicht nach oben beschränkt.*
> *b. Zu jedem* $\varepsilon > 0$ *existiert ein* $n \in \mathbb{N}$ *mit* $0 < \frac{1}{n} < \varepsilon$.

Beweis. a. Wäre $\mathbb{N}$ nach oben beschränkt, so existierte $\sigma = \sup \mathbb{N}$ nach 1.15, d. h.

$$n \leq \sigma \quad \forall n \in \mathbb{N} \Longrightarrow n + 1 \leq \sigma \quad \forall n \in \mathbb{N} \Longrightarrow n \leq \sigma - 1 \quad \forall n \in \mathbb{N} \,.$$

Das ist ein Widerspruch zur Definition des Supremums. $\qquad \square$
b. ist eine leichte Übung ...

Eine wichtige Konsequenz des Supremumsaxioms ist die Existenz von Wurzeln:

Satz 1.18.

> *a. Zu jedem* $a \in \mathbb{R}$, $a > 0$ *und* $n \in \mathbb{N}$ *existiert genau ein* $x \in \mathbb{R}$, $x > 0$, *mit* $x^n = a$. *Man nennt* $x =: a^{1/n} = \sqrt[n]{a}$ *die* n-*te Wurzel von* a.
> *b. Setzt man für* $a > 0$ *und* $r = p/q \in \mathbb{Q}$

$$a^r = a^{p/q} = \sqrt[q]{a^p}, \ a^{-r} = \frac{1}{a^r}, \ a^0 = 1 \,,$$

> *so gelten folgende* Potenzregeln

$$a^r \cdot a^s = a^{r+s}, \quad \frac{a^r}{a^s} = a^{r-s}, \quad (a^r)^s = a^{r \cdot s} \,.$$

Beweis. a. Wir definieren die Menge

$$A = \{ y \in \mathbb{R} | y > 0, \ y^n < a \} \,.$$

Dann ist $A \neq \emptyset$ und nach oben beschränkt. Durch Betrachten der beiden Fälle $a \geq 1$ und $a < 1$ sieht man nämlich sofort, dass z. B. $y := \frac{1}{2} \min(a, 1)$ ein Element und $s := \max(a, 1)$ eine obere Schranke von A ist. Daher existiert

$$x := \sup A \,,$$

und man kann beweisen, dass $x^n = a$ ist (Details in Ergänzung 1.35). Dass die n-te Wurzel eindeutig bestimmt ist, folgt aus der für $x, y > 0$ gültigen Beziehung

$$x^n < y^n \quad \Longleftrightarrow \quad x < y \,, \tag{1.1}$$

und diese folgt sofort aus Satz 1.12. Nach 1.12 kann man nämlich schreiben

$$y^n - x^n = (y - x)q(x, y)$$

mit $q(x, y) := y^{n-1} + xy^{n-2} + \ldots + x^{n-2}y + x^{n-1} > 0$. Also haben $y - x$ und $y^n - x^n$ ein und dasselbe Vorzeichen.

b. Die Potenzregeln können als Übung bewiesen werden. Die Eindeutigkeit der Wurzeln spielt dabei die entscheidende Rolle.   □

D. Der Körper der komplexen Zahlen

Wir führen die komplexen Zahlen als Paare $(x, y) \in \mathbb{R} \times \mathbb{R}$ von reellen Zahlen ein, zwischen denen eine Addition und Multiplikation so definiert wird, dass ein Körper entsteht.

Satz 1.19. *Definiert man in der Menge*

$$\mathbb{C} = \mathbb{R} \times \mathbb{R} = \{z = (x, y) | x, y \in \mathbb{R}\}$$

eine Addition *durch*

$$z_1 + z_2 \equiv (x_1, y_1) + (x_2, y_2) := (x_1 + x_2, y_1 + y_2)$$

und eine Multiplikation *durch*

$$z_1 \cdot z_2 \equiv (x_1, y_1) \cdot (x_2, y_2) := (x_1 x_2 - y_1 y_2, x_1 y_2 + x_2 y_1)$$

so wird $\mathbb{C}$ *zum* Körper der komplexen Zahlen.
Dabei ist:

$$0 := (0, 0) \quad \textit{die komplexe Null (neutrales Element der Addition),}$$
$$1 := (1, 0) \quad \textit{die komplexe Eins (neutrales Element der Multiplikation),}$$
$$\text{i} := (0, 1) \quad \textit{mit } \text{i}^2 = (-1, 0) \textit{ die imaginäre Einheit,}$$
$$-z = (-x, -y) \quad \textit{das inverse Element der Addition,}$$
$$z^{-1} = \left(\frac{x}{x^2 + y^2}, \frac{-y}{x^2 + y^2}\right) \quad \textit{das inverse Element der Multiplikation.}$$

Dass $\mathbb{C}$ tatsächlich ein Körper ist, rechnet man nach.
Schreibt man:

$$z = (x, y) = (x, 0) + (0, y) = x(1, 0) + y(0, 1),$$

so bekommt man die Normaldarstellung der komplexen Zahlen

$$z = x + \text{i}y := (x, y) \qquad \text{mit } \text{i}^2 = -1,$$

sodass man in $\mathbb{C}$ wie in $\mathbb{R}$ rechnen kann, z. B.

$$(x_1 + \mathrm{i}y_1) \cdot (x_2 + \mathrm{i}y_2) = x_1 x_2 + \mathrm{i}x_1 y_2 + \mathrm{i}x_2 y_1 + \mathrm{i}^2 y_1 y_2$$
$$= (x_1 x_2 - y_1 y_2) + \mathrm{i}(x_1 y_2 + x_2 y_1)\,,$$

was das Merken der komplizierten Definition der Multiplikation erspart. Folgende Begriffe werden häufig benutzt:

Definitionen 1.20. *Für $z = x + \mathrm{i}y = (x, y) \in \mathbb{C}$ heißt $x = \operatorname{Re} z$ der* Realteil, $y = \operatorname{Im} z$ *der* Imaginärteil, *und* $|z| = \sqrt{x^2 + y^2}$ *der* Betrag *der komplexen Zahl z.*
Ferner heißt $\overline{z} := x - \mathrm{i}y = (x, -y)$ die zu z konjugiert komplexe Zahl.

Bemerkung: In der physikalischen Literatur wird die konjugiert komplexe Zahl durchweg mit z^* statt $\overline{z}$ bezeichnet.

Folgende Rechenregeln können sofort überprüft werden.

Satz 1.21. *Für $z, z_1, z_2 \in \mathbb{C}$ gilt:*

a. $\overline{z_1 + z_2} = \overline{z_1} + \overline{z_2}, \quad \overline{z_1 \cdot z_2} = \overline{z_1} \cdot \overline{z_2}, \quad \overline{\overline{z}} = z\,.$

b. $\operatorname{Re} z = \frac{1}{2}(z + \overline{z}), \quad \operatorname{Im} z = \frac{1}{2\mathrm{i}}(z - \overline{z})\,.$

c. $|z| \geq 0$ *und* $|z| = 0 \Longleftrightarrow z = 0\,.$

d. $|\overline{z}| = |z|, \quad |z|^2 = z \cdot \overline{z}\,.$

e. $|z_1 z_2| = |z_1||z_2|, \quad |z_1 + z_2| \leq |z_1| + |z_2|\,.$

f. $|z_1 - z_2| \geq ||z_1| - |z_2||\,.$

Die reellen Zahlen $\mathbb{R}$ sind einfach komplexe Zahlen mit Imaginärteil 0:

$$z \in \mathbb{R} \Longleftrightarrow \operatorname{Im} z = 0 \Longleftrightarrow z = \overline{z}\,.$$

Fasst man die $z \in \mathbb{C}$ als Punkte der Ebene $\mathbb{R} \times \mathbb{R}$, sog. *komplexe Ebene* auf, so liegen die $z \in \mathbb{R}$ auf der x-Achse. Die y-Achse heißt auch *imaginäre Achse*, die x-Achse *reelle Achse*. Dies führt zu einer zweiten Darstellung der komplexen Zahlen:

Definitionen 1.22.

a. Setzt man für $z = x + \mathrm{i}y = (x, y)$

$$x = |z| \cos \varphi, \quad y = |z| \sin \varphi\,.$$

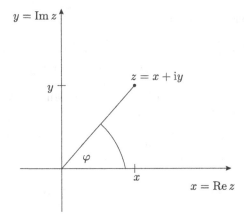

Abb. 1.1. Normal- und Polardarstellung komplexer Zahlen

so bekommt man die Polardarstellung *der komplexen Zahlen:*

$$z = r(\cos\varphi + \mathrm{i}\sin\varphi) \qquad mit\ r = |z|\ .$$

Dabei ist das Argument $\arg z := \varphi$ *der Winkel zwischen positiver reeller Achse und dem Strahl nach z.*

b. *Definiert man*

$$\mathrm{e}^{\mathrm{i}y} := \cos y + \mathrm{i}\sin y \qquad f\ddot{u}r\ y \in \mathbb{R}\ .$$

so bekommt man die Exponentialdarstellung

$$z = r\mathrm{e}^{\mathrm{i}\varphi} \qquad mit\ r = |z|,\ \varphi = \arg z\ .$$

Der Vorteil dieser beiden Darstellungen liegt in folgenden Aussagen begründet:

Satz 1.23. *Für* $z = r\mathrm{e}^{\mathrm{i}\varphi} = r(\cos\varphi + \mathrm{i}\sin\varphi)$ *und* $z_k = r_k\mathrm{e}^{\mathrm{i}\varphi_k} = r_k(\cos\varphi_k + \mathrm{i}\sin\varphi_k)$, $k = 1,2$, *gilt:*

a.

$$\bar{z} = r\mathrm{e}^{-\mathrm{i}\varphi} = r(\cos(-\varphi) + \mathrm{i}\sin(-\varphi))\ .$$

b.

$$z_1 \cdot z_2 = r_1 r_2 \mathrm{e}^{\mathrm{i}(\varphi_1 + \varphi_2)}$$
$$= r_1 r_2 (\cos(\varphi_1 + \varphi_2) + \mathrm{i}\sin(\varphi_1 + \varphi_2))\ .$$

c.

$$\frac{z_1}{z_2} = \frac{r_1}{r_2}\mathrm{e}^{\mathrm{i}(\varphi_1 - \varphi_2)}$$
$$= \frac{r_1}{r_2}(\cos(\varphi_1 - \varphi_2) + \mathrm{i}\sin(\varphi_1 - \varphi_2))\ .$$

d.

$$z^n = r^n e^{in\varphi} = r^n(\cos n\varphi + i \sin n\varphi) \,.$$

Insbesondere gilt die Formel von DE MOIVRE:

$$(e^{i\varphi})^n = (\cos\varphi + i\sin\varphi)^n = \cos n\varphi + i\sin n\varphi = e^{in\varphi} \,.$$

Beweis.

a.

$$\bar{z} = r(\cos\varphi - i\sin\varphi) = r(\cos(-\varphi) + i\sin(-\varphi))$$
$$= r e^{i(-\varphi)} = r e^{-i\varphi} \,.$$

b.

$$z_1 \cdot z_2 = r_1 r_2 \left[(\cos\varphi_1 \cos\varphi_2 - \sin\varphi_1 \sin\varphi_2) + \right.$$
$$+ i(\cos\varphi_1 \sin\varphi_2 + \cos\varphi_2 \sin\varphi_1) \Big]$$
$$= r_1 r_2 (\cos(\varphi_1 + \varphi_2) + i\sin(\varphi_1 + \varphi_2))$$
$$= r_1 r_2 e^{i(\varphi_1 + \varphi_2)} = r_1 r_2 e^{i\varphi_1} e^{i\varphi_2}$$

nach trigonometrischen Additionstheorem bzw. den üblichen Potenzregeln.

c. und d. folgen aus 2.   □

E. Wurzeln algebraischer Gleichungen

Eine *algebraische Gleichung* ist eine Gleichung der Form

$$c_n x^n + c_{n-1} x^{n-1} + \cdots + c_1 x + c_0 = 0 \,.$$

Eine Lösung dieser Gleichung ist also nichts anderes als eine Nullstelle des Polynoms

$$P(x) := \sum_{k=0}^{n} c_k x^k \,.$$

Die Lösungen bezeichnet man manchmal auch als *Wurzeln*, denn die schon besprochene $\sqrt[n]{a}$ ist ja eine Lösung der algebraischen Gleichung $x^n - a = 0$.

Die Einführung der komplexen Zahlen wird i. Allg. damit begründet, dass in $\mathbb{C}$ alle algebraischen Gleichungen gelöst werden können. Wir beginnen mit dem einfachsten Fall:

Zu gegebenem $w = \rho e^{i\psi}$ und $n \in \mathbb{N}$ ist eine n-te Wurzel $z = r e^{i\varphi}$ gesucht mit $z^n = w$. Wenn es eine solche n-te Wurzel gibt, muss nach Satz 1.23 gelten:

$$z^n = r^n e^{in\varphi} \equiv r^n(\cos n\varphi + i\sin n\varphi) \overset{!}{=}$$
$$= w = \rho e^{i\psi} \equiv \rho(\cos\varphi + i\sin\psi) \,,$$

.

was genau dann erfüllt ist, wenn

$$r^n = \rho, \quad \cos n\varphi = \cos \psi, \quad \sin n\varphi = \sin \psi . \tag{1.2}$$

Beachten wir, dass cos und sin 2π-periodische Funktionen sind, so sind die Gleichungen 1.2 dann und nur dann erfüllt, wenn

$$r = \sqrt[n]{\rho}, \quad \varphi = \frac{\psi + 2k\pi}{n}, \qquad k = 0, 1, \ldots, n - 1 . \tag{1.3}$$

Satz 1.24. *Für $n \in \mathbb{N}$ und $w = \rho e^{i\psi} = \rho(\cos \psi + i \sin \psi)$ hat die Gleichung $z^n = w$ genau n verschiedene Lösungen*

$$\begin{aligned} z_k &= \sqrt[n]{\rho}(\cos(\tfrac{\psi+2k\pi}{n}) + i\sin(\tfrac{\psi+2k\pi}{n})) \\ &= \sqrt[n]{\rho}e^{i(\psi+2k\pi)/n}, \quad k = 0, 1, \ldots, n - 1 , \end{aligned} \tag{1.4}$$

welche die n-ten Wurzeln von w heißen. Diese bilden die Ecken eines regelmäßigen n-Ecks auf dem Kreis $|z| = \sqrt[n]{\rho}$. Im Falle $\rho = 1$ heißen die z_k die n-ten Einheitswurzeln.

Über die Lösbarkeit allgemeiner algebraischer Gleichungen gibt der folgende Satz Auskunft, dessen Beweis wir zunächst zurückstellen (16.24 – s. aber auch Ergänzung 1.34).

Theorem 1.25 (Fundamentalsatz der Algebra). *Sei*

$$p(z) = a_n z^n + a_{n-1} z^{n-1} + \cdots + a_1 z + a_0 \tag{1.5}$$

ein Polynom n-ten Grades der komplexen Variablen $z \in \mathbb{C}$ mit Koeffizienten $a_k \in \mathbb{C}$, $a_n \neq 0$. Dann besitzt $p(z)$ genau n Nullstellen

$$z_1, \ldots, z_n \in \mathbb{C} \quad mit \quad p(z_k) = 0, \ k = 1, \ldots, n , \tag{1.6}$$

die nicht notwendig verschieden sind, und es gilt

$$p(z) = a_n(z - z_1)(z - z_2) \cdots (z - z_n) . \tag{1.7}$$

Zu beachten ist, dass Theorem 1.25 kein Analogon für $\mathbb{R}$ statt $\mathbb{C}$ besitzt. Für reelle Polynome kann man immerhin Folgendes beweisen (Übung):

Satz 1.26. *Sei $p(x)$ ein Polynom n-ten Grades mit reellen Koeffizienten $a_k \in \mathbb{R}$. Dann gilt:*

a. Ist $z_0 \in \mathbb{C}$ eine Nullstelle von p, so auch $\bar{z}_0$.
b. Ist n ungerade, so hat p wenigstens eine reelle Nullstelle $x_0 \in \mathbb{R}$.

F. Elementare Funktionen (Formelsammlung)

In diesem Abschnitt werden die wichtigsten Eigenschaften der trigonometrischen Funktionen, der Exponentialfunktion und der Hyperbelfunktionen sowie ihrer Umkehrfunktionen zusammengestellt. Die elementargeometrischen Definitionen werden als bekannt vorausgesetzt. Alle diese Funktionen sowie die Polynome und die rationalen Funktionen (d. h. die Quotienten von Polynomen) fasst man unter der Bezeichnung *elementare Funktionen* zusammen. Auch jede Funktion, die sich durch Komposition sowie durch Verknüpfung mittels der vier Grundrechenarten aus schon bekannten elementaren Funktionen zusammensetzen lässt, gilt als elementar.

Satz 1.27.

a. *Die Funktionen* $\sin x$ *und* $\cos x$ *sind für alle* $x \in \mathbb{R}$ *definiert,* 2π*-periodisch mit Wertebereich* $[-1, 1]$ *und es gilt*

$$\sin^2 x + \cos^2 x = 1 \, , \quad \sin(-x) = -\sin x \, , \quad \cos(-x) = \cos x \, ,$$

$$\sin\left(\frac{\pi}{2} - x\right) = \cos x \, , \quad \cos\left(\frac{\pi}{2} - x\right) = \sin x \, .$$

b. $\tan x = \frac{\sin x}{\cos x}$ *ist für alle* $x \neq \frac{2k+1}{2}\pi$ $(k \in \mathbb{Z})$ *definiert und* π*-periodisch und auf jedem Intervall* $\frac{2k-1}{2}\pi < x < \frac{2k+1}{2}\pi$ *streng monoton von* $-\infty$ *bis* $+\infty$ *wachsend.* $\cot x = \frac{\cos x}{\sin x} = \frac{1}{\tan x}$ *ist für alle* $x \neq k\pi$ *definiert und auf jedem Intervall* $(k-1)\pi < x < k\pi$ *streng monoton fallend.*

c. *Es gelten die* Additionstheoreme

$$\sin(x \pm y) = \sin x \cos y \pm \cos x \sin y$$

$$\cos(x \pm y) = \cos x \cos y \mp \sin x \sin y$$

$$\tan(x \pm y) = \frac{\tan x \pm \tan y}{1 \mp \tan x \tan y} \, .$$

d. *Doppel- und Halbwinkel-Formeln*

$$\sin 2x = 2 \sin x \cos x \quad , \quad \sin^2 \frac{x}{2} = \frac{1}{2}(1 - \cos x)$$

$$\cos 2x = \cos^2 x - \sin^2 x \quad , \quad \cos^2 \frac{x}{2} = \frac{1}{2}(1 + \cos x)$$

$$\tan 2x = \frac{2 \tan x}{1 - \tan^2 x} \quad , \quad \tan \frac{x}{2} = \frac{1 - \cos x}{\sin x} = \frac{\sin x}{1 + \cos x} \, .$$

e.

$$\sin x + \sin y = 2 \sin \frac{x+y}{2} \cos \frac{x-y}{2}$$

$$\sin x - \sin y = 2 \cos \frac{x+y}{2} \sin \frac{x-y}{2}$$

$$\cos x + \cos y = 2 \cos \frac{x+y}{2} \cos \frac{x-y}{2}$$

$$\cos x - \cos y = -2 \sin \frac{x+y}{2} \sin \frac{x-y}{2} \, .$$

Satz 1.28.

a. sin x ist auf $\left[-\frac{\pi}{2}, \frac{\pi}{2}\right]$ *streng monoton wachsend und hat dort die Umkehrfunktion Arcus-Sinus*

$$\arcsin x \, , \quad -1 \le x \le 1 \, , \quad \textit{mit Wertebereich} \left[-\frac{\pi}{2}, \frac{\pi}{2}\right] \, .$$

$\cos x$ *ist auf* $[0, \pi]$ *streng monoton fallend und hat dort die Umkehrfunktion Arcus-Cosinus*

$$\arccos x \, , \quad -1 \le x \le 1 \, , \quad \textit{mit Wertebereich} \left[-\frac{\pi}{2}, \frac{\pi}{2}\right] \, .$$

$\tan x$ *ist auf* $\left]-\frac{\pi}{2}, \frac{\pi}{2}\right[$ *streng monoton wachsend und hat die Umkehrfunktion Arcus-Tangens*

$$\arctan x \, , \quad -\infty < x < \infty \quad \textit{mit Wertebereich} \left]-\frac{\pi}{2}, \frac{\pi}{2}\right[\, .$$

$\cot x$ *ist auf* $]0, \pi[$ *streng monoton fallend und hat die Umkehrfunktion Arcus-Cotangens*

$$\text{arccot } x \, , \quad -\infty < x < +\infty \quad \textit{mit Wertebereich} \,]0, \pi[\, .$$

b. Umrechnungsformeln:

$$
\begin{aligned}
\arcsin x &= -\arcsin(-x) &&= \tfrac{\pi}{2} - \arccos x = \arctan \tfrac{x}{\sqrt{1-x^2}} \\
\arccos x &= \pi - \arccos(-x) &&= \tfrac{\pi}{2} - \arcsin x = \text{arccot} \tfrac{x}{\sqrt{1-x^2}} \\
\arctan x &= -\arctan(-x) &&= \tfrac{\pi}{2} - \text{arccot } x = \arcsin \tfrac{x}{\sqrt{1+x^2}} \\
\text{arccot } x &= \pi - \text{arccot}(-x) &&= \tfrac{\pi}{2} - \arctan x = \arccos \tfrac{x}{\sqrt{1+x^2}} \; .
\end{aligned}
$$

c. Additionstheoreme

$$
\begin{aligned}
\arcsin x + \arcsin y &= \arcsin\left(x\sqrt{1-y^2} + y\sqrt{1-x^2}\right) \, , \quad x^2 + y^2 \le 1 \\
\arcsin x - \arcsin y &= \arcsin\left(x\sqrt{1-y^2} - y\sqrt{1-x^2}\right) \, , \quad x^2 + y^2 \le 1 \\
\arccos x + \arccos y &= \arccos\left(xy - \sqrt{1-x^2}\sqrt{1-y^2}\right) \, , \quad x^2 + y^2 \le 1 \\
\arccos x - \arccos y &= -\arccos\left(xy + \sqrt{1-x^2}\sqrt{1-y^2}\right) \, , \quad x^2 + y^2 \le 1 \\
\arctan x + \arctan y &= \arctan\left(\tfrac{x+y}{1-xy}\right) \, , \quad xy < 1 \\
\arctan x - \arctan y &= \arctan\left(\tfrac{x-y}{1+xy}\right) \, , \quad xy > -1 \; .
\end{aligned}
$$

Satz 1.29.

a. Die Exponentialfunktion $\exp(x) = e^x$ *ist auf ganz* $\mathbb{R}$ *definiert, streng positiv, streng monoton wachsend mit Wertebereich* $]0, +\infty[$ *und erfüllt*

$$\exp(x + y) = \exp(x) \cdot \exp(y) \quad \textit{bzw. (anders geschrieben)} \quad e^{x+y} = e^x e^y \; .$$

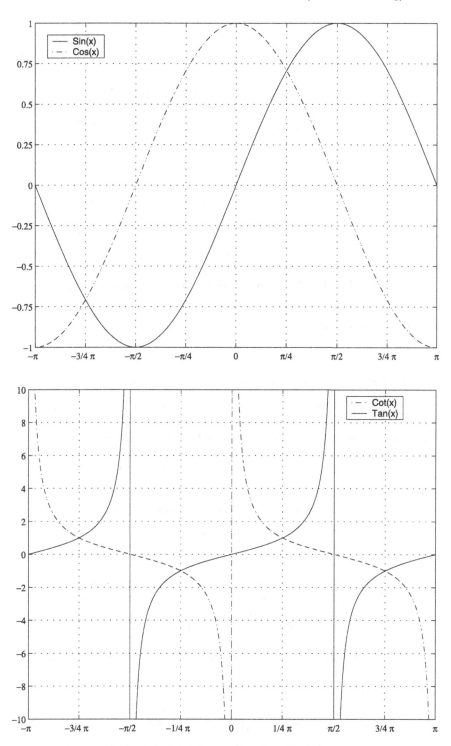

Abb. 1.2. Die trigonometrischen Funktionen

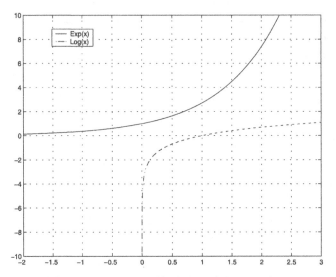

Abb. 1.3. Exponentialfunktion und Logarithmus

b. Der natürliche Logarithmus

$$\ln x = \log x \quad , \quad 0 < x < \infty$$

ist die Umkehrfunktion von e^x *mit*

$$\ln x < 0 \quad \text{für } 0 < x < 1, \ln 1 = 0, \ln e = 1, \ln x > 0 \text{ für } x > 1 ,$$

ist streng monoton wachsend mit Wertebereich $\mathbb{R}$ *und erfüllt*

$$\ln(x \cdot y) = \ln x + \ln y , \quad \ln(x^\alpha) = \alpha \ln x , \quad x, y > 0 .$$

c. Es gilt:

$$a^b = e^{b \ln a} \qquad \text{für } a > 0, \text{ insbesondere}$$
$$x^x = e^{x \ln x} \qquad \text{für } x > 0.$$

Satz 1.30.

a. Der Sinus hyperbolicus

$$\sinh x := \frac{1}{2}(e^x - e^{-x}) , \quad x \in \mathbb{R}$$

ist auf ganz $\mathbb{R}$ *definiert, streng monoton wachsend mit Wertebereich* $\mathbb{R}$.

Der Cosinus hyperbolicus

$$\cosh x := \frac{1}{2}(e^x + e^{-x}) , \quad x \in \mathbb{R}$$

ist auf ganz $\mathbb{R}$ definiert, $\cosh x \geq 1$ für alle $x \in \mathbb{R}$, ferner streng monoton fallend auf $]-\infty, 0]$, streng monoton wachsend auf $]0, +\infty[$ mit Wertebereich $[1, +\infty[$.

Der Tangens hyperbolicus

$$\tanh x = \frac{\sinh x}{\cosh x} = \frac{e^x - e^{-x}}{e^x + e^{-x}}\ , \quad x \in \mathbb{R}$$

ist auf ganz $\mathbb{R}$ definiert, streng monoton wachsend mit Wertebereich $]-1, 1[$.

Der Cotangens hyperbolicus

$$\coth x = \frac{\cosh x}{\sinh x} = \frac{e^x + e^{-x}}{e^x - e^{-x}}\ , \quad x \neq 0$$

ist für alle $x \neq 0$ definiert, streng monoton fallend auf $]-\infty, 0[$ von -1 nach $-\infty$, streng monoton fallend auf $]0, +\infty[$ von $+\infty$ nach 1.

b. Es gelten die Additionstheoreme

$$\cosh^2 x - \sinh^2 x = 1$$

$$\cosh(x \pm y) = \cosh x \cosh y \pm \sinh x \sinh y$$

$$\sinh(x \pm y) = \sinh x \cosh y \pm \cosh x \sinh y$$

$$\tanh(x \pm y) = \frac{\tanh x \pm \tanh y}{1 \pm \tanh x \tanh y}\ .$$

c. Ferner gilt:

$$\sinh 2x = 2 \sinh x \cosh x \quad , \quad \sinh \tfrac{x}{2} = \pm \sqrt{\tfrac{1}{2}(\cosh x - 1)}\ , \ x \geq 0$$

$$\cosh 2x = \sinh^2 x + \cosh^2 x \quad , \quad \cosh \tfrac{x}{2} = \sqrt{\tfrac{1}{2}(\cosh x + 1)}$$

$$\tanh 2x = \frac{2 \tanh x}{1 + \tanh^2 x} \quad , \quad \tanh \tfrac{x}{2} = \frac{\cosh x - 1}{\sinh x} = \frac{\sinh x}{\cosh x + 1}\ .$$

d. Ferner gilt:

$$\sinh x \pm \sinh y = 2 \sinh \tfrac{x \pm y}{2} \cosh \tfrac{x \mp y}{2}$$

$$\cosh x + \cosh y = 2 \cosh \tfrac{x + y}{2} \cosh \tfrac{x - y}{2}$$

$$\cosh x - \cosh y = 2 \sinh \tfrac{x + y}{2} \sinh \tfrac{x - y}{2}\ .$$

e. Ferner gilt für $x \in \mathbb{R}$ mit $i^2 = -1$:

$$\sin(ix) = i \sinh x\ , \quad \cos(ix) = \cosh x$$

$$\sinh(ix) = i \sin x\ , \quad \cosh(ix) = \cos x\ .$$

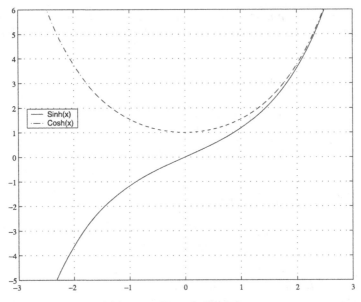

Abb. 1.4. Hyperbelfunktionen

Satz 1.31.

a. Die auf ganz $\mathbb{R}$ definierte Umkehrfunktion von $\sinh x$ heißt Area Sinus hyperbolicus $\operatorname{ar} \sinh x$. *Diese ist streng monoton wachsend mit Wertebereich
$\mathbb{R}$ und erfüllt*

$$\operatorname{ar} \sinh x = \ln \left(x + \sqrt{x^2 + 1} \right) , \quad x \in \mathbb{R} .$$

Die für $x \geq 1$ definierte Umkehrfunktion von $\cosh x$, $x \geq 0$, heißt Area
Cosinus hyperbolicus $\operatorname{ar} \cosh x$. *Diese ist streng monoton wachsend mit
Wertebereich $[0, +\infty[$ und erfüllt*

$$\operatorname{ar} \cosh x = \ln \left(x - \sqrt{x^2 - 1} \right) , \quad x \geq 1 .$$

Die für $|x| < 1$ definierte Umkehrfunktion von $\tanh x$ heißt Area Tangens
hyperbolicus $\operatorname{ar} \tanh x$. *Diese ist streng monoton wachsend mit Wertebereich $\mathbb{R}$ und erfüllt*

$$\operatorname{ar} \tanh x = \frac{1}{2} \ln \frac{x + 1}{x - 1} , \quad |x| < 1 .$$

b. Es gelten die Umrechnungsformeln:

$$\operatorname{ar} \sinh x = \operatorname{ar} \cosh \left(\sqrt{x^2 + 1} \right) = \operatorname{ar} \tanh \frac{x}{\sqrt{x^2 + 1}} , \quad x \geq 0$$

$$\operatorname{ar} \cosh x = \operatorname{ar} \sinh \left(\sqrt{x^2 - 1} \right) = \operatorname{ar} \tanh \frac{\sqrt{x^2 - 1}}{x} , \quad x \geq 1$$

$$\operatorname{ar} \tanh x = \operatorname{ar} \sinh \frac{x}{\sqrt{1 - x^2}} = \operatorname{ar} \cosh \frac{1}{\sqrt{1 - x^2}} , \quad |x| < 1 .$$

c. Es gelten die Additionstheoreme:

$$\operatorname{ar\,sinh} x \pm \operatorname{ar\,sinh} y = \operatorname{ar\,sinh}\left(x\sqrt{1+y^2} \pm y\sqrt{1+x^2}\right)$$

$$\operatorname{ar\,cosh} x \pm \operatorname{ar\,cosh} y = \operatorname{ar\,sinh}\left(xy \pm \sqrt{x^2-1}\sqrt{y^2-1}\right)$$

$$\operatorname{ar\,tanh} x \pm \operatorname{ar\,tanh} y = \operatorname{ar\,tanh}\left(\tfrac{x\pm y}{1\pm xy}\right) .$$

Ergänzungen zu §1

Die mathematischen Methoden der Physik entstammen hauptsächlich der Analysis und der Geometrie, neuerdings z. T. auch der Topologie, während andere mathematische Teildisziplinen, vor allem Algebra (mit Ausnahme der linearen und multilinearen Algebra) und Zahlentheorie, weitgehend außen vor bleiben. Der vorbereitende Charakter des in diesem Paragraphen besprochenen Materials legt es nahe, in den Ergänzungen etwas zu tun, was wir später nie mehr tun werden, nämlich, einen verstohlenen Blick in diese „physikfernen" Bereiche der Mathematik zu werfen und dadurch eine bessere Einsicht in die Bedeutung der eingeführten Grundbegriffe zu gewinnen. Abschnitt 1.34 ist aber auch von praktischem Nutzen für den Umgang mit Polynomfunktionen, und in 1.35 vervollständigen wir den Beweis von 1.18.

1.32 Andere Körper. In der Physik trifft man (bis jetzt) eigentlich nur auf die hier eingeführten Körper $\mathbb{Q}$, $\mathbb{R}$ und $\mathbb{C}$. Aus anderen Gebieten der Mathematik, vornehmlich aus Algebra und Zahlentheorie, sind jedoch Unmengen weiterer Körper von ganz verschiedenem Typus bekannt, und darum lohnt sich auch die axiomatische Definition des Körperbegriffs. Wir möchten Sie anhand einiger einfacher Beispiele wenigstens ahnen lassen, worum es sich hier handelt.

a) Der Körper $\mathbb{Q}[\sqrt{2}]$ besteht aus allen Zahlen der Form

$$r + s\sqrt{2}$$

mit $r, s \in \mathbb{Q}$. Man addiert und multipliziert die Elemente von $\mathbb{Q}[\sqrt{2}]$ einfach als reelle Zahlen, und man überzeugt sich sofort, dass Summe, Differenz und Produkt zweier solcher Zahlen wieder dieselbe Form haben. Für die multiplikative Inverse ist das etwas schwieriger, und man greift zu einem ähnlichen Trick wie bei den komplexen Zahlen:

$$\frac{1}{r + s\sqrt{2}} = \frac{r - s\sqrt{2}}{r^2 - 2s^2}$$

$$= \frac{r}{r^2 - 2s^2} + \frac{-s}{r^2 - 2s^2}\sqrt{2}.$$

Weil $\sqrt{2}$ keine rationale Zahl ist, kann der Nenner hier nur für $r = s = 0$ verschwinden. Also kann man tatsächlich für jedes Element von $\mathbb{Q}[\sqrt{2}] \setminus \{0\}$ den Kehrwert bilden, und damit ist klar, dass alle Körperaxiome gelten.

Dies ist das einfachste Beispiel einer sog. *algebraischen Erweiterung*. Allgemein geht man von einem beliebigen Körper K und einem Polynom P mit Koeffizienten in K aus, das in K keine Nullstelle hat (in unserem Beispiel $K = \mathbb{Q}$ und $P(x) = x^2 - 2$). Dann konstruiert man einen möglichst kleinen Körper $L \supseteq K$, in dem alle Nullstellen von P liegen, und man sagt, dass L durch *Adjungieren* der Nullstellen von P aus K hervorgeht. So entsteht übrigens auch $\mathbb{C}$ aus $\mathbb{R}$ durch Adjungieren der Nullstellen $\pm i$ des Polynoms $x^2 + 1$.

b) Es gibt Körper mit nur endlich vielen Elementen, genauer: Zu jeder Zahl q von der Form $q = p^m$, wo p eine Primzahl und $m \in \mathbb{N}$ beliebig ist, gibt es einen Körper mit q Elementen. Dieser wird mit $GF(q)$ bezeichnet. Die Konstruktion dieser sog. *Galois-Felder* zu beschreiben, würde hier zu weit führen, aber wir wollen wenigstens $GF(2)$ und $GF(3)$ vorstellen:

$GF(2)$ besteht aus den Elementen 0 und 1, mit denen folgendermaßen gerechnet wird:

$$0 + 0 = 1 + 1 = 0 \,,$$
$$1 + 0 = 0 + 1 = 1 \,,$$
$$1 \cdot 0 = 0 \cdot 1 = 0 \cdot 0 = 0 \,,$$
$$1 \cdot 1 = 1 \,.$$

Eigentlich braucht man sich hier nur die Rechenregel $1 + 1 = 0$ zu merken, denn alles andere ergibt sich zwangsläufig aus den Körperaxiomen.

$GF(3)$ besteht aus der Null 0, also dem neutralen Element für die Addition, der Eins 1, also dem neutralen Element für die Multiplikation, und einem weiteren Element, das wir passenderweise 2 nennen. Die Verknüpfungen Addition und Multiplikation sind durch die Körperaxiome und die in 1.5 zusammengestellten einfachen Folgerungen vollständig festgelegt, wenn wir nur vereinbaren, dass

$$1 + 1 = 2, \qquad 2 + 1 = 0 \quad \text{und} \quad 2 \cdot 2 = 1$$

gelten sollen.

Vielleicht werden Sie diese kleinen Körper seltsam – ja sogar albern – finden. Sie sind aber nicht nur von großer theoretischer Bedeutung, sondern heute sogar von praktischer. Die lineare Algebra (vgl. Kap. 2) über $GF(2)$ z. B. ist die mathematische Grundlage für die sog. *Kodierungstheorie*, und diese ist ein unentbehrliches Werkzeug in der Hand des Ingenieurs, wenn es um die schnelle und zuverlässige elektronische Informationsübermittlung geht. Auch die mathematischen Methoden der Verschlüsselung und Entschlüsselung von Nachrichten, die von zentraler Bedeutung für die Internetsicherheit ist, beruht auf endlichen Körpern (*mathematische Kryptografie*).

c) Sei K ein beliebiger vorgegebener Körper. Der Körper $K(X)$ (genannt der „Körper der rationalen Funktionen über K") besteht aus allen Brüchen der Form

$$f(X) = \frac{a_0 + a_1 X + \cdots + a_n X^n}{b_0 + b_1 X + \cdots + b_m X^m} \qquad (*)$$

mit $m, n \in \mathbb{N}_0$, $a_0, \ldots, a_n$, $b_0, \ldots, b_m \in K$. Mit diesen Brüchen wird ganz normal nach den Regeln der Bruchrechnung gerechnet. Wir können kurz $f = P/Q$ schreiben, wenn wir für die Polynome in Zähler und Nenner Abkürzungen

$$P(X) = \sum_{k=0}^{n} a_k X^k, \qquad Q(X) := \sum_{k=0}^{m} b_k X^k$$

einführen. Dann haben wir für jedes $f \in K(X)$ tatsächlich eine Funktion $\tilde{f} : K \supseteq D(\tilde{f}) \to K$, gegeben durch

$$D(\tilde{f}) = \{\xi \in K \,|\, Q(\xi) \neq 0\}\,,$$

$$\tilde{f}(\xi) := \frac{P(\xi)}{Q(\xi)}\,.$$

Aber das Rechnen mit diesen Funktionen gestaltet sich wegen der wechselnden Definitionsbereiche sehr unübersichtlich, und es können sogar so schlimme Dinge passieren wie $D(\tilde{f}) = \emptyset$, weil $Q(\xi) = 0$ ist für alle $\xi \in K$, obwohl nicht alle Koeffizienten von Q verschwinden. Daher ist die Bezeichnung „rationale Funktionen" für die Elemente von $K(X)$ irreführend. Eigentlich besteht f nur aus den beiden Listen

$$(a_0, a_1, \ldots, a_n), \quad (b_0, b_1, \ldots, b_m)$$

der Koeffizienten des Zähler- und des Nennerpolynoms, und die Schreibweise $(*)$ für f dient nur dazu, die richtigen Rechenregeln zu suggerieren. Diese Problematik fällt allerdings nur bei kleinen Grundkörpern K ins Gewicht, denn wir werden gleich sehen (vgl. 1.34), dass ein Polynom höchstens so viele Nullstellen hat wie sein Grad (d. h. die höchste vorkommende x-Potenz) angibt. Für die Körper $\mathbb{R}(X)$, $\mathbb{C}(X)$ unterscheidet sich also $D(\tilde{f})$ von ganz $\mathbb{R}$ bzw. $\mathbb{C}$ nur durch eine endliche Menge von Ausnahmepunkten.

1.33 Rationale und irrationale Nullstellen von Polynomen. Dass $\sqrt{2}$ irrational ist, ist kein Einzelfall. Allgemein ist die n-te Wurzel aus einer natürlichen Zahl entweder ganzzahlig oder irrational, und noch allgemeiner gilt der folgende Satz, den man leicht beweisen kann, wenn man die bekannte Tatsache benutzt, dass jede ganze Zahl eine eindeutige Zerlegung in Primfaktoren besitzt:

Satz. *Es sei*

$$P(x) = x^n + a_{n-1} x^{n-1} + \cdots + a_1 x + a_0$$

ein Polynom mit führendem Koeffizienten 1 und ansonsten ganzzahligen Koeffizienten $a_0, a_1, \ldots, a_{n-1}$. Jedes $a \in \mathbb{Q}$ mit $P(a) = 0$ ist dann ganzzahlig.

Beweis. Wir schreiben a als gekürzten Bruch mit positivem Nenner, also $a = r/s$ mit $r \in \mathbb{Z}$, $s \in \mathbb{N}$, wobei r, s keinen gemeinsamen Teiler haben. Wenn wir $s = 1$ nachweisen können, sind wir fertig, denn dann ist $a = r$ ganzzahlig. Wir nehmen also an, es wäre $s > 1$. Dann hat s einen Primteiler p, d. h. eine Primzahl, die in der Primfaktorzerlegung von s vorkommt. Die Gleichung

$$0 = P(a) = \frac{r^n}{s^n} + \sum_{k=1}^{n} a_{n-k} \frac{r^{n-k}}{s^{n-k}}$$

impliziert nach Multiplikation mit s^n:

$$r^n = -\sum_{k=1}^{n} a_{n-k} r^{n-k} s^k$$

$$= -s \sum_{k=1}^{n} a_{n-k} r^{n-k} s^{k-1} \ .$$

Also ist r^n ein ganzzahliges Vielfaches von s und damit auch von p. In der Primfaktorzerlegung von r^n können aber nur diejenigen Primzahlen auftreten, die schon in der Zerlegung von r vorhanden sind. Also hat auch r den Primteiler p, und damit haben r und s den gemeinsamen Teiler p, obwohl wir von einem gekürzten Bruch ausgegangen waren. Dieser Widerspruch beweist unseren Satz. $\square$

Speziell für $P(x) = x^n - m$ mit gegebenem $m \in \mathbb{N}$ ergibt sich unsere Aussage, dass $\sqrt[n]{m}$ entweder ganzzahlig oder irrational ist.

1.34 Zerlegung von Polynomen in Linearfaktoren. Ein Teil des Fundamentalsatzes der Algebra (Theorem 1.25) ist leicht zu beweisen und gilt auch für jeden beliebigen Körper. Um dies zu erläutern, betrachten wir ein Polynom

$$P(x) := b_n x^n + b_{n-1} x^{n-1} + \cdots + b_1 x + b_0 \tag{1.8}$$

mit Koeffizienten $b_0, b_1, \ldots, b_n$ aus dem Körper K, wobei $b_n \neq 0$ sein soll, sodass der *Grad* von P, also die höchste tatsächlich vorkommende Potenz von x, wirklich n ist. Ist nun $a \in K$ eine Nullstelle von P, so kann man P durch den *Linearfaktor* $x - a$ dividieren. Genauer:
Lemma. *Ist* $P(a) = 0$ $(a \in K)$, *so ist*

$$P(x) = (x - a)Q(x)$$

mit einem Polynom $Q(x)$ *vom Grad* $n - 1$.

Beweis. Für $k = 1, \ldots, n$ haben wir nach Satz 1.12

$$x^k - a^k = (x - a)R_k(x)$$

mit Polynomen $R_k(x) := \sum_{j=0}^{k-1} a^{k-j-1} x^j$. Daraus folgt

$$P(x) = P(x) - P(a)$$

$$= \sum_{k=0}^{n} b_k x^k - \sum_{k=0}^{n} b_k a^k$$

$$= \sum_{k=1}^{n} b_k (x^k - a^k)$$

$$= \sum_{k=1}^{n} b_k (x - a) R_k(x)$$

$$= (x - a) Q(x) \,,$$

wobei

$$Q(x) := \sum_{k=1}^{n} b_k R_k(x)$$

gesetzt wurde. Es ist klar, dass beim Multiplizieren von Polynomen sich die Grade addieren. Daher muss $\mathrm{Grad}(Q) = \mathrm{Grad}(P) - \mathrm{Grad}(x - a) = n - 1$ sein.   □

Es ist durchaus möglich, dass auch $Q(a) = 0$ ist. In diesem Falle können wir einen weiteren Linearfaktor $x - a$ abspalten und erhalten

$$P(x) = (x - a)^2 Q_2(x)$$

mit $\mathrm{Grad}(Q_2) = n - 2$. So geht es weiter, bis schließlich

$$P(x) = (x - a)^m Q_m(x), \qquad Q_m(a) \neq 0 \,. \tag{1.9}$$

Dieser Fall muss für ein $m \leq n$ eintreten, weil die Grade von $Q, Q_2, \ldots$ ja immer um 1 sinken. Die durch (1.9) eindeutig bestimmte Zahl $m = m(a)$ nennt man die *Vielfachheit* der Nullstelle a. Nun können wir uns einer weiteren Nullstelle a^* von P zuwenden und erhalten

$$Q_m(a^*) = \frac{1}{a^* - a} P(a^*) = 0 \,.$$

Wir können also einen Linearfaktor $x - a^*$ von Q_m abspalten. So fortfahrend (formal wäre es eine Induktion nach der Anzahl s der verschiedenen Nullstellen von P) erhalten wir schließlich das folgende Ergebnis:

Satz. *Es seien $a_1, \ldots, a_s$ die verschiedenen Nullstellen von P und $m_1, \ldots, m_s$ ihre jeweiligen Vielfachheiten. Dann ist*

$$j := m_1 + \cdots + m_s \leq n \tag{1.10}$$

und

$$P(x) = (x - a_1)^{m_1} \cdot (x - a_2)^{m_2} \cdots (x - a_s)^{m_s} R(x) \tag{1.11}$$

mit einem Polynom R vom Grad $n - j$, das an den Stellen $a_1, \ldots, a_s$ nicht verschwindet.

Meist denkt man sich die Nullstellen eines Polynoms so aufgelistet, dass in der Liste jede Nullstelle so oft wiederholt wird, wie ihre Vielfachheit angibt. Man sagt dann, die Nullstellen wären „mit Vielfachheit gezählt". Die Aussage (1.10) aus dem Satz lässt sich also folgendermaßen formulieren:

P hat, mit Vielfachheit gezählt, höchstens so viele Nullstellen wie sein Grad n angibt.

Das Besondere am Körper $\mathbb{C}$, das wir in 16.24 beweisen werden, ist nun, dass jedes nichtkonstante Polynom mit komplexen Koeffizienten tatsächlich (mindestens) eine Nullstelle in $\mathbb{C}$ besitzt. Im Fall $K = \mathbb{C}$ muss daher das Polynom R aus (1.11) konstant und $\not\equiv 0$ sein und damit $j = n$. Daraus ergeben sich alle Aussagen von Theorem 1.25.

1.35 Zur Existenz der n-ten Wurzel. Um die Existenz von $\sqrt[n]{a}$ zu zeigen, haben wir in 1.18 $x := \sup A$ betrachtet, wobei

$$A = \{y \in \mathbb{R}| y > 0, \ y^n < a\}$$

gesetzt wurde. Wir behaupten, dass $x^n = a$ gilt, und beweisen dies, indem wir die beiden Fälle $x^n < a$ und $x^n > a$ ausschließen:

a. Angenommen, es wäre $x^n < a$. Dann beachten wir, dass $x + 1 \notin A$, sodass $(x + 1)^n > a$. Daher liegt die Zahl

$$h := \frac{a - x^n}{(x+1)^n - x^n}$$

zwischen 0 und 1, also $0 < h < 1$. Mit der binomischen Formel folgt dann:

$$(x + h)^n = x^n + \sum_{k=1}^{n} \binom{n}{k} h^k x^{n-k} < x^n + h \sum_{k=1}^{n} \binom{n}{k} x^{n-k}$$
$$= x^n + h\left[(x + 1)^n - x^n\right] = x^n + (a - x^n) = a \ .$$

Also: $(x + h)^n < a$, was wegen $h > 0$ ein Widerspruch zu $x = \sup A$ ist.

b. Angenommen, $x^n > a$. Die BERNOULLI'sche Ungleichung 1.11a liefert für $0 < h \le x$:

$$(x - h)^n = x^n(1 - \frac{h}{x})^n$$
$$\ge x^n(1 - nh/x)$$
$$= x^n - nx^{n-1}h \ .$$

Wir verwenden diese Abschätzung für die Zahl

$$h := \frac{x^n - a}{nx^{n-1}} \ .$$

Tatsächlich ist $h/x \leq (x^n - a)/x^n < 1$, die Abschätzung also anwendbar. Wir erhalten:

$$(x - h)^n \geq x^n - (x^n - a) = a \, ,$$

also $y^n < (x - h)^n \quad \forall \, y \in A$. Wegen (1.1) bedeutet dies, dass $x - h$ eine obere Schranke für A ist, und wegen $h > 0$ ist das ein Widerspruch zu $x = \sup A$.

Aufgaben zu §1

1.1. Es seien folgende Mengen gegeben:

$A := \{1, 2, 3, \, 5\}$, $B := \{1, 4, 6\}$, $C := \{-1, 2, 5\}$, $M := [2, 6[$, $N :=]3, 5[$.

Man gebe folgende Mengen an:

$A \cup B$, $A \cap B$, $A \setminus B$, $B \setminus A$, $M \cap N$, $M \cup N$, $B \cap M$, $N \cap C$, $B \cap C$, $B \times C$.

1.2. Es seien folgende Abbildungen gegeben:

$$f \, : \, \mathbb{Z} \to \mathbb{Z}, \quad x \mapsto 2x + 1,$$
$$g \, : \, \mathbb{Q} \to \mathbb{Q}, \quad x \mapsto 2x + 1,$$
$$h \, : \, \mathbb{R} \to \mathbb{R}, \quad x \mapsto x^2 \quad \text{und}$$
$$k \, : \, [0, \infty[\to [0, \infty[, \quad x \mapsto x^2 \, .$$

Welche der Abbildungen ist injektiv, surjektiv oder bijektiv?

1.3. Seien A, B, C Mengen.

$$f \, : \, A \to B \quad \text{und} \quad g \, : \, B \to C \, .$$

Man zeige, dass Folgendes gilt:

- f, g injektiv $\Rightarrow \, g \circ f$ injektiv,
- $g \circ f$ injektiv, f surjektiv $\Rightarrow \, g$ injektiv.

1.4. Sei $f \, : \, \mathbb{R}^3 \to \mathbb{R}^3$ gegeben durch

$$(x, y, z) \mapsto (x - y, y - z, z - x) \, .$$

Man bestimme $f^{-1}(\{(0, -1, 1)\})$ und $f^{-1}(\{(1, 1, 2)\})$. Ist f injektiv, surjektiv oder bijektiv?

1.5. Man beweise folgende Ungleichungen:

a. Für $a > 0$, $b > 0$ gilt:

$$\frac{a + b}{1 + a + b} \, < \, \frac{a}{1 + a} + \frac{b}{1 + b} \, .$$

b. Für $a > b > 0$ und $c > 0$ gilt:

$$\frac{b}{a} < \frac{b+c}{a+c} < 1 < \frac{a+c}{b+c} < \frac{a}{b} \, .$$

1.6. Für $x, y > 0$ in $\mathbb{R}$ seien

$$A(x,y) = \frac{1}{2}(x+y), \quad G(x,y) = \sqrt{xy}, \quad H(x,y) = \frac{2}{x^{-1} + y^{-1}}$$

das arithmetische, bzw. geometrische, bzw. harmonische Mittel von x, y. Man zeige

$$H(x,y) \leq G(x,y) \leq A(x,y) \, .$$

1.7. Man beweise durch Induktion nach n

a.

$$(1 + x)^n \geq 1 + nx \quad \text{für} \quad x \geq -1, \quad n \geq 0 \, .$$

b.

$$\sum_{k=0}^{n} q^k = \frac{1 - q^{n+1}}{1 - q} \quad \text{für} \quad q \neq 1, \quad n \geq 0 \, .$$

1.8. Man beweise mittels Induktion nach n:

$$\sum_{k=1}^{n} \frac{1}{k^2} \leq 2 - \frac{1}{n} \, ,$$

$$1 + 2 + 3 + \ldots + n = \frac{n(n+1)}{2} \, ,$$

$$1 + 3 + 5 + \ldots + (2n - 1) = n^2 \, ,$$

$$1^2 + 2^2 + 3^2 + \ldots + n^2 = \frac{n(n+1)(2n+1)}{6} \, .$$

1.9. Für die Binomialkoeffizienten zeige man:

$$\binom{n}{k-1} + \binom{n}{k} = \binom{n+1}{k} \quad \text{für} \quad 0 \leq k \leq n$$

und beweise damit durch Induktion die binomische Formel

$$(a + b)^n = \sum_{k=0}^{n} \binom{n}{k} a^k b^{n-k} \quad \text{für} \quad a, b \in \mathbb{R}, \, n \geq 0 \, .$$

1.10. Für $a > b > 0$ in $\mathbb{R}$ und $n \in \mathbb{N}$ zeige man:

$$nb^{n-1} < \frac{a^n - b^n}{a - b} < na^{n-1} \, .$$

(*Hinweis:* Verwende Satz 1.12.)

1.11. Für $x, y \geq 0$ in $\mathbb{R}$ und $n \in \mathbb{N}$ zeige man:

a.
$$\sqrt[n]{x+y} \leq \sqrt[n]{x} + \sqrt[n]{y} \,,$$

b.
$$\left| \sqrt[n]{x} - \sqrt[n]{y} \right| \leq \sqrt[n]{|x-y|} \,.$$

1.12. Zur Teilmenge $M := \{2^{-m} + n^{-1} \mid m, n \in \mathbb{N}\}$ von $\mathbb{R}$ ermittle man gegebenenfalls Supremum, Infimum, Maximum, Minimum. Man beweise die Richtigkeit der gemachten Angaben.

1.13. Für komplexe Zahlen z, z_1, $z_2 \in \mathbb{C}$ zeige man:

a.
$$|\mathrm{Re}\ z| \leq |z|, \quad |\mathrm{Im}\ z| \leq |z| \,,$$

b.
$$|z_1 \cdot z_2| = |z_1| \cdot |z_2| \,,$$

c.
$$|z_1 + z_2| \leq |z_1| + |z_2| \,.$$

1.14. Man zeige: Drei verschiedene komplexe Zahlen z_1, z_2, $z_3 \in \mathbb{C}$ liegen genau dann auf einer Geraden in $\mathbb{C}$, wenn

$$\frac{z_2 - z_1}{z_3 - z_1} \in \mathbb{R} \quad \text{ist.}$$

1.15. Man zeige: Ist $z \in \mathbb{C}$ eine Lösung der algebraischen Gleichung

$$z^n + a_1 z^{n-1} + \ldots + a_{n-1} z + a_n = 0$$

mit komplexen Koeffizienten $a_1, \ldots, a_n$, so ist

$$|z| < 1 + |a_1| + |a_2| + \ldots + |a_n| \,.$$

(*Hinweis:* Im Falle $|z| \geq 1$ dividiere man die Gleichung durch z^{n-1} und schätze dann $|z|$ nach oben ab.)

1.16. Man bestimme alle sechsten Wurzeln von $w = -64$ in Polar- und Normaldarstellung.

1.17. Sei $\zeta \neq 1$ eine n-te Einheitswurzel. Man zeige:

$$\sum_{k=1}^{n} \zeta^{k-1} = 0 \quad \text{und} \quad \sum_{k=1}^{n} k\zeta^{k-1} = \frac{n}{\zeta - 1} \,.$$

(*Hinweis* zur zweiten Formel: $(\zeta-1)\sum_{k=1}^{n} k\zeta^{k-1}$ lässt sich unter Zuhilfenahme der ersten Formel so umformen, dass eine Teleskopsumme entsteht.)
Man folgere hieraus Formeln für Summen von speziellen Werten von Sinus und Kosinus.

1.18. Sei $p(z) = a_n z^n + \cdots + a_1 z + a_0$ ein Polynom n-ten Grades in $\mathbb{C}$ mit reellen Koeffizienten $a_0, \ldots, a_n \in \mathbb{R}$. Man zeige:

  a. $p(\overline{z}) = \overline{p(z)}$.
  b. Ist $z = \alpha + \mathrm{i}\beta$, $\beta \neq 0$, eine Nullstelle von $p(z)$, so auch $\overline{z} = \alpha - \mathrm{i}\beta$.
  c. In $\mathbb{R}$ hat ein Polynom n-ten Grades wenigstens eine Nullstelle, wenn n ungerade ist.

1.19. Mit der Formel von DE MOIVRE zeige man:

$$\cos 4x = 8\cos^4 x - 8\cos^2 x + 1 \qquad \text{für} \quad x \in \mathbb{R}\,.$$

1.20. Man bestimme Amplitude A und Phasenverschiebung φ von

$$B\cos \omega t + C\sin \omega t = A\sin(\omega t + \varphi)\,.$$

1.21. Man zeige mit Hilfe der Sätze 1.11b und 1.23 folgende Gleichung:

$$1 + 2\sum_{k=1}^{n} \cos(kx) = \frac{\sin\left((2n+1)\frac{x}{2}\right)}{\sin\frac{x}{2}},\ x \neq 2\pi k,\ k \in \mathbb{Z}\,.$$

1.22. Man finde alle $x \in \mathbb{R}$ mit $(\sqrt{2}+1)\sin^2 x + (\sqrt{2}-1)\cos^2 x + \sin 2x = \sqrt{2}$.

2

Differenziation in $\mathbb{R}$

In diesem Abschnitt befassen wir uns mit der Stetigkeit und mit dem Differenzieren von reellwertigen Funktionen, die auf einem Intervall $I \subseteq \mathbb{R}$ definiert sind. Ausgangspunkt dieser Betrachtungen ist der Begriff des Grenzwertes, denn die Ableitung ist der Grenzwert von Differenzenquotienten, und die Stetigkeit einer Funktion bedeutet, dass an jeder Stelle des Definitionsbereichs der Funktionswert gleich dem dortigen Grenzwert ist. Grenzwerte kann man aber am leichtesten anhand von Zahlenfolgen diskutieren und mit diesen beginnen wir daher auch.

A. Reelle Zahlenfolgen

Eine *Folge* (x_n) in $\mathbb{R}$ ist eine Vorschrift, die jedem $n \in \mathbb{N}$ eine Zahl $x_n \in \mathbb{R}$ zuordnet. Es handelt sich also einfach um eine Abbildung $\mathbb{N} \longrightarrow \mathbb{R}$, bei der man x_n statt $x(n)$ schreibt. Man stellt sich aber am besten eine unendlich lange Liste

$$(x_1, x_2, x_3, \dots)$$

vor. Mitunter sind auch ausführlichere Schreibweisen wie $(x_n)_n$ oder $(x_n)_{n \geq 1}$ gebräuchlich, bei denen der „Laufindex" hervorgehoben wird.

Definitionen 2.1.

a. *Eine Folge (x_n) in $\mathbb{R}$ heißt* beschränkt, *wenn es eine Konstante $C \geq 0$ gibt, so dass*

$$|x_n| \leq C \qquad \forall n \in \mathbb{N}. \tag{2.1}$$

Sie heißt nach oben *(bzw.* unten*) beschränkt, wenn*

$$x_n \leq C \quad (bzw.\ x_n \geq C) \qquad \forall n \in \mathbb{N}. \tag{2.2}$$

Sie heißt monoton wachsend (fallend)*, wenn*

$$x_n \leq x_{n+1} \quad (x_n \geq x_{n+1}) \qquad \forall n \in \mathbb{N}. \tag{2.3}$$

b. *Eine Folge* (x_n) *in* $\mathbb{R}$ *heißt* konvergent *gegen* $x \in \mathbb{R}$,

$$\lim_{n \longrightarrow \infty} x_n = x \quad bzw. \quad x_n \longrightarrow x \; f\ddot{u}r \, n \longrightarrow \infty \,,$$

wenn es zu jedem $\varepsilon > 0$ *ein* $n_0 = n_0(\varepsilon) \in \mathbb{N}$ *gibt, sodass*

$$|x_n - x| < \varepsilon \qquad \forall n \geq n_0 \,. \tag{2.4}$$

Durch diese Forderung ist x *eindeutig bestimmt, und man nennt* x *den* Grenzwert *oder* Limes *der Folge.*

Mit konvergenten Folgen kann man rechnen:

Satz 2.2. *Seien* $(x_n), (y_n), (z_n)$ *Folgen in* $\mathbb{R}$. *Dann gilt:*

a. *Konvergente Folgen sind beschränkt.*
b. *Gilt* $x_n \longrightarrow x_0$, *so gilt*

$$|x_n| \longrightarrow |x_0| \quad und \quad \lambda x_n \longrightarrow \lambda x_0$$

für $\lambda \in \mathbb{R}$.
c. *Gilt* $x_n \longrightarrow x_0 \neq 0$, *so gibt es ein* $n_0 \in \mathbb{N}$, *sodass*

$$x_n \neq 0 \qquad \forall n \geq n_0 \,.$$

d. *Gilt* $x_n \longrightarrow x_0$ *und* $y_n \longrightarrow y_0$, *so gilt*

$$x_n + y_n \longrightarrow x_0 + y_0$$
$$x_n \cdot y_n \longrightarrow x_0 \cdot y_0$$
$$\frac{x_n}{y_n} \longrightarrow \frac{x_0}{y_0} \,, \qquad falls \; y_0 \neq 0 \,.$$

e. *Gilt* $x_n \longrightarrow x_0$ *und* $z_n \longrightarrow z_0$ *und ist* $x_n \leq z_n$ *für alle* $n \in \mathbb{N}$, *so ist* $x_0 \leq z_0$. *Gilt* $x_n \leq y_n \leq z_n$ *für alle* $n \in \mathbb{N}$ *und* $x_0 = z_0$, *so gilt* $y_n \longrightarrow x_0$.

Beweis.

a. Gelte $x_n \longrightarrow x_0$. Zu $\varepsilon = 1$ gibt es dann ein $n_0 \in \mathbb{N}$, sodass

$$|x_n| \leq |x_0| + |x_n - x_0| \leq |x_0| + 1 \qquad \forall n \geq n_0 \,.$$

Setzt man

$$M = \max_{n=1,\ldots,n_0} |x_n| \,,$$

so gilt

$$|x_n| \leq M + |x_0| + 1 \qquad \forall n \in \mathbb{N} \,.$$

b. Folgt aus

$$|\lambda x_n - \lambda x_0| = |\lambda| \, |x_n - x_0|$$
$$||x_n| - |x_0|| \leq |x_n - x_0| \,.$$

c. Sei etwa $x_0 > 0$ und $\varepsilon = \frac{1}{2}x_0$. Wegen $x_n \longrightarrow x_0$ gibt es ein $n_0 \in \mathbb{N}$, sodass

$$|x_n - x_0| < \varepsilon = \frac{1}{2}x_0 \qquad \forall n \in \mathbb{N}$$

und damit

$$x_n = x_0 + x_n - x_0 \geq x_0 - |x_n - x_0| \geq x_0 - \frac{1}{2}x_0 > 0 \ .$$

d. Wegen
$$|(x_n + y_n) - (x_0 + y_0)| \leq |x_n - x_0| + |y_n - y_0|$$
folgt $(x_n + y_n) \longrightarrow (x_0 + y_0)$. Wegen

$$\begin{aligned}
|x_n y_n - x_0 y_0| &= |x_n y_n - x_n y_0 + x_n y_0 - x_0 y_0| \\
&\leq |x_n|\,|y_n - y_0| + |y_0|\,|x_n - x_0|
\end{aligned}$$

folgt $x_n y_n \longrightarrow x_0 y_0$, weil konvergente Folgen nach a beschränkt sind. Wegen

$$|y_n^{-1} - y_0^{-1}| = \frac{|y_n - y_0|}{|y_n|\,|y_0|}$$

folgt $y_n^{-1} \longrightarrow y_0^{-1}$ für $y_0 \neq 0$ nach c.

e. Wegen $x_n \longrightarrow x_0$, $z_n \longrightarrow z_0$ gibt es zu $\varepsilon > 0$ ein $n_0 \in \mathbb{N}$, sodass

$$|x_n - x_0| < \frac{\varepsilon}{2}, \quad |z_n - z_0| < \frac{\varepsilon}{2} \qquad \forall n \geq n_0 \ .$$

Daher

$$x_0 - z_0 \leq -x_n + z_n + x_0 - z_0 = (z_n - z_0) + (x_0 - x_n) < \varepsilon$$

für jedes $\varepsilon > 0$. Also $x_0 \leq z_0$.

Gelte $x_n \longrightarrow w$, $z_n \longrightarrow w$ und $x_n \leq y_n \leq z_n$ für alle n, so folgt

$$x_n - w \leq y_n - w \leq z_n - w, \qquad \text{also } y_n \longrightarrow w \ .$$

$\square$

Beispiele 2.3.

a.
$$\lim_{n \to \infty} \frac{1}{n} = 0 \ ,$$

d. h. $\left(\frac{1}{n}\right)$ ist eine *Nullfolge*, denn zu $\varepsilon > 0$ wähle $n_0 \geq \frac{1}{\varepsilon}$, sodass $\left|\frac{1}{n} - 0\right| < \varepsilon$ für $n \geq n_0$.

b.
$$\lim_{n \to \infty} \frac{n+1}{n} = 1 \ ,$$

denn
$$\lim_{n \to \infty} \frac{n+1}{n} = 1 + \lim_{n \to \infty} \frac{1}{n} = 1$$

nach 2.2d und 2.3a.

c.

$$\lim_{n \to \infty} q^n = 0 \qquad \text{für } |q| < 1 \; ,$$

denn sei etwa $0 < q < 1$ und $1 + h = \frac{1}{q} > 1$, so folgt mit der BERNOUL-LI'schen Ungleichung 1.11a

$$|q^n - 0| = \frac{1}{(1+h)^n} \le \frac{1}{1+nh} \le \frac{1}{h}\frac{1}{n} \longrightarrow 0 \quad \text{nach a .}$$

Bei beschränkten Folgen hat man für das Supremum bzw. Infimum der Wertemenge eine suggestive eigene Schreibweise:

$$\sup_n x_n := \sup \{x_n | n \in \mathbb{N}\} \; ,$$

$$\inf_n x_n := \inf \{x_n | n \in \mathbb{N}\} \; .$$

Satz 2.4. *Eine monoton wachsende (fallende) nach oben (unten) beschränkte Folge konvergiert gegen ihr Supremum (Infimum).*

Beweis. Gelte also $x_n \le x_{n+1}$ und $x_n \le C$ für alle $n \in \mathbb{N}$ und sei

$$\sigma = \sup_n \{x_n\} \; .$$

Für ein $\varepsilon > 0$ ist dann $\sigma - \varepsilon$ keine obere Schranke. Wegen der Monotonie gibt es dann ein $n_0 \in \mathbb{N}$, sodass

$$\sigma - \varepsilon \le x_n \le \sigma \qquad \forall n \ge n_0 \; , \quad \text{d. h. } x_n \longrightarrow \sigma \; .$$

$\square$

B. Stetigkeit in $\mathbb{R}$

Wir diskutieren den Grenzwertbegriff und den Stetigkeitsbegriff für Funktionen aus $\mathbb{R}$ in $\mathbb{R}$, deren Definitionsbereiche *Intervalle* (vgl. 1.7) sind.

Definitionen 2.5. *Ein Intervall der Form* $]a,b[$ *oder* $]a,\infty[$ *oder* $]-\infty,a[$ *nennt man* offenes Intervall. *Ein Intervall der Form* $[a,b]$ *oder* $[a,\infty[$ *oder* $]-\infty,a]$ *nennt man* abgeschlossenes Intervall. *Die beschränkten abgeschlossenen Intervalle bezeichnet man auch als* kompakte Intervalle.

Ein offenes Intervall enthält also keinen seiner Randpunkte, ein abgeschlossenes enthält dagegen jeden seiner Randpunkte. Intervalle von der Form $[a,b[$ oder $]a,b]$ nennt man daher auch *halboffen*.

Definitionen 2.6. *Sei $I \subset \mathbb{R}$ ein offenes Intervall, $f : I \longrightarrow \mathbb{R}$ eine* Funktion.

a. f hat in $x_0 \in I$ den Grenzwert *oder* Limes *$y_0 \in \mathbb{R}$, geschrieben*

$$\lim_{x \to x_0} f(x) = y_0 ,$$

wenn es zu jedem $\varepsilon > 0$ ein $\delta > 0$ gibt, sodass

$$|f(x) - y_0| < \varepsilon \quad \text{falls } x \in I \text{ mit } |x - x_0| < \delta . \tag{2.5}$$

Durch diese Forderung ist y_0 eindeutig bestimmt.

b. f heißt stetig *in x_0, wenn $\lim_{x \to x_0} f(x) = f(x_0)$, und* stetig *in I, wenn f in jedem $x_0 \in I$ stetig ist.*

Es kann vorkommen, dass $\lim_{x \to x_0} f(x) = y_0$ existiert, jedoch $y_0 \neq f(x_0)$ ist, oder sogar f in x_0 nicht definiert ist. Setzt man dann

$$g(x) := \begin{cases} f(x) & \text{für } x \neq x_0 \\ y_0 & \text{für } x = x_0 \end{cases},$$

so wird g stetig in x_0. Man sagt: f wird in x_0 *stetig ergänzt*.

Satz 2.7 (*Folgenkriterium*). *Eine Funktion $f : I \longrightarrow \mathbb{R}$ ist genau dann stetig in $x_0 \in I$, wenn für jede Folge $(x_n) \subset I$ gilt:*

$$x_n \longrightarrow x_0 \Longrightarrow f(x_n) \longrightarrow f(x_0) . \tag{2.6}$$

Beweis.

a. Sei f zunächst stetig in x_0 im Sinne von 2.6b, d.h. zu $\varepsilon > 0$ existiert ein $\delta > 0$, sodass

$$|f(x) - f(x_0)| < \varepsilon , \quad \text{falls } |x - x_0| < \delta . \tag{2.7}$$

Sei $\delta > 0$ so gewählt, dass (2.7) gilt und sei (x_n) eine Folge mit $x_n \longrightarrow x_0$. Nach 2.1 b. gibt es dann ein $n_0 \in \mathbb{N}$, sodass

$$|x_n - x_0| < \delta \quad \forall n \geq n_0$$

und damit nach (2.7)

$$|f(x_n) - f(x_0)| < \varepsilon \quad \text{für alle } n \geq n_0 ,$$

d.h. $f(x_n) \longrightarrow f(x_0)$ nach 2.1 b.

b. Gelte umgekehrt $f(x_n) \longrightarrow f(x_0)$ für jede Folge $x_n \longrightarrow x_0$. Angenommen, f wäre unstetig in x_0. Dann gibt es ein $\varepsilon' > 0$ und zu jedem $\delta = \frac{1}{n}$ ein $x_n \in I$ mit

$$|x_n - x_0| < \frac{1}{n} \quad \text{und} \quad |f(x_n) - f(x_0)| \geq \varepsilon'$$

im Widerspruch zur Voraussetzung. $\qquad \square$

Satz 2.8. *Die Komposition stetiger Funktionen ist stetig. Genauer: Sind $f : I \longrightarrow \mathbb{R}$, $g : J \longrightarrow \mathbb{R}$ stetige Funktionen, $x_0 \in I$, $f(x_0) = y_0 \in J$, so ist $g \circ f$ stetig in x_0.*

Beweis. Sei (x_n) eine Folge in I mit $x_n \longrightarrow x_0$. Dann gilt $y_n = f(x_n) \longrightarrow f(x_0) = y_0$, da f stetig in x_0, und weiter $g(y_n) \longrightarrow g(y_0)$, da g stetig in y_0. Also

$$(g \circ f)(x_n) = g(f(x_n)) = g(y_n) \longrightarrow g(y_0) = (g \circ f)(x_0) \,.$$

$\square$

Aus 2.2 und dem Folgenkriterium in 2.7 folgt dann

Satz 2.9. *Seien $f, g : I \longrightarrow \mathbb{R}$ stetig in x_0, $\lambda \in \mathbb{R}$. Dann gilt:*

 a. *$f + g$, λf, $f \cdot g$ sind stetig in x_0.*
 b. *Ist $f(x_0) \neq 0$, so gibt es ein $\delta > 0$, sodass $f(x) \neq 0$ für $x \in I$ mit $|x - x_0| < \delta$.*
 c. *Ist $g(x_0) \neq 0$, so ist $\frac{f}{g}$ stetig in x_0.*

Definitionen 2.10. *Sei $I = [a, b] \subseteq \mathbb{R}$, $f : I \longrightarrow \mathbb{R}$, $a < x_0 < b$.*

 a. *In x_0 existiert der* linksseitige Limes *$f(x_0 - 0)$, wenn es zu jedem $\varepsilon > 0$ ein $\delta > 0$ gibt, sodass*

$$|f(x) - f(x_0 - 0)| < \varepsilon \,, \quad \text{falls } x_0 - \delta < x < x_0 \,. \tag{2.8}$$

 Ist $f(x_0 - 0) = f(x_0)$, so heißt f linksstetig in x_0.
 b. *In x_0 existiert der* rechtsseitige Limes *$f(x_0 + 0)$, wenn es zu jedem $\varepsilon > 0$ ein $\delta > 0$ gibt, sodass*

$$|f(x) - f(x_0 + 0)| < \varepsilon \,, \quad \text{falls } x_0 < x < x_0 + \delta \,. \tag{2.9}$$

 Ist $f(x_0 + 0) = f(x_0)$, so heißt f rechtsstetig in x_0.
 c. *f heißt stetig in $[a, b]$, wenn f in $]a, b[$ stetig, in a rechtsstetig, in b linksstetig ist.*

Es kann vorkommen, dass $f(x_0 - 0)$, $f(x_0 + 0)$ beide existieren, jedoch $f(x_0 - 0) \neq f(x_0 + 0)$ ist. In diesem Fall existiert der Limes $\lim\limits_{x \longrightarrow x_0} f(x)$ nicht. Umgekehrt: $\lim\limits_{x \longrightarrow x_0} f(x)$ existiert $\Longleftrightarrow f(x_0 - 0) = f(x_0 + 0)$.

Die nächsten beiden Theoreme sind die Hauptresultate über Funktionen, die auf einem ganzen Intervall stetig sind. Bevor wir sie formulieren, führen wir noch gebräuchliche Schreibweisen für Supremum, Infimum, Maximum und Minimum des Wertebereichs einer Funktion ein: Ist $f : I \longrightarrow \mathbb{R}$ und z. B. $I = [a, b]$, so schreibt man

$$\sup_{x \in I} f(x) = \sup_{a \leq x \leq b} f(x) := \sup f(I) \,,$$

wobei das Supremum den Wert $+\infty$ erhält, wenn $f(I)$ nicht nach oben beschränkt ist. Entsprechende Schreibweisen hat man für das Infimum und (falls sie existieren) für Maximum und Minimum sowie auch für offene und halboffene Intervalle. Natürlich setzt man

$$\inf_{x \in I} f(x) = -\infty \,,$$

wenn $f(I)$ nicht nach unten beschränkt ist.

Theorem 2.11 (*Zwischenwertsatz*). *Sei $I \subset \mathbb{R}$ ein Intervall und sei $f : I \longrightarrow \mathbb{R}$ stetig.*

  a. *Sind $x_1 \neq x_2$ in I und $y \in \mathbb{R}$ mit $f(x_1) < y < f(x_2)$, so gibt es ein x_0 zwischen x_1, x_2 mit $f(x_0) = y$.*
  b. *f nimmt jeden Wert zwischen $\inf_{x \in I} f(x)$ und $\sup_{x \in I} f(x)$ an.*

Beweis.

  a. Dies folgt aus dem Supremumsaxiom. Ist z. B. $x_1 < x_2$, so betrachtet man das längste Intervall der Form $[x_1, s[$, auf dem überall $f(x) < y$ gilt, und man wählt dann $x_0 := s$. Die Stetigkeit von f führt nun dazu, dass $f(x_0) = y$ sein muss (Details in 2.38).
  b. Sei nun $y \in \mathbb{R}$ mit $\inf_{x \in I} f(x) < y < \sup_{x \in I} f(x)$. Nach 1.16 gibt es dann Werte

$$y_1 = f(x_1) < y < y_2 = f(x_2) \,.$$

  Jeder Punkt zwischen x_1 und x_2 liegt in I, weil I ein Intervall ist. Also folgt die Behauptung aus Teil a.

$$\square$$

Der Beweis des nächsten Theorems findet sich in Ergänzung 2.39.

Theorem 2.12. *Auf einem kompakten Intervall ist jede stetige Funktion beschränkt und nimmt ihr Maximum und ihr Minimum an.*

Die Behauptungen von 2.11a und 2.12 kann man in der folgenden prägnanten Aussage zusammenfassen:

> Das Bild eines kompakten Intervalls unter einer stetigen Funktion ist ein kompaktes Intervall.

Es ist nämlich $f([a, b]) = [m, M]$ mit

$$m := \min_{a \le x \le b} f(x), \qquad M := \max_{a \le x \le b} f(x) \,.$$

Besonders einfach sind die stetigen Funktionen, die immer steigen oder immer fallen:

Definitionen 2.13. *Sei $I \subseteq \mathbb{R}$ ein Intervall.*

a. $f : I \longrightarrow \mathbb{R}$ heißt (streng) monoton wachsend auf I, wenn

$$f(x_1) \leq f(x_2) \quad (f(x_1) < f(x_2)) \qquad \text{für } x_1 < x_2$$

und (streng) monoton fallend auf I, wenn

$$f(x_1) \geq f(x_2) \quad (f(x_1) > f(x_2)) \qquad \text{für } x_1 < x_2 \, .$$

b. $f : I \longrightarrow \mathbb{R}$ heißt (streng) monoton, wenn f auf I (streng) monoton wachsend oder fallend ist.

Satz 2.14. *Sei $I \subseteq \mathbb{R}$ ein Intervall, $f : I \longrightarrow \mathbb{R}$ stetig.*

a. f ist genau dann injektiv, wenn f streng monoton ist.
b. Ist f streng wachsend (fallend), so ist auch f^{-1} streng wachsend (fallend). In beiden Fällen ist f^{-1} stetig.

Beweis.

a. Es ist klar, dass aus strenger Monotonie Injektivität folgt. Sei umgekehrt f injektiv, aber nicht streng monoton. Dann gibt es (z. B.)

$$x_1 < x_2 < x_3 \quad \text{mit} \quad f(x_1) < f(x_2) > f(x_3) \, .$$

Sei etwa $f(x_1) < f(x_3)$ und $f(x_3) < y < f(x_2)$. Nach 2.11 gibt es dann

$$x_0' \in \,]x_1, x_2[, \quad x_0'' \in \,]x_2, x_3[\quad \text{mit} \quad f(x_0') = y = f(x_0'')$$

im Widerspruch zur Injektivität.
b. Kann leicht als Übung bewiesen werden.

□

C. Ableitung von Funktionen einer Variablen

Im Folgenden betrachten wir Funktionen $f(x)$ aus $\mathbb{R}$ in $\mathbb{R}$.

Definitionen 2.15. *Sei $[a, b] \subseteq \mathbb{R}$, $a < b$, ein kompaktes Intervall und sei $f : [a, b] \longrightarrow \mathbb{R}$ eine gegebene Funktion.*

a. f heißt differenzierbar in $x_0 \in \,]a, b[$, wenn in x_0 die Ableitung

$$f'(x_0) = \frac{\mathrm{d}f}{\mathrm{d}x}(x_0) := \lim_{x \to x_0} \frac{f(x) - f(x_0)}{x - x_0} = \lim_{h \to 0} \frac{f(x_0 + h) - f(x_0)}{h}$$

(2.10)

existiert. f heißt differenzierbar in $]a, b[$, wenn f in jedem $x_0 \in \,]a, b[$ differenzierbar ist.

b. Man nennt

$$f'_-(x_0) = \lim_{h \longrightarrow 0-0} \frac{f(x_0 + h) - f(x_0)}{h} \tag{2.11}$$

die linksseitige Ableitung *von f in x_0, und*

$$f'(x_0 - 0) = \lim_{h \longrightarrow 0-0} f'(x_0 + h) \tag{2.12}$$

den linksseitigen Grenzwert *der Ableitung von f in x_0 (auch für $x_0 = b$).*
c. Man nennt

$$f'_+(x_0) = \lim_{h \longrightarrow 0+0} \frac{f(x_0 + h) - f(x_0)}{h} \tag{2.13}$$

die rechtsseitige Ableitung *von f in x_0, und*

$$f'(x_0 + 0) = \lim_{h \longrightarrow 0+0} f'(x_0 + h) \tag{2.14}$$

den rechtsseitigen Grenzwert *der Ableitung von f in x_0 (auch für $x_0 = a$).*

Anmerkung 2.16. In der Situation von 2.15a können wir für $x \in]a, b[$, $x \neq x_0$ setzen:

$$r(x) := \frac{f(x) - f(x_0)}{x - x_0} - f'(x_0)$$

und erhalten $r(x) \longrightarrow 0$ für $x \longrightarrow x_0$. Auflösen der Gleichung nach $f(x)$ ergibt

$$f(x) = f(x_0) + [f'(x_0) + r(x)](x - x_0) \qquad \text{mit} \qquad \lim_{x \to x_0} r(x) = 0 \,. \tag{2.15}$$

Hieraus folgt sofort, dass $f(x) \longrightarrow f(x_0)$ für $x \longrightarrow x_0$. Wenn also eine Funktion f in x_0 differenzierbar ist, so ist sie dort auch stetig.

Gilt umgekehrt (2.15) für eine geeignete Funktion r und eine Zahl $f'(x_0)$, so erkennt man, dass $f'(x_0)$ durch (2.10) gegeben ist. Die Funktion f ist dann also differenzierbar in x_0, und $f'(x_0)$ ist tatsächlich die Ableitung. Diese Beschreibung der Ableitung ist der Ausgangspunkt der Differenzialrechnung für Funktionen von mehreren Variablen (vgl. Kap. 9).

Mit derartigen einfachen Grenzwertbetrachtungen beweist man auch den folgenden Satz:

Satz 2.17.

a. Ist $f : [a, b] \longrightarrow \mathbb{R}$ (links- oder rechtsseitig) differenzierbar in x_0, so ist f (links- oder rechtsseitig) stetig in x_0.
b. f ist genau dann differenzierbar in x_0, wenn

$$f'_-(x_0) = f'_+(x_0) \,.$$

Es folgen die wohlbekannten Rechenregeln für das Differenzieren mit knappen Beweisen. Die Beweise ausführlich darzustellen, ist eine gute Übung.

Theorem 2.18. *Seien* $f, g : I \longrightarrow \mathbb{R}$, $I =]a, b[$, *differenzierbar in* I.

a. *Für* $\alpha, \beta \in \mathbb{R}$ *ist* $\alpha f + \beta g$ *differenzierbar in* I *mit*

$$(\alpha f + \beta g)'(x) = \alpha f'(x) + \beta g'(x) . \tag{2.16}$$

b. $f \cdot g : I \longrightarrow \mathbb{R}$ *ist differenzierbar und es gilt die* Produktregel

$$(fg)'(x) = f(x)g'(x) + g(x)f'(x) \tag{2.17}$$

c. $f/g : I \longrightarrow \mathbb{R}$ *ist differenzierbar in Punkten* $x \in I$ *mit* $g(x) \neq 0$ *und es gilt die* Quotientenregel

$$\left(\frac{f}{g}\right)'(x) = \frac{f'(x)g(x) - f(x)g'(x)}{g(x)^2} \tag{2.18}$$

d. *Ist* f *streng monoton in* I, $J = f(I)$, *so ist* $f^{-1} : J \longrightarrow \mathbb{R}$ *differenzierbar in* J *mit*

$$(f^{-1})'(y) = \frac{1}{f'(f^{-1}(y))} \quad \text{für } y \in J \tag{2.19}$$

in allen Punkten $y = f(x)$, *in denen* $f'(x) \neq 0$.

e. *Ist* $f : I \longrightarrow \mathbb{R}$ *differenzierbar in* I, $J = f(I)$ *und ist* $g : J \longrightarrow \mathbb{R}$ *differenzierbar in* J, *so ist* $g \circ f : I \longrightarrow \mathbb{R}$ *differenzierbar in* I *und es gilt die* Kettenregel

$$(g \circ f)'(x) = g'(f(x)) \cdot f'(x) . \tag{2.20}$$

Beweis.   a. Folgt aus 2.18 und 2.2.

b. Folgt aus

$$\frac{f(x)g(x) - f(x_0)g(x_0)}{x - x_0} = g(x)\frac{f(x) - f(x_0)}{x - x_0} + f(x_0)\frac{g(x) - g(x_0)}{x - x_0}$$

und Grenzübergang $x \longrightarrow x_0$.

c. Folgt aus

$$\frac{\dfrac{f(x)}{g(x)} - \dfrac{f(x_0)}{g(x_0)}}{x - x_0} = \frac{1}{g(x)g(x_0)}\left\{ \frac{f(x)g(x_0) - f(x_0)g(x_0)}{x - x_0} - \frac{f(x_0)g(x) - f(x_0)g(x_0)}{x - x_0} \right\}$$

und Grenzübergang $x \longrightarrow x_0$, wobei man 2.2d beachtet.

d. Setzen wir $\varphi = f^{-1} : J \longrightarrow \mathbb{R}$, so ist

$$\varphi(f(x)) = x \quad \text{für } x \in I, \quad f(\varphi(y)) = y \quad \text{für } y \in J$$

und die Behauptung folgt aus

$$\frac{\varphi(y) - \varphi(y_0)}{y - y_0} = \frac{x - x_0}{f(x) - f(x_0)} = \left[\frac{f(x) - f(x_0)}{x - x_0}\right]^{-1}$$

für $y \longrightarrow y_0$. Man muss nur sicherstellen, dass $y \longrightarrow y_0 \Longrightarrow x \longrightarrow x_0$, d. h. dass φ in y_0 stetig ist. Das folgt aber aus 2.14b.

e. Die Kettenregel übernehmen wir zunächst ohne Beweis. Sie wird sich als Spezialfall einer allgemeineren Version ergeben (vgl. 9.16).

□

2.19 Ableitungen der elementaren Funktionen. Die elementaren Funktionen sind überall differenzierbar. Ohne Beweis (vgl. jedoch Ergänzung 2.40) vermerken wir die grundlegenden Beziehungen

$$\frac{\mathrm{d}}{\mathrm{d}x}\exp x = \exp x \tag{2.21}$$

und

$$\frac{\mathrm{d}}{\mathrm{d}x}\sin x = \cos x, \qquad \frac{\mathrm{d}}{\mathrm{d}x}\cos x = -\sin x . \tag{2.22}$$

Mittels 2.18d folgt aus (2.21) sofort

$$\frac{\mathrm{d}}{\mathrm{d}x}\ln x = \frac{1}{x} \qquad (x > 0) . \tag{2.23}$$

Für die allgemeine Potenz $x^\alpha = \exp(\alpha \ln x)$ folgt dann (für $x > 0$) mittels der Kettenregel

$$\frac{\mathrm{d}}{\mathrm{d}x}x^\alpha = \alpha x^{\alpha-1} \tag{2.24}$$

für beliebiges $\alpha \in \mathbb{R}$. Ist der Exponent ganzzahlig, so gilt diese Formel auch auf ganz $\mathbb{R}$, wie man mittels Produkt- und Quotientenregel direkt nachrechnet. Für ein Polynom

$$P(x) := \sum_{k=0}^{n} c_k x^k$$

folgt

$$P'(x) = \sum_{k=1}^{n} c_k k x^{k-1} = \sum_{j=0}^{n-1}(j+1)c_{j+1}x^j .$$

Auch die Ableitungen aller anderen elementaren Funktionen lassen sich mit den Rechenregeln aus 2.18 nun leicht berechnen. Die Ergebnisse dieser Rechnungen gehören zum Handwerkszeug des Physikers, und wir stellen sie in Abschnitt F. kurz zusammen.

Korollar 2.20. *Für alle $x \in \mathbb{R}$ ist*

$$\mathrm{e}^x = \lim_{n \to \infty}\left(1 + \frac{x}{n}\right)^n .$$

Insbesondere ist die EULER*'sche Zahl gegeben durch*

$$\mathrm{e} = \lim_{n \to \infty}\left(1 + \frac{1}{n}\right)^n .$$

Beweis. Die Ableitung von $\ln t$ bei $t = 1$ ist 1. Nach Definition der Ableitung heißt das:

$$\lim_{\substack{h \to 0 \\ h \neq 0}} \frac{1}{h} \ln(1 + h) = \lim_{\substack{h \to 0 \\ h \neq 0}} \frac{1}{h} (\ln(1 + h) - \ln 1) = 1 \ .$$

Diesen Grenzwert können wir auch entlang einer Folge bilden, die gegen Null konvergiert, z. B. entlang der Folge $h_n := x/n$. Also:

$$1 = \lim_{n \to \infty} \frac{1}{h_n} \ln(1 + h_n) = \lim_{n \to \infty} \frac{n}{x} \ln \left(1 + \frac{x}{n} \right) \ .$$

Dies multiplizieren wir mit x und wenden alsdann die Exponentialfunktion an. Da die Exponentialfunktion stetig ist, folgt die Behauptung. □

D. Mittelwertsatz und TAYLORformel

Wir beginnen mit einer Aussage über lokale Extrema. Damit sind Punkte x_0 aus dem Definitionsbereich von f gemeint, bei denen die Einschränkung von f auf ein geeignetes Intervall $[x_0 - \delta, x_0 + \delta]$ ihr Maximum oder Minimum annimmt.

Satz 2.21. *Wenn* $f : [a, b] \longrightarrow \mathbb{R}$ *in* $x_0 \in \ ]a, b[$ *ein lokales Extremum hat und in* x_0 *differenzierbar ist, dann ist* $f'(x_0) = 0$.

Beweis. Wir nehmen an, f habe in x_0 ein lokales Maximum, d. h. es gibt ein $\delta > 0$, sodass

$$f(x_0) - f(x) \geq 0 \qquad \text{für } |x - x_0| < \delta \ .$$

Wegen

$$\frac{f(x) - f(x_0)}{x - x_0} \begin{cases} \leq 0 & \text{für } x_0 < x < x_0 + \delta \\ \geq 0 & \text{für } x_0 - \delta < x < x_0 \end{cases}$$

folgt die Behauptung für $x \longrightarrow x_0$. □

Theorem 2.22. *Sei* $f : [a, b] \longrightarrow \mathbb{R}$ *stetig auf* $[a, b]$ *und differenzierbar in* $]a, b[$. *Für* $a \leq x_1 < x_2 \leq b$ *gilt dann:*

a. Satz von ROLLE: *Wenn* $f(x_1) = f(x_2)$ *ist, dann gibt es ein* $x_0 \in \ ]x_1, x_2[$ *mit* $f'(x_0) = 0$.

b. Mittelwertsatz der Differenzialrechnung: *Es gibt ein* $x_0 \in \ ]x_1, x_2[$ *mit* $\frac{f(x_2) - f(x_1)}{x_2 - x_1} = f'(x_0)$.

Beweis.

a. Ist f konstant in $[x_1, x_2]$, so ist die Behauptung für jedes $x_0 \in \ ]x_1, x_2[$ richtig. Anderenfalls hat $f(x)$ in dem kompakten Intervall $[x_1, x_2]$ nach Theorem 2.12 ein Maximum $M > f(x_1)$ oder ein Minimum $m < f(x_1)$, etwa bei x_0, und wegen der Voraussetzung $f(x_1) = f(x_2)$ kann x_0 weder x_1 noch x_2 sein. Also hat f in $]x_1, x_2[$ ein lokales Extremum und die Behauptung folgt aus 2.21.

b. Anwendung des Satzes von ROLLE auf

$$h(x) := f(x) - \frac{f(x_2) - f(x_1)}{x_2 - x_1}(x - x_1)$$

liefert den Mittelwertsatz.

$\square$

Eine unmittelbare Konsequenz dieser Sätze ist:

Satz 2.23. *Sei $f : [a, b] \longrightarrow \mathbb{R}$ differenzierbar, $a \le x_1 < x_2 \le b$. Dann gilt*

a. $f'(x) \ge 0$, $x_1 \le x \le x_2 \Longleftrightarrow f$ *monoton wachsend in* $[x_1, x_2]$.
b. $f'(x) = 0$, $x_1 \le x \le x_2 \Longleftrightarrow f$ *konstant auf* $[x_1, x_2]$.
c. $f'(x) \le 0$, $x_1 \le x \le x_2 \Longleftrightarrow f$ *monoton fallend in* $[x_1, x_2]$.

Wir betrachten höhere Ableitungen.

Definitionen 2.24. *Wir betrachten ein offenes Intervall I und Funktionen $f : I \longrightarrow \mathbb{R}$.*

a. *Ist f differenzierbar in I und existiert die zweite Ableitung*

$$f''(x_0) = \lim_{h \to 0} \frac{f'(x_0 + h) - f'(x_0)}{h} \quad \text{von } f \text{ in } x_0,$$

so heißt f zweimal differenzierbar in x_0. Existiert die zweite Ableitung in jedem $x_0 \in I$, so heißt f zweimal differenzierbar in I. Dann definiert man die dritte Ableitung als Ableitung von f'' usw. Allgemein ist f in $x_0 \in I$ k-mal differenzierbar, wenn f in I $(k-1)$-mal differenzierbar ist und die Ableitung $f^{(k)}(x_0)$ der Funktion $f^{(k-1)} : I \longrightarrow \mathbb{R}$ in x_0 existiert.
b. *Ist f k-mal differenzierbar in I und ist die k-te Ableitung stetig in I, so heißt f k-mal stetig differenzierbar in I. Mit $C^k(I)$ bezeichnet man die Menge der k-mal stetig differenzierbaren Funktionen auf I. Mit $C^\infty(I)$ bezeichnet man die Menge der Funktionen, die zu jedem $C^k(I)$ gehören, die also beliebig oft stetig differenzierbar sind.*

Damit können wir den folgenden fundamentalen Approximationssatz beweisen:

Theorem 2.25 (Satz von TAYLOR). *Sei $f : [a, b] \longrightarrow \mathbb{R}$ eine C^{n+1}-Funktion, $a < x_0 < b$. Dann gilt die TAYLORformel*

$$f(x) = p_n(f, x, x_0) + r_n(f, x, x_0) \tag{2.25}$$

mit dem TAYLOR-Polynom n-ten Grades

$$p_n(f, x, x_0) = \sum_{k=0}^{n} \frac{f^{(k)}(x_0)}{k!}(x - x_0)^k \tag{2.26}$$

und dem n-ten TAYLOR'schen Rest

$$r_n(f, x, x_0) = \frac{1}{(n+1)!} f^{(n+1)}(\xi)(x - x_0)^{n+1} \tag{2.27}$$

mit einem ξ zwischen x und x_0.

Beweis. Für festes x und x_0 setzen wir

$$f(x) = p_n(f, x, x_0) + \frac{(x - x_0)^{n+1}}{(n+1)!} R \tag{2.28}$$

mit einer Konstanten R, die durch (2.28) definiert ist und von x, x_0 abhängt. Für $\xi \in [a, b]$ definieren wir die Hilfsfunktion

$$\varphi(\xi) = f(x) - \sum_{k=0}^{n} \frac{f^{(k)}(\xi)}{k!}(x - \xi)^k - \frac{(x - \xi)^{n+1}}{(n+1)!} R . \tag{2.29}$$

Aus 2.28 folgt dann:

$$\varphi(x_0) = 0 \quad \text{und} \quad \varphi(x) = 0 .$$

Da φ differenzierbar ist wegen $f \in C^{n+1}$, folgt aus dem Satz 2.22a von ROLLE, dass ein ξ zwischen x und x_0 existiert, sodass

$$0 = \varphi'(\xi) = -\sum_{k=0}^{n} \frac{f^{(k+1)}(\xi)}{k!}(x - \xi) + \sum_{k=1}^{n} \frac{f^{(k)}(\xi)}{(k-1)!}(x - \xi)^{k-1}$$
$$+ \frac{(x-\xi)^n}{n!} R = \frac{(x-\xi)^k}{n!}(R - f^{(n+1)}(\xi)) ,$$

weil alle anderen Summanden herausfallen (Teleskopsumme). Wegen $x - \xi \neq 0$ ist $R = f^{(k+1)}(\xi)$, was nach Einsetzen in (2.28) gerade die Behauptung liefert.
□

Eine Anwendung der TAYLORformel liegt darin, Funktionen durch Polynome zu approximieren, wobei das Restglied den Fehler angibt.

Beispiele 2.26.

a. $f(x) = (1 + x)^\alpha$, $x > -1$, $x_0 = 0$, $\alpha \in \mathbb{R}$. Dann ist

$$f(0) = 1, \quad f'(0) = \alpha, \quad f''(0) = \alpha(\alpha - 1), \ldots$$

und man bekommt

$$(1 + x)^\alpha = \sum_{k=0}^{n} \binom{\alpha}{k} x^k + \binom{\alpha}{n+1}(1 + \xi)^{\alpha - n - 1} x^{n+1}$$

mit

$$\binom{\alpha}{k} = \frac{\alpha(\alpha - 1) \cdots (\alpha - k + 1)}{k!} .$$

b. $f(x) = e^x$, $x \in \mathbb{R}$, $x_0 = 0$. Dann ist $f^{(k)}(0) = 1$, also

$$e^x = \sum_{k=0}^{n} \frac{x^k}{k!} + \frac{x^{n+1}}{(n+1)!} e^\xi \, .$$

Eine weitere Anwendung der TAYLORformel ist folgende Aussage:

Satz 2.27. *Sei $f \in C^n(]a,b[)$ und für ein $x_0 \in \,]a,b[$ sei $f'(x_0) = \cdots = f^{(n-1)}(x_0) = 0$, $f^{(n)}(x_0) \neq 0$. Dann gilt*

> *a. Ist n gerade, so hat f in x_0 ein relatives Maximum (bzw. Minimum), wenn $f^{(n)}(x_0) < 0$ (bzw. $f^{(n)}(x_0) > 0$).*
>
> *b. Ist n ungerade, so hat f in x_0 kein relatives Extremum.*

Beweis. Aus den Voraussetzungen und der TAYLORformel in 2.25 folgt

$$f(x) = f(x_0) + \frac{1}{n!} f^{(n)}(\xi)(x - x_0)^n \, .$$

Da $f^{(n)}$ noch stetig ist, hat $f^{(n)}(\xi)$ nach 2.9b dasselbe Vorzeichen wie $f^{(n)}(x_0)$, falls $|x - x_0|$ hinreichend klein ist. Ist n gerade, so ist $(x - x_0)^n > 0$ und daher

$$f(x) < f(x_0) \, , \qquad \text{falls } f^{(n)}(x_0) < 0$$
$$f(x) > f(x_0) \, , \qquad \text{falls } f^{(n)}(x_0) > 0$$

Ist n ungerade, so wechselt $(x - x_0)^n$ das Vorzeichen.   □

E. Die Regeln von DE L'HOSPITAL

Die Differenzialrechnung erlaubt es, gewisse Grenzwerte bequem zu berechnen, und dabei geht es auch um Grenzwerte, bei denen $x \longrightarrow \pm\infty$ oder $y = f(x) \longrightarrow \pm\infty$ strebt. Die exakte Definition dieser Grenzwerte müssen wir noch nachtragen, wobei wir uns allerdings auf zwei Fälle beschränken. Dabei wollen wir auch Grenzübergänge $x \to x_0$ zulassen, bei denen x_0 gar nicht im Definitionsintervall I der betrachteten Funktion liegt. Das ist aber nur dann sinnvoll, wenn x_0 das Intervall I *berührt*, d.h. wenn x_0 eine der Grenzen von I ist. Daher bezeichnen wir mit $\bar{I}$ die Menge, die entsteht, wenn man zum Intervall I noch seine Grenzen hinzunimmt.

Definitionen 2.28.

> *a. Sei $y_0 \in \mathbb{R}$, und das Definitionsintervall I von f sei nach oben unbeschränkt. Dann ist*
>
> $$y_0 = \lim_{x \to \infty} f(x)$$
>
> *genau dann, wenn es zu jedem $\varepsilon > 0$ ein $K > 0$ gibt, für das gilt:*
>
> $$x \in I, \ x > K \quad \Longrightarrow \quad |y_0 - f(x)| < \varepsilon \, .$$

b. *Für $x_0 \in \bar{I}$ ist*

$$\lim_{x \to x_0} f(x) = \infty$$

genau dann, wenn es zu jedem $K > 0$ ein $\delta > 0$ gibt, für das gilt:

$$x \in I, \ |x - x_0| < \delta \quad \Longrightarrow \quad f(x) > K .$$

Für alle anderen Fälle sind die Definitionen analog und leicht zu erraten. Sie sollten als Übung ausgeschrieben werden.

Seien nun $f(x), g(x)$ stetige Funktionen auf einem Intervall $I \subseteq \mathbb{R}$ und sei $x_0 \in \bar{I}$ ein Berührpunkt von I. Dann betrachten wir:

- Grenzwerte vom Typ $\frac{0}{0}$, d. h.

$$\lim_{x \to x_0} \frac{f(x)}{g(x)} \quad \text{wenn} \quad \lim_{x \to x_0} f(x) = 0 = \lim_{x \to x_0} g(x) .$$

- Grenzwerte vom Typ $\frac{\infty}{\infty}$, d. h.

$$\lim_{x \to x_0} \frac{f(x)}{g(x)} , \quad \text{wenn} \quad \lim_{x \to x_0} f(x) = \pm\infty = \lim_{x \to x_0} g(x) .$$

- Grenzwerte vom Typ $0 \cdot \infty$, d. h.

$$\lim_{x \to x_0} f(x) \cdot g(x), \quad \text{wenn} \quad \lim_{x \to x_0} f(x) = 0, \ \lim_{x \to x_0} g(x) = \pm\infty .$$

- Grenzwerte vom Typ $(\pm\infty) - (\pm\infty)$, d. h.

$$\lim_{x \to x_0} (f(x) - g(x)), \quad \text{wenn} \quad \lim_{x \to x_0} f(x) = \pm\infty = \lim_{x \to x_0} g(x) .$$

Man überlegt sich, dass man die beiden letzten Grenzwerte auf die ersten beiden Grenzwerte zurückführen kann (Übung).

Satz 2.29. *Seien $f, g \in C^n(I)$, $n \geq 1$, $x_0 \in \bar{I}$ Berührpunkt von I und gelte*

$$\lim_{x \to x_0} f^{(k)}(x) = 0 = \lim_{x \to x_0} g^{(k)}(x), k = 0, \ldots, n - 1 , \tag{2.30}$$

dann gilt:

$$\lim_{x \to x_0} \frac{f(x)}{g(x)} = \lim_{x \to x_0} \frac{f^{(n)}(x)}{g^{(n)}(x)} , \tag{2.31}$$

falls $\lim_{x \to x_0} f^{(n)}(x) \neq 0$ oder $\lim_{x \to x_0} g^{(n)}(x) \neq 0$.

Beweis. Es genügt die Behauptung für $n = 1$ zu beweisen. Für $n > 1$ folgt sie dann durch Induktion. Der Einfachheit halber nehmen wir auch an, es ist $x_0 \in I$, sodass also f, g, f', g' in x_0 definiert sind. Gelte also:

$$f(x_0) = 0 = \lim_{x \to x_0} f(x), \quad g(x_0) = 0 = \lim_{x \to x_0} g(x) .$$

Dann ist

$$\frac{f(x)}{g(x)} = \frac{f(x) - f(x_0)}{g(x) - g(x_0)} = \frac{f(x) - f(x_0)}{x - x_0} \left(\frac{g(x) - g(x_0)}{x - x_0} \right)^{-1}$$

. Grenzübergang $x \to x_0$ liefert die Behauptung. Auch für $x_0 \in \bar{I} \setminus I$ lässt sich dieser Schluss durchführen, wenn f, g, f', g' geeignet fortgesetzt werden (vgl. Ergänzung 2.41). □

Beispiele:

a. $\lim_{x \to 0} \frac{\sin x}{x} = \lim_{x \to 0} \frac{\cos x}{1} = 1$.

b. $\lim_{x \to 0} \frac{\sin x}{x^2} = \lim_{x \to 0} \frac{\cos x}{2x} = +\infty$.

c. $\lim_{x \to 0} \frac{\sin^2 x}{x} = \lim_{x \to 0} \frac{2 \sin x \cos x}{1} = 0$.

d. $\lim_{x \to 0} \frac{\cos x - 1}{x^2} = \lim_{x \to 0} \frac{-\sin x}{2x} = \lim_{x \to 0} \frac{-\cos x}{2} = -2$.

Satz 2.30. *Seien $f, g \in C^n(I)$, $n \geq 1$, $x_0 \in \bar{I}$ und gelte*

$$\lim_{x \to x_0} f^{(k)}(x) = \pm\infty = \lim_{x \to x_0} g^{(k)}(x), k = 0, 1, \dots, n - 1 , \qquad (2.32)$$

dann gilt

$$\lim_{x \to x_0} \frac{f(x)}{g(x)} = \lim_{x \to x_0} \frac{f^{(n)}(x)}{g^{(n)}(x)} , \qquad (2.31)$$

falls $\lim_{x \to x_0} f^{(n)}(x) \neq \pm\infty$ oder $\lim_{x \to x_0} g^{(n)}(x) \neq \pm\infty$.

Der etwas knifflige Beweis wird in Ergänzung 2.41 angegeben.

Korollar 2.31. *Die Regeln von DE L'HOSPITAL – also die letzten beiden Sätze – bleiben gültig, wenn überall der Grenzübergang $x \to x_0$ durch $x \to \infty$ oder $x \to -\infty$ ersetzt wird.*

Beweis. Wieder genügt es, den Fall $n = 1$ zu behandeln. Betrachte z. B. $\lim_{x \to \infty} \frac{f(x)}{g(x)}$, wenn f, g für $x \to \infty$ die Voraussetzungen von 2.29 oder 2.30 erfüllen. Wir setzen

$$F(t) := f(1/t), \qquad G(t) := g(1/t)$$

für $t > 0$. Dann ist $t_0 = 0$ ein Berührpunkt des Intervalls $]0, \infty[$, und F, G erfüllen für den Grenzübergang $t \to 0+$ die Voraussetzungen von 2.29 bzw. 2.30. Also ist

$$\lim_{t \to 0+} \frac{F(t)}{G(t)} = \lim_{t \to 0+} \frac{F'(t)}{G'(t)} \; .$$

Aber $\displaystyle\lim_{x \longrightarrow \infty} \frac{f(x)}{g(x)} = \lim_{t \to 0+} \frac{F(t)}{G(t)}$, und wegen $F'(t) = -(1/t^2)f'(1/t)$, $G'(t) = -(1/t^2)g'(1/t)$ ist

$$\lim_{t \to 0+} \frac{F'(t)}{G'(t)} = \lim_{t \to 0+} \frac{f'(1/t)}{g'(1/t)} = \lim_{x \longrightarrow \infty} \frac{f'(x)}{g'(x)} \; ,$$

und es folgt die Behauptung. □

Beispiele:

a. $\displaystyle\lim_{x \longrightarrow \infty} \frac{x^n}{e^x} = \lim_{x \longrightarrow \infty} \frac{nx^{n-1}}{e^x} = \cdots = \lim_{x \longrightarrow \infty} \frac{n!}{e^x} = 0 \; .$

b. $\displaystyle\lim_{x \longrightarrow 0} x \cdot \ln x = \lim_{x \longrightarrow 0} \frac{\ln x}{1/x} = \lim_{x \longrightarrow 0} \frac{1/x}{-1/x^2} = \lim_{x \longrightarrow 0} (-x) = 0 \; .$

F. Elementare Funktionen II (Formelsammlung)

Es folgt die versprochene Zusammenstellung der Ableitungen der elementaren Funktionen, zusammen mit TAYLORentwicklungen und weiteren asymptotischen Aussagen. Alle Behauptungen können mit den in diesem Kapitel besprochenen Rechenregeln leicht bewiesen werden.

Satz 2.32.

a. *Die Exponentialfunktion $f(x) = e^x$ ist auf ganz $\mathbb{R}$ beliebig oft differenzierbar mit*

$$\frac{\mathrm{d}}{\mathrm{d}x}(e^x) = e^x \; .$$

b. *Die Exponentialfunktion wächst schneller als jede Potenz von x für $x \longrightarrow +\infty$, d. h. für alle $n > 0$ gilt*

$$\lim_{x \longrightarrow +\infty} \frac{e^x}{x^n} = +\infty \; .$$

c. *Die Exponentialfunktion hat an der Stelle $x_0 = 0$ die folgende TAYLORentwicklung*

$$e^x = \sum_{k=0}^{n} \frac{x^k}{k!} + \frac{x^{n+1}}{(n+1)!} e^\xi \; .$$

Satz 2.33.

a. *Der natürliche Logarithmus* $f(x) = \ln x$ *ist für* $x > 0$ *beliebig oft differenzierbar mit*

$$\frac{\mathrm{d}}{\mathrm{d}x} \ln x = \frac{1}{x} \,.$$

b. *Der Logarithmus wächst langsamer als jede Potenz von* x *für* $x \longrightarrow \infty$, *d. h. für jedes* $\varepsilon > 0$ *gilt*

$$\lim_{x \longrightarrow +\infty} \frac{\ln x}{x^\varepsilon} = 0$$

c. *Es gelten die* TAYLOR*entwicklungen*

$$\ln(1 + x) = \sum_{k=1}^{n} (-1)^{k-1} \frac{x^k}{k} + (-1)^n \frac{x^{n+1}}{(n+1)(1+\xi)^{n+1}}$$
$$\ln(1 - x) = - \sum_{k=1}^{n} \frac{x^k}{k} - \frac{x^{n+1}}{(n+1)(1-\xi)^{n+1}}$$

für $|x| < 1$.

Satz 2.34.

a. *Die trigonometrischen Funktionen* $\sin x$ *und* $\cos x$ *sind für alle* $x \in \mathbb{R}$ *beliebig oft differenzierbar mit*

$$\frac{\mathrm{d}}{\mathrm{d}x} \sin x = \cos x \,, \quad \frac{\mathrm{d}}{\mathrm{d}x} \cos x = -\sin x$$

b. *Es gelten die* TAYLOR*entwicklungen*

$$\sin x = \sum_{k=0}^{n} (-1)^k \frac{x^{2k+1}}{(2k+1)!} + (-1)^{n+1} \frac{x^{2n+2}}{(2n+2)!} \cos \xi$$
$$\cos x = \sum_{k=0}^{n} (-1)^k \frac{x^{2k}}{(2k)!} + (-1)^{n+1} \frac{x^{2n+1}}{(2n+1)!} \sin \xi$$

c. *Die Funktion* $\tan x$ *ist für alle* $x \neq k\pi + \frac{\pi}{2}$ *und die Funktion* $\cot x$ *ist für alle* $x \neq k\pi$ ($k \in \mathbb{Z}$) *beliebig oft differenzierbar mit*

$$\frac{\mathrm{d}}{\mathrm{d}x} \tan x = \frac{1}{\cos^2 x} = 1 + \tan^2 x$$

$$\frac{\mathrm{d}}{\mathrm{d}x} \cot x = -\frac{1}{\sin^2 x} = -1 - \cot^2 x \,.$$

Satz 2.35.

a. *Die Hyperbelfunktionen* $\sinh x$ *und* $\cosh x$ *sind für alle* $x \in \mathbb{R}$ *beliebig oft differenzierbar mit*

$$\frac{\mathrm{d}}{\mathrm{d}x} \sinh x = \cosh x \,, \quad \frac{\mathrm{d}}{\mathrm{d}x} \cosh x = \sinh x \,.$$

b. *Es gelten die* TAYLOR*entwicklungen*

$$\sinh x = \sum_{k=0}^{n} \frac{x^{2k+1}}{(2k+1)!} + \frac{x^{2n+2}}{(2n+2)!} \cosh \xi$$

$$\cosh x = \sum_{k=0}^{n} \frac{x^{2k}}{(2k)!} + \frac{x^{2n+1}}{(2n+1)!} \sinh \xi \; .$$

Satz 2.36.

a. *Die Funktionen* $\arcsin x$ *und* $\arccos x$ *sind für* $|x| < 1$ *beliebig oft differenzierbar mit*

$$\frac{\mathrm{d}}{\mathrm{d}x} \arcsin x = \frac{1}{\sqrt{1-x^2}} \; , \quad \frac{\mathrm{d}}{\mathrm{d}x} \arccos x = \frac{-1}{\sqrt{1-x^2}} \; .$$

b. *Die Funktionen* $\arctan x$ *und* $\operatorname{arccot} x$ *sind für* $x \in \mathbb{R}$ *beliebig oft differenzierbar mit*

$$\frac{\mathrm{d}}{\mathrm{d}x} \arctan x = \frac{1}{1+x^2} \; , \quad \frac{\mathrm{d}}{\mathrm{d}x} \operatorname{arccot} x = \frac{-1}{1+x^2} \; .$$

Satz 2.37.

a. *Die Funktion* $\operatorname{ar\,sinh} x$ *ist für alle* $x \in \mathbb{R}$ *und* $\operatorname{ar\,cosh} x$ *für alle* $x > 1$ *beliebig oft differenzierbar mit*

$$\frac{\mathrm{d}}{\mathrm{d}x} \operatorname{ar\,sinh} x = \frac{1}{\sqrt{1+x^2}} \; , \quad \frac{\mathrm{d}}{\mathrm{d}x} \operatorname{ar\,cosh} x = \frac{1}{\sqrt{x^2-1}} \; .$$

b. *Die Funktion* $\operatorname{ar\,tanh} x$ *ist für alle* $|x| < 1$ *und die Funktion* $\operatorname{ar\,coth} x$ *für alle* $|x| > 1$ *beliebig oft differenzierbar mit*

$$\frac{\mathrm{d}}{\mathrm{d}x} \operatorname{ar\,tanh} x = \frac{1}{1-x^2} \; , \quad \frac{\mathrm{d}}{\mathrm{d}x} \operatorname{ar\,coth} x = \frac{-1}{x^2-1} \; .$$

Ergänzungen zu §2

Wir tragen hier die Beweise von 2.11, 2.12 und 2.30 nach, machen verschiedene zusätzliche Betrachtungen über Grenzwerte und (einseitige) Ableitungen und geben am Schluss eine Verallgemeinerung der Produktregel auf höhere Ableitungen sowie eine Anwendung davon auf Nullstellen von Polynomen.

2.38 Beweis des Zwischenwertsatzes. Wir brauchen nur 2.11a zu beweisen. Sei etwa $x_1 < x_2$ und $f(x_1) < y < f(x_2)$ (der Fall $x_1 > x_2$ geht analog). Dann definieren wir die Menge

$$M = \{x | f(x') < y \quad \text{für } x_1 \le x' < x\} \; .$$

Offenbar ist $x_1 \in M$ und x_2 eine obere Schranke von M. Also existiert $x_0 :=$ sup M nach 1.15, und nach 1.16 gibt es eine Folge:

$$(x_n') \quad \text{mit } x_n' \in M \text{ und } x_n' \longrightarrow x_0 \ .$$

Mit 2.7 und 2.2e folgt hieraus

$$f(x_0) = \lim_{n \to \infty} f(x_n') \leq y \ .$$

Nach Definition von M ist außerdem $f(x) < y$ auf jedem der Intervalle $[x_1, x_n'[$ $(n \in \mathbb{N})$ und daher auf dem ganzen Intervall $[x_1, x_0[$. Wäre nun $f(x_0) < y$, so gäbe es nach Definition der Stetigkeit ein positives $\delta < x_2 - x_0$ so, dass $f(x) < y$ auch für $x_0 - \delta < x < x_0 + \delta$ richtig wäre (man wähle δ z. B. passend zu $\varepsilon := \frac{1}{2}(y - f(x_0)))$. Dann wäre aber $f(x) < y$ auf ganz $[x_1, x_0 + \delta[$ und damit $x_0 + \delta \in M$ im Widerspruch zu $x_0 = \sup M$. Also ist $f(x_0) = y$, und wir sind fertig.

2.39 Beweis von Theorem 2.12. Wir betrachten das beliebige kompakte Intervall $I = [a, b]$. Zunächst zeigen wir:

Behauptung. Jede stetige Funktion auf I ist beschränkt.

Beweis. Nehmen wir an, für eine stetige Funktion $f : I \to \mathbb{R}$ wäre der Wertebereich $f(I)$ unbeschränkt. Wir halbieren das Intervall, teilen es also ein in die beiden Hälften $[a, c]$ und $[c, b]$ mit $c := (a + b)/2$. Auf mindestens einer der beiden Hälften muss f unbeschränkt sein, denn sonst wäre f ja auf ganz I beschränkt. Wir wählen solch eine Hälfte und nennen sie $I_1 := [a_1, b_1]$. (Es ist also $a_1 = a$, $b_1 = c$, wenn die linke Hälfte gewählt wurde, bzw. $a_1 = c$, $b_1 = b$, wenn die rechte Hälfte gewählt wurde.) Nun teilen wir I_1 ein in die beiden Hälften $[a_1, c_1]$ und $[c_1, b_1]$ mit $c_1 := (a_1 + b_1)/2$. Auf mindestens einer der beiden Hälften muss f wiederum unbeschränkt sein. Wir wählen solch eine Hälfte und nennen sie $I_2 := [a_2, b_2]$. So fortfahrend, erhalten wir rekursiv eine Folge

$$I = I_0 \supset I_1 \supset I_2 \supset \dots$$

von ineinander geschachtelten Intervallen $I_n = [a_n, b_n]$, auf denen f unbeschränkt ist. Für jedes $n \in \mathbb{N}$ haben wir wegen der Schachtelung der Intervalle

$$a_n \leq a_{n+1} < b_{n+1} \leq b_n \leq b \ . \tag{$*$}$$

Die Folge $(a_n)_n$ ist also monoton wachsend und nach oben beschränkt. Nach Satz 2.4 konvergiert sie daher gegen ihr Supremum $s := \sup_{n \in \mathbb{N}} a_n$, und nach $(*)$ zusammen mit der Definition des Supremums ist klar, dass $a \leq a_n \leq s \leq b_n \leq b$ $\forall n$, insbesondere also $s \in I$. Die Konstruktion der Intervalle I_n zeigt außerdem, dass I_{n+1} stets halb so lang ist wie I_n, also

$$b_n - a_n = (b - a)/2^n \ .$$

Daher ist $\lim_{n\to\infty}(b_n - a_n) = 0$ und somit

$$\lim_{n\to\infty} b_n = \lim_{n\to\infty} a_n + \lim_{n\to\infty}(b_n - a_n) = s \,.$$

Zu $\varepsilon = 1$ wählen wir nun ein $\delta > 0$ gemäß der Stetigkeit von f im Punkt s. Da die Folgen $(a_n)_n$, $(b_n)_n$ beide gegen s konvergieren, können wir n so groß wählen, dass $|s - a_n|$, $|s - b_n| < \delta$, also $0 \leq s - a_n < \delta$ und $0 \leq b_n - s < \delta$. Dies bedeutet

$$I_n \subseteq I \cap]s - \delta, s + \delta[\,.$$

Aber für jedes $x \in I \cap]s - \delta, s + \delta[$ ist $|f(x)| \leq |f(s)| + |f(x) - f(s)| < |f(s)| + 1 =: M$ und damit $f(I_n) \subseteq [-M, M]$ im Widerspruch dazu, dass $f(I_n)$ unbeschränkt ist. $\qquad\square$

Nun zeigen wir, dass die stetige Funktion $f : I \to \mathbb{R}$ in I ihr Maximum annimmt. Nach unserer Behauptung ist $f(I)$ beschränkt, also können wir setzen:

$$M := \sup f(I) \,,$$

und wir haben zu zeigen, dass $M \in f(I)$.

Angenommen, das wäre falsch. Dann wäre durch

$$g(x) := \frac{1}{M - f(x)} \qquad\qquad (x \in I)$$

eine positive stetige Funktion auf I definiert, denn es ist ja $f(x) < M$ für jedes $x \in I$. Wir können unsere Behauptung auf g anwenden und erkennen so, dass es eine Zahl $\mu > 0$ gibt mit $g(x) \leq \mu \quad \forall\, x \in I$. Aber

$$\frac{1}{M - f(x)} \leq \mu$$

ist äquivalent zu

$$f(x) \leq M - \frac{1}{\mu} \,.$$

Es ist also

$$M = \sup f(I) \leq M - \frac{1}{\mu} < M$$

ein Widerspruch. Also war unsere Annahme falsch, und f nimmt ihr Maximum an. Dass sie auch ihr Minimum annimmt, folgt durch Anwendung des Bewiesenen auf die stetige Funktion $-f$.

2.40 Grenzwertbestimmungen bei elementaren Funktionen. Die Differenzierbarkeit – und damit insbesondere die Stetigkeit – der elementaren Funktionen sowie die Werte ihrer Ableitungen lassen sich leicht aus einfachen und anschaulich sehr einleuchtenden Eigenschaften herleiten, was hier geschehen soll.

Die Exponentialfunktion

Neben dem Additionstheorem verwenden wir die Tatsache, dass

$$\exp x \geq 1 + x \qquad \forall\, x \in \mathbb{R}. \tag{2.33}$$

Schreibt man dies für $-x$ auf und geht zum Kehrwert über, so folgt im Falle $x < 1$, dass auch

$$\exp x \leq \frac{1}{1-x}$$

gilt. Nun ist

$$\frac{1}{1-x} - 1 = \frac{x}{1-x}.$$

Für $-\infty < x < 1$ haben wir also

$$x \leq \exp x - 1 \leq \frac{x}{1-x}$$

und somit für $x \neq 0$:

$$1 \leq \frac{\exp x - 1}{x} \leq \frac{1}{1-x}\,.$$

Hieraus folgt

$$\lim_{\substack{x \to 0 \\ x \neq 0}} \frac{\exp x - 1}{x} = 1\,.$$

Mit dem Additionstheorem folgt hieraus die Differenzierbarkeit an jedem Punkt sowie die Beziehung (2.21).

Die trigonometrischen Funktionen

Hier gehen wir aus von der anschaulich einleuchtenden Beziehung

$$\sin x \leq x \leq \tan x \qquad\qquad (0 \leq x < \pi/2). \tag{2.34}$$

Aus dem Additionstheorem für den Kosinus folgt leicht (vgl. auch 1.27c)

$$1 - \cos x = 2\sin^2 \frac{x}{2},$$

und daher liefert die erste Ungleichung in (2.34)

$$1 - \cos x \leq \frac{x^2}{2}. \tag{2.35}$$

Da hier links und rechts gerade Funktionen stehen, gilt diese Ungleichung sogar für $-\pi/2 < x < \pi/2$. Für $x \neq 0$ folgt

$$0 \leq \frac{1 - \cos x}{x} \leq x/2$$

und daher

$$\lim_{\substack{x \to 0 \\ x \neq 0}} \frac{\cos x - 1}{x} = 0. \tag{2.36}$$

Die Ungleichung (2.35) können wir umformulieren zu

$$\cos x \geq 1 - \frac{x^2}{2} \,,$$

und die zweite Ungleichung in (2.34) zu

$$\sin x \geq x \cos x \qquad\qquad (x \geq 0) \,.$$

Kombination dieser beiden Ungleichungen liefert für $x \geq 0$

$$\sin x \geq x \left(1 - \frac{x^2}{2} \right)$$

und somit (wenn wir erneut (2.34) beachten)

$$1 - \frac{x^2}{2} \leq \frac{\sin x}{x} \leq 1 \,.$$

Da die hier vorkommenden Funktionen wieder gerade sind, gilt diese Beziehung auch für negative $x \neq 0$. Es folgt

$$\lim_{\substack{x \to 0 \\ x \neq 0}} \frac{\sin x}{x} = 1 \,. \tag{2.37}$$

Mit den Additionstheoremen folgt aus (2.36) und (2.37) die Differenzierbarkeit der trigonometrischen Funktionen auf ganz $\mathbb{R}$ sowie die vertrauten Werte (2.22) der Ableitungen.

2.41 Grenzwerte von Ableitungen sind Ableitungen. Zwischen den in 2.15b, c definierten Größen herrscht die folgende einfache Beziehung:

Satz. *Wenn $f'(x_0 - 0)$ (bzw. $f'(x_0 + 0)$) existiert und f in x_0 linksseitig (bzw. rechtsseitig) stetig ist, so existiert auch $f'_-(x_0)$ (bzw. $f'_+(x_0)$), und die beiden Größen stimmen überein.*

Beweis. Nehmen wir z. B. an, es existiert $f'(x_0 + 0)$ und f ist in x_0 rechtsseitig stetig. Zu beliebigem $\varepsilon > 0$ finden wir dann $\delta > 0$ so, dass

$$0 \leq x - x_0 < \delta \quad \Longrightarrow \quad |f'(x) - f'(x_0 + 0)| < \varepsilon \,.$$

Ist nun $0 < h < \delta$, so haben wir nach dem Mittelwertsatz

$$\frac{f(x_0 + h) - f(x_0)}{h} = f'(\xi)$$

mit einem ξ zwischen x_0 und $x_0 + h$, also mit $0 < \xi - x_0 < \delta$. Daher ist

$$\left| \frac{f(x_0 + h) - f(x_0)}{h} - f'(x_0 + 0) \right| = |f'(\xi) - f'(x_0 + 0)| < \varepsilon \,.$$

Dies zeigt, dass tatsächlich

$$f'(x_0 + 0) = \lim_{h \to 0+} \frac{f(x_0 + h) - f(x_0)}{h} \,,$$

wie behauptet. Der andere Fall wird völlig analog behandelt.   □

In der Theorie der Differenzialgleichungen trifft man häufig die folgende Situation an: Man hat Zahlen $a < c < b$ und C^1-Funktionen $f : [a, c] \to \mathbb{R}$, $g : [c, b] \to \mathbb{R}$ mit $f(c) = g(c)$. Dann kann man die beiden Funktionen „zusammenstückeln", d. h. man hat eine eindeutige Funktion $h : [a, b] \to \mathbb{R}$, die auf $[a, c]$ mit f, auf $[c, b]$ mit g übereinstimmt, und diese ist sogar stetig. Aber h muss in $x = c$ nicht differenzierbar sein, denn es könnte dort ja ein Knick in der Kurve auftreten. Man erwartet Differenzierbarkeit, wenn die Steigungen von f und g bei $x = c$ übereinstimmen. Unser Satz bestätigt dies, denn aus

$$f'(c - 0) = g'(c + 0)$$

folgt ja aufgrund des Satzes

$$f'_-(c) = g'_+(c) \,,$$

und dieser gemeinsame Wert ist offenbar $h'(c)$. Insbesondere ist h' stetig, auch im Punkt c.

Mit dieser Methode kann man auch leicht Beispiele für Funktionen konstruieren, die z. B. einmal, aber nicht zweimal differenzierbar sind. Setze etwa

$$h(x) := \begin{cases} x^2 & \text{für } x \geq 0 \,, \\ -x^2 & \text{für } x \leq 0 \,, \end{cases}$$

dann ist $h \in C^1(\mathbb{R})$ mit $h'(0) = 0$, aber $h''(0)$ existiert nicht, da der Grenzwert der zweiten Ableitungen von rechts $+2$ und von links -2 beträgt.

2.42 Zweiter Mittelwertsatz und Regel von DE L'HOSPITAL.
Zum Beweis der Regel von DE L'HOSPITAL im Falle eines Grenzwertes vom Typ ∞/∞ benutzt man den sog. *zweiten Mittelwertsatz der Differenzialrechnung*. Er lautet:

Es sei $a \leq x_1 < x_2 \leq b$. Sind $f, g : [a, b] \longrightarrow \mathbb{R}$ beide stetig auf $[a, b]$, differenzierbar in $]a, b[$ und ist $g'(x) \neq 0$ in $]x_1, x_2[$, so gibt es ein $x_0 \in]x_1, x_2[$ mit

$$\frac{f(x_2) - f(x_1)}{g(x_2) - g(x_1)} = \frac{f'(x_0)}{g'(x_0)} \,.$$

Beweis. Anwendung des Satzes von ROLLE auf

$$h(x) := (f(x_2) - f(x_1))g(x) - (g(x_2) - g(x_1))f(x)$$

liefert die Behauptung.   □

Nun können wir Satz 2.30 beweisen:
Es genügt wieder, den Beweis für $n = 1$ zu führen. Sei also

$$\lim_{x \longrightarrow x_0} \frac{f'(x)}{g'(x)} = L \,,$$

d. h. zu $\varepsilon > 0$ gibt es ein $\delta_0 > 0$, sodass

$$L - \frac{\varepsilon}{3} < \frac{f'(\xi)}{g'(\xi)} < L + \frac{\varepsilon}{3} \,, \qquad \text{falls } |\xi - x_0| < \delta_0 \,.$$

Aus dem Zweiten Mittelwertsatz folgt dann für Punkte $x, x' \in \,]x_0 - \delta_0, x_0 + \delta_0[$

$$L - \frac{\varepsilon}{3} < \frac{f(x) - f(x')}{g(x) - g(x')} < L + \frac{\varepsilon}{3} \,. \tag{2.38}$$

Für festes $x' \in \,]x_0 - \delta_0, x_0 + \delta_0[$ ist

$$\frac{f(x)}{g(x)} - L = \frac{f(x') - Lg(x')}{g(x)} + \left(1 - \frac{g(x')}{g(x)}\right)\left(\frac{f(x) - f(x')}{g(x) - g(x')} - L\right) \,.$$

Wegen $|g(x)| \longrightarrow \infty$ für $x \longrightarrow x_0$ können wir $0 < \delta_1 < \delta_0$ so wählen, dass

$$\left|\frac{f(x') - Lg(x')}{g(x)}\right| < \frac{\varepsilon}{2} \quad \text{und} \quad \left|1 - \frac{g(x')}{g(x)}\right| < \frac{3}{2}$$

für jedes $x \in \,]x_0 - \delta_1, x_0 + \delta_1[$. Damit wird

$$\left|\frac{f(x)}{g(x)} - L\right| \leq \left|\frac{f(x') - Lg(x')}{g(x)}\right| + \left|1 - \frac{g(x')}{g(x)}\right|\left|\frac{f(x) - f(x')}{g(x) - g(x')} - L\right|$$

$$\leq \frac{\varepsilon}{2} + \frac{3}{2}\frac{\varepsilon}{3} = \varepsilon$$

für alle x mit $|x - x_0| < \delta_1$. Damit ist die Behauptung gezeigt.   □

2.43 Der allgemeine Grenzwertbegriff. Die vertrackte Ähnlichkeit der verschiedenen Grenzwertdefinitionen aus 2.1, 2.6, 2.10 und 2.28 lässt ahnen, dass hinter allen von ihnen eine gemeinsame Idee steckt, und der Mathematiker versucht in solchen Fällen, diese Idee durch eine exakte Formulierung herauszukristallisieren, sodass alle die einander ähnlichen Objekte als Spezialfälle eines einzigen Begriffes erscheinen. Auf diese Weise kommen viele abstrakte Begriffe der Mathematik zustande, die auf den ersten Blick oft schwer verständlich sind. Im Falle der Grenzwerte gelingt die Vereinheitlichung durch die Einführung der folgenden Mengen: Für jedes $\varepsilon > 0$ setzen wir

$$U_\varepsilon(x_0) :=]x_0 - \varepsilon, x_0 + \varepsilon[\quad \text{für} \quad x_0 \in \mathbb{R},$$

$$U_\varepsilon(\infty) :=]1/\varepsilon, \infty[,$$

$$U_\varepsilon(-\infty) :=] - \infty, -1/\varepsilon[.$$

Nun seien $x_0, y_0 \in [-\infty, \infty] := \mathbb{R} \cup \{+\infty, -\infty\}$, und wir betrachten eine beliebige Funktion f aus $\mathbb{R}$ in $\mathbb{R}$ mit Definitionsbereich $D(f)$. Wir definieren:

$$y_0 = \lim_{x \to x_0} f(x)$$

genau dann, wenn es zu jedem $\varepsilon > 0$ ein $\delta > 0$ gibt mit

$$f\left(D(f) \cap U_\delta(x_0)\right) \subseteq U_\varepsilon(y_0).$$

Allerdings betrachten wir dies nur unter der Voraussetzung, dass x_0 ein *Häufungspunkt* von $D(f)$ ist, was heißen soll, dass für jedes $\delta > 0$ die Menge $D(f) \cap U_\delta(x_0)$ aus unendlich vielen Punkten besteht.

Unter dieser Definition lassen sich alle bisher behandelten Grenzwerte subsumieren. Die einseitigen Grenzwerte sind einfach die Grenzwerte der Einschränkung von f auf $I \cap]x_0, \infty[$ bzw. $I \cap] - \infty, x_0[$, und die Grenzwerte von Folgen entstehen, wenn man die Folge als Funktion mit Definitionsbereich $\mathbb{N}$ auffasst.

Die Mengen $U_\varepsilon(x_0)$ nennt man *Umgebungen* von x_0. Wir werden noch weitere Situationen kennenlernen, in denen man durch Variieren des Umgebungsbegriffs zu neuen Varianten des Grenzwertbegriffs kommt. Die allgemeinsten derartigen Situationen werden in einem Zweig der Mathematik behandelt, der als *allgemeine* oder *mengentheoretische Topologie* bekannt ist.

2.44 Die LEIBNIZ-Regel. Das ist die Produktregel für höhere Ableitungen: Sind $f, g \in C^n(I)$, so ist auch fg n-mal stetig differenzierbar, und es gilt

$$(fg)^{(n)} = \sum_{k=0}^{n} \binom{n}{k} f^{(n-k)} g^{(k)}.$$

Man beweist das durch Induktion nach n mit Hilfe der Produktregel. Der Verlauf der Rechnung ist genau derselbe wie beim Beweis der binomischen Formel.

Übrigens gibt es auch eine Verallgemeinerung der Kettenregel auf höhere Ableitungen, also eine geschlossene Formel für die n-te Ableitung einer Komposition $g \circ f$ („Formel von Faà de Bruno"). Sie ist aber sehr kompliziert und eher von theoretischem Interesse (vgl. [34]).

2.45 Nochmals Vielfachheit von Nullstellen. Mithilfe der Ableitungen kann man die in 1.34 eingeführte Vielfachheit einer Nullstelle eines Polynoms bequem charakterisieren. Sie ist nämlich die kleinste Zahl m, für die die m-te Ableitung nicht verschwindet. Genauer:

Satz. *Sei $a \in \mathbb{R}$ eine Nullstelle des Polynoms P, und sei m ihre Vielfachheit. Dann ist*

$$P(a) = P'(a) = \ldots = P^{(m-1)}(a) = 0, \qquad aber \qquad P^{(m)}(a) \neq 0 .$$

Beweis. Nach Definition der Vielfachheit haben wir

$$P(x) = (x - a)^m Q(x)$$

mit $Q(a) \neq 0$, und hierauf wenden wir die LEIBNIZ-Regel an. Für $n \leq m$ ist

$$\frac{\mathrm{d}^n}{\mathrm{d}x^n}(x - a)^m = c_n(x - a)^{m-n}$$

mit einem positiven konstanten Vorfaktor c_n, dessen genauer Wert uns im Augenblick nicht zu interessieren braucht. Es folgt also

$$P^{(n)}(x) = \sum_{k=0}^{n} \binom{n}{k} c_{n-k}(x - a)^{m-n+k} Q^{(k)}(x) .$$

Im Falle $n < m$ ist stets $m - n + k > 0$, also verschwinden für $x = a$ alle Terme, und es ergibt sich $P^{(n)}(a) = 0$. Im Falle $n = m$ verschwinden alle Terme mit $k \geq 1$, also bleibt nur der Term mit $k = 0$, und das ergibt

$$P^{(m)}(a) = c_m Q(a) \neq 0 .$$

$\square$

Aufgaben zu §2

2.1. Man bestimme

$$\lim_{n\to\infty} \frac{2n+1}{n^2+n+1}, \qquad \lim_{n\to\infty} \frac{\sqrt{n}-1}{\sqrt{n}+1}, \qquad \lim_{n\to\infty} \frac{1^2+2^2+\ldots+n^2}{n^3},$$

$$\lim_{n\to\infty} \sum_{k=0}^{n} q^k, \ |q| < 1 .$$

2.2. Für $a \geq 0$ in $\mathbb{R}$ bestimme man

$$\lim_{n\longrightarrow\infty} \frac{a^n}{1+a^{n+1}} ,$$

falls der Grenzwert existiert.

2.3. Für $a, b > 0$, $x_0 > 0$ zeige man, dass die rekursiv definierte Folge x_n mit

$$x_{n+1} = \frac{a + bx_n}{b + ax_n}, \qquad n = 0, 1, 2, \ldots$$

konvergiert. Man betrachte dazu: $y_n = \frac{x_n - 1}{x_n + 1}$.

2.4. Wir bezeichnen mit $\mathrm{sgn}(x)$ das Vorzeichen von $x \in \mathbb{R}$. $\mathrm{sgn}(x)$ ist also 1, 0 oder -1 je nachdem, ob x positiv, gleich null oder negativ ist. Man bestimme den linksseitigen und rechtsseitigen Limes der Vorzeichenfunktion sgn bei $x = 0$.

2.5. Für $a > 0$ definiert man die Folge (x_n), indem man $x_1 > \sqrt{a}$ wählt und alle anderen Folgenglieder mittels

$$x_{n+1} = \frac{1}{2} \left(x_n + \frac{a}{x_n} \right)$$

rekursiv bestimmt. Man zeige nun:

a. (x_n) ist monoton fallend.
b. (x_n) ist konvergent.
c. (x_n) besitzt den Grenzwert $\sqrt{a}$.
d. $\frac{a}{x_n} < \sqrt{a} < x_n$, $\forall n \in \mathbb{N}$.

Sei nun $x_1 = 5$ und $a = 17$. Man bestimme ein $n \in \mathbb{N}$ so, dass $|x_n - \sqrt{17}| \leq 10^{-6}$. Man beweise die Richtigkeit der Wahl von n ohne $\sqrt{17}$ mit dem Taschenrechner zu bestimmen.

2.6. Sei $f : [0, 1] \longrightarrow \mathbb{R}$ stetig mit $0 \leq f(x) \leq 1$ für $x \in [0, 1]$. Man zeige, dass der Graph von f wenigstens einmal die erste Winkelhalbierende in der (x, y)-Ebene schneidet.

2.7. Sei

$$p(x) = a_n x^n + a_{n-1} x^{n-1} + \cdots + a_1 x + a_0, \qquad a_k \in \mathbb{R}, \quad a_n \neq 0$$

eine Polynomfunktion in $\mathbb{R}$. Mithilfe des Zwischenwertsatzes, aber ohne Verwendung des Fundamentalsatzes der Algebra, zeige man: Für ungerades n hat $p(x)$ wenigstens eine reelle Nullstelle.

2.8. Mit dem Zwischenwertsatz zeige man, dass

$$p(x) = x^4 - x^3 - 10x^2 - x + 1$$

Vier verschiedene reelle Nullstellen hat.

2.9. Für $m = 0, 1, 2, \ldots$ sei

$$f_m(x) = \begin{cases} x^m \sin \frac{1}{x} & \text{für } x \neq 0 \\ 0 & \text{für } x = 0 \end{cases}, \quad -1 \leq x \leq 1 \,.$$

Man bestimme ein minimales $m \in \mathbb{N}_0$, sodass

  a. f_m stetig in $x = 0$ ist,

  b. $f'_m(0)$ existiert,

  c. f'_m beschränkt ist,

  d. f'_m stetig in $x = 0$ ist,

  e. $f''_m(0)$ existiert,

  f. f''_m beschränkt ist und

  g. f''_m stetig in $x = 0$ ist.

2.10. Man untersuche, wie oft $f(x) = |x|^3$ in $x = 0$ differenzierbar ist.

2.11. Durch Induktion nach n beweise man die folgende allgemeine Produktregel: Sei $I \subseteq \mathbb{R}$ ein offenes Intervall und $x_0 \in I$. Sind die Funktionen $f_1, f_2, \ldots, f_n : I \to \mathbb{R}$ in x_0 differenzierbar, so ist auch ihr Produkt $g := \prod_{k=1}^{n} f_k$ in x_0 differenzierbar, und es gilt

$$g'(x_0) = \sum_{k=1}^{n} f_1(x_0) \cdots f_{k-1}(x_0) f'_k(x_0) f_{k+1}(x_0) \cdots f_n(x_0) .$$

2.12. Mit dem Satz von ROLLE zeige man:

  a. Für jedes $c \in \mathbb{R}$ hat $f(x) = x^3 - 27x + c$ höchstens eine Nullstelle $x_0 > 3$.

  b. Für jedes $c \in \mathbb{R}$ hat $f(x) = x^3 - 3x + c$ höchstens eine Nullstelle $x_0 \in \,]0, 1[$.

  c. $p(x) = \frac{\mathrm{d}^4}{\mathrm{d}x^4}((x^2 - 1)^4)$ hat 4 verschiedene reelle Nullstellen.

2.13. Man beweise, dass für beliebiges $n \in \mathbb{N}$ gilt:

  a. $\dfrac{\mathrm{d}^n}{\mathrm{d}x^n} \sin x = \sin\left(x + \dfrac{n\pi}{2}\right),$

  b. $\dfrac{\mathrm{d}^n}{\mathrm{d}x^n} \dfrac{1+x}{1-x} = \dfrac{2n!}{(1-x)^{n+1}},$

  c. $\dfrac{\mathrm{d}^n}{\mathrm{d}x^n} f(x^2) = \sum_{k=0}^{[n/2]} \binom{n}{2k} \dfrac{(2k)!}{k!} (2x)^{n-2k} f^{(n-k)}(x^2)$

  für $f \in C^n$. Dabei ist

$$[n/2] := \begin{cases} n/2 , & \text{falls } n \text{ gerade,} \\ (n-1)/2 , & \text{falls } n \text{ ungerade.} \end{cases}$$

2.14.   a. Man berechne das TAYLORpolynom zweiten Grades der Sinusfunktion bezüglich des Entwicklungspunktes $x_0 = 0$. Man benutze den zweiten TAYLOR'schen Rest, um eine Abschätzung des Terms $|\sin x - x|$ für $x \in [-1,1]$ zu finden. Man berechne $\max_{x \in [-1,1]} |\sin x - x|$.

b. Sei $f(x) = \sqrt[4]{x}$. Man berechne das TAYLORpolynom $p_2(f,x,1)$, sowie eine Schranke des Fehlers $|f(x) - p_2(f,x,1)|$ für $x \in \left]\frac{9}{10}, \frac{11}{10}\right[$.

c. Für alle $n \in \mathbb{N}_0$ berechne man das n-te TAYLORpolynom $p_n(g,x,1)$, wobei $g(x) = x \cdot \ln x$, $x \in]0, \infty[$.

2.15.   a. Es sei $f \in C^n(]a,b[)$ und $a < x_0 < b$. Man zeige: Das TAYLORpolynom $p_n(f,x,x_0)$ ist das einzige Polynom P vom Grad $\leq n$, für das

$$P^{(k)}(x_0) = f^{(k)}(x_0) \qquad \text{für } k = 0,1,\ldots,n \text{ ist.}$$

b. Man zeige: Für jedes Polynom P vom Grad $\leq n$ und beliebige x, $x_0 \in \mathbb{R}$ ist

$$P(x) = \sum_{k=0}^{n} \frac{P^{(k)}(x_0)}{k!}(x - x_0)^k .$$

c. *Eindeutigkeit der TAYLORentwicklung.* Es sei $f : [a,b] \to \mathbb{R}$ eine C^{n+1}-Funktion, es sei $\widetilde{p}_n$ ein Polynom von höchstens n-tem Grad und $\widetilde{r}_n : [a,b] \to \mathbb{R}$ eine Funktion. Es gelte $f(x) = \widetilde{p}_n(x) + \widetilde{r}_n(x)$ für alle $x \in [a,b]$ sowie für ein $x_0 \in]a,b[$

$$\lim_{h \to 0} \frac{|\widetilde{r}_n(x_0 + h)|}{|h|^n} = 0.$$

Man zeige, dass daraus folgt: $\widetilde{p}_n(x) = p_n(f,x,x_0)$ und $\widetilde{r}_n(x) = r_n(f,x,x_0)$. (*Hinweis:* Beweise zuerst, dass r_n die obige Grenzwertbeziehung erfüllt und folgere daraus $\widetilde{p}_n = p_n$.)

2.16.   a. Man untersuche die Funktion $f : \mathbb{R} \to \mathbb{R}$

$$f(x) = x^3 + ax^2 + bx$$

auf lokale Extrema in Abhängigkeit von den Parametern $a, b \in \mathbb{R}$.

b. Man beweise, dass die Funktion $f : [0, \infty[\to \mathbb{R}$

$$f(x) = x^n\,\mathrm{e}^{-x}, \; n > 0$$

genau ein lokales und globales Maximum an der Stelle $x = n$ besitzt.

2.17. Man bestimme die Grenzwerte:

a. $\displaystyle \lim_{x \to 0} \left(\frac{1}{\sin x} - \frac{1}{x} \right)$,

b. $\displaystyle \lim_{x \to 1+0} \left(\frac{\sqrt{x^2+1} - \sqrt{x}}{1 + \sqrt{x} - \sqrt{x^2+1}} \right)$,

c. $\displaystyle\lim_{x \to 0+} x^x$,

d. $\displaystyle\lim_{x \to 0+} (\sin x)^{\tan x}$.

2.18. Man zeige, dass die folgenden Funktionen in $x = 0$ stetig sind:

a.

$$f(x) = \begin{cases} \frac{x - \arcsin x}{x^3} & , \quad x \neq 0 \\ -\frac{1}{6} & , \quad x = 0 \end{cases} .$$

b.

$$f(x) = \begin{cases} \frac{1}{e^x - 1} - \frac{1}{x} & , \quad x \neq 0 \\ -\frac{1}{2} & , \quad x = 0 \end{cases} .$$

3

Integration in $\mathbb{R}$

Meist wird behauptet, die Integration sei die Umkehrung der Differentiation. Falsch ist das nicht, aber die Integration ist doch noch viel mehr. Die bei Physikern populäre Formulierung, das Integral sei eine „kontinuierliche Summe", sagt eigentlich viel deutlicher, was man sich unter einem Integral vorstellen sollte. Wir werden denn auch zuerst die klassische RIEMANN'sche Integralkonstruktion besprechen, die diese Vorstellung sozusagen mathematisch in die Tat umsetzt. Erst in den Abschnitten B. und C. werden wir den Zusammenhang zwischen Differenzial- und Integralrechnung diskutieren.

A. Eigenschaften des RIEMANN-Integrals

Ausgangspunkt für das Integral ist die Berechnung von Flächeninhalten krummlinig beranderter Gebiete in $\mathbb{R}^2$ (vgl. Abb. 3.1).

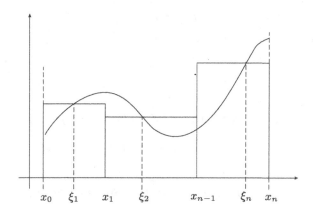

Abb. 3.1. Integral als Flächeninhalt

Sei $I = [a, b] \subseteq \mathbb{R}$ ein Intervall, $f : [a, b] \longrightarrow \mathbb{R}$ eine stetige Funktion. Dann suchen wir den Inhalt des Gebietes, das von den Kurven $y = f(x)$, $y = 0$, $x = a$, $x = b$ berandet wird. Bekanntlich geht man folgendermaßen vor:

a. Man zerlegt das Intervall I durch Punkte $a = x_0 < x_1 < \cdots < x_n = b$ in n Teilintervalle $I_j = [x_{j-1}, x_j]$.

b. In jedem I_j wählt man eine beliebige Stützstelle ξ_i, $x_{i-1} \leq \xi_i \leq x_i$.

c. Dann betrachtet man das Rechteck R_i mit Grundlinie I_i und Höhe $f(\xi_i)$.

d. Man addiert die Inhalte aller Rechtecke auf

$$S := \sum_{i=1}^{n} f(\xi_i)(x_i - x_{i-1})$$

und bekommt so eine Näherung des gesuchten Inhaltes.

e. Nun macht man die Zerlegung immer feiner, d. h. man wählt immer mehr Teilintervalle, sodass alle Intervalllängen kleiner werden, also

$$\max_{i=1,\ldots,n} (x_i - x_{i-1}) \longrightarrow 0 \qquad \text{für } n \longrightarrow \infty$$

und bekommt dann eine Folge von Rechtecksummen (S_n).

f. Konvergiert diese Folge (S_n) gegen ein $S \in \mathbb{R}$ und S ist unabhängig von
   (i) den speziell gewählten Zerlegungen,
   (ii) den speziell gewählten Stützstellen,
   so nennt man f auf $[a, b]$ integrierbar und schreibt

$$\int_a^b f \equiv \int_a^b f(x)\, \mathrm{d}x := \lim_{n \longrightarrow \infty} S_n \ .$$

Wir wollen dies jetzt präzise definieren.

Definitionen 3.1. *Sei $I = [a, b] \subseteq \mathbb{R}$ ein kompaktes Intervall und sei $f : [a, b] \longrightarrow \mathbb{R}$ eine beschränkte Funktion.*

a. *Eine* Zerlegung *Z von I ist ein System von endlich vielen Teilintervallen $I_k = [x_{k-1}, x_k]$ von I, sodass $a = x_0 < x_1 < \cdots < x_{n-1} < x_n = b$. Die Zahl*

$$l(Z) = \max_{k=1,\ldots,n} (x_n - x_{n-1})$$

nennt man Feinheit *der Zerlegung Z und eine Menge*

$$P = \{\xi_1, \ldots, \xi_n\} \quad \text{mit } x_{k-1} \leq \xi_k \leq x_k, k = 1, \ldots, n \ ,$$

eine zu Z gehörende Stützstellenmenge. *Schreibe (Z, P).*

b. *Ist (Z, P) eine Zerlegung von I mit ihrer Stützstellenmenge, so heißt*

$$S(f; Z, P) = \sum_{k=1}^{n} f(\xi_k)(x_k - x_{k-1})$$

eine Riemann'*sche Zwischensumme von f zu* (Z, P) *und f heißt dann* Riemann-*integrierbar über* $[a, b]$, *wenn es eine Zahl*

$$\alpha = \int_a^b f \equiv \int_a^b f(x) \, dx \in \mathbb{R}$$

das sogenannte Riemann-*Integral von f über* $[a, b]$ *gibt, sodass zu jedem* $\varepsilon > 0$ *ein* $\delta > 0$ *existiert mit*

$$|S(f; Z, P) - \alpha| < \varepsilon$$

für alle Zerlegungen Z von I mit $l(Z) < \delta$ *und alle zugehörigen Stützstellenmengen P.*

c. *Existiert das Integral* $\int_a^b f(x) \, dx$ *für* $a < b$, *so setzt man*

$$\int_b^a f(x) \, dx = -\int_a^b f(x) \, dx \quad und \quad \int_a^a f(x) \, dx = 0 \, .$$

Aus diesen Definitionen kann man Kriterien für die Existenz sowie Rechenregeln herleiten, die wir zunächst nicht beweisen, weil wir dieselben Aussagen später für n-dimensionale Integrale beweisen. Die meisten Aussagen sind jedoch allgemein bekannt. Wir schreiben im Folgenden

$$f \in \mathcal{R}(I) = \mathcal{R}([a, b]) \, , \qquad \text{wenn } f \text{ integrierbar auf } I \text{ ist .}$$

Satz 3.2. *Sei* $I = [a, b] \subseteq \mathbb{R}$ *kompakt,* $f : I \longrightarrow \mathbb{R}$ *beschränkt.*

a. *Ist* $a < c < b$, *so gilt*

$$f \in \mathcal{R}([a, b]) \Longleftrightarrow f \in \mathcal{R}([a, c]) \quad und \quad f \in \mathcal{R}([c, b])$$

und

$$\int_a^b f = \int_a^c f + \int_c^b f \, .$$

b. *Ist* $f \in C^0([a, b])$, *so ist* $f \in \mathcal{R}([a, b])$, *d. h. stetige Funktionen sind integrierbar.*

c. *Sind* $f, g \in \mathcal{R}(I)$, $\alpha, \beta \in \mathbb{R}$, *so ist* $\alpha f + \beta g \in \mathcal{R}(I)$ *und es gilt*

$$\int_a^b (\alpha f + \beta g) = \alpha \int_a^b f + \beta \int_a^b g \, .$$

d. *Ist* $f \in \mathcal{R}(I)$ *und* $f(x) \geq 0$ *für alle* $x \in I$, *so ist*

$$\int_a^b f(x) \, dx \geq 0 \, .$$

Sind $f, g \in \mathcal{R}(I)$ *und* $f(x) \leq g(x)$ *für* $x \in I$, *so gilt*

$$\int_a^b f(x) \, dx \leq \int_a^b g(x) \, dx \, .$$

e. Ist $f \in \mathcal{R}(I)$, so gilt

$$\left| \int_a^b f(x)\mathrm{d}x \right| \leq \int_a^b |f(x)|\, \mathrm{d}x \, .$$

f. Ist f stetig auf I, so gibt es ein $x_0 \in [a,b]$ mit

$$\int_a^b f(x)\, \mathrm{d}x = f(x_0)(b-a)$$

(„Mittelwertsatz der Integralrechnung").

B. Hauptsatz der Differenzial- und Integralrechnung

In diesem Abschnitt stellen wir einen Zusammenhang zwischen Differenziation und Integration her und bekommen damit Methoden, um RIEMANN-Integrale zu berechnen.

Satz 3.3. *Sei $a < b$ und sei $f : [a,b] \longrightarrow \mathbb{R}$ stetig. Sei $\varphi : [a,b] \longrightarrow \mathbb{R}$ definiert durch*

$$\varphi(x) = \int_a^x f(t)\, \mathrm{d}t \, , \qquad a \leq x \leq b \, , \tag{3.1}$$

dann ist φ stetig differenzierbar auf $[a,b]$ mit

$$\varphi'(x) = f(x) \qquad \text{für alle } x \in [a,b] \, . \tag{3.2}$$

Jede Funktion $\varphi \in C^1([a,b])$, welche (3.2) erfüllt, heißt eine Stammfunktion von f.

Beweis.   Sei $x \in {]a,b[}$ beliebig, aber fest, und sei $\varepsilon > 0$ vorgegeben. Wegen der Stetigkeit von f gibt es ein $\delta > 0$, sodass

$$|f(x+h) - f(x)| < \varepsilon \, , \qquad \text{falls } |h| < \delta \, .$$

Damit können wir abschätzen:

$$\left| \frac{\varphi(x+h) - \varphi(x)}{h} - f(x) \right| = \left| \frac{1}{h}\left\{ \int_a^{x+h} f(t)\, \mathrm{d}t - \int_a^x f(t)\, \mathrm{d}t \right\} - f(x) \right|$$

$$= \left| \frac{1}{h} \int_x^{x+h} f(t)\mathrm{d}t - f(x) \right| = \left| \frac{1}{h} \int_x^{x+h} [f(t) - f(x)]\, \mathrm{d}t \right|$$

$$\leq \frac{1}{|h|} \left| \int_x^{x+h} |f(t) - f(x)|\, \mathrm{d}t \right| \leq \frac{1}{|h|} \cdot \varepsilon \left| \int_x^{x+h} \mathrm{d}t \right| = \varepsilon \, .$$

Also

$$\left| \frac{\varphi(x+h) - \varphi(x)}{h} - f(x) \right| < \varepsilon \qquad \text{falls } |h| < \delta$$

was nach 2.15 gerade die Behauptung ist. Für $x = a$, $x = b$ macht man eine analoge Betrachtung für rechts- bzw. linksseitige Ableitungen. $\qquad\square$

Theorem 3.4 (Hauptsatz der Differenzial- und Integralrechnung).

a. *Jede stetige Funktion* $f : [a, b] \longrightarrow \mathbb{R}$ *besitzt eine Stammfunktion, und jede Stammfunktion hat die Form*

$$\varphi(x) = C + \int_a^x f(t)\,\mathrm{d}t \tag{3.3}$$

mit einer Konstanten $C \in \mathbb{R}$.

b. *Ist* φ *eine Stammfunktion der stetigen Funktion* f, *so gilt*

$$\int_a^b f(t)\,\mathrm{d}t = \varphi(b) - \varphi(a) \tag{3.4}$$

d. h. insbesondere

$$\int_a^b \varphi'(t)\,\mathrm{d}t = \varphi(b) - \varphi(a)\,. \tag{3.5}$$

Beweis. Nach 3.3 ist

$$\varphi_0(x) = \int_a^x f(t)\,\mathrm{d}t$$

eine Stammfunktion von f. Ist φ eine beliebige Stammfunktion, so ist $(\varphi - \varphi_0)' = f - f = 0$, also $\varphi - \varphi_0 \equiv C$ konstant nach 2.23b. Damit gilt auch

$$\varphi(b) - \varphi(a) = \varphi_0(b) - \varphi_0(a) = \int_a^b f(t)\,\mathrm{d}t\,.$$

$\square$

Wegen diesem Satz bezeichnet man eine Stammfunktion auch als *unbestimmtes Integral* und schreibt

$$\varphi(x) = \int f(x)\,\mathrm{d}x\,.$$

Aus der Produktregel für die Differentiation in 2.18b und 3.4 ergibt sich folgende Integrationsregel:

Theorem 3.5 (Produktintegration oder partielle Integration). *Sind* $f, g : [a, b] \longrightarrow \mathbb{R}$ *stetig differenzierbar, so gilt:*

$$\int_a^b f'(x)g(x)\,\mathrm{d}x = [f(x)g(x)]\Big|_a^b - \int_a^b f(x)g'(x)\,\mathrm{d}x\,.$$

Aus der Kettenregel in 2.18 e ergibt sich mit 3.4

Theorem 3.6 (Substitutionsregel). *Seien* $[a, b]$, $[\alpha, \beta] \subseteq \mathbb{R}$, $f : [a, b] \longrightarrow$ $\mathbb{R}$ *stetig und* $g : [\alpha, \beta] \longrightarrow [a, b]$ *stetig differenzierbar mit* $a = g(\alpha)$, $b = g(\beta)$, *dann gilt* *a. Ist $\varphi(x)$ eine Stammfunktion von $f(x)$, so ist $\psi(t) := \varphi(g(t))$ eine Stammfunktion von $f(g(t)) \cdot g'(t)$.*

b. $\int\limits_{\alpha}^{\beta} f(g(t))g'(t)\mathrm{d}t = \int\limits_{a}^{b} f(x)\,\mathrm{d}x = \varphi(b) - \varphi(a).$

Bezüglich der Anwendung dieser Regeln verweisen wir auf den nächsten Abschnitt sowie auf die Ergänzungen. Hier nur einige einfache

Beispiele:

a. $\int (2 - 3x)^4\,\mathrm{d}x = I$,
   Substitution: $t = 2 - 3x$, $x = -\frac{t-2}{3}$, $\mathrm{d}x = -\frac{1}{3}\,\mathrm{d}t$, $\mathrm{d}t = -3\,\mathrm{d}x$

$$I = \int -\frac{1}{3}t^4\,\mathrm{d}t = -\frac{1}{15}t^5 = -\frac{1}{15}(2 - 3x)^5 \ .$$

b. $I = \int 3x^2\mathrm{e}^{x^3}\,\mathrm{d}x$,
   Substitution: $t = x^3$, $\mathrm{d}t = 3x^2\,\mathrm{d}x$

$$I = \int \mathrm{e}^t\,\mathrm{d}t = \mathrm{e}^t = \mathrm{e}^{x^3} \ .$$

c. $I = \int \frac{\mathrm{d}x}{(2+x)\sqrt{1+x}}$,
   Substitution: $t = \sqrt{1 + x}$, $t^2 = 1 + x$, $\mathrm{d}x = 2t\,\mathrm{d}t$

$$I = \int \frac{2}{1 + t^2}\,\mathrm{d}t = 2\arctan t = 2\arctan\sqrt{1 + x} \ .$$

d. $I = \int \underset{u'}{9x^2}\underset{v}{\ln x}\,\mathrm{d}x = \underset{u}{3x^3} \cdot \underset{v}{\ln x} - \int \underset{u}{3x^3} \cdot \underset{v'}{\frac{1}{x}}\,\mathrm{d}x = 3x^3\ln x - x^3$.

e. $I = \int \ln x\,\mathrm{d}x = \int \underset{u'}{1} \cdot \underset{v}{\ln x}\,\mathrm{d}x = \underset{u}{x}\underset{v}{\ln x} - \int \underset{u}{x} \cdot \underset{v'}{\frac{1}{x}}\,\mathrm{d}x = x(\ln x - 1)$.

C. Integrationsmethoden

Das Integrationsproblem besteht also darin, zu einer gegebenen Funktion $f(x)$ eine Stammfunktion $\varphi(x)$ explizit zu bestimmen. Ausgangspunkt ist die folgende Liste von bekannten elementaren Stammfunktionen:

3.7 Tabelle der Grundintegrale.

$f(x)$	$\varphi(x) = \int f(x)\mathrm{d}x$	$f(x)$	$\varphi(x) = \int f(x)\mathrm{d}x$
x^α , $\alpha \neq -1$	$\frac{x^{\alpha+1}}{\alpha+1}$	$\cosh x$	$\sinh x$
$\frac{1}{x}$	$\ln|x|$	$\frac{1}{\cos^2 x}$	$\tan x$
$\sin x$	$-\cos x$	$\frac{1}{\sin^2 x}$	$-\cot x$
$\cos x$	$\sin x$	$\frac{1}{\cosh^2 x}$	$\tanh x$
$\sinh x$	$\cosh x$	$\frac{1}{\sinh^2 x}$	$+\coth x$

$f(x)$	$\int f(x)\mathrm{d}x = \varphi(x)$	$f(x)$	$\int f(x)\mathrm{d}x = \varphi(x)$
$\frac{1}{\sqrt{1-x^2}}$	$\arcsin x = -\arccos x + \frac{\pi}{2}$ für $|x| < 1$	$\frac{1}{1+x^2}$	$\arctan x = \operatorname{arc\,cot} x + \frac{\pi}{2}$ für $x \in \mathbb{R}$
$\frac{1}{\pm\sqrt{x^2-1}}$	$\operatorname{ar\,coth}|x| = \ln\left(x \pm \sqrt{x^2-1}\right)$ für $|x| > 1$	$\frac{1}{1-x^2}$	$\operatorname{ar\,tanh} x = \frac{1}{2}\ln\frac{1+x}{1-x}$ für $|x| < 1$
$\frac{1}{\sqrt{x^2+1}}$	$\operatorname{ar\,sinh} x = \ln\left(x + \sqrt{x^2+1}\right)$ für $x \in \mathbb{R}$	$\frac{1}{1-x^2}$	$\operatorname{ar\,coth} x = \pm\frac{1}{2}\ln\left(\pm\frac{1+x}{1-x}\right)$ für $\pm x < -1$

Um daraus weitere explizite Stammfunktionen zu gewinnen, verwendet man Produktintegration und Substitutionsregel im Verein mit allerlei geschickten algebraischen Umformungen. Die Ergebnisse sind in einschlägigen Formelsammlungen wie z. B. [6, 12] zusammengestellt. Das Ganze lässt sich aber auch systematisieren und der sog. RITT-*Algorithmus* erlaubt es für jede elementare Funktion, die eine elementare Stammfunktion besitzt, diese zu berechnen. Er ist in modernen Softwaresystemen implementiert, sodass die Berechnung unbestimmter Integrale heute durch den Computer erledigt werden kann. Ganz problemlos ist die Aufgabe der formalen Integration trotzdem nicht, denn sowohl Formelsammlungen wie auch Computerprogramme enthalten Fehler, und insbesondere die Software ist oft nicht in der Lage gewisse versteckte Ausnahmefälle angemessen zu berücksichtigen. Daher wäre auch der Physiker oder Ingenieur von heute schlecht beraten, wenn er sich unbegrenzt auf Computer oder Nachschlagewerke verlassen würde, und gewisse Grundkenntnisse über formale Integrationsmethoden gehören nach wie vor zu dem Handwerkszeug, das man im Kopf haben sollte und nicht nur auf dem Desktop.

Es gibt eine große Anzahl „harmlos" aussehender Funktionen, die mit keiner der bekannten Integrationsmethoden integriert werden können, d. h. deren Stammfunktionen nicht im Bereich der elementaren Funktionen liegen, obwohl diese Funktionen selbst elementar und damit auch in ihrem Definitionsbereich stetig, ja sogar beliebig oft differenzierbar sind und daher nach Satz 3.4 eine Stammfunktion besitzen. Beispiele für solche unbestimmten Integrale sind

$$\int \frac{\sin x}{x}\,\mathrm{d}x\,, \quad \int \sin(x^2)\mathrm{d}x\,, \quad \int \exp(x^2)\mathrm{d}x\,, \quad \int \frac{\mathrm{d}x}{\ln x}\,, \quad \int \frac{\mathrm{d}x}{\sqrt{1+x^4}}\,.$$

Der RITT-Algorithmus erkennt solche Ausdrücke und gibt als Ergebnis die Meldung aus, dass keine elementare Stammfunktion existiert.

Das Vorhandensein solcher Integrale, die auch häufig in den Anwendungen auftreten, nimmt man zum Anlass, „neue Funktionen" zu definieren, wie z. B. den *Integralsinus*

$$\mathrm{Si}(x) := \int_0^x \frac{\sin t}{t}\,\mathrm{d}t$$

oder die *elliptischen Funktionen*

$$F_k(x) := \int_0^x \frac{\mathrm{d}t}{\sqrt{1-k^2\sin^2 t}}\,, \quad E_k(x) := \int_0^x \sqrt{1-k^2\sin^2 t}\,\mathrm{d}t\,, \quad 0 < k < 1\,.$$

Genau wie z. B. die trigonometrischen Funktionen, die man ja auch mithilfe von Integralen definieren könnte, z. B.

$$\arctan x = \int_0^x \frac{\mathrm{d}t}{1+t^2}\,,$$

sind diese Funktionen mathematisch sehr gründlich untersucht und können mit Methoden der numerischen Mathematik sehr schnell und genau berechnet werden, sodass man mit ihnen genauso wie mit den bekannten transzendenten Funktionen e^x, $\ln x$, $\sin x$, usw. umgehen kann.

Ergänzungen zu §3

Einige der formalen Integrationsmethoden für elementare Funktionen wollen wir hier noch etwas näher erläutern, um Sie im Sinne der Bemerkung am Schluss des vorigen Abschnitts mit besserem Handwerkszeug zu versehen. Den vollen RITT-Algorithmus anzugeben, würde allerdings viel zu weit und auch viel zu sehr in die Algebra hineinführen, denn es handelt sich dabei eigentlich um die Frage, in welchem Umfang und auf welche Weise gewisse formale Ausdrücke in gewisse weitere formale Ausdrücke überführt werden können. Mehr dazu findet man z. B. in [17] und [33].

I. Integration rationaler Funktionen

Rationale Funktionen

$$f(x) = \frac{Z(x)}{N(x)} \qquad (Z(x), N(x) \quad \text{Polynome})$$

können immer, wenn auch manchmal mit erheblichem Aufwand, integriert werden, indem man die Integrale auf einfache Standardtypen zurückführt.

3.8 Zwei einfache Fälle.

a.

$$\int \frac{dx}{cx + d} = \frac{1}{c} \int \frac{du}{u} = \frac{1}{c} \ln |u| = \frac{1}{c} \ln |cx + d|$$

mit der Substitution $u = cx + d$, $du = cdx$. Ebenso folgt für $n > 1$:

$$\int \frac{dx}{(cx + d)^n} = \frac{1}{c} \int \frac{du}{u^n} = \frac{-1}{c(n-1)} \frac{1}{(cx + d)^{n-1}}.$$

b.

$$\int \frac{dx}{ax^2 + bx + c}$$

Hier formt man den Nenner durch quadratische Ergänzung um:

$$\begin{aligned}
ax^2 + bx + c &= a \left\{ \left(x + \frac{b}{2a} \right)^2 + \left(\frac{c}{a} - \frac{b^2}{4a^2} \right) \right\} \\
&= a \left\{ \left(x + \frac{b}{2a} \right)^2 + \alpha \right\} \qquad \text{mit } \alpha = \frac{\Delta}{4a^2} = \frac{4ac - b^2}{4a^2}.
\end{aligned}$$

Mit der Substitution $u = x + \frac{b}{2a}$, $du = dx$ folgt zunächst:

$$\int \frac{dx}{ax^2 + bx + c} = \frac{1}{a} \int \frac{du}{u^2 + \alpha},$$

sodass es vom Vorzeichen von $\Delta = 4ac - b^2$ abhängt, ob ein arctan oder ein ar tanh als Stammfunktion entsteht. Als Ergebnis haben wir:

$$\int \frac{dx}{ax^2 + bx + c} = \begin{cases} \frac{2}{\sqrt{\Delta}} \arctan \frac{2ax + b}{\sqrt{\Delta}}, & \text{falls } \Delta = 4ac - b^2 > 0 \\ \frac{2}{\sqrt{-\Delta}} \operatorname{ar tanh} \frac{2ax + b}{\sqrt{-\Delta}}, & \text{falls } \Delta = 4ac - b^2 < 0 \end{cases}.$$

$$(3.6)$$

3.9 Zähler vom Grad 1.

a. Als Nächstes betrachten wir

$$\begin{aligned}
\int \frac{px + q}{ax^2 + bx + c} dx &= \int \frac{\frac{p}{2a}(2ax + b) + \left(q - \frac{pb}{2a} \right)}{ax^2 + bx + c} dx \\
&= \frac{p}{2a} \int \frac{2ax + b}{ax^2 + bx + c} dx + \frac{2aq - pb}{2a} \int \frac{dx}{ax^2 + bx + c}
\end{aligned}$$

Das erste Integral berechnet sich mit der Substitutionsregel 3.6 und das zweite Integral mit Gl. (3.6).

b. Ebenso zerlegt man (für $n > 1$)

$$\int \frac{px + q}{(ax^2 + bx + c)^n} dx = \frac{p}{2a} \int \frac{2ax + b}{(ax^2 + bx + c)^n} dx$$
$$+ \frac{2aq - pb}{2a} \int \frac{dx}{(ax^2 + bx + c)^n} .$$

Das erste Integral auf der rechten Seite berechnet sich wieder mit der Substitution $u = ax^2 + bx + c$. Um das zweite Integral zu bestimmen, macht man den Ansatz

$$\int \frac{dx}{(ax^2 + bx + c)^n} = \frac{ux + v}{(ax^2 + bx + c)^{n-1}} + \int \frac{w}{(ax^2 + bx + c)^{n-1}} dx$$

mit zu bestimmenden Konstanten u, v, w. Differenziert man diese Gleichung (Integrale bezeichnen Stammfunktionen!) und multipliziert anschließend mit $(ax^2 + bx + c)^n$, so ergibt sich

$$1 = (ax^2 + bx + c) \cdot u - (ux + v)(n - 1)(2ax + b) + w(ax^2 + bx + c) .$$

Koeffizientenvergleich ergibt

$$u = \frac{2a}{(n-1)(4ac - b^2)} , \; v = \frac{b}{(n-1)(4ac - b^2)} , \; w = \frac{2(2n - 3)a}{(n-1)(4ac - b^2)} .$$

3.10 Partialbruchzerlegung. Den allgemeinen Fall

$$\int \frac{Z(x)}{N(x)} dx$$

führt man nun durch *Partialbruchzerlegung* auf die diskutierten Fälle zurück:

1. Schritt: Ist Grad $Z(x) \geq$ Grad $N(x)$, so führe man eine Polynomdivision durch. Es ergibt sich dann ein Polynom und eine rationale Funktion $\frac{Z}{N}$, für die Grad $Z <$ Grad N ist.

2. Schritt: Man bestimme die Nullstellen des Nennerpolynoms. Nach 1.25 und 1.26 ergibt sich dann eine reelle Faktorzerlegung des Nenners der Form

$$N(x) = (x - a)^k (x - b)^\ell \cdots (x^2 + px + q)^m (x^2 + rx + s)^n \cdots ,$$

wobei $a, b, \ldots$ reelle Nullstellen von $N(x)$ der Vielfachheiten $k, \ell, \ldots$ sind und $(x^2 + px + q)^m$, $(x^2 + rx + s)^n$, $\ldots$ Paaren von konjugiert komplexen Nullstellen der Vielfachheiten $m, n, \ldots$ entsprechen.

3. Schritt: Unter der Voraussetzung, dass

$$\text{Grad } Z(x) < \text{Grad } N(x)$$

macht man den Ansatz:

$$\frac{Z(x)}{N(x)} = \frac{A_1}{(x-a)} + \frac{A_2}{(x-a)^2} + \cdots + \frac{A_k}{(x-a)^k} +$$
$$+ \frac{B_1}{(x-b)} + \frac{B_2}{(x-b)^2} + \cdots + \frac{B_\ell}{(x-b)^\ell} + \cdots +$$
$$+ \frac{P_1 x + Q_1}{(x^2+px+q)} + \frac{P_2 x + Q_2}{(x^2+px+q)^2} + \cdots + \frac{P_m x + Q_m}{(x^2+px+q)^m} +$$
$$+ \frac{R_1 x + S_1}{(x^2+rx+s)} + \cdots + \frac{R_n x + S_n}{(x^2+rx+s)^n} + \cdots$$

mit unbestimmten Koeffizienten $A_1, A_2, \ldots, P_1, Q_1, \ldots, R_1, S_1, \ldots$ Diese bestimmt man, indem man die rechte Seite auf den Hauptnenner $N(x)$ bringt und Koeffizientenvergleich im Zähler durchführt. Ein Satz der Algebra, auf den wir nicht näher eingehen wollen, stellt sicher, dass das entstehende Gleichungssystem für die unbestimmten Koeffizienten immer eindeutig lösbar ist.

4. Schritt: Berechne die Integrale der Summanden auf der rechten Seite nach den in 3.8 und 3.9 beschriebenen Methoden.

Beispiele:

a.

$$\int \frac{x \, dx}{(x+2)^2 (x-1)}$$

Ansatz für Partialbruchzerlegung:

$$\frac{x}{(x+2)^2 (x-1)} = \frac{A}{x+2} + \frac{B}{(x+2)^2} + \frac{C}{x-1}$$

. Hauptnenner liefert für die Zähler:

$$x = A(x+2)(x-1) + B(x-1) + C(x+2)^2$$

. Koeffizientenvergleich bei den Potenzen von x:

$$x^2 : 0 = A + C$$
$$x^1 : 1 = A + B + 4C \implies A = -\tfrac{1}{9}, \quad B = \tfrac{2}{3}, \quad C = \tfrac{1}{9}$$
$$x^0 : 0 = -2A - B + 4C$$

also

$$\int \frac{x \, dx}{(x+2)^2(x-1)} = -\tfrac{1}{9} \int \frac{dx}{x+2} + \tfrac{2}{3} \int \frac{dx}{(x+2)^2} + \tfrac{1}{9} \int \frac{dx}{x-1}$$
$$= -\tfrac{1}{9} \ln|x+2| - \tfrac{2}{3} \tfrac{1}{x+2} + \tfrac{1}{9} \ln|x-1| \,.$$

b.

$$\int \frac{2x+1}{(x^2 + x + 1)(x+1)^2} \, dx$$

$x^2 + x + 1$ hat konjugiert komplexe Wurzeln, wird also nicht weiter zerlegt.

Daher Ansatz für Partialbruchzerlegung:

$$\frac{2x+1}{(x^2+x+1)(x+1)^2} = \frac{Ax+B}{x^2+x+1} + \frac{C}{x+1} + \frac{D}{(x+1)^2}$$

Hauptnenner liefert für die Zähler:

$$2x+1 = (Ax+B)(x+1)^2 + C(x+1)(x^2+x+1) + D(x^2+x+1)$$

. Koeffizientenvergleich ergibt:

$$x^3 : 0 = A + C \qquad\qquad x^1 : 2 = A + 2B + 2C + D$$
$$x^2 : 0 = 2A + B + 2C + D \qquad\qquad x^0 : 1 = B + C + D$$

mit den Lösungen: $A = -1, B = 1, C = 1, D = -1$.
Also:

$$\int \frac{2x+1}{(x^2+x+1)(x+1)^2}\,\mathrm{d}x = \int \frac{-x+1}{x^2+x+1}\,\mathrm{d}x + \int \frac{\mathrm{d}x}{x+1} - \int \frac{\mathrm{d}x}{(x+1)^2}$$
$$= -\tfrac{1}{2}\ln|x^2+x+1| + \sqrt{3}\arctan\frac{2x+1}{\sqrt{3}} + \ln|x+1| + \frac{1}{x+1} \quad .$$

II. Integration nicht-rationaler Funktionen

Im Folgenden bezeichne $R(u,v)$ eine rationale Funktion von u, v.

3.11. Integrale der Form

$$\int R\left(x,\ \sqrt[m]{\frac{px+q}{rx+s}}\right)\mathrm{d}x$$

werden mit der Substitution:

$$t = \sqrt[m]{\frac{px+q}{rx+s}}\,, x = \frac{st^m - q}{p - rt^m}$$
$$\mathrm{d}x = mt^{m-1}\frac{sp-rq}{(p-rt^m)^2}\mathrm{d}t$$

behandelt. Wie man sieht, entsteht dadurch ein Integral über eine rationale Funktion, das also mit den Methoden aus den letzten drei Abschnitten weiterbehandelt werden kann.

3.12. Integrale der Form

$$\int R\left(x, \sqrt{ax^2+bx+c}\right)\mathrm{d}x \ .$$

Durch quadratische Ergänzung wird $ax^2 + bx + c$ auf eine der Formen

$$k\cdot(u^2+1) \quad \text{bzw.} \quad k\cdot(u^2-1) \quad \text{bzw.} \quad k\cdot(1-u^2)\,, \qquad k > 0$$

gebracht. Es ist

$$ax^2 + bx + c = a\left\{\left(x + \frac{b}{2a}\right)^2 + \frac{\Delta}{4a^2}\right\} \qquad \text{mit } \Delta = 4ac - b^2$$

$$= \frac{\Delta}{4a}\left\{\left(\frac{2a}{\sqrt{\Delta}}\left(x + \frac{b}{2a}\right)\right)^2 + 1\right\} \stackrel{\wedge}{=} k \cdot (u^2 + 1), \quad \text{falls } a > 0, \Delta > 0$$

$$= \frac{-\Delta}{4a}\left\{\left(\frac{2a}{\sqrt{-\Delta}}\left(x + \frac{b}{2a}\right)\right)^2 - 1\right\} \stackrel{\wedge}{=} k \cdot (u^2 - 1), \quad \text{falls } a > 0, \Delta < 0$$

$$= \frac{\Delta}{-4a}\left\{-\left(\frac{2a}{\sqrt{\Delta}}\left(x + \frac{b}{2a}\right)\right)^2 + 1\right\} \stackrel{\wedge}{=} k \cdot (1 - u^2), \quad \text{falls } a < 0, \Delta > 0$$

$$= \frac{\Delta}{4a}\left\{-\left(\frac{2a}{\sqrt{-\Delta}}\left(x + \frac{b}{2a}\right)\right)^2 + 1\right\} \stackrel{\wedge}{=} k \cdot (1 - u^2), \quad \text{falls } a < 0, \Delta < 0.$$

Substituieren wir also $u = \dfrac{2a}{\sqrt{|\Delta|}}\left(x + \dfrac{b}{2a}\right)$, so ergibt sich (mit einer neuen rationalen Funktion R_1, die sich jedoch von R nur um einen konstanten Faktor unterscheidet)

$$\int R\left(x, \sqrt{ax^2 + bx + c}\right) \mathrm{d}x = \begin{cases} \int R_1\left(u, \sqrt{u^2 + 1}\right) \mathrm{d}u, & \text{falls } a > 0, \Delta > 0 \\ \int R_1\left(u, \sqrt{u^2 - 1}\right) \mathrm{d}u, & \text{falls } a > 0, \Delta < 0 \\ \int R_1\left(u, \sqrt{1 - u^2}\right) \mathrm{d}u, & \text{falls } a < 0 \end{cases}.$$

Diese Integrale werden folgendermaßen behandelt (wir schreiben wieder R statt R_1):

$\displaystyle\int R\left(u, \sqrt{u^2 + 1}\right) \mathrm{d}u$: Substitution: $u = \sinh t, u^2 + 1 = \cosh^2 t$, $\mathrm{d}u = \cosh t\, \mathrm{d}t$. Es ergibt sich dann ein rationaler Integrand in $\sinh t, \cosh t$.

$\displaystyle\int R\left(u, \sqrt{u^2 - 1}\right) \mathrm{d}u$: Substitution: $u = \cosh t, u^2 - 1 = \sinh^2 t$, $\mathrm{d}u = \sinh t\, \mathrm{d}t$. Es ergibt sich dann ein rationaler Integrand in $\sinh t, \cosh t$.

$\displaystyle\int R\left(u, \sqrt{1 - u^2}\right) \mathrm{d}u$: Substitution: $u = \sin t, 1 - u^2 = \cos^2 t$, $\mathrm{d}u = \cos t\, \mathrm{d}t$. Es ergibt sich dann ein rationaler Integrand in $\sin t, \cos t$.

Solche Integrale behandeln wir im nächsten Abschnitt.

3.13. a. Eine rationale Funktion in $\sinh x, \cosh x$ ist auch eine rationale Funktion in e^x. Durch die Substitution $u = \mathrm{e}^x$ wird aus einem solchen Integral also ein Integral über eine rationale Funktion.

b. Integrale der Form

$$\int R(\cos x, \sin x)\, \mathrm{d}x$$

werden durch die Substitution $u = \tan(x/2)$ in Integrale über rationale Funktionen überführt. Es ist nämlich

$$\cos x = 2 \cos^2 \frac{x}{2} - 1$$

$$= \frac{2}{1 + \tan^2 \frac{x}{2}} - 1$$

$$= \frac{2}{1 + u^2} - 1 = \frac{1 - u^2}{1 + u^2} ,$$

$$\sin x = 2 \sin \frac{x}{2} \cos \frac{x}{2}$$

$$= 2 \tan \frac{x}{2} \cos^2 \frac{x}{2}$$

$$= \frac{2 \tan \frac{x}{2}}{1 + \tan^2 \frac{x}{2}}$$

$$= \frac{2u}{1 + u^2} ,$$

$$\mathrm{d}x = \frac{2}{1 + \tan^2 \frac{x}{2}} \, \mathrm{d}u = \frac{2}{1 + u^2} \, \mathrm{d}u .$$

Für viele Spezialfälle ist das aber nicht die einfachste Methode – z. B. kann partielle Integration manchmal schneller zum Ziel führen.

Aufgaben zu §3

3.1. Seien $f, g : \mathbb{R} \longrightarrow \mathbb{R}$ stetige Funktionen. Man zeige:

a. Wenn f ungerade und g gerade ist, dann gilt für jedes $a \geq 0$:

$$\int\limits_{-a}^{a} f(x) \mathrm{d}x = 0 , \quad \int\limits_{-a}^{a} g(x) \mathrm{d}x = 2 \int\limits_{0}^{a} g(x) \mathrm{d}x .$$

b. Wenn f p-periodisch ist, d. h.

$$f(x + p) = f(x) \qquad \text{für alle } x \in \mathbb{R},$$

so gilt für jedes $a \in \mathbb{R}$

$$\int\limits_{a}^{a+p} f(x) \mathrm{d}x = \int\limits_{0}^{p} f(x) \mathrm{d}x = \int\limits_{-p/2}^{p/2} f(x) \mathrm{d}x .$$

3.2. Sei $f : \mathbb{R} \longrightarrow \mathbb{R}$ eine stetige Funktion. Man zeige:

a. $\quad \int\limits_{0}^{\pi/2} f(\sin x) \mathrm{d}x = \int\limits_{0}^{\pi/2} f(\cos x) \mathrm{d}x,$

b. $\int\limits_{0}^{\pi} f(\sin x)\cos x\,\mathrm{d}x = 0.$

3.3. Sei $f : \mathbb{R} \longrightarrow \mathbb{R}$ stetig und seien $a, b, c, d \in \mathbb{R}$ beliebig. Man zeige:

$$\int\limits_{c}^{d} [f(x+b) - f(x+a)]\,\mathrm{d}x = \int\limits_{a}^{b} [f(x+\mathrm{d}) - f(x+c)]\,\mathrm{d}x\,.$$

3.4. Sei $f : \mathbb{R} \longrightarrow \mathbb{R}$ stetig und seien $\alpha, \beta : \mathbb{R} \longrightarrow \mathbb{R}$ stetig differenzierbar und sei

$$\varphi(x) = \int\limits_{\alpha(x)}^{\beta(x)} f(t)\,\mathrm{d}t\,.$$

Man zeige:

$$\varphi'(x) = f(\beta(x))\beta'(x) - f(\alpha(x))\alpha'(x)\,.$$

3.5. Für $x > 0$ definiere

$$L(x) := \int\limits_{1}^{x} \frac{\mathrm{d}t}{t} \quad (= \ln x) \tag{3.7}$$

und zeige allein mit der Definitionsgleichung (3.7) die folgenden Eigenschaften von $\ln x$:

a. $L(x)$ ist stetig differenzierbar mit

$$L'(x) = \frac{1}{x} \qquad \text{für } x > 0\,, \tag{3.8}$$

ferner streng monoton wachsend, also injektiv, mit

$$L(x) \begin{cases} < 0 & \text{für } 0 < x < 1, \\ = 0 & \text{für } x = 1, \\ > 0 & \text{für } x > 1. \end{cases} \tag{3.9}$$

b. $L(x)$ erfüllt die Funktionalgleichungen

$$L(x \cdot y) = L(x) + L(y)\,, \tag{3.10}$$

$$L(x^n) = n\,L(x)\,, \quad L(x^{-n}) = -n\,L(x)\,, \tag{3.11}$$

$$L(x^{1/n}) = \frac{1}{n}\,L(x) \tag{3.12}$$

für $x, y > 0$, $n \in \mathbb{N}$, und damit

$$L(x^q) = q\,L(x) \qquad \text{für } q \in \mathbb{Q}\,. \tag{3.13}$$

c.

$$L(x) \longrightarrow +\infty \quad \text{für } x \longrightarrow +\infty \,,$$
$$L(x) \longrightarrow -\infty \quad \text{für } x \longrightarrow 0+ \,, \tag{3.14}$$

$$L(\mathrm{e}) = 1 \,. \tag{3.15}$$

Hinweis zu (3.15): Man benutze $\mathrm{e} = \lim_{n\to\infty} \left(1 + \frac{1}{n}\right)^n$ und den Mittelwertsatz der Differenzialrechnung.

3.6. Für die nach Aufgabe 3.5a existierende stetig differenzierbare Umkehrfunktion $E(x)$ von $L(x)$ zeige man:

a. $E'(x) = E(x)$ für alle $x \in \mathbb{R}$.

b. $E(u + v) = E(u) \cdot E(v), \quad u, v \in \mathbb{R}$.

3.7. Man beweise:

$$\sum_{k=2}^{n+1} \frac{1}{k} \leq \ln(n+1) \leq \sum_{k=1}^{n} \frac{1}{k} \,.$$

3.8.   a. Mittels Produktintegration zeige man, dass unter den Voraussetzungen von Theorem 2.25 für alle $x \in I$ gilt:

$$f(x) = \sum_{k=0}^{n} \frac{f^{(k)}(x_0)}{k!} (x - x_0)^k + \frac{1}{n!} \int_{x_0}^{x} (x - t)^n f^{(n+1)}(t)\, \mathrm{d}t \,.$$

b. Man folgere, dass der TAYLOR'sche Rest auch in der Form

$$r_n(f, x, x_0) = \frac{(x - x_0)^{n+1}}{n!} \int_0^1 (1 - s)^n f^{(n+1)}(x_0 + s(x - x_0))\, \mathrm{d}s$$

geschrieben werden kann.

3.9.   a. Man bestimme mit einer Substitution $x = \sin t$, oder $x = 1 - t^2$, oder mit partieller Integration die folgenden Integrale bzw. Grenzwerte von Integralen:

$$\int_0^{\frac{\pi}{6}} \cos x \sin x\, \mathrm{d}x, \quad \lim_{a\to 1-0} \int_0^a \frac{x\, \mathrm{d}x}{\sqrt{1 - x^2}}, \quad \lim_{a\to 1-0} \int_0^a \frac{\mathrm{d}x}{\sqrt{1 - x^2}},$$
$$\int_0^{\pi} \sin^2 x\, \mathrm{d}x.$$

b. Man beweise für die Folge von Integralen:

$$I_n := \int_1^{\mathrm{e}} (\ln x)^n \mathrm{d}x \qquad (n \in \mathbb{N})$$

die Rekursionsformel $I_n = \mathrm{e} - n I_{n-1}$ $(n \geq 2)$ und berechne I_1, I_2 und I_3.

3.10. Man beweise für $n, m \in \mathbb{N} \cup \{0\}$ die Formeln:

$$\frac{1}{\pi} \int_{-\pi}^{\pi} \cos mx \cos nx \, \mathrm{d}x = \begin{cases} 0, & \text{falls } m \neq n \\ 1, & \text{falls } m = n \neq 0 \\ 2, & \text{falls } m = n = 0 \end{cases}$$

$$\frac{1}{\pi} \int_{-\pi}^{\pi} \sin mx \sin nx \, \mathrm{d}x = \begin{cases} 0, & \text{falls } m \neq n \\ 1, & \text{falls } m = n \neq 0 \\ 0, & \text{falls } m = n = 0 \end{cases}$$

$$\frac{1}{\pi} \int_{-\pi}^{\pi} \sin mx \cos nx \, \mathrm{d}x = 0.$$

Hinweis: Die Additionstheoreme Satz 1.27c sind extrem hilfreich.

3.11. Die Funktion $f : [a, b] \longrightarrow \mathbb{R}$ sei stetig differenzierbar und für alle Argumente ungleich null. Dann ist f'/f nach Satz 2.9c stetig, also gilt nach Satz 3.2b $f'/f \in \mathcal{R}([a, b])$. Man zeige, dass $\ln |f(x)|$ eine Stammfunktion von $f'(x)/f(x)$ ist, und dass gilt:

$$\int_a^b \frac{f'(x)}{f(x)} \, \mathrm{d}x = \ln \frac{f(b)}{f(a)} \, .$$

Dieses Rezept, Integrale zu berechnen, nennt man „logarithmisches Integrieren". Man berechne die folgenden Integrale:

$$\int_0^{\frac{\pi}{4}} \tan x \, \mathrm{d}x, \quad \int_0^2 \frac{x^3 - 2x}{17x^4 - 68x^2 - \pi} \, \mathrm{d}x \, .$$

3.12. a. Man beweise durch partielle Integration die Rekursionsformeln:

$$\int (\ln x)^n \, \mathrm{d}x = x(\ln x)^n - n \int (\ln x)^{n-1} \, \mathrm{d}x \, ,$$

$$\int \sin^n x \, \mathrm{d}x = -\frac{1}{n} \cos x \sin^{n-1} x + \frac{n-1}{n} \int \sin^{n-2} x \mathrm{d}x \, .$$

b. Man errechne analoge Formeln für:

$$\int x^n \mathrm{e}^x \, \mathrm{d}x \, , \quad \int x^n \sin x \, \mathrm{d}x \, , \quad \int x^n \cos x \, \mathrm{d}x \, , \quad \int \mathrm{e}^x \sin^n x \, \mathrm{d}x \, ,$$

$$\int \mathrm{e}^x \cos^n x \, \mathrm{d}x \, .$$

3.13. Man berechne Partialbruchzerlegung und Stammfunktion zu den rationalen Funktionen:

$$\frac{4x^5}{x^4 - 2x^2 + 1} \quad \text{und} \quad \frac{3x^2 + 7x - 1}{x^3 - 3x - 2}.$$

Dazu mache man sich mit Ergänzung 3.10 vertraut.

3.14. Mittels partieller Integration formen wir um:

$$\int \frac{\mathrm{d}x}{\sin x \cos x} = \int \frac{\cot x}{\cos^2 x}\,\mathrm{d}x = \int \cot x \tan' x\,\mathrm{d}x$$

$$= \cot x \tan x - \int \cot' x \tan x\,\mathrm{d}x = 1 + \int \frac{\tan x}{\sin^2 x}\,\mathrm{d}x = 1 + \int \frac{\mathrm{d}x}{\sin x \cos x}\,,$$

also ergibt sich $0 = 1$. Wo liegt hier der Fehler?

4

Lösungsmethoden für Differenzialgleichungen

Bestimmungsgleichungen wie man sie aus der Schule kennt, sind Bedingungen an Zahlen, und eine Lösung ist eine Zahl, die die Bedingung erfüllt. Eine (gewöhnliche) *Differenzialgleichung* ist eine Bedingung an Funktionen auf einem Intervall, bei der die Funktion selbst und ihre Ableitungen bis zu einer gewissen Ordnung m rechnerisch miteinander verknüpft werden, und eine Lösung ist eine m-fach differenzierbare Funktion, die an jedem Punkt ihres Definitionsbereichs die Bedingung erfüllt. Die Zahl m bezeichnet man als die *Ordnung* der Differenzialgleichung. Allerdings werden Differenzialgleichungen meist in einer Art Kurzschrift angegeben, bei der es so aussieht, als ob die abhängige Variable y das gesuchte Objekt wäre, obwohl in Wirklichkeit die Funktionen $y = \varphi(x)$ gesucht sind, die die Gleichung erfüllen. Die Differenzialgleichung

$$F(x, y, y', \ldots, y^{(m)}) = 0$$

ist also genau genommen die Bedingung

$$F(x, \varphi(x), \varphi'(x), \ldots, \varphi^{(m)}(x)) = 0 \qquad \forall\, x \in I$$

an eine C^m-Funktion φ auf einem Intervall I.

Differenzialgleichungen sind vielleicht für die Physik das wichtigste mathematische Objekt überhaupt. Die Physik beschreibt Naturvorgänge mittels der funktionalen Abhängigkeit gewisser Messgrößen von anderen Messgrößen und sie formuliert Naturgesetze als Differenzialgleichungen für diese funktionalen Abhängigkeiten. Durch einfache Zusatzbedingungen (Anfangsbedingungen, Randbedingungen) lässt sich meist aus der Menge aller Lösungen eine eindeutige Lösung herausgreifen und diese Lösungsfunktion stellt dann die Vorhersage dar, die die Theorie über die betreffende Abhängigkeit der Messgrößen macht. Diese Vorhersage lässt sich mit dem Experiment vergleichen, wodurch dann die betreffende Theorie entweder widerlegt oder bestätigt (d. h. in ihrer Vertrauenswürdigkeit gestärkt) wird.

Kein Wunder also, dass Differenzialgleichungen in diesem Buch ein immer wiederkehrendes Thema darstellen werden. In diesem ersten Abschnitt über

Differenzialgleichungen werden wir allerdings nur einige rechnerische Lösungsmethoden für gewisse einfache Typen von Differenzialgleichungen besprechen,
die in der Physik häufig vorkommen und von Anfang an benötigt werden.

A. Differenzialgleichungen 1. Ordnung

Wir beginnen mit den folgenden Definitionen:

Definitionen 4.1.

a. *Sei $f(x, y)$ eine gegebene Funktion von zwei Variablen. Dann nennt man
eine Gleichung der Form*

$$y' = f(x, y) \tag{4.1}$$

eine gewöhnliche Differenzialgleichung 1. Ordnung. *Eine Lösung von (4.1)
auf einem Intervall $I \subseteq \mathbb{R}$ ist eine differenzierbare Funktion $y = \varphi(x)$,
sodass*

$$\varphi'(x) = f(x, \varphi(x)) \qquad \text{für alle } x \in I . \tag{4.2}$$

b. *Die* allgemeine Lösung *von (4.1) ist eine Funktion $y = \Phi(x, c)$ von zwei
Variablen, für die gilt:*

(i) Für jedes feste c ist durch

$$\varphi_c(x) := \Phi(x, c)$$

eine Lösung von (4.1) gegeben und
(ii) jede Lösung von (4.1) ist von dieser Form.
Eine einzelne Lösung φ_c wird demgegenüber als spezielle *Lösung bezeichnet (in der älteren Literatur auch als* partikuläre *Lösung).*

c. *Wird zusätzlich zur Differenzialgleichung (4.1) eine* Anfangsbedingung

$$y(x_0) = y_0 , \quad x_0 \in I , \quad y_0 \in \mathbb{R} \tag{4.3}$$

vorgegeben, so entsteht eine Anfangswertaufgabe *(Anfangswertaufgabe).*

Wir wollen im Folgenden für zwei häufig vorkommende Typen von Differenzialgleichungen 1. Ordnung demonstrieren, wie man zu einer Lösung kommt.

I. Separierbare Differenzialgleichungen

Wir beginnen mit einer Differenzialgleichung der Form

$$y' = \frac{f(x)}{g(y)} , \tag{4.4}$$

bei der f, g gegebene stetige Funktionen einer Variablen sind. Angenommen, (4.4) hat eine Lösung $y(x)$ auf einem Intervall $I \subseteq \mathbb{R}$, d. h. es gilt

$$g(y(x)) \cdot y'(x) = f(x) \qquad \text{für } x \in I \ . \tag{4.5}$$

Da $f(x)$ und $g(x)$ nach Voraussetzung stetig sind, besitzen sie nach 3.3 Stammfunktionen $\varphi(x)$ und $\gamma(y)$, d. h.

$$\gamma'(y) = g(y) \quad , \quad \varphi'(x) = f(x) \ . \tag{4.6}$$

Setzen wir (4.6) in (4.5) ein, so folgt mit der Kettenregel in 2.18e

$$\frac{\mathrm{d}}{\mathrm{d}x} \gamma(y(x)) = f(x) \tag{4.7}$$

und Integration liefert dann die *implizite allgemeine Lösung* der Differenzialgleichungen (4.4)

$$\gamma(y) = \varphi(x) + c \ . \tag{4.8}$$

Ist γ injektiv, d. h. es existiert γ^{-1}, so bekommt man die *explizite allgemeine Lösung* der Differenzialgleichung (4.4)

$$y(x) = \Phi(x, c) = \gamma^{-1}(\varphi(x) + c) \ . \tag{4.9}$$

Wir fassen zusammen:

4.2 Methode I.
Gegeben die Anfangswertaufgabe

$$y' = \frac{f(x)}{g(y)} \quad , \quad y(x_0) = y_0$$

a. Trennung der Variablen

$$y' = \frac{f(x)}{g(y)} \longrightarrow g(y)\mathrm{d}y = f(x)\mathrm{d}x \ .$$

b. Integration (Bestimmung von Stammfunktionen)

$$\gamma(y) := \int g(y)\mathrm{d}y = \int f(x)\mathrm{d}x + c =: \varphi(x) + c$$

liefert die implizite allgemeine Lösung

$$\gamma(y) = \varphi(x) + c \ .$$

c. Anfangsbedingung (falls vorhanden)

$$\gamma(y_0) = \varphi(x_0) + c \longrightarrow c = \gamma(y_0) - \varphi(x_0)$$

liefert die implizite Lösung der Anfangswertaufgabe

$$\gamma(y) - \gamma(y_0) = \varphi(x) - \varphi(x_0) \ .$$

d. Ist γ injektiv, d. h. es existiert γ^{-1}, so ergibt sich als explizite Lösung der Anfangswertaufgabe

$$y(x) = \gamma^{-1}(\varphi(x) + \gamma(y_0) - \varphi(x_0)) \,.$$

Beispiel: Löse die Anfangswertaufgabe

$$y' = 3x^2 e^{-y} \,, \quad y(-1) = 0$$

a. Trennung der Variablen

$$e^y dy = 3x^2 dx \,.$$

b. Integration

$$\int e^y dy = e^y = \int 3x^2 dx + c = x^3 + c$$

ergibt die implizite Lösung

$$e^y = x^3 + c \,.$$

c. Anfangsbedingung $y(-1) = 0$

$$e^0 = (-1)^3 + c \qquad \text{ergibt } c = 2$$

d. Explizite Lösung der Anfangswertaufgabe

$$y(x) = \ln(x^3 + 2) \,, \quad x > -\sqrt[3]{2}$$

II. Lineare Differenzialgleichungen 1. Ordnung

Eine *lineare Differenzialgleichung 1. Ordnung* hat die Form

$$y' + p(x)y = f(x) \,, \tag{4.10}$$

wo $p(x)$, $f(x)$ gegebene stetige Funktionen auf einem Intervall $I \subseteq \mathbb{R}$ sind. Solche Differenzialgleichungen werden in zwei Schritten gelöst.

(A) Lösung der zugehörigen homogenen Differenzialgleichung

$$y' + p(x)y = 0 \tag{4.11}$$

durch Trennung der Variablen

$$\frac{dy}{y} = -p(x)dx \Longrightarrow \ln|y| = -\pi(x) := -\int p(x)dx$$

$$\Longrightarrow y_1(x) = e^{-\pi(x)} \qquad \text{spezielle Lösung}$$

$$\Longrightarrow y_h(x) = cy_1(x) = ce^{-\int p(x)dx} \qquad \text{allgemeine Lösung}$$

mit einem freien Parameter $c \in \mathbb{R}$.

(B) Bestimmung einer speziellen (oder „partikulären") Lösung $y_p(x)$ der inhomogenen Differenzialgleichung (4.10) mit dem Ansatz

$$y_p(x) = u(x)y_1(x) \, , \quad y_p' = u'y_1 + uy_1' \, .$$

Einsetzen in (4.10)

$$u'y_1 + uy_1' + puy_1 = f \Longrightarrow u'y_1 + u\underbrace{(y_1' + py_1)}_{=0} = f$$

ergibt für u die Differenzialgleichung

$$u' = \frac{f}{y_1} \Longrightarrow u(x) = \int \frac{f(x)}{y_1(x)} \, \mathrm{d}x$$

und damit

$$y_p(x) = y_1(x) \cdot \int \frac{f(x)}{y_1(x)} \, \mathrm{d}x \, .$$

(C) Allgemeine Lösung der inhomogenen Differenzialgleichung: Die Funktion

$$\Phi(x,c) = y_h(x) + y_p(x) = cy_1(x) + y_1(x) \int \frac{f(x)}{y_1(x)} \, \mathrm{d}x$$

mit dem freien Parameter c löst, wie man sofort nachrechnet, die inhomogene Differenzialgleichung (4.10). Ist andererseits φ eine beliebige Lösung von (4.10), so ist $\varphi - y_p$ eine Lösung der homogenen Gleichung (4.11), also $\varphi - y_p = cy_1$ für ein geeignetes $c \in \mathbb{R}$. Es folgt $\varphi(x) = \Phi(x,c)$ und somit ist Φ wirklich die allgemeine Lösung.

Wir fassen wieder zusammen:

4.3 Methode II.

Gegeben die Anfangswertaufgabe

$$y' + p(x)y = f(x) \, , \quad y(x_0) = y_0 \, .$$

a. Spezielle Lösung der homogenen Differenzialgleichung

$$y_1(x) = \mathrm{e}^{-\pi(x)} \quad \text{mit } \pi(x) = \int p(x)\mathrm{d}x$$

b. Spezielle Lösung der inhomogenen Differenzialgleichung ($f \neq 0$)

$$y_p(x) = y_1(x) \int \frac{f(x)}{y_1(x)} \, \mathrm{d}x$$

$$= \mathrm{e}^{-\pi(x)} \int f(x)\mathrm{e}^{\pi(x)}\mathrm{d}x \, .$$

c. Allgemeine Lösung der inhomogenen Differenzialgleichung

$$y(x) = c \cdot y_1(x) + y_p(x) \ .$$

d. Anfangsbedingung

$$y_0 = y(x_0) = cy_1(x_0) + y_p(x_0)$$

ergibt

$$c = \frac{y_0 - y_p(x_0)}{y_1(x_0)} \ .$$

Beispiel:

$$y' - \frac{3}{x}y = x^3 \mathrm{e}^x - 2x \ , \quad y(1) = 1 \ .$$

a. Spezielle Lösung der homogenen Differenzialgleichung: $p(x) = -\frac{3}{x}$

$$y_1(x) = \exp\left\{-\int -\frac{3}{x}\,\mathrm{d}x\right\} = \mathrm{e}^{3\ln x} = x^3 \ .$$

b. Spezielle Lösung der inhomogenen Differenzialgleichung: $f(x) = x^3\mathrm{e}^x - 2x$

$$u(x) = \int \frac{f(x)}{y_1(x)}\,\mathrm{d}x = \int \left(\mathrm{e}^x - \frac{2}{x^2}\right)\mathrm{d}x = \mathrm{e}^x + \frac{2}{x}$$
$$y_p(x) = u(x)y_1(x) = x^3\mathrm{e}^x + 2x^2 \ .$$

c. Allgemeine Lösung der inhomogenen Differenzialgleichung

$$y(x) = cy_1(x) + y_p(x) = cx^3 + x^3\mathrm{e}^x + 2x^2 \ .$$

d. Anfangsbedingung

$$1 = y(1) = c + \mathrm{e} + 2 \quad \Longrightarrow \quad c = -\mathrm{e} - 1 \ .$$

e. Lösung der Anfangswertaufgabe

$$y(x) = -(\mathrm{e} + 1)x^3 + \mathrm{e}^x x^3 + 2x^2 \ .$$

B. Lineare Differenzialgleichungen 2. Ordnung

Ab jetzt benutzen wir etwas Vektor- und Matrizenrechnung in dem Umfang, wie er aus der Schule bekannt sein dürfte (lineare Gleichungssysteme mit zwei Unbekannten, zweireihige Determinanten usw.). Allgemeiner und gründlicher werden diese Dinge in den nächsten drei Kapiteln behandelt.

Definitionen 4.4. *Sei $I \subseteq \mathbb{R}$ ein Intervall und seien a, b, $f : I \longrightarrow \mathbb{R}$ gegebene stetige Funktionen.*

a. Dann heißt:

$$y'' + a(x)y' + b(x)y = f(x) \qquad (4.12)$$

eine inhomogene lineare Differenzialgleichung 2. Ordnung *und*

$$y'' + a(x)y' + b(x)y = 0 \qquad (4.13)$$

die zugehörige homogene lineare Differenzialgleichung.

b. Sind $x_0 \in I$, p_0, $p_1 \in \mathbb{R}$ gegeben, so heißt

$$y(x_0) = p_0 \ , \ y'(x_0) = p_1 \qquad (4.14)$$

eine Anfangsbedingung *für (4.12) bzw. (4.13).*

Wir stellen die wichtigsten Fakten über lineare Differenzialgleichungen 2. Ordnung ohne Beweis in den folgenden Sätzen zusammen.

Satz 4.5. *Unter den Voraussetzungen von 4.4 gilt*

a. Die Anfangswertaufgaben (4.12), (4.14) und (4.13), (4.14) sind eindeutig lösbar.

b. Für die Lösungen der homogenen Differenzialgleichung (4.13) gilt das Superpositionsprinzip, *d. h. sind $y_1(x)$, $y_2(x)$ beides Lösungen von (4.13), so ist auch jede* Linearkombination

$$y(x) = c_1 y_1(x) + c_2 y_2(x) \ , \quad c_1, c_2 \in \mathbb{R}$$

eine Lösung von (4.13).

c. Sind $y_1(x)$, $y_2(x)$ beides Lösungen der inhomogenen Differenzialgleichung (4.12), so ist die Differenz

$$z(x) = y_1(x) - y_2(x)$$

eine Lösung der homogenen Differenzialgleichung (4.13).

Die Behauptungen b und c können direkt nachgerechnet werden. Die Behauptung a werden wir später beweisen (vgl. Kap. 20).

Zwei Lösungen $y_1(x)$, $y_2(x)$ von (4.13) heißen *linear abhängig*, wenn es eine Konstante $c \in \mathbb{R}$ gibt, sodass

$$y_2(x) = c y_1(x) \quad \text{oder} \quad y_1(x) = c y_2(x) \qquad \forall \, x \in I \ .$$

Anderenfalls heißen y_1, y_2 *linear unabhängig*. Zwei linear unabhängige Lösungen y_1, y_2 von (4.13) bilden ein sogenanntes *Fundamentalsystem* für (4.13).

Satz 4.6.

a. Zwei Lösungen $y_1(x)$, $y_2(x)$ der homogenen Differenzialgleichung (4.13) sind genau dann linear unabhängig, wenn die sogenannte WRONSKI-Determinante

$$W(x) := \begin{vmatrix} y_1(x) & y_2(x) \\ y_1'(x) & y_2'(x) \end{vmatrix} := y_1(x)y_2'(x) - y_2(x)y_1'(x) \neq 0 \qquad (4.15)$$

für ein $x \in I$ ist.

b. Ist $\{y_1, y_2\}$ ein Fundamentalsystem für (4.13), so ist

$$y_h(x) := c_1 y_1(x) + c_2 y_2(x) \qquad (4.16)$$

für c_1, $c_2 \in \mathbb{R}$ die allgemeine Lösung der homogenen Differenzialgleichung (4.13).

c. Ist $y_p(x)$ irgendeine spezielle Lösung der inhomogenen Differenzialgleichung (4.12), so ist

$$\begin{aligned} y(x) &= y_h(x) + y_p(x) \\ &= c_1 y_1(x) + c_2 y_2(x) + y_p(x) \end{aligned} \qquad (4.17)$$

die allgemeine Lösung der inhomogenen Differenzialgleichung (4.12).

Nehmen wir diese Behauptungen vorläufig ohne Beweis zur Kenntnis (s. jedoch Ergänzung 4.10), so hat man bei der Lösung einer Anfangswertaufgabe

$$y'' + a(x)y' + b(x)y = f(x) , \quad y(x_0) = p_0 , \, y'(x_0) = p_1$$

in folgenden Schritten vorzugehen:

I. Bestimme ein Fundamentalsystem y_1, y_2 der zugehörigen homogenen Differenzialgleichung

$$y'' + ay' + by = 0 .$$

II. Bestimme eine spezielle Lösung $y_p(x)$ der inhomogenen Differenzialgleichung.

III. Setze in die allgemeine Lösung

$$y(x) = c_1 y_1(x) + c_2 y_2(x) + y_p(x)$$

die Anfangsbedingungen ein

$$\begin{aligned} p_0 &= c_1 y_1(x_0) + c_2 y_2(x_0) + y_p(x_0) \\ p_1 &= c_1 y_1'(x_0) + c_2 y_2'(x_0) + y_p'(x_0) \end{aligned}$$

und bestimme daraus c_1, c_2. Der Schritt III ist klar, während wir die Schritte

I und II im Folgenden diskutieren werden, wobei wir uns teilweise auf Spezialfälle zurückziehen müssen.

C. Homogene lineare Differenzialgleichung 2. Ordnung mit konstanten Koeffizienten

Wir bestimmen ein Fundamentalsystem für die homogene, lineare Differenzialgleichung

$$y'' + ay' + by = 0 \qquad \text{mit Konstanten } a, b \in \mathbb{R} \,. \tag{4.18}$$

Da die entsprechende lineare Differenzialgleichung 1. Ordnung

$$y' + ay = 0$$

die Lösung $y_1(x) = \mathrm{e}^{-ax}$ hat, machen wir für 4.18 den Ansatz

$$y(x) = \mathrm{e}^{\lambda x} \,, \quad y'(x) = \lambda \mathrm{e}^{\lambda x} \,, \quad y''(x) = \lambda^2 \mathrm{e}^{\lambda x} \,, \tag{4.19}$$

wobei $\lambda \in \mathbb{C}$ so zu bestimmen ist, dass $y(x)$ Lösung von (4.18) wird. Einsetzen von (4.19) in (4.18) ergibt

$$\mathrm{e}^{\lambda x}(\lambda^2 + a\lambda + b) = 0 \,,$$

d. h. $y = \mathrm{e}^{\lambda x}$ ist eine Lösung von (4.18), wenn λ eine Nullstelle des charakteristischen Polynoms

$$\lambda^2 + a\lambda + b = 0 \tag{4.20}$$

ist, d. h.

$$\lambda_{1,2} = -\frac{a}{2} \pm \frac{1}{2}\sqrt{a^2 - 4b} \,, \tag{4.21}$$

sodass wir drei Fälle unterscheiden müssen:

I.
$$\lambda_1 \neq \lambda_2 \quad \text{reell} \quad \Longleftrightarrow \quad \Delta := a^2 - 4b > 0 \,.$$

In diesem Fall bekommen wir direkt ein Fundamentalsystem

$$y_1(x) = \mathrm{e}^{\lambda_1 x} \,, \quad y_2(x) = \mathrm{e}^{\lambda_2 x} \,, \tag{4.22}$$

denn

$$W(x) = \begin{vmatrix} y_1 & y_2 \\ y_1' & y_2' \end{vmatrix} = \begin{vmatrix} \mathrm{e}^{\lambda_1 x} & \mathrm{e}^{\lambda_2 x} \\ \lambda_1 \mathrm{e}^{\lambda_1 x} & \lambda_2 \mathrm{e}^{\lambda_2 x} \end{vmatrix} = (\lambda_2 - \lambda_1)\mathrm{e}^{(\lambda_1 + \lambda_2)x} \neq 0 \,. \tag{4.23}$$

Beispiel: Löse die Anfangswertaufgabe

$$y'' - 4y' + 3y = 0 \,, \quad y(0) = -1 \,, \quad y'(0) = -5 \,.$$

a. Charakteristisches Polynom

$$p(\lambda) = \lambda^2 - 4\lambda + 3 \,.$$

b. Nullstellen

$$\lambda_{1,2} = 2 \pm \sqrt{4-3} = \begin{cases} 3 \\ 1 \end{cases} .$$

c. Fundamentalsystem und allgemeine Lösung

$$y_1(x) = e^x , \quad y_2(x) = e^{3x} , \quad W(x) = 2e^{4x}$$
$$y_h(x) = c_1 e^x + c_2 e^{2x}$$
$$y_h'(x) = c_1 e^x + 3c_2 e^{3x} .$$

d. Anfangsbedingungen

$$\left. \begin{array}{l} -1 = y(0) = c_1 + c_2 \\ -5 = y'(0) = c_1 + 3c_2 \end{array} \right\} \quad \Longrightarrow \quad \begin{array}{l} c_1 = 1 \\ c_2 = -2 \end{array} .$$

e. Lösung der Anfangswertaufgabe

$$y(x) = e^x - 2e^{3x} .$$

II.

$$\lambda_1 = \alpha + i\beta , \quad \lambda_2 = \overline{\lambda}_1 = \alpha - i\beta \quad \Longleftrightarrow \quad \Delta = a^2 - 4b < 0 .$$

In diesem Fall ergibt sich zunächst ein komplexes Fundamentalsystem

$$z_1 = e^{\lambda_1 x} = e^{\alpha x}(\cos \beta x + i \sin \beta x)$$
$$z_2 = e^{\lambda_2 x} = e^{\alpha x}(\cos \beta x - i \sin \beta x) = \overline{z}_1 .$$

Da nach 4.5b das Superpositionsprinzip gilt, bekommen wir ein reelles Fundamentalsystem

$$y_1 = \operatorname{Re} z_1 = \tfrac{1}{2}(z_1 + \overline{z}_1) = e^{\alpha x} \cos \beta x$$
$$y_2 = \operatorname{Im} z_1 = \tfrac{1}{2i}(z_1 - \overline{z}_1) = e^{\alpha x} \sin \beta x \tag{4.24}$$

mit

$$W(x) = \begin{vmatrix} y_1 & y_2 \\ y_1' & y_2' \end{vmatrix} = \begin{vmatrix} e^{\alpha x} \cos \beta x & e^{\alpha x} \sin \beta x \\ e^{\alpha x}(\alpha \cos \beta x - \beta \sin \beta x) & e^{\alpha x}(\alpha \sin \beta x + \beta \cos \beta x) \end{vmatrix}$$
$$= \beta e^{2\alpha x} \neq 0 \quad \text{wegen } \beta \neq 0 .$$
$$\tag{4.25}$$

Beispiel: Löse die Anfangswertaufgabe

$$y'' + 2y' + 2y = 0 , \quad y(0) = 1 , \quad y'(0) = -1 .$$

a. Charakteristisches Polynom

$$p(\lambda) = \lambda^2 + 2\lambda + 2 \, .$$

b. Nullstellen

$$\lambda_{1,2} = -1 \pm \sqrt{1 - 2} = -1 \pm \mathrm{i} \, .$$

c. Fundamentalsystem

$$y_1(x) = \mathrm{e}^{-x} \cos x \, , \quad y_2(x) = \mathrm{e}^{-x} \sin x \, .$$

Allgemeine Lösung

$$\begin{aligned}
y(x) &= \mathrm{e}^{-x}(c_1 \cos x + c_2 \sin x) \\
y'(x) &= \mathrm{e}^{-x}((c_2 - c_1) \cos x + (-c_1 - c_2) \sin x) \, .
\end{aligned}$$

d. Anfangsbedingungen

$$\left. \begin{aligned}
1 &= y(0) = c_1 \\
-1 &= y'(0) = c_2 - c_1
\end{aligned} \right\} \quad \Longrightarrow \quad c_1 = 1, \quad c_2 = 0 \, .$$

e. Lösung der Anfangswertaufgabe: $y(x) = \mathrm{e}^{-x} \cos x$.

III.

$$\lambda_1 = \lambda_2 = -\frac{a}{2} \equiv \lambda \quad \Longleftrightarrow \quad \Delta = a^2 - 4b = 0$$

. In diesem Fall bekommt man mit

$$y_1(x) = \mathrm{e}^{\lambda x}$$

zunächst nur eine Lösung und kein Fundamentalsystem. Hier hilft folgendes allgemeines Prinzip:

Satz 4.7 (D'ALEMBERT'sche Reduktion). *Ist y_1 eine Lösung der homogenen linearen Differenzialgleichung (4.13), die im betrachteten Definitionsintervall keine Nullstelle hat, so bekommt man eine zweite, von y_1 linear unabhängige Lösung y_2, und damit ein Fundamentalsystem $\{y_1, y_2\}$ mit dem Ansatz*

$$y_2(x) = u(x) y_1(x) \, . \tag{4.26}$$

wobei $u(x)$ so zu bestimmen ist, dass y_2 eine Lösung ist.

Beweis. Mit dem Ansatz (4.26) bilden wir

$$y_2 = u y_1 \, , \quad y_2' = u' y_1 + u y_1' \, , \quad y_2'' = u'' y_1 + 2 u' y_1' + u y_1'' \, .$$

Einsetzen in die Differenzialgleichung (4.13) ergibt

$$0 = u'' y_1 + u'(2 y_1' + a y_1) + u(y_1'' + a y_1' + b y_1) \, .$$

Also mit $v(x) := u'(x)$

$$v' + \left(2\frac{y_1'}{y_1} + a\right)v = 0 \,. \tag{4.27}$$

Dies ist eine lineare Differenzialgleichung 1. Ordnung, die mit Methode II aus 4.3 gelöst werden kann. Wählen wir also u als Stammfunktion einer nicht verschwindenden Lösung v von (4.27), so löst $y_2 := uy_1$ tatsächlich unsere Differenzialgleichung. Die WRONSKI-Determinante von y_1, uy_1 errechnet sich sofort zu

$$W = u'y_1^2 = vy_1^2 \,.$$

Sie verschwindet also nicht, und nach 4.6a bilden y_1, y_2 daher ein Fundamentalsystem. □

Der Beweis zeigt insbesondere, wie u zu bestimmen ist. Anwendung auf

$$y_1 = e^{\lambda x} \quad \text{mit} \quad \lambda = -\frac{a}{2} \,, \quad a \text{ konstant}$$

ergibt

$$v' = u'' = 0 \quad \text{und damit } u(x) = x$$

und damit als Fundamentalsystem

$$y_1(x) = e^{\lambda x} \,, \quad y_2(x) = xe^{\lambda x} \tag{4.28}$$

mit

$$W(x) = \begin{vmatrix} y_1 & y_2 \\ y_1' & y_2' \end{vmatrix} = \begin{vmatrix} e^{\lambda x} & xe^{\lambda x} \\ \lambda e^{\lambda x} & (1+\lambda x)e^{\lambda x} \end{vmatrix} = e^{2\lambda x} = e^{-ax} \,. \tag{4.29}$$

Beispiel: Löse die Anfangswertaufgabe

$$y'' + y' + \frac{1}{4}y = 0 \,, \quad y(1) = 1 \,, \quad y'(1) = 0 \,.$$

a. Charakteristisches Polynom

$$p(\lambda) = \lambda^2 + \lambda + \frac{1}{4} = \left(\lambda + \frac{1}{2}\right)^2 \,.$$

b. Nullstellen

$$\lambda = \lambda_1 = \lambda_2 = -\frac{1}{2} \,.$$

c. Fundamentalsystem

$$y_1(x) = e^{-x/2} \,, \quad y_2(x) = xe^{-x/2} \,.$$

d. Allgemeine Lösung

$$y(x) = e^{-x/2}(c_1 + c_2 x)$$
$$y'(x) = e^{-x/2}\left(\left(c_2 - \tfrac{c_1}{2}\right) - \tfrac{c_2}{2}x\right) .$$

e. Anfangsbedingung

$$\left. \begin{array}{l} 1 = y(1) = e^{-1/2}(c_1 + c_2) \\ 1 = y'(1) = e^{-1/2}\left(\tfrac{1}{2}c_2 - \tfrac{1}{2}c_1\right) \end{array} \right\} \implies c_1 = c_2 = \frac{\sqrt{e}}{2} .$$

f. Lösung der Anfangswertaufgabe

$$y(x) = \frac{1}{2}(1 + x)e^{(1-x)/2} .$$

Wir fassen zusammen:

4.8 Methode III.
Gegeben die homogene, lineare Differenzialgleichung 2. Ordnung

$$y'' + ay' + by = 0$$

mit konstanten Koeffizienten a, b.

a. Charakteristisches Polynom

$$p(\lambda) = \lambda^2 + a\lambda + b .$$

b. Nullstellen

$$\lambda_{1,2} = -\frac{a}{2} \pm \frac{1}{2}\sqrt{a^2 - 4b} .$$

c. Fallunterscheidung

(i) $a^2 - 4b > 0$,   d. h. $\lambda_1 \neq \lambda_2$ reell

Fundamentalsystem: $y_1(x) = e^{\lambda_1 x}$, $y_2(x) = e^{\lambda_2 x}$.

(ii) $a^2 - 4b < 0$,   d. h. $\lambda_1 = \alpha + i\beta$, $\lambda_2 = \overline{\lambda}_1 = \alpha - i\beta$

Fundamentalsystem: $y_1(x) = e^{\alpha x}\cos\beta x$, $y_2(x) = e^{\alpha x}\sin\beta x$.

(iii) $a^2 - 4b = 0$,   d. h. $\lambda_1 = \lambda_2 = \lambda = -\frac{a}{2}$

Fundamentalsystem: $y_1(x) = e^{\lambda x}$, $y_2(x) = xe^{\lambda x}$.

d. Allgemeine Lösung

$$y_h(x) = c_1 y_1(x) + c_2 y_2(x) .$$

D. Bestimmung einer speziellen Lösung der inhomogenen Differenzialgleichung mit der Methode der Variation der Konstanten

Wir betrachten nun die allgemeine inhomogene Differenzialgleichung (4.12) und setzen voraus, dass ein Fundamentalsystem $\{y_1(x), y_2(x)\}$ der zugehörigen homogenen Differenzialgleichung bekannt ist. Dann machen wir für eine spezielle Lösung von (4.12) den Ansatz

$$y(x) = u_1(x)y_1(x) + u_2(x)y_2(x) . \tag{4.30}$$

Differenziation ergibt

$$y' = u_1'y_1 + u_1y_1' + u_2'y_2 + u_2y_2' .$$

Wir fordern, dass u_1, u_2 so bestimmt werden sollen, dass

$$u_1'y_1 + u_2'y_2 = 0 . \tag{4.31}$$

Damit ergibt sich

$$\begin{aligned} y' &= u_1y_1' + u_2y_2' \\ y'' &= u_1y_1'' + u_2y_2'' + u_1'y_1' + u_2'y_2' . \end{aligned} \tag{4.32}$$

Einsetzen von (4.30) und (4.32) in die Differenzialgleichung (4.12) ergibt

$$(u_1y_1'' + u_2y_2'' + u_1'y_1' + u_2'y_2') + a(u_1y_1' + u_2y_2') + b(u_1y_1 + u_2y_2) = f$$

oder

$$u_1'y_1' + u_2'y_2' + u_1(y_1'' + ay_1' + by_1) + u_2(y_2'' + ay_2' + by_2) = f$$

und daher, weil y_1, y_2 die homogene Differenzialgleichung lösen

$$u_1'y_1' + u_2'y_2' = f . \tag{4.33}$$

Die Gleichungen (4.31) und (4.33) stellen ein lineares Gleichungssystem

$$\begin{aligned} u_1'y_1 + u_2'y_2 &= 0 \\ u_1'y_1' + u_2'y_2' &= f \end{aligned} \quad \Longleftrightarrow \quad \begin{pmatrix} y_1 & y_2 \\ y_1' & y_2' \end{pmatrix} \begin{pmatrix} u_1' \\ u_2' \end{pmatrix} = \begin{pmatrix} 0 \\ f \end{pmatrix} \tag{4.34}$$

für die Funktionen $u_1'(x)$, $u_2'(x)$ dar, das nach der CRAMER'schen Regel die eindeutige Lösung

$$u_1'(x) = -\frac{f(x)y_2(x)}{w(x)} , \quad u_2'(x) = \frac{f(x)y_1(x)}{w(x)} \tag{4.35}$$

hat, wobei $w(x)$ die WRONSKI-Determinante des Fundamentalsystems ist. Integration von (4.35) liefert dann $u_1(x)$, $u_2(x)$ und damit über den Ansatz (4.30) $y_p(x)$.

4.9 Methode IV.

Bestimme eine spezielle Lösung $y_p(x)$ der inhomogenen Differenzialgleichung

$$y'' + a(x)y' + b(x)y = f(x) .$$

a. Berechne die WRONSKI-Determinante $w(x)$ eines Fundamentalsystems $\{y_1(x), y_2(x)\}$ der homogenen Differenzialgleichung.

b. Berechne

$$u_1(x) = -\int \frac{f(x)y_2(x)}{w(x)} \, dx , \quad u_2(x) = \int \frac{f(x)y_1(x)}{w(x)} \, dx .$$

c. Spezielle Lösung

$$y_p(x) = u_1(x)y_1(x) + u_2(x)y_2(x) .$$

Beispiel: Löse die Anfangswertaufgabe

$$y'' + y = \frac{1}{\cos x} , \quad y(0) = 1 , \quad y'(0) = 1 .$$

a. Allgemeine Lösung der homogenen Differenzialgleichung mit Methode III

(i) Charakteristisches Polynom

$$\lambda^2 + 1 = 0 \qquad \text{mit Nullstellen } \lambda_{1/2} = \pm \, i .$$

(ii) Fundamentalsystem

$$y_1(x) = \cos x , \quad y_2(x) = \sin x .$$

(iii) Allgemeine Lösung der homogenen Differenzialgleichung

$$y_h(x) = a \cos x + b \sin x .$$

b. Spezielle Lösung der inhomogenen Differenzialgleichung mit Methode IV

(i) WRONSKI-Determinante

$$w(x) = \begin{vmatrix} y_1 & y_2 \\ y_1' & y_2' \end{vmatrix} = \begin{vmatrix} \cos x & \sin x \\ -\sin x & \cos x \end{vmatrix} = 1$$

$$f(x) = \frac{1}{\cos x} .$$

(ii) Bestimmung von u_1, u_2:

$$u_1' = -\frac{f \cdot y_2}{w} = -\frac{\sin x}{\cos x} \quad \Longrightarrow \quad u_1(x) = \ln \cos x$$

$$u_2' = \frac{f y_1}{w} = \frac{\cos x}{\cos x} \quad \Longrightarrow \quad u_2(x) = x .$$

(iii)
$$y_p(x) = u_1 y_1 + u_2 y_2 = \cos x \cdot \ln \cos x + x \cdot \sin x \; .$$

c. Allgemeine Lösung der Differenzialgleichung

$$y(x) = y_h(x) + y_p(x) = a \cos x + b \sin x + \cos x \cdot \ln \cos x + x \sin x$$

$$y'(x) = b \cos x - a \sin x - \sin x \ln \cos x - \sin x + \sin x + x \cos x \; .$$

d. Anfangsbedingung

$$1 = y(0) = a \; , \quad 1 = y'(0) = b \; .$$

Lösung der Anfangswertaufgabe

$$y(x) = \cos x + \sin x + x \sin x + \cos x \cdot \ln \cos x \; .$$

Ergänzungen zu §4

Wir tragen den Beweis von Satz 4.6 nach und gehen dann noch etwas gründlicher auf Lösungsmethoden für lineare Differenzialgleichungen 2. Ordnung ein. Für gewisse spezielle Typen kann man Methode IV durch eine rechnerisch einfachere ersetzen (Methode V), und in 4.13 betrachten wir eine Klasse von homogenen Gleichungen mit *variablen* Koeffizienten, für die sich ein Fundamentalsystem explizit bestimmen lässt. Diese sog. EULER–CAUCHY-*Gleichungen* spielen im Zusammenhang mit partiellen Differenzialgleichungen der mathematischen Physik eine wichtige Rolle. Wir beschließen diesen Abschnitt mit zwei Ausblicken auf weiterführende Themen.

4.10 Beweis von Satz 4.6. Wenn man 4.5a akzeptiert, so lassen sich die Behauptungen aus 4.6 leicht herleiten:

a. Wir zeigen, dass zwei Lösungen y_1, y_2 genau dann linear abhängig sind, wenn ihre WRONSKI-Determinante W identisch verschwindet. Ist z.B. $y_2 = c y_1$, so ist $W = c y_1 y_1' - c y_1 y_1' = 0$, ebenso im Falle $y_1 = c y_2$. Nun nehmen wir umgekehrt an, es ist $W \equiv 0$. Im Fall $y_1 \equiv 0$ sind y_1, y_2 sowieso linear abhängig. Anderenfalls gibt es nach 2.9b ein Teilintervall $J \subseteq I$, auf dem y_1 keine Nullstelle hat. Auf ganz J ist nach der Quotientenregel

$$\frac{\mathrm{d}}{\mathrm{d}x} \left(\frac{y_2}{y_1} \right) = \frac{W}{y_1^2} \equiv 0 \; ,$$

also ist nach 2.23b y_2/y_1 konstant auf J, etwa gleich $c \in \mathbb{R}$. Die Funktion

$$z := y_2 - c y_1$$

ist dann auf ganz I eine Lösung von (4.13), die auf J identisch verschwindet. Für ein $x_0 \in J$ erfüllt z also auch die Anfangsbedingungen

$$z(x_0) = 0 \; , \quad z'(x_0) = 0 \; ,$$

die auch von der trivialen Lösung $y \equiv 0$ erfüllt werden. Wegen der Eindeutigkeit in 4.5a folgt daher $z \equiv 0$ auf ganz I und damit die behauptete lineare Abhängigkeit $y_2 = cy_1$.

b. Nach dem Superpositionsprinzip 4.5b ist $y = c_1y_1 + c_2y_2$ stets eine Lösung von (4.13). Wir müssen zeigen, dass jede Lösung von dieser Form ist, betrachten also jetzt eine beliebige Lösung φ. Da y_1, y_2 nach Voraussetzung ein Fundamentalsystem bilden, kann ihre WRONSKI-Determinante W nicht identisch verschwinden. Es gibt also $x_0 \in I$ mit $W(x_0) \neq 0$. Das lineare Gleichungssystem

$$c_1y_1(x_0) + c_2y_2(x_0) = \varphi(x_0)$$
$$c_1y_1'(x_0) + c_2y_2'(x_0) = \varphi'(x_0)$$

mit den Unbekannten c_1, c_2 hat $W(x_0)$ als Koeffizientendeterminante und ist daher eindeutig lösbar. Wählen wir also c_1, c_2 als seine Lösungen, so erfüllen φ und $c_1y_1 + c_2y_2$ ein und dieselbe Anfangswertaufgabe. Nach der Eindeutigkeitsaussage in 4.5a stimmen diese beiden Funktionen also auf ganz I überein, und damit hat φ die gewünschte Form.

c. Folgt sofort aus 4.6b und 4.5c.

4.11 Bestimmung einer speziellen Lösung der inhomogenen Differenzialgleichung mit der Methode der unbestimmten Koeffizienten.

Wir betrachten die inhomogene, lineare Differenzialgleichung 2. Ordnung mit konstanten Koeffizienten

$$y'' + ay' + by = f(x) \qquad \text{mit } a, b \in \mathbb{R} \,. \tag{4.36}$$

Dann kann man eine spezielle Lösung $y_p(x)$ von (4.36) relativ einfach bestimmen, wenn $f(x)$ *vom einfachen Typ* ist, d. h.

I. $f(x)$ ist ein Polynom n-ten Grades (Typ P)

$$f(x) = a_n x^n + \cdots + a_1 x + a_0 \,, \quad a_n \neq 0 \,. \tag{4.37}$$

Ansatz:

$$y_p(x) = c_n x^n + \cdots + c_1 x + c_0 \tag{4.38}$$

mit unbestimmten Koeffizienten c_k, die so zu bestimmen sind, dass (4.38) Lösung von (4.36) ist.

Beispiel: Bestimme eine Lösung der Differenzialgleichung

$$y'' + 2y' + 3y = x \,, \qquad \text{d. h. } f(x) = x \text{ (Typ P)} \,.$$

a. Ansatz:

$$y(x) = c_0 + c_1 x \,, \quad y'(x) = c_1 \,, \quad y''(x) = 0 \,.$$

b. Einsetzen:
$$2c_1 + 3(c_0 + c_1 x) = x \, .$$

c. Koeffizientenvergleich:

$$\left.\begin{array}{l} x^0 : 2c_1 + 3c_0 = 0 \\ x^1 : 3c_1 = 1 \end{array}\right\} \quad \Longrightarrow \quad c_1 = \frac{1}{3} \, , \quad c_2 = -\frac{2}{9} \, .$$

d. Lösung: $y_p(x) = \frac{1}{3}x - \frac{2}{9} \, .$

II. $f(x)$ ist Produkt aus Exponentialfunktion und einem Polynom (Typ E)

$$f(x) = e^{kx}(a_n x^n + \cdots + a_1 x + a_0) \, . \tag{4.39}$$

Ansatz:

$$y_p(x) = e^{kx}(c_n x^n + \cdots + c_1 x + c_0) \, . \tag{4.40}$$

Beispiel: Bestimme eine Lösung der Differenzialgleichung

$$y'' - y = x e^{2x} \, , \qquad f(x) = x e^{2x} \ \text{(Typ E)} \, .$$

a. Ansatz:

$$y = (c_0 + c_1 x)e^{2x} \, , \quad y' = \left[(2c_0 + c_1) + 2c_1 x\right] e^{2x}$$
$$y'' = \left[(4c_0 + 4c_1) + 4c_1 x\right] e^{2x} \, .$$

b. Einsetzen in Differenzialgleichung

$$\left[(4c_0 + 4c_1) + 4c_1 x\right] e^{2x} - (c_0 + c_1 x)e^{2x} = x e^{2x} \, .$$

c. Koeffizientenvergleich:

$$\left.\begin{array}{l} x^0 : 3c_0 + 4c_1 = 0 \\ x^1 : 3c_1 = 1 \end{array}\right\} \quad \Longrightarrow \quad c_1 = \frac{1}{3} \, , \ c_0 = -\frac{4}{9} \, .$$

d. Lösung: $y_p(x) = \left(\frac{1}{3}x - \frac{4}{9}\right) e^{2x} \, .$

III. $f(x)$ ist Produkt aus trigonometrischer Funktion und einem Polynom (Typ T)

$$f(x) = (a_n x^n + \cdots + a_0)\cos \omega x + (b_n x^n + \cdots + b_0)\sin \omega x \, . \tag{4.41}$$

Ansatz:

$$y_p(x) = (c_n x^n + \cdots + c_0)\cos \omega x + (d_n x^n + \cdots + d_0)\sin \omega x \, , \tag{4.42}$$

auch wenn nur eine trigonometrische Funktion vorkommt.

Beispiel: Man bestimme eine Lösung der Differenzialgleichung

$$y'' - y' - 2y = 10 \cos x \, , \quad f(x) = 10 \cos x \ \text{(Typ T)} \, .$$

a. Ansatz:

$$y = c_0 \cos x + c_1 \sin x$$
$$y' = c_1 \cos x - c_0 \sin x$$
$$y'' = -c_0 \cos x - c_1 \sin x \ .$$

b. Einsetzen in Differenzialgleichung

$$(-c_0 \cos x - c_1 \sin x) - (c_1 \cos x - c_0 \sin x) - 2(c_0 \cos x + c_1 \sin x) = 10 \cos x \ .$$

c. Koeffizientenvergleich

$$\left.\begin{array}{l} \cos x : -3c_0 - c_1 = 10 \\ \sin x : c_0 - 3c_1 = \ 0 \end{array}\right\} \implies c_0 = -3 \ , \quad c_1 = -1 \ .$$

d. Lösung: $y_p(x) = -3 \cos x - \sin x \ .$

Wir beschreiben nun zusammenfassend eine noch etwas allgemeinere Version dieser Methode:

4.12 Methode V.
Spezielle Lösung $y_p(x)$ der Differenzialgleichung

$$y'' + ay' + by = f(x)$$

mit konstanten Koeffizienten $a, b \in \mathbb{R}$ und rechter Seite $f(x)$ von einfachem Typ.

a. Ist $f(x)$ eine Summe vom Typ

$$\text{(E)} \quad e^{kx}(a_n x^n + \cdots + a_1 x + a_0)$$
$$\text{(T)} \quad \cos \alpha x (b_m x^m + \cdots + b_1 x + b_0)$$
$$\sin \beta x (c_p x^p + \cdots + c_1 x + c_0)$$

so mache für $y_p(x)$ einen Ansatz vom selben Typ.

b. Ist einer der Summanden von $f(x)$ selbst Lösung der homogenen Differenzialgleichung, so multipliziere den zugehörigen Summanden in $y_p(x)$ mit x.

c. Setze den Ansatz für $y_p(x)$ in die Differenzialgleichung ein und bestimme alle unbestimmten Koeffizienten durch Koeffizientenvergleich.

Beispiele:

a. Bestimme $y_p(x)$ für

$$y'' + ay' + by = f(x)$$

mit

$$f(x) = x + x^2 e^x + e^{2x} + x \cos x + x^2 \sin 2x \ .$$

Ansatz

$$y_p(x) = (a_0 + a_1 x) + (b_0 + b_1 x + b_2 x^2)e^x + d_0 e^{2x}$$
$$+ (e_0 + e_1 x)\cos x + (f_0 + f_1 x)\sin x$$
$$+ (g_0 + g_1 x + g_2 x^2)\cos 2x + (h_0 + h_1 x + h_2 x^2)\sin 2x .$$

b. Bestimme $y_p(x)$ für

$$y'' - 2y' + y = e^x .$$

Ansatz:

$$y = ce^x \implies ce^x - 2ce^x + ce^x = 0 ,$$

denn $f(x) = e^x$ löst die homogene Differenzialgleichung.

Neuer Ansatz:

$$y = cxe^x \implies y' = c(x+1)e^x , \quad y'' = c(x+2)e^x$$
$$\implies c(x+2)e^x - 2c(x+1)e^x + cxe^x = 0 ,$$

denn xe^x löst die homogene Differenzialgleichung.

Dritter Ansatz:

$$y = cx^2 e^x .$$

Dies ergibt genau für $c = 1/2$ eine Lösung der gegebenen Differenzialgleichung, wie man nachrechnet.

4.13 EULER–CAUCHY–Differenzialgleichungen . Diese haben die Form:

$$x^2 y'' + axy' + by = 0 , \qquad a, b \in \mathbb{R} \text{ konstant}, x \neq 0 . \qquad (4.43)$$

Ansatz:

$$y(x) = x^\lambda , \quad y' = \lambda x^{\lambda-1} , \quad y'' = \lambda(\lambda-1)x^{\lambda-2} . \qquad (4.44)$$

Einsetzen in (4.43)

$$\lambda(\lambda-1)x^\lambda + \lambda a x^\lambda + b x^\lambda = x^\lambda(\lambda^2 + (a-1)\lambda + b) = 0 .$$

Also: $y = x^\lambda$ ist genau dann Lösung von (4.43), wenn λ Lösung der *charakteristischen Gleichung*

$$\lambda^2 + (a-1)\lambda + b = 0 \qquad (4.45)$$

ist. Die Wurzeln sind

$$\lambda_{1,2} = \frac{1-a}{2} \pm \frac{1}{2}\sqrt{(1-a)^2 - 4b^2} , \qquad (4.46)$$

sodass 3 Fälle unterschieden werden müssen:

I. Fall

$$\lambda_1 \neq \lambda_2 \quad \text{reell} \quad \Longrightarrow \quad \text{Fundamentalsystem}$$

$$y_1 = x^{\lambda_1}, \quad y_2 = x^{\lambda_2}. \tag{4.47}$$

II. Fall

$$\lambda_1 = \alpha + i\beta, \quad \lambda_2 = \alpha - i\beta \quad \text{mit } \beta \neq 0.$$

Komplexes Fundamentalsystem:

$$z_{1,2} = x^{\lambda_1} = x^\alpha x^{\pm i\beta} = x^\alpha e^{\pm i\beta \ln x}$$

$$= x^\alpha (\cos(\beta \ln x) \pm i\sin(\beta \ln x)).$$

Reelles Fundamentalsystem:

$$y_1 = \operatorname{Re} z_1 = x^\alpha \cos(\ln x^\beta)$$
$$y_2 = \operatorname{Im} z_1 = x^\alpha \sin(\ln x^\beta).$$

III. Fall

$$\lambda = \frac{1-a}{2} \quad \text{reelle Doppelwurzel} \quad \Longrightarrow \quad y_1(x) = x^\lambda.$$

Eine zweite Lösung $y_2(x)$ wird mit 4.7 bestimmt.

Ansatz $y_2 = uy_1$ führt für $v = u'$ auf die lineare Differenzialgleichung

$$v' + \left(2\frac{y_1'}{y_1} + a(x)\right)v = 0,$$

wobei

$$a(x) = \frac{a}{x}, \quad y_1 = x^\lambda \quad \Longrightarrow \quad \frac{y_1'}{y_1} = \frac{\lambda}{x} = \frac{1-a}{2x}$$

$$\Longrightarrow \quad 2\frac{y_1'}{y_1} + \frac{a}{x} = \frac{1}{x}$$

$\Longrightarrow$ Differenzialgleichung:

$$v' + \frac{1}{x}v = 0 \quad \Longrightarrow \quad v = e^{-\int \frac{dx}{x}} = e^{-\ln x} = \frac{1}{x}$$

$$\Longrightarrow \quad u(x) = \int v(x)dx = \ln x,$$

also

$$y_2(x) = y_1(x)\ln x.$$

Fundamentalsystem:

$$y_1(x) = x^\lambda, \quad y_2(x) = x^\lambda \cdot \ln x.$$

4.14 Ausblick: Systematik der Lösungsmethoden. Anders als bei der Bestimmung von Stammfunktionen lässt sich das explizite Lösen von Differenzialgleichungen nicht lückenlos durch einen Algorithmus beschreiben. Es gibt jedoch eine Unzahl von algorithmischen Lösungsmethoden für verschiedene mehr oder weniger spezielle Typen von Differenzialgleichungen, und moderne Computeralgebra-Software kann solche Typen erkennen und entsprechende Lösungsverfahren anwenden. Nützlich sind auch Nachschlagewerke wie z. B. der Klassiker [26]. Doch – wie bei der formalen Integration – sind die hier besprochenen Grundkenntnisse unerlässlich, um Software oder Nachschlagewerk kompetent anwenden zu können.

Es gibt aber auch ganz einfache Differenzialgleichungen, die keine explizite Lösung zulassen, wie etwa

$$y' = y^2 - x \tag{4.48}$$

(vgl. [2], S. 87). Dabei gelten nicht nur die elementaren Funktionen als explizit, sondern man betrachtet auch das unbestimmte Integral einer expliziten Funktion wieder als explizit, lässt also wesentlich mehr Funktionen als explizite Lösungen gelten als bei der Bestimmung von Stammfunktionen in Kap. 3. Der Beweis für die Unmöglichkeit, (4.48) explizit zu lösen, gehört allerdings in die sog. *Differenzialalgebra*, ein Gebiet der Mathematik, das (bis jetzt) für die Physik keine Rolle spielt und auf das wir uns nicht einlassen können.

Die Methoden zur expliziten Berechnung von Lösungen beruhen fast immer auf Symmetrien, d. h. Invarianz gegen geeignete (lokale) LIE-Gruppen. Diese Theorie hat in letzter Zeit wieder Auftrieb erfahren und dazu geführt, dass man die Lösungsmethoden viel besser systematisieren kann als früher. Näheres findet man z. B. in [32]. Dieses Buch dürfte auch für Sie verständlich sein, sobald Sie die Differenzialrechnung in mehreren Variablen (vgl. Kap. 9 und 10) gut beherrschen.

4.15 Ausblick: Qualitative Theorie. Wie aus der vorigen Ergänzung hervorgeht, stoßen explizite Lösungsmethoden unter Umständen schnell an ihre Grenzen. Mehr noch: Bei der Behandlung komplizierterer Systeme, etwa in der Festkörperphysik oder im Maschinenbau, kennt man häufig die zu lösende Differenzialgleichung gar nicht genau, sondern weiß nur etwas darüber, zu welchem allgemeinen Typ sie gehört. (In der Biologie oder den Wirtschaftswissenschaften ist diese Situation geradezu die Regel!) Hier helfen natürlich Computersimulationen, bei denen man ausgiebig mit verschiedenen Wahlen für die zur Debatte stehenden Parameter experimentieren kann. Diese sind in der Tat ein ausgesprochen wichtiges Werkzeug der Forschung, doch sind sie aufwändig und dabei oft nicht so zuverlässig, wie man es sich wünscht. Flankiert werden diese halb experimentellen Methoden von der *qualitativen Theorie* der Differenzialgleichungen, die für die meisten Mathematiker das eigentlich Interessante an diesem Teil der Analysis darstellt. Diese Theorie versucht gar nicht erst, die Gleichungen zu lösen, sondern zieht aus qualitativen Informationen über die gegebenen Daten Schlüsse über das qualitative

Verhalten beliebiger Lösungen (oder von Lösungen, die noch gewisse Zusatz-bedingungen erfüllen).

Da es viele verschiedene Typen von Differenzialgleichungen gibt, für die man unterschiedliche Methoden braucht, ist die qualitative Theorie in sich sehr vielfältig und uneinheitlich. Wir demonstrieren an einem einfachen Bei-spiel eine der vielen Möglichkeiten für qualitative Untersuchungen:

Beispiel: Wir betrachten die Anfangswertaufgabe

$$y' = f(x, y), \qquad y(x_0) = y_0 \qquad\qquad (4.49)$$

mit gegebenem $y_0 > 0$. Über die Datenfunktion f setzen wir Folgendes voraus:

(V1)   Für gewisse $a, b > 0$ ist

$$f(x, y) \le b - a|y| \qquad \forall\, x, y \in \mathbb{R},$$

(V2)   es gibt δ, $0 < \delta < b/a$ mit

$$f(x, y) > 0 \qquad \text{für } |y| < \delta.$$

Sonst wissen wir nichts über die Funktion f. Trotzdem kann man Folgendes beweisen:

Behauptung. Sind (V1), (V2) erfüllt, so gilt für jede Lösung $u : J \to \mathbb{R}$ der Aufgabe (4.49)

$$0 < u(x) \le \frac{b}{a} + \left(y_0 - \frac{b}{a}\right) e^{-a(x-x_0)} \qquad\qquad (4.50)$$

für alle $x \in J$, $x \ge x_0$. Insbesondere bleibt die Lösung u auf $J^+ := \{x \in J \mid x \ge x_0\}$ beschränkt.

Beweis. Als Lösung einer Differenzialgleichung ist u überall in ihrem Defi-nitionsintervall J differenzierbar, also auch stetig. Nun ist $u(x_0) = y_0 > 0$, also auch $u(x) > 0$ für $x \ge x_0$ nahe genug bei x_0. Angenommen, die erste Ungleichung in (4.50) wäre irgendwo in J^+ falsch. Dann könnten wir bilden:

$$x_1 := \inf\{x \in J^+ \mid u(x) \le 0\},$$

und es wäre $x_1 > x_0$. Wegen der Stetigkeit von u muss $u(x_1) = 0$ sein und für $x_0 \le x < x_1$ haben wir $u(x) > 0$. Bildet man die Ableitung $u'(x_1)$, also als linksseitigen Differenzialquotienten, so ergibt sich

$$u'(x_1) = \lim_{x \to x_1-} \frac{u(x) - u(x_1)}{x - x_1} \le 0.$$

Aber (V2) liefert $u'(x_1) = f(x_1, u(x_1)) = f(x_1, 0) > 0$, ein Widerspruch. Daher ist $u(x) > 0$ auf ganz J^+.

Für die zweite Ungleichung in (4.50) betrachten wir hilfsweise die Anfangswertaufgabe

$$y' = b + \varepsilon - ay\,, \qquad y(x_0) = y_0 \tag{4.51}$$

mit der expliziten Lösung (vgl. Methode II aus 4.3)

$$v(x) = y_0 e^{-a(x-x_0)} + \frac{b+\varepsilon}{a}\left(1 - e^{-a(x-x_0)}\right) = \frac{b+\varepsilon}{a} + \left(y_0 - \frac{b+\varepsilon}{a}\right)e^{-a(x-x_0)}\,.$$

Dabei ist $\varepsilon > 0$ beliebig gewählt. Setze $w := v - u$. Dann ist $w(x_0) = y_0 - y_0 = 0$
und $w'(x_0) = v'(x_0) - u'(x_0) = b + \varepsilon - ay_0 - f(x_0, y_0) \geq \varepsilon > 0$ nach (V1).
Somit ist $w(x) > 0$ für $x > x_0$ nahe genug bei x_0. Angenommen, die Beziehung
$w(x) > 0$ gilt nicht in ganz $J^{++} := J^+ \setminus \{x_0\}$. Wie vorher können wir dann
den Punkt

$$x_2 := \inf\{x \in J^{++} \mid w(x) \leq 0\}$$

betrachten, und es ist $x_2 > x_0$. Da w stetig ist, folgt $w(x_2) = 0$. Für $x_0 <
x < x_2$ ist aber $w(x) > 0$ nach Wahl von x_2, also zeigt die Betrachtung
des linksseitigen Differenzialquotienten, dass $w'(x_2) \leq 0$. Aber $w(x_2) = 0$
bedeutet auch, dass $v(x_2) = u(x_2) =: y_2 > 0$. Bei Beachtung von (V2) ergeben
daher die von u bzw. v erfüllten Differenzialgleichungen

$$w'(x_2) = v'(x_2) - u'(x_2) = b + \varepsilon - ay_2 - f(x_2, y_2) \geq \varepsilon > 0\,.$$

Dieser Widerspruch zeigt, dass $w(x) > 0$ in ganz J^{++} gelten muss, d. h.

$$u(x) \;<\; \frac{b+\varepsilon}{a} + \left(y_0 - \frac{b+\varepsilon}{a}\right)e^{-a(x-x_0)}\,.$$

Aber $\varepsilon > 0$ war beliebig. Also können wir $\varepsilon \to 0$ schicken, und es ergibt sich
die zweite Ungleichung in (4.50). $\square$

Aufgaben zu §4

4.1. Man löse die folgenden Anfangswertaufgaben durch Trennung der Variablen:

a. $y' = 3xe^{-y}\,, \quad y(-1) = 0\,.$

b. $y' = y^2 \sin x\,, \quad y(\pi) = \frac{1}{5}\,.$

c. $(x+1)y' - 2x^3 y = 0\,, \quad y(0) = 4\,.$

4.2. Man löse die folgenden Anfangswertaufgaben für lineare Differenzialgleichungen 1. Ordnung:

a. $xy' + y = x + x^3\,, \quad y(1) = 2\,.$

b. $y' - \frac{2}{x}y = x^2 e^x\,, \quad y(2) = 0\,.$

4.3. Mit der Methode der unbestimmten Koeffizienten (vgl. 4.11, 4.12) löse man die folgenden Anfangswertaufgaben für lineare Differenzialgleichungen 2. Ordnung:

a. $y'' + y' - 2y = 14 + 2x - 2x^2$, $y(0) = 0$, $y'(0) = 0$.

b. $y'' - 4y' + 3y = 4e^{3x}$, $y(0) = -1$, $y'(0) = 3$.

c. $y'' + y' - 2y = -6\sin 2x - 18\cos 2x$, $y(0) = 0$, $y'(0) = 0$.

4.4. Mit Variation der Konstanten löse man die folgenden Anfangswertaufgaben. (In 4.13 ist verraten, wie man zu einem Fundamentalsystem für die homogene Gleichung kommt!):

a. $x^2 y'' - 2xy' + 2y = \frac{6}{x}$, $y(1) = 0$, $y'(1) = 5$.

b. $x^2 y'' - 4xy' + 6y = \frac{42}{x^4}$, $y(1) = 2$, $y'(1) = 4$.

c. $x^2 y'' - 2xy' + 2y = x^3 \cos x$, $y(\pi) = \pi$, $y'(\pi) = 2$.

4.5. Man finde alle Lösungen der Differenzialgleichung

$$y' - 3y - \cos x = 0 ,$$

die die Periode 2π haben.

Teil II

Lineare Algebra und lineare Differenzialgleichungen

5

Vektoren, Matrizen, Determinanten

In diesem und den nächsten beiden Kapiteln besprechen wir die Grundlagen der *linearen Algebra*. Wir werden zwar in 5.1 und 5.7 schon einige fundamentale abstrakte Begriffe kennen lernen, doch wird es sich in diesem Kapitel in erster Linie um ganz praktische Fragen handeln, die sich um das Auflösen von linearen Systemen von Bestimmungsgleichungen ranken.

A. Vektoren und Matrizen

Im Folgenden bezeichnet $\mathbb{K}$ immer den Körper $\mathbb{R}$ oder $\mathbb{C}$. Wir beginnen mit der abstrakten Definition eines Vektorraumes. Es handelt sich um eine axiomatische Definition wie bei der Einführung von Gruppen und Körpern in 1.4, und entsprechend nennt man die unten stehenden Aussagen $(V1)$–$(V8)$ die *Vektorraumaxiome*. Die allgemeinen Bemerkungen über axiomatische Definitionen, die Punkt 1.4 folgen, sollten Sie sich auch in Bezug auf den Vektorraumbegriff zu Herzen nehmen.

Definitionen 5.1.

    a. Eine Menge $V \neq \emptyset$ heißt ein Vektorraum *über dem Körper $\mathbb{K}$ (kurz: $\mathbb{K}$-Vektorraum), wenn zwischen den Elementen $x, y \in V$ eine Addition $x + y$ (Summe von Vektoren) und zwischen den Elementen $\lambda \in \mathbb{K}$, $x \in V$ eine Skalarmultiplikation $\lambda x \in V$ (skalares Vielfaches eines Vektors) definiert sind, sodass für alle $x, y, z \in V$, λ, $\mu \in \mathbb{K}$ Folgendes gilt:*

        $(V1)$ $(x + y) + z = x + (y + z)$.

        $(V2)$ $x + y = y + x$.

        $(V3)$ $\exists\, \Theta \in V$ *(Nullvektor)* $: x + \Theta = x$ $\forall\, x \in V$.

        $(V4)$ $\forall\, x \in V \;\exists\, (-x) \in V$ $: x + (-x) = \Theta$.

D. h. V ist bezüglich der Addition eine abelsche Gruppe,

$$(V5) \qquad (\lambda\mu)x \quad = \lambda(\mu x) \, .$$

$$(V6) \qquad (\lambda + \mu)x = \lambda x + \mu x \, .$$

$$(V7) \qquad \lambda(x + y) = \lambda x + \lambda y \, .$$

$$(V8) \qquad 1 \cdot x = x \, , \quad 0 \cdot x = \Theta \, .$$

b. Eine Teilmenge $U \subseteq V$ ist selbst ein $\mathbb{K}$-Vektorraum, genannt Unterraum *oder* linearer Teilraum *von V, wenn*

$$(T1) \qquad x, y \in U \quad \Longrightarrow \quad x + y \in U \, .$$

$$(T2) \qquad \lambda \in \mathbb{K} \, , \, x \in U \quad \Longrightarrow \quad \lambda x \in U \, .$$

Bemerkung: „Vektoren" sind also im Moment für uns einfach Elemente eines Vektorraumes, d. h. Größen, mit denen auf die in den Vektorraumaxiomen festgelegte Art gerechnet wird. Geometrische, kinematische oder dynamische Interpretationen des Vektorbegriffs, wie sie in der Physik gang und gäbe sind, spielen jetzt noch keine Rolle. Daher verzichten wir auch vorläufig darauf, Vektoren bezeichnungstechnisch gegenüber Skalaren hervorzuheben. Die konkreten Beispiele von Vektoren, die uns in diesem Kapitel begegnen, werden immer Listen oder Tabellen von Zahlen sein.

Als Nächstes führen wir *Matrizen* ein, und diese werden uns auch die ersten Beispiele für Vektorräume liefern.

Definitionen 5.2.

a. Ein rechteckiges Schema

$$A = (a_{ij}) = \begin{pmatrix} a_{11} & \cdots & a_{1n} \\ \vdots & & \vdots \\ a_{m1} & \cdots & a_{mn} \end{pmatrix} \qquad \text{von Elementen } a_{ij} \in \mathbb{K}$$

heißt eine $m \times n$-Matrix mit den m Zeilenvektoren

$$A_i = (a_{i1}, \cdots, a_{in}) \, , \qquad i = 1, \ldots, m$$

und den n Spaltenvektoren

$$A_j = \begin{pmatrix} a_{1j} \\ \vdots \\ a_{mj} \end{pmatrix} \, , \qquad j = 1, \ldots, n \, .$$

Es bezeichnet $\mathbb{K}_{m \times n}$ die Menge der $m \times n$-Matrizen.

b. In $\mathbb{K}_{m \times n}$ *definiert man eine* Addition *durch*

$$A + B := \begin{pmatrix} a_{11} + b_{11} & \cdots & a_{1n} + b_{1n} \\ \vdots & & \vdots \\ a_{m1} + b_{m1} & \cdots & a_{mn} + b_{mn} \end{pmatrix}, \quad A, B \in \mathbb{K}_{m \times n}$$

und eine Skalarmultiplikation *durch*

$$\lambda A := \begin{pmatrix} \lambda a_{11} & \cdots & \lambda a_{1n} \\ \vdots & & \vdots \\ \lambda a_{m1} & \cdots & \lambda a_{mn} \end{pmatrix}, \quad \lambda \in \mathbb{K}, A \in \mathbb{K}_{m \times n}.$$

Da Addition und Skalarmultiplikation aus $\mathbb{K}$ übertragen werden, hat man sofort:

Satz 5.3. $\mathbb{K}_{m \times n}$ *bildet einen* $\mathbb{K}$-*Vektorraum mit der* Nullmatrix $0_{mn} = (0_{ij})$, $0_{ij} = 0$ *für alle* i, j *als Nullvektor.*

Definitionen 5.4.

a. In $\mathbb{K}_{m \times n}$ *definiert man die zu* $A = (a_{ij}) \in \mathbb{K}_{m \times n}$ *transponierte Matrix* $A^T = (a_{ji}) \in \mathbb{K}_{n \times m}$, *indem man Zeilen und Spalten vertauscht.*
b. In $\mathbb{C}_{m \times n}$ *definiert man die zu* $A = (a_{ij}) \in \mathbb{C}_{m \times n}$ *konjugierte Matrix* $\overline{A} = (\overline{a}_{ij}) \in \mathbb{C}_{m \times n}$, *indem man alle Elemente konjugiert. Die transponierte konjugierte Matrix* $A^* = \overline{A}^T = (\overline{a}_{ji}) \in \mathbb{C}_{n \times m}$ *heißt die zu* A *adjungierte Matrix.*
c. Ist $m = n$, *so heißen die Matrizen* $A \in \mathbb{K}_{n \times n}$ *quadratisch. Dabei heißt*

$$E = E_n = (\delta_{ij}) \quad mit \; \delta_{ij} = \begin{cases} 1, & i = j \\ 0, & i \neq j \end{cases}$$

die $n \times n$-Einheitsmatrix. *Den hier definierten Ausdruck* δ_{ij} *nennt man das* KRONECKER-*Symbol.*
d. Für quadratisches $A = (a_{ij}) \in \mathbb{K}_{n \times n}$ *heißt*

$$\text{Spur } A := \sum_{i=1}^{n} a_{ii}$$

die Spur *der Matrix* A.

Wir definieren nun noch ein Produkt von Matrizen. Diese Definition mag auf den ersten Blick unnötig kompliziert erscheinen, ist aber in Wirklichkeit genau das, was man braucht. Das wird spätestens in Kap. 7 ganz deutlich werden (vgl. insbesondere 7.5).

Definition 5.5. *Für $A = (a_{ij}) \in \mathbb{K}_{p \times n}$, $B = (b_{ij}) \in \mathbb{K}_{n \times q}$ definiert man das Matrizenprodukt $C = (c_{ij}) = A \cdot B \in \mathbb{K}_{p \times q}$ durch*

$$c_{ij} = \sum_{k=1}^{n} a_{ik} \cdot b_{kj} \ .$$

Folgendes ist zu beachten:

a. $C = AB$ ist nur definiert, wenn

$$\text{Spaltenzahl von } A = \text{Zeilenzahl von } B \ .$$

C hat die Zeilenzahl von A, die Spaltenzahl von B.

b. Im Allgemeinen ist höchstens eines der Produkte AB oder BA definiert. Sind beide definiert, so sind AB und BA i. Allg. von verschiedenem Typ.

c. Nur in $\mathbb{K}_{n \times n}$ sind $AB \in \mathbb{K}_{n \times n}$ und $BA \in \mathbb{K}_{n \times n}$, aber i. Allg. ist $AB \neq BA$. Ferner kommt es vor, dass

$$AB = 0 \text{ obwohl } A \neq 0 \text{ und } B \neq 0 \ .$$

d. h. $\mathbb{K}_{n \times n}$ ist bezüglich der Matrizenmultiplikation keine Gruppe.

Dennoch gelten eine Reihe von wichtigen Rechenregeln:

Satz 5.6.

a. Die Matrizenmultiplikation ist assoziativ, d. h. für $A \in \mathbb{K}_{p \times m}$, $B \in \mathbb{K}_{m \times n}$, $C \in \mathbb{K}_{n \times q}$ gilt

$$A(BC) = (AB)C \ .$$

b. Matrizenmultiplikation und -addition sind distributiv, d. h.

(i) für $A \in \mathbb{K}_{p \times m}$ und $B, C \in \mathbb{K}_{m \times q}$ gilt:

$$A(B + C) = AB + AC \ .$$

(ii) für $A, B \in \mathbb{K}_{p \times m}$ und $C \in \mathbb{K}_{m \times q}$ gilt:

$$(A + B)C = AC + BC \ .$$

c. Für $A \in \mathbb{K}_{p \times n}$, $B \in \mathbb{K}_{n \times q}$ gilt:

$$(AB)^T = B^T A^T \ , \quad \overline{AB} = \overline{A}\,\overline{B} \ , \quad (AB)^* = B^* A^* \ .$$

d. Für $A, B \in \mathbb{K}_{n \times n}$ gilt:

$$\text{Spur } (AB) = \text{Spur } (BA) \ .$$

Beweis.

a. Wir setzen:

$$D := (d_{ij}) = A(BC) \, , \quad F := (f_{ij}) = (AB)C \, .$$

Dann gilt

$$d_{ij} = \sum_{k=1}^{m} a_{ik} \left(\sum_{\ell=1}^{n} b_{k\ell} c_{\ell j} \right) = \sum_{\ell=1}^{n} \left(\sum_{k=1}^{m} a_{ik} b_{k\ell} \right) c_{\ell j} = f_{ij}$$

b. und
c. werden genauso als Übung bewiesen.
d. Es gilt

$$\mathrm{Spur}\, AB = \sum_{i=1}^{n} \left(\sum_{k=1}^{n} a_{ik} b_{ki} \right) = \sum_{k=1}^{n} \left(\sum_{i=1}^{n} b_{ki} a_{ik} \right) = \mathrm{Spur}\, BA \, .$$

$\square$

Wir beenden diesen Abschnitt mit einigen Begriffen, die in *beliebigen* Vektorräumen sinnvoll und wichtig sind und wir im Folgenden ständig benutzen:

Definitionen 5.7. *Sei V ein $\mathbb{K}$-Vektorraum und seien $a_1, \ldots, a_n \in V$.*

a. *Für feste $\lambda_1, \ldots, \lambda_n \in \mathbb{K}$ heißt der Vektor $x = \sum_{k=1}^{n} \lambda_k a_k$ eine* Linearkombination *von $a_1, \ldots, a_n$ und die Menge aller solcher Linearkombinationen*

$$\mathrm{LH}\, (a_1, \ldots, a_n) = \left\{ \sum_{k=1}^{n} \lambda_k a_k \,\middle|\, \lambda_k \in \mathbb{K} \right\}$$

die lineare Hülle *von $a_1, \ldots, a_n$ oder der von $a_1, \ldots, a_n$ aufgespannte Unterraum von V.*

b. *$a_1, \ldots, a_n$ heißen* linear unabhängig *über $\mathbb{K}$, wenn*

$$\sum_{k=1}^{n} \lambda_k a_k = 0 \quad \Longrightarrow \quad \lambda_1 = \cdots = \lambda_n = 0 \, .$$

Anderenfalls heißen sie linear abhängig *über $\mathbb{K}$.*

Dass $a_1, \ldots, a_n$ linear abhängig sind, bedeutet also, dass die Null als Linearkombination

$$\sum_{k=1}^{n} \lambda_k a_k = 0$$

geschrieben werden kann, bei der nicht alle Koeffizienten $\lambda_1, \ldots, \lambda_n$ verschwinden. Ist etwa $\lambda_i \neq 0$, so kann man nach a_i auflösen und schreiben:

$$a_i = \sum_{k \neq i} \mu_k a_k$$

mit Skalaren $\mu_k := -\lambda_k / \lambda_i \in \mathbb{K}$. Die lineare Abhängigkeit von $a_1, \ldots, a_n$ bedeutet also, dass mindestens einer dieser Vektoren als Linearkombination der restlichen geschrieben werden kann.

B. Lineare Gleichungssysteme und GAUSS-Elimination

Sei $A \in \mathbb{K}_{m \times n}$ eine gegebene Matrix, $B \in \mathbb{K}_{m \times 1}$ ein gegebener Vektor. Dann betrachten wir das *inhomogene lineare Gleichungssystem*

$$(L) \quad \begin{matrix} a_{11}x_1 + \cdots + a_{1n}x_n = b_1 \\ \cdots \qquad \qquad \cdots \\ a_{m1}x_1 + \cdots + a_{mn}x_n = b_m \end{matrix}$$

und das zugehörige *homogene Gleichungssystem*

$$(L_0) \quad \begin{matrix} a_{11}x_1 + \cdots + a_{1n}x_n = 0 \\ \cdots \qquad \qquad \cdots \\ a_{m1}x_1 + \cdots + a_{mn}x_n = 0 \end{matrix}$$

mit m Gleichungen und n Unbekannten. Mittels der Matrizenmultiplikation können wir (L) bzw. (L_0) kurz in der Form

$$AX = B \tag{5.1}$$

bzw.

$$AX = 0 \tag{5.2}$$

schreiben. Die Matrix A nennt man dann die *Koeffizientenmatrix*, die Matrix

$$(A, B) := (A^1, \ldots, A^n, B)$$

die *erweiterte Matrix* des Systems (L). Jeder Vektor $X \in \mathbb{K}_{n \times 1}$, der (5.1) bzw. (5.2) erfüllt, heißt eine *Lösung* von (5.1) bzw. (5.2). Schreiben wir wieder $A = (A^1, \ldots, A^n)$ mit den Spaltenvektoren $A^k \in \mathbb{K}_{m \times 1}$, so haben wir:

$$\begin{matrix} (L_0) & x_1 A^1 + \cdots + x_n A^n = 0 \\ (L) & x_1 A^1 + \cdots + x_n A^n = B \, . \end{matrix} \tag{5.3}$$

Da auf der linken Seite eine Linearkombination der Spalten von A steht, haben wir zunächst folgende Aussage:

Satz 5.8.

   a. Das homogene System hat immer die trivale Lösung $X = 0$. (L_0) *hat genau dann nicht triviale Lösungen* $X \neq 0$, *wenn die Spaltenvektoren* $A^1, \ldots, A^n$ *von A linear abhängig sind.*

   b. Die Lösungen von (L_0) bilden einen $\mathbb{K}$-Vektorraum (Unterraum von $\mathbb{K}_{n \times 1}$), d. h. Linearkombinationen von Lösungen von (L_0) sind wieder Lösungen von (L_0).

   c. Das inhomogene System (L) ist genau dann lösbar, wenn B linear abhängig von den Spalten von A ist.

d. Die Differenz zweier Lösungen von (L) ist eine Lösung von (L_0). Daher bekommt man alle Lösungen von (L), indem man zu einer Lösung von (L) alle Lösungen von (L_0) addiert.

Um lineare Gleichungssysteme explizit zu lösen, benutzt man das GAUSS*'sche Eliminationsverfahren* (oder eine Variante davon). Dabei wird das gegebene System so lange äquivalent umgeformt, bis sich die Lösungen praktisch ablesen lassen. Wir nennen zwei Gleichungssysteme

$$AX = B \quad \text{und} \quad \tilde{A}X = \tilde{B}$$

äquivalent, wenn ihre Lösungsmengen übereinstimmen, wenn die beiden Gleichungssysteme also als Bedingungen an den Vektor X logisch gleichbedeutend sind. Das GAUSS'sche Verfahren arbeitet mit zwei Typen von Umformungen, nämlich

I. Zeilenvertauschungen: Vertauschung der i-ten mit der j-ten Zeile bezeichnen wir mit $V(i,j)$ $(i, j = 1, \ldots, m)$.

II. Ersetzungen: Mit $M(i, j, \mu)$ bezeichnen wir das Ersetzen der j-ten Zeile durch die Summe aus der j-ten Zeile und dem μ-fachen der i-ten Zeile $(i, j = 1, \ldots, m; \; \mu \in \mathbb{K})$.

Bei der Umformung $M(i, j, \mu)$ werden also $a_{jk}(k = 1, \ldots, n)$ sowie b_j ersetzt durch

$$\tilde{a}_{jk} := a_{jk} + \mu a_{ik} \quad (k = 1, \ldots, n) \quad \text{bzw.} \quad \tilde{b}_j := b_j + \mu b_i \;.$$

Diese Umformungen nennt man auch *elementare Matrixoperationen*. Es läuft auf dasselbe hinaus, ob man sie sich auf das lineare Gleichungssystem (L) oder auf dessen erweiterte Matrix angewendet denkt, und letzten Endes kann man sie auf jede beliebige Matrix anwenden.

Lemma 5.9. *Die elementaren Matrixoperationen sind äquivalente Umformungen. Genauer: Geht das Gleichungssystem $\tilde{A}X = \tilde{B}$ durch elementare Matrixoperationen aus (5.1) hervor, so sind die beiden Systeme äquivalent.*

Beweis. Man braucht das natürlich nur für eine einzige elementare Matrixoperation zu beweisen. Handelt es sich dabei um eine Zeilenvertauschung, so ist die Aussage klar. Betrachten wir nun die Operation $M(i, j, \mu)$. Ist $X = (x_1, \ldots, x_n)^T$ eine Lösung von (5.1), so haben wir insbesondere

$$\sum_{k=1}^{n} a_{jk}x_k = b_j \quad \text{und} \quad \sum_{k=1}^{n} a_{ik}x_k = b_i \;,$$

also auch

$$\sum_{k=1}^{n} (a_{jk} + \mu a_{ik})x_k = b_j + \mu b_i \;.$$

Somit erfüllt X auch das umgeformte System $\tilde{A}X = \tilde{B}$. Das umgeformte System geht aber durch die Operation $M(i, j, -\mu)$ wieder in das ursprüngliche System (5.1) über. Also ist jede Lösung des umgeformten Systems auch eine Lösung des ursprünglichen, d. h. wir haben Äquivalenz.   □

Das gegebene Gleichungssystem wird nun durch Anwendung elementarer Matrixoperationen auf eine einfache Form gebracht, die wir *gestufte Form* nennen wollen. Wir definieren:

Definition 5.10. *Sei $C = (c_{jk}) \in \mathbb{K}_{m \times n}$ eine Matrix und $D = (d_1, \dots, d_m)^T \in \mathbb{K}_{m \times 1}$ ein Spaltenvektor. Wir sagen, die Matrix C bzw. das lineare Gleichungssystem*

$$CX = D \qquad\qquad (5.4)$$

habe gestufte Form, wenn für gewisse Zahlen $r \in \{0, 1, \dots, m\}$ und $1 \le s_1 < \dots < s_r \le n$ Folgendes gilt:

(i) $c_{jk} = 0$ für $j > r$, $k = 1, \dots, n$,

(ii) $c_{jk} = 0$ für $j \le r$, $1 \le k < s_j$,

(iii) $c_{j,s_j} \ne 0$ für $j = 1, \dots, r$.

Die Zahl r heißt der Rang *der Matrix C bzw. des Systems (5.4).*

Für $j \le r$ beginnt also die j-te Zeile mit lauter Nullen und zwar bis zum Platz (j, s_j), wo keine Null stehen darf. Die letzten $m - r$ Zeilen von C bestehen komplett aus Nullen. Die k-te Spalte enthält ab der $(j + 1)$-ten Zeile nur noch Nullen, wenn k im Bereich $s_j \le k < s_{j+1}$ liegt (wobei s_{r+1} als n aufzufassen ist). Das Gleichungssystem (5.4) sieht dann also folgendermaßen aus:

$$c_{1,s_1}x_{s_1} + \dots\dots\dots\dots\dots + c_{1,n}x_n = d_1$$
$$c_{2,s_2}x_{s_2} + \dots\dots\dots + c_{2,n}x_n = d_2$$
$$\dots\dots\dots\dots\dots\dots\dots$$
$$c_{r,s_r}x_{s_r} + \dots + c_{r,n}x_n = d_r$$
$$0 \quad = d_{r+1}$$
$$\vdots$$
$$0 \quad = d_m .$$

Man erkennt sofort, dass die Bedingung

$$d_{r+1} = \dots = d_m = 0 \qquad\qquad (5.5)$$

notwendig für die Lösbarkeit von (5.4) ist, denn anderenfalls enthält das System absurde Gleichungen, die nie erfüllt sind, egal, was man für $x_1, \ldots, x_n$ einsetzt. Gilt jedoch (5.5), so sind die letzten $m-r$ Gleichungen redundant und können aus dem System gestrichen werden. Für jedes $k \notin \{s_1, \ldots, s_r\}$ kann man dann einen willkürlichen Wert x_k vorgeben und danach die restlichen Komponenten des Lösungsvektors durch die sog. *Rücksubstitution* bestimmen: Zunächst löst man die r-te Gleichung nach x_{s_r} auf und erhält

$$x_{s_r} = \frac{1}{c_{r,s_r}} \left(d_r - \sum_{k=s_r+1}^{n} c_{r,k} x_k \right).$$

Dies setzt man (zusammen mit den willkürlich gewählten x_k-Werten) in die $(r-1)$-te Gleichung ein und löst dann nach $x_{s_{r-1}}$ auf. So arbeitet man sich weiter nach oben vor, bis man alle Komponenten $x_{s_1}, \ldots, x_{s_r}$ bestimmt hat. Insbesondere ist die Lösung nach Wahl der x_k für $k \notin \{s_1, \ldots, s_r\}$ eindeutig festgelegt. Am einfachsten ist der Fall $r = n$. Dann muss nämlich $s_1 = 1, s_2 = 2, \ldots, s_r = r = n$ sein, und daher kann man keine Komponente x_k willkürlich vorschreiben, sondern die Rücksubstitution liefert (sofern (5.5) gilt!) eine eindeutige Lösung $X = (x_1, \ldots, x_n)^T$.

Insgesamt ergibt sich das

Lemma 5.11. *Gegeben sei ein System (5.4) in gestufter Form vom Rang r. Dann gilt:*

   a. *Ist $r < m$ und $d_j \neq 0$ für ein $j > r$, so hat das System keine Lösung.*

   b. *Ist (5.5) erfüllt und $r = n$, so hat das System eine eindeutige Lösung.*

   c. *Ist (5.5) erfüllt und $r < n$, so hat das System eine unendliche Schar von Lösungen. Dabei kann man gewisse $n-r$ Komponenten des Lösungsvektors beliebig vorgeben, und die restlichen Komponenten sind dann eindeutig bestimmt.*

Im Fall $r = m$ gilt (5.5) als erfüllt.

Der Grundgedanke des GAUSS'schen Eliminationsverfahrens ist nun in dem folgenden Theorem und seinem Beweis enthalten:

Theorem 5.12. *Jedes lineare Gleichungssystem (5.1) lässt sich durch elementare Matrixoperationen in gestufte Form überführen und ist daher zu einem System in gestufter Form äquivalent.*

Beweis. Der Beweis erfolgt durch Induktion nach der Anzahl m der Gleichungen. Für $m = 1$ ist nichts zu beweisen, denn eine einzelne Gleichung ist ein System in gestufter Form. Nun nehmen wir an, der Satz sei für Systeme mit $m - 1$ Gleichungen bewiesen ($m \geq 2$) und betrachten ein System (5.1) mit m Gleichungen. Es sei s_1 der kleinste Index k, für den die k-te Spalte ein nicht verschwindendes Element enthält, etwa $a_{j,s_1} \neq 0$. (Im Allgemeinen wird natürlich $s_1 = 1$ sein, aber das wollen wir nicht zwingend fordern.) Die Vertauschung $V(1, j)$ befördert dieses Element in die erste Zeile, d. h. wir können annehmen, es sei $a_{1,s_1} \neq 0$. Nun wenden wir für $j = 2, \ldots, m$ die Operationen $M(1, j, \mu_j)$ an, und zwar mit

$$\mu_j := -a_{j,s_1}/a_{1,s_1} \ .$$

Dadurch wird erreicht, dass in der s_1-ten Spalte unterhalb der ersten Zeile nur noch Nullen stehen. Es sei

$$\tilde{A}X = \tilde{B} \tag{5.6}$$

das durch diese Umformungen entstandene System. Das aus den letzten $m - 1$ Gleichungen von (5.6) bestehende System kann nach Induktionsvoraussetzung durch elementare Matrixoperationen auf gestufte Form gebracht werden. Tut man das, ohne die erste Gleichung zu verändern, so wird (5.6) insgesamt auf gestufte Form gebracht, weil die ersten s_1 Spaltenvektoren von $\tilde{A}$ unterhalb der ersten Zeile sowieso nur aus Nullen bestehen. Aber (5.6) ist durch elementare Matrixoperationen aus (5.1) hervorgegangen. Damit ist die Behauptung auch für m Gleichungen bewiesen, wie gewünscht.   □

Anmerkung 5.13. Die GAUSS-Elimination ist ein echter *Algorithmus*, also ein nach festen Regeln ablaufendes Verfahren, das sich für Computer programmieren lässt und das tatsächlich (in verschiedenen Varianten) in einschlägiger Software implementiert ist, sowohl für numerische Aufgaben (also solche mit expliziten Zahlen) als auch für symbolische (also Aufgaben mit Symbolen als Koeffizienten). Das Grundrezept ist in obigem Beweis enthalten, aber durch den Einsatz des Induktionsprinzips vielleicht etwas versteckt. Wir beschreiben deshalb noch einmal explizit, wie man ein vorgelegtes Gleichungssystem (5.1) tatsächlich auf gestufte Form bringt:

(i) Die Nummerierung wird dafür sorgen, dass die Unbekannte x_1 wirklich vorkommt, und damit ist $s_1 = 1$. Bei Bedarf erreicht man durch eine Vertauschung $V(1, j)$, dass x_1 sogar in der obersten Gleichung vorkommt, dass also $a_{11} \neq 0$. Die Ersetzungen

$$M(1, j, -a_{j1}/a_{11}) \qquad (j = 2, \ldots, m)$$

bewirken nun, dass in der ersten Spalte ab der zweiten Zeile lauter Nullen auftauchen.

(ii) Nun wird die zweite Spalte daraufhin untersucht, ob sie unterhalb der ersten Zeile noch ein Element $\neq 0$ besitzt. Ist dies nicht der Fall, geht man zur dritten Spalte über usw. Es sei also s_2 der kleinste Spaltenindex k, für den die k-te Spalte unterhalb der ersten Zeile nicht aus lauter Nullen besteht. Durch eine Vertauschung $V(2, j)$ wird (bei Bedarf) erreicht, dass $a_{2,s_2} \neq 0$. Es folgen Ersetzungen

$$M(2, j, -a_{j,s_2}/a_{2,s_2}) \qquad (j = 3, \ldots, m) \ .$$

Diese bewirken, dass die s_2-te Spalte – und damit alle Spalten von Nummer 1 bis Nummer s_2 – unterhalb der zweiten Zeile nur noch Nullen enthalten.

(iii) Nun wird Schritt (ii) wiederholt, wobei es aber nur noch um den Teil der Matrix unterhalb der *zweiten* Zeile und rechts von der s_2-ten Spalte geht, usw. Im ν-ten Schritt geht es nur noch um den Teil unterhalb der ν-ten Zeile und rechts von der s_ν-ten Spalte ($\nu = 1, \ldots, r$). Die Zahl r ist dadurch bestimmt, dass nach dem r-ten Schritt unterhalb der r-ten Zeile in der Koeffizientenmatrix nur noch Nullen vorkommen. Dann ist gestufte Form erreicht, und das Verfahren stoppt.

Neben seinem praktischen Nutzen liefert das hier beschriebene Verfahren auch äußerst wichtige theoretische Einsichten, z. B. das Folgende

Korollar 5.14. *Jedes homogene lineare Gleichungssystem mit mehr Unbekannten als Gleichungen hat nichttriviale Lösungen.*

Beweis. Nach äquivalenter Umwandlung in gestufte Form haben wir $r \leq m < n$, also können wir nach 5.11c $n - r > 0$ Komponenten der Lösung beliebig vorschreiben, insbesondere $\neq 0$ wählen. □

C. Determinanten und Permutationen

Um Determinanten beliebiger Größe einführen zu können, benötigen wir einige Bezeichnungen. Zunächst setzen wir ein Dach $\overset{\frown}{}$ über einen Listeneintrag, der aus der Liste gestrichen werden soll. Sind also z. B. $x_1, x_2, \ldots, x_n$ n Größen (Zahlen, Vektoren oder was auch immer), so schreiben wir

$$(x_1, \ldots, \widehat{x_k}, \ldots, x_n)$$

für das $(n-1)$-Tupel $(x_1, \ldots, x_{k-1}, x_{k+1}, \ldots, x_n)$ $(k = 1, \ldots, n)$. Sei ferner $A = (A^1, \ldots, A^n) \in \mathbb{K}_{n \times n}$ eine quadratische Matrix mit Spaltenvektoren $A^k = (a_{ik})_{1 \leq i \leq n} \in \mathbb{K}_{n \times 1}$ und sei $\widetilde{A}^k$ der Spaltenvektor, der aus A^k durch Streichen der ersten Komponente entsteht, d. h.

$$A^k = \begin{bmatrix} a_{1k} \\ a_{2k} \\ \vdots \\ a_{nk} \end{bmatrix} \in \mathbb{K}_{n \times 1} \,, \quad \widetilde{A}^k = \begin{bmatrix} a_{2k} \\ \vdots \\ a_{nk} \end{bmatrix} \in \mathbb{K}_{n-1 \times 1} \,. \tag{5.7}$$

Definitionen 5.15. *Für $A = (A^1, \ldots, A^n) = (a_{ij}) \in \mathbb{K}_{n \times n}$ ist die* Determinante *von A*

$$\det A \equiv \det(A^1, \ldots, A^k) \equiv |A| \equiv |A^1, \ldots, A^k|$$

$$\equiv \begin{vmatrix} a_{11} & \cdots & a_{1n} \\ \vdots & & \vdots \\ a_{n1} & \cdots & a_{nn} \end{vmatrix} \in \mathbb{K} \tag{5.8}$$

induktiv folgendermaßen definiert:

a. Für $n = 1$ ist $|A| := a_{11}$.
   Für $n = 2$ ist:

$$\begin{vmatrix} a_{11} & a_{12} \\ a_{21} & a_{22} \end{vmatrix} := a_{11}a_{22} - a_{21}a_{12} \,. \tag{5.9}$$

b. Für $n \geq 2$ definiert man

$$|A| = \sum_{k=1}^n a_{1k}(-1)^{k+1}|\tilde{A}^1, \ldots, \widehat{\tilde{A}^k}, \ldots, \tilde{A}^n|$$

$$= \sum_{k=1}^n a_{1k}(-1)^{k+1} \begin{vmatrix} \widehat{a_{11}} & \cdots & \widehat{a_{1k}} & \cdots & \widehat{a_{1n}} \\ a_{21} & \cdots & \widehat{a_{2k}} & \cdots & a_{2n} \\ \vdots & & \vdots & & \vdots \\ a_{n1} & \cdots & \widehat{a_{nk}} & \cdots & a_{nn} \end{vmatrix} \,. \tag{5.10}$$

Aus dieser „Entwicklungsformel" können wir sofort folgende Eigenschaften der Determinante ableiten:

Satz 5.16. *Für die Determinante*

$$\det(A) = |A^1, \ldots, A^n| \,, \; A^k \in \mathbb{K}_{n \times 1} \,, \; A \in \mathbb{K}_{n \times n}$$

gelten:

(D1)   det *ist homogen in jedem Argument $A^1, \ldots, A^n$,*
d. h. für $\lambda \in \mathbb{K}$ gilt

$$|A^1, \ldots, \lambda A^i, \ldots, A^n| = \lambda |A^1, \ldots, A^i, \ldots, A^n| \,. \tag{5.11}$$

(D2)   det *ist additiv in jedem Argument $A^1, \ldots, A^n$,*
d. h. für $B^i, C^i \in \mathbb{K}_{n \times 1}$ gilt

$$|A^1, \ldots, B^i + C^i, \ldots, A^n|$$

$$= |A^1, \ldots, B^i, \ldots, A^n| + |A^1, \ldots, C^i, \ldots, A^n| \,. \tag{5.12}$$

(D3)   det *ist alternierend oder schiefsymmetrisch, d. h.*

$$|A^1, \ldots, B, \ldots, C, \ldots, A^n| = |A^1, \ldots, C, \ldots, B, \ldots, A^n| \,. \tag{5.13}$$

Beweis. Der Beweis von (D1) – (D3) wird durch Induktion nach n geführt, wobei die Eigenschaften für $n = 1, 2$ sicher erfüllt sind. Wir beweisen exemplarisch (D1)

$$|A^1, \ldots, \lambda A^k, \ldots, A^n|$$

$$= \sum_{i=1}^{k-1} a_{1i}(-1)^{i+1}\lambda |\widetilde{A}^1, \ldots, \widehat{\widetilde{A}^i}, \ldots, \widetilde{A}^k, \ldots, \widetilde{A}^n|$$

$$+(\lambda a_{1k})(-1)^{k+1}|\widetilde{A}^1, \ldots, \widehat{\widetilde{A}^k}, \ldots, \widetilde{A}^n|$$

$$+ \sum_{i=k+1}^{n} a_{1i}(-1)^{i+1}\lambda |\widetilde{A}^1, \ldots, \widetilde{A}^k, \ldots, \widehat{\widetilde{A}^i}, \ldots, \widetilde{A}^n|$$

$$= \lambda |A^1, \ldots, A^k, \ldots, A^n|$$

nach der Entwicklungsformel in 5.15, wobei wir die Induktionsvoraussetzung benutzt haben, dass (D1) bereits für $(n-1)$-reihige Determinanten bewiesen ist. (D2) und (D3) werden genauso bewiesen.   □

Aus (D1)–(D3) folgt sofort:

Korollar 5.17. *Für* $\det A = |A^1, \ldots, A^n|$ *gilt:*

a. $|A^1, \ldots, A^n| = 0$, *wenn* $A^i = A^j$ *für zwei Indizes* $i \neq j$,
b. $|A^1, \ldots, A^n| = 0$, *wenn* $A^1, \ldots, A^n$ *linear abhängig,*
c. $\det(A)$ *ändert sich nicht, wenn man zu einer Spalte eine Linearkombination der übrigen Spalten addiert.*

Seien nun $E^1, \ldots, E^n$ die Spalten der Einheitsmatrix, d. h.

$$E = (\delta_{ij}) = (E^1, \ldots, E^n).$$

Dann gilt natürlich (strenger Beweis durch Induktion nach n):

$$\det(E) = |E^1, \ldots, E^n| = 1. \tag{5.14}$$

Vertauscht man zwei Spalten, so dreht sich nach (D3) das Vorzeichen um. Allgemeiner betrachten wir Abbildungen:

$$\pi : \{1, \ldots, n\} \longrightarrow \{1, \ldots, n\},$$

die jedem $k \in \{1, \ldots, n\}$ eine Zahl $\pi(k) \in \{1, \ldots, n\}$ zuordnen. Da eine solche Abbildung π eine Funktion mit einer *endlichen* Menge als Definitionsbereich ist, können wir π vollständig durch ihre Wertetabelle beschreiben, also durch die endliche Folge $(j_1, \ldots, j_n)$ mit

$$j_k = \pi(k) \qquad \text{für} \qquad k = 1, \ldots, n. \tag{5.15}$$

Ist die Abbildung π bijektiv, so heißt π eine *Permutation von n Elementen*. In der Wertetabelle $(j_1, \ldots, j_n)$ kommt dann jede Zahl zwischen 1 und n genau einmal vor. Die Tabelle enthält also einfach die Elemente der Menge $\{1, \ldots, n\}$, in irgendeiner Reihenfolge aufgeschrieben. Man kann sich daher die Permutationen von n Elementen auch als die n-Tupel $(j_1, \ldots, j_n)$ vorstellen, die durch Umordnen von $(1, 2, \ldots, n)$ entstanden sind. Ist solch ein n-Tupel gegeben, so ist die entsprechende Abbildung π wieder durch (5.15) definiert.

Die Permutationen von n Elementen bilden bezüglich der Komposition von Abbildungen eine Gruppe (vgl. 1.3 und 1.4). Sie enthält $n!$ Elemente, wie man leicht durch Induktion nachweist. Jede Permutation $(j_1, \ldots, j_n)$ entsteht durch Hintereinanderausführung von *Transpositionen* (= Vertauschungen), durch die die Folge $(1, 2, \ldots, n)$ in die Folge $(j_1, \ldots, j_n)$ umgeordnet wird. Ist die Permutation π ein Produkt von s Transpositionen, so ist nach (5.14) und (D3)

$$|E^{\pi(1)}, E^{\pi(2)}, \ldots, E^{\pi(n)}| = (-1)^s \, . \tag{5.16}$$

Man kann eine gegebene Permutation i. Allg. auf mehrere verschiedene Weisen aus Transpositionen zusammensetzen, doch ist das Vorzeichen $(-1)^s$ wegen (5.16) durch die Permutation eindeutig festgelegt, und man nennt es das *Vorzeichen* oder *Signum* der Permutation. Für eine Selbstabbildung π von $\{1, \ldots, n\}$, die nicht bijektiv ist, setzt man das Signum gleich Null, denn dann ist ja nach 5.17a.

$$|E^{\pi(1)}, E^{\pi(2)}, \ldots, E^{\pi(n)}| = 0 \, .$$

Beispiel: Für $n = 3$ gibt es die folgenden Permutationen:

			Anzahl d. Transpositionen
$(1, 2, 3)$	$\xrightarrow{\pi_1}$	$(1, 2, 3)$	0
$(1, 2, 3)$	$\xrightarrow{\pi_2}$	$(2, 1, 3)$	1
$(1, 2, 3)$	$\xrightarrow{\pi_3}$	$(1, 3, 2)$	1
$(1, 2, 3)$	$\xrightarrow{\pi_4}$	$(3, 1, 2)$	2
$(1, 2, 3)$	$\xrightarrow{\pi_5}$	$(2, 3, 1)$	2
$(1, 2, 3)$	$\xrightarrow{\pi_6}$	$(3, 2, 1)$	3

Wir fassen zusammen:

Definitionen 5.18.

a. *Eine bijektive Abbildung π der Menge $\{1, \ldots, n\}$ auf sich heißt eine* Permutation von n Elementen. *Eine Permutation, die zwei Elemente vertauscht und alle übrigen festlässt, heißt eine* Transposition. S_n *sei die Gruppe der Permutationen von n Elementen.*

b. *Eine Permutation* $\pi \in S_n$ *heißt* gerade (ungerade), *wenn* π *aus einer geraden (ungeraden) Anzahl von Transpositionen zusammengesetzt ist.*

c. *Für eine beliebige Abbildung* $\pi : \{1, \ldots, n\} \longrightarrow \{1, \ldots, n\}$ *definiert man das* Signum *durch*

$$
\begin{aligned}
\operatorname{sign}(\pi) &= \operatorname{sign}(\pi(1), \ldots, \pi(n)) \\
&= \det(E^{\pi(1)}, \ldots, E^{\pi(n)}) \\
&= \begin{cases} +1 \,, & \text{wenn } \pi \in S_n \text{ gerade}\,, \\ -1 \,, & \text{wenn } \pi \in S_n \text{ ungerade}\,, \\ 0 \,, & \text{wenn } \pi \text{ nicht bijektiv}\,. \end{cases}
\end{aligned}
\tag{5.17}
$$

Sind $\pi_1, \pi_2 \in S_n$ aus s_1 bzw. s_2 Transpositionen zusammengesetzt, so entsteht die Komposition $\pi_1 \circ \pi_2$ natürlich durch Hintereinanderausführung aller $s_1 + s_2$ Transpositionen. Daher ist $sign(\pi_1 \circ \pi_2) = (-1)^{s_1+s_2} = (-1)^{s_1}(-1)^{s_2}$, also

$$
\operatorname{sign}(\pi_1 \circ \pi_2) = (\operatorname{sign}\pi_1)(\operatorname{sign}\pi_2) \,.
\tag{5.18}
$$

Nun ist $\pi \circ \pi^{-1}$ die identische Permutation, die sich aus $s = 0$ Transpositionen zusammensetzt und daher gerade ist. (5.18) ergibt somit

$$
\operatorname{sign}(\pi^{-1}) = \operatorname{sign}\pi \qquad \forall \, \pi \in S_n \,.
\tag{5.19}
$$

Nach diesen Vorbereitungen können wir Determinanten in geschlossener Form beschreiben:

Theorem 5.19.

a. *Für die Determinante gilt folgende geschlossene Darstellung*

$$
\det A = \sum_{(j_1, \ldots, j_n) \in S_n} \operatorname{sign}(j_1, \ldots, j_n) a_{j_1 1} \cdots a_{j_n n} \,.
\tag{5.20}
$$

b. *Es gilt*

$$
\det(A^T) = \det(A) \,.
\tag{5.21}
$$

c. *(D1)–(D3) gelten auch für die Determinante als Funktion der Zeilenvektoren. Korollar 5.17 gilt wörtlich für die Zeilenvektoren anstelle der Spaltenvektoren.*

Beweis. Seien $A^1, \ldots, A^n \in \mathbb{K}_{n \times 1}$ beliebig. Dann können wir schreiben

$$
A^k = a_{1k} E^1 + \cdots + a_{nk} E^n = \sum_{j_k=1}^{n} a_{j_k k} E^{j_k} \,.
$$

Aus (D1)–(D3) in 5.16 folgt dann:

$$\det(A^1,\dots,A^n) = \det\left(\sum_{j_1=1}^n a_{j_1 1}E^{j_1},\dots,\sum_{j_n=1}^n a_{j_n n}E^{j_n}\right)$$
$$= \sum_{j_1,\dots,j_n=1}^n a_{j_1 1}\cdots a_{j_n n}\det\left(E^{j_1},\dots,E^{j_n}\right)$$

und mit der Definition des Signums erhalten wir (5.20).

Um (5.21) in b zu beweisen, beachte man, dass aus (5.20) mit A^T anstelle von A folgt

$$\det(A^T) = \sum_{(j_1,\dots,j_n)\in S_n} \operatorname{sign}(j_1,\dots,j_n)a_{1j_1}\cdots a_{nj_n}. \tag{5.22}$$

Man muss daher nur überprüfen, dass auf den rechten Seiten von (5.20) und (5.22) dieselben Summanden vorkommen. Jeder Summand von (5.20) entspricht aber einer Permutation π, die durch (5.15) gegeben ist. Wegen (5.19) und dem Kommutativgesetz für die Multiplikation ist

$$\operatorname{sign}\pi\, a_{\pi(1),1}\cdots a_{\pi(n),n} = \operatorname{sign}\pi^{-1} a_{1,\pi^{-1}(1)}\cdots a_{n,\pi^{-1}(n)},$$

also ist dieser Summand gleich dem Summanden von (5.22), der π^{-1} entspricht. Mit π durchläuft aber auch π^{-1} genau einmal die Menge S_n, weil es sich um eine Gruppe handelt.

Teil c folgt unmittelbar aus b.   □

Sei nun $f:\mathbb{K}_{n\times n} \longrightarrow \mathbb{K}$ eine Funktion, welche als Funktion der Spaltenvektoren $A^k \in \mathbb{K}_{n\times 1}$ die Rechenregeln (D1)–(D3) für die Determinante erfüllt, d. h.

$$f(A^1,\dots,\lambda A^k,\dots,A^n) = \lambda f(A^1,\dots,A^k,\dots,A^n), \tag{5.23}$$

$$f(A^1,\dots,B^k+C^k,\dots,A^n) = f(A^1,\dots,B^k,\dots,A^n)+ \tag{5.24}$$
$$+ f(A^1,\dots,C^k,\dots,A^n),$$

$$f(\dots,B,\dots,C\dots) = -f(\dots,C,\dots,B\dots). \tag{5.25}$$

Dann folgt wie bei der Herleitung von (5.16)

$$f(E^{j_1},\dots,E^{j_n}) = \operatorname{sign}(j_1,\dots,j_n)f(E^1,\dots,E^n) \tag{5.26}$$

und wie bei der Herleitung von (5.20) in Theorem 5.19

$$f(A^1,\dots,A^n) = \sum_{(j_1,\dots,j_n)} \operatorname{sign}(j_1,\dots,j_n)a_{j_1 1}\cdots a_{j_n n}f(E^1,\dots,E^n)$$
$$= f(E^1,\dots,E^n)\det(A^1,\dots,A^n). \tag{5.27}$$

Da $f(E^1, \ldots, E^n) \in \mathbb{K}$ eine feste Zahl ist, haben wir

Satz 5.20.

a. *Jede Funktion* $f = f(A^1, \ldots, A^n) : \mathbb{K}_{n \times n} \longrightarrow \mathbb{K}$, *welche die Eigenschaften (D1)–(D3) erfüllt, ist ein skalares Vielfaches der Determinante*

$$f(A^1, \ldots, A^n) = f(E^1, \ldots, E^n) \det(A^1, \ldots, A^n) . \qquad (5.28)$$

b. *Insbesondere ist* $\det(A^1, \ldots, A^n)$ *die einzige Funktion* $f : \mathbb{K}_{n \times n} \longrightarrow \mathbb{K}$, *welche (D1)–(D3) und*

$$(D4) \qquad\qquad f(E^1, \ldots, E^n) = 1$$

erfüllt.

Aus diesem Satz wollen wir noch eine wichtige Folgerung herleiten. Seien

$$B = \begin{pmatrix} B_1 \\ \vdots \\ B_n \end{pmatrix} \in \mathbb{K}_{n \times n} \quad \text{mit Zeilenvektoren } B_i \in \mathbb{K}_{1 \times n} ,$$

$$A = (A^1, \ldots, A^n) \in \mathbb{K}_{n \times n} \quad \text{mit Spaltenvektoren } A^k \in \mathbb{K}_{n \times 1}$$

gegebene Matrizen. Die Determinanten des Produktes

$$|B \cdot A| = \begin{vmatrix} B_1 A^1 & \cdots & B_1 A^n \\ \vdots & & \vdots \\ B_n A^1 & \cdots & B_n A^n \end{vmatrix} =: f(A^1, \ldots, A^n) \qquad (5.29)$$

ist dann für festes B eine Funktion der Spalten von A, welche die Eigenschaften (D1)–(D3) hat, wie man aus (5.29) sieht. Nach (5.28) in 5.20 folgt daher

$$\det(B \cdot A) = f(E^1, \ldots, E^n) \cdot \det(A) .$$

Nun ist aber nach (5.29)

$$f(E^1, \ldots, E^n) = \det(B \cdot E) = \det B .$$

Somit:

Theorem 5.21 (*Determinanten-Multiplikationssatz*). *Für* $A, B \in \mathbb{K}_{n \times n}$ *gilt*

$$\det(A \cdot B) = \det(A) \cdot \det(B) . \qquad (5.30)$$

Zum Schluss dieses Abschnitts wollen wir uns mit der Berechnung von Determinanten befassen. Zunächst einmal lässt sich die Entwicklungsformel, durch die die Determinante in 5.15 rekursiv definiert wurde, folgendermaßen verallgemeinern: Für $A = (a_{ik}) \in \mathbb{K}_{n \times n}$ sei die *Adjunkte* des Elementes a_{ik} definiert durch

$$Adj(a_{ik}) = (-1)^{i+k} \begin{vmatrix} a_{11} & \cdots & \widehat{a_{1k}} & \cdots & a_{1n} \\ \vdots & \ddots & \vdots & & \vdots \\ \widehat{a_{i1}} & \cdots & \widehat{a_{ik}} & \cdots & \widehat{a_{in}} \\ \vdots & & \vdots & \ddots & \vdots \\ a_{n1} & \cdots & \widehat{a_{nk}} & \cdots & a_{nn} \end{vmatrix} . \tag{5.31}$$

Die Adjunkte $Adj(a_{ik})$ ist also – bis auf das Vorzeichen $(-1)^{i+k}$ – die Determinante derjenigen $(n-1)$-reihigen Matrix, die entsteht, wenn man aus A die i-te Zeile und die k-te Spalte streicht. Nun gilt:

Theorem 5.22. *Für jedes $A = (a_{j\ell}) \in \mathbb{K}_{n \times n}$ und beliebige Indizes $i, k \in \{1, \ldots, n\}$ hat man folgende Entwicklungsformeln:*

a. (Entwicklung nach der i-ten Zeile)

$$|A| = \sum_{\ell=1}^{n} a_{i\ell} Adj(a_{i\ell}) ,$$

b. (Entwicklung nach der k-ten Spalte)

$$|A| = \sum_{j=1}^{n} a_{jk} Adj(a_{jk}) .$$

Beweis.

a. Die Matrix B entstehe aus A durch Anwenden der $i-1$ Zeilenvertauschungen $V(i-1, i), V(i-2, i-1), \ldots, V(1, 2)$ (in dieser Reihenfolge!). Nach 5.19c. ist dann $|A| = (-1)^{i-1}|B|$. Berechnen wir $|B|$ durch Entwicklung nach der ersten Zeile gemäß (5.10), so erhalten wir das Ergebnis.

b. Man wende Teil a. auf A^T an und beachte (5.21).

$\square$

Besonders einfach wird die Determinantenberechnung, wenn auf einer Seite der Diagonalen nur Nullen stehen. Man nennt $A = (a_{ik})$ eine *untere Dreiecksmatrix* (bzw. *obere Dreiecksmatrix*), wenn für $i > k$ (bzw. für $i < k$) stets $a_{ik} = 0$ gilt. Nun hat man:

Korollar 5.23. *Für jede Dreiecksmatrix $A = (a_{ik}) \in \mathbb{K}_{n \times n}$ ist*

$$|A| = a_{11} a_{22} \cdots a_{nn} .$$

Beweis. Der Beweis ergibt sich leicht durch Induktion nach n. Der Induktionsschritt wird bei einer unteren Dreiecksmatrix durch Entwickeln nach der ersten Spalte, bei einer oberen Dreiecksmatrix durch Entwickeln nach der ersten Zeile bewerkstelligt.   □

Bemerkung: Es gibt viele trickreiche Formeln für die Determinante von Matrizen mit besonderer Bauart. Die praktische Berechnung der Determinante einer konkret durch Zahlen gegebenen Matrix erfolgt aber meist mittels des GAUSS'schen Eliminationsverfahrens. Nach 5.19c. ändert sich die Determinante nämlich nicht bei der Anwendung einer elementaren Matrixoperation $M(i, j, \mu)$, und bei Zeilenvertauschungen ändert sich nur das Vorzeichen. Die gestufte Form ist aber eine untere Dreiecksmatrix, und nach dem letzten Korollar ist ihre Determinante daher einfach das Produkt der Diagonalelemente. Man kann $|A|$ daher berechnen, indem man A dem Eliminationsverfahren unterwirft und dabei über die Zeilenvertauschungen Buch führt.

D. Die inverse Matrix

Sei $A = (a_{ik}) \in \mathbb{K}_{n \times n}$ gegeben. Wir suchen eine Matrix $B = (b_{ik}) \in \mathbb{K}_{n \times n}$, sodass

$$AB = BA = E = (\delta_{ik}) . \tag{5.32}$$

Wenn eine solche Matrix B existiert, nennt man $B = A^{-1}$ die *inverse Matrix*

zu A. Angenommen, eine solche Matrix B existiert. Wenden wir dann auf (5.32) den Determinanten-Multiplikationssatz 5.21 an, so folgt

$$\det(AB) = \det(A) \cdot \det(B) = \det(E) = 1 . \tag{5.33}$$

d. h. die inverse Matrix kann nur existieren, wenn $\det A \neq 0$ ist. Diese notwendige Bedingung ist auch hinreichend, wie wir beweisen werden. Als Vorbereitung beweisen wir:

Lemma 5.24. *Für jede quadratische Matrix $A = (a_{ik})$ gelten folgende Entwicklungsformeln*

$$\sum_{k=1}^{n} a_{ik} Adj(a_{jk}) = \delta_{ij} |A| \tag{5.34}$$

$$\sum_{i=1}^{n} a_{ik} Adj(a_{il}) = \delta_{kl} |A| . \tag{5.35}$$

Beweis.

a. Für $i = j$ ist (5.34) einfach die Entwicklung nach der i-ten Zeile aus 5.22. Um die Formel (5.34) für $i \neq j$, d. h.

$$\sum_{k=1}^{n} a_{ik} Adj(a_{jk}) = 0 \qquad \text{für } i \neq j \tag{5.36}$$

zu zeigen, definiert man eine Matrix B mit Zeilenvektoren B_m folgendermaßen

$$B_m = A_m \qquad \text{für } m \neq i, j, \ B_i = A_i, \ B_j = A_i . \tag{5.37}$$

Dann ist

$$\det B = 0 \qquad \text{wegen } B_i = B_j := A_i \text{ für } i \neq j .$$

Entwickeln wir $|B|$ gemäß 5.22 nach der j-ten Zeile, so folgt

$$0 = \det B = \sum_{k=1}^{n} b_{jk} Adj(b_{jk}) = \sum_{k=1}^{n} a_{ik} Adj(a_{jk}) .$$

b. Die Formel (5.35) folgt aus (5.34), wenn man gemäß 5.19b zur transponierten Matrix übergeht.

$\square$

Theorem 5.25.

a. *Für jede Matrix $A = (a_{ik}) \in \mathbb{K}_{n \times n}$ mit $\det A \neq 0$ existiert eine eindeutig bestimmte inverse Matrix $A^{-1} = (b_{ik}) \in \mathbb{K}_{n \times n}$ mit*

$$A^{-1}A = AA^{-1} = E$$

und

$$b_{ik} = \frac{Adj(a_{ki})}{|A|} . \tag{5.38}$$

Matrizen mit $\det A \neq 0$ heißen regulär, *mit $\det A = 0$* singulär.

b. *Sind $A, B \in \mathbb{K}_{n \times n}$ beide regulär, so gilt*

$$(AB)^{-1} = B^{-1}A^{-1} \quad \text{und} \quad (A^T)^{-1} = (A^{-1})^T . \tag{5.39}$$

Beweis. Setzen wir $C = (c_{ik}) = AB$, so folgt mit 5.24 aus (5.38)

$$c_{ik} = \sum_{j=1}^{n} a_{ij} b_{jk} = \frac{1}{|A|} \sum_{j=1}^{n} a_{ij} Adj(a_{kj}) = \delta_{ik} ,$$

was zeigt, dass $AB = E$ erfüllt ist. Analog ergibt sich $BA = E$. Um die Eindeutigkeit zu zeigen, nehmen wir an, es gebe $B, C \in \mathbb{K}_{n \times n}$ mit

$$BA = AB = E \quad \text{und} \quad CA = AC = E .$$

Dann folgt

$$C = CE = C(AB) = (CA)B = EB = B .$$

Die restlichen Formeln lassen sich leicht nachrechnen (Übung!).

$\square$

E. Lineare Gleichungssysteme, Determinanten und Rang

Wir wollen nun mithilfe der Determinantentheorie lineare Gleichungssysteme noch etwas besser theoretisch durchleuchten. Betrachten wir zunächst den quadratischen Fall.

Theorem 5.26. *Sei* $A \in \mathbb{K}_{n \times n}$ *eine quadratische Matrix,* $B \in \mathbb{K}_{n \times 1}$.

  a. Wenn $\det A \neq 0$ *ist, dann hat das inhomogene System*

$$(L) \qquad\qquad\qquad AX = B$$

die eindeutige Lösung $X = A^{-1}B$, *die mit der* CRAMER'*schen Regel*

$$x_k = \frac{|A^1, \ldots, A^{k-1}, B, A^{k+1}, \ldots, A^n|}{|A|} \qquad (5.40)$$

berechnet werden kann.

  b. Das homogene System hat genau dann nur die triviale Lösung $X = 0$, *wenn* $\det A \neq 0$ *ist.*

Beweis.

  a. Wenn $\det A \neq 0$ ist, existiert $A^{-1} = (c_{ik})$ nach 5.25 mit

$$c_{ik} = \frac{Adj(a_{ki})}{|A|} \ . \qquad (5.41)$$

Aus $X = A^{-1}B$ folgt dann

$$x_k = \sum_{i=1}^{n} c_{ki}b_i = \frac{1}{|A|} \sum_{i=1}^{n} Adj(a_{ik})b_i \ , \qquad (5.42)$$

was gerade (5.40) entspricht, wenn man die Zählerdeterminante nach der k-ten Spalte entwickelt.

  b. Hat das homogene System außer $X = 0$ noch eine Lösung $Y \neq 0$, so ist es nicht eindeutig lösbar. Nach a muss dann $\det A = 0$ sein. Ist umgekehrt $\det A = 0$, so überführen wir A gemäß Theorem 5.12 durch elementare Matrixoperationen in eine gestufte Form C. Nach 5.19c ändern diese Operationen höchstens das Vorzeichen der Determinante, also ist $\det C = \pm \det A = 0$. Aber nach Korollar 5.21 ist $\det C$ das Produkt der Diagonalelemente, also muss mindestens eins der Diagonalelemente verschwinden. Für den Rang r von C gilt somit $r < n$, und damit folgt die Behauptung, dass das System $AX = 0$ nicht triviale Lösungen haben muss, aus 5.11 und 5.9.

$\square$

Als Konsequenz aus 5.8a, 5.26b und (5.21) folgen wichtige alternative Beschreibungen der regulären Matrizen, nämlich:

Theorem 5.27. *Für eine Matrix $A \in \mathbb{K}_{n \times n}$ sind äquivalent:*

a. $\det(A) \neq 0$.
b. Die Spaltenvektoren von A sind linear unabhängig.
c. Die Zeilenvektoren von A sind linear unabhängig.

Eine Verallgemeinerung auf rechteckige Matrizen ist der folgende Satz:

Theorem 5.28. *Sei $A \in \mathbb{K}_{m \times n}$ eine beliebige Matrix.*

a. Die maximale Anzahl linear unabhängiger Spalten von A, die maximale Anzahl linear unabhängiger Zeilen von A und die maximale Reihenzahl einer quadratischen Untermatrix mit nicht verschwindender Determinante stimmen alle überein. Diese Zahl heißt der Rang rg (A) *von A. (Wenn A gestufte Form hat, stimmt das mit der schon in 5.10 als Rang bezeichneten Größe überein.)*

b. Das inhomogene Gleichungssystem

$$(L) \qquad AX = B \,, \quad A \in \mathbb{K}_{m \times n}\,, \quad B \in \mathbb{K}_{m \times 1}$$

ist genau dann lösbar, wenn

$$\operatorname{rg}(A, B) = \operatorname{rg}(A) \,. \tag{5.43}$$

c. Das homogene System

$$(L_0) \qquad\qquad\qquad AX = 0$$

mit rg $A = r$ *hat $n - r$ linear unabhängige Lösungen $X_0^1, \dots, X_0^{n-r}$ und die allgemeine Lösung ist*

$$X_0 = \sum_{j=1}^{n-r} \alpha_j X_0^j \,, \qquad \alpha_j \in \mathbb{K} \,. \tag{5.44}$$

d. Ist rg $(A, B) =$ rg A, *so ist die allgemeine Lösung des inhomogenen Systems (L) von der Form*

$$X = X_p + \sum_{j=1}^{n-r} \alpha_j X_0^j \,, \tag{5.45}$$

wobei X_p eine spezielle Lösung von (L) ist.

Das Kernstück des Beweises ist das Folgende:

Lemma 5.29. *Die Spaltenvektoren einer Matrix $A \in \mathbb{K}_{m \times n}$ sind genau dann linear unabhängig, wenn $m \geq n$ ist und durch Streichen von geeigneten $m - n$ Zeilen eine Matrix $B \in \mathbb{K}_{n \times n}$ mit det $B \neq 0$ entsteht. Eine analoge Aussage gilt für die Zeilenvektoren.*

Beweis. Zunächst setzen wir voraus, es sei $m \geq n$ und eine n-reihige quadratische Untermatrix B mit $\det B \neq 0$ vorhanden. Wir erreichen durch Umnummerieren, dass

$$B = \begin{pmatrix} a_{11} & \cdots & a_{1n} \\ \vdots & & \vdots \\ a_{n1} & \cdots & a_{nn} \end{pmatrix}.$$

Nach 5.26b hat dann das homogene System $BX = 0$, also ausführlich

$$\begin{aligned} a_{11}x_1 + \cdots + a_{1n}x_n &= 0 \\ &\cdots \\ a_{n1}x_1 + \cdots + a_{nn}x_n &= 0 \end{aligned} \qquad (5.46)$$

nur die triviale Lösung. Dann hat aber das um $m - n$ Gleichungen vergrößerte System

$$\begin{aligned} a_{11}x_1 + \cdots + a_{1n}x_n &= 0 \\ &\cdots \\ a_{n1}x_1 + \cdots + a_{nn}x_n &= 0 \\ &\cdots \\ a_{m1}x_1 + \cdots + a_{mn}x_n &= 0\,, \end{aligned} \qquad (5.47)$$

also das volle System $AX = 0$, ebenfalls nur die triviale Lösung. Daher sind die Spalten von A nach Definition (vgl. 5.7) linear unabhängig.

Nun sei umgekehrt vorausgesetzt, dass die Spalten von A linear unabhängig sind. Wir bringen A gemäß Theorem 5.12 auf die äquivalente gestufte Form C. Das homogene System $AX = 0$ hat nach Voraussetzung nur die triviale Lösung, also trifft dies auch auf das äquivalente System $CX = 0$ zu. Nach Lemma 5.11c muss dann $r = n$ sein, nach der Definition von r also auch

$$c_{11} \neq 0,\ c_{22} \neq 0, \ldots, c_{nn} \neq 0\,.$$

Also ist $n = r \leq m$ und nach Korollar 5.23 auch $\det \tilde{C} \neq 0$ für die quadratische Untermatrix $\tilde{C}$, die aus den ersten n-Zeilen von C besteht. Diese ist aber durch die Anwendung der elementaren Matrixoperationen aus einer gewissen quadratischen Untermatrix B von A hervorgegangen (die wegen der evtl. beteiligten Zeilenvertauschungen nicht unbedingt aus den ersten n-Zeilen von A bestehen muss!) und es ist $\det B = \pm \det \tilde{C} \neq 0$, wie behauptet.

Die analoge Aussage für die Zeilen folgt durch Betrachten von A^T (Übung!).
$\square$

Beweis von Theorem 5.28.

a. Folgt direkt aus dem Lemma.

b. Ist eine Umformulierung von 5.8c, wenn man den Rang als die Maximalzahl linear unabhängiger Spalten auffasst.

c. Die Lösungsmenge von (L_0) stimmt mit der Lösungsmenge eines äquivalenten Systems in gestufter Form überein, und wir können daher auf die in Abschnitt B. gegebene Beschreibung dieser Lösungsmenge zurückgreifen (vgl. insbes. 5.11). Sei $r := \operatorname{rg} A$. Durch Umnummerieren der Unbekannten können wir erreichen, dass die Komponenten $x_{r+1}, \ldots, x_n$ einer Lösung frei wählbar sind, während $x_1, \ldots, x_r$ durch Rücksubstitution berechnet werden und dadurch auch festgelegt sind. Wir setzen

$$X_0^j := (\xi_1^{(j)}, \xi_2^{(j)}, \ldots, \xi_n^{(j)})^T \qquad\qquad (j = 1, \ldots, n - r)$$

mit

$$\xi_k^{(j)} := \delta_{j+r,k}$$

für $k = r + 1, \ldots, n$, während die Komponenten $\xi_1^{(j)}, \ldots, \xi_r^{(j)}$ auf die beschriebene Art durch Rücksubstitution festgelegt werden, sodass diese Vektoren X_0^j Lösungen von (L_0) sind. Sie sind linear unabhängig, denn aus

$$\sum_{j=1}^{n-r} \lambda_j X_0^j = 0$$

folgt $\lambda_j = 0$ durch Betrachtung der $(j+r)$-ten Zeile $(j = 1, \ldots, n - r)$. Ist schließlich $X = (x_1, \ldots, x_n)^T$ eine beliebige Lösung von (L_0), so stimmt X in den letzten $n - r$ Komponenten offenbar mit dem Vektor

$$Y := \sum_{j=1}^{n-r} x_{j+r} X_0^j$$

überein. Wegen der Eindeutigkeit der ersten r Komponenten (vgl. Lemma 5.11) muss dann aber $X = Y$ sein, d. h. X hat wirklich die behauptete Form (mit $\alpha_j := x_{j+r}$, $j = 1, \ldots, n - r$).

d. Folgt sofort aus c und 5.8d.

$\square$

Ergänzungen zu §5

Unter den vielen raffinierten Methoden zur Determinantenberechnung bei Matrizen spezieller Bauart sticht eine besonders nützliche hervor, die man als eine Verallgemeinerung von Korollar 5.23 auffassen kann:

5.30 Matrizen von Matrizen. Oft ist es zweckmäßig, große Matrizen aus kleineren zusammenzusetzen, die man dann als *Blöcke* oder *Kästchen* bezeichnet. Ist z. B. $n = r + s$ $(r, s \geq 1)$, so kann man jede $(n \times n)$-Matrix M in der Form

$$M = \begin{pmatrix} A & B \\ C & D \end{pmatrix}$$

schreiben, wobei

$$A \in \mathbb{K}_{r \times r}, \qquad B \in \mathbb{K}_{r \times s},$$
$$C \in \mathbb{K}_{s \times r}, \qquad D \in \mathbb{K}_{s \times s}$$

die beteiligten Blöcke sind. Ist $M' = \begin{pmatrix} A' & B' \\ C' & D' \end{pmatrix}$ eine weitere Matrix derselben Bauart, so ist das Matrizenprodukt gegeben durch

$$M \cdot M' = \begin{pmatrix} AA' + BC' & AB' + BD' \\ CA' + DC' & CB' + DD' \end{pmatrix}, \qquad (5.48)$$

wobei aber rechts natürlich wieder Produkte von Matrizen auftauchen. Man erkennt das sofort an der Definition des Matrizenprodukts in 5.5. Allgemeiner ist das Produkt $C = AB$ zweier Matrizen $A = (A_{ij})$, $B = (B_{jk})$ aus kleineren Blöcken A_{ij}, B_{jk} gegeben durch die Blöcke

$$C_{ik} = \sum_j A_{ij} B_{jk},$$

vorausgesetzt, die Größen der einzelnen Blöcke passen zueinander, sodass die entsprechenden Matrizenprodukte sinnvoll gebildet werden können. (Was das genau bedeutet, kann man sich als Übung überlegen!)

Eine aus Blöcken zusammengesetzte quadratische Matrix $A = (A_{jk})$ heißt eine untere (bzw. obere) *Block-Dreiecksmatrix*, wenn $A_{jk} = 0$ für $j > k$ (bzw. für $j < k$). Für solche Matrizen gilt die folgende Verallgemeinerung von Korollar 5.23:

Theorem 5.31 (Kästchensatz). *Ist* $A = (A_{jk})$ $(j, k = 1, \dots, \nu)$ *eine Block-Dreiecksmatrix, so gilt*

$$\det A = (\det A_{11}) \cdot (\det A_{22}) \cdots (\det A_{\nu\nu}).$$

Beweis. Wir betrachten untere Block-Dreiecksmatrizen – der Fall der oberen wird dann durch Transponieren erledigt. Ferner brauchen wir nur den Fall $\nu = 2$ zu betrachten, denn der allgemeine Fall folgt dann durch Induktion nach ν. Sei also die Matrix

$$A = \begin{pmatrix} B & C \\ 0 & D \end{pmatrix}$$

gegeben, wobei $B \in \mathbb{K}_{r \times r}$, $C \in \mathbb{K}_{r \times s}$, $D \in \mathbb{K}_{s \times s}$. Mit E_r, E_s bezeichnen wir die r- bzw. s-reihigen Einheitsmatrizen. Nach (5.48) ist dann

$$A = \begin{pmatrix} E_r & C \\ 0 & D \end{pmatrix} \cdot \begin{pmatrix} B & 0 \\ 0 & E_s \end{pmatrix}.$$

Nun beweist man die Beziehung

$$\begin{vmatrix} E_r & C \\ 0 & D \end{vmatrix} = |D|$$

durch Induktion nach r, wobei man den Induktionsschritt durch Entwickeln nach der ersten Spalte bewerkstelligt. Ebenso beweist man

$$\begin{vmatrix} B & 0 \\ 0 & E_s \end{vmatrix} = |B|$$

durch Induktion nach s, wobei man den Induktionsschritt durch Entwickeln nach der letzten Spalte (oder der letzten Zeile) bewerkstelligt. Damit folgt die Behauptung

$$\det A = (\det B)(\det D)$$

aus dem Determinanten-Multiplikationssatz 5.21.   □

Aufgaben zu §5

5.1. a. Man zeige, dass die Mengen $C^k[a,b]$, $k \in \mathbb{N}_0$, $a < b$, wobei $C^0[a,b] := C[a,b]$ gesetzt wurde, Vektorräume sind. Dabei sind für $f, g \in C^k[a,b]$, $r \in \mathbb{R}$ die Funktionen $f + g$ und $r \cdot f$ gegeben durch

$$(f + g)(x) := f(x) + g(x) \text{ und } (r \cdot f)(x) := r \cdot f(x) \,.$$

b. Außerdem seien folgende Mengen gegeben:

$$U := \qquad \{f \in C^2[a,b] \mid f(a) = f(b), \ f''(x) = 25f(x)\} \,,$$
$$V := \quad \{f \in C^2[a,b] \mid xf''(x) + \sin(x^2)f'(x) + e^x f(x) = 0\} \,.$$

Man zeige, dass U und V Unterräume von $C^2[a,b]$ sind.

5.2. Sei V der Vektorraum aller Funktionen $f : [-1,1] \to \mathbb{R}$. Man untersuche, ob die folgenden Teilmengen $W_1, \ldots, W_5$ von V lineare Teilräume sind:

$$W_1 = \qquad\qquad \{f \in V \mid f(0) = 0\} \,,$$
$$W_2 = \qquad \{f \in V \mid f(x) = 0 \text{ für } -1 \leq x < 1/2\} \,,$$
$$W_3 = \qquad\qquad \{f \in V \mid f \text{ stetig in } x = 1/2\} \,,$$
$$W_4 = \quad \{f \in V \mid f(-x) = f(x) \text{ für } -1 \leq x \leq 1\} \,,$$
$$W_5 = \qquad\qquad \{f \in V \mid f \text{ streng monoton wachsend}\} \,.$$

5.3. Gegeben seien folgende Matrizen

$$A = \begin{pmatrix} 1 & 2 & -1 \\ 1 & 0 & 1 \end{pmatrix}, \quad B = \begin{pmatrix} -10 & 2 \\ 1 & 2 \\ 0 & 8 \end{pmatrix} \,.$$

Man bestimme $A \cdot B$ und $B \cdot A$.

5.4. Es seien $\zeta_k := e^{2\pi ik/3}$ $(k = 1, 2, 3)$ die dritten Einheitswurzeln. Wir bilden die Matrizen

$$A_k := \frac{1}{3} \begin{pmatrix} 1 & \zeta_k^2 & \zeta_k \\ \zeta_k & 1 & \zeta_k^2 \\ \zeta_k^2 & \zeta_k & 1 \end{pmatrix}.$$

Man berechne $A_j A_k$ für $j, k = 1, 2, 3$. (Antwort: $A_j A_k = 0$ für $j \neq k$, $A_k^2 = A_k$.)

5.5. Sei $A := \begin{pmatrix} 1 & 2 \\ 0 & 1 \end{pmatrix}$. Man finde A^k für alle $k \in \mathbb{N}$.

5.6. Man zeige:

a. Für $A \in \mathbb{K}_{p \times m}$ und $B, C \in \mathbb{K}_{m \times q}$ gilt:

$$A(B + C) = AB + AC.$$

b. Für $A \in \mathbb{K}_{p \times m}$ und $B \in \mathbb{K}_{m \times q}$ gilt:

$$(AB)^T = B^T A^T.$$

5.7. Matrizen A, B *kommutieren*, wenn $AB = BA$ ist. Man finde alle Matrizen $\begin{pmatrix} x & y \\ z & w \end{pmatrix}$, die mit $\begin{pmatrix} 1 & 1 \\ 0 & 1 \end{pmatrix}$ kommutieren.

5.8. Sei $\mathcal{M} = \left\{ A = \begin{pmatrix} a & -b \\ b & a \end{pmatrix} \,\middle|\, a, b \in \mathbb{R} \right\} \subseteq \mathbb{R}_{2 \times 2}$. Man zeige:

a. $\mathcal{M}$ bildet bezüglich der Matrizenaddition und -multiplikation einen Körper.

b. Die Körper $\mathcal{M}$ und $\mathbb{C}$ sind isomorph, d. h. es gibt eine bijektive Abbildung $\varphi : \mathcal{M} \longrightarrow \mathbb{C}$ mit

$$\varphi(A + B) = \varphi(A) + \varphi(B), \quad \varphi(A \cdot B) = \varphi(A)\varphi(B), \quad A, B \in \mathcal{M}.$$

5.9. Seien $A, B \in \mathbb{K}_{n \times n}$, $E = (\delta_{ij})$. Man zeige:

a. Wenn $\mathbb{K} = \mathbb{C}$, $A^* = A$ und $B^* = B$ gilt, so ist

$$(AB)^* = AB \quad \Longleftrightarrow \quad AB = BA.$$

b. Wenn $AB = A$ und $BA = B$, so gilt

$$A^2 = A \quad \text{und} \quad B^2 = B.$$

c. Wenn $\det(E + A) \neq 0$ ist, so gilt

$$(E + A)^{-1}(E - A) = (E - A)(E + A)^{-1}.$$

5.10. Seien $f(x) = e^x$, $g(x) = e^{-x}$, $h(x) = \cosh x$ Elemente des reellen Vektorraumes $C^1([0,1])$.
Man zeige:

a. $\{f, g\}$ sowie $\{g, h\}$ sind linear unabhängig.
b. $\{f, g, h\}$ sind linear abhängig.

5.11. Man bestimme Zahlen α, $\beta \in \mathbb{R}$, sodass das lineare Gleichungssystem

$$
\begin{aligned}
x_1 + 3x_2 + 2x_3 + x_4 &= 1 \\
2x_1 + 2x_2 + 5x_3 + x_4 &= 1 \\
3x_1 + 5x_2 + \alpha x_3 + 2x_4 &= \beta \\
-x_1 + x_2 - 3x_3 + \alpha x_4 &= 2
\end{aligned}
$$

entweder keine oder genau eine oder unendlich viele Lösungen hat.

5.12. Gegeben seien zwei Abbildungen $\pi, \tau : \{1,2,3,4,5\} \to \{1,2,3,4,5\}$ durch die folgende Tabelle:

n	1	2	3	4	5
$\pi(n)$	2	4	5	3	1
$\tau(n)$	3	1	4	5	2

Wieso sind π und τ Permutationen? Man trage die Werte von $\pi \circ \tau$ und $\tau \circ \pi$ in eine Tabelle ein. Man schreibe π als Produkt von Transpositionen und bestimme sign π.

5.13. Seien $B = (b_{ij})$, $C = (c_{ij}) \in \mathbb{K}_{n \times n}$ definiert durch

$$
b_{ij} = \begin{cases} i+j & \text{für } i \leq j \\ 0 & \text{für } i > j \end{cases}, \quad c_{ij} = \begin{cases} i/j & \text{für } i \geq j \\ 0 & \text{für } i < j \end{cases}.
$$

Für $A = B \cdot C$ bestimme man $\det(A)$.

5.14. Sei $A = (a_{ij}) \in \mathbb{R}_{n \times n}$ und gelte

$$
a_{ji} = -a_{ij}, \qquad 1 \leq i, j \leq n.
$$

Man zeige: Wenn n ungerade ist, dann ist $\det A = 0$.

5.15. Man beweise die Gültigkeit der folgenden Gleichungen:

a.

$$
\begin{vmatrix} x & x & x+y \\ y & x+y & x \\ x+y & x & y \end{vmatrix} = -(x^3 + y^3 + 2xy^2).
$$

b.

$$\begin{vmatrix} 1+x & 1 & 1 & 1 \\ 1 & 1-x & 1 & 1 \\ 1 & 1 & 1+z & 1 \\ 1 & 1 & 1 & 1-z \end{vmatrix} = x^2 z^2 \, .$$

5.16. Sei

$$\begin{pmatrix} a & -b & -c & d \\ b & a & -d & -c \\ c & d & a & b \\ -d & c & -b & a \end{pmatrix} \in \mathbb{R}_{4 \times 4} \, .$$

Man berechne AA^T und zeige damit

$$(\det A)^2 = (a^2 + b^2 + c^2 + d^2)^4 \, .$$

5.17. Seien A, B, C, $D \in \mathbb{K}_{n \times n}$, $\lambda \in \mathbb{K}$ und C und D seien invertierbar. Welche Aussagen sind für alle A, B, C, D, n, λ richtig, welche sind für eine Wahl von A, B, C, D, n, λ falsch? Man beweise oder widerlege mithilfe eines Gegenbeispiels.

$$AB = BA, \ (CD)^{-1} = C^{-1} D^{-1}, \quad \text{Spur}(\lambda A + B) = \lambda \text{Spur}(A) + \text{Spur}(B),$$

$$\det(A + B) = \det(A) + \det(B), \ AB = 0_{nn} \Rightarrow A = 0_{nn} \text{ oder } B = 0_{nn} \, ,$$

$$\det(C^{-1} A C) = \det(A), \ \det(C^{-1}) = \frac{1}{\det(C)} \, ,$$

$$B \neq 0_{nn} \text{ und } AB = B \Rightarrow A = E_n, \ \text{Spur}(A^*) = \overline{\text{Spur}(A)}, \ \det(A^*) = \overline{\det(A)} \, ,$$

$$\text{Spur}(C^{-1} A C) = \text{Spur}(A), \ (A + B)^2 = A^2 + 2AB + B^2, \ \det(\lambda A) = \lambda \det(A) \, ,$$

$$\det(\lambda A) = \lambda^n \det(A), \ A^2 = 0_{nn} \Rightarrow A = 0_{nn} \, ,$$

$$\text{Spur}(ABC) = \text{Spur}(ACB), \ \text{Spur}(ABC) = \text{Spur}(BCA) \, .$$

5.18. Man bestimme den Rang und gegebenenfalls die Inverse der folgenden Matrizen.

$$\begin{pmatrix} 0 & 1 & -4 \\ 1 & 2 & -1 \\ 1 & 1 & 2 \end{pmatrix}, \quad \begin{pmatrix} 6 & 3 & 4 & 5 \\ 1 & 2 & 2 & 1 \\ 2 & 4 & 3 & 2 \\ 3 & 3 & 4 & 2 \end{pmatrix} \, .$$

5.19. Gegeben sei die Matrix

$$A = \begin{pmatrix} u & v & 0 & v \\ v & u & v & 0 \\ 0 & v & u & v \\ v & 0 & v & u \end{pmatrix} \, .$$

Man bestimme u, $v \in \mathbb{R}$, sodass

$$\text{rg } A = 0 \quad \text{bzw.} \quad \text{rg } A = 2 \quad \text{bzw.} \quad \text{rg } A = 3 \quad \text{bzw.} \quad \text{rg } A = 4$$

und zeige, dass $\text{rg } A = 1$ nicht vorkommt.

6

Vektorräume

Den allgemeinen Begriff des Vektorraums haben wir zwar schon in Kap. 5 definiert, weil wir ihn als sprachlichen Rahmen für die Matrizenrechnung gut gebrauchen konnten, aber wir haben weiter nichts Tiefschürfendes damit angefangen. Das müssen wir jetzt nachholen, denn Vektorräume gehören zu den häufigsten und wichtigsten Objekten überall in der Mathematik und ihren Anwendungen. In den späteren Abschnitten dieses Kapitels wird es auch um Vektorräume mit zusätzlichen Produkten gehen (Skalarprodukt, Vektorprodukt), und diese bilden die Grundlage für eine rechnerisch orientierte Formulierung der Geometrie, wie die Physik sie für die Beschreibung raumzeitlicher Vorgänge unter kinematischen und dynamischen Aspekten benötigt.

A. Dimension und Basis eines Vektorraumes

Wir verweisen zwecks Vorbereitung auf die Definitionen eines $\mathbb{K}$-Vektorraums in Def. 5.1 sowie der linearen Hülle und der linearen Unabhängigkeit in Def. 5.7. Und nun ein Grundbegriff:

Definition 6.1. *Sei V ein Vektorraum. Eine Menge $\mathfrak{A} = \{a_1, \ldots, a_n\} \subseteq V$ heißt eine* Basis *von V, wenn*

a. $a_1, \ldots, a_n$ sind linear unabhängig;

b. $a_1, \ldots, a_n$ spannen V auf, d. h. $\mathrm{LH}(a_1, \ldots, a_n) = V$.

Basen sind das entscheidende Hilfsmittel, mit dem man allgemeine Vektoren $x \in V$ mit konkreten Zahlen in Verbindung bringt. Die Anzahl der unabhängig voneinander frei wählbaren Parameter, die man benötigt, um einen Vektor $x \in V$ festzulegen, nennt man die *Dimension* von V, und ähnlich ist auch der Dimensionsbegriff für allgemeinere geometrische Objekte wie Mannigfaltigkeiten zu verstehen. Er entspricht in etwa dem, was der Physiker mit der „Anzahl der Freiheitsgrade" eines physikalischen Systems meint. Um diesen Begriff präzise zu beschreiben, benötigen wir allerdings etwas Vorbereitung:

Lemma 6.2. *Der Vektorraum V werde von m Vektoren aufgespannt.*

  a. Dann ist jedes System von mehr als m Vektoren in V linear abhängig.

  b. Ist $\mathfrak{M} \subseteq V$ eine beliebige Teilmenge und ist $\mathfrak{A}$ ein System von linear unabhängigen Vektoren aus $U := \mathrm{LH}(\mathfrak{M})$ (wobei $\mathfrak{A} = \emptyset$ erlaubt ist!), so gibt es eine endliche Basis $\mathfrak{B}$ des Vektorraums U mit $\mathfrak{A} \subseteq \mathfrak{B} \subseteq \mathfrak{A} \cup \mathfrak{M}$. Mit anderen Worten: Man kann das linear unabhängige System $\mathfrak{A}$ durch Hinzunehmen von endlich vielen Vektoren aus $\mathfrak{M}$ zu einer Basis $\mathfrak{B}$ von U ergänzen.

Der Beweis beruht auf 5.14 und damit letzten Endes auf der GAUSS-Elimination. Er ist aber etwas technisch und wird in Ergänzung 6.22 nachgetragen.

Theorem 6.3. *Es sei V ein Vektorraum, der von endlich vielen seiner Vektoren aufgespannt wird.*

  a. V besitzt eine Basis. Mehr noch: Jedes System von linear unabhängigen Vektoren in V kann zu einer Basis ergänzt werden.

  b. Alle Basen von V haben ein und dieselbe Elementeanzahl.

Beweis.

  a. Das ist Lemma 6.2b mit $\mathfrak{M} = V$.

  b. Seien $\mathfrak{B}_1, \mathfrak{B}_2$ Basen von V mit Elementeanzahlen n_1 bzw. n_2. Nach Lemma 6.2a ist dann $n_1 \leq n_2$, denn $\mathfrak{B}_1$ ist ein linear unabhängiges System, und V wird von n_2 Vektoren aufgespannt. In diesem Argument kann man aber die Rollen der beiden Basen vertauschen und erhält so auch $n_2 \leq n_1$.

$\square$

Definition 6.4. *Wenn sich der $\mathbb{K}$-Vektorraum V von endlich vielen Vektoren aufspannen lässt, so bezeichnet man die gemeinsame Elementeanzahl seiner Basen als die* Dimension $\dim V$ *von V. Lässt er sich nicht durch endlich viele Vektoren aufspannen, so sagt man, er habe* unendliche Dimension.

Die Dimension ist u. a. eine Art Größenangabe über den Vektorraum, wie aus dem folgenden Satz deutlich wird:

Satz 6.5. *Es sei V ein Vektorraum der Dimension $n \in \mathbb{N}$. Dann:*

  a. Jedes System von n linear unabhängigen Vektoren in V spannt den ganzen Raum auf und ist damit eine Basis.

  b. Jedes System von n Vektoren, das den ganzen Raum aufspannt, ist linear unabhängig und damit eine Basis.

  c. Ist $U \subseteq V$ ein Teilvektorraum, so ist $\dim U \leq n$. Ist $\dim U = n$, so muss $U = V$ sein.

Beweis.

a. Sei $\mathfrak{A} \subseteq V$ ein System von n linear unabhängigen Vektoren. Nach Theorem 6.3a lässt sich $\mathfrak{A}$ zu einer Basis $\mathfrak{B}$ von V ergänzen. Aber $\mathfrak{B}$ muss ebenfalls $n = \dim V$ Elemente enthalten. Also ist $\mathfrak{B} = \mathfrak{A}$, und damit ist $\mathfrak{A}$ eine Basis.

b. Sei $\mathfrak{M} \subseteq V$ eine Menge aus n-Vektoren, die V aufspannt. Nach Lemma 6.2b (mit $\mathfrak{A} = \emptyset$) hat $V = \mathrm{LH}(\mathfrak{M})$ eine Basis $\mathfrak{B}$ mit $\mathfrak{B} \subseteq \mathfrak{M}$. Aber $\mathfrak{B}$ muss ebenfalls $n = \dim V$ Vektoren enthalten, also ist $\mathfrak{B} = \mathfrak{M}$, und damit ist $\mathfrak{M}$ eine Basis.

c. Wir verwenden Lemma 6.2b mit $\mathfrak{A} = \emptyset$, $\mathfrak{M} = U$. Danach hat U eine Basis $\mathfrak{B}$, und da diese aus linear unabhängigen Vektoren von V besteht, kann sie nach 6.2a höchstens n Elemente enthalten. Somit ist $\dim U \leq n$. Ist nun $\dim U = n$, so ist $\mathfrak{B}$ ein System von n linear unabhängigen Vektoren aus V und damit eine Basis von V nach Teil a dieses Satzes. Also ist $U = \mathrm{LH}(\mathfrak{B}) = V$.

□

Beispiele 6.6.

a. Das n-fache kartesische Produkt von $\mathbb{K}$ mit sich selbst, also

$$\mathbb{K}^n = \underbrace{\mathbb{K} \times \cdots \times \mathbb{K}}_{n\text{-mal}} = \{(x_1, \ldots, x_n) | x_1, \ldots, x_n \in \mathbb{K}\},$$

lässt sich mit $\mathbb{K}_{1 \times n}$ oder $\mathbb{K}_{n \times 1}$ identifizieren, je nachdem, ob man die n-Tupel $\boldsymbol{x} = (x_1, \ldots, x_n)$ als Zeilen- oder Spaltenvektoren schreibt. Mit den komponentenweisen Rechenoperationen, die schon in 5.2b für Matrizen beschrieben wurden, ist $\mathbb{K}$ daher in natürlicher Weise ein $\mathbb{K}$-Vektorraum. Er hat eine ganz besondere Basis, die man als die *Standardbasis* oder die *kanonische Basis* von $\mathbb{K}^n$ bezeichnet. Sie besteht aus den Vektoren:

$$\boldsymbol{e}_1 = (1, 0, \ldots, 0),$$
$$\boldsymbol{e}_2 = (0, 1, \ldots, 0),$$
$$\vdots$$
$$\boldsymbol{e}_n = (0, \ldots, 0, 1).$$

Als Übung sollte man nachrechnen, dass $\{\boldsymbol{e}_1, \ldots, \boldsymbol{e}_n\}$ wirklich eine Basis von $\mathbb{K}^n$ ist. Es folgt die nicht sehr überraschende Beziehung $\dim \mathbb{K}^n = n$.

b. Sei $I \subseteq \mathbb{R}$ ein Intervall, das nicht nur aus einem einzigen Punkt besteht. Die Menge aller Funktionen $f : I \to \mathbb{K}$ bildet einen $\mathbb{K}$-Vektorraum, wenn man die Funktionen, wie gewohnt, punktweise addiert und mit Skalaren aus $\mathbb{K}$ multipliziert. Interessante lineare Teilräume hiervon sind die in

2.24 eingeführten Mengen $C^k(I)$ der k-mal stetig differenzierbaren Funktionen auf I (zumindest, wenn I offen und $\mathbb{K} = \mathbb{R}$ ist, obschon es eigentlich auch ohne diese Einschränkungen geht). Die Rechenregeln für stetige und differenzierbare Funktionen aus 2.9, 2.18 zeigen, dass Linearkombinationen von C^k-Funktionen tatsächlich wieder C^k-Funktionen sind. Der Vektorraum $C^k(I)$ enthält auf jeden Fall die Potenzfunktionen

$$P_n(t) := t^n \qquad\qquad (n = 0, 1, 2, \ldots) \, .$$

Je endlich viele von diesen sind stets linear unabhängig. Haben wir nämlich eine Relation

$$\sum_{\nu=0}^{n} \lambda_\nu P_\nu = 0$$

mit Skalaren $\lambda_0, \ldots, \lambda_n$, so verschwindet das Polynom

$$Q(t) := \sum_{\nu=0}^{n} \lambda_\nu t^\nu$$

auf ganz I, also muss $\lambda_\nu = 0 \; \forall \, \nu$ sein, denn ansonsten könnte das Polynom Q ja höchstens n Nullstellen haben (vgl. 1.25 und 1.34). Der Raum $C^k(I)$ enthält also beliebig große linear unabhängige Systeme und ist daher von unendlicher Dimension, wie Lemma 6.2a zeigt.

Bemerkung: Mit solchen *Funktionenräumen* werden wir uns vorläufig nur am Rande befassen, doch in der tiefergehenden Theorie der Differenzialgleichungen und in der Quantenphysik spielen sie eine entscheidende Rolle.

Unser nächstes Thema ist die schon angekündigte Rolle der Basen als Vermittler zwischen abstrakten Elementen $x \in V$ und ihrer Beschreibung durch konkrete Zahlenangaben:

Satz 6.7. *Sei* $\mathfrak{B} = \{b_1, \ldots, b_n\}$ *eine Basis von* V. *Dann gilt: Jeder Vektor* $x \in V$ *ist eine* eindeutige *Linearkombination von* $b_1, \ldots, b_n$.

Beweis. Da $b_1, \ldots, b_n$ linear unabhängig sind, haben wir:

$$\sum_k \alpha_k b_k = x = \sum_k \beta_k b_k$$
$$\implies \sum_k (\alpha_k - \beta_k) b_k = 0 \implies \alpha_k = \beta_k, \quad k = 1, \ldots, n \, .$$

$\square$

Hat man in dem n-dimensionalen $\mathbb{K}$-Vektorraum eine Basis fest gewählt, so kann man aufgrund des letzten Satzes *Koordinaten* von Vektoren definieren:

Definition 6.8. *Sei* $\mathfrak{B} = \{b_1, \ldots, b_n\}$ *eine Basis von* V *und* $x \in V$. *Dann heißen die Zahlen* $\xi_1, \ldots, \xi_n \in \mathbb{K}$ *mit*

$$\sum_{i=1}^{n} \xi_i b_i = x \tag{6.1}$$

die Koordinaten von x *bzgl.* $\mathfrak{B}$ *und der Vektor*

$$X = X^{\mathfrak{B}} = \begin{pmatrix} \xi_1 \\ \vdots \\ \xi_n \end{pmatrix} \in \mathbb{K}_{n \times 1} \tag{6.2}$$

der Koordinatenvektor von x *bzgl.* $\mathfrak{B}$.

Beispiele: Wir greifen noch einmal die Beispiele aus 6.6 auf.

a. Das Besondere an der kanonischen Basis $\mathfrak{K} = \{e_1, \ldots, e_n\}$ von $\mathbb{K}^n$ ist, dass der Koordinatenvektor $X^{\mathfrak{K}}$ zu einem $x = (x_1, \ldots, x_n)$ einfach der Vektor x selbst ist, nur eben als Spalte geschrieben.

b. Es sei $\mathfrak{P}_n \subseteq C^k(I)$ der Teilvektorraum der auf I definierten *Polynomfunktionen* zu Polynomen vom Grad $\leq n$. Die Potenzfunktionen $P_0, P_1, \ldots, P_n$ bilden dann eine Basis $\mathfrak{B}$ von $\mathfrak{P}_n$, und die Koordinaten eines $P \in \mathfrak{P}_n$ sind gerade die Koeffizienten des Polynoms P. Satz 6.7 liefert daher die theoretische Rechtfertigung für den schon öfters angewendeten *Koeffizientenvergleich* bei Polynomen.

Seien nun

$$\mathfrak{A} = \{a_1, \ldots, a_n\}, \quad \mathfrak{A}' = \{a_1', \ldots, a_n'\}$$

beides Basen von V. Dann kann man jedem Vektor der einen Basis einen Koordinatenvektor bzgl. der anderen Basis zuordnen:

$$a_j' = \sum_{i=1}^{n} \beta_{ij} a_i, \quad a_i = \sum_{k=1}^{n} \alpha_{ki} a_k'. \tag{6.3}$$

Auf diese Weise erhält man *Transformationsmatrizen*

$A = (\alpha_{ki})$ für die *Basistransformation* von $\mathfrak{A}'$ nach $\mathfrak{A}$,
$B = (\beta_{ij})$ für die *Basistransformation* von $\mathfrak{A}$ nach $\mathfrak{A}'$.

Der Zusammenhang zwischen diesen Matrizen ergibt sich wie folgt:

$$a_j' = \sum_{i=1}^{n} \beta_{ij} a_i = \sum_{i=1}^{n} \beta_{ij} \left(\sum_{k=1}^{n} \alpha_{ki} a_k' \right)$$

$$= \sum_{k=1}^{n} \left(\sum_{i=1}^{n} \alpha_{ki} \beta_{ij} \right) a_k' \stackrel{!}{=} \sum_{k=1}^{n} \delta_{kj} a_k',$$

weil die Basisentwicklung nach Satz 6.7 eindeutig ist. Wir sehen also

$$A \cdot B = E \quad \text{d.h.} \quad B = A^{-1} \, . \tag{6.4}$$

Untersuchen wir nun, wie die Koordinatenvektoren X bzgl. $\mathfrak{A}$ und X' bzgl. $\mathfrak{A}'$ eines Vektors $x \in V$ zusammenhängen:

Nach 6.1 sind X, X' definiert durch

$$x = \sum_{i=1}^{n} \xi_i a_i \, , \quad x = \sum_{k=1}^{n} \xi_k' a_k' \, . \tag{6.5}$$

Zusammen mit den Transformationsgleichungen (6.3) folgt:

$$x = \sum_{i} \xi_i a_i = \sum_{i} \xi_i \left(\sum_{k} \alpha_{ki} a_k' \right)$$

$$= \sum_{k} \left(\sum_{i} \alpha_{ki} \xi_i \right) a_k' = \sum_{k} \xi_k' a_k' \, .$$

Weil die Basisentwicklung nach 6.7 eindeutig ist, folgt wieder

$$\xi_k' = \sum_{i=1}^{n} \alpha_{ki} \xi_i \, , \quad \text{d.h.} \ X' = AX \, . \tag{6.6}$$

Der folgende Satz fasst alles zusammen:

Satz 6.9.

a. *Sind* $\mathfrak{A} = \{a_1, \dots, a_n\}, \mathfrak{A}' = \{a_1', \dots, a_n'\}$ *Basen von V, so beschreiben reguläre Transformationsmatrizen*

$$A = (\alpha_{ki}) \ \text{mit } a_i = \sum_{k=1}^{n} \alpha_{ki} a_k'$$

den Übergang von $\mathfrak{A}'$ nach $\mathfrak{A}$,

$$A^{-1} = (\beta_{ki}) \ \text{mit } a_j' = \sum_{i=1}^{n} \beta_{ij} a_i$$

den Übergang von $\mathfrak{A}$ nach $\mathfrak{A}'$.

b. *Sind $X \in \mathbb{K}_{n \times 1}$ bzw. $X' \in \mathbb{K}_{n \times 1}$ die Koordinatenvektoren von $x \in V$ bzgl. $\mathfrak{A}$ bzw. $\mathfrak{A}'$, so gilt*

$$X' = AX \, , \quad X = A^{-1} X' \, .$$

B. Norm und Skalarprodukt

Wie man (zumindest für $n = 3$) aus der Schule weiß, definiert man im $\mathbb{R}^n = \mathbb{R}_{n \times 1}$ ein Skalarprodukt durch

$$X \cdot Y := \sum_{i=1}^{n} x_i y_i = X^T Y \quad \text{für } X = (x_i),\ Y = (y_i)\,, \qquad (6.7)$$

und dieses hat die folgenden Eigenschaften:

$$X \cdot (\lambda Y + \mu Z) = \lambda(X \cdot Y) + \mu(X \cdot Z)\,,$$

$$Y \cdot X = X \cdot Y \text{ und } X \cdot X \geq 0,\ X \cdot X = 0 \Longleftrightarrow X = 0\,.$$

Dies nimmt man zum Anlass, allgemein zu definieren:

Definitionen 6.10. *Ein $\mathbb{K}$-Vektorraum H heißt ein* Prähilbertraum[1] *(PHR), wenn für alle $x, y \in H$ ein* Skalarprodukt $\langle x|y \rangle \in \mathbb{K}$ *definiert ist, sodass gilt:*

$$\textbf{(S1)} \qquad \langle y|x \rangle = \begin{cases} \langle x|y \rangle, \text{ falls } \mathbb{K} = \mathbb{R} \\ \overline{\langle x|y \rangle}, \text{ falls } \mathbb{K} = \mathbb{C} \end{cases} \qquad (6.8)$$

$$\textbf{(S2)} \qquad \langle x|\lambda y + \mu z \rangle = \lambda \langle x|y \rangle + \mu \langle x|z \rangle \qquad (6.9)$$

$$\textbf{(S3)} \qquad \langle x|x \rangle \geq 0, \qquad \langle x|x \rangle = 0 \Longleftrightarrow x = 0\,. \qquad (6.10)$$

Ist $\dim H < \infty$ und $\mathbb{K} = \mathbb{R}$, so heißt H auch ein euklidischer Raum, *im Falle $\mathbb{K} = \mathbb{C}$ ein* unitärer Raum.

Ein Skalarprodukt ist nach **(S2)** linear im zweiten Faktor, wegen **(S1)** jedoch *konjugiert linear* im ersten Faktor, d. h.

$$\langle \lambda x + \mu y | z \rangle = \bar{\lambda} \langle x|z \rangle + \bar{\mu} \langle y|z \rangle\,. \qquad (6.11)$$

Die folgenden Beispiele sind die Bekanntesten:

a. Im $\mathbb{C}$-Vektorraum $\mathbb{C}^n$ wird durch

$$\langle z|w \rangle = \sum_{k=1}^{n} \overline{z_k} w_k$$

ein Skalarprodukt definiert.

---

[1] Eigentlich sollte es „Prä-HILBERTraum" heißen, denn die Bezeichnung leitet sich vom Namen des Mathematikers DAVID HILBERT ab.

b. Im $\mathbb{R}$-Vektorraum $\mathbb{R}_{m \times n}$ wird durch

$$\langle A|B \rangle := \mathrm{Spur}\,(A^T B)$$

ein Skalarprodukt definiert.

Bemerkungen zur Notation:

a. In der mathematischen Literatur ist es üblich, die Skalarprodukte im komplexen Fall „anders herum" zu schreiben, d. h. sie verhalten sich linear im linken und konjugiert linear im rechten Argument. Das Standard-Skalarprodukt in $\mathbb{C}^n$ wäre also definiert durch

$$\langle z|w \rangle_{\mathrm{math}} = \sum_{k=1}^{n} z_k \, \overline{w_k} \,.$$

Wir folgen in diesem Kapitel der in der physikalischen Literatur allgemein verbreiteten Konvention.

b. In der mathematischen Literatur schreibt man statt $\langle x|y \rangle$ auch oft (x, y) oder $(x|y)$. Im Kontext eines euklidischen Raums verwenden Physiker wie Mathematiker gerne den Malpunkt $\cdot$ wie in den einleitenden Zeilen dieses Abschnitts.

c. Ein Element x eines euklidischen Raumes – und insbesondere ein $x \in \mathbb{R}^n$ – sollte man sich manchmal als einen Punkt mit den kartesischen Koordinaten $x_1, \ldots, x_n$ vorstellen, in anderen Situationen aber als einen „Vektor im Sinne der Physik", d. h. als einen Pfeil, der vom Ursprung zu dem betreffenden Punkt zeigt oder als eine Information, die sowohl Größe als auch Richtung beinhaltet. Im letzteren Fall wollen wir, einer Tradition der Physik folgend, ein fettes $\boldsymbol{x}$ schreiben statt des normalen x. Diese Konvention lässt sich allerdings nicht in aller Schärfe durchhalten, weil zwischen x und $\boldsymbol{x}$ ja kein mathematischer Unterschied besteht. Der Unterschied liegt einzig und allein in der anschaulichen Vorstellung, die für die betreffende Situation angemessen und zweckmäßig ist.

Ein Skalarprodukt ermöglicht es, in dem betreffenden Vektorraum Längen und Winkel einzuführen, und zwar so, dass dabei die Gesetze der euklidischen Geometrie gelten. Als Vorbereitung hierzu benötigen wir:

Theorem 6.11. *In jedem PHR H gilt für alle $x, y \in H$ die* SCHWARZ*'sche Ungleichung*

$$|\langle x|y \rangle|^2 \leq \langle x|x \rangle \, \langle y|y \rangle \qquad \text{für alle } x, y \in H, \qquad (6.12)$$

und Gleichheit gilt genau dann, wenn x, y linear abhängig sind.

Beweis. Für beliebige $x, y \in H, \lambda \in \mathbb{K}$ folgt aus den Eigenschaften des Skalarprodukts:

$$0 \leq \langle x + \lambda y | x + \lambda y \rangle = \langle x | x \rangle + \lambda \langle x | y \rangle + \overline{\lambda} \overline{\langle x | y \rangle} + |\lambda|^2 \langle y | y \rangle .$$

Setzt man speziell

$$\lambda = \frac{\langle y | x \rangle}{\langle y | y \rangle} ,$$

so folgt (6.12) und auch die zweite Behauptung. (Im Fall $y = 0$ ist die Behauptung sowieso klar.) □

Nun definieren wir die *Norm* eines Vektors, die den euklidischen Längenbegriff verallgemeinert:

Theorem 6.12. *Jeder PHR H ist ein* normierter linearer Raum *(NLR) mit der Norm*

$$\|x\| := \sqrt{\langle x | x \rangle}, \quad x \in H , \tag{6.13}$$

d. h. die Abbildung $H \to \mathbb{R} : x \mapsto \|x\|$ hat die folgenden Eigenschaften:

$$\textbf{(N1)} \quad \|x\| \geq 0 , \quad \|x\| = 0 \iff x = 0 \tag{6.14}$$

$$\textbf{(N2)} \quad \|\lambda x\| = |\lambda| \, \|x\| \tag{6.15}$$

$$\textbf{(N3)} \quad \|x + y\| \leq \|x\| + \|y\| \; \textit{(Dreiecksungleichung)}. \tag{6.16}$$

Beweis. **(N1)** und **(N2)** folgen sofort aus (6.13) und Definition 6.10. (*N*3) ergibt sich folgendermaßen aus der SCHWARZ'schen Ungleichung:

$$\begin{aligned}
\|x + y\|^2 &= \langle x + y | x + y \rangle \\
&= \|x\|^2 + \langle x | y \rangle + \langle y | x \rangle + \|y\|^2 \\
&\leq \|x\|^2 + 2\|x\| \, \|y\| + \|y\|^2 = (\|x\| + \|y\|)^2 .
\end{aligned}$$

□

Allgemein ist eine *Norm* auf einem $\mathbb{K}$-Vektorraum V eine Abbildung $V \to \mathbb{R} : x \mapsto \|x\|$, für die die *Normaxiome* **(N1)**–**(N3)** gelten, und V zusammen mit einer gegebenen Norm darauf ist dann ein NLR. Es sollte bemerkt werden, dass es Normen auf Vektorräumen gibt, die nicht durch (6.13) über ein Skalarprodukt definiert werden können. Aus dem üblichen Skalarprodukt auf $\mathbb{R}^n$ gewinnt man mittels (6.13) die *euklidische Norm*

$$|x| := \|x\|_2 := \left(\sum_{k=1}^{n} x_k^2 \right)^{1/2} ,$$

die genau den euklidischen Abstand des Punktes x vom Ursprung (bzw. die euklidische Länge des Ortsvektors $\boldsymbol{x}$) angibt. Aber auch die Normen

$$\|x\|_1 := \sum_{k=1}^{n} |x_k|$$

und

$$\|x\|_\infty := \max_{1 \leq k \leq n} |x_k|,$$

die rechnerisch oft einfacher zu behandeln sind, sowie noch weitere Normen werden in der Analysis häufig verwendet. Als Übung sollten Sie die Gültigkeit der Normaxiome für $\|\cdot\|_1$, $\|\cdot\|_\infty$ nachprüfen.

Für das euklidische Skalarprodukt des $\mathbb{R}^n$

$$\boldsymbol{x} \cdot \boldsymbol{y} = \sum_{i=1}^{n} x_i y_i$$

stellt man fest, dass $\boldsymbol{x} \cdot \boldsymbol{y} = |\boldsymbol{x}| \cdot |\boldsymbol{y}| \cos\alpha$, wobei α der Winkel zwischen den Vektoren $\boldsymbol{x}$, $\boldsymbol{y}$ ist. Die Vektoren sind aber orthogonal (d. h. sie stehen aufeinander senkrecht) genau dann, wenn $\cos\alpha = 0$ ist. Also ist

$$\boldsymbol{x} \cdot \boldsymbol{y} = 0 \iff \boldsymbol{x}, \boldsymbol{y} \text{ orthogonal}.$$

Daher definiert man allgemein:

Definitionen 6.13.

a. $x, y \in H$ *heißen* orthogonal, *wenn* $\langle x|y \rangle = 0$. *Man schreibt dann* $x \perp y$.

b. *Eine Menge* $\{x_1, \ldots, x_n, \ldots\} \subseteq H$ *heißt ein* Orthogonalsystem *(OGS)*, *wenn*

$$\langle x_i|x_j \rangle = 0 \quad \text{für } i \neq j$$

und ein Orthonormalsystem *(ONS)*, *wenn*

$$\langle x_i|x_j \rangle = \delta_{ij}. \tag{6.17}$$

c. *Eine Basis* $\mathfrak{B}$ *von* H, *die ein ONS ist, heißt eine* Orthonormalbasis *(ONB)*.

Satz 6.14.

a. *Ein OGS* $\{x_1, \ldots, x_n\} \subseteq H$ *mit* $x_j \neq 0$, $j = 1, \ldots, n$ *ist eine linear unabhängige Menge. Insbesondere ist jedes ONS linear unabhängig.*

b. *Ist* $\{x_1, \ldots, x_n, \ldots\} \subseteq H$ *linear unabhängig, so gibt es ein ONS* $\{e_1, \ldots, e_n, \ldots\} \subseteq H$ *mit*

$$\mathrm{LH}(x_1, \ldots, x_n) = \mathrm{LH}(e_1, \ldots, e_n) \quad \text{für alle } n.$$

Beweis.

a. Aus $\sum_{i=1}^{n} \lambda_i x_i = 0$ folgt durch skalare Multiplikation mit x_k

$$0 = \left\langle x_k \left| \sum_{i=1}^{n} \lambda_i x_i \right. \right\rangle = \sum_{i=1}^{n} \lambda_i \langle x_k | x_i \rangle = \lambda_k \| x_k \|^2$$

was $\lambda_k \neq 0$ wegen $x_k \neq 0$ liefert.

b. Wird konstruktiv mit dem *Orthogonalisierungsverfahren* von ERHARD SCHMIDT bewiesen:

$$y_1 := x_1, \qquad\qquad\qquad e_1 := \frac{y_1}{\|y_1\|}$$
$$y_2 := x_2 - \langle e_1 | x_2 \rangle\, e_1, \qquad\qquad e_2 := \frac{y_2}{\|y_2\|}$$
$$y_3 := x_3 - \langle e_1 | x_3 \rangle\, e_1 - \langle e_2 | x_3 \rangle\, e_2, \qquad e_3 := \frac{y_3}{\|y_3\|}$$

und allgemein

$$y_m := x_m - \sum_{k=1}^{m-1} \langle e_k | x_m \rangle\, e_k, \qquad e_m := \frac{y_m}{\|y_m\|}. \tag{6.18}$$

Damit kann die Behauptung direkt überprüft werden.

□

Satz 6.15. *Sei* $\mathfrak{B} = (e_1, \ldots, e_n)$ *eine ONB von* H.

a. *Jedes* $x \in H$ *hat die eindeutige Darstellung*

$$x = \sum_{k=1}^{n} \langle e_k | x \rangle\, e_k \tag{6.19}$$

mit den FOURIER*koeffizienten* $\xi_k = \langle e_k | x \rangle$ *als Koordinaten.*

b. *Für alle* $x, y \in H$ *gilt*

$$\langle x | y \rangle = \sum_{k=1}^{n} \overline{\langle e_k | x \rangle}\, \langle e_k | y \rangle \tag{6.20}$$

und insbesondere

$$\|x\|^2 = \sum_{k=1}^{n} |\langle e_k | x \rangle|^2. \tag{6.21}$$

Beweis. Da $\mathfrak{B}$ eine Basis ist, gibt es nach Satz 6.7 eindeutige $\xi_k \in \mathbb{K}$, sodass

$$x = \sum_{j=1}^{n} \xi_j e_j.$$

Skalare Multiplikation mit e_k ergibt:

$$\langle e_k | x \rangle = \left\langle e_k \left| \sum_{j=1}^{n} \xi_j e_j \right. \right\rangle = \sum_{j=1}^{n} \xi_j \langle e_k | e_j \rangle = \xi_k \, .$$

(6.20) und (6.21) sind eine leichte Übung.   □

Eine der wichtigsten Eigenschaften euklidischer und unitärer Räume ist, dass man in Bezug auf einen gegebenen linearen Unterraum U jeden Vektor eindeutig in eine Komponente, die zu U gehört, und eine Komponente, die auf U senkrecht steht, zerlegen kann. Ähnliche eindeutige Zerlegungen können und müssen wir auch im Kontext allgemeiner Vektorräume einführen:

Definition 6.16. *Es sei V ein $\mathbb{K}$-Vektorraum, U und W lineare Teilräume von V. Man sagt, V sei die* direkte Summe *von U und W und schreibt*

$$V = U \oplus W \, , \tag{6.22}$$

wenn jeder Vektor $v \in V$ sich eindeutig in der Form $v = u + w$ mit $u \in U$, $w \in W$ schreiben lässt. Man sagt dann, u bzw. w sei die Komponente *von v in U (bzw. in W), und man nennt die Beziehung (6.22) eine* direkte Zerlegung *von V.*

Satz 6.17.

  a. *Für eine Teilmenge $M \subseteq H$ ist das* orthogonale Komplement *von M*

$$M^{\perp} \stackrel{def}{=} \{ x \in H \, | \, \langle m | x \rangle = 0 \qquad \forall \, m \in M \} \tag{6.23}$$

  ein linearer Teilraum von H.
  b. *Ist H endlichdimensional und ist $U \subseteq H$ ein linearer Teilraum, so gilt*

$$H = U \oplus U^{\perp} \quad und \quad U^{\perp\perp} = U \, . \tag{6.24}$$

Beweis.

  a. Kann als Übung bewiesen werden.
  b. Sei $\{b_1, \ldots, b_k\}$ eine Basis von U. Nach Theorem 6.3a kann diese zu einer Basis $\{b_1, \ldots, b_k, b_{k+1}, \ldots, b_n\}$ von H ergänzt werden. Nach Satz 6.14b gibt es dann eine ONB $\{e_1, \ldots, e_k, e_{k+1}, \ldots, e_n\}$ von H, sodass

$$U = \mathrm{LH}(e_1, \ldots, e_k) = \mathrm{LH}(b_1, \ldots, b_k) \, .$$

Mittels Satz 6.15 rechnet man ohne Weiteres nach, dass dann: $U^{\perp} = \mathrm{LH}(e_{k+1}, \ldots, e_n)$, woraus die Behauptung folgt.

□

C. Das Vektorprodukt im $\mathbb{R}^3$

Im 3-dimensionalen $\mathbb{R}$-Vektorraum $\mathbb{R}^3$ definieren wir

Definitionen 6.18. *Sei* $\{E_1, E_2, E_3\}$ *die* Standardbasis *(= kanonische Basis) des* $\mathbb{R}^3$ *und seien*

$$A = \begin{pmatrix} a_1 \\ a_2 \\ a_3 \end{pmatrix}, \quad B = \begin{pmatrix} b_1 \\ b_2 \\ b_3 \end{pmatrix} \in \mathbb{R}^3 .$$

Dann definiert man das Vektorprodukt $A \times B \in \mathbb{R}^3$ *durch*

$$A \times B := \begin{bmatrix} a_2 b_3 - a_3 b_2 \\ a_3 b_1 - a_1 b_3 \\ a_1 b_2 - a_2 b_1 \end{bmatrix} = \begin{vmatrix} E_1 & a_1 & b_1 \\ E_2 & a_2 & b_2 \\ E_3 & a_3 & b_3 \end{vmatrix} , \tag{6.25}$$

wobei man sich die formale Determinante rechts nach der 1. Spalte entwickelt zu denken hat. Ferner definiert man für A, B, $C \in \mathbb{R}^3$ *das sogenannte* Spatprodukt

$$A \cdot (B \times C) = \begin{vmatrix} a_1 & b_1 & c_1 \\ a_2 & b_2 & c_2 \\ a_3 & b_3 & c_3 \end{vmatrix} . \tag{6.26}$$

Diese Produkte haben die folgenden, leicht zu verifizierenden Eigenschaften:

$$A \times B = -B \times A , \quad A \times A = 0 , \tag{6.27}$$

$$A \times B = 0 \quad \Longleftrightarrow \quad A, B \text{ linear abhängig} , \tag{6.28}$$

$$A \times B \perp A , \quad A \times B \perp B , \tag{6.29}$$

$$A \times (B + C) = A \times B + A \times C , \tag{6.30}$$

$$A \cdot (B \times C) = C \cdot (A \times B) = B \cdot (C \times A) . \tag{6.31}$$

Um weitere Eigenschaften des Vektorprodukts herzuleiten, ist die folgende Darstellung nützlich, die sich durch einfaches Nachrechnen ergibt.

Satz 6.19. *Sei*

$$\varepsilon_{ijk} \equiv \text{sign}\,(ijk) = \begin{cases} +1 , & \textit{für } (123), (312), (231) , \\ -1 , & \textit{für } (213), (321), (132) , \\ 0 , & \textit{sonst.} \end{cases}$$

a. Dann gilt

$$\sum_{i=1}^{3} \varepsilon_{ijk} \varepsilon_{ilm} = \delta_{jl} \delta_{km} - \delta_{jm} \delta_{kl} . \tag{6.32}$$

b. Für A, $B \in \mathbb{R}^3$ gilt

$$(A \times B)_k = \sum_{i,j=1}^{3} \varepsilon_{ijk} a_i b_j \ . \tag{6.33}$$

Damit können wir beweisen:

Satz 6.20. *Für A, B, C, $D \in \mathbb{R}^3$ gilt*

$$A \times (B \times C) = B(A \cdot C) - C(A \cdot B) \ , \tag{6.34}$$

$$(A \times B) \cdot (C \times D) = (A \cdot C)(B \cdot D) - (A \cdot D)(B \cdot C) \tag{6.35}$$

und insbesondere

$$\|A \times B\|^2 = \|A\|^2 \, \|B\|^2 - (A \cdot B)^2 \ . \tag{6.36}$$

Beweis.

a. (6.34) beweisen wir mit (6.33) und (6.32):

$$(A \times (B \times C))_n = \sum_{i,k} \varepsilon_{ikn} a_i (B \times C)_k$$

$$= \sum_{i,k} \varepsilon_{ikn} a_i \left(\sum_{j,l} \varepsilon_{jlk} b_j c_l \right)$$

$$= \sum_{i,j,l} \left(\sum_{k} \varepsilon_{kni} \varepsilon_{kjl} \right) a_i b_j c_l$$

$$= \sum_{i,j,l} (\delta_{nj} \delta_{il} - \delta_{nl} \delta_{ij}) a_i b_j c_l$$

$$= \left(\sum_{i} a_i c_i \right) b_n - \left(\sum_{i} a_i b_i \right) c_n$$

$$= (A \cdot C) b_n - (A \cdot B) c_n \ .$$

b. Um (6.35) zu beweisen, gehen wir analog vor:

$$(A \times B) \cdot (C \times D) = \sum_{m} (A \times B)_m (C \times D)_m$$

$$= \sum_{m} \left(\sum_{i,j} \varepsilon_{ijm} a_i b_j \right) \left(\sum_{k,l} \varepsilon_{klm} c_k d_l \right)$$

$$= \sum_{i,j,k,l} \left(\sum_{m} \varepsilon_{ijm} \varepsilon_{klm} \right) a_i b_j c_k d_l$$

$$= \sum_{i,j,k,l} (\delta_{ik} \delta_{jl} - \delta_{il} \delta_{jk}) a_i b_j c_k d_l$$

$$= \sum_{i,j} (a_i c_i b_j d_j - a_i d_i b_j c_j)$$

$$= \left(\sum_{i} a_i c_i \right) \left(\sum_{i} b_j d_j \right) - \left(\sum_{i} a_i d_i \right) \left(\sum_{j} b_j c_j \right)$$

$$= (A \cdot C)(B \cdot D) - (A \cdot D)(B \cdot C) \ .$$

c. (6.36) folgt dann aus (6.35), indem man

$$C := A, \quad D := B$$

setzt.

□

Anmerkung 6.21. Ist α der von A, $B \in \mathbb{R}^3$ eingeschlossene Winkel und $\|\cdot\|$ die euklidische Norm, so gilt:

$$A \cdot B = \|A\| \, \|B\| \cos \alpha, \tag{6.37}$$

$$\|A \times B\| = \|A\| \, \|B\| \sin \alpha, \tag{6.38}$$

d. h. $\|A \times B\|$ ist der Flächeninhalt des von A und B aufgespannten Parallelogramms.

Ergänzungen zu §6

Wir müssen natürlich noch Lemma 6.2 beweisen, das ja den fundamentalen Erkenntnissen über Basis und Dimension zugrunde liegt. Außerdem wollen wir das Thema „Direkte Zerlegungen" (Def. 6.16) etwas vertiefen. Wirklich spannend wird die lineare Algebra allerdings erst, wenn *lineare Abbildungen* ins Spiel kommen (vgl. nächstes Kapitel). Dann wird auch klar werden, warum direkte Zerlegungen so wichtig sind.

6.22 Beweis von Lemma 6.2.

a. Sei $V = \mathrm{LH}(b_1, \ldots, b_m)$, und seien $v_1, \ldots, v_n \in V$ beliebig vorgegebene Vektoren, wobei $n > m$. Wir haben zu zeigen, dass $v_1, \ldots, v_n$ linear abhängig sein müssen. Nach Definition der linearen Hülle lässt sich jedes v_j $(j = 1, \ldots, n)$ als Linearkombination der $b_1, \ldots, b_m$ schreiben, also in der Form

$$v_j = \sum_{i=1}^{m} \alpha_{ij} b_i$$

mit geeigneten Skalaren $\alpha_{ij} \in \mathbb{K}$. Die Bedingung

$$(*) \qquad \sum_{j=1}^{n} \lambda_j v_j = 0 \qquad\qquad (\lambda_1, \ldots, \lambda_n \in \mathbb{K})$$

ist dann erfüllt, wenn $(\lambda_1, \ldots, \lambda_n)$ eine Lösung des homogenen linearen Gleichungssystems

$$\alpha_{11}\lambda_1 + \quad \ldots \quad + \alpha_{1n}\lambda_n = 0$$

$$\ldots\ldots\ldots\ldots\ldots\ldots\ldots\ldots$$

$$\alpha_{m1}\lambda_1 + \quad \ldots \quad + \alpha_{mn}\lambda_n = 0$$

ist. Dieses Gleichungssystem hat aber mehr Unbekannte als Lösungen und besitzt daher (vgl. Korollar 5.14) eine nicht triviale Lösung $(\lambda_1, \ldots, \lambda_n)$. Also lässt sich Bedingung (∗) mit Skalaren $\lambda_1, \ldots, \lambda_n$ erfüllen, die nicht sämtlich verschwinden, wie behauptet.

b. Wir betrachten die Gesamtheit aller Mengen $\mathfrak{C}$, die aus linear unabhängigen Vektoren bestehen und $\mathfrak{A} \subseteq \mathfrak{C} \subseteq \mathfrak{A} \cup \mathfrak{M}$ erfüllen. Solche Mengen gibt es jedenfalls, z. B. $\mathfrak{C} = \mathfrak{A}$, und nach Teil a hat jede derartige Menge höchstens m Elemente. Wir wählen eine mit maximaler Elementeanzahl n aus und nennen sie $\mathfrak{B}$. Wenn wir zeigen können, dass $\mathfrak{B}$ den Raum U aufspannt, ist klar, dass $\mathfrak{B}$ alle geforderten Eigenschaften hat. Zunächst einmal ist $\mathfrak{B} \subseteq U$, also auch $\mathrm{LH}(\mathfrak{B}) \subseteq U$, denn da U ein linearer Unterraum ist, liegen Linearkombinationen von Vektoren aus U wieder in U. Wir schreiben $\mathfrak{B} = \{b_1, \ldots, b_n\}$ $(n \le m)$. Angenommen, es gibt einen Vektor $b_0 \in \mathfrak{M}$, der nicht in $\mathrm{LH}(\mathfrak{B})$ liegt. Die Menge

$$\mathfrak{B}^* := \{b_0, b_1, \ldots, b_n\}$$

besteht dann aus $n + 1$ Vektoren, und natürlich ist $\mathfrak{A} \subseteq \mathfrak{B}^* \subseteq \mathfrak{A} \cup \mathfrak{M}$. Wegen der Maximalität von n müssen die $b_0, b_1, \ldots, b_n$ also linear abhängig sein. Aber aus der Relation

$$\lambda_0 b_0 + \lambda_1 b_1 + \cdots + \lambda_n b_n = 0$$

mit Skalaren $\lambda_0, \lambda_1, \ldots, \lambda_n$ folgt zunächst einmal $\lambda_0 = 0$, weil b_0 andernfalls eine Linearkombination der Elemente von $\mathfrak{B}$ wäre. Damit folgt

$$\lambda_1 b_1 + \cdots + \lambda_n b_n = 0$$

und somit $\lambda_1 = \ldots = \lambda_n = 0$, denn $b_1, \ldots, b_n$ sind ja linear unabhängig. Also besteht $\mathfrak{B}^*$ doch aus linear unabhängigen Vektoren, ein Widerspruch. Dies zeigt, dass $\mathfrak{M} \subseteq \mathrm{LH}(\mathfrak{B})$ ist. Weil $\mathrm{LH}(\mathfrak{B})$ aber ein linearer Unterraum ist, folgt daraus auch $U = \mathrm{LH}(\mathfrak{M}) \subseteq \mathrm{LH}(\mathfrak{B})$. Insgesamt ergibt sich $\mathrm{LH}(\mathfrak{B}) = U$, und wir sind fertig.

□

Bemerkung: Die Art der Argumentation beim Beweis von Teil b ist typisch für die abstrakte Algebra. Sicher wird der Physiker so etwas nur selten antreffen, aber aus der modernen Mathematik sind diese Schlussweisen nicht wegzudenken.

6.23 Mehr über direkte Zerlegungen. Seien wieder U, W lineare Teilräume des Vektorraums V. Man setzt

$$U + W := \{u + w \mid u \in U, \ w \in W\}$$

und rechnet mittels der Teilraumaxiome sofort nach, dass

$$U + W = \mathrm{LH}(U \cup W)$$

ist. Insbesondere ist $U + W$ ebenfalls ein linearer Teilraum. Ist nun die Zerlegung eines $v \in U + W$ in einen Vektor aus U und einen aus W stets eindeutig, so trifft dies insbesondere auf die Null zu. Aber für jedes $x \in U \cap W$ ist $0 = x + (-x)$ solch eine Zerlegung. Also kann $U \cap W$ in diesem Fall nicht mehr als die Null enthalten. Umgekehrt: Ist $U \cap W = \{0\}$, so müssen die Zerlegungen eindeutig sein. Haben wir nämlich

$$v = u_1 + w_1 = u_2 + w_2 \in U + W$$

mit $u_1, u_2 \in U$, $w_1, w_2 \in W$, so folgt

$$u_1 - u_2 = w_2 - w_1 \in U \cap W$$

und damit $u_1 = u_2$, $w_1 = w_2$. Es gilt also (vgl. Def. 6.16):

Satz. $V = U \oplus W$ *genau dann, wenn* $U + W = V$ *und* $U \cap W = \{0\}$.

Diese Charakterisierung ist oft praktisch, wenn es darum geht, nachzuprüfen, ob eine direkte Zerlegung vorliegt.

Zerlegungen in mehr als zwei Teilräume sind ebenfalls wichtig. Betrachten wir also lineare Teilräume $U_1, \ldots, U_m$ von V und setzen

$$\sum_{j=1}^{m} U_j \stackrel{def}{=} \left\{ \sum_{j=1}^{m} u_j \,\middle|\, u_j \in U_j \quad \text{für} \quad j = 1, \ldots, m \right\}$$

$$= \mathrm{LH}\Big(U_1 \cup \cdots \cup U_m \Big) .$$

Wir sagen, V sei die *direkte Summe* der $U_1, \ldots, U_m$ und schreiben

$$V = U_1 \oplus \cdots \oplus U_m = \bigoplus_{j=1}^{m} U_j , \tag{6.39}$$

wenn jedes $v \in V$ sich eindeutig in der Form $v = u_1 + \cdots + u_m$ mit $u_j \in U_j$ $(j = 1, \ldots, m)$ schreiben lässt. Das einfachste Beispiel hierfür entsteht, wenn V eine endliche Basis $\mathfrak{B} = \{b_1, \ldots, b_n\}$ hat. Dann ist nämlich V die direkte Summe der eindimensionalen Räume $\mathbb{K}b_j = \mathrm{LH}(b_j)$ $(j = 1, \ldots, n)$. Allgemeiner kann man sich leicht Folgendes überlegen:

Satz. *Für jedes* j *sei* $\mathfrak{B}_j$ *eine Basis von* U_j. *Dann gilt (6.39) genau dann, wenn* $\mathfrak{B} := \mathfrak{B}_1 \cup \ldots \cup \mathfrak{B}_m$ *eine Basis von* V *ist.*

Um eine leichter nachprüfbare Formulierung für die direkten Zerlegungen zu finden, definieren wir:

$$W_j := U_1 + \cdots + \widehat{U_j} + \cdots + U_m ,$$

wobei der mit dem Dach $\hat{\ }$ gekrönte Summand wieder wegzulassen ist wie in 5 C. Mit diesen Bezeichnungen gilt:

Satz. *Die folgenden drei Aussagen sind zueinander äquivalent:*

(i) $V = U_1 \oplus \cdots \oplus U_m$,

(ii) $V = U_j \oplus W_j$ *für* $j = 1, \ldots, m$,

(iii) $V = \sum_{j=1}^{m} U_j$ *und* $U_j \cap W_j = \{0\}$ *für* $j = 1, \ldots, m$.

Diesen Satz zu beweisen, ist eine gute Übung. Man sollte sich auch an Beispielen klar machen, dass es für die Direktheit einer Zerlegung nicht ausreicht, dass

$$U_1 \cap \cdots \cap U_m = \{0\} \, .$$

(Die Antworten finden sich auch in den einschlägigen Lehrbüchern zur linearen Algebra.)

Aufgaben zu §6

6.1. Man untersuche, ob die im Folgenden definierten Vektoren f, g, h aus dem Vektorraum aller in $]0, \infty[$ differenzierbaren reellen Funktionen linear unabhängig sind oder nicht.

	$f(x)$	$g(x)$	$h(x)$
a.	$\sin x$	$\cos x$	1
b.	$\sin x$	$sin2x$	$\sin 3x$
c.	e^x	xe^x	$x^2 e^x$
d.	$\ln x$	$\ln(x^2)$	$\ln(x^3)$
e.	e^x	$\ln x$	x

6.2. Man untersuche, ob die Vektoren $2+3i$ und $4+5i$ aus $\mathbb{C}$ linear unabhängig sind, wobei $\mathbb{C}$ einmal als Vektorraum über $\mathbb{C}$ und einmal als Vektorraum über $\mathbb{R}$ betrachtet werde.

6.3. Sei $\mathfrak{B} = \{b_1, \ldots, b_n\}$ eine Basis des $\mathbb{K}$-Vektorraumes V. Man zeige: $a_1, \ldots, a_m \in V$ sind linear unabhängig genau dann, wenn die $\mathfrak{B}$-Koordinatenvektoren $A_1, \ldots, A_m$ linear unabhängig sind.

6.4. Man zeige, dass die Vektoren

$$\begin{pmatrix} 1 \\ 2i \\ -i \end{pmatrix} , \qquad \begin{pmatrix} 2 \\ 1+i \\ 1 \end{pmatrix} , \qquad \begin{pmatrix} -1 \\ 1 \\ -i \end{pmatrix}$$

eine Basis des $\mathbb{C}^3$ bilden und berechne die Koordinaten des Vektors $\begin{pmatrix} 1 \\ 2 \\ 0 \end{pmatrix}$ relativ zu dieser Basis.

6.5. Man zeige, dass w und $\overline{w}$ eine Basis von $\mathbb{C}$ über $\mathbb{R}$ bilden, wenn $w = a + bi$ und $a = \operatorname{Re} w \neq 0$, $b = \operatorname{Im} w \neq 0$ ist. Man berechne die Koordinaten der komplexen Zahl $z = x + iy$ relativ zu dieser Basis.

6.6. Seien $\mathfrak{A} = \{A_1, \ldots, A_n\}$, $\mathfrak{B} = \{B_1, \ldots, B_n\}$ beides Basen von $\mathbb{K}_{n \times 1}$ und seien

$$\widehat{A} = (A_1, \ldots, A_n), \quad \widehat{B} = (B_1, \ldots, B_n) \in \mathbb{K}_{n \times n},$$

die aus diesen Basen gebildeten Matrizen. Es seien ferner $C = (c_{ij})$ die Transformationsmatrix von $\mathfrak{A}$ nach $\mathfrak{B}$, $D = (d_{ij})$ die Transformationsmatrix von $\mathfrak{B}$ nach $\mathfrak{A}$. Man zeige:

$$C = \widehat{A}^{-1} \widehat{B}, \qquad D = \widehat{B}^{-1} \widehat{A}.$$

6.7. Für die folgenden Vektorsysteme des $\mathbb{R}^3 = \mathbb{R}_{3 \times 1}$

$$\mathfrak{A} = \left\{ \begin{pmatrix} 1 \\ 0 \\ 0 \end{pmatrix}, \begin{pmatrix} 0 \\ 1 \\ 0 \end{pmatrix}, \begin{pmatrix} -1 \\ 0 \\ 3 \end{pmatrix} \right\}, \quad \mathfrak{B} = \left\{ \begin{pmatrix} 1 \\ 0 \\ 0 \end{pmatrix}, \begin{pmatrix} 0 \\ 2 \\ 0 \end{pmatrix}, \begin{pmatrix} -2 \\ 0 \\ 4 \end{pmatrix} \right\}$$

überprüfe man, dass $\mathfrak{A}$ und $\mathfrak{B}$ Basen sind und bestimme die Transformationsmatrix für den Übergang von $\mathfrak{A}$ nach $\mathfrak{B}$ mit Hilfe von Aufg. 6.6.

6.8. Im $\mathbb{R}^4$ (mit euklidischem Skalarprodukt) seien

$$A_1 = \begin{bmatrix} -3 \\ -3 \\ 3 \\ 3 \end{bmatrix}, \quad A_2 = \begin{bmatrix} -5 \\ -5 \\ 7 \\ 7 \end{bmatrix}, \quad A_3 = \begin{bmatrix} 4 \\ -2 \\ 0 \\ 6 \end{bmatrix}, \quad A_4 = \begin{bmatrix} -4 \\ -10 \\ 10 \\ 16 \end{bmatrix}$$

gegeben. Mit dem Orthogonalisierungsverfahren von E. SCHMIDT bestimme man eine Orthonormalbasis von

$$U = \operatorname{LH}(A_1, A_2, A_3, A_4).$$

6.9. Man beweise mittels linearer Algebra die folgenden, aus der elementaren Geometrie bekannten Sätze:

a. (*Satz des* THALES) Es seien a, b, c drei verschiedene Punkte in der Ebene. Wenn c auf dem Kreis liegt, der die Verbindungsstrecke von a nach b als einen Durchmesser hat, so hat das aus a, b und c gebildete Dreieck bei c einen rechten Winkel. (*Hinweis:* Man lege den Ursprung des Koordinatensystems in den Mittelpunkt des Kreises.)

b. Die Seitenhalbierenden eines Dreiecks schneiden sich in einem Punkt und dieser teilt jede Seitenhalbierende im Verhältnis 2 : 1.

c. Bei jedem Viereck in der Ebene bilden die Seitenmittelpunkte ein Parallelogramm, d. h. ein Viereck, bei dem gegenüberliegende Seiten parallel und
gleich lang sind.

d. Der Schnittpunkt der Diagonalen eines Parallelogramms halbiert beide
Diagonalen.

e. Die Diagonalen eines Drachens stehen senkrecht aufeinander. (Unter einem „Drachen" verstehen wir dabei ein ebenes Viereck, das zwei Paare
aneinanderstoßender Seiten von gleicher Länge enthält.)

6.10. Man zeige: In jedem Prähilbertraum gilt für beliebige Vektoren x, y

a. die *Parallelogrammgleichung*

$$\|x + y\|^2 + \|x - y\|^2 = 2(\|x\|^2 + \|y\|^2) \,,$$

b. die *Polarisationsgleichungen*

$$\operatorname{Re} \langle x \mid y \rangle = \frac{1}{2} \left(\|x + y\|^2 - \|x\|^2 - \|y\|^2 \right)$$
$$= \frac{1}{4} \left(\|x + y\|^2 - \|x - y\|^2 \right) \,.$$

Wie kann man auch im komplexen Fall $\langle x \mid y \rangle$ aus Normen berechnen? (*Hin-
weis:* $\langle x \mid y \rangle = \operatorname{Re} \langle x \mid y \rangle + \mathrm{i}\operatorname{Re} \langle \mathrm{i}x \mid y \rangle$.)

6.11. Man zeige, dass in jedem Prähilbertraum gilt:

a. $\|x\| = \max\limits_{\|y\|=1} |\langle x \mid y \rangle|$ für jedes $x \in H$.

b. $x = 0 \iff \langle x \mid y \rangle = 0 \quad \forall \, y \in H$.

6.12. Man zeige, dass im $\mathbb{R}$-Vektorraum $\mathbb{R}_{m \times n}$ durch

$$\langle A|B \rangle := \operatorname{Spur} (A^T B) \tag{6.40}$$

und im $\mathbb{C}$-Vektorraum $\mathbb{C}_{m \times n}$ durch

$$\langle A|B \rangle := \operatorname{Spur} (A^* B) \tag{6.41}$$

Skalarprodukte definiert sind und gebe die zugehörige Norm an.

6.13. Sei $\mathfrak{H}_n = \{A \in \mathbb{C}_{n \times n} | A^* = A\}$. Man zeige:

a. $\mathfrak{H}_n$ ist ein $\mathbb{R}$-Vektorraum, aber kein $\mathbb{C}$-Vektorraum.

b. Die Matrizen

$$E_1 = \begin{pmatrix} 1 & 0 \\ 0 & 1 \end{pmatrix}, \quad E_2 = \begin{pmatrix} 0 & 1 \\ 1 & 0 \end{pmatrix}, \quad E_3 = \begin{pmatrix} 0 & -\mathrm{i} \\ \mathrm{i} & 0 \end{pmatrix}, \quad E_4 = \begin{pmatrix} 1 & 0 \\ 0 & -1 \end{pmatrix}$$

bilden bezüglich des Skalarprodukts $\langle A \mid B \rangle := \frac{1}{2}\operatorname{Spur} (A^* B)$ eine Orthonormalbasis von $\mathfrak{H}_2$.

6.14. Sei $C([a,b])$ wieder der Vektorraum der stetigen Funktionen $f : [a,b] \longrightarrow \mathbb{R}$, wobei $[a,b] \subseteq \mathbb{R}$ ein Intervall ist. Man zeige:

a. Ist $h \in C([a,b])$, $h(x) \geq 0$ für alle $x \in [a,b]$ und $\int_a^b h(x)\,\mathrm{d}x = 0$, so muss $h \equiv 0$ sein.

b. Durch

$$\langle f|g \rangle := \int\limits_a^b f(x)\,g(x)\,\mathrm{d}x$$

wird in $C([a,b])$ ein Skalarprodukt definiert.

c. Man gebe explizit die zugehörige Norm, die SCHWARZ'sche Ungleichung und die Dreiecksungleichung an.

6.15. Sei H ein Prähilbertraum.

a. Sei $\mathfrak{E} = \{e_1, \ldots, e_n\}$ eine Orthonormalbasis von H. Man beweise, dass für alle $x, y \in H$ gilt:

$$\langle x|y \rangle = \sum_{k=1}^n \overline{\langle e_k|x \rangle}\langle e_k|y \rangle, \quad \|x\|^2 = \sum_{k=1}^n |\langle e_k|x \rangle|^2 .$$

b. Seien $M \subset H$ und

$$M^\perp = \{x \in H : \langle m|x \rangle = 0 \text{ für alle } m \in M\}$$

das orthogonale Komplement von M. Beweise, dass $M^\perp$ ein linearer Teilraum von H ist.

6.16. Es seien $v_1, \ldots, v_m$ Elemente eines reellen Vektorraums V. Eine *Konvexkombination* dieser Vektoren ist eine Linearkombination $\lambda_1 v_1 + \cdots + \lambda_m v_m$, bei der alle $\lambda_k \geq 0$ sind und $\lambda_1 + \cdots + \lambda_m = 1$ gilt. Für eine gegebene Teilmenge $M \subseteq V$ ist die *konvexe Hülle* conv M definiert als die Menge aller Konvexkombinationen, die sich aus den Elementen von M bilden lassen.

a. Man gebe (möglichst viele) Teilmengen von $\mathbb{R}^2$ und $\mathbb{R}^3$ an, die sich als konvexe Hülle einer endlichen Teilmenge beschreiben lassen.

b. Man beweise: Sind $x, y \in$ conv M, so liegt auch die gesamte Verbindungsstrecke von x nach y in conv M.

c. Nun sei auf V eine Norm gegeben. Zu $a \in V$ und $r \geq 0$ bilden wir dann die *Kugel*

$$B_r(a) := \{x \in V \mid \|x - a\| \leq r\}$$

und die *Sphäre* (= Kugeloberfläche)

$$S_r(a) := \{x \in V \mid \|x - a\| = r\}$$

mit *Mittelpunkt* a und *Radius* r. Man zeige, dass $B_r(a)$ die konvexe Hülle von $S_r(a)$ ist.

6.17. Im Prähilbertraum $C([-1,1])$ mit dem Skalarprodukt

$$\langle f|g \rangle = \int\limits_{-1}^{1} f(x)\,g(x)\,\mathrm{d}x$$

seien $f_0(x) = 1$, $f_1(x) = x$, $f_2(x) = x^2$. Man bestimme eine Orthonormalbasis von $\mathrm{LH}(f_0, f_1, f_2)$.

6.18. Man folgere aus (6.34), dass für Vektoren $A, B, C, D \in \mathbb{R}^3$ stets gilt:

  a. $(A \times B) \times (C \times D) = [A, B, D]C - [A, B, C]D$, wo $[U, V, W] := U \cdot (V \times W)$ das Spatprodukt bezeichnet (vgl. (6.31)),

  b. (JACOBI-*Identität*)

$$A \times (B \times C) + C \times (A \times B) + B \times (C \times A) = 0\,.$$

Aus der JACOBI-Identität folgere man:

$$A \times (B \times C) = (A \times B) \times C \quad \Longleftrightarrow \quad B \times (C \times A) = 0\,.$$

6.19. Es sei $\{A, B\}$ ein Orthonormalsystem in $\mathbb{R}^3$. Der Vektor X möge der Gleichung

$$X \times B = A - X$$

genügen. Man beweise

  a. $X = \frac{1}{2}A - \frac{1}{2}(A \times B)$.

  b. X steht senkrecht auf B, und es ist $\|X\| = 1/\sqrt{2}$.

Hinweis: Man bestimme die Koordinaten von X in Bezug auf die Orthonormalbasis $\{A, B, A \times B\}$.

7

Lineare Abbildungen

Das Hauptthema der linearen Algebra ist die Untersuchung der *linearen Abbildungen*, also der Abbildungen zwischen Vektorräumen, die Linearkombinationen in entsprechende Linearkombinationen überführen. Wir werden diese umfangreiche Theorie hier allerdings nur so weit entwickeln wie sie für die einfachsten Anwendungen in der Physik gebraucht wird. Bei diesen Anwendungen handelt es sich einmal um die *linearen Differenzialgleichungen* (vgl. Kap. 8) und zum anderen um die *Differenzialrechnung in mehreren Variablen* (vgl. Kap. 9, 10 und diverse spätere Kapitel).

A. Definition und einfache Eigenschaften linearer Abbildungen

Sei $A \in \mathbb{K}_{m \times n}$. Dann wird durch die Gleichung

$$Y = AX, \quad X \in \mathbb{K}_{n \times 1}, \quad Y \in \mathbb{K}_{m \times 1} \tag{7.1}$$

eine Abbildung

$$\mathcal{A} : \mathbb{K}_{n \times 1} \longrightarrow \mathbb{K}_{m \times 1}, \quad X \mapsto \mathcal{A}(X) := AX$$

definiert, für die nach Satz 5.6 gilt

$$\mathcal{A}(\alpha X + \beta Y) = \alpha \mathcal{A}(X) + \beta \mathcal{A}(Y), \quad \alpha, \beta \in \mathbb{K}.$$

Solche Abbildungen wollen wir nun untersuchen.

Definitionen 7.1. *Seien V, W beides $\mathbb{K}$-Vektorräume.*

a. *Eine Abbildung $\mathcal{A} : V \longrightarrow W$ heißt* lineare Abbildung *oder* Vektorraum-Homomorphismus, *wenn*

$$\mathcal{A}(\alpha x + \beta y) = \alpha \mathcal{A}(x) + \beta \mathcal{A}(y) \tag{7.2}$$

für alle $x, y \in V$, $\alpha, \beta \in \mathbb{K}$.

b. *Ist die lineare Abbildung* $\mathcal{A} : V \longrightarrow W$ *bijektiv, so heißt* $\mathcal{A}$ *ein* Vektorraum-Isomorphismus, *und* V, W *heißen* isomorph, *wenn ein Isomorphismus* $V \to W$ *existiert. Ist* $W = V$, *so heißt eine lineare Abbildung* $\mathcal{A} : V \longrightarrow V$ *auch ein* Vektorraum-Endomorphismus.

c. *Bezüglich punktweiser Addition und Skalarmultiplikation*

$$(\mathcal{A} + \mathcal{B})(x) := \mathcal{A}(x) + \mathcal{B}(x)$$
$$(\lambda\mathcal{A})(x) \quad := \lambda\mathcal{A}(x) \tag{7.3}$$

bilden die linearen Abbildungen $\mathcal{A} : V \longrightarrow W$ *den* $\mathbb{K}$-*Vektorraum* $L(V, W)$.

d. *Man definiert:*

$$\text{Bild}\,\mathcal{A} := \mathcal{A}(V) := \{w \in W | w = \mathcal{A}v, \ v \in V\} \ ,$$
$$\text{rang}\,\mathcal{A} := \dim \text{Bild}\,\mathcal{A} \tag{7.4}$$

und

$$\text{Kern}\,\mathcal{A} := \{v \in V | \mathcal{A}v = 0\} \ ,$$
$$\text{defekt}\,\mathcal{A} := \dim \text{Kern}\,\mathcal{A} \ . \tag{7.5}$$

Damit die Begriffe sinnvoll sind, muss einiges bewiesen werden.

Satz 7.2. *Sei* $\mathcal{A} \in L(V, W)$, $\dim V = n$, $\dim W = m$ *und seien* $E \subseteq V$, $F \subseteq W$ *lineare Teilräume. Dann gilt:*

a. *Das Bild*

$$\mathcal{A}(E) = \{y \in W | y = \mathcal{A}(x) \quad \text{für ein } x \in E\}$$

ist ein linearer Teilraum von W*; das Urbild*

$$\mathcal{A}^{-1}(F) = \{x \in V | \mathcal{A}(x) \in F\}$$

ist ein linearer Teilraum von V.

b. Kern $\mathcal{A}$ *ist ein linearer Teilraum von* V.

c. *Sind* $a_1, \dots, a_m$ *linear abhängig in* V, *so sind die Bilder* $\mathcal{A}(a_1), \dots, \mathcal{A}(a_m)$ *linear abhängig in* W. *Daher ist*

$$\dim \mathcal{A}(E) \leq \min \{\dim E, \ \dim W\}$$

und

$$\text{rang}\,(\mathcal{A}) = \dim \mathcal{A}(V) \leq \min \{\dim V, \ \dim W\} \ .$$

d. $\mathcal{A} : V \to W$ *ist injektiv* $\iff$ Kern $\mathcal{A} = \{0\}$ $\iff$ defekt $\mathcal{A} = 0$.

e. $\mathcal{A} : V \to W$ *Isomorphismus* $\implies$ *die Umkehrabbildung* $\mathcal{A}^{-1} : W \to V$ *ist linear und damit ebenfalls Isomorphismus.*

Beweis.

a. $\mathcal{A}(E)$ ist linearer Teilraum von W, denn seien $\alpha, \beta \in \mathbb{K}$, $u, v \in \mathcal{A}(E)$, so existieren $x, y \in E$ mit $\mathcal{A}(x) = u$, $\mathcal{A}(y) = v$ und es ist $\alpha x + \beta y \in E$, weil E linearer Teilraum von V ist. Also

$$\alpha u + \beta v = \alpha \mathcal{A}(x) + \beta \mathcal{A}(y) = \mathcal{A}(\alpha x + \beta y) \in \mathcal{A}(E).$$

$\mathcal{A}^{-1}(F)$ ist linearer Teilraum von V, denn seien $\alpha, \beta \in \mathbb{K}$, $x, y \in \mathcal{A}^{-1}(F)$, so existieren $u, v \in F$ mit $\mathcal{A}(x) = u$, $\mathcal{A}(y) = v$, und es ist $\alpha u + \beta v \in F$, weil F linearer Teilraum von W ist. Wegen

$$\mathcal{A}(\alpha x + \beta y) = \alpha u + \beta v \in F \quad \text{ist } \alpha x + \beta y \in \mathcal{A}^{-1}(F).$$

b. Wegen

$$\text{Kern}\,(\mathcal{A}) = \mathcal{A}^{-1}(\{0\})$$

ist $\text{Kern}\,\mathcal{A}$ linearer Teilraum von V nach a.

c. Für eine beliebige Linearkombination gilt

$$\sum_{i=1}^{m} \lambda_i \mathcal{A}(a_i) = \mathcal{A}\left(\sum_{i=1}^{m} \lambda_i a_i\right)$$

und daraus folgt c.

d. Ist $\mathcal{A}$ injektiv, so ist insbesondere $\mathcal{A}^{-1}(0) = \{0\}$. Ist andererseits Kern $\mathcal{A} = \{0\}$ und haben wir $v_1, v_2 \in V$ mit $\mathcal{A}(v_1) = \mathcal{A}(v_2)$, so folgt $\mathcal{A}(v_1 - v_2) = \mathcal{A}(v_1) - \mathcal{A}(v_2) = 0$, also $v_1 - v_2 \in \text{Kern}\,\mathcal{A}$. Somit muss $v_1 - v_2 = 0$ sein, also $v_1 = v_2$. Dies zeigt, dass $\mathcal{A}$ injektiv ist.

e. Wir betrachten beliebige $y, z \in W$, $\alpha, \beta \in \mathbb{K}$ und setzen $u := \mathcal{A}^{-1}(y)$, $v := \mathcal{A}^{-1}(z)$. Dann ist $\mathcal{A}(\alpha u + \beta v) = \alpha \mathcal{A}(u) + \beta \mathcal{A}(v) = \alpha y + \beta z$, also $\mathcal{A}^{-1}(\alpha y + \beta z) = \alpha u + \beta v = \alpha \mathcal{A}^{-1}(y) + \beta \mathcal{A}^{-1}(z)$, was zu zeigen war.

$\square$

Nun können wir einen fundamentalen Zusammenhang zwischen Rang und Defekt herstellen.

Theorem 7.3. *Sind V, W endlich dimensionale $\mathbb{K}$-Vektorräume, so gilt für $\mathcal{A} \in L(V, W)$ die* Dimensionsformel

$$\text{rang}\,\mathcal{A} + \text{defekt}\,\mathcal{A} = \dim V. \tag{7.6}$$

Beweis. Sei $\dim V = n$, $\dim \text{Kern}\,(\mathcal{A}) = k$, $0 \leq k \leq n$, und sei $\{a_1, \ldots, a_k\}$ eine Basis von Kern $(\mathcal{A})$. Diese kann man nach Theorem 6.3a zu einer Basis

$$\{a_1, \ldots, a_k, \, b_{k+1}, \ldots, b_n\} \quad \text{von } V$$

ergänzen.

Wir zeigen

$$\{\mathcal{A}(b_{k+1}), \ldots, \mathcal{A}(b_n)\} \quad \text{ist eine Basis von Bild}\,(\mathcal{A}) .$$

Dazu müssen die Vektoren linear unabhängig sein. Wäre dies nicht der Fall, so gäbe es

$$\lambda_{k+1}, \ldots, \lambda_n \in \mathbb{K} \quad \text{mit einem } \lambda_j \neq 0 ,$$

sodass

$$0 = \sum_{j=k+1}^{n} \lambda_j \mathcal{A}(b_j) = \mathcal{A}\left(\sum_{j=k+1}^{n} \lambda_j b_j\right) .$$

Dann ist aber

$$\sum_{j=k+1}^{n} \lambda_j b_j \in \text{Kern}\,\mathcal{A} \text{ im Widerspruch zur Wahl der } b_j.$$

Ist nun $x \in V$, so gilt eindeutig

$$x = \sum_{i=1}^{k} \xi_i a_i + \sum_{j=k+1}^{n} \xi_j b_j$$

und daher

$$\begin{aligned} \mathcal{A}(x) &= \mathcal{A}\left(\sum_{i=1}^{k} \xi_i a_i\right) + \mathcal{A}\left(\sum_{j=k+1}^{n} \xi_j b_j\right) \\ &= \quad\quad 0 \quad\quad\quad + \sum_{j=k+1}^{n} \xi_j \mathcal{A}(b_j) , \end{aligned}$$

womit alles gezeigt ist.   □

Beispiel: Betrachten wir speziell für eine Matrix $A \in \mathbb{K}_{m \times n}$ die lineare Abbildung $\mathcal{A} : \mathbb{K}_{n \times 1} \longrightarrow \mathbb{K}_{m \times 1}$ mit

$$\mathcal{A}(x) := AX , \tag{7.1}$$

so sehen wir, dass Kern $\mathcal{A}$ gerade die Lösungsmenge des homogenen Gleichungssystems

$$AX = 0 \tag{7.7}$$

ist. Ferner ist rang $\mathcal{A}$ gerade der Rang $r = \text{rg}\,A$ der Matrix A, wie er in 5.28 eingeführt wurde. Ist nämlich $A = (A^1, \ldots, A^n)$ und sind (z. B.) die ersten r Spalten $A^1, \ldots, A^r$ linear unabhängig, so ist $W_0 := \text{LH}(A^1, \ldots, A^r) \subseteq \text{Bild}\,\mathcal{A}$, denn $A^k = AE^k = \mathcal{A}(E^k)$ (wo die E^k die Standardbasis von $\mathbb{K}_{n \times 1}$ bilden), und es ist $r = \dim W_0$. Für jedes feste $k > r$ sind $A^1, \ldots, A^r, A^k$ jedoch linear abhängig nach Definition von r, also $A^k \in W_0$. Damit folgt Bild $\mathcal{A} = \text{LH}(\mathcal{A}(E^1), \ldots, \mathcal{A}(E^n)) = \text{LH}(A^1, \ldots, A^n) = W_0$, also $r = \dim \text{Bild}\,\mathcal{A}$, wie behauptet.

Wir sehen also, dass 5.28c auch aus 7.3 gefolgert werden kann.

Bemerkung: Es gibt auch wichtige und interessante lineare Abbildungen, die nicht von Matrizen herrühren. Mehr dazu in Ergänzung 7.25.

B. Die Matrix einer linearen Abbildung

Wir werden jetzt erläutern, wie man lineare Abbildungen zwischen endlich dimensionalen Räumen durch Matrizen beschreiben kann.

Gegeben seien also $\mathbb{K}$-Vektorräume

$$V \quad \text{mit einer Basis } \mathfrak{A} = \{a_1, \ldots, a_n\}$$
$$W \quad \text{mit einer Basis } \mathfrak{B} = \{b_1, \ldots, b_m\}$$

und eine lineare Abbildung $\mathcal{A} : V \longrightarrow W$. Die Bilder $\mathcal{A}(a_k) \in W$ der Basisvektoren $a_k \in V$ können dann bezüglich der Basis $\mathfrak{B}$ von W entwickelt werden:

$$\mathcal{A}(a_k) = \sum_{i=1}^{m} \alpha_{ik} b_i, \quad 1 \leq k \leq n, \tag{7.8}$$

wobei wir die Koordinaten α_{ik}, $1 \leq i \leq m$, von $\mathcal{A}(a_k)$ spaltenweise zu einer Matrix $A = (\alpha_{ik}) \in \mathbb{K}_{m \times n}$ zusammenfassen können. Für $x \in V$ sei

$$y = \mathcal{A}(x) \tag{7.9}$$

und es seien

$$X^{\mathfrak{A}} = (\xi_k) \in \mathbb{K}_{n \times 1} \quad \text{mit } x = \sum_{k=1}^{n} \xi_k a_k, \tag{7.10}$$

$$Y^{\mathfrak{B}} = (\eta_i) \in \mathbb{K}_{m \times 1} \quad \text{mit } y = \sum_{i=1}^{m} \eta_i b_i \tag{7.11}$$

die Koordinatenvektoren von x bezüglich $\mathfrak{A}$, y bezüglich $\mathfrak{B}$. Dann folgt aus (7.8)–(7.11)

$$\begin{aligned}
\mathcal{A}(x) &= \mathcal{A}\left(\sum_{k=1}^{n} \xi_k a_k\right) = \sum_{k=1}^{n} \xi_k \mathcal{A}(a_k) \\
&= \sum_{k=1}^{n} \xi_k \left(\sum_{i=1}^{m} \alpha_{ik} b_i\right) = \sum_{i=1}^{m} \left(\sum_{k=1}^{n} \alpha_{ik} \xi_k\right) b_i \\
&= y = \sum_{i=1}^{m} \eta_i b_i.
\end{aligned}$$

Weil die $b_1, \ldots, b_m$ linear unabhängig sind, gilt nach Satz 6.7

$$\eta_i = \sum_{k=1}^{n} \alpha_{ik} \xi_k \quad \text{oder, in Matrixschreibweise } Y^{\mathfrak{B}} = A X^{\mathfrak{A}}. \tag{7.12}$$

Wir fassen zusammen:

Satz 7.4. *Seien V mit Basis $\mathfrak{A} = \{a_1, \ldots, a_n\}$, W mit Basis $\{b_1, \ldots, b_m\}$ $\mathbb{K}$-Vektorräume und sei $\mathcal{A} \in L(V, W)$.*

a. *Definiert man gemäß*

$$\mathcal{A}(a_k) = \sum_{i=1}^{m} \alpha_{ik} b_i \qquad (7.8)$$

die zu $\mathcal{A}$ gehörende Matrix

$$_{\mathfrak{B}}\mathcal{A}_{\mathfrak{A}} = A = (\alpha_{ik}) \in \mathbb{K}_{m \times n} \qquad (7.13)$$

bezüglich der Basen $\mathfrak{A}$, $\mathfrak{B}$, so gilt:
Ist $x \in V$ und $y = \mathcal{A}(x) \in W$ und sind $X^{\mathfrak{A}}$, $Y^{\mathfrak{B}}$ die Koordinatenvektoren von x, y, so hat man

$$Y^{\mathfrak{B}} = AX^{\mathfrak{A}} . \qquad (7.12)$$

b. *Ist $\mathcal{B} : V \longrightarrow W$ eine weitere lineare Abbildung und $B = {}_{\mathfrak{B}}\mathcal{B}_{\mathfrak{A}}$ die zugehörige Matrix, $\lambda \in \mathbb{K}$, so gehört*

$$zu\ \mathcal{A} + \mathcal{B} \qquad die\ Matrix\ A + B\ ,$$
$$zu\ \lambda \mathcal{A} \qquad die\ Matrix\ \lambda A\ .$$

Wenn man die Komposition von linearen Abbildungen betrachtet, kommt man zu einer Interpretation des Matrizenprodukts:

Satz 7.5. *Seien U mit Basis $\mathfrak{A} = \{a_1, \dots, a_n\}$, V mit Basis $\mathfrak{B} = \{b_1, \dots, b_m\}$, W mit Basis $\mathfrak{C} = \{c_1, \dots, c_p\}$ $\mathbb{K}$-Vektorräume und seinen $\mathcal{A} : U \longrightarrow V$, $\mathcal{B} : V \longrightarrow W$ lineare Abbildungen mit zugehörigen Matrizen*

$$A = {}_{\mathfrak{B}}\mathcal{A}_{\mathfrak{A}} \in \mathbb{K}_{m \times n}\ , \quad B = {}_{\mathfrak{C}}\mathcal{B}_{\mathfrak{B}} \in \mathbb{K}_{p \times m}\ .$$

Dann hat die Komposition $\mathcal{B} \circ \mathcal{A} : U \longrightarrow W$ die Matrix

$$B \cdot A = {}_{\mathfrak{C}}(\mathcal{B} \circ \mathcal{A})_{\mathfrak{A}} = {}_{\mathfrak{C}}\mathcal{B}_{\mathfrak{B}}\,{}_{\mathfrak{B}}\mathcal{A}_{\mathfrak{A}}\ . \qquad (7.14)$$

Beweis. Dass $\mathcal{B} \circ \mathcal{A}$ linear ist, ist klar. Seien also

$$A = (\alpha_{ik}) \quad \text{mit } \mathcal{A}(a_k) = \sum_{i=1}^{m} \alpha_{ik} b_i\ ,$$
$$B = (\beta_{ij}) \quad \text{mit } \mathcal{B}(b_i) = \sum_{j=1}^{p} \beta_{ji} c_j\ .$$

Dann folgt

$$(\mathcal{B} \circ \mathcal{A})(a_k) = \mathcal{B}(\mathcal{A}(a_k))$$
$$= \sum_{i=1}^{m} \alpha_{ik} \mathcal{B}(b_i) = \sum_{i=1}^{m} \alpha_{ik} \Big(\sum_{j=1}^{p} \beta_{ji} c_j \Big)$$
$$= \sum_{j=1}^{p} \Big(\sum_{i=1}^{m} \beta_{ji} \alpha_{ik} \Big) c_j\ ,$$

was nach Definition 5.5 gerade behauptet wird. $\qquad \qquad \square$

Als Spezialfall betrachten wir einen Vektorraum-Endomorphismus $\mathcal{A} : V \longrightarrow V$. Dann wählt man i. Allg. nur eine einzige Basis $\mathfrak{B}$ von V und beschreibt $\mathcal{A}$ durch die Matrix $A = {}_{\mathfrak{B}}A_{\mathfrak{B}}$. Man muss aber untersuchen, wie diese Matrix sich ändert, wenn man zu einer anderen Basis $\mathfrak{B}'$ übergeht. Seien also $\mathfrak{B} = (b_1, \ldots, b_n)$, $\mathfrak{B}' = (b'_1, \ldots, b'_n)$ beides Basen von V. Dann hat man eine reguläre Transformationsmatrix $T = (\tau_{ik})$ so, dass

$$b_j = \sum_{i=1}^{n} \tau_{ij} b'_i . \tag{7.15}$$

T ist nämlich die zur identischen Abbildung $\mathcal{I}(x) \equiv x$ gehörige Matrix ${}_{\mathfrak{B}'}\mathcal{I}_{\mathfrak{B}}$ mit der Inversen $S = T^{-1} = {}_{\mathfrak{B}}\mathcal{I}_{\mathfrak{B}'}$. Außerdem seien

$$A = (\alpha_{jk}) = {}_{\mathfrak{B}}A_{\mathfrak{B}} \quad \text{gemäß } \mathcal{A}(b_k) = \sum_j \alpha_{jk} b_j , \tag{7.16}$$

$$A' = (\alpha'_{ij}) = {}_{\mathfrak{B}'}A_{\mathfrak{B}'} \quad \text{gemäß } \mathcal{A}(b'_j) = \sum_i \alpha'_{ij} b'_i \tag{7.17}$$

die Matrizen von $\mathcal{A}$ bezüglich der beiden Basen $\mathfrak{B}$ bzw. $\mathfrak{B}'$. Dann folgt einerseits

$$\mathcal{A}(b_k) = \sum_j \alpha_{jk} b_j = \sum_j \alpha_{jk} \left(\sum_i \tau_{ij} b'_i \right)$$
$$= \sum_i \left(\sum_j \tau_{ij} \alpha_{jk} \right) b'_i$$

und andererseits

$$\mathcal{A}(b_k) = \mathcal{A}\left(\sum_j \tau_{jk} b'_j \right) = \sum_j \tau_{jk} \mathcal{A}(b'_j)$$
$$= \sum_j \tau_{jk} \left(\sum_i \alpha'_{ij} b'_i \right) = \sum_i \left(\sum_j \alpha'_{ij} \tau_{jk} \right) b'_i .$$

Machen wir einen Koeffizientenvergleich, so sehen wir

$$(TA)_{ik} = (A'T)_{ik} \qquad \forall i, k .$$

Das bedeutet $TA = A'T$ oder, anders ausgedrückt, $A' = TAT^{-1}$. Damit haben wir:

Theorem 7.6. *Sei V ein $\mathbb{K}$-Vektorraum mit Basen $\mathfrak{B}$, $\mathfrak{B}'$ und der Transformationsmatrix T von $\mathfrak{B}'$ nach $\mathfrak{B}$, und sei $\mathcal{A} : V \longrightarrow V$ eine lineare Abbildung.*

a. *Die Matrizen $A = {}_{\mathfrak{B}}A_{\mathfrak{B}}$, $A' = {}_{\mathfrak{B}'}A_{\mathfrak{B}'}$ sind* ähnlich, *d. h. es gibt die Ähnlichkeitstransformation*

$$A' = TAT^{-1} .$$

b. *Ähnliche Matrizen haben dieselbe Determinante und dieselbe Spur.*

Teil b folgt man leicht aus Theorem 5.21 und Satz 5.6d.

C. Eigenwerte linearer Abbildungen

Sei V ein n-dimensionaler $\mathbb{K}$-Vektorraum und $\mathcal{A}: V \longrightarrow V$ ein Endomorphismus. Ist dann $\mathfrak{B} = \{b_1, \ldots, b_n\}$ eine Basis von V, so können wir $\mathcal{A}$ nach Satz 7.4 eine Matrix

$$A = {}_{\mathfrak{B}}\mathcal{A}_{\mathfrak{B}} = (\alpha_{ik}) \in \mathbb{K}_{n \times n} \quad \text{mit } \mathcal{A}(b_k) = \sum_{i=1}^{n} \alpha_{ik} b_i \qquad (7.18)$$

zuordnen. Nach Satz 7.6 wissen wir, dass der Übergang zu einer anderen Basis $\mathfrak{B}'$ zu einer ähnlichen Matrix

$$A' = {}_{\mathfrak{B}'}\mathcal{A}_{\mathfrak{B}'} = S^{-1}AS \quad \text{mit } S = {}_{\mathfrak{B}}\mathcal{I}_{\mathfrak{B}'} \qquad (7.19)$$

führt. Da die einfachsten Matrizen sicher *Diagonalmatrizen*

$$D = (\alpha_{ij}) = \operatorname{diag}(\lambda_j) = \begin{pmatrix} \lambda_1 & & 0 \\ & \ddots & \\ 0 & & \lambda_n \end{pmatrix} \in \mathbb{K}_{n \times n} \qquad (7.20)$$

sind, kann man fragen, ob eine Basis $\mathfrak{X} = \{x_1, \ldots, x_n\}$ von V existiert, sodass

$$_{\mathfrak{X}}\mathcal{A}_{\mathfrak{X}} = D \qquad (7.21)$$

ist, was nach (7.18) und (7.20) bedeutet, dass

$$\mathcal{A}(x_k) = \lambda_k x_k, \quad k = 1, \ldots, n \qquad (7.22)$$

gilt.

Definitionen 7.7.

  a. Für $\mathcal{A} \in L(V, V)$ heißt ein Vektor $x \neq 0$ aus V ein Eigenvektor *von $\mathcal{A}$, wenn ein* Eigenwert $\lambda \in \mathbb{K}$ *existiert, sodass*

$$\mathcal{A}(x) = \lambda x. \qquad (7.23)$$

  b. Für $A \in \mathbb{K}_{n \times n}$ heißt ein $0 \neq X \in \mathbb{K}_{n \times 1}$ ein Eigenvektor *zum Eigenwert $\lambda \in \mathbb{K}$, wenn*

$$AX = \lambda X. \qquad (7.24)$$

Schreiben wir (7.24) in der Form

$$(A - \lambda E)X = 0, \qquad (7.25)$$

so stellt dies ein homogenes Gleichungssystem dar, das nach Satz 5.26b genau dann eine nicht triviale Lösung $x \neq 0$ hat, wenn

$$\det(A - \lambda E) = 0 \qquad (7.26)$$

gilt, was eine Bedingung an den Eigenwert λ darstellt. Entwickeln wir die Determinante in (7.26), so bekommen wir ein Polynom n-ten Grades in λ

$$
\begin{aligned}
p(\lambda) &= \det(A - \lambda E) \\
&= (-1)^n \lambda^n + b_{n-1} \lambda^{n-1} + \cdots + b_1 \lambda + b_0 \,,
\end{aligned}
\tag{7.27}
$$

sodass die Eigenwerte von A nach (7.26) gerade die Nullstellen des Polynoms $p(\lambda)$ sind. Beachten wir weiter, dass ähnliche Matrizen dieselbe Determinante haben und dass alle Matrizen, die zu einer linearen Abbildung gehören, ähnlich sind, so haben wir folgendes Ergebnis:

Satz 7.8. *Sei V mit einer Basis $\mathfrak{B}$ ein n-dimensionaler $\mathbb{K}$-Vektorraum, $\mathcal{A} : V \longrightarrow V$ ein Vektorraum-Endomorphismus, $A = {}_{\mathfrak{B}}\mathcal{A}_{\mathfrak{B}} \in \mathbb{K}_{n \times n}$.*

a. *$\lambda \in \mathbb{K}$ ist genau dann ein Eigenwert von $\mathcal{A}$, wenn λ eine Nullstelle des charakteristischen Polynoms ist, d. h.*

$$
p(\lambda) = \det(A - \lambda E) = 0 \,.
\tag{7.28}
$$

b. *Die Eigenwerte sind unabhängig von der Basis $\mathfrak{B}$, d. h. ähnliche Matrizen haben dasselbe charakteristische Polynom und daher dieselben Eigenwerte.*

Ursprünglich war unser Ziel, eine Basis $\mathfrak{X}$ von V zu finden, sodass

$$
{}_{\mathfrak{X}}\mathcal{A}_{\mathfrak{X}} = D = \operatorname{diag}(\lambda_i)
\tag{7.21}
$$

eine Diagonalmatrix ist. Wegen (7.22) muss eine solche Basis $\mathfrak{X}$ aus Eigenvektoren von $\mathcal{A}$ bestehen. Daher lässt sich $\mathcal{A}$ diagonalisieren, wenn es n linear unabhängige Eigenvektoren gibt. Damit es überhaupt welche gibt, muss es zunächst einmal Eigenwerte geben. Da diese die Nullstellen des charakteristischen Polynoms sind, ist die Existenz von Eigenwerten nach Theorem 1.25 jedenfalls dann sichergestellt, wenn $\mathbb{K} = \mathbb{C}$ ist.

Satz 7.9. *Sei V ein n-dimensionaler $\mathbb{K}$-Vektorraum und $\mathcal{A} \in L(V, V)$. Dann gilt:*

a. *Ist $\mathbb{K} = \mathbb{C}$, so besitzt $\mathcal{A}$ n nicht notwendig verschiedene Eigenwerte $\lambda_i \in \mathbb{C}$.*

b. *Eigenvektoren zu verschiedenen Eigenwerten sind linear unabhängig.*

c. *Hat $\mathcal{A}$ n linear unabhängige Eigenvektoren x_k und bilden wir $\mathfrak{X} = \{x_1, \ldots, x_n\}$, so gilt*

$$
{}_{\mathfrak{X}}\mathcal{A}_{\mathfrak{X}} = D = \begin{pmatrix} \lambda_1 & & 0 \\ & \ddots & \\ 0 & & \lambda_n \end{pmatrix} \,.
$$

Ist $\mathfrak{A}$ eine beliebige Basis von V, so gilt

$$
{}_{\mathfrak{A}}\mathcal{A}_{\mathfrak{A}} \equiv A = T D T^{-1} \,,
$$

wobei in der k-ten Spalte von T die Koordinaten des k-ten Eigenvektors x_k bezüglich $\mathfrak{A}$ stehen.

Beweis.

a. und c. sind nach der vorhergehenden Diskussion klar.

b. Seien $\lambda_1, \ldots, \lambda_m$ verschiedene Eigenwerte von $\mathcal{A}$ mit zugehörigen Eigenvektoren $x_1, \ldots, x_m$, d. h.

$$\mathcal{A}(x_i) = \lambda_i x_i \,, \tag{7.29}$$

und es gelte

$$\sum_{i=1}^{m} \alpha_i x_i = 0 \,. \tag{7.30}$$

Anwendung von $\mathcal{A}$ auf (7.30) bzw. Multiplikation von (7.30) mit λ_1 ergibt wegen (7.29) die beiden Gleichungen

$$\sum_{i=1}^{m} \alpha_i \lambda_i x_i = 0 \quad \text{und} \quad \sum_{i=1}^{m} \alpha_i \lambda_1 x_i = 0 \,,$$

und Subtraktion liefert

$$\sum_{i=2}^{m} \alpha_i (\lambda_i - \lambda_1) x_i = 0 \,. \tag{7.31}$$

Anwendung von $\mathcal{A}$ auf (7.31) bzw. Multiplikation von (7.31) mit λ_2 ergibt wegen (7.29) die beiden Gleichungen

$$\sum_{i=2}^{m} \alpha_i (\lambda_i - \lambda_1) \lambda_i x_i = 0 \,, \quad \sum_{i=2}^{m} \alpha_i (\lambda_i - \lambda_1) \lambda_2 x_i = 0 \,,$$

und Subtraktion liefert

$$\sum_{i=3}^{m} \alpha_i (\lambda_i - \lambda_1)(\lambda_i - \lambda_2) x_i = 0 \,. \tag{7.32}$$

Setzen wir diesen Prozess fort, so ergibt sich im $(m-1)$-ten Schritt

$$\begin{aligned} \alpha_{m-1}(\lambda_{m-1} - \lambda_1) \cdots (\lambda_{m-1} - \lambda_{m-2}) x_{m-1} + \\ + \alpha_m (\lambda_m - \lambda_1) \cdots (\lambda_m - \lambda_{m-2}) x_m = 0 \,. \end{aligned} \tag{7.33}$$

Anwendung von $\mathcal{A}$ auf (7.33) bzw. Multiplikation von (7.33) mit λ_{m-1} ergibt mit (7.29) zwei Gleichungen, deren Subtraktion die Gleichung

$$\alpha_m (\lambda_m - \lambda_1) \cdots (\lambda_m - \lambda_{m-2})(\lambda_m - \lambda_{m-1}) = 0 \tag{7.34}$$

ergibt. Da die λ_i verschieden sind, muss $\alpha_m = 0$ sein. Aus (7.33) folgt dann aber $\alpha_{m-1} = 0$. Gehen wir dann sukzessive alle Gleichungen zurück, so bekommen wir

$$\alpha_m = \alpha_{m-1} = \alpha_{m-2} = \cdots = \alpha_1 = 0 \,,$$

was wegen (7.30) die lineare Unabhängigkeit von $x_1, \cdots, x_m$ zeigt. $\square$

Nach diesem Satz ist eine Matrix A auf jeden Fall diagonalisierbar, wenn A n verschiedene Eigenwerte hat. Diese Bedingung ist zwar hinreichend, aber nicht notwendig. Probleme treten auf, wenn λ eine mehrfache Nullstelle von $p(\lambda)$ ist. Da die Eigenvektoren Lösungen des homogenen Systems

$$(A - \lambda E)X = 0$$

sind, ist die Anzahl l der zu λ gehörenden linear unabhängigen Eigenvektoren nach Satz 5.28c

$$l = n - \mathrm{rg}(A - \lambda E) \, . \tag{7.35}$$

Man nennt dann die Vielfachheit k von λ als Nullstelle des charakteristischen Polynoms die *algebraische Vielfachheit* von λ und l die *geometrische Vielfachheit* von λ. Die geometrische Vielfachheit ist nie größer als die algebraische, wie man mit Hilfe des Kästchensatzes leicht nachweisen kann (Übung!). Ist nun für ein $\lambda l < k$, so ist A nicht diagonalisierbar, weil A dann weniger als n linear unabhängige Eigenvektoren hat.

D. Lineare Abbildungen im Prähilbertraum

Im folgenden sei H ein n-dimensionaler Prähilbertraum über $\mathbb{C}$, $\mathcal{A} : H \longrightarrow H$ eine lineare Abbildung, $\mathfrak{E} = \{e_1, \ldots, e_n\}$ eine feste Orthonormalbasis von H, und sei

$$A = (\alpha_{ik}) = {}_{\mathfrak{E}}\mathcal{A}_{\mathfrak{E}} \in \mathbb{C}_{n \times n} \quad \text{mit} \quad \mathcal{A}(e_k) = \sum_{i=1}^{n} \alpha_{ik} e_i \tag{7.36}$$

die Matrix von $\mathcal{A}$ bezüglich $\mathfrak{E}$. Multiplizieren wir (7.36) skalar mit e_j, so folgt

$$\langle e_j | \mathcal{A}(e_k) \rangle = \Big\langle e_j | \sum_i \alpha_{ik} e_i \Big\rangle = \sum_i \alpha_{ik} \langle e_j | e_i \rangle = \alpha_{jk} \, ,$$

d. h. es gilt

$$\alpha_{jk} = \langle e_j | \mathcal{A}(e_k) \rangle \, , \quad j, k = 1, \ldots, n \, . \tag{7.37}$$

Wir definieren nun eine Abbildung $\mathcal{A}^* : H \longrightarrow H$ durch

$$\mathcal{A}^*(x) := \sum_i \langle \mathcal{A}(e_i) | x \rangle \, e_i \quad \text{für } x \in H \, .$$

Für $x, y \in H$, $\alpha, \beta \in \mathbb{C}$ folgt dann

$$\begin{aligned}
\mathcal{A}^*(\alpha x + \beta y) &= \sum_i \langle \mathcal{A}(e_i) | \alpha x + \beta y \rangle \, e_i \\
&= \alpha \sum_i \langle \mathcal{A}(e_i) | x \rangle \, e_i + \beta \sum_i \langle \mathcal{A}(e_i) | y \rangle \, e_i \\
&= \alpha \mathcal{A}^*(x) + \beta \mathcal{A}^*(y) \, ,
\end{aligned}$$

d. h., dass $\mathcal{A}^*$ eine lineare Abbildung ist. Ferner folgt

$$
\begin{aligned}
\langle \mathcal{A}^*(x)|y\rangle &= \Big\langle \sum_i \langle \mathcal{A}(e_i)|x\rangle\, e_i \big| y \Big\rangle \\
&= \sum_i \overline{\langle \mathcal{A}(e_i)|x\rangle}\, \langle e_i|y\rangle \\
&= \sum_i \langle x|\mathcal{A}(e_i)\rangle\, \langle e_i|y\rangle \\
&= \Big\langle x \big| \mathcal{A}\Big(\sum_i \langle e_i|y\rangle\, e_i\Big)\Big\rangle = \langle x|\mathcal{A}(y)\rangle \ .
\end{aligned}
$$

Schließlich gibt es nur eine Abbildung $\mathcal{B}$, die

$$
\langle \mathcal{B}(x)|y\rangle = \langle x|\mathcal{A}(y)\rangle \qquad \forall\, x,y \in H
$$

erfüllt. Für beliebige x,y ergibt sich nämlich

$$
\begin{aligned}
\langle \mathcal{A}^*(x) - \mathcal{B}(x)|y\rangle &= \langle \mathcal{A}^*(x)|y\rangle - \langle \mathcal{B}(x)|y\rangle \\
&= \langle x|\mathcal{A}(y)\rangle - \langle x|\mathcal{A}(y)\rangle = 0 \ .
\end{aligned}
$$

Wählt man hier speziell $y = \mathcal{A}^*(x) - \mathcal{B}(x)$, so folgt $0 = \|\mathcal{A}^*(x) - \mathcal{B}(x)\|^2$ und damit $\mathcal{B}(x) = \mathcal{A}^*(x)$. Damit haben wir:

Theorem 7.10. *Sei H ein Prähilbertraum mit einer Orthonormalbasis $\mathfrak{E} = \{e_1,\ldots,e_n\}$. Dann gilt für eine lineare Abbildung $\mathcal{A}: H \longrightarrow H$:*

 a. *Ist $A = (\alpha_{ik}) = {}_{\mathfrak{E}}\mathcal{A}_{\mathfrak{E}}$ die Matrix von $\mathcal{A}$ bezüglich $\mathfrak{E}$, so sind die α_{ik} durch (7.37) gegeben.*
 b. *Es gibt genau eine Abbildung $\mathcal{A}^*: H \longrightarrow H$ mit*

$$
\langle x|\mathcal{A}(y)\rangle = \langle \mathcal{A}^*(x)|y\rangle \qquad \forall\, x,y \in H \ . \tag{7.38}
$$

Diese nennt man die zu $\mathcal{A}$ adjungierte Abbildung. Sie hat die Matrix A^* bezüglich $\mathfrak{E}$ (vgl. 5.4).

Ein völlig analoger Satz (mit analogem Beweis) gilt auch in *reellen* Prähilberträumen. Die Matrix zu der adjungierten Abbildung ist dabei einfach die *transponierte Matrix A^T* zu der Matrix A der ursprünglichen Abbildung.

Für das Adjungieren von Abbildungen und Matrizen gelten einfache Rechenregeln:

Satz 7.11.

 a. *Für $\mathcal{A}, \mathcal{B} \in L(H,H)$, $\alpha, \beta \in \mathbb{C}$ ist*

$$
(\alpha\mathcal{A} + \beta\mathcal{B})^* = \bar{\alpha}\mathcal{A}^* + \bar{\beta}\mathcal{B}^* \tag{7.39}
$$

und

$$
(\mathcal{A} \circ \mathcal{B})^* = \mathcal{B}^* \circ \mathcal{A}^* \tag{7.40}
$$

sowie $(\mathcal{A}^*)^* = \mathcal{A}$. Ist $\mathcal{A}$ bijektiv, so auch $\mathcal{A}^*$, und dann gilt

$$
(\mathcal{A}^*)^{-1} = (\mathcal{A}^{-1})^* \ . \tag{7.41}
$$

b. Analoge Rechenregeln gelten für Matrizen.

Beweis. Für alle $x, y \in H$ ist nach (7.38)

$$\langle (\mathcal{B}^* \circ \mathcal{A}^*)(x)|y \rangle = \langle \mathcal{A}^*(x)|\mathcal{B}(y) \rangle = \langle x|(\mathcal{A} \circ \mathcal{B})(x) \rangle \,,$$

also erfüllt $\mathcal{B}^* \circ \mathcal{A}^*$ die Forderung, die $(\mathcal{A} \circ \mathcal{B})^*$ festlegt. Daraus folgt (7.40), und (7.39) und $\mathcal{A}^{**} = \mathcal{A}$ werden genauso bewiesen. Ist $\mathcal{A}$ bijektiv, $\mathcal{B} := \mathcal{A}^{-1}$, so ist $\mathcal{B} \circ \mathcal{A} = \mathcal{A} \circ \mathcal{B} = \mathcal{I}$, also nach (7.40)

$$\mathcal{A}^* \circ \mathcal{B}^* = \mathcal{B}^* \circ \mathcal{A}^* = \mathcal{I}^* = \mathcal{I} \,,$$

und daraus folgt (7.41). Analoge Regeln für Matrizen folgen, indem man lineare Abbildungen betrachtet, die bzgl. einer Orthonormalbasis durch diese Matrizen definiert werden.

$\square$

Besonders wichtig sind Abbildungen bzw. Matrizen, die bezüglich des Adjungierens ein einfaches Verhalten zeigen:

Definitionen 7.12. *Sei $\mathcal{A} : H \longrightarrow H$ eine lineare Abbildung, $A \in \mathbb{C}_{n \times n}$ eine Matrix.*

a. $\mathcal{A}$ bzw. A heißt normal, *wenn*

$$\mathcal{A} \circ \mathcal{A}^* = \mathcal{A}^* \circ \mathcal{A} \qquad bzw. \ AA^* = A^*A \,. \tag{7.42}$$

b. $\mathcal{A}$ bzw. A heißt selbstadjungiert *(oder* HERMITEsch*), wenn*

$$\mathcal{A} = \mathcal{A}^* \qquad bzw. \ A = A^* \,. \tag{7.43}$$

Reelle Matrizen A mit $A^T = A$ heißen auch symmetrisch.
c. $\mathcal{A}$ bzw. A heißt unitär *(orthogonal für $\mathbb{K} = \mathbb{R}$), wenn*

$$\begin{aligned} \mathcal{A} \circ \mathcal{A}^* &= \mathcal{I} \ oder, \ \ddot{a}quivalent \ \mathcal{A}^* = \mathcal{A}^{-1} \\ A \cdot A^* &= E \ oder, \ \ddot{a}quivalent \ A^* = A^{-1} (A^T = A^{-1}) \,. \end{aligned} \tag{7.44}$$

Ist A die Matrix zu $\mathcal{A}$ bezüglich einer Orthonormalbasis, so gilt:

$$A \ \text{normal} \ \Longleftrightarrow \ \mathcal{A} \ \text{normal}$$

und analog auch für die Begriffe „selbstadjungiert", „unitär" etc. Dies erkennt man sofort aus Theorem 7.10b – Wir halten noch fest, wie man einer Matrix ansieht, ob sie unitär (bzw. orthogonal) ist (Beweis als Übung!):

Satz 7.13. *Ist $A = (a_{ik}) \in \mathbb{C}_{n \times n}$, so sind folgende Aussagen äquivalent:*

a. A ist unitär.

b. *Die Spaltenvektoren bilden eine Orthonormalbasis des* $\mathbb{C}^n$, *d. h.*

$$\sum_{j=1}^{n} a_{ji}\overline{a_{jk}} = \delta_{ik} \ .$$

c. *Die Zeilenvektoren bilden eine Orthonormalbasis des* $\mathbb{C}_{1 \times n}$, *d. h.*

$$\sum_{j=1}^{n} a_{ij}\overline{a_{kj}} = \delta_{ik} \ .$$

Wir untersuchen nun das Eigenwertproblem für normale und selbstadjungierte Abbildungen bzw. Matrizen. Dazu benötigen wir noch den folgenden Grundbegriff:

Definition 7.14. *Sei* V *ein beliebiger* $\mathbb{K}$-*Vektorraum und* $\mathcal{A} \in L(V, V)$. *Ein (unter* $\mathcal{A}$) *invarianter Unterraum ist ein linearer Unterraum* $U \subseteq V$ *mit* $\mathcal{A}(U) \subseteq U$. *Mit* $\mathcal{A}|_U$ *bezeichnen wir dann die Einschränkung von* $\mathcal{A}$ *auf* U, *aufgefasst als lineare Abbildung* $U \to U$.

Das Auffinden invarianter Unterräume kann sehr wichtig sein, weil es erlaubt, Probleme über lineare Abbildungen in einfachere Teilprobleme zu zerlegen. In Prähilberträumen ist dabei die folgende Beobachtung hilfreich:

Satz 7.15. *Ist* $U \subseteq H$ *ein linearer Teilraum des Prähilbertraums* H *und* $\mathcal{A}$ *eine beliebige lineare Abbildung* $H \to H$, *so gilt*

$$U \text{ invariant unter } \mathcal{A} \iff U^\perp \text{ invariant unter } \mathcal{A}^* \ .$$

Beweis. Sei $u \in U$, $v \in U^\perp$. Dann gilt $\mathcal{A}(u) \in U$ und damit $0 = \langle \mathcal{A}(u)|v \rangle = \langle u|\mathcal{A}^*(v)\rangle$, d. h. $\mathcal{A}^*(v) \in U^\perp$. Wendet man dies auf $\mathcal{A}^*$ statt $\mathcal{A}$ und $U^\perp$ statt U an, so folgt wegen $\mathcal{A}^{**} = \mathcal{A}$ und $U^{\perp\perp} = U$ (vgl. (6.24)) auch der Umkehrschluss. $\qquad\square$

Theorem 7.16. *Sei* $\mathcal{A} : H \longrightarrow H$ *eine normale Abbildung.*

a. *Für ein* $0 \neq x \in H$ *gilt*

$$\mathcal{A}(x) = \lambda x \iff \mathcal{A}^*(x) = \overline{\lambda} x \ , \qquad (7.45)$$

d. h. $\mathcal{A}$ *und* $\mathcal{A}^*$ *haben dieselben Eigenvektoren und zueinander konjugiert komplexe Eigenwerte.*

b. $\mathcal{A}$ *besitzt eine Orthonormalbasis von Eigenvektoren. Insbesondere ist jede normale Matrix* A *unitärähnlich zu einer Diagonalmatrix mit den Eigenwerten in der Diagonalen, d. h. es gibt eine unitäre Matrix* $V \in \mathbb{K}_{n \times n}$, *sodass*

$$V^{-1}AV \equiv V^*AV = D = \begin{pmatrix} \lambda_1 & & 0 \\ & \ddots & \\ 0 & & \lambda_n \end{pmatrix} \ .$$

Beweis.

a. Da $\mathcal{A}$ normal ist, gilt

$$\|(\mathcal{A} - \lambda I)x\|^2 = \|(\mathcal{A} - \lambda I)^* x\|^2 = \|(\mathcal{A}^* - \overline{\lambda} I)x\|^2 ,$$

woraus (7.45) folgt.

b. Da H ein $\mathbb{C}$-Vektorraum ist, hat $\mathcal{A}$ einen Eigenwert λ_1, d. h.

$$\mathcal{A}(e_1) = \lambda_1 e_1 \quad \text{mit } \|e_1\| = 1 .$$

Nach a. gilt dann

$$\mathcal{A}^*(e_1) = \overline{\lambda} e_1 ,$$

d. h. $U_1 = \mathrm{LH}(e_1)$ ist invariant unter $\mathcal{A}$ und $\mathcal{A}^*$. Nach Satz 7.15 ist dann auch $U_1^\perp$ invariant unter $\mathcal{A}$ und $\mathcal{A}^*$ und

$$\mathcal{A}_1 = \mathcal{A}|_{U_1^\perp} : U_1^\perp \longrightarrow U_1^\perp \quad \text{ist normal} .$$

Nun hat $\mathcal{A}_1$ einen Eigenwert $\lambda_2 \in \mathbb{C}$ mit Eigenvektor $e_2 \in U_1^\perp$:

$$\mathcal{A}(e_2) = \lambda_2 e_2 , \quad \mathcal{A}^*(e_2) = \overline{\lambda}_2 e_2 , \quad \|e_2\| = 1 , \quad \langle e_1 | e_2 \rangle = 0 .$$

Also ist auch $U_2 = \mathrm{LH}(e_1, e_2)$ und $U_2^\perp$ invariant unter $\mathcal{A}$ und $\mathcal{A}^*$. Folglich ist

$$\mathcal{A}_2 = \mathcal{A}|_{U_2^\perp} : U_2^\perp \longrightarrow U_2^\perp$$

eine normale Abbildung. Setzt man diesen Prozess fort, so bekommt man nach n-Schritten eine Orthonormalbasis aus Eigenvektoren.

Zu einer normalen Matrix A bekommen wir insbesondere eine Orthonormalbasis $\{V^1, \ldots, V^n\}$ von $H = \mathbb{C}^n$ aus Eigenvektoren. Die Matrix $V = (V^1, \ldots, V^n)$ mit den V^k als Spalten ist dann nach 7.13 unitär, und sie diagonalisiert A.

$\square$

Die wichtigste Anwendung hiervon bezieht sich auf *selbstadjungierte* Abbildungen bzw. auf HERMITE'sche (oder symmetrische) Matrizen:

Satz 7.17. *Sei $\mathcal{A} : H \longrightarrow H$ eine selbstadjungierte Abbildung bzw. $A \in \mathbb{C}_{n \times n}$ eine HERMITE'sche Matrix.*

a. *Dann sind alle Eigenwerte λ_i reell und A ist unitärähnlich zu einer Diagonalmatrix.*

b. *Eigenvektoren zu verschiedenen Eigenwerten sind stets zueinander orthogonal.*

Beweis.

a. Wegen Satz 7.16 genügt es zu zeigen, dass die Eigenwerte reell sind. Gelte also

$$\mathcal{A}(x) = \lambda x \qquad \text{für } x \neq 0 \text{ und } \mathcal{A}^* = \mathcal{A} \, .$$

Dann folgt

$$\lambda \langle x|x \rangle = \langle x|\lambda x \rangle = \langle x|\mathcal{A}(x) \rangle$$
$$= \langle \mathcal{A}(x)|x \rangle = \langle \lambda x|x \rangle = \overline{\lambda} \langle x|x \rangle \, .$$

Also $\lambda = \overline{\lambda}$, d. h. $\lambda \in \mathbb{R}$.

b. Seien $\lambda \neq \mu$ Eigenwerte und $x \neq 0 \neq y$ entsprechende Eigenvektoren. Da λ, μ reell sind, folgt

$$\lambda \langle y|x \rangle = \langle y|\lambda x \rangle = \langle y|\mathcal{A}(x) \rangle$$
$$= \langle \mathcal{A}(y)|x \rangle = \langle \mu y|x \rangle = \mu \langle y|x \rangle \, ,$$

also $(\lambda - \mu) \langle y|x \rangle = 0$ und damit $\langle y|x \rangle = 0$, wie behauptet.   □

Insbesondere lassen sich reelle *symmetrische* Matrizen diagonalisieren. Das geht aber sogar mit *reellen* Eigenvektoren, wie der folgende Satz zeigt:

Korollar 7.18. *Sei $\mathcal{A}$ eine selbstadjungierte Abbildung in $H = \mathbb{R}^n$ bzw. $A \in \mathbb{R}_{n \times n}$ eine symmetrische Matrix. Dann hat $\mathbb{R}^n$ eine Orthonormalbasis, die aus Eigenvektoren von $\mathcal{A}$ besteht, und A ist orthogonalähnlich zu einer Diagonalmatrix mit den Eigenwerten in der Diagonalen. Es gibt also eine orthogonale Matrix S, für die $S^{-1}AS = S^T AS$ Diagonalgestalt hat. Solch eine Matrix S nennt man* Hauptachsentransformation *für A, und die Eigenvektoren nennt man* Hauptachsen.

Beim Beweis geht man genauso vor wie beim Beweis von 7.16c, aber mit $H = \mathbb{R}^n$ als Grundraum. Da die Eigenwerte jetzt sämtlich reell sind, erhalten wir bei jedem Schritt auch reelle Eigenvektoren und schließlich eine Orthonormalbasis von H, die aus solchen Eigenvektoren besteht. Die Transformationsmatrix S wird wieder aus den Eigenvektoren als Spalten gebildet.

E. Unitäre und orthogonale Gruppen

Um euklidische und unitäre Räume besser zu verstehen, ist es wichtig, ihre *Symmetriegruppen* zu analysieren. Diese Gruppen bestehen aus orthogonalen bzw. unitären Abbildungen, und man fasst sie praktischerweise als Gruppen der entsprechenden Matrizen auf, mit denen wir die Abbildungen darstellen. Eine Menge $\mathbf{G} \neq \emptyset$ von invertierbaren $n \times n$ – Matrizen (bzw. von bijektiven linearen Abbildungen $\mathbb{K}^n \to \mathbb{K}^n$) bildet nämlich bzgl. der Matrizenmultiplikation (bzw. der Komposition von Abbildungen) eine Gruppe, wenn gilt:

$(G1)$ $$A, B \in \mathbf{G} \quad \Longrightarrow \quad AB \in \mathbf{G}$$

und

$(G2)$ $$A \in \mathbf{G} \quad \Longrightarrow \quad A^{-1} \in \mathbf{G} .$$

Die Gruppenaxiome (vgl. 1.4a) sind dann trivialerweise erfüllt. Auf diese Weise entstehen klassische Gruppen, die wir jetzt kennenlernen werden. Zunächst jedoch eine Vorbereitung:

Satz 7.19. *Sei H ein n-dimensionaler Prähilbertraum, $\mathcal{A} : H \longrightarrow H$ eine unitäre Abbildung. Dann gilt:*

a. *$\mathcal{A}$ ist isometrisch, d. h.*

$$\langle \mathcal{A}(x) | \mathcal{A}(y) \rangle = \langle x | y \rangle \qquad \text{für alle } x, y \in H . \tag{7.46}$$

b. *Ist $U \subseteq H$ ein Unterraum, der invariant unter $\mathcal{A}$ ist, so ist auch $U^{\perp}$ invariant unter $\mathcal{A}$.*

c. *Die Eigenwerte λ von $\mathcal{A}$ liegen auf dem Einheitskreis, d. h. $|\lambda| = 1$.*

Beweis.

a.
$$\begin{aligned}
\langle \mathcal{A}(x) | \mathcal{A}(y) \rangle &= \langle x | (\mathcal{A}^* \circ \mathcal{A})(y) \rangle \\
&= \langle x | \mathcal{I}(y) \rangle = \langle x | y \rangle .
\end{aligned}$$

b. Sei $\mathcal{A}$ unitär, $\mathcal{A}^* = \mathcal{A}^{-1}$. Dann ist $\mathcal{A}$ bijektiv. Also:

$$\mathcal{A}(U) = U \quad \Longleftrightarrow \quad \mathcal{A}^{-1}(U) = U \quad \Longleftrightarrow \quad \mathcal{A}^*(U) = U$$
$$\Longleftrightarrow \quad \mathcal{A}(U^{\perp}) = U^{\perp} \quad \text{nach 7.15.}$$

c. Aus $\mathcal{A}(x) = \lambda x$ folgt wegen a:

$$\|x\| = \|\mathcal{A}(x)\| = \|\lambda x\| = |\lambda| \, \|x\| ,$$

also: $|\lambda| = 1$.

$\square$

Satz 7.20.

a. *Die unitären Abbildungen $\mathcal{A} : H \longrightarrow H$ (Matrizen $A \in \mathbb{C}_{n \times n}$) bilden eine Gruppe, die sog.* unitäre Gruppe $\mathbf{U}(n)$. *Die Teilmenge*

$$\mathbf{SU}(n) = \{A \in \mathbf{U}(n) | \det A = 1\}$$

ist ebenfalls eine Gruppe, die sog. spezielle unitäre Gruppe.

b. *Die orthogonalen Abbildungen $\mathcal{A} : H \longrightarrow H$ ($\mathbb{K} = \mathbb{R}$) bzw. Matrizen $A \in \mathbb{R}_{n \times n}$ bilden die* orthogonale Gruppe $\mathbf{O}(n)$ *und die Teilmenge*

$$\mathbf{SO}(n) = \{A \in \mathbf{O}(n) | \det A = 1\}$$

ist die spezielle orthogonale Gruppe.

Beweis. Es genügt a zu beweisen. Seien $A, B \in \mathbf{U}(n)$, $C = AB$. Dann folgt

$$C^* = (AB)^* = B^* A^* = B^{-1} A^{-1} = (AB)^{-1} = C^{-1},$$

d. h. $C \in \mathbf{U}(n)$.

$$(A^{-1})^* = A^{**} = A = (A^{-1})^{-1},$$

d. h. $A^{-1} \in \mathbf{U}(n)$.

Daher ist $\mathbf{U}(n)$ eine Gruppe.

Sind $A, B \in \mathbf{SU}(n)$, so ist $\det A = \det B = 1$ und

$$AB \in \mathbf{U}(n) \quad \text{mit } \det(AB) = \det A \cdot \det B = 1,$$

d. h. $\mathbf{SU}(n)$ ist eine Untergruppe. $\square$

Jetzt betrachten wir nur noch reelle orthogonale Matrizen.

Satz 7.21.

a. Die Gruppe $\mathbf{O}(n)$ zerfällt in zwei disjunkte Teile

$$\mathbf{SO}(n) = \{A \in \mathbf{O}(n)|\det A = +1\}$$
$$\mathbf{O}(n)^- = \{A \in \mathbf{O}(n)|\det A = -1\}.$$

b. Ist $A \in \mathbf{SO}(n)$ und n ungerade, so ist $\lambda = 1$ ein Eigenwert von A.

c. Ist $A \in \mathbf{O}(n)^-$, so ist $\lambda = -1$ ein Eigenwert von A.

Beweis.

a.   Ist $A \in \mathbf{O}(n)$, d. h. $A^T A = E$, so folgt mit 5.19b und 5.21

$$1 = \det(A^T A) = \det A^T \cdot \det A = (\det A)^2, \text{ also } \det A = \pm 1.$$

b./c. Sei zunächst $A \in \mathbf{O}(n)$. Dann betrachten wir das charakteristische Polynom von A:

$$p(\lambda) = |A - \lambda E| = |A - \lambda A^T A| = |(E - \lambda A^T)|\,|A|$$
$$= |A|\,|E - \lambda A| = \lambda^n |A|\,|\tfrac{1}{\lambda} E - A|$$
$$= \lambda^n (-1)^n |A|\,|A - \tfrac{1}{\lambda} E|.$$

Also

$$p(\lambda) = \lambda^n (-1)^n \det(A) p(\tfrac{1}{\lambda}).$$

Im Falle $\lambda = 1$ und $A \in \mathbf{SO}(n)$ folgt:

$$p(1) = (-1)^n p(1),$$

bei ungeradem n also $p(1) = 0$. Im Falle $\lambda = -1$, $A \in \mathbf{O}(n)^-$ folgt

$$p(-1) = (-1)^n (-1)^n (-1) p(-1) = -p(-1),$$

d. h. es gilt immer $p(-1) = 0$. $\square$

Die Matrizen $A \in \mathbf{SO}(2)$ bewirken Drehungen im $\mathbb{R}^2$ um den Nullpunkt, d. h.

Satz 7.22. *Zu jedem $A = (a_{ij}) \in \mathbf{SO}(2)$ gibt es ein $\alpha \in [0, 2\pi[$, sodass*

$$A = \begin{pmatrix} \cos\alpha & -\sin\alpha \\ \sin\alpha & \cos\alpha \end{pmatrix}.$$

Beweis. Für $A = E$ ist $\alpha = 0$, für $A = -E$ ist $\alpha = \pi$. Sei also $A \neq \pm E$. Aus 7.13 folgen dann für $n = 2$ die drei Gleichungen

$$(1) \qquad a_{11}^2 + a_{21}^2 = 1\,,$$

$$(2) \qquad a_{12}^2 + a_{22}^2 = 1 \qquad \text{und}$$

$$(3) \qquad a_{11}a_{12} + a_{21}a_{22} = 0\,.$$

Wegen (1) und (2) gibt es Winkel $\alpha, \beta \in [0, 2\pi[$, sodass

$$a_{11} = \cos\alpha\,, \quad a_{21} = \sin\alpha\,, \qquad a_{12} = \cos\beta\,, \quad a_{22} = \sin\beta\,.$$

Einsetzen in (3) ergibt:

$$0 = \cos\alpha\cos\beta + \sin\alpha\sin\beta = \cos(\alpha - \beta)\,, \qquad \text{also } \beta = \alpha \pm \frac{\pi}{2}\,.$$

Somit

$$a_{12} = \cos\beta = \cos\left(\alpha \pm \tfrac{\pi}{2}\right) = \mp\sin\alpha$$
$$a_{22} = \sin\beta = \sin\left(\alpha \pm \tfrac{\pi}{2}\right) = \pm\cos\alpha\,.$$

Damit haben wir die beiden Möglichkeiten

$$\begin{pmatrix} \cos\alpha & -\sin\alpha \\ \sin\alpha & \cos\alpha \end{pmatrix} \qquad \text{und} \qquad \begin{pmatrix} \cos\alpha & \sin\alpha \\ \sin\alpha & -\cos\alpha \end{pmatrix}.$$

Die rechte Matrix hat die Determinante -1, sodass für $A \in \mathbf{SO}(2)$ die Behauptung folgt. $\qquad\square$

Die Matrizen $A \in \mathbf{SO}(3)$ repräsentieren Drehungen im $\mathbb{R}^3$ um eine Drehachse, d. h. es gilt:

Satz 7.23. *Zu jedem $A \in \mathbf{SO}(3)$ existiert eine Orthonormalbasis $(\boldsymbol{u}_1, \boldsymbol{u}_2, \boldsymbol{u}_3)$ des $\mathbb{R}^3$ und ein $\alpha \in [0, 2\pi[$, sodass A bezüglich dieser Basis die folgende Gestalt hat*

$$A = \begin{pmatrix} 1 & 0 & 0 \\ 0 & \cos\alpha & -\sin\alpha \\ 0 & \sin\alpha & \cos\alpha \end{pmatrix} = \text{Drehung um } \boldsymbol{u}_1\,.$$

Dabei ist der Drehwinkel α durch

$$\text{Spur } A = 1 + 2\cos\alpha$$

bestimmt.

Beweis. Wegen $n = 3$ und $\det A = 1$ hat A den Eigenwert $\lambda = 1$ nach 7.21b, d.h.

$$A u_1 = u_1 , \quad \|u_1\| = 1 .$$

Also lässt A den eindimensionalen Unterraum $U_1 = \mathrm{LH}(u_1)$ invariant und daher nach 7.19b auch $U_2 = U_1^\perp$. Wegen

$$A|_{U_2} \in \mathbf{SO}(2)$$

folgt dann die Behauptung aus 7.22 und aus 7.6b   □

Satz 7.24. *Sei* $\mathfrak{E} = \{e_1, e_2, e_3\}$ *die Standardbasis des* $\mathbb{R}^3$ *und*

$$R_1(\alpha) = \begin{bmatrix} 1 & 0 & 0 \\ 0 & \cos\alpha & -\sin\alpha \\ 0 & \sin\alpha & \cos\alpha \end{bmatrix} \quad \textit{Drehung um } e_1 ,$$

$$R_2(\beta) = \begin{bmatrix} \cos\beta & 0 & \sin\beta \\ 0 & 1 & 0 \\ -\sin\beta & 0 & \cos\beta \end{bmatrix} \quad \textit{Drehung um } e_2 ,$$

$$R_3(\gamma) = \begin{bmatrix} \cos\gamma & -\sin\gamma & 0 \\ \sin\gamma & \cos\gamma & 0 \\ 0 & 0 & 1 \end{bmatrix} \quad \textit{Drehung um } e_3 .$$

Dann gilt: Zu jedem $A \in \mathbf{SO}(3)$ *existieren sogenannte* Euler'*sche Winkel* $\alpha, \beta, \gamma \in [0, 2\pi[$, *sodass*

$$A = R_3(\gamma)\, R_2(\beta)\, R_1(\alpha) . \tag{7.47}$$

Beweis. Sei $A \in \mathbf{SO}(3)$ beliebig, $A \neq R_i(\alpha)$, da sonst alles klar ist.

a. Sei $v = (v_1, v_2, v_3) \in \mathbb{R}^3$ mit

$$\|v\|^2 = (v_1^2 + v_2^2) + v_3^2 = 1 , \qquad |v_j| \leq 1 \tag{7.48}$$

ein beliebiger Einheitsvektor. Dann zeigen wir im ersten Schritt: Es gibt $\beta, \gamma \in [0, 2\pi[$, sodass

$$v = R_3(\gamma)\, R_2(\beta) e_1 . \tag{7.49}$$

Wegen (7.48) gibt es ein $\beta \in [0, 2\pi[$ mit

$$v_3 = -\sin\beta , \quad \sqrt{v_1^2 + v_2^2} = \cos\beta . \tag{7.50}$$

Ist $\cos\beta = 0$, d.h. $v_1 = v_2 = 0$, so wähle $\gamma = \frac{\pi}{2}$. Ist $\cos\beta \neq 0$, so gilt

$$\left(\frac{v_1}{\cos\beta}\right)^2 + \left(\frac{v_2}{\cos\beta}\right)^2 = 1 .$$

Daher gibt es ein $\gamma \in [0, 2\pi[$ mit

$$v_1 = \cos\gamma\cos\beta, \quad v_2 = \sin\gamma\cos\beta \ . \tag{7.51}$$

Damit folgt dann

$$R_3(\gamma)R_2(\beta)e_1 = R_3(\gamma)\begin{bmatrix} c & 0 & s \\ 0 & 1 & 0 \\ -s & 0 & c \end{bmatrix}_\beta \begin{bmatrix} 1 \\ 0 \\ 0 \end{bmatrix} = R_3(\gamma)\begin{bmatrix} \cos\beta \\ 0 \\ -\sin\beta \end{bmatrix}$$

$$= \begin{bmatrix} c & -s & 0 \\ s & c & 0 \\ 0 & 0 & 1 \end{bmatrix}_\gamma \begin{bmatrix} \cos\beta \\ 0 \\ -\sin\beta \end{bmatrix} = \begin{bmatrix} \cos\gamma\cos\beta \\ \sin\gamma\cos\beta \\ -\sin\beta \end{bmatrix} = \begin{bmatrix} v_1 \\ v_2 \\ v_3 \end{bmatrix} = v \ .$$

b. Für $A \in \mathbf{SO}(3)$ definieren wir nun

$$v := A\,e_1 \ . \tag{7.52}$$

Aus (7.49) folgt dann:

$$Ae_1 = R_3(\gamma)R_2(\beta)e_1, \quad (R_3(\gamma)R_2(\beta))^{-1}Ae_1 = e_1 \ ,$$

d. h. $B := (R_3(\gamma)R_2(\beta))^{-1}A$ hat e_1 als Eigenvektor und hat daher nach 7.23 die Form $R_1(\alpha)$, d. h.

$$R_1(\alpha) = (R_3(\gamma)R_2(\beta))^{-1}A$$

was gerade (7.47) beweist.

$\square$

Ergänzungen zu §7

Zunächst wollen wir hier der irrigen Vorstellung entgegenwirken, dass „vernünftige" lineare Abbildungen immer von Matrizen herrühren. Lineare Abbildungen zwischen *unendlich dimensionalen* Räumen (sog. *lineare Operatoren*) spielen in der Quantenphysik sogar eine ganz entscheidende Rolle. Weiter stellen wir ein paar einfache Begriffe und Tatsachen zusammen, die nicht schwer zu beweisen sind, deren Kenntnis aber für einen versierten Umgang mit dem Thema ausgesprochen nützlich ist. Wir ergänzen die Eigenwerttheorie aus Abschnitt C., die dort mit dem Problem der nicht diagonalisierbaren Matrizen sozusagen abgebrochen wurde, durch einen Bericht über die JORDAN'sche *Normalform*, mit der die Frage nach der Struktur linearer Abbildungen zumindest für den Fall eines endlich dimensionalen ℂ-Vektorraums vollständig geklärt wird.

7.25 Lineare Operatoren. Wir haben schon gesehen (vgl. 6.6b), dass in der Analysis oft Vektorräume auftreten, die aus *Funktionen* bestehen. Diese gestatten interessante lineare Abbildungen, die man meist als *lineare Operatoren* bezeichnet.

Beispiele:

a. Sei $I = [a, b]$ ein kompaktes Intervall und $V = C(I)$ der Vektorraum der stetigen Funktionen auf I. Eine lineare Abbildung $J : V \to \mathbb{R}$ ist dann dadurch gegeben, dass man jeder stetigen Funktion f ihr Integral

$$Jf := \int_a^b f(t)\,\mathrm{d}t$$

zuordnet.

b. Nun sei I ein offenes Intervall. Der Ableitungs-Operator $\mathcal{D}f := f'$ definiert dann für jedes $k \in \mathbb{N}_0$ eine lineare Abbildung $\mathcal{D} : C^{k+1}(I) \longrightarrow C^k(I)$.

c. Auf dem offenen Intervall I seien stetige Funktionen $a_0, \ldots, a_k$ gegeben. Dann definiert man eine lineare Abbildung $\mathcal{L} : C^k(I) \to C^0(I)$ durch

$$\mathcal{L}f := \sum_{j=0}^{k} a_j f^{(k-j)}$$

oder, ausführlicher geschrieben

$$[\mathcal{L}f](t) := a_0(t)f^{(k)}(t) + a_1(t)f^{(k-1)}(t) + \cdots + a_{k-1}(t)f'(t) + a_k(t)f(t)$$
$$(t \in I)\,.$$

Man nennt $\mathcal{L}$ einen linearen *Differenzialoperator* mit den *Koeffizienten* $a_j(t)$, und k ist seine *Ordnung*, wenn $a_0 \not\equiv 0$. Eine lineare Differenzialgleichung k-ter Ordnung kann dann als Operatorgleichung

$$\mathcal{L}y = b$$

geschrieben werden, wobei $b \in C^0(I)$ gegeben und $y \in C^k(I)$ gesucht ist. Für die Fälle $k = 1$, $k = 2$ haben wir diese Operatoren in Kap. 4 schon etwas untersucht. Insbesondere ist klar, dass der Lösungsraum der homogenen Differenzialgleichung $\mathcal{L}y = 0$ nichts anderes ist als der Kern der linearen Abbildung $\mathcal{L}$. Das *Superpositionsprinzip* drückt also einfach die Tatsache aus, dass der Kern ein linearer Teilraum ist (Satz 7.2b).

7.26 Urbild eines Vektors. Sei $\mathcal{A} : V \to W$ eine ganz beliebige lineare Abbildung, sei $w \in W$ gegeben, und sei ein $x_p \in V$ bekannt, für das $\mathcal{A}x_p = w$ ist. Dann ist

$$\mathcal{A}x = w \quad \Longleftrightarrow \quad x - x_p \in \mathrm{Kern}\,\mathcal{A}\,,$$

wie man mittels der Linearität von $\mathcal{A}$ sofort nachrechnet. D. h. die allgemeine Lösung der Gleichung $\mathcal{A}x = w$ ist $x = x_p + x_h$, wobei x_h die allgemeine Lösung der entsprechenden homogenen Gleichung $\mathcal{A}x = 0$ darstellt. Spezialfälle dieser Aussage sind uns schon in 4.6c, 5.8d und 5.28d begegnet und werden uns noch öfter begegnen.

7.27 Injektiv = surjektiv = bijektiv bei Endomorphismen. Sei $\mathcal{A} \in L(V, V)$ ein Endomorphismus eines *endlich dimensionalen* Vektorraums V. Sei $n = \dim V$. Die Dimensionsformel (Theorem 7.3) ergibt

$$\text{rang}\,\mathcal{A} + \text{defekt}\,\mathcal{A} = n$$

und insbesondere

$$\text{rang}\,\mathcal{A} = n \quad \Longleftrightarrow \quad \text{defekt}\,\mathcal{A} = 0 \,.$$

Wegen 6.5c bedeutet dies

$$\text{Bild}\,\mathcal{A} = V \quad \Longleftrightarrow \quad \text{Kern}\,\mathcal{A} = \{0\} \,,$$

und wegen Satz 7.2d bedeutet es weiter

$$\mathcal{A} \quad \text{injektiv} \quad \Longleftrightarrow \quad \mathcal{A} \quad \text{surjektiv} \,.$$

Will man also zeigen, dass $\mathcal{A}$ ein Isomorphismus ist, so genügt schon der Nachweis der Surjektivität oder der Injektivität alleine.

7.28 Direkte Summen von Abbildungen. Ein Endomorphismus $\mathcal{A} \in L(V, V)$ kann in einfachere Teile zerlegt werden, wenn V die direkte Summe von $\mathcal{A}$-invarianten Teilräumen ist (vgl. 6.16, 6.23 und 7.14). Sei nämlich

$$V = U_1 \oplus \cdots \oplus U_m \tag{7.53}$$

eine direkte Zerlegung von V in $\mathcal{A}$-invariante Unterräume U_ν, und sei $\mathcal{A}_\nu \in L(U_\nu, U_\nu)$ jeweils die Einschränkung von $\mathcal{A}$ auf U_ν $(\nu = 1, \ldots, m)$. Haben wir nun einen Vektor $x \in V$ gemäß der direkten Zerlegung in seine Komponenten aufgespalten, ihn also in der Form

$$x = u_1 + \cdots + u_m \,, \qquad u_\nu \in U_\nu$$

geschrieben, so ergibt sich wegen der Linearität von $\mathcal{A}$

$$\mathcal{A}(x) = \sum_{\nu=1}^{m} \mathcal{A}_\nu(u_\nu). \tag{7.54}$$

Auf diese Art lässt sich $\mathcal{A}$ aus den einfacheren Abbildungen $\mathcal{A}_\nu$ zurückgewinnen. Man sagt, $\mathcal{A}$ sei die *direkte Summe* der $\mathcal{A}_\nu$ und schreibt

$$\mathcal{A} = \mathcal{A}_1 \oplus \cdots \oplus \mathcal{A}_m = \bigoplus_{\nu=1}^{m} \mathcal{A}_\nu \,.$$

Schreiben wir $\mathcal{P}_\nu(x)$ für die Komponente von x in U_ν, so haben wir eine lineare Abbildung $\mathcal{P}_\nu : V \to U_\nu$ definiert, den sog. *Projektor* oder *Projektions-*

operator zum ν-ten Summanden der direkten Zerlegung (7.53). Damit können wir (7.54) in der geschlossenen Form

$$\mathcal{A} = \sum_{\nu=1}^{m} \mathcal{A}_\nu \circ \mathcal{P}_\nu \qquad (7.55)$$

schreiben.

Nun sei $\dim V < \infty$. Wir haben schon gesehen, dass sich Determinante, Spur und sogar das ganze charakteristische Polynm einer Matrix nicht ändern, wenn man zu einer ähnlichen Matrix übergeht. Daher kann man auch von Determinante, Spur und dem charakteristischen Polynom einer linearen Abbildung $\mathcal{A} : V \to V$ sprechen, indem man einfach definiert:

$$\det \mathcal{A} := \det \left({}_{\mathfrak{B}} \mathcal{A}_{\mathfrak{B}} \right)$$

und analog für Spur und charakteristisches Polynom. Die rechte Seite hängt ja nicht von der gewählten Basis $\mathfrak{B}$ ab. Mit diesen Bezeichnungen gilt der folgende

Satz. *Ist $\mathcal{A} = \mathcal{A}_1 \oplus \cdots \oplus \mathcal{A}_m$, so ist*

$$\det \mathcal{A} = (\det \mathcal{A}_1)(\det \mathcal{A}_2) \cdots (\det \mathcal{A}_m)$$

und

$$\operatorname{Spur} \mathcal{A} = \sum_{\nu=1}^{m} \operatorname{Spur} \mathcal{A}_\nu \, .$$

Für die charakteristischen Polynome gilt

$$p_\mathcal{A}(\lambda) = p_{\mathcal{A}_1}(\lambda) p_{\mathcal{A}_2}(\lambda) \cdots p_{\mathcal{A}_m}(\lambda) \, .$$

Beweis. Wir wählen für jedes $\nu = 1, \ldots, m$ eine Basis $\mathfrak{B}_\nu$ des invarianten Unterraums, auf dem $\mathcal{A}_\nu$ definiert ist, und setzen $\mathfrak{B} := \mathfrak{B}_1 \cup \ldots \cup \mathfrak{B}_m$. Die Darstellungsmatrix $A = {}_{\mathfrak{B}} A_{\mathfrak{B}}$ hat dann Blockdiagonalgestalt, wobei die diagonalen Blöcke die Darstellungsmatrizen der $\mathcal{A}_\nu$ bzgl. der Basen $\mathfrak{B}_\nu$ sind. Daher folgen die Behauptungen sofort aus dem Kästchensatz (Theorem 5.31) bzw. aus der Definition der Spur. □

7.29 Die JORDAN'sche Normalform. Es sei V ein n-dimensionaler $\mathbb{K}$-Vektorraum und $\mathcal{A} \in L(V,V)$ ein Endomorphismus. Wenn $\mathcal{A}$ eine Basis $\{b_1, \ldots, b_n\}$ von Eigenvektoren zulässt, so ist $\mathcal{A} = \mathcal{A}_1 \oplus \cdots \oplus \mathcal{A}_n$ mit *eindimensionalen* invarianten Unterräumen $U_k := \mathbb{K} b_k$ und Abbildungen $\mathcal{A}_k$, die einfach nur mit dem entsprechenden Eigenwert multiplizieren. Aber auch im Allgemeinen kann man $\mathcal{A}$ als direkte Summe aus gewissen Typen einfacher Abbildungen zusammensetzen, und die sog. *Normalformentheorie* befasst sich mit derartigen Fragen. Sie gehört aber zur fortgeschrittenen linearen Algebra, und wir können nicht näher auf sie eingehen. Wir möchten nur ein Ergebnis berichten, das sich auf den Grundkörper $\mathbb{C}$ bezieht und das auch in der Physik (z. B. bei linearen Differenzialgleichungen) eine gewisse Rolle spielt.

Als einfache Bausteine dienen hierbei Abbildungen der Form

$$\mathcal{B} = \lambda_0 \mathcal{I} + \mathcal{S} \in L(W, W) \,, \tag{7.56}$$

wobei W ein r-dimensionaler Vektorraum ist und wobei für eine gewisse Basis $\mathfrak{B} = \{b_1 \ldots, b_r\}$ von W gilt:

$$\mathcal{S}(b_1) = 0 \,, \qquad \mathcal{S}(b_k) = b_{k-1} \quad \text{für} \quad k = 2, \ldots, r \,.$$

Man nennt $\mathcal{S}$ dann einen *Verschiebeoperator* oder kurz *Shift*. Die entsprechende Matrix

$$J_{\lambda_0, r} = {}_{\mathfrak{B}}\mathcal{B}_{\mathfrak{B}} = \begin{pmatrix} \lambda_0 & 1 & 0 & \cdots & 0 \\ 0 & \lambda_0 & 1 & \cdots & 0 \\ \vdots & \vdots & \vdots & \vdots & \vdots \\ 0 & \cdots & 0 & \lambda_0 & 1 \\ 0 & \ldots & \ldots & 0 & \lambda_0 \end{pmatrix}$$

nennt man einen JORDAN-*Block* der Größe r zum Eigenwert λ_0. Man beachte, dass tatsächlich

$$\text{Kern}(\mathcal{B} - \lambda_0 \mathcal{I}) = \text{LH}(b_1) \,,$$

sodass also λ_0 ein Eigenwert der geometrischen Vielfachheit 1 ist. Das charakteristische Polynom ergibt sich (z. B. nach Korollar 5.23) sofort zu

$$p_{\mathcal{B}}(\lambda) = (\lambda_0 - \lambda)^r \,,$$

und damit ist λ_0 der einzige Eigenwert von $\mathcal{B}$ bzw. von $J_{\lambda_0, r}$, und r ist seine algebraische Vielfachheit.

Theorem. *Jeder Endomorphismus $\mathcal{A}$ eines endlich dimensionalen $\mathbb{C}$-Vektorraums ist direkte Summe*

$$\mathcal{A} = \mathcal{B}_1 \oplus \cdots \oplus \mathcal{B}_m$$

von Abbildungen der Form (7.56). Diese Darstellung ist eindeutig bis auf die Reihenfolge der Summanden.

Die äquivalente Formulierung für Matrizen lautet

Theorem. *Jede Matrix $A \in \mathbb{C}_{n \times n}$ ist ähnlich zu einer Blockdiagonalmatrix*

$$J = \begin{pmatrix} J_{\lambda_1, r_1} & \cdots & & 0 \\ \vdots & \ddots & & \vdots \\ 0 & & \cdots & J_{\lambda_m, r_m} \end{pmatrix}$$

mit JORDAN-*Blöcken* J_{λ_ν, r_ν} ($\nu = 1, \ldots, m$) *in der Diagonalen. Sie ist eindeutig bestimmt bis auf die Reihenfolge der Blöcke. Sie heißt die* JORDAN*'sche Normalform von A.*

Nach dem Satz aus 7.28 (oder direkt nach dem Kästchensatz) ist das charakteristische Polynom von J gegeben durch

$$p(\lambda) = (\lambda_1 - \lambda)^{r_1} \cdots (\lambda_m - \lambda)^{r_m} \ .$$

Die Zahlen $\lambda_1, \ldots, \lambda_m$ sind also tatsächlich die Eigenwerte von J, also auch die von A und von der durch A dargestellten linearen Abbildung. Dabei kann eine Zahl $\mu \in \mathbb{C}$ durchaus in mehreren JORDAN-Blöcken als Eigenwert auftauchen, und die Anzahl dieser Blöcke ist die geometrische Vielfachheit des Eigenwerts μ, denn jeder Block trägt ja 1 zur Dimension des Raums der Eigenvektoren zu μ bei. Die algebraische Vielfachheit ist offenbar die Summe der Größen aller Blöcke J_{λ_j, r_j} mit $\lambda_j = \mu$. In der Liste $\lambda_1, \ldots, \lambda_m$ wird also jeder Eigenwert so oft wiederholt wie seine geometrische Vielfachheit angibt.

In den meisten Lehrbüchern wird dieser Satz mit höheren Mitteln der Algebra bewiesen. Ein elementarer Beweis, der mit den bis jetzt erarbeiteten Mitteln schon verstanden werden kann, findet sich in [20], Appendix III.

Aufgaben zu §7

7.1. Sei V ein endlich dimensionaler und W ein beliebiger $\mathbb{K}$-Vektorraum und sei $\mathfrak{B} = \{b_1, \ldots, b_n\}$ eine Basis von V. Man zeige: Zu beliebig vorgegebenen Vektoren $w_1, \ldots, w_n \in W$ gibt es stets genau eine lineare Abbildung $\mathcal{A} : V \to W$ mit

$$\mathcal{A}(b_k) = w_k \qquad \text{für } k = 1, \ldots, n \ .$$

7.2. Zu den Vektoren $A_1 = \binom{2}{1}$, $A_2 = \binom{3}{2} \in \mathbb{R}^2$ bestimme man alle linearen Abbildungen $\mathcal{A} : \mathbb{R}^2 \longrightarrow \mathbb{R}^2$ mit

$$\mathcal{A}(A_1) = 2A_1, \quad \mathcal{A}(A_2) = 3A_2 \ .$$

7.3. Die lineare Abbildung $\mathcal{A} : \mathbb{R}^4 \to \mathbb{R}^3$ sei definiert durch

$$\mathcal{A}(x, y, s, t) := (x - y + s + t, \ x + 2s - t, \ x + y + 3s - 3t) \ .$$

Man finde eine Basis und die Dimension von Bild $\mathcal{A}$ und von Kern $\mathcal{A}$.

7.4. V sei der Vektorraum der symmetrischen 2×2-Matrizen über $\mathbb{K}$. $\mathcal{A} : V \to V$ sei definiert durch

$$\mathcal{A}\left(\begin{pmatrix} a & b \\ b & c \end{pmatrix} \right) := \begin{pmatrix} a + c & b \\ b & a + b + c \end{pmatrix} \ .$$

Man beweise, dass $\mathcal{A}$ eine lineare Abbildung ist. Man bestimme ihren Kern und dessen Dimension.

7.5. Sei $a < b$. Auf $V := C([a,b])$ betrachten wir die Abbildung, die jedem $f \in V$ die Funktion

$$g(x) := \int_a^x f(t)\,\mathrm{d}t\,, \qquad\qquad a \le x \le b$$

zuordnet. Man beweise: Sie ist linear und injektiv, aber nicht surjektiv. Daraus folgere man, dass V nicht endlich dimensional sein kann.

7.6. Sei V ein $\mathbb{K}$-Vektorraum, $\mathfrak{A} = \{a_1, \ldots, a_n\}$ eine Basis von V, $\mathcal{A} : V \longrightarrow V$ der Vektorraum-Endomorphismus mit

$$\mathcal{A}(a_1) = a_2\,, \ \mathcal{A}(a_2) = a_3, \ldots, \ \mathcal{A}(a_{n-1}) = a_n\,, \ \mathcal{A}(a_n) = a_1\,.$$

Man bestimme die Matrix

$$A = (\alpha_{ik}) = {}_{\mathfrak{A}}\mathcal{A}_{\mathfrak{A}} \in \mathbb{K}_{n\times n}$$

von $\mathcal{A}$ bezüglich $\mathfrak{A}$.

7.7. Es sei $\mathfrak{P}_n$ der $\mathbb{K}$-Vektorraum der Polynome mit Koeffizienten aus $\mathbb{K}$, deren Grad die Zahl n nicht übersteigt. Wir definieren Abbildungen $\mathcal{V}_a$, $\mathcal{D} : \mathfrak{P}_n \to \mathfrak{P}_n$ durch

$$\mathcal{V}_a(P)(x) := P(x - a) \qquad (a \in \mathbb{K} \text{ fest})\,,$$

$$\mathcal{D}(P) := P' \equiv \mathrm{d}P/\mathrm{d}x\,.$$

Man beweise, dass diese Abbildungen linear sind. Man bestimme jeweils Kern und Bild sowie die Darstellungsmatrizen bezüglich der Basis $\{x^n, x^{n-1}, \ldots, x, 1\}$ von $\mathfrak{P}_n$. Man beweise, dass die Abbildungen $\mathcal{V}_a$ Isomorphismen sind und bestimme dazu die inversen Isomorphismen.

7.8. Wenn wir den Vektorraum $V := \mathbb{K}_{2\times 2}$ mit $\mathbb{K}^4$ identifizieren, so ist die Standardbasis gegeben durch die Matrizen

$$E_1 := \begin{pmatrix} 1 & 0 \\ 0 & 0 \end{pmatrix}, \qquad E_2 := \begin{pmatrix} 0 & 1 \\ 0 & 0 \end{pmatrix}$$

$$E_3 := \begin{pmatrix} 0 & 0 \\ 1 & 0 \end{pmatrix}, \qquad E_4 := \begin{pmatrix} 0 & 0 \\ 0 & 1 \end{pmatrix}\,.$$

Wähle nun $B \in V$ fest, etwa $B := \begin{pmatrix} a & b \\ c & d \end{pmatrix}$, und definiere lineare Abbildungen $V \to V$ durch

$$\mathcal{A}_1(X) := BX\,, \qquad \mathcal{A}_2(X) := XB\,, \qquad \mathcal{A}_3(X) := BX - XB\,.$$

Man bestimme ihre Darstellungsmatrizen bezüglich der Standardbasis von V.

7.9. Sei $\mathfrak{A} = \{A_1, \ldots, A_m\}$ eine Basis von $\mathbb{K}_{m\times 1}$ und $\mathfrak{B} = \{B_1, \ldots, B_n\}$ eine Basis von $\mathbb{K}_{n\times 1}$ und sei $\mathcal{A} : \mathbb{K}_{m\times 1} \longrightarrow \mathbb{K}_{n\times 1}$ eine lineare Abbildung mit

$$A = (\alpha_{ik}) = {}_{\mathfrak{B}}\mathcal{A}_{\mathfrak{A}} \in \mathbb{K}_{n\times m}$$

die zugehörige Matrix. Man zeige: Sind

$$\widehat{A} = (A_1, \ldots, A_m) \in \mathbb{K}_{m\times m}, \quad \widehat{B} = (B_1, \ldots, B_n) \in \mathbb{K}_{n\times n}$$

die analog zu Aufg. 6.6 gebildeten „Basismatrizen", so gilt

$$A = \widehat{B}^{-1}(\mathcal{A}(A_1), \ldots, \mathcal{A}(A_m)) .$$

7.10. Für die lineare Abbildung $\mathcal{A} : \mathbb{R}^3 \longrightarrow \mathbb{R}^2$ mit

$$\mathcal{A}\begin{pmatrix} x \\ y \\ z \end{pmatrix} = \begin{pmatrix} 3x + 2y - 4z \\ x - 5y + 3z \end{pmatrix}$$

bestimme man die Matrix $A = {}_{\mathfrak{B}}\mathcal{A}_{\mathfrak{A}}$ bezüglich der Basen

$$\mathfrak{A} = \{A_1, A_2, A_3\} = \left\{ \begin{pmatrix} 1 \\ 1 \\ 1 \end{pmatrix}, \begin{pmatrix} 1 \\ 1 \\ 0 \end{pmatrix}, \begin{pmatrix} 1 \\ 0 \\ 0 \end{pmatrix} \right\} \quad \text{des } \mathbb{R}^3 ,$$

$$\mathfrak{B} = \{B_1, B_2\} = \left\{ \begin{pmatrix} 1 \\ 3 \end{pmatrix}, \begin{pmatrix} 2 \\ 5 \end{pmatrix} \right\} \quad \text{des } \mathbb{R}^2 .$$

7.11. Man bestimme Eigenwerte und Eigenvektoren der folgenden Matrizen:

$$A = \begin{pmatrix} 4 & 0 & 3 \\ 0 & 3 & 0 \\ 3 & 0 & 4 \end{pmatrix} , \quad B = \begin{pmatrix} 2 & 0 & 1 \\ 0 & 3 & 0 \\ 2 & 0 & 3 \end{pmatrix} .$$

7.12. Man untersuche, ob die beiden Matrizen

$$A = \begin{pmatrix} 1 & 1 & 0 \\ 0 & 2 & 0 \\ 0 & 0 & 1 \end{pmatrix} \quad \text{und} \quad B = \begin{pmatrix} 2 & 0 & 0 \\ 0 & 1 & 1 \\ 0 & 0 & 1 \end{pmatrix}$$

diagonalähnlich bzw. zueinander ähnlich sind.

7.13. Ohne das charakteristische Polynom zu berechnen, zeige man, dass

$$A = \begin{bmatrix} 6 & 1 & -1 & 1 & -1 & 1 & -1 \\ 1 & 6 & 1 & -1 & 1 & -1 & 1 \\ -1 & 1 & 6 & 1 & -1 & 1 & -1 \\ 1 & -1 & 1 & 6 & 1 & -1 & 1 \\ -1 & 1 & -1 & 1 & 6 & 1 & -1 \\ 1 & -1 & 1 & -1 & 1 & 6 & 1 \\ -1 & 1 & -1 & 1 & -1 & 1 & 6 \end{bmatrix} \in \mathbb{R}_{7\times 7}$$

den 6-fachen Eigenwert $\lambda_1 = 7$ und den einfachen Eigenwert $\lambda_2 = 0$ hat. Zu diesen Eigenwerten bestimme man eine Maximalzahl linear unabhängiger Eigenvektoren. (*Hinweis:* Lösungen der Gleichungssysteme $Ax = 0$ und $(A - 7E)x = 0$ lassen sich erraten.)

7.14. Seien a_k, $b_k \in \mathbb{R}$, $k = 1, \ldots, n$ und seien

$$A_k = \begin{pmatrix} a_k b_k & b_k^2 \\ -a_k^2 & -a_k b_k \end{pmatrix} \in \mathbb{R}_{2 \times 2}, \quad A = \begin{pmatrix} A_1 & & & \\ & A_2 & & 0 \\ & & \ddots & \\ 0 & & & A_n \end{pmatrix} \in \mathbb{R}_{2n \times 2n}.$$

Man bestimme alle Eigenwerte von A und die Dimensionen der Eigenräume (also der linearen Teilräume, die aus den Eigenvektoren zu einem festen Eigenwert sowie dem Nullvektor gebildet werden).

7.15. Eine HERMITE'sche Matrix (und insbesondere eine reelle symmetrische Matrix) wird *positiv definit* genannt, wenn alle ihre Eigenwerte positiv sind.

a. Man zeige: Ist $G := (g_{ik})$ eine positiv definite symmetrische reelle $n \times n$-Matrix, so ist durch

$$\langle x \mid y \rangle_G := \sum_{i,k=1}^{n} g_{ik} x_i y_k \tag{7.57}$$

ein Skalarprodukt auf $\mathbb{R}^n$ gegeben.

b. Man zeige, dass

$$\langle u \mid v \rangle := u_1 v_1 - u_1 v_2 - u_2 v_1 + 3 u_2 v_2$$

ein Skalarprodukt auf $\mathbb{R}^2$ definiert. Man berechne die Norm des Vektors $u = (3, 4)$ in Bezug auf dieses und in Bezug auf das euklidische Skalarprodukt.

c. Nun sei auf $\mathbb{R}^n$ *irgendein* Skalarprodukt $\langle \cdot \mid \cdot \rangle$ vorgegeben. Wir setzen

$$g_{ij} := \langle e_i \mid e_j \rangle, \qquad i, j = 1, \ldots, n,$$

wobei die e_i die kanonischen Basisvektoren des $\mathbb{R}^n$ sind. Man zeige: Die Matrix (g_{ij}) ist dann symmetrisch und positiv definit, und das gegebene Skalarprodukt ist durch (7.57) dargestellt.

7.16. Sei $\mathcal{A}$ ein Endomorphismus eines endlichdimensionalen Prähilbertraums H.

a. Man zeige: $\operatorname{Kern} \mathcal{A}^* = (\operatorname{Bild} \mathcal{A})^\perp$. (*Hinweis:* Außer den Definitionen braucht man nur das Ergebnis von Aufg. 6.11b.)

b. Aus a. folgere man:

$$\operatorname{Kern} \mathcal{A} = (\operatorname{Bild} \mathcal{A}^*)^\perp, \quad \operatorname{Bild} \mathcal{A} = (\operatorname{Kern} \mathcal{A}^*)^\perp,$$
$$\operatorname{Bild} \mathcal{A}^* = (\operatorname{Kern} \mathcal{A})^\perp.$$

7.17. Es sei H ein Prähilbertraum, und die linearen Abbildungen $\mathcal{A}$, $\mathcal{B} \in L(H,H)$ seien selbstadjungiert und *vertauschbar*, d. h. für sie gilt $\mathcal{A} \circ \mathcal{B} = \mathcal{B} \circ \mathcal{A}$. Man zeige nacheinander:

a. Der lineare Teilraum $U_\lambda \subseteq H$, der aus den Eigenvektoren zu einem Eigenwert λ von $\mathcal{A}$ besteht, ist unter $\mathcal{B}$ invariant.

b. U_λ hat eine Orthonormalbasis $a_{\lambda,1}, \ldots, a_{\lambda,k}$, in der $\mathcal{B}|_{U_\lambda}$ durch eine Diagonalmatrix dargestellt wird.

c. Der gesamte Raum H hat eine Orthonormalbasis, bezüglich der beide Abbildungen $\mathcal{A}$, $\mathcal{B}$ durch Diagonalmatrizen dargestellt werden.

Man drückt das Ergebnis kurz so aus: Vertauschbare selbstadjungierte Abbildungen können *simultan* diagonalisiert werden. Was folgt daraus für vertauschbare HERMITE'sche oder symmetrische Matrizen?

7.18. Eine HERMITE'sche Matrix wird *positiv semidefinit* genannt, wenn sie keine negativen Eigenwerte hat (wenn also alle ihre Eigenwerte ≥ 0 sind).

Man zeige: Jede positiv semidefinite HERMITE'sche Matrix $A \in \mathbb{C}_{n \times n}$ hat genau eine *positive Wurzel* W, d. h. es gibt genau eine positiv semidefinite HERMITE'sche Matrix W, die $W^2 = A$ erfüllt. (*Hinweis:* Nehmen wir an, wir hätten eine Lösung W des Problems. Durch Betrachtung der Eigenwerte von W und der zugehörigen Räume von Eigenvektoren kann man feststellen, wie W aussehen muss.)

7.19. Sei H ein Prähilbertraum über $\mathbb{C}$, $\mathcal{A} : H \longrightarrow H$ eine lineare Abbildung. Man zeige:

a.
$$T_1 = \tfrac{1}{2}(\mathcal{A} + \mathcal{A}^*) \ , \quad T_2 = \tfrac{1}{2\mathrm{i}}\left(\mathcal{A} - \mathcal{A}^*\right) ,$$

$$T_3 = \mathcal{A} \circ \mathcal{A}^* \quad , \quad T_4 = \mathcal{A}^* \circ \mathcal{A}$$

sind selbstadjungiert.

b. T_3, T_4 sind positiv semidefinit (vgl. Aufg. 7.18).

c. $S := \mathcal{I} + \mathcal{A} \circ \mathcal{A}^*$ ist positiv definit (vgl. Aufg. 7.15), also ein Isomorphismus.

d. Ist $\mathcal{A}$ sogar selbstadjungiert, so sind

$$\mathcal{A} + \mathrm{i}\,\mathcal{I} \quad \text{und} \quad \mathcal{A} - \mathrm{i}\,\mathcal{I}$$

Isomorphismen und

$$\mathcal{U} := (\mathcal{A} + \mathrm{i}\,\mathcal{I}) \circ (\mathcal{A} - \mathrm{i}\,\mathcal{I})^{-1}$$

ist unitär.

7.20. Sei V ein beliebiger $\mathbb{K}$-Vektorraum. Eine lineare Abbildung $\mathcal{P} \in L(V,V)$ wird als *Projektor* bezeichnet, wenn sie die Bedingung $\mathcal{P} \circ \mathcal{P} = \mathcal{P}$ erfüllt. Man zeige:

a. Ist $\mathcal{P}$ ein Projektor, so ist

$$V = \operatorname{Kern} \mathcal{P} \oplus \operatorname{Bild} \mathcal{P} \, , \qquad (*)$$

und für jedes $x \in V$ ist $\mathcal{P}(x)$ gerade die Komponente von x in $\operatorname{Bild} \mathcal{P}$ relativ zu dieser direkten Zerlegung.

b. Nun sei V speziell ein endlich dimensionaler Prähilbertraum. Ein Projektor $\mathcal{P} \in L(V, V)$ ist selbstadjungiert genau dann, wenn die direkte Zerlegung $(*)$ *orthogonal* ist, d.h. wenn jedes $x \in \operatorname{Kern} \mathcal{P}$ auf jedem $y \in \operatorname{Bild} \mathcal{P}$ senkrecht steht.

7.21. Man zeige: Wenn eine orthogonale Matrix $A \in \mathbb{R}_{n \times n}$ eine Dreiecksmatrix ist, dann ist A eine Diagonalmatrix.

7.22. Man zeige: Wenn $A \in \mathbb{C}_{n \times n}$ unitärähnlich zu einer Diagonalmatrix ist, dann ist A eine normale Matrix.

7.23. Sei $U \in \mathbb{R}_{n \times n}$ eine orthogonale Matrix, $\lambda \neq \pm 1$ ein Eigenwert von U, $Z = (z_1, \ldots, z_n)^T \in \mathbb{C}^n$ ein zugehöriger Eigenvektor. Man zeige:

$$\sum_{k=1}^{n} z_k^2 = 0 \, .$$

Hinweis: Betrachte $Z^T U Z$.

7.24. Sei H ein n-dimensionaler Prähilbertraum über $\mathbb{R}$, $w \neq 0$ ein fester Vektor und sei $\mathcal{A} : H \longrightarrow H$ definiert durch

$$\mathcal{A}(x) = x - 2 \frac{\langle w | x \rangle}{\|w\|^2} \, w \, , \qquad x \in H \, .$$

a. Man zeige, dass $\mathcal{A}$ eine orthogonale Abbildung ist.

b. Man zeige: $\mathcal{A}$ hat den einfachen Eigenwert $\lambda_1 = -1$ und den $(n-1)$-fachen Eigenwert $\lambda_2 = 1$. Warum nennt man $\mathcal{A}$ eine *Spiegelung*?

7.25. Bezüglich der kanonischen Basis des $\mathbb{R}^3$ sei die Abbildung $\mathcal{R}$ gegeben durch die Matrix

$$A = \frac{1}{3} \begin{pmatrix} 2 & 2 & 1 \\ -2 & 1 & 2 \\ 1 & -2 & 2 \end{pmatrix} \, .$$

Man zeige, dass $\mathcal{R}$ eine Drehung ist. Man bestimme die Drehachse sowie den Drehwinkel.

7.26. Man beweise den „Satz vom Fußball": Bei jedem Fußballspiel, in dem nur ein Ball benutzt wird, gibt es zwei Punkte auf der Oberfläche des Balles, die sich zu Beginn der ersten und der zweiten Halbzeit (wenn der Ball genau auf dem Anstoßpunkt liegt) an der gleichen Stelle im umgebenden Raum befinden.

8

Lineare Differenzialgleichungssysteme

Die Begriffe, Ergebnisse und Methoden der linearen Algebra aus den letzten drei Kapiteln finden nun eine erste Anwendung im Bereich der für die Physik so wichtigen Differenzialgleichungen. Dabei wird uns vieles wiederbegegnen, was wir in Kap. 4 schon in spezieller und elementarer Form kennengelernt haben.

In diesem Kapitel bezeichnen wir die unabhängige Variable mit t und stellen sie uns als die Zeit vor. Einer weitverbreiteten Praxis folgend, bezeichnen wir Ableitungen nach der Zeit meistens mit einem Punkt $\dot{}$ statt dem sonst üblichen Strich $'$, schreiben also

$$\dot{\varphi} := \frac{\mathrm{d}\varphi}{\mathrm{d}t} \, .$$

Wir werden es mit Funktionen zu tun haben, deren Werte Vektoren $X(t) = (x_1(t), \ldots, x_n(t))^T \in \mathbb{R}^{n \times 1}$ oder Matrizen $A(t) = (a_{jk}(t)) \in \mathbb{R}^{n \times n}$ sind. Grenzprozesse mit solchen Funktionen sind stets komponentenweise zu verstehen. Stetigkeit oder Differenzierbarkeit bedeuten also die Stetigkeit bzw. Differenzierbarkeit aller Komponenten, und Ableitungen oder Integrale werden komponentenweise gebildet.

A. Allgemeine lineare Differenzialgleichungssysteme 1. Ordnung

Wir beginnen mit den folgenden Definitionen:

Definitionen 8.1.

a. Seien $A = A(t) = (a_{ij}(t)) : \mathbb{R} \longrightarrow \mathbb{R}_{n \times n}$, $B = B(t) = (b_i(t)) : \mathbb{R} \longrightarrow \mathbb{R}^n$ gegebene stetige Funktionen. Dann heißt

$$\dot{X} = A(t)X + B(t) \tag{8.1}$$

oder, ausführlich geschrieben,

$$\dot{x}_i(t) = \sum_{k=1}^{n} a_{ik}(t)x_k(t) + b_i(t) \qquad\qquad (i = 1, \ldots, n)$$

ein lineares Differenzialgleichungssystem 1. Ordnung.

b. *Eine C^1-Vektorfunktion $X = \Phi(t) = (\varphi_1(t), \ldots, \varphi_n(t))^T$ heißt eine Lösung von (8.1), wenn*

$$\dot{\Phi}(t) = A(t) \cdot \Phi(t) + B(t) \qquad \text{für alle } t \in \mathbb{R}. \qquad (8.2)$$

Sind $\Phi_1 = (\varphi_{i1}), \ldots, \Phi_n = (\varphi_{in})$ Lösungen von (8.1), so heißt $\psi = (\Phi_1, \ldots, \Phi_n) : \mathbb{R} \longrightarrow \mathbb{R}_{n \times n}$ eine Matrixlösung *von (8.1) und*

$$W(t) = \det(\psi(t)) = \det(\Phi_1(t), \ldots, \Phi_n(t)) \qquad (8.3)$$

die zugehörige WRONSKI-*Determinante.*

c. *Ist $t_0 \in \mathbb{R}$ und $x_0 \in \mathbb{R}^n$, so nennt man*

$$X(t_0) = X_0 \qquad (8.4)$$

eine Anfangsbedingung *für (8.1) und das Problem, eine Lösung von (8.1) zu finden, welche (8.4) erfüllt, eine* Anfangswertaufgabe.

Reduktion von Systemen höherer Ordnung

Lineare Differenzialgleichungen n-ter Ordnung und lineare Differenzialgleichungssysteme höherer Ordnung kann man immer auf Differenzialgleichungssysteme 1. Ordnung zurückführen. Wir demonstrieren dies an Beispielen.

I. Differenzialgleichungen n-ter Ordnung

Gegeben sei die lineare Differenzialgleichung n-ter Ordnung

$$y^{(n)} + a_{n-1}(t)y^{(n-1)} + \cdots + a_1(t)y' + a_0(t)y = f(t), \qquad (8.5)$$

wobei die Koeffizienten nicht konstant sein müssen. Anstelle der einen unbekannten Funktion $y(t)$ führen wir n unbekannte Funktionen $x_1(t), \ldots, x_n(t)$ ein:

$$x_1 := y, \quad x_2 := y', \quad x_3 := y'', \ldots, x_n := y^{(n-1)}. \qquad (8.6)$$

Dann folgt aus (8.5) und (8.6)

$$
\begin{aligned}
\dot{x}_1 &= x_2 \\
\dot{x}_2 &= x_3 \\
\cdots &\quad \cdots \\
\dot{x}_{n-1} &= x_n \\
\dot{x}_n &= f - a_0 x_1 - a_1 x_2 - \cdots - a_{n-1} x_n.
\end{aligned}
\qquad (8.7)
$$

Dies ist ein Differenzialgleichungssystem 1. Ordnung der Form

$$\dot{X} = AX + F$$

mit

$$A = \begin{bmatrix} 0 & 1 & 0 & 0 & 0 & \cdots & 0 & 0 \\ 0 & 0 & 1 & 0 & 0 & \cdots & 0 & 0 \\ 0 & 0 & 0 & 1 & 0 & \cdots & 0 & 0 \\ - & - & - & - & - & - & - & - \\ 0 & 0 & 0 & 0 & 0 & \cdots & 0 & 1 \\ -a_0 & -a_1 & -a_2 & -a_3 & -a_4 & \cdots & -a_{n-2} & -a_{n-1} \end{bmatrix}, \quad F = \begin{bmatrix} 0 \\ 0 \\ 0 \\ \vdots \\ 0 \\ f \end{bmatrix}. \qquad (8.8)$$

II. System 2. Ordnung

Das Verfahren funktioniert auch für Systeme höherer Ordnung. Betrachten wir das System 2. Ordnung

$$\ddot{x} = b_{11}\dot{x} + b_{12}\dot{y} + a_{11}x + a_{12}y + f_1 \qquad (8.9)$$

$$\ddot{y} = b_{21}\dot{x} + b_{22}\dot{y} + a_{21}x + a_{22}y + f_2 \qquad (8.10)$$

für zwei gesuchte Funktionen $x = x(t)$, $y = y(t)$, wobei a_{ij}, b_{ij}, f_i gegebene Funktionen und/oder Konstanten sind. Anstelle der 2 unbekannten Funktionen x, y führen wir 4 unbekannte Funktionen

$$x_1 := x, \quad x_2 := \dot{x}, \quad x_3 := y, \quad x_4 := \dot{y} \qquad (8.11)$$

ein, wobei die Nummerierung beliebig ist. Aus (8.9) und (8.11) folgt:

$$\begin{aligned} \dot{x}_1 &= x_2 \\ \dot{x}_2 &= a_{11}x_1 + a_{12}x_3 + b_{11}x_2 + b_{12}x_4 + f_1 \\ \dot{x}_3 &= x_4 \\ \dot{x}_4 &= a_{21}x_1 + a_{22}x_3 + b_{21}x_2 + b_{22}x_4 + f_2\,, \end{aligned} \qquad (8.12)$$

d. h. wir bekommen wieder ein System 1. Ordnung

$$\dot{X} = AX + F$$

mit

$$A = \begin{bmatrix} 0 & 1 & 0 & 0 \\ a_{11} & b_{11} & a_{12} & b_{12} \\ 0 & 0 & 0 & 1 \\ a_{21} & b_{21} & a_{22} & b_{22} \end{bmatrix}, \quad F = \begin{bmatrix} 0 \\ f_1 \\ 0 \\ f_2 \end{bmatrix}. \qquad (8.13)$$

Sind zusätzlich zu dem System (8.9) Anfangsbedingungen gegeben, etwa

$$x(t_0) = p_0 , \quad \dot{x}(t_0) = p_1 , \quad y(t_0) = q_0 , \quad \dot{y}(t_0) = q_1 , \qquad (8.14)$$

so ergeben sich daraus die Anfangsbedingungen

$$x_1(t_0) = p_0 , \quad x_2(t_0) = p_1 , \quad x_3(t_0) = q_0 , \quad x_4(t_0) = q_1 \qquad (8.15)$$

für das System (8.12). Ist dann

$$X = (\varphi_1(t) , \quad \varphi_2(t) , \quad \varphi_3(t) , \quad \varphi_4(t)) \qquad (8.16)$$

eine Lösung von (8.12) bzw. der Anfangswertaufgabe (8.12), (8.15), so ist

$$x(t) = \varphi_1(t) , \quad y(t) = \varphi_3(t) \qquad (8.17)$$

eine Lösung des Systems (8.9) bzw. der Anfangswertaufgabe (8.9), (8.14).

Wir kommen nun zu den fundamentalen Eigenschaften der linearen Systeme. Die Sätze 4.5, 4.6 ergeben sich sofort aus dem nachfolgenden Theorem, wenn man die dortigen Gleichungen 2. Ordnung auf Systeme 1. Ordnung reduziert.

Theorem 8.2. *Seien $A : \mathbb{R} \longrightarrow \mathbb{R}_{n \times n}$, $B : \mathbb{R} \longrightarrow \mathbb{R}^n$ stetige Funktionen. Dann gilt*

a. Für jedes $t_0 \in \mathbb{R}$, $X_0 \in \mathbb{R}^n$ hat die Anfangswertaufgabe

$$\dot{X} = A(t)X + B(t) , \quad X(t_0) = X_0 \qquad (8.18)$$

eine eindeutige Lösung $\Phi \in C^1(\mathbb{R}, \mathbb{R}^n)$.
b. Die Lösungsmenge $\mathcal{L}_0$ des homogenen Systems

$$\dot{X} = A(t)X \qquad (8.19)$$

bildet einen n-dimensionalen $\mathbb{R}$-Vektorraum. Eine Basis $\{\Phi_1, \dots, \Phi_n\}$ von $\mathcal{L}_0$ heißt ein Fundamentalsystem für (8.19) und die daraus gebildete Matrix $\psi = (\Phi_1, \dots, \Phi_n)$ eine Fundamentalmatrix.
c. Sind $\Phi_1, \dots, \Phi_n$ Lösungen des homogenen Systems (8.19), so erfüllt die WRONSKI-Determinante $W(t)$ von $\Phi_1, \dots, \Phi_n$ die Differenzialgleichung

$$\dot{W}(t) = \mathrm{Spur}(A(t))W(t) \qquad (8.20)$$

und es gilt die LIOUVILLE'sche Formel

$$W(t) = W(t_0)e^{\int_{t_0}^{t} \mathrm{Spur}(A(s))ds} . \qquad (8.21)$$

Insbesondere sind $\Phi_1, \dots, \Phi_n$ genau dann ein Fundamentalsystem, wenn

$$W(t_0) \neq 0 \qquad \text{für ein } t_0 \in \mathbb{R} . \qquad (8.22)$$

d. Ist $\Phi_1, \ldots, \Phi_n$ ein Fundamentalsystem des homogenen Systems (8.19), so
ist

$$\Phi_h(t) = c_1 \Phi_1(t) + \cdots + c_n \Phi_n(t) , \qquad c_n \in \mathbb{R} \qquad (8.23)$$

die allgemeine Lösung des homogenen Systems (8.19) und

$$\Phi(t) = \Phi_h(t) + \Phi_p(t) \qquad (8.24)$$

ist die allgemeine Lösung des inhomogenen Systems (8.1), wenn $\Phi_p(t)$
eine spezielle Lösung von (8.1) ist.

Beweis.

a. Wie bei den Differenzialgleichungen 2. Ordnung in 4.5 nehmen wir die
   Aussage über die eindeutige Lösbarkeit der Anfangswertaufgabe zunächst
   ohne Beweis zur Kenntnis.
b. Für die Lösungen des homogenen Systems (8.19) gilt das Superpositionsprinzip, denn sind X, Y Lösungen von (8.19), d. h.

$$\dot{X} = AX \qquad \text{und} \qquad \dot{Y} = AY$$

und ist $Z = \alpha X + \beta Y$, so folgt

$$\dot{Z} = \alpha \dot{X} + \beta \dot{Y} = \alpha AX + \beta AY = A(\alpha X + \beta Y) = AZ .$$

Sind ferner $E^1, \ldots, E^n$ die kanonischen Basisvektoren des $\mathbb{R}^n$, so haben
die n Anfangswertaufgaben

$$\dot{X}_i = AX_i , \quad X_i(0) = E^i , \qquad i = 1, \ldots, n$$

eindeutig bestimmte Lösungen $\Phi_i(t)$, die überdies linear unabhängig sind.
Ist $\Phi(t)$ eine beliebige Lösung von (8.19) mit

$$\Phi(0) = C = (c_1, \ldots, c_n)^T ,$$

so erfüllt die Lösung $\psi(t) = c_1 \Phi_1(t) + \cdots + c_n \Phi_n(t)$ dieselbe Anfangsbedingung. Wegen der (nach a.) eindeutigen Lösbarkeit der Anfangswertaufgabe
gilt daher

$$\Phi(t) = c_1 \Phi_1(t) + \cdots + c_n \Phi_n(t) ,$$

d. h. $\{\Phi_1, \ldots, \Phi_n\}$ ist eine Basis von $\mathcal{L}_0$.
c. Seien $\Phi_1, \ldots, \Phi_n$ Lösungen von (8.19) und

$$W = \det(\Phi_1, \ldots, \Phi_n) = \det(\varphi_{k\ell}) .$$

Da die Determinante von jeder einzelnen Spalte auf lineare Weise abhängt,
kann man zum Differenzieren die Produktregel verwenden. Wie bei der
Herleitung von 5.24 folgt daher

$$\dot{W} = \sum_{\ell=1}^{n} \det(\Phi_1, \ldots, \dot{\Phi}_\ell, \ldots, \Phi_n)$$

$$= \sum_{\ell=1}^{n} \sum_{k=1}^{n} Adj(\varphi_{k\ell})\dot{\varphi}_{k\ell} \qquad \text{(Entw. nach } \ell\text{-ter Spalte)}$$

$$= \sum_{k,\ell} Adj(\Phi_{k\ell}) \left(\sum_{j=1}^{n} a_{kj}\varphi_{j\ell} \right)$$

$$= \sum_{k,j} a_{kj} \left(\sum_{\ell} \varphi_{j\ell} Adj(\varphi_{k\ell}) \right)$$

$$= \sum_{k,j} a_{kj}\delta_{jk}W = \left(\sum_{j} a_{jj} \right) W = \mathrm{Spur}(A) \cdot W \,,$$

denn nach 5.24 gilt: $\sum_\ell \varphi_{j\ell} Adj(\varphi_{k\ell}) = \delta_{jk} \det(\varphi_{jk})$. Damit ist (8.20) ge-zeigt und (8.21) ist die Lösung der linearen Differenzialgleichung 1. Ord-nung (8.20) für W.

d. Ist klar!

$\square$

Kennt man ein Fundamentalsystem oder eine Fundamentalmatrix des ho-mogenen Systems (8.19), so kann man auch das inhomogene System (8.1) lösen.

Satz 8.3 (Variation der Konstanten). *Sei* $\Psi(t) = (\Phi_1(t), \ldots, \Phi_n(t))$ *eine Fundamentalmatrix des homogenen Systems (8.19). Dann ist die eindeutige Lösung der Anfangswertaufgabe*

$$\dot{X} = A(t)X + B(t) \,, \quad X(t_0) = X_0 \tag{8.18}$$

ist gegeben durch

$$X(t) = \Psi(t) \left\{ \Psi(t_0)^{-1}X_0 + \int_{t_0}^{t} \Psi^{-1}(s)B(s)\mathrm{d}s \right\} \tag{8.25}$$

Beweis. Sei also $\Psi(t)$ eine beliebige Fundamentalmatrix, d.h.

$$\dot{\Psi} = A\Psi \qquad \text{und} \qquad \det(\Psi) \neq 0 \,.$$

Sei

$$X_h(t) = \Psi(t)\Psi(t_0)^{-1}X_0 \,, \qquad X_p(t) = \Psi(t)\int_{t_0}^{t} \Psi^{-1}(s)B(s)\mathrm{d}s \,,$$

dann folgt

$$\dot{X}_h = \dot{\Psi}(t)\Psi(t_0)^{-1}X_0 = A(\Psi(t)\Psi(t_0)^{-1}X_0) = AX_h$$

$$X_h(t_0) = \Psi(t_0)\Psi(t_0)^{-1}X_0 = X_0$$

und

$$\dot{X}_p(t) = \dot{\Psi}(t)\int_{t_0}^{t} \Psi^{-1}(s)B(s)\,\mathrm{d}s + \Psi(t)\Psi(t)^{-1}B(t)$$

$$= A(t)\left(\Psi(t)\int_{t_0}^{t}\Psi^{-1}(s)B(s)\,\mathrm{d}s\right) + B(t) = A(t)X_p(t) + B(t) \,,$$

$$X_p(t_0) = 0 \,,$$

d.h. die durch (8.25) gegebene Vektorfunktion löst die Anfangswertaufgabe (8.18).

$\square$

B. Homogene Differenzialgleichungssysteme mit konstanten Koeffizienten

Nach 8.3 ist eine Anfangswertaufgabe

$$\dot{X} = A(t)X + B(t) , \qquad X(t_0) = X_0$$

vollständig gelöst, wenn ein Fundamentalsystem bzw. eine Fundamentalmatrix des zugehörigen homogenen Systems bekannt ist. Wie bei den linearen Differenzialgleichungen 2. Ordnung gelingt die Bestimmung i. Allg. nur bei *Systemen mit konstanten Koeffizienten*

$$\dot{X} = AX \qquad (8.26)$$

oder ausführlich:

$$\dot{x}_i = \sum_{k=1}^{n} a_{ik}x_k , \qquad 1 \leq i \leq n$$

mit $A = (a_{ik}) \in \mathbb{R}_{n \times n}$ als konstanter Koeffizientenmatrix. Um eine Lösung von (8.26) zu bestimmen, macht man einen *Exponentialansatz*

$$X(t) = Ce^{\lambda t} = \begin{pmatrix} c_1 e^{\lambda t} \\ \vdots \\ c_n e^{\lambda t} \end{pmatrix} \qquad \text{mit } \lambda \in \mathbb{C}, C \in \mathbb{C}^n , \qquad (8.27)$$

wobei λ und C so zu bestimmen sind, dass (8.27) eine Lösung von (8.26) ist. Einsetzen von (8.27) in (8.26) ergibt:

$$\lambda e^{\lambda t} C \equiv \dot{X}(t) = AX(t) \equiv e^{\lambda t} AC ,$$

also

$$AC = \lambda C . \qquad (8.28)$$

Damit haben wir zunächst:

Satz 8.4. *Die Funktion* $X(t) = Ce^{\lambda t}$, $\lambda \in \mathbb{C}$, $C \in \mathbb{C}^n$ *ist genau dann eine Lösung des homogenen Differenzialgleichungssystems (8.26), wenn* λ *ein Eigenwert und* C *ein zugehöriger Eigenvektor der Matrix* A *ist.*

Um ein Fundamentalsystem (8.26) zu bestimmen, hat man also alle Eigenwerte $\lambda_1, \ldots, \lambda_n$ mit zugehörigen Eigenvektoren $C_1, \ldots, C_n$ zu bestimmen. Gibt es n linear unabhängige Eigenvektoren $C_1, \ldots, C_n \in \mathbb{R}^n$ zu reellen Eigenwerten $\lambda_1, \ldots, \lambda_n$, was nach 7.17 z. B. für eine symmetrische Matrix A gilt, so hat man ein Fundamentalsystem

$$\Phi_1(t) = C_1 e^{\lambda_1 t}, \ldots, \Phi_n(t) = C_n e^{\lambda_n t} . \qquad (8.29)$$

Im Allgemeinen ist die Situation ungünstiger, denn es kann komplexe Eigenwerte geben, und die Anzahl s der linear unabhängigen Eigenvektoren kann

$< n$ sein, nämlich dann, wenn die Matrix A nicht diagonalähnlich ist. Diese Situation liegt vor, wenn λ_0 ein p-facher Eigenwert, d. h. eine p-fache Nullstelle des charakteristischen Polynoms

$$P(\lambda) = \det(A - \lambda E) = (\lambda - \lambda_0)^p Q(\lambda) \tag{8.30}$$

ist, aber

$$\mathrm{rg}(A - \lambda_0 E) = n - r > n - p\,, \qquad \text{d. h. } r < p \tag{8.31}$$

ist, sodass es zu λ_0 nur r linear unabhängige Eigenvektoren gibt. Um dennoch zu λ_0 p linear unabhängige Lösungen zu bekommen, versuchen wir anstelle von (8.27) den Ansatz

$$X(t) = e^{\lambda_0 t}(C_0 + C_1 t + \cdots + C_{p-1}t^{p-1}) = e^{\lambda_0 t}\sum_{k=0}^{p-1} C_k t^k\,. \tag{8.32}$$

Setzen wir diesen in (8.26) ein, so folgt

$$\begin{aligned}
\dot{X}(t) &= \lambda_0 X(t) + e^{\lambda_0 t}(C_1 + 2C_2 t + \cdots + (p-1)C_{p-1}t^{p-2})\\
&= e^{\lambda_0 t}((\lambda_0 C_0 + C_1) + (\lambda_0 C_1 + 2C_2)t + \cdots\\
&\qquad\qquad + (\lambda_0 C_{p-2} + (p-1)C_{p-1})t^{p-2} + \lambda_0 C_{p-1}t^{p-1})\\
&= e^{\lambda_0 t}(AC_0 + tAC_1 + \cdots + t^{p-1}AC_{p-1}) \equiv AX(t)\,.
\end{aligned}$$

Durch Koeffizientenvergleich folgt

$$\begin{array}{llll}
AC_{p-1} = \lambda_0 C_{p-1} & & (A - \lambda_0 E)C_{p-1} = 0\\
AC_{p-2} = \lambda_0 C_{p-2} + (p-1)C_{p-1} & & (A - \lambda_0 E)C_{p-2} = (p-1)C_{p-1}\\
\cdots & \Longleftrightarrow & \cdots\\
AC_1 \ \ = \lambda_0 C_1 + 2C_2 & & (A - \lambda_0 E)C_1 \ \ = 2C_2\\
AC_0 \ \ = \lambda_0 C_0 + C_1 & & (A - \lambda_0 E)C_0 \ \ = C_1\,.
\end{array}$$

Also

$$C_1 = (A - \lambda_0 E)C_0\ ,\ C_2 = \tfrac{1}{2}(A - \lambda_0 E)^2 C_0\ ,\ C_3 = \tfrac{1}{2\cdot 3}(A - \lambda_0 E)^3 C_0\,,$$
$$\cdots \qquad\qquad,\ C_k = \tfrac{1}{k!}(A - \lambda_0 E)^k C_0\ ,\ (A - \lambda_0 E)^p C_0 = 0\,. \tag{8.33}$$

Sind die Vektoren $C_0, \ldots, C_{p-1}$ auf diese Weise bestimmt, so ergibt sich aus dem Ansatz (8.32) die Lösung

$$X(t) = e^{\lambda_0 t}\left(\sum_{k=0}^{p-1}\frac{t^k}{k!}(A - \lambda_0 E)^k\right)C_0\,, \tag{8.34}$$

wobei $C_0 \neq 0$ eine Lösung des homogenen Systems

$$(A - \lambda_0 E)^p C_0 = 0 \tag{8.35}$$

ist. Dass es nun zu dem p-fachen Eigenwert λ_0 tatsächlich p linear unabhängige Lösungen der Form (8.34) gibt, sichert der folgende Satz aus der linearen Algebra, den wir ohne Beweis akzeptieren (vgl. jedoch Ergänzung 8.9):

Satz 8.5. *Sei $A \in \mathbb{R}_{n \times n}$ und seien $\lambda_1, \ldots, \lambda_s$ die verschiedenen Eigenwerte von A mit Vielfachheiten $n_1, \ldots, n_s$, d. h.*

$$P(\lambda) = \det(A - \lambda E) = (\lambda - \lambda_1)^{n_1} \cdots (\lambda - \lambda_s)^{n_s} .$$

Dann gilt

$$\operatorname{rg}(A - \lambda_j E)^{n_j} = n - n_j ,$$

d. h. das homogene Gleichungssystem

$$(A - \lambda_j E)^{n_j} C_j = 0$$

hat n_j linear unabhängige Lösungen C_j^α, $\alpha = 1, \ldots, n_j$.

Im Falle eines reellen Eigenwertes λ_j der Vielfachheit n_j bekommen wir mit 8.5 zu n_j linear unabhängige Lösungen

$$X_j^\alpha(t) = e^{\lambda_j t} \left(\sum_{k=0}^{n_j-1} \frac{t^k}{k!} (A - \lambda_j E)^k \right) C_j^\alpha , \qquad \alpha = 1, \ldots, n_j . \qquad (8.36)$$

Ist dagegen $\lambda_j = \alpha_j + i\beta_j$ ein n_j-facher komplexer Eigenwert, so ist nach 1.26 auch $\overline{\lambda}_j = \alpha_j - i\beta_j$ ein n_j-facher Eigenwert und wir bekommen damit aus (8.36) $2n_j$ komplexe Lösungen $X_j^\alpha(t)$, $\overline{X_j^\alpha(t)}$. Um daraus reelle Lösungen zu gewinnen, betrachten wir wieder einen Eigenwert $\lambda = \alpha + i\beta$ der Vielfachheit p.

Sei dann

$$C_0 = U_0 + iV_0$$

eine Lösung von $(A - \lambda E)^p C_0 = 0$ und $C_k = U_k + iV_k := \frac{1}{k!}(A - \lambda E)^p C_0 \neq 0$.

Dann ist

$$\overline{C}_0 = U_0 - iV_0$$

eine Lösung von $(A - \overline{\lambda} E)^p \overline{C}_0 = 0$ und $\overline{C}_k = U_k - iV_k = \frac{1}{k!}(A - \overline{\lambda} E)^k \overline{C}_0$, $k = 1, \ldots, p-1$.

Es gibt dann $2p$ komplexe Lösungen der Form

$$Z(t) = e^{\lambda t}(C_0 + tC_1 + \cdots + t^{p-1}C_{p-1})$$

$$= e^{\alpha t}(\cos \beta t + i \sin \beta t)((U_0 + iV_0) + (U_1 + iV_1)t + \cdots +$$

$$+ (U_{p-1} + iV_{p-1})t^{p-1})$$

$$= X(t) + iY(t) ,$$

$$\overline{Z(t)} = X(t) - iY(t) ,$$

wobei dann

$$X(t) = \text{Re}\,(Z(t)) = \frac{1}{2}(Z(t) + \overline{Z}(t))$$
$$= e^{\alpha t}((U_0 + U_1 t + \cdots + U_{p-1}t^{p-1})\cos\beta t$$
$$- (V_0 + V_1 t + \cdots + V_{p-1}t^{p-1})\sin\beta t)\,,$$
$$Y(t) = \text{Im}\,(Z(t)) = \frac{1}{2i}\,(Z(t) - \overline{Z}(t))$$
$$= e^{\alpha t}((U_0 + U_1 t + \cdots + U_{p-1}t^{p-1})\sin\beta t$$
$$+ (V_0 + V_1 t + \cdots + V_{p-1}t^{p-1})\cos\beta t)$$

nach dem Superpositionsprinzip in 8.2b die zugehörigen reellen Lösungen sind. Wir fassen zusammen:

Theorem 8.6. *Gegeben sei das homogene Differenzialgleichungssystem (8.26) mit gegebener konstanter Matrix $A \in \mathbb{R}_{n\times n}$, und es seien $\lambda_1,\ldots,\lambda_s \in \mathbb{C}$ die verschiedenen Eigenwerte von A mit Vielfachheiten $n_1,\ldots,n_s$. Für jedes $j = 1,\ldots,s$ seien C_j^α, $\alpha = 1,\ldots,n_j$ linear unabhängige Lösungen des homogenen Systems*

$$(A - \lambda_j E)^{n_j} C_j^\alpha = 0\,. \tag{8.37}$$

Dann gilt

a. *Ist λ_j ein reeller Eigenwert, so gehören dazu die n_j Lösungen*

$$X_j^\alpha(t) = e^{\lambda_j t}\left(\sum_{k=0}^{n_j-1}\frac{t^k}{k!}(A - \lambda_j E)^k\right) C_j^\alpha\,, \quad \alpha = 1,\ldots,n_j\,. \tag{8.38}$$

b. *Ist $\lambda_j = \alpha_j + \mathrm{i}\beta_j$ und damit auch $\overline{\lambda}_j = \alpha_j - \mathrm{i}\beta_j$ ein komplexer Eigenwert und ist*

$$U_{j,k}^\alpha = \tfrac{1}{k!}\,\text{Re}\,((A - \lambda_j E)^k C_j^\alpha)\,,$$
$$V_{j,k}^\alpha = \tfrac{1}{k!}\,\text{Im}\,((A - \lambda_j E)^k C_j^\alpha) \tag{8.39}$$

$(k = 0,1,\ldots,n_j - 1)$, so gehören zu dem Paar $(\lambda_j, \overline{\lambda}_j)$ die $2n_j$ Lösungen

$$X_j^\alpha(t) = e^{\alpha_j t}\Big\{\cos\beta_j t \cdot \sum_{k=0}^{n_j-1} U_{j,k}^\alpha t^k$$
$$- \sin\beta_j t \sum_{k=0}^{n_j-1} V_{j,k}^\alpha t^k\Big\}\,,$$
$$Y_j^\alpha(t) = e^{\alpha_j t}\Big\{\sin\beta_j t \cdot \sum_{k=0}^{n_j-1} U_{j,k}^\alpha t^k$$
$$+ \cos\beta_j t \cdot \sum_{k=0}^{n_j-1} V_{j,k}^\alpha t^k\Big\}\,. \tag{8.40}$$

c. *Die Gesamtheit der Lösungen, die man für die verschiedenen Eigenwerte λ_j, $j = 1,\ldots,s$, gemäß a. oder b bekommt, bildet ein Fundamentalsystem für (8.1).*

C. Spezialfälle

Zugegebenermaßen sieht Theorem 8.6 etwas kompliziert aus, aber es gibt uns ein vollständiges Rezept, wie man bei einem homogenen linearen System 1. Ordnung mit konstanten Koeffizienten zu einem Fundamentalsystem von Lösungen gelangen kann. Um die Anwendung des Theorems zu erleichtern, illustrieren wir es anhand diverser Spezialfälle:

I. $n = 2$.

Sei $A \in \mathbb{R}_{2 \times 2}$ mit $P(\lambda) = \det(A - \lambda E)$.

a. $P(\lambda)$ hat reelle Nullstellen $\lambda_1 \neq \lambda_2$. Seien C_1, $C_2 \in \mathbb{R}^2$ Eigenvektoren zu λ_1, λ_2. Dann ist ein Fundamentalsystem gegeben durch:

$$X_1(t) = C_1 e^{\lambda_1 t}, \quad X_2(t) = C_2 e^{\lambda_2 t}.$$

b. $P(\lambda)$ hat eine reelle Nullstelle $\lambda := \lambda_1 = \lambda_2$.

   (i) $\mathrm{rg}(A - \lambda E) = n - 2 = 0$
        $\implies \exists\ 2$ linear unabhängige Eigenvektoren C_1, C_2 zu λ
        $\implies$ ein Fundamentalsystem ist gegeben durch: $X_1(t) = C_1 e^{\lambda t}$,
        $X_2(t) = C_2 e^{\lambda t}$,

  (ii) $\mathrm{rg}(A - \lambda E) = n - 1 = 1$
        $\implies (A - \lambda E)^2 C = 0$ hat 2 linear unabhängige Lösungen C_1, $C_2 \in \mathbb{R}^2$
        $\implies$ Fundamentalsystem:

$$X_1(t) = e^{\lambda t}(C_1 + (A - \lambda E)C_1 t),$$
$$X_2(t) = e^{\lambda t}(C_2 + (A - \lambda E)C_2 t).$$

c. $P(\lambda)$ hat komplexe Nullstellen $\lambda_1 = \alpha + \mathrm{i}\beta = \overline{\lambda}_2$, $\beta \neq 0$. Sind dann $C_1 = U + \mathrm{i}V$, $C_2 = U - \mathrm{i}V$ die Eigenvektoren zu λ_1, λ_2, so haben wir das reelle Fundamentalsystem

$$X_1(t) = e^{\alpha t}(U \cos \beta t - V \sin \beta t),$$
$$X_2(t) = e^{\alpha t}(V \cos \beta t + U \sin \beta t).$$

II. $n = 3$.

Sei $A \in \mathbb{R}_{3 \times 3}$ mit $P(\lambda) = \det(A - \lambda E)$.

a. $P(\lambda)$ hat 3 verschiedene reelle Nullstellen λ_1, λ_2, $\lambda_3 \in \mathbb{R}$ mit zugehörigen Eigenvektoren C_1, C_2, $C_3 \in \mathbb{R}^3$.

Fundamentalsystem:

$$X_k(t) = C_k e^{\lambda_k t}, \qquad k = 1, 2, 3.$$

b. $P(\lambda)$ hat 2 verschiedene reelle Nullstellen

$$\lambda := \lambda_1 = \lambda_2 , \qquad \mu := \lambda_3 , \qquad \lambda \neq \mu .$$

Seien C_1, C_2 linear unabhängige Lösungen von

$$(A - \lambda E)^2 C = 0 , \qquad k = 1, 2 ,$$

und sei C_3 ein Eigenvektor zu $\lambda_3 = \mu$, d. h.

$$(A - \mu E)C_3 = 0 .$$

Fundamentalsystem:

$$X_1(t) = \mathrm{e}^{\lambda t}(C_1 + t(A - \lambda E)C_1) ,$$
$$X_2(t) = \mathrm{e}^{\lambda t}(C_2 + t(A - \lambda E)C_2) ,$$
$$X_3(t) = \mathrm{e}^{\mu t}C_3 .$$

c. $P(\lambda)$ hat 3-fache reelle Nullstellen $\lambda := \lambda_1 = \lambda_2 = \lambda_3$. Seien C_1, C_2, C_3 linear unabhängige Lösungen von

$$(A - \lambda E)^3 C = 0 .$$

Fundamentalsystem:

$$X_k(t) = \mathrm{e}^{\lambda t}(C_k + t(A - \lambda E)C_k + \frac{t^2}{2}(A - \lambda E)^2 C_k) \qquad k = 1, 2, 3 .$$

d. $P(\lambda)$ hat Nullstellen $\lambda := \lambda_1 \in \mathbb{R}$, $\mu = \alpha \pm \mathrm{i}\beta \in \mathbb{C}$, $\beta \neq 0$.
Sei $C \in \mathbb{R}^3$ Eigenvektor zu λ, $D := U + \mathrm{i}V \in \mathbb{C}^3$ Eigenvektor zu $\mu \in \mathbb{C}$.
Fundamentalsystem:

$$X_1(t) = C\mathrm{e}^{\lambda t} ,$$
$$X_2(t) = \mathrm{e}^{\alpha t}(U \cos \beta t - V \sin \beta t) ,$$
$$X_3(t) = \mathrm{e}^{\alpha t}(V \cos \beta t + U \sin \beta t) .$$

III. $n = 4$

Sei $A \in \mathbb{R}_{4 \times 4}$, $P(\lambda) = \det(A - \lambda E)$. Es gibt 8 Fälle, von denen aber nur einer etwas Neues bringt:
$\lambda = \lambda_1 = \lambda_2 = \alpha + \mathrm{i}\beta \in \mathbb{C}$, $\overline{\lambda} = \lambda_3 = \lambda_4 = \alpha - \mathrm{i}\beta \in \mathbb{C}$, $\beta \neq 0$. Seien
C_1, $C_2 \in \mathbb{C}^4$ linear unabhängige Lösungen von

$$(A - \lambda E)^2 C = 0 .$$

Sei $\quad C_k = U_k + \mathrm{i}V_k ,$
$$\widehat{C}_k = \widehat{U}_k + \mathrm{i}\widehat{V}_k = (A - \lambda E)C_k , \qquad k = 1, 2 .$$

Fundamentalsystem:

$$X_1(t) = e^{\alpha t}\left\{(U_1 + t\widehat{U}_1)\cos\beta t - (V_1 + t\widehat{V}_1)\sin\beta t\right\},$$

$$X_2(t) = e^{\alpha t}\left\{(V_1 + t\widehat{V}_1)\cos\beta t + (U_1 + t\widehat{U}_1)\sin\beta t\right\},$$

$$X_3(t) = e^{\alpha t}\left\{(U_2 + t\widehat{U}_2)\cos\beta t - (V_2 + t\widehat{V}_2)\sin\beta t\right\},$$

$$X_4(t) = e^{\alpha t}\left\{(V_2 + t\widehat{V}_2)\cos\beta t + (U_2 + t\widehat{U}_2)\sin\beta t\right\}.$$

Ergänzungen zu §8

Wir wollen einen besonders einfachen Typ von Systemen 2. Ordnung besprechen, der in der Theorie der gekoppelten Schwingungen vorkommt und der mithilfe der Hauptachsentransformation für symmetrische Matrizen sozusagen auf einen Schlag erledigt werden kann. Ferner berichten wir, was die hier dargestellte Theorie bei Anwendung auf skalare lineare Differenzialgleichungen höherer Ordnung liefert und erhalten so auch einen allgemeineren Rahmen, in dem die Ergebnisse aus Kap. 4 über lineare Differenzialgleichungen 2. Ordnung Platz finden. Für die ganz Neugierigen unter Ihnen geben wir schließlich einen vollständigen Beweis von Satz 8.5 und damit auch einen kleinen Einblick in die Denkweise der höheren Algebra.

8.7 Gekoppelte Schwingungen. In der Physik spricht man von „kleinen Schwingungen", wenn die Rückstellkraft als *lineare* Funktion der Auslenkung angesetzt wird (weil dies i. Allg. nur bei kleinen Amplituden eine brauchbare Näherung darstellt). Ist nun ein System aus n miteinander gekoppelten schwingungsfähigen Teilsystemen zusammengesetzt, so ergibt dieser lineare Ansatz als Bewegungsgleichung für das Gesamtsystem

$$\ddot{x} = Ax \tag{8.41}$$

mit einer konstanten *symmetrischen* Matrix $A \in \mathbb{R}_{n \times n}$. Die Reduktion dieses Systems 2. Ordnung auf ein doppelt so großes System 1. Ordnung erweist sich als unpraktisch. Vielmehr löst man (8.41) direkt durch *Hauptachsentransformation* (vgl. 7.18). Sind nämlich $\lambda_1, \ldots, \lambda_n$ die (mit Vielfachheit gezählten) Eigenwerte von A, so kann man sich durch Lösen der Gleichungssysteme

$$(A - \lambda_k E)X = 0$$

und (bei Auftreten mehrfacher Eigenwerte) Anwendung des im Beweis von 6.14b beschriebenen Orthogonalisierungsverfahrens eine Orthonormalbasis aus reellen Eigenvektoren $C^1, \ldots, C^n$ beschaffen. Für die orthogonale Matrix $S = (C^1, \ldots, C^n)$ gilt dann $S^{-1}AS = D = \text{diag}(\lambda_1, \ldots, \lambda_n)$, also $A = SDS^{-1} = SDS^T$. Multiplikation von (8.41) mit S^T ergibt daher für $Y := S^T X$ das äquivalente System

$$\ddot{Y} = DY. \tag{8.42}$$

Weil D Diagonalgestalt hat, ist (8.42) völlig „entkoppelt", d. h. es besteht aus den skalaren Gleichungen

$$\ddot{y}_k = \lambda_k y_k \qquad (k = 1, \ldots, n)$$

mit den bekannten Lösungen

$$y_k(t) = b_k \cos \sqrt{-\lambda_k}\, t + c_k \sin \sqrt{-\lambda_k}\, t \text{ , falls } \lambda_k < 0 \text{ ,}$$
$$y_k(t) = b_k + c_k t \text{ ,} \qquad\qquad\qquad\quad \text{ falls } \lambda_k = 0 \text{ ,}$$
$$y_k(t) = b_k \cosh \sqrt{\lambda_k}\, t + c_k \sinh \sqrt{\lambda_k}\, t \text{ , falls } \lambda_k > 0$$

mit reellen Konstanten b_k, c_k. Die Lösungen von (8.41) ergeben sich nun als $X(t) = SY(t)$, wo $Y(t) = (y_1(t), \ldots, y_n(t))^T$ Lösung von (8.42) ist. Man erkennt hieran, dass das System nur im Fall, wo alle Eigenwerte von A negativ sind, wirklich schwingt. Die Lösungen, die $\lambda_k \geq 0$ entsprechen, sind (mit Ausnahme der Konstanten) für $t \to \infty$ unphysikalisch. Symmetrische Matrizen mit lauter negativen Eigenwerten nennt man *negativ definit*.

8.8 Lineare Differenzialgleichungen n-ter Ordnung. Die Ergebnisse dieses Kapitels lassen sich leicht auch auf Differenzialgleichungen (8.5) höherer Ordnung anwenden, indem man sie durch die Transformation (8.6) in das äquivalente System (8.7) überführt. Details hierüber kann man in jedem Lehrbuch über gewöhnliche Differenzialgleichungen nachlesen (z. B. in Walter [39]). Hier eine Zusammenstellung der wichtigsten Fakten, die sich so ergeben:

Gegeben seien stetige Funktionen $a_0, a_1, \ldots, a_{n-1}$ und f auf dem offenen Intervall I. Die entsprechende Differenzialgleichung (8.5) schreiben wir wie in 7.25 als Operatorgleichung

$$\mathcal{L}y = f \tag{8.43}$$

mit dem Differenzialoperator

$$\mathcal{L}y := y^{(n)} + a_{n-1} y^{(n-1)} + \cdots + a_1 y' + a_0 y \text{ .}$$

Es gilt:

a. Der Lösungsraum Kern $\mathcal{L}$ der homogenen Differenzialgleichung hat die Dimension n. Für festes $t_0 \in I$ ist nämlich die Abbildung, die jedem $y \in \text{Kern } \mathcal{L}$ den Vektor

$$\left(y(t_0), y'(t_0), \ldots, y^{(n-1)}(t_0) \right) \in \mathbb{R}^n$$

zuordnet, ein Isomorphismus. Mit anderen Worten: Zu jedem $Y = (\eta_1, \ldots, \eta_n) \in \mathbb{R}^n$ gibt es eine eindeutige Lösung y der homogenen Gleichung, die die *Anfangsbedingungen*

$$y(t_0) = \eta_1, y'(t_0) = \eta_2, \ldots, y^{(n-1)}(t_0) = \eta_n$$

erfüllt.

b. Für Funktionen $y_1, \ldots, y_n \in \text{Kern } \mathcal{L}$ erfüllt die WRONSKI-*Determinante*

$$
W(t) := \begin{vmatrix} y_1(t) & \cdots & y_n(t) \\ y_1'(t) & \cdots & y_n'(t) \\ \vdots & & \vdots \\ y_1^{(n-1)}(t) & \cdots & y_n^{(n-1)}(t) \end{vmatrix}
$$

die LIOUVILLE'sche *Gleichung*

$$
W(t) = W(t_0) \exp\left(-\int_{t_0}^t a_{n-1}(s)\, \mathrm{d}s \right) . \tag{8.44}
$$

Deswegen hat $W(t)$ keine Nullstelle, oder $W(t)$ verschwindet identisch. Die Funktionen $y_1, \ldots, y_n$ bilden ein *Fundamentalsystem* von Lösungen der homogenen Gleichung $\mathcal{L}y = 0$, d. h. eine Basis von Kern $\mathcal{L}$ genau dann, wenn $W(t) \neq 0$.

c. Sei $\{y_1, \ldots, y_n\}$ ein Fundamentalsystem von Lösungen der homogenen Gleichung. Die Formel (8.25) für die Lösungen eines inhomogenen Systems lässt sich dann mithilfe der CRAMER'schen Regel auswerten, und das ergibt für die allgemeine Lösung von (8.43):

$$
y(t) = \sum_{k=1}^n y_k(t) \left[c_k + (-1)^{n+k} \int_{t_0}^t \frac{W_k(s)}{W(s)} f(s)\, \mathrm{d}s \right] . \tag{8.45}
$$

Dabei sind die $W_k(s)$ Determinanten, die aus der WRONSKI-Determinante durch Streichen der k-ten Spalte und der n-ten Zeile entstehen, und die c_k sind willkürliche Konstanten, die durch Anfangsbedingungen festgelegt werden können.

Haben wir *konstante* Koeffizienten $a_0, a_1, \ldots, a_{n-1}$, so ist die Matrix

$$
A = \begin{bmatrix} 0 & 1 & 0 & 0 & \cdots & 0 & 0 \\ 0 & 0 & 1 & 0 & \cdots & 0 & 0 \\ 0 & 0 & 0 & 1 & \cdots & 0 & 0 \\ \vdots & & & & \ddots & & \vdots \\ 0 & 0 & 0 & 0 & \cdots & 0 & 1 \\ -a_0 & -a_1 & -a_2 & -a_3 & \cdots & -a_{n-2} & -a_{n-1} \end{bmatrix}
$$

des äquivalenten Systems 1. Ordnung die sog. *Begleitmatrix* des Polynoms

$$
P(\lambda) = \lambda^n + a_{n-1}\lambda^{n-1} + \cdots + a_1\lambda + a_0 .
$$

Das charakteristische Polynom von A ist $(-1)^n P(\lambda)$, wie man durch Entwickeln nach der letzten Zeile feststellt. Ein Fundamentalsystem von Lösungen der Differenzialgleichung $\mathcal{L}y = 0$ lässt sich nun folgendermaßen konstruieren:

Es seien $\lambda_1, \ldots, \lambda_s$ die verschiedenen Nullstellen von $P(\lambda)$ und $n_1, \ldots, n_s$ ihre Vielfachheiten. Die Funktionen

$$y_{\nu,k}(t) := t^{k-1} e^{\lambda_\nu t} \,, \qquad k = 1, \ldots, n_\nu; \ \nu = 1, \ldots, s$$

bilden dann ein Fundamentalsystem. Sind die Koeffizienten $a_0, \ldots, a_{n-1}$ *reell* und suchen wir ein *reelles* Fundamentalsystem, so bilden wir die $y_{\nu,k}$ nur für die reellen Nullstellen $\lambda_1, \ldots, \lambda_s$. Diese sind dann linear unabhängige reelle Lösungen. Weiter seien $\mu_1, \bar\mu_1, \ldots, \mu_r, \bar\mu_r$ die Paare nicht reeller Nullstellen von P, also

$$\mu_\nu = \alpha_\nu + i\beta_\nu \,, \ \beta_\nu \neq 0 \,, \nu = 1, \ldots, r \,,$$

und $n_1, \ldots, n_r$ seien ihre Vielfachheiten. Dann sind weitere linear unabhängige Lösungen gegeben durch

$$\begin{aligned} u_{\nu,k}(t) &:= t^{k-1} e^{\alpha_\nu t} \cos\beta_\nu t \,, \\ v_{\nu,k}(t) &:= t^{k-1} e^{\alpha_\nu t} \sin\beta_\nu t \,, \end{aligned} \qquad k = 1, \ldots, n_\nu; \ \nu = 1, \ldots, r \,.$$

Zusammen bilden alle diese Lösungen ein Fundamentalsystem.

8.9 Beweis von Satz 8.5. Aus der JORDAN'schen Normalform von A (vgl. 7.29) kann man diesen Satz eigentlich leicht ablesen. Wir wollen hier aber einen direkten Beweis vorführen, der auch so etwas wie einen ersten Schritt auf dem Wege zur JORDAN'schen Normalform darstellt.

Der einfacheren Notation halber unterscheiden wir nicht zwischen einer Matrix $B \in \mathbb{C}_{n \times n}$ und der linearen Abbildung $\mathcal{B} : \mathbb{C}^n \to \mathbb{C}^n$, die die Vektoren aus $\mathbb{C}^n = \mathbb{C}_{n \times 1}$ von links mit B multipliziert. Es ist also z. B. Kern $B = \{X \in \mathbb{C}^n | BX = 0\}$.

Wir können Satz 8.5 damit folgendermaßen formulieren:

Behauptung. Sei $\mu \in \mathbb{C}$ ein Eigenwert der Matrix A mit algebraischer Vielfachheit m. Dann ist

$$\dim \text{Kern} \, (A - \mu E)^m = m \,. \tag{8.46}$$

Beweis. Für jedes $j \in \mathbb{N}$ betrachten wir die folgenden Unterräume von $\mathbb{C}^n$:

$$U_j := \text{Kern} \, (A - \mu E)^j \,, \qquad V_j := \text{Bild} \, (A - \mu E)^j \,.$$

Aus den Definitionen dieser Unterräume ergibt sich sofort, dass für jedes j gilt:

$$U_j \subseteq U_{j+1} \,, \qquad V_j \supseteq V_{j+1}$$

und damit

$$\dim U_j \leq \dim U_{j+1} \,, \qquad \dim V_j \geq \dim V_{j+1} \,.$$

Aber die Dimensionen sind nach oben durch n und nach unten durch 0 beschränkt. Also muss eine Zahl q existieren, für die gilt:

$$\dim U_{q+j} = \dim U_q \quad \text{und} \quad \dim V_{q+j} = \dim V_q \qquad \forall\, j \geq 0 \;.$$

Nach Satz 6.5c gilt dann auch:

$$U_{q+j} = U_q \qquad \forall\, j \geq 0 \tag{8.47}$$

und

$$V_{q+j} = V_q \qquad \forall\, j \geq 0\;. \tag{8.48}$$

Wir setzen $N := U_q$ und $M := V_q$. Diese Räume sind das Hauptwerkzeug des Beweises und sie spielen auch sonst in der Normalformentheorie eine bedeutende Rolle. Man nennt N den *verallgemeinerten Eigenraum* oder den *Hauptraum* zum Eigenwert μ. Aus den Definitionen von M und N folgt sofort, dass beide Räume unter $A - \mu E$ invariant sind, also auch unter A (denn unter μE ist ja jeder lineare Teilraum invariant). Wir haben also die Einschränkungen

$$A_0 := A|_N \in L(N, N)\,, \qquad A_1 := A|_M \in L(M, M)\;.$$

Ferner gilt:

$$\mathbb{C}^n = N \oplus M\;. \tag{8.49}$$

Um dies zu beweisen, verwenden wir die Charakterisierung einer direkten Zerlegung aus 6.23. Wir haben also zu zeigen, dass $\mathbb{C}^n = N + M$ und $N \cap M = \{0\}$. Nun ist aber $A_1 - \mu E : M \to M$ surjektiv nach Definition von $M = V_q = V_{q+1}$. Damit ist $A_1 - \mu E$ sogar *bijektiv* (vgl. 7.27), und folglich ist auch $(A_1 - \mu E)^q : M \to M$ bijektiv. Andererseits ist $(A_0 - \mu E)^q = 0$ nach Definition von $N = U_q$. Wir haben daher:

$$\begin{aligned} X \in M \cap N &\implies (A_0 - \mu E)^q X = 0 \\ \implies (A_1 - \mu E)^q X = 0 &\implies X = 0\,, \end{aligned}$$

also tatsächlich $M \cap N = \{0\}$. Für beliebiges $X \in \mathbb{C}^n$ ist nun $(A - \mu E)^q X \in V_q = M$, hat also unter der Bijektion $(A_1 - \mu E)^q$ ein Urbild $Y \in M$. Dann ist $(A - \mu E)^q (X - Y) = (A - \mu E)^q X - (A - \mu E)^q Y = 0$, also $X - Y \in \text{Kern}\,(A - \mu E)^q = N$. Somit haben wir X in die Komponente $Y \in M$ und $Z := X - Y \in N$ zerlegt, und (8.49) ist bewiesen.

Wegen der Invarianz von M und N heißt dies, dass $A = A_0 \oplus A_1$ im Sinne von 7.28, und wegen des dortigen Satzes folgt

$$p_A(\lambda) = p_{A_0}(\lambda) p_{A_1}(\lambda) \tag{8.50}$$

für die entsprechenden charakteristischen Polynome. Nun ist aber μ der einzige Eigenwert von A_0. Ist nämlich $A_0 X = \lambda X$ für ein $\lambda \in \mathbb{C}$ und ein $0 \neq X \in N$, so folgt $0 = (A - \mu E)^q X = (\lambda - \mu)^q X$, also $\lambda = \mu$. Daher ist

$$p_{A_0}(\lambda) = (\mu - \lambda)^d \qquad \text{mit} \qquad d := \dim N\;.$$

Andererseits ist μ kein Eigenwert von A_1, denn wenn $A_1 X = \mu X$ ist für ein $X \in M$, so folgt $(A_1 - \mu E)X = 0$, also $X = 0$, weil $A_1 - \mu E$ auf M injektiv ist. Daher ist $p_{A_1}(\mu) \neq 0$. Aus (8.50) und der Definition der algebraischen Vielfachheit folgt also $d = m$.

Wir werden nun zeigen, dass

$$N = U_m \, , \tag{8.51}$$

woraus dann die Behauptung (8.46) folgt. Dazu betrachten wir die *kleinste* Zahl j, für die $U_j = U_{j+1}$ ist, und nennen sie q_0. Für $j < q_0$ muss sich dann die Dimension beim Übergang von U_j zu U_{j+1} stets um mindestens 1 erhöhen (vgl. 6.5c). Daher ist $\dim U_{q_0} \geq q_0$. Nun gilt aber (8.47) schon für $q = q_0$, wie man durch Induktion nach j nachweist. Der Induktionsanfang ist klar nach Definition von q_0, und wenn $U_{q+j} = U_{q+j+1}$ ist und wir betrachten ein $X \in U_{q+j+2}$, so haben wir für $Y := (A - \mu E)X$

$$(A - \mu E)^{q+j+1}Y = (A - \mu E)^{q+j+2}X = 0 \implies Y \in U_{q+j+1} = U_{q+j}$$
$$\implies (A - \mu E)^{q+j+1}X = (A - \mu E)^{q+j}Y = 0 \implies X \in U_{q+j+1}$$

und somit $U_{q+j+2} = U_{q+j+1}$, wie gewünscht. Aus der Gültigkeit von (8.47) für $q = q_0$ folgt $N = U_q = U_{q_0}$, also auch $m = \dim N = \dim U_{q_0} \geq q_0$ und somit $U_m = U_{q_0} = N$, d. h. (8.51) ist bewiesen.   □

Aufgaben zu §8

8.1. Man bestimme die Lösungen der folgenden Anfangswertaufgaben:

a.

$$\dot{x}_1 = 2x_1 + 4x_2 \, , \quad x_1(0) = 1$$
$$\dot{x}_2 = 5x_1 + x_2 \, , \quad x_2(0) = 1 \, .$$

b.

$$\dot{x}_1 = x_1 + 5x_2 \, , \quad x_1(0) = 2$$
$$\dot{x}_2 = 3x_1 + 3x_2 \, , \quad x_2(0) = 3 \, .$$

8.2. Für die folgenden Differenzialgleichungs-Systeme sei jeweils die Anfangsbedingung:

$$x_1(0) = 1 \, , \quad x_2(0) = 2 \, , \quad x_3(0) = 3$$

vorgegeben. Man bestimme die eindeutige Lösung der Anfangswertaufgaben für das zugehörige Differenzialgleichungs-System:

a.

$$\dot{x}_1 = 2x_1 + 9x_2 + 3x_3$$
$$\dot{x}_2 = x_1 + 2x_2$$
$$\dot{x}_3 = \qquad\qquad x_3 \, .$$

b.
$$\begin{aligned}
\dot{x}_1 &= 2x_1 + 3x_2 + 4x_3 \\
\dot{x}_2 &= \qquad\; 2x_2 - \;\; x_3 \\
\dot{x}_3 &= \qquad\qquad\quad 3x_3 \; .
\end{aligned}$$

c.
$$\begin{aligned}
\dot{x}_1 &= \;\; x_1 \\
\dot{x}_2 &= 2x_1 + \;\; x_2 - 2x_3 \\
\dot{x}_3 &= 3x_1 + 2x_2 + x_3 \; .
\end{aligned}$$

8.3. Man bestimme die allgemeine Lösung des inhomogenen Differenzial-gleichungs-Systems
$$\begin{aligned}
\dot{x}_1 &= x_1 + 3x_2 + t \\
\dot{x}_2 &= x_1 - x_2 + 1
\end{aligned}$$
und zwar

a. mit der Methode der Variation der Konstanten,
b. mit der Methode der unbestimmten Koeffizienten, d. h. mit dem Ansatz

$$x_1(t) = a + bt \; , \qquad x_2(t) = c + dt$$

(analog zu 4.11, 4.12).

8.4. a. Sei $Y \in \mathbb{R}_{n \times n}$ eine reguläre Matrix. Angenommen, sie lässt sich durch eine C^1-Kurve von regulären Matrizen mit der Einheitsmatrix verbinden, d. h. es gibt eine (komponentenweise) stetig differenzierbare Funktion $\Phi : [0,1] \longrightarrow \mathbb{R}_{n \times n}$ mit $\Phi(0) = E$ und $\Phi(1) = Y$, bei der jedes $\Phi(t)$ regulär ist $(0 \leq t \leq 1)$. Man zeige, dass dann

$$\det Y = \exp\left(\int_0^1 \mathrm{Spur}\left(\dot{\Phi}(s)\Phi(s)^{-1} \right) \mathrm{d}s \right) . \qquad (8.52)$$

(*Hinweis:* (8.21) verwenden!)
b. Man folgere:

$$\det(E + B) = \exp\left(\int_0^1 \mathrm{Spur}\left(B(E + sB)^{-1} \right) \mathrm{d}s \right) , \qquad (8.53)$$

falls $E + sB$ für $0 \leq s \leq 1$ immer regulär ist.
c. Gleichung (8.53) gilt insbesondere unter einer der folgenden Voraussetzungen:
  (i) B ist symmetrisch und positiv semidefinit (vgl. Aufg. 7.18), oder
  (ii) für eine gewisse Norm auf $\mathbb{R}^n$ (es muss nicht die euklidische sein!) gilt:

$$\|Bx\| < \|x\| \qquad \text{für alle } x \neq 0 \; .$$

Teil III

Analysis in mehreren reellen Variablen

9

Differenziation in $\mathbb{R}^n$

Funktionen einer reellen Variablen reichen für die Bedürfnisse der Physik keineswegs aus. Ein Kraftfeld z. B. wird durch eine vektorwertige Funktion von drei räumlichen und einer zeitlichen Variablen beschrieben, und die potenzielle Energie eines Systems von N-Teilchen in einem solchen Kraftfeld ist eine skalare Funktion von $n = 3N + 1$ Variablen. Theorie und Methodik der Differenziation und Integration von Funktionen mehrerer reeller Variablen gehören daher zum unverzichtbaren mathematischen Rüstzeug des Physikers und sie bilden das Thema dieses und der nächsten drei Kapitel. Mathematisch gesehen, stellen sie eine reizvolle Kombination von Analysis und linearer Algebra dar.

Bevor wir uns wirklich den Funktionen mehrerer Variabler zuwenden, befassen wir uns allerdings noch einmal mit den vektorwertigen Funktionen einer Variablen. Diese wurden natürlich schon im vorigen Kapitel als Lösungsfunktionen von Systemen von Differenzialgleichungen diskutiert, doch betrachten wir sie nun unter einem stärker geometrischen Gesichtspunkt.

A. Kurven in $\mathbb{R}^n$

Im Folgenden betrachten wir Vektorfunktionen

$$F = F(t) = \begin{pmatrix} f_1(t) \\ \vdots \\ f_n(t) \end{pmatrix} \equiv (f_1(t), \dots, f_n(t))^T \qquad \text{aus } \mathbb{R} \text{ in } \mathbb{R}^n.$$

Definitionen 9.1. *Wir betrachten* $F : [a,b] \longrightarrow \mathbb{R}^n$ *mit* $F(t) = (f_1(t), \dots, f_n(t))^T$.

a. *Ein Vektor* $Y = (y_1, \dots, y_n)^T \in \mathbb{R}^n$ *ist der* Limes *oder* Grenzwert

$$Y = \lim_{t \to t_0} F(t) \,,$$

wenn

$$y_k = \lim_{t \to t_0} f_k(t) \quad \text{für} \quad k = 1, \dots, n .$$

F *heißt* stetig *im Punkt* $t_0 \in [a, b]$, *wenn* $F(t_0) = \lim_{t \to t_0} F(t)$ *gilt. Stetigkeit in* $[a, b]$ *bedeutet wieder Stetigkeit in jedem Punkt von* $[a, b]$.

b. F *heißt* differenzierbar *in* $t_0 \in {]a, b[}$, *wenn die* Ableitung *von* F *in* t_0, *also der Grenzwert*

$$F'(t_0) = \lim_{h \to 0} \frac{F(t_0 + h) - F(t_0)}{h} = \begin{pmatrix} f_1'(t_0) \\ \vdots \\ f_n'(t_0) \end{pmatrix} \tag{9.1}$$

existiert. F *heißt* differenzierbar *in* $[a, b]$, *wenn* F *in jedem Punkt* $t_0 \in [a, b]$ *differenzierbar ist.*

Vektorfunktionen werden also komponentenweise differenziert. Aus 2.18 bekommen wir dann sofort die folgenden Rechenregeln:

Satz 9.2. *Seien* $F, G : I \longrightarrow \mathbb{R}^n$ *differenzierbare Vektorfunktionen,* $\varphi : I \longrightarrow \mathbb{R}$ *eine differenzierbare Funktion,* $\lambda \in \mathbb{R}$. *Dann:*

a. $F + G : I \longrightarrow \mathbb{R}^n$, $\lambda F : I \longrightarrow \mathbb{R}^n$ *und* $\varphi F : I \longrightarrow \mathbb{R}^n$ *sind differenzierbar mit*

$$(F + G)'(t) = F'(t) + G'(t) , \tag{9.2}$$

$$(\lambda F)'(t) = \lambda F'(t) , \tag{9.3}$$

$$(\varphi F)'(t) = \varphi'(t) F(t) + \varphi(t) F'(t) . \tag{9.4}$$

b. $\langle F | G \rangle : I \longrightarrow \mathbb{R}$ *und* $F \times G : I \longrightarrow \mathbb{R}^3$ *sind differenzierbar mit*

$$\langle F | G \rangle'(t) = \langle F' | G \rangle(t) + \langle F | G' \rangle(t) , \tag{9.5}$$

$$(F \times G)'(t) = F'(t) \times G(t) + F(t) \times G'(t) . \tag{9.6}$$

c. *Ist* $\alpha : J \longrightarrow I$ *differenzierbar in* J, *so ist die Komposition* $(F \circ \alpha)(t) = F(\alpha(t))$ *differenzierbar mit*

$$(F \circ \alpha)'(t) = \alpha'(t) \cdot F'(\alpha(t)) . \tag{9.7}$$

Die Wertebereiche von stetigen Vektorfunktionen F aus $\mathbb{R}$ in $\mathbb{R}^n$ sind Kurven im $\mathbb{R}^n$.

Beispiele:

a. Sind $A, P \in \mathbb{R}^n$ feste Punkte, so ist das Bild der Vektorfunktion

$$X = F(t) := P + tA , \qquad t_1 \leq t \leq t_2$$

ein *Geradenstück* im $\mathbb{R}^n$.

b. Im $\mathbb{R}^2$ ist das Bild der Vektorfunktion

$$X = F(t) = \begin{pmatrix} \cos t \\ \sin t \end{pmatrix}, \qquad 0 \leq t \leq \pi$$

ein *Halbkreisbogen* vom Radius 1 um $(0,0)$.

c. Im $\mathbb{R}^3$ ist das Bild der Vektorfunktion

$$X = F(t) = \begin{pmatrix} \cos t \\ \sin t \\ t \end{pmatrix}, \qquad t \in \mathbb{R}$$

eine *Schraubenlinie*, die auf einem Kreiszylinder vom Radius 1 um die x_3-Achse aufgewickelt ist.

Wir führen folgende Bezeichnungen ein:

Definitionen 9.3. *Sei* $I = [a, b] \subseteq \mathbb{R}$ *und* $F : [a, b] \longrightarrow \mathbb{R}^n$ *eine Vektorfunktion. Dann heißt das Bild* $\Gamma = F([a, b]) \subseteq \mathbb{R}^n$ *eine* orientierte

- stetige Kurve, *falls* F *stetig ist,*
- glatte Kurve, *falls* F *stetig differenzierbar ist,*
- reguläre Kurve, *falls* $F \in C^1(I)$ *und falls* $F'(t) \neq 0$ *für alle* $t \in I$

mit Anfangspunkt $A = F(a)$, Endpunkt $B = F(b)$. *Man nennt* F *eine* Parameterdarstellung *von* Γ *und schreibt*

$$\Gamma : X = F(t), \qquad a \leq t \leq b.$$

Ist $F(t_1) \neq F(t_2)$ *für* $a < t_1 < t_2 \leq b$ *und auch für* $a \leq t_1 < t_2 < b$, *so heißt* Γ *eine* JORDAN-Kurve *und zwar* offen, *wenn* $A \neq B$, geschlossen, *wenn* $A = B$.

Eine Kurve $\Gamma \subset \mathbb{R}^n$ kann viele Parameterdarstellungen haben.

Beispiel: Die Vektorfunktionen

$$F_1(t) = \begin{pmatrix} t \\ t \end{pmatrix}, \quad 0 \leq t \leq 1, \quad F_2(t) = \begin{pmatrix} \sin t \\ \sin t \end{pmatrix}, \quad 0 \leq t \leq \frac{\pi}{2}$$

beschreiben beide die Strecke von $(0,0)$ nach $(1,1)$, etwa Γ^+. Dagegen beschreiben die Vektorfunktionen

$$F_3(t) = \begin{pmatrix} 1 - t \\ 1 - t \end{pmatrix}, \quad 0 \leq t \leq 1, \quad F_4(t) = \begin{pmatrix} \cos t \\ \cos t \end{pmatrix}, \quad 0 \leq t \leq \frac{\pi}{2},$$

die *entgegengesetzt orientierte Kurve* Γ^- von $(1,1)$ nach $(0,0)$. Γ^+ von A nach B und Γ^- von B nach A sind als orientierte Kurven verschieden, obwohl sie als Punktmengen im $\mathbb{R}^n$ übereinstimmen. Wir definieren daher:

Definition 9.4. *Zwei C^1-Vektorfunktionen $F : [a,b] \longrightarrow \mathbb{R}^n$ und $G : [c,d] \longrightarrow$ $\mathbb{R}^n$ sind genau dann Parameterdarstellungen derselben orientierten Kurve $\Gamma \subseteq \mathbb{R}^n$, wenn es eine bijektive C^1-Abbildung $\alpha : [c,d] \longrightarrow [a,b]$ mit $\alpha'(s) > 0$, $c \leq s \leq d$ gibt, sodass*

$$F(\alpha(s)) = G(s) , \qquad c \leq s \leq d .$$

Wir können jetzt auch die Ableitung einer Vektorfunktion geometrisch deuten. Wie man in Abb. 9.1 sieht, ist

$$F'(t) = \lim_{h \longrightarrow 0} \frac{1}{h} \left(F(t+h) - F(t) \right)$$

gerade das, was man sich unter dem Tangentenvektor an Γ im Punkt $F(t)$ vorstellt.

Definitionen 9.5. *Sei $\Gamma : X = F(t)$, $a \leq t \leq b$, eine glatte, reguläre Kurve im $\mathbb{R}^n$. Dann heißt*

$\quad F'(t) \qquad$ Tangenten- *oder* Geschwindigkeitsvektor ,

$\quad v(t) := \|F'(t)\| \qquad der$ Betrag der Geschwindigkeit ,

$\quad T(t) := \dfrac{F'(t)}{\|F'(t)\|} \qquad der$ Tangenteneinheitsvektor

an Γ im Kurvenpunkt $F(t)$.

Man überlegt sich mittels 9.2c sofort, dass der Tangenteneinheitsvektor unabhängig von der Parameterdarstellung ist.

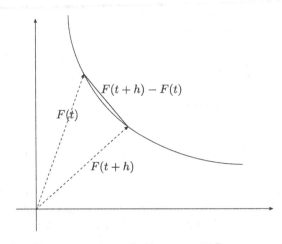

Abb. 9.1. Tangentenvektor als Limes von Differenzenquotienten

Wir wissen, dass manche Kurven Γ in der Ebene $\mathbb{R}^2$ als Graph einer Funktion

$$\Gamma : y = f(x) , \qquad a \le x \le b ,$$

d. h. in sogenannter *expliziter Darstellung*, beschrieben werden können. Daraus kann man immer eine Parameterdarstellung machen:

$$\Gamma : X = \begin{pmatrix} x \\ y \end{pmatrix} = F(t) := \begin{pmatrix} t \\ f(t) \end{pmatrix} , \qquad a \le t \le b .$$

Ist $f \in C^1([a,b])$, so folgt aus 9.5

$$F'(t) = \begin{pmatrix} 1 \\ f'(t) \end{pmatrix} , \quad \|F'(t)\| = \sqrt{1 + f'(t)^2} .$$

Wählen wir wieder x anstelle von t als Variable, so haben wir:

Satz 9.6. *Sei $\Gamma : y = f(x)$, $a \le x \le b$, eine glatte, explizite Kurve im $\mathbb{R}^2$. Dann gilt für den* Tangenteneinheitsvektor *an Γ im Kurvenpunkt $(x, f(x))$:*

$$T(x) = \frac{1}{\sqrt{1 + f'(x)^2}} \begin{pmatrix} 1 \\ f'(x) \end{pmatrix} ,$$

d. h. eine explizite Kurve ist immer regulär.

Da $\|F'(t)\|$ der Betrag der Geschwindigkeit ist, definiert man

Definition 9.7. *Für eine glatte parametrisierte Kurve $\Gamma : X = F(t)$, $a \le t \le b$ heißt*

$$L(\Gamma) = \int_a^b \|F'(t)\| \mathrm{d}t$$

die Länge *(oder* Bogenlänge*) von Γ. Der Ausdruck $\|F'(t)\| \mathrm{d}t$ wird als das* skalare Bogenelement *auf Γ bezeichnet.*

Wieder rechnet man mittels 9.2c nach, dass die Bogenlänge nicht von der gewählten Parameterdarstellung abhängt.

Für eine explizite Kurve $\Gamma : y = f(x)$, $a \le x \le b$ gilt offenbar

$$L(\Gamma) = \int_a^b \sqrt{1 + f'(x)^2} \, \mathrm{d}x . \qquad (9.8)$$

B. Partielle Ableitungen

Im Folgenden betrachten wir die Differentiation von Funktionen aus $\mathbb{R}^n$ in den $\mathbb{R}^m$. Dabei sind wir genötigt, die Entfernung zwischen zwei Punkten $x, y \in \mathbb{R}^n$

zahlenmäßig anzugeben, und zu diesem Zweck legen wir uns auf eine *Norm* $\|\cdot\|$ auf $\mathbb{R}^n$ fest (vgl. 6B.). Der Abstand zwischen x und y ist dann $\|x - y\|$. Später werden wir sehen, dass es eigentlich gar nicht darauf ankommt, welche Norm man hier nimmt, und wir wählen die durch

$$\|x\| := \left(\sum_{k=1}^{n} x_k^2 \right)^{1/2}$$

gegebene *euklidische Norm*, weil sie dem physikalisch gemessenen Abstand entspricht. Damit definieren wir die *offene Kugel* vom Radius r um den Punkt $a \in \mathbb{R}^n$ durch

$$\mathcal{U}_r(a) := \{x \in \mathbb{R}^n \mid \|x - a\| < r\} \, .$$

Als Definitionsbereiche für Funktionen, die man differenzieren möchte, sind ganz beliebige Teilmengen von $\mathbb{R}^n$ nicht geeignet. Gute Definitionsbereiche sind *Gebiete* und deren *Abschlüsse*, und diese Begriffe führen wir jetzt ein:

Definitionen 9.8.

a. *Eine Teilmenge $\Omega \subseteq \mathbb{R}^n$ heißt ein* Gebiet, *wenn Ω offen und zusammenhängend ist, d. h. um jeden Punkt $x \in \Omega$ gibt es eine offene Kugel $\mathcal{U}_\varepsilon(x) \subseteq \Omega$ und je zwei Punkte $x_1, x_2 \in \Omega$ können durch eine stetige Kurve Γ verbunden werden, die ganz in Ω verläuft.[1] Das Gebiet Ω heißt* konvex, *wenn je zwei Punkte $x_1, x_2 \in \Omega$ durch eine Strecke $\Sigma = \{x_1 + t(x_2 - x_1) \mid 0 \le t \le 1\}$ verbunden werden können, die ganz in Ω liegt.*

b. *$x_0 \in \mathbb{R}^n$ heißt ein* Randpunkt *von Ω, wenn für jedes $\varepsilon > 0$*

$$\mathcal{U}_\varepsilon(x_0) \cap \Omega \neq \emptyset \quad \text{und} \quad \mathcal{U}_\varepsilon(x_0) \cap (\mathbb{R}^n \setminus \Omega) \neq \emptyset \, .$$

Die Menge $\partial\Omega$ der Randpunkte von Ω heißt der Rand *von Ω, und $\overline{\Omega} := \Omega \cup \partial\Omega$ der* Abschluss *von Ω.*

Bevor wir differenzieren, müssen wir uns mit den Begriffen „Grenzwert" und „Stetigkeit" für Funktionen mehrerer Variablen befassen. Das geht genauso wie bei Funktionen einer Variablen, außer dass Abstände jetzt durch die Norm gemessen werden:

---

[1] In der mathematischen Literatur wird eine Menge als *bogenzusammenhängend* oder *wegzusammenhängend* bezeichnet, wenn sich je zwei ihrer Punkte stets durch eine stetige Kurve innerhalb der Menge verbinden lassen. Die genaue Definition davon, wann ein Raum in der Mathematik als „zusammenhängend" gilt, würde hier zu weit führen. Wir nutzen die Tatsache aus, dass die beiden Begriffe für offene Teilmengen von $\mathbb{R}^n$ übereinstimmen.

Definitionen 9.9. *Wir betrachten ein Gebiet $\Omega \subseteq \mathbb{R}^n$ und eine Funktion $f : M \longrightarrow \mathbb{R}$, wo $\Omega \subseteq M \subseteq \overline{\Omega}$. (Die Funktion f ist also jedenfalls auf Ω definiert, aber einige – oder auch alle – Randpunkte dürfen auch noch zu ihrem Definitionsbereich gehören.)*

a. *Sei $x^0 \in \overline{\Omega}$. Eine Zahl b heißt* Limes *oder* Grenzwert *von f für $x \to x^0$, wenn es zu jedem $\varepsilon > 0$ ein $\delta > 0$ gibt, für das gilt:*

$$x \in M, \ \|x - x^0\| < \delta \quad \Longrightarrow \quad |f(x) - b| < \varepsilon .$$

Durch diese Forderung ist b eindeutig bestimmt, und man schreibt

$$b = \lim_{x \to x^0} f(x) .$$

b. *Die Funktion f heißt* stetig *im Punkt $x^0 \in M$, wenn $f(x^0) = \lim\limits_{x \to x^0} f(x)$. Sie heißt* stetig, *wenn sie in jedem Punkt ihres Definitionsbereichs stetig ist.*

c. *Für vektorwertige Funktionen mehrerer Variablen sind Grenzwerte und Stetigkeit wieder komponentenweise zu verstehen.*

Der Grundgedanke ist also derselbe wie früher: Stetigkeit von f bedeutet, dass die Funktionswerte $f(x)$ höchstens um das vorgegebene ε von $f(x^0)$ abweichen, sofern x nur nahe genug bei x^0 liegt. Während aber auf der reellen Geraden Abweichungen von x^0 nur nach rechts oder links erfolgen konnten, sind jetzt alle Richtungen zugelassen, die nicht aus dem Definitionsbereich herausführen. Zum Beispiel im Fall $x^0 \in \Omega$ füllen die zugelassenen Abweichungen eine ganze Kugel um x^0 aus (nämlich $U_\delta(x^0)$).

Nun können wir partielle Ableitungen definieren.

Definitionen 9.10. *Sei $\Omega \subseteq \mathbb{R}^n$ ein Gebiet und $f : \Omega \longrightarrow \mathbb{R}$ eine Funktion,*
$$F = \begin{pmatrix} f_1 \\ \vdots \\ f_m \end{pmatrix} : \Omega \longrightarrow \mathbb{R}^m \text{ eine Vektorfunktion.}$$

a. *Die skalare Funktion f heißt* partiell differenzierbar *in $x^0 \in \Omega$ nach der i-ten Variablen, wenn die sogenannte* erste partielle Ableitung *nach x_i*

$$D_i f(x^0) \equiv \frac{\partial}{\partial x_i} f(x^0) \equiv f_{x_i}(x^0)$$

$$:= \lim_{h \to 0} \frac{1}{h} \left\{ f(x_1^0, \ldots, x_i^0 + h, \ldots, x_n^0) - f(x_1^0, \ldots, x_i^0, \ldots, x_n^0) \right\}$$

$$= \lim_{h \to 0} \frac{1}{h} (f(x^0 + h e^i) - f(x^0)) \tag{9.9}$$

existiert, wo $e^i = (0, \ldots, 0, 1, 0, \ldots, 0)$ der i-te Einheitsvektor im $\mathbb{R}^n$ ist.

b. *Existieren in $x^0 \in \Omega$ alle ersten partiellen Ableitungen $D_1 f(x^0)$, $\ldots, D_n f(x^0)$, so heißt f partiell differenzierbar in x^0, und partiell differenzierbar in Ω, wenn dies für jedes $x^0 \in \Omega$ gilt. Sind zusätzlich die n-Ableitungsfunktionen $D_i f(x)$ alle stetig in Ω, so heißt f stetig differenzierbar in Ω und man schreibt $f \in C^1(\Omega)$.*

c. *Die Vektorfunktion F heißt partiell differenzierbar in $x^0 \in \Omega$ nach der i-ten Variablen, wenn alle partiellen Ableitungen $D_i f_1(x^0), \ldots, D_i f_m(x^0)$ existieren, und man setzt:*

$$D_i F(x^0) = \begin{bmatrix} D_i f_1(x^0) \\ \vdots \\ D_i f_m(x^0) \end{bmatrix}, \qquad (9.10)$$

d. h. Vektorfunktionen werden immer komponentenweise differenziert.

Die Formel (9.9) zeigt, wie partielle Ableitungen berechnet werden:

Man hält alle Variablen außer x_i fest und differenziert dann nach x_i wie bei einer Variablen.

Beispiel:

a. $f(x,y) = x^2 y^3 \implies D_1 f(x,y) = 2xy^3, \quad D_2 f(x,y) = 3x^2 y^2$.
b. $g(x,y) = e^{x^2} \sin y \implies D_1 g(x,y) = 2x e^{x^2} \sin y, \quad D_2 g(x,y) = e^{x^2} \cos y$.
c. $h(x,y) = \varphi(x) + \psi(y) \implies D_1 h(x,y) = \varphi'(x), \quad D_2 h(x,y) = \psi'(y)$.

Definitionen 9.11. *Sei $\Omega \subseteq \mathbb{R}^n$ ein Gebiet.*

a. *Ist $f : \Omega \longrightarrow \mathbb{R}$ partiell differenzierbar in Ω, so heißt der Zeilenvektor*

$$(Jf)(x) = (D_1 f(x), \ldots, D_n f(x)) \quad \in \mathbb{R}_{1 \times n} \qquad (9.11)$$

die JACOBI-*Matrix von f und*

$$\operatorname{grad} f(x) \equiv \nabla f(x) = (Jf(x))^T = \begin{bmatrix} D_1 f(x) \\ \vdots \\ D_n f(x) \end{bmatrix} \qquad (9.12)$$

der Gradient von f in $x \in \Omega$.

b. *Ist die Vektorfunktion*

$$F = \begin{pmatrix} f_1 \\ \vdots \\ f_m \end{pmatrix} : \Omega \longrightarrow \mathbb{R}^m$$

partiell differenzierbar in Ω, so heißt

$$(JF)(x) = \begin{bmatrix} D_1 f_1(x) & \cdots & D_n f_1(x) \\ \cdots & \cdots & \cdots \\ D_1 f_m(x) & \cdots & D_n f_m(x) \end{bmatrix} \quad \in \mathbb{R}_{m \times n} \qquad (9.13)$$

die JACOBI-*Matrix von F in $x \in \Omega$.*

c. Schreibt man

$$y = F(x) \quad \text{oder ausführlich} \quad \begin{matrix} y_1 = f_1(x_1, \dots, x_n) \\ \vdots \\ y_n = f_n(x_1, \dots, x_n) \end{matrix} \qquad (9.14)$$

für m = n, so heißt

$$\frac{\partial(y_1, \dots, y_n)}{\partial(x_1, \dots, x_n)} := \det(JF) \qquad (9.15)$$

die JACOBI-*Determinante von F.*

Beispiele 9.12.

a. Polarkoordinaten im $\mathbb{R}^2$

$$\boldsymbol{x} = \begin{pmatrix} x \\ y \end{pmatrix} = F(r, \varphi) = \begin{pmatrix} r\cos\varphi \\ r\sin\varphi \end{pmatrix}, \quad r > 0, \ 0 \le \varphi < 2\pi$$

$$(JF)(r, \varphi) = \begin{pmatrix} \cos\varphi & -r\sin\varphi \\ \sin\varphi & r\cos\varphi \end{pmatrix}, \quad \frac{\partial(x, y)}{\partial(r, \varphi)} = r .$$

b. Zylinderkoordinaten im $\mathbb{R}^3$

$$\boldsymbol{x} = \begin{bmatrix} x \\ y \\ z \end{bmatrix} = F(r, \varphi, z) = \begin{bmatrix} r\cos\varphi \\ r\sin\varphi \\ z \end{bmatrix}, \quad r > 0, \ 0 \le \varphi < 2\pi, \ z \in \mathbb{R}$$

$$(JF)(r, \varphi, z) = \begin{bmatrix} \cos\varphi & -r\sin\varphi & 0 \\ \sin\varphi & r\cos\varphi & 0 \\ 0 & 0 & 1 \end{bmatrix}, \quad \frac{\partial(x, y, z)}{\partial(r, \varphi, z)} = r .$$

c. Kugelkoordinaten im $\mathbb{R}^3$

$$\boldsymbol{x} = \begin{bmatrix} x \\ y \\ z \end{bmatrix} = F(r, \varphi, \theta) = \begin{bmatrix} r\cos\varphi\sin\theta \\ r\sin\varphi\sin\theta \\ r\cos\theta \end{bmatrix}$$

$$(r > 0, \quad 0 \le \varphi < 2\pi, \quad 0 \le \theta \le \pi)$$

$$(JF)(r, \varphi, \theta) = \begin{bmatrix} \cos\varphi\sin\theta & -r\sin\varphi\sin\theta & r\cos\varphi\cos\theta \\ \sin\varphi\sin\theta & r\cos\varphi\sin\theta & r\sin\varphi\cos\theta \\ \cos\theta & 0 & -r\sin\theta \end{bmatrix}$$

$$\frac{\partial(x, y, z)}{\partial(r, \varphi, \theta)} = -r^2 \sin\theta .$$

C. Totale Differenzierbarkeit

Bei Funktionen einer Variablen wissen wir aus Anmerkung 2.16, dass aus der Differenzierbarkeit die Stetigkeit folgt. Das folgende Beispiel zeigt, dass aus partieller Differenzierbarkeit i. Allg. noch keine Stetigkeit folgt:

Beispiele 9.13.

$$f(x,y) = \begin{cases} 2xy/(x^2 + y^2) & \text{für } (x,y) \neq (0,0) \\ 0 & \text{für } (x,y) = (0,0) \end{cases}.$$

In $\mathbb{R}^2 \smallsetminus \{(0,0)\}$ ist f sowohl stetig als auch partiell differenzierbar. In $(0,0)$ ergibt sich

$$D_1 f(0,0) = \lim_{h \longrightarrow 0} \frac{f(h,0) - f(0,0)}{h} = 0\,,$$

$$D_2 f(0,0) = \lim_{h \longrightarrow 0} \frac{f(0,h) - f(0,0)}{h} = 0\,,$$

d. h. f ist in ganz $\mathbb{R}^2$ partiell differenzierbar. Jedoch ist

$$\lim_{\substack{(x,y) \longrightarrow (0,0) \\ x=y}} f(x,y) = \lim_{x \longrightarrow 0} f(x,x) = \lim_{x \longrightarrow 0} \frac{2x^2}{2x^2} = 1\,,$$

$$\lim_{\substack{(x,y) \longrightarrow (0,0) \\ x=0}} f(x,y) = \lim_{y \longrightarrow 0} f(0,y) = 0\,,$$

d. h. f ist in $(0,0)$ nicht stetig.

Um dies genauer zu klären, definieren wir:

Definitionen 9.14. *Sei $\Omega \subseteq \mathbb{R}^n$ ein Gebiet, $x \in \Omega$ ein Punkt und $F : \Omega \longrightarrow \mathbb{R}^m$ eine Vektorfunktion, die in x partiell differenzierbar ist. Existiert dann eine Funktion $\Phi : U(x) \longrightarrow \mathbb{R}^m$, wobei $U(x) \subseteq \Omega$ eine Kugel um x ist, sodass*

a. $\lim\limits_{h \longrightarrow 0} \Phi(h) = 0$,

b. $F(x + h) - F(x) = (JF)(x) \cdot h + \|h\|\Phi(h)$,

d. h.

$$\lim_{h \longrightarrow 0} \frac{F(x+h) - F(x) - (JF)(x) \cdot h}{\|h\|} = 0\,, \tag{9.16}$$

so heißt F total differenzierbar in x, und die lineare Funktion $\mathrm{d}F_x : \mathbb{R}^n \longrightarrow \mathbb{R}^m$ mit

$$\mathrm{d}F_x(h) := (JF)(x) \cdot h$$

heißt die totale Ableitung oder das totale Differenzial von F in x.

Bemerkungen:

a. Weitere gebräuchliche Schreibweisen für die totale Ableitung sind: $F'(x)$, $DF(x)$ oder $dF(x)$. Vor allem bei *skalaren* Funktionen $f : \Omega \longrightarrow \mathbb{R}$ spricht man vom „Differenzial" und schreibt $df(x)$ oder df_x.

b. Definiert man für $i = 1, \ldots, n$ Linearformen (d. h. skalarwertige lineare Funktionen)

$$dx_i : \mathbb{R}^n \longrightarrow \mathbb{R} \quad \text{durch} \quad dx_i(\boldsymbol{a}) := a_i \quad \text{für } \boldsymbol{a} = \begin{pmatrix} a_1 \\ \vdots \\ a_n \end{pmatrix} ,$$

so schreibt sich das totale Differenzial

$$df_x = D_1 F(x) dx_1 + \cdots + D_n F(x) dx_n ,$$

d. h. als sog. PFAFF'*sche Form*. Mehr dazu in Abschn. 21D.

c. Obwohl $(JF)(x)$ existiert, wenn F partiell differenzierbar in x ist, braucht F nicht total differenzierbar in x zu sein, wenn nämlich

$$\Phi(\boldsymbol{h}) = \frac{F(x + \boldsymbol{h}) - F(x) - (JF)(x) \cdot \boldsymbol{h}}{\|\boldsymbol{h}\|}$$

nicht gegen 0 geht, wenn $\boldsymbol{h} \longrightarrow 0$ geht. Dies ist etwa in Beispiel 9.13 der Fall.

Satz 9.15.

a. *Wenn $F : \Omega \longrightarrow \mathbb{R}^m$ total differenzierbar ist, dann ist F stetig in Ω.*

b. *Wenn F stetig differenzierbar in Ω ist, dann ist F total differenzierbar in Ω.*

Beweis.

a. Folgt direkt aus (9.16) in Definition 9.14.

b. Es genügt den Beweis für $n = 2$, $m = 1$ zu führen. Sei also $A = (a, b) \in \Omega$, $\boldsymbol{h} = (h, k) \in \mathbb{R}^2$. Dann folgt mit dem Mittelwertsatz der Differenzialrechnung in Theorem 2.22 b.:

$$\begin{aligned} f(A + \boldsymbol{h}) - f(A) &= f(a + h, b + k) - f(a, b) \\ &= [f(a + h, b + k) - f(a, b + k)] + [f(a, b + k) - f(a, b)] \\ &= D_1 f(x, b + k) \cdot h + D_2 f(a, y) \cdot k \end{aligned}$$

mit x zwischen a und $a + h$, y zwischen b und $b + k$. Dafür schreiben wir

$$f(A + \boldsymbol{h}) - f(A) = D_1 f(a, b) h + D_2 f(a, b) k + \|\boldsymbol{h}\| \phi(\boldsymbol{h})$$

mit

$$\begin{aligned} \phi(\boldsymbol{h}) = [D_1 f(x, b + k) - D_1 f(a, b)] \cdot \frac{h}{\sqrt{h^2 + k^2}} + \\ + [D_2 f(a, y) - D_2 f(a, b)] \cdot \frac{k}{\sqrt{h^2 + k^2}} . \end{aligned}$$

Wegen der Stetigkeit der partiellen Ableitungen gilt

$$\lim_{(h,k)\longrightarrow(0,0)} \phi(h,k) = 0 \,,$$

was nach Definition (vgl. 9.14) die totale Differenzierbarkeit beweist.

$\square$

D. Die Kettenregel

Wir wollen uns nun mit der Komposition differenzierbarer Abbildungen be-schäftigen.

Theorem 9.16 (*Kettenregel*). *Seien* $U \subseteq \mathbb{R}^n$, $V \subseteq \mathbb{R}^m$ *offen und seien* $F : U \longrightarrow \mathbb{R}^m$ *differenzierbar in* $a \in U$, $G : V \longrightarrow \mathbb{R}^P$ *differenzierbar in* $b = F(a) \in V$. *Dann ist* $G \circ F$ *differenzierbar in* a *und*

a. $\mathrm{d}(G \circ F)_a = \mathrm{d}G_{F(a)} \circ \mathrm{d}F_a,$
b. $J(G \circ F)(a) = (JG)(F(a)) \cdot (JF)(a).$

Beweis.

b. Folgt aus a., denn nach der Definition der totalen Ableitungen (vgl. 9.14) sind ihre Darstellungsmatrizen ja gerade die JACOBI-Matrizen.
a. Wir müssen zeigen:

$$\lim_{h\longrightarrow 0} \frac{(G \circ F)(a+h) - (G \circ F)(a) - (\mathrm{d}G_{F(a)} \circ \mathrm{d}F_a)(h)}{\|h\|} = 0 \,. \quad (9.17)$$

Dazu setzen wir

$$\Phi(h) = \frac{F(a+h) - F(a) - \mathrm{d}F_a(h)}{\|h\|} \,, \quad (9.18)$$

$$\Psi(k) = \frac{G(F(a) + k) - G(F(a)) - \mathrm{d}G_{F(a)}(k)}{\|k\|} \,. \quad (9.19)$$

Da F und G nach Voraussetzung total differenzierbar sind, gilt

$$\lim_{h\longrightarrow 0} \Phi(h) = 0 \qquad \text{und} \quad \lim_{k\longrightarrow 0} \Psi(k) = 0 \,. \quad (9.20)$$

Setzen wir $k = F(a+h) - F(a)$ in (9.19), so folgt

$$(G \circ F)(a+h) - (G \circ F)(a) = G(F(a) + k) - G(F(a))$$
$$= \mathrm{d}G_{F(a)}(F(a+h) - F(a)) + \|F(a+h) - F(a)\| \cdot \Psi(F(a+h) - F(a)) \,.$$

Benutzen wir nun

$$F(a+h) - F(a) = \mathrm{d}F_a(h) + \|h\|\,\Phi(h) \,,$$

so folgt

$$(G \circ F)(a + h) - (G \circ F)(a)$$

$$= dG_{F(a)}(dF_a(h) + \|h\|\Phi(h)) + \|F(a+h) - F(a)\|\Psi(F(a+h) - F(a))$$

$$= dG_{F(a)}(dF_a(h)) + \{ \|h\|dG_{F(a)}(\Phi(h)) +$$

$$+ \|h\| \cdot \left\| dF_a\left(\frac{h}{\|h\|}\right) + \Phi(h) \right\| \cdot \Psi(F(a+h) - F(a)) \} \ ,$$

also

$$\frac{(G \circ F)(a+h) - (G \circ F)(a) - (dG_{F(a)} \circ dF_a)(h)}{\|h\|} =$$

$$= dG_{F(a)}(\Phi(h)) + \left\| dF_a\left(\frac{h}{\|h\|}\right) + \Phi(h) \right\| \Psi(F(a+h) - F(a)) \longrightarrow 0$$

für $h \longrightarrow 0$.

$\square$

Anmerkung 9.17. Schreibt man

$$y_i = f_i(x_1, \ldots, x_n), \quad i = 1, \ldots, m \ ,$$

$$z_j = g_j(y_1, \ldots, y_m), \quad j = 1, \ldots, p \ ,$$

so lautet die Kettenregel:

$$\frac{\partial z_i}{\partial x_j} = \sum_{k=1}^{m} \frac{\partial z_i}{\partial y_k} \cdot \frac{\partial y_k}{\partial x_j}, \quad i = 1, \ldots, p \tag{9.21}$$

nach Definition des Matrizenprodukts. Im Falle $n = m = p$ gilt:

$$\frac{\partial(z_1, \ldots, z_n)}{\partial(x_1, \ldots, x_n)} = \frac{\partial(z_1, \ldots, z_n)}{\partial(y_1, \ldots, y_n)} \cdot \frac{\partial(y_1, \ldots, y_n)}{\partial(x_1, \ldots, x_n)} \tag{9.22}$$

nach dem Determinanten-Multiplikationssatz 5.21.

Wir erläutern dies an einigen Beispielen.

Beispiele 9.18.

a. Im Falle $n = m = p = 1$ haben wir differenzierbare Abbildungen

$$\mathbb{R} \underset{f}{\longrightarrow} \mathbb{R} \underset{g}{\longrightarrow} \mathbb{R}$$

und die Kettenregel lautet

$$(g \circ f)'(t) = g'(f(t)) \cdot f'(t) \ , \tag{9.23}$$

was gerade die Kettenregel (2.20) aus Theorem 2.18e ist.

b. Im Falle $n = p = 1$ haben wir differenzierbare Abbildungen

$$\mathbb{R} \xrightarrow[F]{} \mathbb{R}^m \xrightarrow[\varphi]{} \mathbb{R}$$

und die Kettenregel lautet

$$(\varphi \circ F)'(t) = (J\varphi)(F(t)) \cdot F'(t) = \operatorname{grad} \varphi(F(t)) \cdot F'(t)$$
$$= \sum_{i=1}^{m} D_i \varphi(F(t)) \cdot f_i'(t) \, . \tag{9.24}$$

Schreibt man

$$y = \varphi(x_1, \dots, x_m) \, , \quad x_i = f_i(t) \, , \quad i = 1, \dots, m \, ,$$

so lautet die Schreibweise für (9.24)

$$\frac{\mathrm{d}y}{\mathrm{d}t} = \sum_{i=1}^{m} \frac{\partial y}{\partial x_i} \frac{\mathrm{d}x_i}{\mathrm{d}t} \, . \tag{9.25}$$

c. Betrachten wir Abbildungen $\mathbb{R}^2 \xrightarrow[F]{} \mathbb{R}^3 \xrightarrow[G]{} \mathbb{R}^2$, so lautet die Kettenregel in Matrixschreibweise, wenn wir $H = G \circ F$ setzen:

$$\begin{bmatrix} D_1 h_1 & D_2 h_1 \\ D_1 h_2 & D_2 h_2 \end{bmatrix}_A = \begin{bmatrix} D_1 g_1 & D_2 g_1 & D_3 g_1 \\ D_1 g_2 & D_2 g_2 & D_3 g_2 \end{bmatrix}_{F(A)} \cdot \begin{bmatrix} D_1 f_1 & D_2 f_1 \\ D_1 f_2 & D_2 f_2 \\ D_1 f_3 & D_2 f_3 \end{bmatrix}_A \, ,$$

d. h. für $H(s,t) = (G \circ F)(s,t)$, $F = F(s,t)$, $G = G(x,y,z)$ z. B.:

$$\frac{\partial h_1}{\partial s} \equiv D_1 h_1 = D_1 g_1 \cdot D_1 f_1 + D_2 g_1 \cdot D_1 f_2 + D_3 g_1 \cdot D_1 f_3$$
$$= \frac{\partial g_1}{\partial x} \cdot \frac{\partial f_1}{\partial s} + \frac{\partial g_1}{\partial y} \cdot \frac{\partial f_2}{\partial s} + \frac{\partial g_1}{\partial z} \cdot \frac{\partial f_3}{\partial s} \, .$$

Bemerkung: Man braucht für die Kettenregel wirklich totale Differenzierbarkeit. Setzt man nur partielle Differenzierbarkeit voraus, so gilt sie womöglich nicht, wie Beispiele zeigen (vgl. Übungen). Das ist vielleicht der wichtigste Grund für die Einführung der totalen Differenzierbarkeit.

E. Höhere Ableitungen

Sei $\Omega \subseteq \mathbb{R}^n$ ein Gebiet und $F : \Omega \longrightarrow \mathbb{R}^m$ eine C^1-Abbildung. Dann existieren die ersten partiellen Ableitungen

$$D_i F \equiv \frac{\partial}{\partial x_i} F : \Omega \longrightarrow \mathbb{R}^m \, , \quad i = 1, \dots, n \, .$$

Sind diese ebenfalls partiell differenzierbar, d. h. existieren die zweiten partiellen Ableitungen

$$D_k D_i F := D_k(D_i F) \equiv \frac{\partial}{\partial x_k} \left(\frac{\partial}{\partial x_i} F \right) =: \frac{\partial^2}{\partial x_k \partial x_i} F , \qquad (9.26)$$

so können wir fragen, ob eine Vertauschung der Differenziationsreihenfolge erlaubt ist, d. h. ob

$$D_k D_i F = D_i D_k F$$

gilt. Die Antwort gibt:

Theorem 9.19 (*Satz von* H. A. SCHWARZ). *Sei $\Omega \subseteq \mathbb{R}^n$ offen und $F : \Omega \longrightarrow \mathbb{R}^m$ eine C^s-Abbildung, d. h. s-mal stetig partiell differenzierbar. Dann sind alle partiellen Ableitungen unabhängig von der Differenziationsreihenfolge, d. h. insbesondere*

$$D_i D_k F = D_k D_i F , \qquad falls\ F \in C^2(\Omega, \mathbb{R}^m) . \qquad (9.27)$$

Beweis. Es genügt, die Behauptung (9.27) für skalare Funktionen $f(x,y)$ von zwei Variablen zu beweisen, d. h.

$$f_{xy}(x,y) = f_{yx}(x,y) , \qquad falls\ f \in C^2(\Omega) . \qquad (9.28)$$

Seien dazu $h, k \in \mathbb{R}$ so klein gewählt, dass das Rechteck mit den Eckpunkten (x,y), $(x+h, y)$, $(x, y+k)$, $(x+h, y+k)$ ganz in Ω liegt. Dann betrachten wir den Ausdruck

$$\Delta := [f(x+h, y+k) - f(x+h, y)] - [f(x, y+k) - f(x,y)] . \qquad (9.29)$$

Setzen wir

$$\begin{aligned} \varphi(x) &= f(x, y+k) - f(x,y) && \text{für festes } y , \\ \psi(y) &= f(x+h, y) - f(x,y) && \text{für festes } x , \end{aligned} \qquad (9.30)$$

so gilt offenbar:

$$\varphi(x+h) - \varphi(x) = \Delta = \psi(y+k) - \psi(y) . \qquad (9.31)$$

Auf beiden Seiten wenden wir den Mittelwertsatz der Differenzialrechnung, Theorem 2.22b, an. Danach gibt es

$$\xi_1 \text{ zwischen } x \text{ und } x+h, \ \eta_1 \text{ zwischen } y \text{ und } y+k ,$$

sodass

$$h\varphi'(\xi_1) = \Delta = k\psi'(\eta_1) ,$$

d. h. nach Definition von φ und ψ in (9.30)

$$h\left[f_x(\xi_1, y+k) - f_x(\xi_1, y) \right] = \Delta = k\left[f_y(x+h, \eta_1) - f_y(x, \eta_1) \right] . \qquad (9.32)$$

Wenden wir auf beiden Seiten wieder den Mittelwertsatz an, so finden wir

$$\xi_2 \text{ zwischen } x \text{ und } x+h, \ \eta_2 \text{ zwischen } y \text{ und } y+k\,,$$

sodass

$$hk f_{xy}(\xi_1, \eta_2) = \Delta = hk f_{yx}(\xi_2, \eta_1)\,. \tag{9.33}$$

Nun gilt aber

$$\xi_1 \longrightarrow x\,, \ \xi_2 \longrightarrow x \ \text{für } h \longrightarrow 0\,; \ \eta_1 \longrightarrow y\,, \ \eta_2 \longrightarrow y \ \text{für } k \longrightarrow 0\,.$$

Grenzübergang $(h, k) \longrightarrow (0,0)$ in (9.33) liefert dann (9.28), weil

$$f_{xy}(\xi_1, \eta_2) \longrightarrow f_{xy}(x, y)\,; \ \ f_{yx}(\xi_2, \eta_1) \longrightarrow f_{yx}(x, y)$$

wegen der Stetigkeit der zweiten Ableitungen. $\square$

Beispiele 9.20.

$$f(x, y) = \begin{cases} xy\frac{x^2-y^2}{x^2+y^2} & \text{für } (x,y) \neq (0,0) \\ 0 & \text{für } (x,y) = (0,0)\,. \end{cases}$$

Dafür gilt:

$$f_x(x,y) = y\frac{x^4+4x^2y^2-y^4}{(x^2+y^2)^2}\,, \ \ f_x(0,y) = -y\,, \ \ f_x(0,0) = 0\,,$$
$$f_y(x,y) = x\frac{x^4-4x^2y^2-y^4}{(x^2+y^2)^2}\,, \ \ f_y(x,0) = x\,, \ \ f_y(0,0) = 0\,.$$

Daraus folgt:

$$f_{xy}(0,0) = \lim_{y \longrightarrow 0} \frac{f_x(0,y)-f_x(0,0)}{y} = -1\,,$$
$$f_{yx}(0,0) = \lim_{x \longrightarrow 0} \frac{f_y(x,0)-f_y(0,0)}{x} = 1\,,$$

d. h. $f_{xy}(0,0) \neq f_{yx}(0,0)$, wobei man überprüft, dass f_{xy} und f_{yx} in $(0,0)$ nicht stetig sind.

Dass es bei einer C^s-Funktion ($s \geq 2$) nicht auf die Reihenfolge ankommt, in der nach den einzelnen Variablen differenziert wird, ermöglicht es, eine sehr knappe und übersichtliche Schreibweise für höhere Ableitungen einzuführen: Statt jede einzelne Differentiation aufzuführen, notiert man nur, wie oft nach x_1 differenziert wurde, wie oft nach x_2 usw. Dazu verwendet man die sog. *Multiindex-Schreibweise*, die wir jetzt einführen.

Definitionen 9.21.

a. Ein Multiindex $\alpha = (\alpha_1, \ldots, \alpha_n)$ *ist ein n-Tupel von Zahlen $\alpha_i \in \mathbb{N}_0$. Er hat die* Ordnung $|\alpha| := \alpha_1 + \cdots + \alpha_n$. *Ferner setzt man*

$$\alpha! = \alpha_1! \cdots \alpha_n! \ \ \ \text{und für } m \in \mathbb{N}\,,$$

$$\binom{m}{\alpha} = \binom{m}{\alpha_1, \ldots, \alpha_n} = \frac{m!}{\alpha!} = \frac{m!}{\alpha_1! \cdots \alpha_n!}\,.$$

b. *Für $x = (x_1, \ldots, x_n) \in \mathbb{R}^n$ setzt man*

$$x^\alpha := x_1^{\alpha_1} \cdot x_2^{\alpha_2} \cdots x_n^{\alpha_n} .$$

c. *Für $F \in C^s(\Omega, \mathbb{R}^m)$, Ω offene Teilmenge von $\mathbb{R}^n$, und $|\alpha| \leq s$ setzt man*

$$D^\alpha F = D_1^{\alpha_1} \cdots D_n^{\alpha_n} F = \frac{\partial^{|\alpha|}}{\partial x_1^{\alpha_1} \cdots \partial x_n^{\alpha_n}} F .$$

d. *Mit $C^\infty(\Omega, \mathbb{R}^m)$ bezeichnen wir die Menge der Funktionen $F : \Omega \to \mathbb{R}^m$, die zu jeder Klasse C^s gehören, für die also Ableitungen $D^\alpha F$ von beliebig hoher Ordnung $|\alpha|$ existieren.*

F. Die TAYLOR-Formel

Ist $\varphi : \mathbb{R} \longrightarrow \mathbb{R}$ eine C^{m+1}-Funktion, so gilt nach Satz 2.25 die TAYLOR-Formel

$$\varphi(t) = \sum_{k=0}^m \frac{\varphi^{(k)}(t_0)}{k!} (t - t_0)^k + r_m(\varphi, t, t_0) \tag{9.34}$$

und insbesondere (wenn wir für das Restglied r noch seine explizite Gestalt einsetzen)

$$\varphi(1) = \sum_{k=0}^m \frac{\varphi^{(k)}(0)}{k!} + \frac{\varphi^{(m+1)}(\tau)}{(m+1)!} \tag{9.35}$$

mit τ zwischen 0 und 1. Wir wollen diese Formel jetzt auf Funktionen $f : \mathbb{R}^n \longrightarrow \mathbb{R}$ der Klasse C^{m+1} verallgemeinern. Dazu betrachten wir für Punkte $x = (x_1, \ldots, x_n)$, $x_0 = (x_1^0, \ldots, x_n^0) \in \mathbb{R}^n$ die Hilfsfunktion

$$\varphi(t) = f(x_0 + t(x - x_0)), \quad t \in \mathbb{R} \tag{9.36}$$

mit

$$\varphi(0) = f(x_0), \quad \varphi(1) = f(x) .$$

Darauf wollen wir die TAYLOR-Formel (9.35) anwenden. Nach der Kettenregel folgt:

$$\begin{aligned}
\varphi'(0) &= \sum_{i=1}^n D_i f(x_0)(x_i - x_i^0) \\
&= \sum_{|\alpha|=1} D^\alpha f(x_0)(x - x_0)^\alpha , \\
\varphi''(0) &= \sum_{i,j=1}^n D_i D_j f(x_0)(x_i - x_i^0) \cdot (x_j - x_j^0) \\
&= \sum_{|\alpha|=2} \frac{2!}{\alpha!} D^\alpha f(x_0)(x - x_o)^\alpha , \\
\varphi'''(0) &= \sum_{i,j,k=1}^n D_i D_j D_k f(x_0)(x_i - x_i^0)(x_j - x_j^0)(x_k - x_k^0) \\
&= \sum_{|\alpha|=3} \frac{3!}{\alpha!} D^\alpha f(x_0)(x - x_0)^\alpha
\end{aligned}$$

usw. Allg. erhält man für $\varphi^{(k)}(0)$ Terme mit Ableitungen $D^\alpha f(x_0)$, wo $|\alpha| = k$ ist. Aber zu einem gegebenen Multiindex α werden i. Allg. mehrere gleichartige Terme dieser Art entstehen, die durch Differenziationen in verschiedenen Reihenfolgen zustandekommen. Die Anzahl dieser Terme ist $\binom{k}{\alpha} = \dfrac{k!}{\alpha!}$, wie man sich durch geschicktes Zählen überlegen kann (vgl. Ergänzung 9.34). Daher ergibt sich

$$\varphi^{(k)}(0) = \sum_{|\alpha|=k} \binom{k}{\alpha} D^\alpha f(x_0)(x - x_0)^\alpha \, . \tag{9.37}$$

Dabei spielt es keine Rolle, dass f auf ganz $\mathbb{R}^n$ definiert war. In Wirklichkeit braucht man nur eine offene Menge Ω, die die Verbindungsstrecke $[x_0, x] := \{x_0 + t(x - x_0)|0 \leq t \leq 1\}$ enthält. Die Hilfsfunktion φ ist dann auf einem Intervall der Form $\,]-\delta, 1 + \delta[\,$ ($\delta > 0$) definiert, und man kann die obigen Rechnungen durchführen. Setzen wir das Ergebnis (9.37) in (9.35) ein, so erhalten wir

Theorem 9.22 (*Satz von* TAYLOR). *Sei $\Omega \subseteq \mathbb{R}^n$ ein konvexes Gebiet, $f : \Omega \longrightarrow \mathbb{R}^m$ eine C^{m+1}-Funktion, $x, x_0 \in \Omega$.*

a. Dann gilt die TAYLOR*-Formel*

$$f(x) = \sum_{|\alpha| \leq m} \frac{1}{\alpha!} D^\alpha f(x_0)(x - x_0)^\alpha + r_m(f, x, x_0) \tag{9.38}$$

mit

$$r_m(f, x, x_0) = \sum_{|\alpha|=m+1} \frac{1}{\alpha!} D^\alpha f(z)(x - x_0)^\alpha \, , \tag{9.39}$$

wobei z auf der Verbindungsstrecke von x_0 nach x liegt.

b. Insbesondere gilt für $m = 0$ der Mittelwertsatz der Differenzialrechnung

$$f(x) - f(x_0) = \operatorname{grad} f(z) \cdot (x - x_0) \, . \tag{9.40}$$

Wir bemerken, dass (wie auch bei einer Variablen) der Mittelwertsatz für Vektorfunktionen $F = (f_1, \ldots, f_m) : \Omega \longrightarrow \mathbb{R}^m$ nicht gilt. Zwar gilt für jede Komponente nach (9.40)

$$f_i(x) - f_i(x_0) = \operatorname{grad} f(z_i)(x - x_0) \, ,$$

aber der Zwischenpunkt z_i ist i. Allg. für jede Komponente ein anderer, sodass man generell keine Formel des Typs

$$F(x) - F(x_0) = (JF)(z)(x - x_0)$$

hat. Das stört aber eigentlich kaum, da man den Mittelwertsatz meist dazu benutzt, Abschätzungen herzuleiten, in denen der Zwischenpunkt gar nicht mehr vorkommt, und solche Abschätzungen kann man komponentenweise erledigen. (Ein einfaches Beispiel hierfür findet sich in Ergänzung 14.24.)

G. Extremwertprobleme

In diesem Abschnitt wollen wir die Aussagen der Sätze 2.21 und 2.27 über Extremwerte von Funktionen einer Variablen auf Funktionen mehrerer Variablen übertragen:

Definitionen 9.23. *Sei $\Omega \subseteq \mathbb{R}^n$ ein Gebiet, $f : \Omega \longrightarrow \mathbb{R}$ eine Funktion.*

a. *f hat in $x_0 \in \Omega$ eine* Extremstelle, *wenn es ein $\delta > 0$ gibt, sodass für alle $x \in \Omega$ mit $\|x - x_0\| < \delta$ entweder*

$$f(x) \qquad \leq f(x_0) \qquad (lokales\ Maximum)$$

oder

$$f(x) \qquad \geq f(x_0) \qquad (lokales\ Minimum)$$

gilt.

b. *Ist $f \in C^1(\Omega)$, so heißt $x_0 \in \Omega$ ein* kritischer Punkt *von f, wenn*

$$\operatorname{grad} f(x_0) = 0 \,, \tag{9.41}$$

und zwar ein Sattelpunkt, *wenn x_0 dabei keine Extremstelle ist.*

Dass die Definition in b gerechtfertigt ist, sagt uns:

Satz 9.24. *Für eine Funktion $f \in C^1(\Omega)$ ist jede Extremstelle ein kritischer Punkt.*

Beweis. Sei $x_0 \in \Omega$ ein lokales Maximum von f. Ist dann $\boldsymbol{h} \in \mathbb{R}^n$, $\|\boldsymbol{h}\| = 1$ beliebig, so gibt es ein $\delta > 0$, sodass

$$\varphi(t) := f(x_0 + t\boldsymbol{h}) \leq f(x_0) = \varphi(0) \,, \qquad |t| < \delta \,.$$

Nach Satz 2.21 und der Kettenregel folgt dann

$$0 = \varphi'(0) = \operatorname{grad} f(x_0) \cdot \boldsymbol{h} \,,$$

d. h. $\operatorname{grad} f(x_0) = 0$, weil $\boldsymbol{h} \in \mathbb{R}^n$ beliebig war. Für lokale Minima ist der Beweis analog. $\qquad \square$

Um Maxima, Minima und Sattelpunkte anhand der Ableitungen der Funktion voneinander unterscheiden zu können, benötigt man – wie in Satz 2.27 – die TAYLOR-Formel als entscheidendes Hilfsmittel. Dabei geben die ersten nicht verschwindenden Terme der TAYLOR-Entwicklung den Ausschlag. Haben diese ausschlaggebenden Terme dritte oder noch höhere Ordnung, so wird die Sache ausgesprochen kompliziert und geht weit über den Rahmen unserer elementaren Betrachtungen hinaus (*Singularitätentheorie*). Wir beschränken uns daher auf die Untersuchung des Einflusses der zweiten Ableitungen, was für viele praktische Zwecke auch ausreicht.

Als Vorbereitung benötigen wir:

Satz 9.25. *Sei $A \in \mathbb{R}_{n \times n}$ eine symmetrische Matrix mit den reellen Eigenwerten $\lambda_1, \dots, \lambda_n$ und der zugehörigen* quadratischen Form

$$Q_A(x) := x^T A x = \sum_{i,j=1}^{n} a_{ij} x_i x_j \ . \tag{9.42}$$

   a. Äquivalent sind:

     (i) A ist positiv definit *(bzw.* positiv semidefinit*), d. h. $Q_A(x) > 0$ (bzw. ≥ 0) $\forall\, x \neq 0$,*

     (ii) $\lambda_i > 0$ (bzw. ≥ 0) für alle $i = 1, \dots, n$.

   b. Äquivalent sind:

     (i) A ist negativ definit *(bzw.* negativ semidefinit*), d. h. $Q_A(x) < 0$ (bzw. ≤ 0) $\forall\, x \neq 0$,*

     (ii) $\lambda_i < 0$ (bzw. ≤ 0) für alle $i = 1, \dots, n$.

Beweis. Nach Korollar 7.18 ist A orthogonalähnlich zu einer Diagonalmatrix, d. h. $A = SDS^T$ mit $D = \mathrm{diag}(\lambda_i)$ und einer orthogonalen Matrix S. Setzen wir

$$y = S^T x \qquad \text{für } x \in \mathbb{R}^n \ ,$$

so folgt

$$Q_A(x) = x^T A x = x^T (SDS^T) x = (x^T S) D\, (S^T x)$$

$$= y^T D y = \sum_{i=1}^{n} \lambda_i y_i^2 \ ,$$

woraus alles folgt. □

Wir haben uns schon in einigen Aufgaben zu Kap. 7 mit positiv (semi)definiten Matrizen beschäftigt. Im Moment interessieren sie uns wegen dem folgenden Satz:

Satz 9.26. *Sei $f \in C^2(\Omega)$, Ω ein Gebiet, und sei $x_0 \in \Omega$ ein kritischer Punkt von f. Dann gilt:*

   a. Hat f in x_0 ein lokales Minimum (Maximum), so ist die HESSE'sche Matrix

$$(Hf)(x_0) := \begin{pmatrix} f_{x_1 x_1} & \cdots & f_{x_1 x_n} \\ \vdots & & \vdots \\ f_{x_n x_1} & \cdots & f_{x_n x_n} \end{pmatrix}_{x_0} \tag{9.43}$$

   positiv (negativ) semidefinit.

   b. Ist $(Hf)(x_0)$ positiv (negativ) definit, so hat f in x_0 ein lokales Minimum (Maximum).

Beweis. Ausgangspunkt ist die TAYLOR-Formel aus Theorem 9.22. Für $m = 1$ hat diese die Form

$$f(x_0 + h) = f(x_0) + \text{grad } f(x_0) \cdot h + \frac{1}{2} h^T (Hf(z))h \qquad (9.44)$$

mit einem z zwischen x_0 und $x_0 + h$. Da x_0 ein kritischer Punkt ist, gilt

$$f(x_0 + h) = f(x_0) + \frac{1}{2} h^T (Hf(z))h , \qquad (9.45)$$

woraus alle Behauptungen folgen. $\qquad\qquad\square$

Für Funktionen $f(x, y)$ von 2 Variablen hat man ein einfaches Kriterium für die Definitheit der HESSE'schen Matrix. Setzt man im kritischen Punkt $X_0 = (x_0, y_0)$ nämlich

$$a = f_{xx}(X_0) , \quad b = f_{xy}(X_0) = f_{yx}(X_0) , \quad c = f_{yy}(X_0) ,$$

so ist für $h = (u, v)$:

$$h^T (Hf(X_0))h = au^2 + 2buv + cv^2$$
$$= \begin{cases} a(u + \frac{b}{a} v)^2 + \frac{1}{a} (ac - b^2)v^2 , & a \neq 0 \\ c(v + \frac{b}{c} u)^2 + \frac{1}{c} (ac - b^2)u^2 , & c \neq 0 . \end{cases} \qquad (9.46)$$

Damit ergibt Satz 9.26:

Satz 9.27. *Sei $\Omega \subseteq \mathbb{R}^2$ ein Gebiet, $X_0 \in \Omega$ ein kritischer Punkt von $f \in C^2(\Omega)$ und sei*

$$D(X_0) = \det(Hf(X_0)) = \begin{vmatrix} f_{xx}(X_0) & f_{xy}(X_0) \\ f_{yx}(X_0) & f_{yy}(X_0) \end{vmatrix} . \qquad (9.47)$$

Dann gilt:

  a. Ist $D(X_0) > 0$, so hat f in X_0 ein lokales
     – Minimum, falls $f_{xx}(X_0) > 0$ oder $f_{yy}(X_0) > 0$,
     – Maximum, falls $f_{xx}(X_0) < 0$ oder $f_{yy}(X_0) < 0$.
  b. Ist $D(X_0) < 0$, so hat f in X_0 einen Sattelpunkt.

Auch bei mehr als zwei Variablen lässt sich die Definitheit der HESSE'schen Matrix an den Vorzeichen gewisser Unterdeterminanten erkennen („HURWITZ'sches Definitheitskriterium"). Das ist aber eher von theoretischer Bedeutung, während Satz 9.27 ein sehr brauchbares praktisches Werkzeug darstellt. Näheres findet man in Büchern über Matrizenrechnung wie z. B. [13].

Ergänzungen zu §9

Wir befassen uns jetzt mit zwei bezeichnungstechnischen Tricks, nämlich den sog. LANDAU'schen Symbolen und der schon eingeführten Multiindex-Schreibweise. Beide Notationen sind etwas gewöhnungsbedürftig, erweisen sich aber als ausgesprochen nützlich, wenn man sich die Mühe macht, den Umgang mit ihnen einzuüben. In manchen Situationen ist es von entscheidender Bedeutung, eine Schreibweise zu finden, die dem betreffenden Sachverhalt gut angepasst ist und die es daher ermöglicht, auch über kompliziertere Zusammenhänge den Überblick zu behalten. Die nachstehenden Anwendungsbeispiele werden Sie hoffentlich hiervon überzeugen, denn wir geben einfache und elegante Beweise für etliche wichtige und nützliche, aber keineswegs selbstverständliche Tatsachen.

9.28 Die LANDAU'schen Symbole. Oft treten in Rechnungen unangenehm komplizierte Ausdrücke auf, deren Einzelheiten eigentlich gar keine Rolle spielen, weil sie bei einem nachfolgenden Grenzübergang sowieso verschwinden. Die LANDAU-Symbole O und o machen es möglich, von vornherein auf die Angabe der überflüssigen Einzelheiten zu verzichten. Sie beziehen sich stets auf einen festen Grenzübergang, der explizit festgelegt werden muss oder doch klar aus dem Kontext hervorgehen sollte. Betrachten wir z. B. eine offene Menge $\Omega \subseteq \mathbb{R}^n$, einen Punkt $x^0 \in \Omega$ und den Grenzübergang $x \to x^0$. Gegeben sei eine Funktion $g : \Omega \to \mathbb{R}$ mit $g(x^0) = 0$ und $g(x) \neq 0$ für $x \neq x^0$. Für Funktionen $F : \Omega \to \mathbb{R}^m$ schreiben wir dann

$$F(x) = o(g(x)) \qquad \text{für} \qquad x \to x^0 \,,$$

wenn

$$\lim_{\substack{x \to x^0 \\ x \neq x^0}} \frac{F(x)}{g(x)} = 0 \,. \tag{9.48}$$

Der Zusatz „für $x \to x^0$" kann entfallen, wenn aus dem Kontext klar ist, auf welchen Grenzübergang sich das LANDAU-Symbol bezieht. Analog schreibt man

$$F(x) = O(g(x)) \qquad \text{für} \qquad x \to x^0 \,,$$

wenn

$$\frac{F(x)}{g(x)} \qquad \text{für } x \to x^0 \text{ beschränkt} \tag{9.49}$$

bleibt (oder, ganz exakt ausgedrückt, wenn es $M > 0$ und $\delta > 0$ gibt so, dass

$$x \in \Omega, \ 0 < \|x - x^0\| < \delta \quad \Longrightarrow \quad \left| \frac{f_j(x)}{g(x)} \right| \leq M \text{ für } j = 1, \ldots, m, \ F = $$

$(f_1, \ldots, f_m)$).

Bei Berechnungen wird nun *jede* Funktion F, die (9.48) bzw. (9.49) erfüllt, durch das entsprechende LANDAU-Symbol ersetzt. Zum Beispiel für den

Grenzübergang $x \to 0$ auf der reellen Geraden sieht man durch TAYLOR-Entwicklung, dass

$$\sin x = x + O(x^3)$$

und

$$\cos x = 1 - x^2 + O(x^4) \,,$$

folglich

$$\frac{\sin x}{1 - \cos x} = \frac{x + O(x^3)}{x^2(1 + O(x^2))} = \frac{1}{x} + O(x) \,.$$

Man könnte einwenden, dass derartige Rechnungen nicht wirklich mathematisch exakt seien. Die Exaktheit lässt sich retten, indem man $o(g(x))$ und $O(g(x))$ als die *Menge* der Funktionen F auffasst, die (9.48) bzw. (9.49) erfüllen und dann zunächst Regeln für den Umgang mit diesen Mengen herleitet. Darauf wollen wir aber nicht näher eingehen. Vielmehr empfehlen wir Ihnen, sich jedes LANDAU-Symbol als „irgendeine Funktion F, für die das und das gilt ..." vorzustellen und aufgrund dieser Vorstellung den gesunden Menschenverstand walten zu lassen.

Völlig analoge Definitionen und Bemerkungen haben wir auch für andere Grenzübergänge, z. B. $x \to \infty$ oder (im Zusammenhang mit Folgen) $n \to \infty$.

9.29 Eindeutigkeit der Ableitung. Wir betrachten wieder ein Gebiet $\Omega \subseteq \mathbb{R}^n$, einen Punkt $x^0 \in \Omega$ und eine (vektorwertige) Funktion $F : \Omega \to \mathbb{R}^m$. Wir sagen, eine lineare Abbildung $\mathcal{A} \in L(\mathbb{R}^n, \mathbb{R}^m)$ sei eine *lineare Approximation* von F bei x^0, wenn gilt:

$$F(x) = F(x^0) + \mathcal{A}(x - x^0) + o(\|x - x^0\|) \qquad \text{für} \quad x \to x^0 \,. \tag{9.50}$$

Die totale Ableitung ist solch eine lineare Approximation, und zwar die einzig mögliche. Genau darin besteht ihre tiefere Bedeutung.

Dass $\mathcal{A} = \mathrm{d}F_{x^0}$ eine lineare Approximation ist, ergibt sich sofort aus der Definition in 9.14. Nehmen wir andererseits an, (9.50) gilt für eine lineare Abbildung $\mathcal{A} : \mathbb{R}^n \longrightarrow \mathbb{R}^m$. Für die kanonische Basis $\{e_1, \ldots, e_n\}$ folgt dann

$$F(x^0 + te_i) - F(x^0) = t\mathcal{A}(e_i) + o(|t|) \qquad \text{für} \quad t \to 0 \,,$$

also

$$\mathcal{A}(e_i) = \lim_{\substack{t \to 0 \\ t \neq 0}} \frac{1}{t}(F(x^0 + te_i) - F(x^0)) \qquad (i = 1, \ldots, n) \,.$$

Also ist F in x^0 partiell differenzierbar, und die JACOBImatrix stellt gerade die gegebene Abbildung $\mathcal{A}$ dar. Dann besagt (9.50) aber, dass sogar totale Differenzierbarkeit vorliegt und dass $\mathcal{A} = \mathrm{d}F_{x^0}$.

9.30 Polynome in mehreren Variablen. Die Multiindex-Schreibweise macht es möglich, auch mit Polynomen in mehreren Variablen $x_1, \ldots, x_n$ bequem zu rechnen. Ein *homogenes Polynom* vom Grad m ist eine Funktion der Form

$$H_m(x) = \sum_{|\alpha|=m} c_\alpha x^\alpha \qquad (x = (x_1, \ldots, x_n)) \qquad (9.51)$$

mit Konstanten $c_\alpha \in \mathbb{K}$. H_m ist tatsächlich eine homogene Funktion in dem Sinne, dass

$$H_m(tx) = t^m H_m(x)$$

gilt für $t \in \mathbb{R}$ und alle x. Ein allgemeines Polynom vom Grad $\leq m$ hat die Form

$$P(x) = \sum_{|\alpha|\leq m} c_\alpha x^\alpha = \sum_{k=0}^{m} H_k(x) \qquad (9.52)$$

mit homogenen Polynomen $H_0, H_1, \ldots, H_m$. Die Zahlen c_α nennt man die *Koeffizienten* des Polynoms. Es ist klar, dass Polynome beliebig hohe partielle Ableitungen haben und dass diese wieder Polynome sind. Also ist jedes Polynom beliebig oft stetig differenzierbar. Wir haben z. B. $D^\beta x^\alpha = 0$, falls es einen Index j gibt mit $\beta_j > \alpha_j$, denn dann werden die Differentiationen nach der j-ten Variablen ja alles annullieren. Ebenso leicht rechnet man nach, dass $D^\alpha x^\alpha = \alpha!$. Es gilt daher

$$D^\beta x^\alpha = \begin{cases} \alpha! \delta_{\alpha\beta}, & \text{falls } |\beta| = |\alpha| \\ 0, & \text{falls } |\beta| > |\alpha| \, . \end{cases}$$

Für das homogene Polynom (9.51) und einen Multiindex β mit $|\beta| = m$ ergibt dies

$$D^\beta H_m \equiv \beta! c_\beta \, .$$

Für das allgemeine Polynom (9.52) und $|\beta| = k \leq m$ folgt

$$D^\beta P = \beta! c_\beta + \sum_{j=k+1}^{m} D^\beta H_j \, ,$$

und $D^\beta H_j$ ist ein homogenes Polynom vom Grad $j - k \geq 1$. Also ist $D^\beta H_j(0) = 0$ für $k < j \leq m$, und es folgt nach Einsetzen von $x = 0$:

$$c_\beta = \frac{D^\beta P(0)}{\beta!} \, . \qquad (9.53)$$

Also sind die Koeffizienten c_α durch die Funktion P eindeutig festgelegt, was den *Koeffizientenvergleich* bei Polynomen auch für mehrere Variable rechtfertigt und was außerdem zeigt, dass sozusagen jedes Polynom sein eigenes TAYLOR-Polynom ist:

$$P(x) = \sum_{|\alpha|\leq m} \frac{D^\alpha P(0)}{\alpha!} x^\alpha \, . \qquad (9.54)$$

9.31 Der polynomische Satz. Er lautet:

$$(x_1 + \cdots + x_n)^k = \sum_{|\alpha|=k} \binom{k}{\alpha} x^\alpha . \tag{9.55}$$

Der binomische Satz ist der Spezialfall für $k = 2$, und es ist eine gute Übung, sich das klarzumachen.

Zum Beweis des Satzes definieren wir

$$P(x) := S(x)^k \quad \text{mit} \quad S(x) := x_1 + \cdots + x_n .$$

Die Kettenregel ergibt sofort $\partial P / \partial x_j = kS(x)^{k-1}$ für alle j, und mehrmalige Wiederholung dieser Rechnung (Induktion!) zeigt dann, dass

$$D^\alpha P(x) = k(k-1) \cdots (k - |\alpha| + 1) S(x)^{k-|\alpha|}$$

für alle Multiindizes α mit $|\alpha| \leq k$. Für $|\alpha| = k$ ist insbesondere $D^\alpha P(x) \equiv k!$, und damit ergibt (9.54)

$$P(x) = \sum_{|\alpha|=k} \frac{k!}{\alpha!} ,$$

also die Behauptung.

9.32 Eindeutigkeit der TAYLOR-Entwicklung. Die genaue Gestalt des Restglieds in der TAYLOR-Formel ist meist gar nicht entscheidend. Worauf es ankommt, ist die Tatsache, dass sich jede Funktion $f \in C^m(\Omega)$ in der Nähe eines $x_0 \in \Omega$ eindeutig in ein Polynom von höchstens m-tem Grad und ein Restglied zerlegen lässt, das für $x \longrightarrow x_0$ schneller gegen Null geht als $\|x - x_0\|^m$. Um dies genauer zu formulieren, definieren wir zu $f \in C^s(\Omega)$, $x_0 \in \Omega$ und $m \leq s$ das m-te TAYLOR-*Polynom* (mit Entwicklungspunkt x_0) durch

$$T_m f(x_0; \boldsymbol{\eta}) := \sum_{|\alpha| \leq m} \frac{D^\alpha f(x_0)}{\alpha!} \boldsymbol{\eta}^\alpha = \sum_{k=0}^{m} \frac{D^k f(x_0)}{k!} \cdot \boldsymbol{\eta}^k \tag{9.56}$$

mit den homogenen Bestandteilen

$$D^k f(x_0) \cdot \boldsymbol{\eta}^k := \sum_{|\alpha|=k} \binom{k}{\alpha} D^\alpha f(x_0) \boldsymbol{\eta}^\alpha . \tag{9.57}$$

Theorem. *Ist $f \in C^s(\Omega)$, $x_0 \in \Omega$ und $m \leq s$, so gilt*

$$f(x) = T_m f(x_0; x - x_0) + o(\|x - x_0\|^m) \quad \text{für} \quad x \to x_0 . \tag{9.58}$$

Diese Zerlegung ist eindeutig in folgendem Sinne: Ist P ein Polynom vom Grad $\leq m$, für das

$$f(x) = P(x - x_0) + o(\|x - x_0\|^m) \quad (x \to x_0) \tag{9.59}$$

gilt, so ist $P(\boldsymbol{\eta}) = T_m f(x_0; \boldsymbol{\eta})$.

Beweis. (i) Da Ω offen ist, können wir $\delta > 0$ so wählen, dass $\Omega_0 := \mathcal{U}_\delta(x_0) \subseteq \Omega$ (vgl. 9.8 a). Kugeln sind offenbar konvex, und wir wenden die TAYLOR-Formel 9.22 a. auf die Kugel Ω_0 an (für $m - 1$ statt m). Das ergibt

$$f(x) = T_{m-1}f(x_0; x - x_0) + R_{m-1}(f, x, x_0)$$

für $x \in \Omega_0$. Subtrahieren wir das m-te TAYLOR-Polynom, so folgt mit (9.39) und (9.57)

$$f(x) - T_m f(x_0; x - x_0) = \frac{1}{m!} D^m f(z) \cdot (x - x_0)^m - \frac{1}{m!} D^m f(x_0) \cdot (x - x_0)^m$$

$$= \frac{1}{m!} \big(D^m f(z) - D^m f(x_0) \big) \cdot (x - x_0)^m$$

mit z auf der Verbindungsstrecke von x und x_0. Für $x \to x_0$ geht auch $z \to x_0$, also folgt wegen der Stetigkeit aller m-fachen partiellen Ableitungen

$$\frac{1}{m!} \big(D^m f(z) - D^m f(x_0) \big) \cdot (x - x_0)^m = o(\|x - x_0\|^m)$$

und somit (9.58).

(ii) Nun sei P ein Polynom vom Grad $\leq m$, für das (9.59) gilt. Dann ist

$$s(\boldsymbol{\eta}) := P(\boldsymbol{\eta}) - T_m f(x_0; \boldsymbol{\eta})$$

ebenfalls ein Polynom vom Grad $\leq m$, und es gilt

$$S(\boldsymbol{\eta}) = o(\|\boldsymbol{\eta}\|^m) \qquad \text{für} \quad \boldsymbol{\eta} \to 0 . \tag{9.60}$$

Die Eindeutigkeitsaussage des Theorems ist gleichbedeutend damit, dass $S \equiv 0$ sein muss. Angenommen, dies wäre nicht der Fall, dann schreiben wir S als Summe homogener Anteile

$$S(\boldsymbol{\eta}) = \sum_{j=k}^{m} H_j(\boldsymbol{\eta}) ,$$

wobei k der kleinste Index j ist, für den H_j nicht identisch verschwindet. Sei $\boldsymbol{v} \in \mathbb{R}^n$ ein Vektor, für den $H_k(\boldsymbol{v}) \neq 0$ ist. Wegen der Homogenität der H_j haben wir dann für $t \in \mathbb{R} \setminus \{0\}$

$$t^{-k} S(t\boldsymbol{v}) = H_k(\boldsymbol{v}) + t H_{k+1}(\boldsymbol{v}) + \cdots + t^{m-k} H_m(\boldsymbol{v}) ,$$

also $t^{-k} S(t\boldsymbol{v}) \longrightarrow H_k(\boldsymbol{v}) \neq 0$ für $t \to 0$. Wegen $k \leq m$ und (9.60) muss aber $\lim_{t \to 0} t^{-k} S(t\boldsymbol{v}) = 0$ sein, ein Widerspruch. Damit ist die Eindeutigkeit gezeigt. $\qquad\square$

Bemerkung: Für vektorwertige Funktionen $F : \Omega \longrightarrow \mathbb{R}^m$ gilt das Theorem genauso, da man sich auf Komponenten zurückziehen kann. Für den Fall $m = 1$ ist Gleichung (9.58) gerade die Gleichung aus 9.14, durch die die totale Ableitung definiert ist.

9.33 TAYLOR-Entwicklung eines Produkts und LEIBNIZ-Regel. Die
LEIBNIZ-Regel (vgl. 2.44) lautet für mehrere Variable

$$D^\alpha(fg) = \sum_{\beta+\gamma=\alpha} \frac{\alpha!}{\beta!\gamma!} D^\beta f D^\gamma g \,, \tag{9.61}$$

gültig für $|\alpha| \leq m$, wenn $f, g \in C^m(\Omega)$ sind. Man kann das durch Indukti-
on beweisen, aber ein viel einfacherer und eleganterer Beweis ergibt sich aus
der Eindeutigkeit der TAYLOR-Entwicklung. Dazu betrachten wir einen beliebigen, aber festen Punkt $x_0 \in \Omega$, an dem wir die Gültigkeit von (9.61)
nachprüfen wollen, und schreiben

$$\begin{aligned}
f(x)g(x) &= \\
&= (T_m f(x_0; x - x_0) + o(\|x - x_0\|^m))(T_m g(x_0; x - x_0) + o(\|x - x_0\|^m)) \\
&= T_m f(x_0; x - x_0) T_m g(x_0; x - x_0) + T_m f(x_0; x - x_0) o(\|x - x_0\|^m) \\
&\quad + T_m g(x_0; x - x_0) o(\|x - x_0\|^m) + o(\|x - x_0\|^{2m}) \\
&= T_m f(x_0; x - x_0) T_m g(x_0; x - x_0) + o(\|x - x_0\|^m) \,.
\end{aligned}$$

Durch Ausdistribuieren ergibt sich sofort

$$\begin{aligned}
T_m f(x_0; \boldsymbol{\eta}) T_m g(x_0; \boldsymbol{\eta}) &= \sum_{\substack{|\beta|\leq m \\ |\gamma|\leq m}} \frac{D^\beta f(x_0)}{\beta!} \frac{D^\gamma g(x_0)}{\gamma!} \boldsymbol{\eta}^{\beta+\gamma} \\
&= \sum_{|\alpha|\leq 2m} \left(\sum_{\beta+\gamma=\alpha} \frac{D^\beta f(x_0) D^\gamma g(x_0)}{\beta!\gamma!} \right) \boldsymbol{\eta}^\alpha \,.
\end{aligned}$$

Wir schreiben $T_m f(x_0; \boldsymbol{\eta}) T_m g(x_0; \boldsymbol{\eta}) = P(\boldsymbol{\eta}) + Q(\boldsymbol{\eta})$, wobei P die Terme mit
$|\alpha| \leq m$ enthält und Q die restlichen. Es ist also

$$P(\boldsymbol{\eta}) = \sum_{|\alpha|\leq m} c_\alpha \boldsymbol{\eta}^\alpha \quad \text{mit} \quad c_\alpha = \sum_{\beta+\gamma=\alpha} \frac{D^\beta f(x_0) D^\gamma g(x_0)}{\beta!\gamma!} \,,$$

und offenbar ist $Q(\boldsymbol{\eta}) = o(\|\boldsymbol{\eta}\|^m)$ für $\boldsymbol{\eta} \to 0$. Also ist

$$T_m f(x_0; \boldsymbol{\eta}) T_m g(x_0; \boldsymbol{\eta}) = P(\boldsymbol{\eta}) + o(\|\boldsymbol{\eta}\|^m)$$

und folglich

$$f(x)g(x) = P(x - x_0) + o(\|x - x_0\|^m) \quad \text{für} \quad x \to x_0 \,.$$

Das Theorem aus 9.32 sagt uns nun, dass P das m-te TAYLOR-Polynom von
fg in x_0 sein muss, also $c_\alpha = \dfrac{D^\alpha(fg)(x_0)}{\alpha!}$ für $|\alpha| \leq m$. Hieraus folgt die
Gültigkeit von (9.61) in unserem beliebigen Punkt x_0.

Bei diesem Beweis haben wir auch gelernt, dass

$$T_m(fg)(x_0; \boldsymbol{\eta}) = T_m f(x_0; \boldsymbol{\eta}) T_m g(x_0; \boldsymbol{\eta}) + o(\|\boldsymbol{\eta}\|^m) , \qquad (9.62)$$

d. h. die m-ten TAYLOR-Polynome verhalten sich multiplikativ, wenn man alle Terme von höherer als m-ter Ordnung vernachlässigt.

9.34 $\binom{k}{\alpha}$ als Anzahl gleichartiger Terme. Es sei $\alpha \in \mathbb{N}_0^n$ ein n-stelliger Multiindex mit $|\alpha| = k$. Bei der Herleitung von (9.37) wurde behauptet, durch geschicktes Zählen könne man die Anzahl der Terme in der Summe

$$\sum_{i_1,\ldots,i_k=1}^{n} D_{i_1} \cdots D_{i_k} f(x_0)(x_{i_1} - x_{i_1}^0) \cdots (x_{i_k} - x_{i_k}^0) \qquad (9.63)$$

ermitteln, die mit $D^\alpha f(x_0)(x - x_0)^\alpha$ übereinstimmen, und das Ergebnis sei $\binom{k}{\alpha}$. Um diese Zählung durchzuführen, befassen wir uns (der größeren Anschaulichkeit halber) mit der Verteilung von Klötzen auf Schubfächer. Jeder Term in der Summe (9.63) entspricht einem k-Tupel $(i_1, \ldots, i_k)$ von Zahlen $i_\ell \in \{1, \ldots, n\}$, und der betreffende Term lässt sich in k-Schritten dadurch produzieren, dass man beim ℓ-ten Schritt eine Differenziation D_{i_ℓ} und einen Faktor $(x_{i_\ell} - x_{i_\ell}^0)$ hinzufügt ($\ell = 1, \ldots, k$). Stattdessen fassen wir nun das Tupel $(i_1, \ldots, i_k)$ als Anweisung auf, k-nummerierte Klötze in n-Schubfächern unterzubringen, und zwar so, dass man im ℓ-ten Schritt den Klotz mit der Nummer ℓ im Fach Nummer i_ℓ verstaut ($\ell = 1, \ldots, k$). Offenbar führt das Tupel $(i_1, \ldots, i_k)$ genau dann zu einem Term $D^\alpha f(x_0)(x - x_0)^\alpha$, wenn hierbei α_1-Klötze im ersten Fach, α_2-Klötze im zweiten Fach, $\ldots \alpha_n$-Klötze im n-ten Fach landen.

Die gesuchte Anzahl ist also gleich der Anzahl μ der Möglichkeiten, k-Klötze auf n-Fächer so zu verteilen, dass für jedes $i = 1, \ldots, n$ im i-ten Fach genau α_i-Klötze liegen. Um μ zu bestimmen, denken wir uns die Schubfächer alle nebeneinander gestellt und die Klötze innerhalb der Fächer auch nebeneinander angeordnet, sodass insgesamt k-Klötze in einer Reihe liegen, getrennt nur durch die Wände zwischen den einzelnen Fächern. Es gibt $k!$-Reihenfolgen, in denen die Klötze aufgereiht sein können, wie wir in Abschn. 5C. bei der Diskussion von Permutationen gesehen haben (vgl. insbes. die Ausführungen im Anschluss an Kor. 5.17). Aber zwei solche Reihenfolgen können zu ein und derselben Verteilung der Klötze auf Fächer führen, und zwar geschieht dies genau dann, wenn die eine Reihenfolge aus der anderen durch eine Permutation hervorgeht, bei der kein Klotz von einem Fach ins andere wechselt, d. h. bei der die Klötze nur innerhalb der einzelnen Fächer umgeordnet werden. Wie viele derartige Permutationen gibt es? Nun, die α_1-Klötze im ersten Fach können auf $\alpha_1!$-Arten angeordnet werden, die α_2-Klötze im zweiten Fach auf $\alpha_2!$-Arten, und so weiter, und alle diese Möglichkeiten können kombiniert werden. Es ergeben sich also $\alpha_1! \alpha_2! \cdots \alpha_n! = \alpha!$-Möglichkeiten, die Klötze so umzuordnen, dass ihre Aufteilung auf Fächer unverändert bleibt. Gehen wir nun alle denkbaren Aufteilungen der Klötze auf Fächer durch, so ergeben sich $\mu\alpha!$ verschiedene Reihenfolgen, in denen alle k-Klötze angeordnet werden können. Es ist also

$$k! = \mu\alpha!$$

und daher $\mu = \dfrac{k!}{\alpha!} = \dbinom{k}{\alpha}$, wie behauptet.

Bemerkung: Diese Argumentation ist völlig rigoros, und sie lässt sich auch ohne jede Bezugnahme auf Gedankenexperimente abstrakt in der Sprache der Mengen und Abbildungen formulieren. Statt Klötzen würde man von Elementen einer k-elementigen Menge und statt Schubfächern von Teilmengen reden. Das Teilgebiet der Mathematik, das sich mit derartigen Zählprozessen befasst, ist die *Kombinatorik*.

Aufgaben zu §9

9.1. Sei $F : [a, b] \longrightarrow \mathbb{R}^n$ eine C^1-Vektorfunktion. Mit $\|\cdot\|$ bezeichnen wir die euklidische Norm. Man zeige:

a. $\frac{\mathrm{d}}{\mathrm{d}t}\|F\|^2 = 2F \cdot F'$,

b. $F \cdot F' = \|F\| \frac{\mathrm{d}}{\mathrm{d}t}\|F\|$, falls überall $F(t) \neq 0$,

c. $\frac{\mathrm{d}}{\mathrm{d}t}(F \times F') = F \times F''$, falls $n = 3$ und F sogar C^2 ist.

9.2. Sei $\Gamma : x = F(t)$, $a \le t \le b$, eine glatte Kurve im $\mathbb{R}^n$. Man zeige:

a. Γ liegt genau dann auf einer Kugelsphäre um $A \in \mathbb{R}^n$, wenn die Vektoren $A - F(t)$ und $F'(t)$ für alle $t \in [a, b]$ orthogonal sind.

b. Ist $P \notin \Gamma$ ein Punkt, und hat der Kurvenpunkt $Q = F(t_0)$ minimalen Abstand zu P, so ist der Vektor $P - Q$ orthogonal zum Tangentenvektor $F'(t_0)$.

9.3. Ein Teilchen bewege sich im $\mathbb{R}^2$ mit konstanter Geschwindigkeit v entlang eines Kreises vom Radius r um $0 \in \mathbb{R}^2$ gemäß der Gleichung $X = F(t)$. Man zeige, dass für die Beschleunigung gilt:

$$F''(t) = k(t)\, F(t) \qquad \text{mit } k(t) = -\frac{v^2}{r^2}.$$

Man gebe eine physikalische Interpretation der Aussage.

9.4. Unter einer expliziten Polarkoordinatendarstellung

$$\Gamma : r = f(\varphi), \qquad a \le \varphi \le b, \quad f(\varphi) \ge 0$$

einer Kurve Γ im $\mathbb{R}^2$ versteht man die Parameterdarstellung

$$\Gamma : x = f(\varphi)\cos\varphi, \quad y = f(\varphi)\sin\varphi, \quad a \le \varphi \le b.$$

a. Man bestimme Tangentenvektor und Länge einer solchen Kurve Γ.

b. Man berechne die Länge der ARCHIMED'schen Spirale

$$r = a\varphi, \quad a > 0, \quad 0 \le \varphi \le 2\pi.$$

9.5. Man beweise, dass die Tangenteneinheitsvektoren und die Bogenlänge einer glatten, regulären orientierten Kurve im $\mathbb{R}^n$ nicht von der Parameterdarstellung der Kurve abhängen.

9.6. Man bestimme die JACOBI-Matrix von:

$$f(x,y) = (x^2 + y^2)sin\big((x^2 + y^2)^{-1/2}\big) \quad \text{für } (x,y) \ne (0,0), \quad f(0,0) := 0,$$

$$g(x,y) := \arctan \frac{x+y}{1-xy} \quad \text{für } y \ne 1/x,$$

$$G(x,y) = \begin{pmatrix} x + \sqrt{y} \\ \sqrt{x} + y \end{pmatrix} \quad \text{für } x, y > 0,$$

$$H(x,y,z) = \begin{pmatrix} 3x^2 y^3 z + z^2 x \\ 3x \sin(x^2 + y) \\ e^{xyz} \end{pmatrix} \quad \text{für } (x,y,z) \in \mathbb{R}^3.$$

9.7. Sei $A = (a_{ij})$ eine reelle $n \times n$-Matrix. Man zeige:

a. Die lineare Abbildung $F(x) := Ax \quad (x \in \mathbb{R}^n)$ ist stetig differenzierbar, und ihre JACOBI-Matrix ist an jedem Punkt $x^0 \in \mathbb{R}^n$ die Matrix A, d. h. $JF(x^0) = A$.

b. Die Funktion

$$f(x) := \langle Ax \mid x \rangle = x^T Ax = \sum_{i,j=1}^{n} a_{ij} x_i x_j$$

gehört zu $C^1(\mathbb{R}^n)$, und ihr Gradient ist

$$\operatorname{grad} f(x) = Ax + A^T x.$$

9.8. Für die folgenden Abbildungen berechne man die JACOBI-Determinante:

a.

$$F(x,y) = \begin{pmatrix} f(x,y) \\ g(x,y) \end{pmatrix} = \begin{pmatrix} \frac{x^2}{1-x^2-y^2} \\ \frac{y^2}{1-x^2-y^2} \end{pmatrix},$$

b.

$$F(x,y) = \begin{pmatrix} f(x,y) \\ g(x,y) \end{pmatrix} = \begin{pmatrix} \frac{x}{\sqrt{1-x^2-y^2}} \\ \frac{y}{\sqrt{1-x^2-y^2}} \end{pmatrix}.$$

9.9. Man beweise, dass für C^1-Funktionen $F, G : \Omega \to \mathbb{R}^3$ auf einem Gebiet $\Omega \subseteq \mathbb{R}^3$ gilt:

$$\mathrm{d}(F \times G) = (\mathrm{d}F) \times G + F \times (\mathrm{d}G)$$

oder, äquivalent,

$$J(F \times G)(x)H = (JF(x)H) \times G(x) + F(x) \times (JG(x)H)$$

für beliebige $x \in \Omega$, $H \in \mathbb{R}_{3 \times 1}$. (*Hinweis:* Man verwende (9.6).)

9.10. Sei $f(x, y)$ total differenzierbar mit $f_x(5, 11) = 5$, $f_y(5, 11) = 1$ und sei

$$g(u, v) = f(\sqrt{u^2 + v^2},\ u^3 - v^2) .$$

Man berechne: $g_u(3, 4)$, $g_v(3, 4)$.

9.11. Sei $\Omega \subseteq \mathbb{R}^n$ ein Gebiet, $g : \Omega \to \mathbb{R}$ total differenzierbar in $x^0 \in \Omega$ und $g(x) \neq 0$ in Ω. Man zeige, dass dann auch $1/g$ in x^0 total differenzierbar ist, und zwar mit der Ableitung

$$\mathrm{d}_{x^0}(1/g) = -\frac{1}{g(x^0)^2} \mathrm{d}_{x^0} g .$$

9.12. Seien $f(x, y, z)$, $a(r, s, t)$, $b(r, s)$, $c(r)$ C^1-Funktionen mit

$$f_x(1, 2, 3) = 1 ,\quad f_y(1, 2, 3) = 2 ,\quad f_z(1, 2, 3) = 3 ,$$
$$a(1, 2, 3) = 1 ,\quad b(1, 2) = 2 ,\quad c(1) = 3 ,$$
$$a_r(1, 2, 3) = 3 ,\quad a_s(1, 2, 3) = 4 ,\quad a_t(1, 2, 3) = 5 ,$$
$$b_r(1, 2) = 6 ,\quad b_s(1, 2) = 7 ,\quad c'(1) = 8 .$$

Für $h(r, s, t) = f(a(r, s, t), b(r, s), c(r))$ berechne man

$$h_r ,\ h_s ,\ h_t \quad \text{in } (r, s, t) = (1, 2, 3) .$$

9.13. Sei $f(r)$, $r \geq 0$, eine positive C^1-Funktion mit $f(5) = f'(5)$. Man berechne für $x \in \mathbb{R}^2$ die Größe

$$\| \operatorname{grad}(\ln f(\|x\|)) \| \quad \text{in } x_0 = (3, 4) .$$

9.14. Sei $f :]0, \infty[\to \mathbb{R}$ eine stetig differenzierbare Funktion. Wir definieren eine Funktion $F : \mathbb{R}^N \setminus \{0\} \to \mathbb{R}$ durch $F(x) = f(r)$, falls $\|x\| = r > 0$. Man zeige, dass F differenzierbar ist und gebe eine Formel für die JACOBI-Matrix an.

Hinweis: Man berechne zuerst die JACOBI-Matrix von

$$\rho(x) = \|x\| = \sqrt{x_1^2 + \ldots + x_N^2} .$$

9.15.   a. Seien $f, h : \mathbb{R}^3 \to \mathbb{R}$ und $g : \mathbb{R}^2 \to \mathbb{R}$ jeweils stetig differenzierbar. Man bestimme die JACOBI-Matrix von

$$f(x + y, g(x, z), h(x, y, z^2 + \sin(z)))$$

in Abhängigkeit von f, g, h.

b. Es soll Folgendes als bekannt vorausgesetzt werden (vgl. 15.6b.): Ist $f : \mathbb{R}^2 \to \mathbb{R}$ stetig differenzierbar, dann gilt

$$\frac{\mathrm{d}}{\mathrm{d}z} \int_y^x f(t, z)\mathrm{d}t = \int_y^x \frac{\partial f(t, z)}{\partial z}\mathrm{d}t \,,$$

und außerdem ist die angegebene Ableitung als Funktion von (x, y, z) stetig. Es seien nun $\phi, \psi, \chi : \mathbb{R} \to \mathbb{R}$ stetig differenzierbare Funktionen. Man bestimme die Ableitung von

$$s \mapsto \int_{\psi(s)}^{\phi(s)} f(t, \chi(s))\mathrm{d}t \,.$$

Man untersuche dazu zuerst

$$(x, y, z) \mapsto \int_y^x f(t, z)\mathrm{d}t \,.$$

9.16. Sei $F : \Omega \to \mathbb{R}^m$ $(m \geq 1)$ eine (skalare oder vektorielle) Funktion auf dem Gebiet $\Omega \subseteq \mathbb{R}^n$. Ferner seien ein Punkt $x^0 \in \Omega$ und ein Vektor $0 \neq \boldsymbol{v} \in \mathbb{R}^n$ gegeben. Der Grenzwert

$$\frac{\partial F}{\partial \boldsymbol{v}}(x^0) \equiv \delta F(x^0; \boldsymbol{v}) := \lim_{\substack{h \to 0 \\ h \neq 0}} \frac{F(x^0 + h\boldsymbol{v}) - F(x^0)}{h}$$

wird als die *Richtungsableitung* von F am Punkt x^0 in Richtung $\boldsymbol{v}$ bezeichnet. Man zeige: Ist $F \in C^1(\Omega, \mathbb{R}^m)$, so existiert für beliebige $x^0 \in \Omega$, $\boldsymbol{v} \in \mathbb{R}^n \setminus \{0\}$ die Richtungsableitung, und sie hat den Wert

$$\frac{\partial F}{\partial \boldsymbol{v}}(x^0) = \mathrm{d}F_{x^0}\boldsymbol{v} = JF(x^0)\boldsymbol{v} \,.$$

Speziell für $m = 1$ gilt auch

$$\frac{\partial F}{\partial \boldsymbol{v}}(x^0) = \nabla F(x^0) \cdot \boldsymbol{v} \,.$$

9.17. Die Funktion $u :]0, \infty[\to \mathbb{R}$ sei zweimal stetig differenzierbar. Wir setzen

$$f(x_1, \ldots, x_n) := u(r) \quad \text{mit } r = \rho(x) := \|x\| = \sqrt{x_1^2 + \ldots + x_n^2} \,.$$

Man beweise die Formel

$$\sum_{k=1}^{n} \frac{\partial^2 f}{\partial x_k^2} = u''(r) + \frac{n-1}{r} u'(r) .$$

(*Hinweis:* Am bequemsten geht das, wenn man das Ergebnis der Berechnung von $J\rho(x)$ aus Aufg. 9.14 systematisch verwendet.)

9.18. Sei $f(x,y,z) = x^2 z^2 + 2y^2$. Man bestimme die allgemeine Lösung $y = y(x)$ der Differenzialgleichung

$$\frac{\mathrm{d}}{\mathrm{d}x} \frac{\partial f}{\partial z}(x, y(x), y'(x)) - \frac{\partial f}{\partial y}(x, y(x), y'(x)) = 0 .$$

(*Hinweis:* Die Differenzialgleichung lässt sich auf die in 4.13 betrachtete Form bringen.)

9.19. Die *eindimensionale Wellengleichung* lautet

$$u_{tt}(x,t) = c^2 u_{xx}(x,t) , \tag{9.64}$$

wobei $c > 0$ eine gegebene Größe ist. Man zeige:

a. Zu $u \in C^2(\mathbb{R}^2)$ gibt es genau eine Funktion $v \in C^2(\mathbb{R}^2)$, für die gilt:

$$v(y,s) = u(x,t) \quad \text{mit } y = x + ct, \; s = x - ct , \tag{9.65}$$

und zu jedem v gibt es auch genau ein u, für das (9.65) gilt. Wie definiert man v (bzw. u) bei gegebenem u (bzw. gegebenem v)?

b. u ist eine Lösung der Wellengleichung (9.64) genau dann, wenn das entsprechende v die Differenzialgleichung

$$v_{ys} = 0 \tag{9.66}$$

löst.

c. Man bestimme die allgemeine Lösung von (9.66) und damit die von (9.64).

9.20. Man berechne die TAYLOR-Polynome 2. Ordnung der Funktionen

$$f : \mathbb{R}^3 \longrightarrow \mathbb{R}, \quad (x,y,z) \mapsto (x^2 + y^2) \cos z \; \text{und}$$

$$g : \mathbb{R}^3 \longrightarrow \mathbb{R}, \quad (x,y,z) \mapsto e^{x^2+y^2+z^2} .$$

9.21. a. Die Ausdrücke

$$(x+y+z)^2, \quad (x+y+z)^3, \quad (x+y+z)^4,$$
$$(w+x+y+z)^2, \quad (w+x+y+z)^3$$

schreibe man als Summe von Produkten, indem man die Klammern (von Hand oder mittels Computer) ausmultipliziert. Dann überzeuge man sich, dass die Ergebnisse Spezialfälle des polynomischen Satzes (9.55) sind.

b. Man leite den binomischen Satz aus (9.55) her.

9.22. Man bestimme und klassifiziere die kritischen Punkte der folgenden Funktionen:

a. $\quad f(x,y) = x^2 - y^2 + xy - 7,$
b. $\quad f(x,y) = 2x^2 - 2xy + y^2 - 2x + 1,$
c. $\quad f(x,y) = x^4 + y^4 - 2(x-y)^2,$
d. $\quad f(x,y) = x^2 + xy^2 + y^4.$

9.23. Dem Einheitskreis sei das Dreieck mit den Eckpunkten $(1,0), (\cos x, \sin x), (\cos y, \sin y)$ einbeschrieben. Sein (orientierter) Flächeninhalt ist

$$F(x,y) = \frac{1}{2}(\sin x - \sin y + \sin(y-x)).$$

(Dass $|F(x,y)|$ wirklich der Flächeninhalt des Dreiecks ist, geht aus Aufg. 11.3c hervor!) Man bestimme die lokalen Maxima und Minima von f und veranschauliche sich die Resultate geometrisch.

9.24. Die *Distanz* zweier nichtleerer Teilmengen $A, B \subseteq \mathbb{R}^n$ ist der minimale Abstand, den ein Punkt $x \in A$ von einem Punkt $y \in B$ haben kann. Genauer:

$$\operatorname{dist}(A,B) := \inf_{x \in A,\, y \in B} \|x - y\|. \tag{9.67}$$

a. Seien $\Gamma_1, \Gamma_2 \subseteq \mathbb{R}^n$ zwei disjunkte glatte Kurven, parametrisiert durch

$$\Gamma_i: \quad x = F_i(t), \qquad a_i \leq t \leq b_i, \quad i = 1, 2.$$

Man zeige: Sind $P_i = F_i(t_i)$, $i = 1, 2$ Punkte von Γ_i mit

$$\|P_1 - P_2\| = \operatorname{dist}(\Gamma_1, \Gamma_2),$$

so steht die Gerade durch P_1, P_2 senkrecht auf den Tangentenvektoren $F_1'(t_1)$ und $F_2'(t_2)$. (*Hinweis:* Mit den Quadraten der Abstände rechnet sich alles viel bequemer als mit den Abständen selbst. Außerdem ist Aufg. 9.1 nützlich.)

b. Man berechne die Distanz zweier windschiefer Geraden $G_1, G_2 \subseteq \mathbb{R}^n$ (d. h. die Geraden sollen weder parallel sein noch sich schneiden). Die Gerade G_i soll dabei durch einen Punkt $A_i \in G_i$ und einen Einheitsvektor h_i entlang G_i gegeben sein.

9.25. Sei H ein Prähilbertraum, $U \subseteq H$ ein linearer Teilraum von endlicher Dimension, und sei $y^0 \in H \setminus U$ gegeben. Man beweise: Es gibt genau einen Punkt $x^0 \in U$, für den

$$\|y^0 - x^0\| = \operatorname{dist}(y^0, U) := \min_{x \in U} \|y^0 - x\|$$

ist, und für diesen gilt $y^0 - x^0 \in U^\perp$. (*Hinweis:* Führt man in U Koordinaten in Bezug auf eine feste ONB ein, so kann man x^0 als Lösung einer Extremwertaufgabe auffassen. Wieder ist es am praktischsten, mit den Quadraten der Abstände zu rechnen.)

10

Ausbau der Differenzialrechnung: Implizite Funktionen und Vektoranalysis

Die Differenzialrechnung mehrerer Variablen kann und muss in vielerlei Hinsicht ausgebaut werden, und wir werden uns hier nicht zum letzten Mal mit diesem Thema beschäftigen (vgl. besonders die Kap. 21 und 22). Im Augenblick geht es um die folgenden beiden Themen: Abschn. A. handelt von zwei berühmten, eng miteinander verwandten Sätzen über implizit definierte Funktionen, mit denen die Differenzialrechnung ein unverzichtbares Werkzeug für den Umgang mit *nichtlinearen* Gleichungssystemen bereitstellt, und ab Abschn. B. geben wir einen ersten Einblick in die sog. *Vektoranalysis*, die zu den meistgebrauchten und am dringendsten benötigten mathematischen Hilfsmitteln des Physikers und Ingenieurs gehört.

A. Inverse und implizite Funktionen

Wir beschäftigen uns nun mit der Frage, unter welchen Bedingungen eine C^1-Abbildung aus $\mathbb{R}^n$ in $\mathbb{R}^n$

$$y = F(x) \quad \text{oder ausführlich} \quad \begin{aligned} y_1 &= f_1(x_1, \ldots, x_n) \\ \cdots \\ y_n &= f_n(x_1, \ldots, x_n) \end{aligned} \tag{10.1}$$

eine C^1-Umkehrabbildung

$$x = G(y) \quad \text{bzw. ausführlich} \quad \begin{aligned} x_1 &= g_1(y_1, \ldots, y_n) \\ \cdots \\ x_n &= g_n(y_1, \ldots, y_n) \end{aligned} \tag{10.2}$$

wenigstens lokal, d. h. in Umgebungen U_0 eines Punktes x_0 bzw. V_0 des Punktes $y_0 = G(x_0)$ besitzt. Der Begriff der *Umgebung* hat dabei eine präzise mathematische Bedeutung: Innerhalb einer Umgebung U eines Punktes a kann man a in jeder beliebigen Richtung um eine feste Entfernung δ verschieben. Genauer:

Definition 10.1. *Eine Teilmenge* $U \subseteq \mathbb{R}^n$ *heißt* Umgebung *eines Punktes* $a \in \mathbb{R}^n$, *wenn für ein genügend kleines* $\delta > 0$ *die Kugel um* a *mit Radius* δ *ganz in* U *liegt.*

Im Falle $n = 1$ sagt uns Theorem 2.18d, dass die Gleichung

$$y = f(x), \; f \in C^1 \quad \text{eine Umkehrung } x = g(y), \; g \in C^1$$

hat, wenn $f'(x) \neq 0$ ist. Eine ähnliche Bedingung benötigt man auch im allgemeinen Fall. Dazu nehmen wir an, dass die inverse Abbildung $G = F^{-1}$ in (10.2) existiert und aus C^1 ist. Dann gilt

$$y = F(G(y)) \quad \text{für } y \in V_0, \; x = G(F(x)) \text{ für } x \in U_0 \,. \tag{10.3}$$

Bilden wir auf beiden Seiten die JACOBImatrix, so folgt mit der Kettenregel in Theorem 9.16

$$(JG(F(x))) \cdot (JF)(x) = E \,, \tag{10.4}$$

d. h.

$$(JG)(y) = (JF)^{-1}(x) \quad \text{für } y = F(x) \,, \tag{10.5}$$

was nur möglich ist, wenn

$$\det(JF)(x) = \frac{\partial(y_1, \ldots, y_n)}{\partial(x_1, \ldots, x_n)} \neq 0 \quad \text{für } x \in U_0 \,. \tag{10.6}$$

Bedingung (10.6) ist also notwendig für die Existenz einer inversen Abbildung. Sie ist aber auch hinreichend, jedenfalls wenn wir F nur auf einer (möglicherweise kleinen) Umgebung von x_0 betrachten. Dies wird durch den folgenden fundamentalen Satz ausgedrückt, den wir ohne Beweis vermerken:

Theorem 10.2 (Satz über inverse Funktionen). *Sei* $\Omega \subseteq \mathbb{R}^n$ *ein Gebiet,* $F : \Omega \longrightarrow \mathbb{R}^n$ *eine* C^1-*Abbildung, sodass in* $x_0 \in \Omega$

$$\det(JF)(x_0) \neq 0 \tag{10.7}$$

gilt. Dann gibt es Umgebungen U_0 *von* x_0 *und* V_0 *von* $y_0 = F(x_0)$, *sodass* $F : U_0 \longrightarrow V_0$ *bijektiv ist und eine lokale* C^1-*Umkehrabbildung* $G : V_0 \longrightarrow U_0$ *hat. Es gilt also:*

$$G(F(x)) = x \quad \forall x \in U_0, \qquad F(G(y)) = y \quad \forall y \in V_0 \,. \tag{10.8}$$

Ferner gilt:

$$dG_y = (dF_x)^{-1} \quad \text{und} \quad (JG)(y) = (JF)(x)^{-1} \,, \tag{10.5}$$

$$\frac{\partial(x_1, \ldots, x_n)}{\partial(y_1, \ldots, y_n)} \equiv \det(JG) = \frac{1}{\det(JF)} = \left(\frac{\partial(y_1, \ldots, y_n)}{\partial(x_1, \ldots, x_n)} \right)^{-1} \,. \tag{10.9}$$

Ist F *sogar* s-*mal stetig differenzierbar* $(s \geq 1)$, *so trifft dies auch auf* G *zu.*

Beispiele 10.3. Gilt $\det(JF)(x) \neq 0$ für alle $x \in \Omega$, so folgt i. Allg. nicht die globale Umkehrbarkeit von F in ganz Ω. Für die *Polarkoordinatenabbildung*

$$X = F(r, \varphi) \quad \text{bzw.} \quad \begin{matrix} x = r\cos\varphi \\ y = r\sin\varphi \end{matrix} \quad \text{ist nach Beispiel 9.12} \quad \frac{\partial(x, y)}{\partial(r, \varphi)} = r\,,$$

d. h. $\det(JF)(r, \varphi) \neq 0$ in $\Omega =]0, \infty[\times \mathbb{R}$. Dennoch ist $F : \Omega \longrightarrow \mathbb{R}^2$ nicht injektiv, denn jeder Halbstreifen

$$S_n = \{(r, \varphi) \mid r > 0,\ n\pi \leq \varphi < (n+2)\pi\}\,, \quad n \in \mathbb{Z}$$

wird von F auf ganz $\mathbb{R}^2 \setminus \{0\}$ abgebildet. Man bekommt daher nur lokale Umkehrfunktionen, z. B. auf den Streifen S_n.

Als Verallgemeinerung von (10.1) betrachten wir nun ein implizites Gleichungssystem der Form

$$G(x, y) = 0 \quad \text{bzw. ausführlich} \quad \begin{matrix} g_1(x_1, \ldots, x_n,\ y_1, \ldots, y_m) = 0 \\ \cdots \\ g_m(x_1, \ldots, x_n,\ y_1, \ldots, y_m) = 0\,, \end{matrix} \quad (10.10)$$

wobei $G : \mathbb{R}^{n+m} \longrightarrow \mathbb{R}^m$ eine C^1-Abbildung ist. Wir fragen, unter welchen Bedingungen das System (10.10) aus m-Gleichungen nach den m-Variablen $y_1, \ldots, y_m$ in folgender Form aufgelöst werden kann:

$$y = \Phi(x) \quad \text{bzw. ausführlich} \quad \begin{matrix} y_1 = \varphi_1(x_1, \ldots, x_n) \\ \cdots \\ y_m = \varphi_m(x_1, \ldots, x_n)\,, \end{matrix} \quad (10.11)$$

wobei $\Phi : \mathbb{R}^n \longrightarrow \mathbb{R}^m$ eine C^1-Abbildung sein soll. Wenn es eine solche Auflösung gibt, so muss gelten:

$$G(x, \Phi(x)) = 0 \qquad \text{für alle } x \qquad (10.12)$$

wenigstens in einer Umgebung U_0 eines Punktes x_0. Bilden wir die JACOBI-Matrix, so folgt mit der Kettenregel in Theorem 9.16:

$$\nabla_x G(x, \Phi(x)) + \nabla_y G(x, \Phi(x)) \cdot (J\Phi)(x) = 0\,, \qquad (10.13)$$

wobei

$$\nabla_x G := \left(\frac{\partial g_i}{\partial x_j}\right) \in \mathbb{R}_{m \times n}\,, \quad \nabla_y G := \left(\frac{\partial g_i}{\partial y_j}\right) \in \mathbb{R}_{m \times m}\,,$$
$$(\nabla_x G, \nabla_y G) = JG\,, \qquad J\Phi = \left(\frac{\partial \varphi_i}{\partial x_j}\right) \in \mathbb{R}_{m \times n}\,. \qquad (10.14)$$

Aus (10.13) bekommt man die JACOBI-Matrix $J\Phi$ der Auflösung Φ in der Form

$$(J\Phi)(x) = -(\nabla_y G(x, y))^{-1} \cdot (\nabla_x G(x, y))\,, \qquad (10.15)$$

falls die inverse Matrix $(\nabla_y G)^{-1}$ existiert, d. h. falls

$$\frac{\partial(g_1,\ldots,g_m)}{\partial(y_1,\ldots,y_m)} \neq 0 \qquad (10.16)$$

ist.

Wieder ist die notwendige Bedingung (10.16) auch hinreichend, wie der folgende, ebenso fundamentale, Satz zeigt:

Theorem 10.4 (*Satz über implizite Funktionen*). *Sei $\Omega \subseteq \mathbb{R}^{m+n}$ ein Gebiet, $G : \Omega \longrightarrow \mathbb{R}^m$ eine C^1-Abbildung und sei $(x_0, y_0) \in \Omega$ mit*

$$G(x_0, y_0) = 0\,.$$

Ist dann

$$\det \nabla_y G(x_0, y_0) = \frac{\partial(g_1,\ldots,g_m)}{\partial(y_1,\ldots,y_m)}\bigg|_{(x_0,y_0)} \neq 0\,,$$

so gibt es eine Umgebung U_0 von x_0 im $\mathbb{R}^n$, eine Umgebung W_0 von y_0 im $\mathbb{R}^m$ und eine C^1-Abbildung $\Phi : U_0 \longrightarrow W_0$, sodass $y = \Phi(x)$ für $x \in U_0$ die eindeutige in W_0 liegende Lösung der Gleichung $G(x, y) = 0$ ist. Anders ausgedrückt: Der Graph von Φ ist genau die Lösungsmenge der Gleichung (10.10) in $U_0 \times W_0$.

Ist F sogar s-mal stetig differenzierbar ($s \geq 1$), so trifft dies auch auf Φ zu.

Auch hier verzichten wir auf den Beweis. (Beweise der Sätze 10.2 und 10.4 finden sich in praktisch jedem Lehrbuch der mathematischen Analysis.)

Beispiele 10.5.

a. Die Gleichung einer implizit gegebenen Kurve $\Gamma : g(x, y) = 0$ im $\mathbb{R}^2$ kann lokal nach $y = f(x)$ (als explizite Kurve) aufgelöst werden, wenn für ein (x_0, y_0)

$$g(x_0, y_0) = 0 \qquad \text{und} \qquad g_y(x_0, y_0) \neq 0\,.$$

Dann ist

$$y' = f'(x) = -\frac{g_x(x, y)}{g_y(x, y)}\,,$$

d. h. wir haben eine Differenzialgleichung zur Bestimmung von $y = f(x)$.

b. Eine implizit gegebene Fläche $S : g(x, y, z) = 0$ kann lokal in expliziter Form $z = f(x, y)$ geschrieben werden, wenn für einen Punkt (x_0, y_0, z_0)

$$g(x_0, y_0, z_0) = 0 \qquad \text{und} \qquad g_z(x_0, y_0, z_0) \neq 0\,.$$

Dann ist

$$z_x = -\frac{g_x(x, y, z)}{g_z(x, y, z)}\,, \quad z_y = -\frac{g_y(x, y, z)}{g_z(x, y, z)}\,.$$

B. Vektorfelder und Potenziale

In Anlehnung an gewisse physikalische Interpretationen werden reellwertige Funktionen $\varphi : \Omega \longrightarrow \mathbb{R}$ auch als *Skalarfelder*, $\mathbb{R}^n$-wertige Funktionen $F : \Omega \longrightarrow \mathbb{R}^n$ auch als *Vektorfelder* bezeichnet, wenn Ω eine offene Teilmenge von $\mathbb{R}^n$ ist. In diesem Abschnitt führen wir spezielle Differenzialoperatoren für Skalar- und Vektorfelder ein und übertragen den Begriff der Stammfunktion auf Vektorfelder.

Definitionen 10.6. *Sei $\Omega \subseteq \mathbb{R}^n$ ein Gebiet, $F : \Omega \longrightarrow \mathbb{R}^n$ ein C^1-Vektorfeld.*

a. *Das Vektorfeld F heißt* konservativ, *wenn es ein C^1-Skalarfeld $\varphi : \Omega \longrightarrow \mathbb{R}$, ein sogenanntes* skalares Potenzial *gibt, sodass in Ω gilt:*

$$F = \operatorname{grad} \varphi , \quad d.\,h. \quad f_i = \frac{\partial \varphi}{\partial x_i} \quad (i = 1, \ldots, n) . \tag{10.17}$$

φ wird auch als Stammfunktion *von F bezeichnet.*

b. *Für das Vektorfeld F definiert man die* Divergenz *durch*

$$\operatorname{div} F \equiv \nabla \cdot F := \sum_{i=1}^{n} \frac{\partial f_i}{\partial x_i} : \Omega \longrightarrow \mathbb{R} . \tag{10.18}$$

Man nennt F quellenfrei, *wenn*

$$\operatorname{div} F = 0 \quad in \ \Omega . \tag{10.19}$$

c. *Für Skalarfelder $f \in C^2(\Omega)$ definiert man*

$$\Delta f := \operatorname{div} \operatorname{grad} f = \sum_{k=1}^{n} \frac{\partial^2 f}{\partial x_k^2} .$$

Δ wird LAPLACE-Operator *genannt. Man nennt f* harmonisch, *wenn f die* LAPLACE-Gleichung

$$\Delta f = 0 \quad in \quad \Omega \tag{10.20}$$

erfüllt.

d. *Ist $n = 3$, so definiert man die* Rotation *durch*

$$\operatorname{rot} F \equiv \nabla \times F := \begin{vmatrix} e_1 & D_1 & f_1 \\ e_2 & D_2 & f_2 \\ e_3 & D_3 & f_3 \end{vmatrix}$$

$$= (D_2 f_3 - D_3 f_2) e_1 + (D_3 f_1 - D_1 f_3) e_2 + (D_1 f_2 - D_2 f_1) e_3 , \tag{10.21}$$

d.\,h.

$$(\operatorname{rot} F)_k := \sum_{i,j=1}^{3} \varepsilon_{ijk} D_i f_j . \tag{10.22}$$

(Der „ε-Tensor" ε_{ijk} wurde in 6.19 definiert.) Man nennt das Vektorfeld F wirbelfrei, wenn

$$\operatorname{rot} F = 0 \qquad in \ \Omega \ . \tag{10.23}$$

Ein Vektorfeld $F : \Omega \longrightarrow \mathbb{R}^3$ heißt ein Wirbelfeld, *wenn es ein sogenanntes* Vektorpotenzial $G : \Omega \longrightarrow \mathbb{R}^3$ *gibt mit*

$$F = \operatorname{rot} G \qquad in \ \Omega \ . \tag{10.24}$$

Eine notwendige Bedingung für die Existenz eines Potenzials liefert uns der Satz von SCHWARZ. Für $n = 3$ kann man dies besonders griffig wie folgt formulieren:

Satz 10.7.

a. *Ist $\Omega \subseteq \mathbb{R}^3$ ein Gebiet und $G : \Omega \longrightarrow \mathbb{R}^3$ ein C^2-Vektorfeld, $\varphi : \Omega \longrightarrow \mathbb{R}$ ein C^2-Skalarfeld, so gilt*

$$\operatorname{rot} \operatorname{grad} \varphi = 0 \qquad in \ \Omega \ , \tag{10.25}$$

$$\operatorname{div} \operatorname{rot} G = 0 \qquad in \ \Omega \ . \tag{10.26}$$

b. *Ist das Vektorfeld $F : \Omega \longrightarrow \mathbb{R}^3$ konservativ, so ist F wirbelfrei, d. h. es gelten die* Integrabilitätsbedingungen

$$\frac{\partial f_i}{\partial x_k} = \frac{\partial f_k}{\partial x_i} \quad in \ \Omega, \quad i, k = 1, 2, 3 \ . \tag{10.27}$$

c. *Ist das Vektorfeld $F : \Omega \longrightarrow \mathbb{R}^3$ ein Wirbelfeld, so ist F quellenfrei. Mit $G(x)$ ist auch*

$$H(x) := G(x) + \operatorname{grad} \psi(x)$$

für jede C^2-Funktion $\psi : \Omega \longrightarrow \mathbb{R}$ ein Vektorpotenzial für F.

Es ist klar, dass b und c aus (10.25) und (10.26) folgen, die man mit Theorem 9.19 einfach nachrechnet. Aber auch in beliebiger Dimension n sagt uns Theorem 9.19, dass die JACOBI-Matrix eines konservativen Vektorfeldes stets symmetrisch ist, dass also die *Integrabilitätsbedingungen* (10.27) für $i, k = 1, \ldots, n$ gelten.

Ob wirbelfreie Vektorfelder immer konservativ und quellenfreie Vektorfelder immer Wirbelfelder sind, müssen wir im Folgenden noch untersuchen. Zuvor leiten wir noch einige Rechenregeln für die Feldoperationen her. Im nachfolgenden Satz ist jede der aufgeführten Rechenregeln unter Verwendung des Nabla-Operators ∇ wiederholt. Die Anwendung von ∇ auf Vektorfelder ist komponentenweise zu verstehen, und damit ist ∇F die JACOBI-Matrix von F.

Satz 10.8. *Sei $\Omega \subseteq \mathbb{R}^3$ ein Gebiet, $\psi, \varphi : \Omega \longrightarrow \mathbb{R}$ C^2-Skalarfelder, $F, G : \Omega \longrightarrow \mathbb{R}^3$ C^2-Vektorfelder. Dann gilt:*

a.

$$\operatorname{grad}(\varphi\psi) = \varphi\operatorname{grad}\psi + \psi\operatorname{grad}\varphi$$
$$\nabla(\varphi\psi) = \varphi\nabla\psi + \psi\nabla\varphi\,.$$

b.

$$\operatorname{grad}(F\cdot G) = (JG)\cdot F + (JF)\cdot G$$
$$+F\times\operatorname{rot}G + G\times\operatorname{rot}F$$
$$\nabla(F\cdot G) = (\nabla G)F + (\nabla F)G + F\times(\nabla\times G) + G\times(\nabla\times F)\,.$$

c.

$$\operatorname{div}(\varphi F) = \varphi\operatorname{div}F + (\operatorname{grad}\varphi)\cdot F$$
$$\nabla\cdot(\varphi F) = \varphi\nabla\cdot F + (\nabla\varphi)\cdot F\,.$$

d.

$$\operatorname{rot}(\varphi F) \;= \varphi\operatorname{rot}F + (\operatorname{grad}\varphi)\times F$$
$$\nabla\times(\varphi F) = \varphi\nabla\times F + (\nabla\varphi)\times F\,.$$

e.

$$\operatorname{div}(F\times G) = -F\cdot\operatorname{rot}G + G\cdot\operatorname{rot}F$$
$$\nabla\cdot(F\times G) = -F\cdot(\nabla\times G) + G\cdot(\nabla\times F)\,.$$

f.

$$\operatorname{rot}(\operatorname{rot}F) = \operatorname{grad}\operatorname{div}F - \operatorname{div}\operatorname{grad}F$$
$$\nabla\times(\nabla\times F) = \nabla(\nabla\cdot F) - \nabla\cdot(\nabla F)\,.$$

Beweis.

a. Ist einfach die Produktregel für partielle Ableitungen.
b. Für die k-te Komponente gilt:

$$(\operatorname{grad}F\cdot G)_k = D_k\left(\sum_i f_i g_i\right)$$
$$= \sum_i(D_k f_i)\cdot g_i + \sum_i f_i(D_k g_i)\,.$$

Wir betrachten exemplarisch die erste Summe auf der rechten Seite für $k = 1$:

$$D_1 f_1\cdot g_1 + D_1 f_2\cdot g_2 + D_1 f_3 g_3$$
$$= D_1 f_1\cdot g_1 + D_2 f_1\cdot g_2 + D_3 f_1 g_3$$
$$- D_2 f_1\cdot g_2 - D_3 f_1 g_3$$
$$+ D_1 f_2 g_2 + D_1 f_3\cdot g_3$$
$$= (D_1 f_1, D_2 f_1, D_3 f_1)\cdot\begin{pmatrix} g_1 \\ g_2 \\ g_3 \end{pmatrix}$$
$$+ (\operatorname{rot}F)_3\cdot g_2 - (\operatorname{rot}F)_2\cdot g_3$$
$$= ((JF)G)_1 + (G\times\operatorname{rot}F)_1\,.$$

c.

$$\nabla \cdot (\varphi F) = \sum_i D_i(\varphi f_i)$$
$$= \varphi \sum_i D_i f_i + \sum_i (D_i \varphi) f_i = \varphi \operatorname{div} F + (\operatorname{grad} \varphi) \cdot F \, .$$

d.

$$(\operatorname{rot} \varphi F)_k = \sum_{i,j} \varepsilon_{ijk} D_i(\varphi f_j)$$
$$= \sum_{i,j} \varepsilon_{ijk} (D_i \varphi) f_j + \varphi \sum_{i,j} \varepsilon_{ijk} D_i f_j$$
$$= (\operatorname{grad} \varphi \times F)_k + \varphi (\operatorname{rot} F)_k \, .$$

Die übrigen Regeln werden analog bewiesen (Übung).   □

C. Kurvenintegrale von Vektorfeldern

Im Folgenden sei $K : \mathbb{R}^n \longrightarrow \mathbb{R}^n$ ein stetiges Vektorfeld, z. B. ein Kraftfeld, und es sei

$$\Gamma : x = F(t) \, , \quad a \le t \le b$$

eine glatte Kurve im $\mathbb{R}^n$.

Wir berechnen die Arbeit, die geleistet werden muss, um eine Masse m in dem Kraftfeld K entlang Γ zu verschieben. Nach dem NEWTON'schen Grundgesetz gilt

$$mF''(t) = K(F(t)) \, , \quad a \le t \le b \, .$$

Multiplizieren wir diese Gleichung skalar mit $F'(t)$, so folgt mit der Kettenregel

$$K(F(t)) \cdot F'(t) = mF''(t) \cdot F'(t) = \frac{\mathrm{d}}{\mathrm{d}t} \frac{m}{2} \|F'(t)\|^2 \, .$$

Integration bezüglich t von a bis b liefert dann mit dem Hauptsatz 3.4

$$\frac{m}{2} \|F'(b)\|^2 - \frac{m}{2} \|F'(a)\|^2 = \int_a^b K(F(t)) \cdot F'(t) \mathrm{d}t \, .$$

Auf der linken Seite steht die Differenz der kinetischen Energien zwischen End- und Anfangspunkt, die nach dem Energiesatz gleich der geleisteten Arbeit auf der rechten Seite sein muss.

Dies motiviert die folgende Definition:

Definition 10.9. *Sei $\Omega \subseteq \mathbb{R}^n$ ein Gebiet, $K : \Omega \longrightarrow \mathbb{R}^n$ ein stetiges Vektorfeld mit den Komponenten $K_1, \dots, K_n$, $\Gamma : x = F(t) = (f_1(t), \dots, f_n(t))^T$, $a \le t \le b$, eine glatte Kurve in Ω. Dann definiert man das* Kurvenintegral *von K entlang Γ durch*

$$\oint_\Gamma K := \int_a^b K(F(t)) \cdot F'(t) \mathrm{d}t = \int_a^b \sum_{j=1}^n K_j(F(t)) f_j'(t) \, \mathrm{d}t \, . \tag{10.28}$$

Ausführlichere Schreibweise: $\oint_\Gamma K = \oint_\Gamma K_1(x) \, \mathrm{d}x_1 + \cdots + K_n(x) \, \mathrm{d}x_n.$

Das Kurvenintegral bleibt gleich, wenn man zu einer anderen Parameter-darstellung derselben orientierten Kurve übergeht. Das folgt sofort aus Definition 9.4 und der Substitutionsregel für Integrale. Setzt sich $\Gamma = \Gamma_1 \cup \cdots \cup \Gamma_N$ aus glatten, gleich orientierten Kurvenstücken zusammen, so ist

$$\oint_\Gamma K = \sum_{i=1}^{N} \oint_{\Gamma_i} K \,. \tag{10.29}$$

Ist $-\Gamma$ die entgegengesetzt orientierte Kurve, so ist

$$\oint_{-\Gamma} K = -\oint_\Gamma K \,. \tag{10.30}$$

Es ist klar, dass (10.29) und (10.30) aus der Definition 3.1c, Satz 3.2a und Satz 3.6b folgen.

Nehmen wir nun an, das Vektorfeld K sei konservativ, d. h. K besitzt eine Potenzialfunktion $\varphi : \Omega \longrightarrow \mathbb{R}$ mit

$$\operatorname{grad}\varphi = K \quad \text{in } \Omega \,.$$

Dann folgt aus (10.28) mit der Kettenregel aus Theorem 9.16

$$\begin{aligned}
\oint_\Gamma K &= \int_a^b K(F(t)) \cdot F'(t)\mathrm{d}t = \int_a^b \operatorname{grad}\varphi(F(t)) \cdot F'(t)\mathrm{d}t \\
&= \int_a^b \tfrac{\mathrm{d}}{\mathrm{d}t}\varphi(F(t))\mathrm{d}t \qquad = \varphi(F(b)) - \varphi(F(a)) \,,
\end{aligned} \tag{10.31}$$

d. h. das Kurvenintegral hängt nur von den Werten des Potenzials im Anfangs- und Endpunkt der Kurve Γ ab. Man sagt, das Kurvenintegral sei *wegunabhängig*. Wir haben bewiesen:

Satz 10.10.

a. *Das Kurvenintegral von konservativen Vektorfeldern ist* wegunabhängig, *und genauer gilt für alle stückweise glatten Kurven von a nach b in Ω:*

$$\oint_\Gamma K = \varphi(b) - \varphi(a) \,, \tag{10.32}$$

wenn φ ein Potenzial für K ist.

b. *Das Kurvenintegral von konservativen Vektorfeldern längs geschlossener Wege Γ verschwindet, d. h.*

$$\oint_\Gamma K = 0\,, \quad \text{wenn } \Gamma \text{ geschlossene Kurve.} \tag{10.33}$$

Ist φ ein Potenzial für K und $c \in \mathbb{R}$ eine Konstante, so ist offenbar auch $\varphi_1 := \varphi + c$ ein solches Potenzial. Das ist aber auch die einzige Möglichkeit, zu neuen Potenzialen für K zu gelangen, wie man mit Hilfe von Kurvenintegralen einsieht:

Korollar 10.11. *Zwei Potenziale eines Vektorfeldes K in einem Gebiet unterscheiden sich nur um eine additive Konstante.*

Beweis. Seien φ, φ_1 Potenziale für K im Gebiet Ω, und sei $a \in \Omega$ ein fester Punkt. Da Ω zusammenhängend ist, können wir jedes beliebige $x \in \Omega$ durch eine glatte Kurve $\Gamma \subseteq \Omega$ mit a verbinden. Für beide Potenziale haben wir dann Gl. (10.32), und daher gilt

$$\varphi(x) - \varphi(a) = \varphi_1(x) - \varphi_1(a) \ .$$

Das kann man auch schreiben als

$$\varphi_1(x) - \varphi(x) = \varphi_1(a) - \varphi(a) \ ,$$

und die rechte Seite hiervon ist konstant. $\qquad\qquad\qquad\qquad\qquad\square$

Wir zeigen nun, dass aus der Wegunabhängigkeit des Kurvenintegrals die Existenz einer Potenzialfunktion folgt. Sei dazu $a \in \Omega$ ein fester Punkt. Dann definieren wir $\varphi : \Omega \longrightarrow \mathbb{R}$ durch

$$\varphi(x) := \oint_a^x K \ , \quad x \in \Omega \ , \tag{10.34}$$

wobei längs eines beliebigen Weges Γ von a nach x in Ω integriert wird. Dann bilden wir (vgl. Abb. 10.1)

Abb. 10.1. Differenzenquotient für (10.34)

$$\frac{\varphi(x + he_i) - \varphi(x)}{h} = \frac{1}{h} \left\{ \oint_a^{x+he_i} K - \oint_a^x K \right\} = \frac{1}{h} \oint_x^{x+he_i} K$$

$$= \frac{1}{h} \int_0^1 K(x + te_i) \cdot e_i \mathrm{d}t = \frac{1}{h} \int_0^1 k_i(x + te_i) \mathrm{d}t \ ,$$

und daraus folgt dann mit dem Mittelwertsatz der Integralrechnung aus Satz 3.2f

$$D_i\varphi(x) = \lim_{h \longrightarrow 0} \frac{1}{h} \left(\varphi(x + he_i) - \varphi(x) \right) = \lim_{h \longrightarrow 0} k_i(x + \theta_h e_i) = k_i(x) \ ,$$

d. h. φ ist eine Potenzialfunktion von K. Damit haben wir:

Satz 10.12. *Ein stetiges Vektorfeld* $K : \Omega \longrightarrow \mathbb{R}^n$ *in einem Gebiet* $\Omega \subseteq \mathbb{R}^n$ *ist genau dann konservativ, wenn alle Kurvenintegrale von* K *in* Ω *wegunabhängig sind.*

In Satz 10.7b. und im anschließenden Text haben wir gezeigt, dass konservative Vektorfelder $K : \Omega \longrightarrow \mathbb{R}^n$ der Klasse C^1 die Integrabilitätsbedingungen

$$D_i k_j = D_j k_i, \qquad i, j = 1, \dots, n \quad \text{in } \Omega \tag{10.35}$$

erfüllen, (bzw. in $\Omega \subseteq \mathbb{R}^3$ wirbelfrei sind). Wir untersuchen, ob auch die Umkehrung gilt. Betrachten wir ein Beispiel.

Beispiele 10.13. In $\Omega = \mathbb{R}^2 \setminus \{(0,0)\}$ betrachte das Vektorfeld

$$W(x,y) = \begin{pmatrix} f(x,y) \\ g(x,y) \end{pmatrix} = \left(\frac{-y}{x^2 + y^2}, \frac{x}{x^2 + y^2} \right)^T .$$

Es ist

$$f_y = \frac{-(x^2 + y^2) + 2y^2}{(x^2 + y^2)^2} = \frac{y^2 - x^2}{(x^2 + y^2)^2} = \frac{(x^2 + y^2) - 2x^2}{(x^2 + y^2)^2} = g_x ,$$

d. h. W erfüllt in Ω die Integrabilitätsbedingungen. Betrachten wir andererseits die geschlossene Kurve

$$\Gamma : x = \cos t, \quad y = \sin t, \quad 0 \leq t \leq 2\pi ,$$

so wird

$$\oint_\Gamma W = \int_0^{2\pi} (f(\cos t, \sin t) \cdot (-\sin t) + g(\cos t, \sin t) \cdot \cos t) \mathrm{d}t$$

$$= \int_0^{2\pi} (\sin^2 t + \cos^2 t) \mathrm{d}t = 2\pi \neq 0 ,$$

d. h. Kurvenintegrale in Ω sind i. Allg. nicht wegunabhängig, und daher ist W nach Satz 10.12 nicht konservativ. Es gibt also keine in ganz Ω definierte Potenzialfunktion. Allerdings überprüft man, dass in $\Omega^+ = \{(x, y) \mid y > 0\}$ die Funktion

$$\varphi(x, y) = -\arctan \frac{x}{y}$$

die Bedingungen $\varphi_x = f$, $\varphi_y = g$ erfüllt.

Zusätzlich zu den Integrabilitätsbedingungen (10.35) scheint also noch eine Bedingung an die Gestalt von Ω notwendig zu sein, damit die Existenz einer Potenzialfunktion gesichert ist. Solche Bedingungen formulieren wir jetzt.

Definitionen 10.14.

a. *Ein Gebiet $\Omega \subseteq \mathbb{R}^n$ heißt* einfach zusammenhängend, *wenn jede geschlossene Kurve in Ω innerhalb von Ω zu einem Punkt kontrahiert werden kann. Genauer: Jede stetige Funktion $F : [a, b] \to \Omega$ mit $F(a) = F(b)$ hat eine stetige Fortsetzung $H : [a, b] \times [0, 1] \to \Omega$, für die gilt:*

$$
\begin{aligned}
H(t, 0) &= F(t) & \text{für } a \leq t \leq b\,, \\
H(a, s) &= H(b, s) & \text{für } 0 \leq s \leq 1\,, \\
H(t, 1) &\text{ ist konstant} & \text{für } a \leq t \leq b\,.
\end{aligned}
$$

b. *Ein Gebiet $\Omega \subseteq \mathbb{R}^n$ heißt* sternförmig *bzgl. eines Punktes $x_0 \in \Omega$, wenn jeder Punkt $x \in \Omega$ durch die Strecke $[x_0, x] := \{x_0 + s(x - x_0) | 0 \leq s \leq 1\}$ innerhalb von Ω mit x_0 verbunden werden kann.*

Ein konvexes Gebiet $\Omega \subseteq \mathbb{R}^n$ ist offenbar sternförmig bzgl. jedes Punktes $x \in \Omega$, und ein sternförmiges Gebiet ist einfach zusammenhängend. Ist nämlich Ω sternförmig bzgl. x_0 und ist $F : [a, b] \to \Omega$ die Parameterdarstellung einer geschlossenen Kurve, so können wir eine geeignete Kontraktion $H : [a, b] \times [0, 1] \to \Omega$ definieren durch

$$
H(t, s) := x_0 + (1 - s)(F(t) - x_0)\,.
$$

Dann erfüllt H alle drei in der Definition genannten Bedingungen, und man kann sich auch anschaulich leicht klar machen, wie H die Kurve $x = F(t)$ innerhalb von Ω auf den Punkt x_0 zusammenzieht, während s von 0 nach 1 läuft.

Satz 10.15. *Sei $\Omega \subseteq \mathbb{R}^n$ ein einfach zusammenhängendes Gebiet. Dann gilt:*

a. *Ein C^1-Vektorfeld $F : \Omega \longrightarrow \mathbb{R}^n$, das die Integrabilitätsbedingungen erfüllt, ist konservativ, d. h. besitzt eine Potenzialfunktion $\varphi : \Omega \longrightarrow \mathbb{R}$ mit*

$$
\operatorname{grad} \varphi = F\,.
$$

b. *Sei $n = 3$ und Ω sogar sternförmig. Ein quellenfreies Vektorfeld $F : \Omega \longrightarrow \mathbb{R}^3$ ist dann ein Wirbelfeld, d. h. es gibt ein Vektorpotenzial $G : \Omega \longrightarrow \mathbb{R}^3$ mit*

$$
F = \operatorname{rot} G\,.
$$

Beweis. Wir beweisen a. für ein sternförmiges Gebiet Ω bezüglich des Nullpunktes $0 \in \Omega$. Für jedes $x \in \Omega$ liegt dann die Strecke

$$
\Gamma : \phi(t) = tx\,, \quad 0 \leq t \leq 1\,, \quad \text{von 0 nach } x
$$

ganz in Ω. Dann definieren wir $\varphi : \Omega \longrightarrow \mathbb{R}$ durch

$$\varphi(x) = \oint_{\Gamma} F = \int_0^1 F(\phi(t)) \cdot \dot{\phi}(t) \mathrm{d}t$$

$$= \int_0^1 F(tx) \cdot x \mathrm{d}t = \int_0^1 \sum_{k=1}^n f_k(tx) x_k \mathrm{d}t \; .$$

Wie wir in Satz 15.6b beweisen werden, darf man unter den gemachten Voraussetzungen Integration und Differentiation vertauschen. Mit der Kettenregel folgt dann:

$$D_i\varphi(x) = \int_0^1 \sum_k D_i(f_k(tx) x_k) \mathrm{d}t$$

$$= \int_0^1 \sum_k D_i f_k(tx) \cdot t x_k \mathrm{d}t + \int_0^1 f_i(tx) \mathrm{d}t$$

$$= \int_0^1 \sum_k D_i f_k(tx) \cdot t x_k \mathrm{d}t + [t f_i(tx)]_0^1$$

$$- \int_0^1 t \frac{\mathrm{d}}{\mathrm{d}t} f_i(tx) \mathrm{d}t$$

$$= f_i(x) + t \int_0^1 \sum_k (D_i f_k(tx) - D_k f_i(tx)) t x_k \mathrm{d}t = f_i(x) \; .$$

Teil b wird ähnlich bewiesen. Ein Vektorpotenzial für F im Gebiet Ω ist z. B.

$$G(x) := \left(\int_0^1 t F(tr) \, \mathrm{d}t \right) \times r \tag{10.36}$$

mit $r = x - x_0$, wenn Ω sternförmig bzgl. x_0 ist. Einzelheiten findet man etwa in [25], Abschn. 29.1. □

D. Krummlinige Koordinaten

Wir haben schon gesehen, dass ein beliebiger Vektor bezüglich verschiedener Basen des betreffenden Vektorraums durch verschiedene n-Tupel von Koordinaten beschrieben wird. Die Festlegung einer Basis führt also in dem Vektorraum ein *Koordinatensystem* ein, und verschiedene derartige Koordinatensysteme werden durch bijektive lineare Abbildungen (lineare Koordinatentransformationen) ineinander umgerechnet (vgl. Def. 6.8 und Satz 6.9). In der Physik trifft man aber auf Schritt und Tritt auch *krummlinige Koordinaten* an, die mittels *nichtlinearer* Transformationen aus den üblichen kartesischen Koordinaten $x_1, \ldots, x_n$ hervorgehen. Man denke nur an Polarkoordinaten oder Zylinderkoordinaten (s. u.). Um Funktionen, die die Verteilung physikalischer Größen beschreiben, vernünftig in derartige Koordinaten umrechnen zu können, muss man aber zumindest verlangen, dass die entsprechenden Transformationen *glatt* sind, d. h. so oft stetig differenzierbar, wie man gerade braucht.

Wir definieren:

Definition 10.16. *Seien G und Ω Gebiete in $\mathbb{R}^n$. Eine Abbildung $Q : G \longrightarrow \Omega$ der Klasse C^s heißt ein C^s-Diffeomorphismus oder eine* Koordinatentransformation *der Klasse C^s von G auf Ω, wenn sie bijektiv ist und wenn ihre Umkehrfunktion $Q^{-1} : \Omega \longrightarrow G$ ebenfalls von der Klasse C^s ist.*

Die Variable, die in G läuft, bezeichnen wir nun mit $u = (u_1, \ldots, u_n)$ und stellen uns auf den Standpunkt, die Punkte $x \in \Omega$ würden durch „krummlinige Koordinaten" $u_1, \ldots, u_n$ in der Form

$$x = Q(u_1, \ldots, u_n)$$

beschrieben. (Die „krummen Linien", von denen hier die Rede ist, sind die Kurven, auf denen alle Koordinaten bis auf eine konstant sind, also die Kurven der Form $F_k(t) := Q(u_1, \ldots, u_{k-1}, t, u_{k+1}, \ldots, u_n)$.) Ein Skalarfeld $\varphi : \Omega \to \mathbb{R}$ wird demnach in den u-Koordinaten durch die Funktion

$$\tilde{\varphi} := \varphi \circ Q : G \longrightarrow \mathbb{R} \tag{10.37}$$

beschrieben, und man nennt $\tilde{\varphi}$ die *Darstellung* von φ in den u-Koordinaten. Um auch Vektorfelder transformieren zu können, beachten wir, dass nach (10.6) die JACOBI-Matrix $JQ(u)$ stets regulär ist und dass daher ihre Spalten

$$\boldsymbol{b}_j(u) := \mathrm{d}Q_u(e_j) = D_j Q(u) = \frac{\partial Q}{\partial u_j}(u) \,, \qquad j = 1, \ldots, n \tag{10.38}$$

eine Basis von $\mathbb{R}^n$ bilden. Diese Basen hängen natürlich von $u \in G$ ab, und man tut gut daran, sich die Vektoren $\boldsymbol{b}_1(u), \ldots, \boldsymbol{b}_n(u)$ am Punkt $x = Q(u)$ angeheftet vorzustellen. Ist nun $F : \Omega \longrightarrow \mathbb{R}^n$ ein Vektorfeld, so entwickelt man den Vektor $F(x) = F(Q(u))$ stets nach der durch (10.38) gegebenen Basis, schreibt also

$$(F \circ Q)(u) = \sum_{j=1}^{n} \tilde{f}_j(u)\boldsymbol{b}_j(u) \qquad\qquad (u \in G)\,. \tag{10.39}$$

Die vektorwertige Funktion

$$\tilde{F}(u) := \begin{pmatrix} \tilde{f}_1(u) \\ \vdots \\ \tilde{f}_n(u) \end{pmatrix} \tag{10.40}$$

wird nun als die *Darstellung* des gegebenen Vektorfeldes F in den u-Koordinaten bezeichnet. In der Tat ist ja $\tilde{F}(u)$ nichts anderes als die Koordinatenspalte des Vektors $F(x)$ in Bezug auf diejenige Basis des $\mathbb{R}^n$, die am Punkt $x = Q(u)$ durch Q gestiftet wurde.

Der nächste Schritt ist nun, die Feldoperationen Gradient, Divergenz, Rotation und den LAPLACE-Operator in den neuen Koordinaten auszudrücken. Das heißt, wenn z. B. $F = \operatorname{grad} \varphi$ ist, so möchte man $\tilde{F}$ aus $\tilde{\varphi}$ berechnen. Ebenso möchte man $\tilde{\varphi}$ aus $\tilde{F}$ berechnen, wenn $\varphi = \operatorname{div} F$ ist, usw. Die allgemeine Antwort auf diese Fragen würde hier zu weit führen, doch für die meisten physikalischen Anwendungen ist schon der folgende Spezialfall ausreichend:

Definition 10.17. *Eine Koordinatentransformation $Q : G \to \Omega$ heißt orthogonal, wenn für $j \neq k$ und $u \in G$ stets gilt:*

$$b_j(u) \cdot b_k(u) = 0 \,,$$

wobei die $b_i(u)$ $(i = 1, \ldots, n)$ durch (10.38) gegeben sind. Man sagt dann auch, durch Q würden in Ω orthogonale Koordinaten eingeführt. Die skalaren Funktionen

$$N_j(u) := \|b_j(u)\| = \sqrt{b_j(u) \cdot b_j(u)} \qquad (j = 1, \ldots, n)$$

nennt man die Maßstabsfaktoren der Koordinatentransformation.

Bemerkung: Bei einer *linearen* Transformation $Q : \mathbb{R}^n \longrightarrow \mathbb{R}^n$ sind die $b_1, \ldots, b_n$ einfach die Spalten der Matrix, die Q bzgl. der kanonischen Basis beschreibt. Solch eine lineare Abbildung wird als orthogonal bezeichnet, wenn die $b_1, \ldots, b_n$ ein Orthonormalsystem bilden (vgl. 7.12) Sie ist dann also orthogonal im Sinne von Def. 10.17 und hat Maßstabsfaktoren $N_k \equiv 1$. Der Ausdruck „orthogonal" wird bei linearen Abbildungen also in einem engeren Sinne verwendet als bei allgemeinen Koordinatentransformationen. Dies kann Verwirrung stiften, hat sich aber eingebürgert.

Durch geschickte Kombination der Kettenregel mit etwas linearer Algebra kann man nun den folgenden Satz beweisen:

Satz 10.18. *Es sei $Q : G \to \Omega$ eine orthogonale Koordinatentransformation der Klasse C^2 mit den Maßstabsfaktoren $N_1, \ldots, N_n : G \to]0, \infty[$. Die entsprechenden Basisvektoren $b_1(u), \ldots, b_n(u)$ bei $x = Q(u)$ seien durch (10.38) gegeben. Für ein Skalarfeld $\varphi \in C^2(\Omega)$ und ein Vektorfeld $F \in C^2(\Omega, \mathbb{R}^n)$ seien $\tilde{\varphi}$ bzw. $\tilde{F}$ die Darstellungen in den durch Q gestifteten krummlinigen Koordinaten, wie sie durch (10.37) bzw. (10.39), (10.40) gegeben sind. Dann gilt:*

a. Für $u \in G$, $k = 1, \ldots, n$ ist

$$\tilde{f}_k(u) = N_k(u)^{-2} F(Q(u)) \cdot b_k(u) \,. \tag{10.41}$$

b. $F = \nabla \varphi$ in Ω $\iff$

$$\tilde{f}_k(u) = N_k(u)^{-2} \frac{\partial}{\partial u_k} \tilde{\varphi}(u) \tag{10.42}$$

für $u \in G$, $k = 1, \ldots, n$.

c. $\varphi = \operatorname{div} F \ in \ \Omega \iff$

$$\tilde{\varphi}(u) = \frac{1}{D(u)} \sum_{j=1}^{n} \frac{\partial}{\partial u_j} \left[D(u) \tilde{f}_j(u) \right] \qquad \text{für} \ \ u \in G \,, \qquad (10.43)$$

wobei $D := N_1 N_2 \cdots N_n$ *gesetzt wurde.*
d. *Für* $\varphi \in C^2(\Omega)$ *ist für alle* $x = Q(u)$

$$\Delta\varphi(x) = \frac{1}{D(u)} \sum_j \frac{\partial}{\partial u_j} \left(D(u) N_j(u)^{-2} \frac{\partial}{\partial u_j} \tilde{\varphi}(u) \right) \,. \qquad (10.44)$$

e. *Speziell sei* $n = 3$, *und die durch (10.38) gegebenen Vektoren* $\boldsymbol{b}_1$, $\boldsymbol{b}_2$, $\boldsymbol{b}_3$
mögen bei jedem $u \in G$ *ein Rechtssystem bilden, d. h. es soll* $\boldsymbol{b}_3 = \lambda(\boldsymbol{b}_1 \times \boldsymbol{b}_2)$ *sein mit einem* $\lambda > 0$. *Dann gilt für* $\boldsymbol{w} \in C^1(\Omega; \mathbb{R}^3)$, $\tilde{\boldsymbol{w}} := \boldsymbol{w} \circ Q$ *und*
$F \in C^0(\Omega; \mathbb{R}^3)$ *genau dann* $F = \operatorname{rot} \boldsymbol{w}$, *wenn:*

$$
\begin{aligned}
\tilde{f}_1 &= \tfrac{1}{N_1 N_2 N_3} \left(\partial_2 \tilde{\boldsymbol{w}} \cdot \boldsymbol{b}_3 - \partial_3 \tilde{\boldsymbol{w}} \cdot \boldsymbol{b}_2 \right) \\
\tilde{f}_2 &= \tfrac{1}{N_1 N_2 N_3} \left(\partial_3 \tilde{\boldsymbol{w}} \cdot \boldsymbol{b}_1 - \partial_1 \tilde{\boldsymbol{w}} \cdot \boldsymbol{b}_3 \right) \\
\tilde{f}_3 &= \tfrac{1}{N_1 N_2 N_3} \left(\partial_1 \tilde{\boldsymbol{w}} \cdot \boldsymbol{b}_2 - \partial_2 \tilde{\boldsymbol{w}} \cdot \boldsymbol{b}_1 \right)
\end{aligned}
\qquad (10.45)
$$

in ganz G. *Dabei wurde* $\partial_j = \partial/\partial u_j$ *gesetzt* $(j = 1, 2, 3)$, *und das Argument*
u *wurde überall weggelassen.*

Beweis. (10.41) folgt sofort, wenn man (10.39) skalar mit $\boldsymbol{b}_k(u)$ multipliziert.
Ebenso gilt für jedes Vektorfeld $\boldsymbol{v} : G \longrightarrow \mathbb{R}^n$ (wir lassen das Argument u
jetzt meistens weg!)

$$\boldsymbol{v} = \sum_j (\boldsymbol{v} \cdot \boldsymbol{b}_j) \, N_j^{-2} \boldsymbol{b}_j \,. \qquad (10.46)$$

Nun sei $\varphi \in C^1(\Omega)$. Dann ergibt die Kettenregel:

$$\frac{\partial}{\partial u_j} (\varphi \circ Q) = (\nabla\varphi \circ Q) \cdot \boldsymbol{b}_j \qquad (1 \le j \le n) \,. \qquad (10.47)$$

Für das Vektorfeld $\boldsymbol{v} := \nabla\varphi \circ Q$ auf G ergibt (10.46) daher

$$\nabla\varphi \circ Q = \sum_j N_j^{-2} \left(\frac{\partial}{\partial u_j} (\varphi \circ Q) \right) \boldsymbol{b}_j$$

und damit 10.18b Teil d ergibt sich durch Einsetzen von (10.42) in (10.43).
Die Beweise von c und e sind jedoch schwieriger und werden in Ergänzungen
10.27 und 10.28 nachgetragen. $\square$

Bemerkung: Bei orthogonalen Koordinaten verwendet man statt der Basisvektoren $\boldsymbol{b}_1, \ldots, \boldsymbol{b}_n$ meist die *krummlinige Orthonormalbasis*

$$\boldsymbol{e}_{u_k}(u) := N_k(u)^{-1} \boldsymbol{b}_k(u) \,, \qquad k = 1, \ldots, n \,. \qquad (10.48)$$

Man entwickelt also das transformierte Vektorfeld $F \circ Q$ in der Form

$$F(Q(u)) = \sum_{k=1}^{n} g_k(u) e_{u_k}(u) \tag{10.49}$$

mit den Koeffizienten

$$g_k(u) = N_k(u) \tilde{f}_k(u) = F(Q(u)) \cdot e_{u_k}(u) \, . \tag{10.50}$$

E. Die Feldoperationen in Kugel und Zylinderkoordinaten(Formelsammlung)

Kugel- und Zylinderkoordinaten sind in der Physik die meistbenutzten krumm-linigen Koordinaten für Gebiete $\Omega \subseteq \mathbb{R}^3 \setminus \{0\}$. Wir stellen hier zusammen, was Satz 10.18 für diese fundamentalen Beispiele liefert. Dabei bezeichnen wir die kartesischen Koordinaten in $\mathbb{R}^3$ mit (x, y, z) statt (x_1, x_2, x_3), und statt (u_1, u_2, u_3) schreiben wir, wie in der Physik üblich, (r, φ, z) im Falle der Zylinder- bzw. (r, θ, φ) im Falle der Kugelkoordinaten. Entsprechend schreiben wir e_x, e_y, e_z für die kanonischen Basisvektoren des $\mathbb{R}^3$, und wir verwenden zum Entwickeln transformierter Vektorfelder die durch (10.48) gegebenen orthonormalen Basisvektoren.

Beispiele 10.19.

a. Zylinderkoordinaten im $\mathbb{R}^3$.
Die Transformationsgleichungen $(x, y, z) = Q(r, \varphi, z)$ sind:

$$x = r \cos \varphi$$

$$y = r \sin \varphi$$

$$z = z \, .$$

Als Spaltenvektoren der JACOBI-Matrix ergeben sich

$$b_1 = D_1 Q = \frac{\partial Q}{\partial r} \equiv (\cos \varphi, \sin \varphi, 0)^T$$

$$b_2 = D_2 Q = \frac{\partial Q}{\partial \varphi} \equiv (-r \sin \varphi, r \cos \varphi, 0)^T$$

$$b_3 = D_3 Q = \frac{\partial Q}{\partial z} \equiv (0, 0, 1)^T \, .$$

Daraus folgt für die Maßstabsfaktoren

$$N_1 = 1 \, , \quad N_2 = r \, , \quad N_3 = 1 \, ,$$

sodass sich als *krummlinige Orthonormalbasis* ergibt

$$e_r := N_1^{-1}b_1 = \begin{pmatrix} \cos\varphi \\ \sin\varphi \\ 0 \end{pmatrix} = \cos\varphi e_x + \sin\varphi e_y$$

$$e_\varphi := N_2^{-1}b_2 = \begin{pmatrix} -\sin\varphi \\ \cos\varphi \\ 0 \end{pmatrix} = -\sin\varphi e_x + \cos\varphi e_y \qquad (10.51)$$

$$e_z := N_3^{-1}b_3 = \begin{pmatrix} 0 \\ 0 \\ 1 \end{pmatrix} = e_z\,,$$

wobei diese Gleichungen die Basistransformation beim Übergang von $\{e_x, e_y, e_z\}$ nach $\{e_r, e_\varphi, e_z\}$ angeben.

b. Kugelkoordinaten im $\mathbb{R}^3$.

Die Transformationsgleichungen $(x, y, z) = Q(r, \theta, \varphi)$ sind:

$$x = r\sin\theta\cos\varphi$$
$$y = r\sin\theta\sin\varphi$$
$$z = r\cos\theta\,.$$

Als Spaltenvektoren der JACOBI-Matrix ergeben sich

$$b_1 = \partial Q/\partial r = (\sin\theta\cos\varphi,\ \sin\theta\sin\varphi,\ \cos\theta)^T$$
$$b_2 = \partial Q/\partial\theta = (r\cos\theta\cos\varphi,\ r\cos\theta\sin\varphi,\ -r\sin\theta)^T$$
$$b_3 = \partial Q/\partial\varphi = (-r\sin\theta\sin\varphi,\ r\sin\theta\cos\varphi,\ 0)^T$$

mit den Maßstabsfaktoren

$$N_1 = \|b_1\| = 1\,,\quad N_2 = \|b_2\| = r\,,\quad N_3 = \|b_3\| = r\sin\theta\,.$$

Damit ergibt sich als *krummlinige Orthonormalbasis*

$$e_r = \begin{pmatrix} \sin\theta\cos\varphi \\ \sin\theta\sin\varphi \\ \cos\theta \end{pmatrix} = \sin\theta\cos\varphi e_x + \sin\theta\sin\varphi e_y + \cos\theta e_z$$

$$e_\theta = \begin{pmatrix} \cos\theta\cos\varphi \\ \cos\theta\sin\varphi \\ -\sin\theta \end{pmatrix} = \cos\theta\cos\varphi e_x + \cos\theta\sin\varphi e_y - \sin\theta e_z \qquad (10.52)$$

$$e_\varphi = \begin{pmatrix} -\sin\varphi \\ \cos\varphi \\ 0 \end{pmatrix} = -\sin\varphi e_x + \cos\varphi e_y\,.$$

Satz 10.20.

a. In Zylinderkoordinaten gilt für den Gradienten eines Skalarfeldes

$$g(r, \varphi, z) = f(r \cos \varphi, \, r \sin \varphi, \, z) = f(x, y, z)$$

die Darstellung

$$\operatorname{grad} f \circ Q = \frac{\partial g}{\partial r} \, e_r + \frac{1}{r} \frac{\partial g}{\partial \varphi} \, e_\varphi + \frac{\partial g}{\partial z} \, e_z \, . \qquad (10.53)$$

b. In Kugelkoordinaten gilt für den Gradienten eines Skalarfeldes

$$g(r, \theta, \varphi) = f(r \sin \theta \cos \varphi, \, r \sin \theta \sin \varphi, \, r \cos \theta) = f(x, y, z)$$

die Darstellung

$$\operatorname{grad} f \circ Q = \frac{\partial g}{\partial r} \, e_r + \frac{1}{r} \frac{\partial g}{\partial \theta} \, e_\theta + \frac{1}{r \sin \theta} \frac{\partial g}{\partial \varphi} \, e_\varphi \, . \qquad (10.54)$$

Satz 10.21.

a. In Zylinderkoordinaten gilt für die Divergenz eines Vektorfeldes F

$$\operatorname{div} F(r \cos \varphi, r \sin \varphi, z) = \frac{1}{r} \left\{ \frac{\partial}{\partial r} \left(r g_1(r, \varphi, z) \right) + \frac{\partial}{\partial \varphi} \, g_2(r, \varphi, z) \right.$$

$$\left. + \frac{\partial}{\partial z} \left(r g_3(r, \varphi, z) \right) \right\} \, . \qquad (10.55)$$

Dabei sind g_1, g_2, g_3 die Koeffizienten in der Entwicklung

$$F(r \cos \varphi, r \sin \varphi, z) = g_1(r, \varphi, z) e_r(r, \varphi, z) + g_2(r, \varphi, z) e_\varphi(r, \varphi, z) +$$
$$+ g_3(r, \varphi, z) e_z \, . \qquad (10.56)$$

b. In Kugelkoordinaten gilt für die Divergenz eines Vektorfeldes F

$$\operatorname{div} F(Q(r, \theta, \varphi)) = \frac{1}{r^2 \sin \theta} \left\{ \frac{\partial}{\partial r} \left(r^2 \sin \theta \, g_1(r, \theta, \varphi) \right) \right.$$

$$\left. + \frac{\partial}{\partial \theta} (r \sin \theta g_2(r, \theta, \varphi)) + \frac{\partial}{\partial \varphi} \, r g_3(r, \theta, \varphi)) \right\} \, . \quad (10.57)$$

Dabei sind g_1, g_2, g_3 die Koeffizienten in der Entwicklung

$$F(Q(r, \theta, \varphi)) = g_1(r, \theta, \varphi) e_r(r, \theta, \varphi) + g_2(r, \theta, \varphi) e_\theta(r, \theta, \varphi) +$$
$$+ g_3(r, \theta, \varphi) e_\varphi(r, \theta, \varphi) \, . \qquad (10.58)$$

Satz 10.22.

a. In Zylinderkoordinaten r, φ, z gilt für die Rotation eines Vektorfeldes F

$$\operatorname{rot} F(Q(r, \varphi, z)) = \frac{1}{r} \left\{ \frac{\partial}{\partial \varphi} g_3(r, \varphi, z) - \frac{\partial}{\partial z} (r g_2(r, \varphi, z)) \right\} e_r$$

$$+ \left\{ \frac{\partial}{\partial z} g_1(r, \varphi, z) - \frac{\partial}{\partial r} g_3(r, \varphi, z) \right\} e_\varphi$$

$$+ \frac{1}{r} \left\{ \frac{\partial}{\partial r} (r g_2(r, \varphi, z)) - \frac{\partial}{\partial \varphi} g_1(r, \varphi, z) \right\} e_z,$$

wobei g_1, g_2, g_3 durch (10.56) bestimmt sind.

b. In Kugelkoordinaten r, θ, φ gilt für die Rotation eines Vektorfeldes F

$$\operatorname{rot} F(Q(r, \theta, \varphi)) = \frac{1}{r^2 \sin \theta} \left\{ \frac{\partial}{\partial \theta} (r \sin \theta g_3(r, \theta, \varphi)) - \frac{\partial}{\partial \varphi} (r g_2(r, \theta, \varphi)) \right\} e_r$$

$$+ \frac{1}{r \sin \theta} \left\{ \frac{\partial}{\partial \varphi} g_1(r, \theta, \varphi) - \frac{\partial}{\partial r} (r \sin \theta g_3(r, \theta, \varphi)) \right\} e_\theta$$

$$+ \frac{1}{r} \left\{ \frac{\partial}{\partial r} (r g_2(r, \theta, \varphi)) - \frac{\partial}{\partial \theta} g_1(r, \theta, \varphi) \right\} e_\varphi,$$

wobei g_1, g_2, g_3 durch (10.58) bestimmt sind.

Satz 10.23.

a. In Zylinderkoordinaten r, φ, z gilt für jedes C^2-Skalarfeld f und das transformierte Skalarfeld $g = f \circ Q$

$$\Delta f(Q(r, \varphi, z)) = \frac{1}{r} \left\{ \frac{\partial}{\partial r} \left(r \frac{\partial}{\partial r} g(r, \varphi, z) \right) \right.$$

$$\left. + \frac{\partial}{\partial \varphi} \left(\frac{1}{r} \frac{\partial}{\partial \varphi} g(r, \varphi, z) \right) + \frac{\partial}{\partial z} \left(r \frac{\partial}{\partial z} g(r, \varphi, z) \right) \right\},$$

$$\tag{10.59}$$

d. h. ausdifferenziert:

$$\Delta f \circ Q = g_{rr} + \frac{1}{r} g_r + \frac{1}{r^2} g_{\varphi\varphi} + g_{zz}. \tag{10.60}$$

b. In Kugelkoordinaten r, θ, φ gilt für jedes C^2-Skalarfeld f und das transformierte Skalarfeld $g = f \circ Q$

$$\Delta f(Q(r, \theta, \varphi)) = \frac{1}{r^2 \sin \theta} \left\{ \frac{\partial}{\partial r} \left(r^2 \sin \theta \frac{\partial}{\partial r} g(r, \theta, \varphi) \right) \right.$$

$$\left. + \frac{\partial}{\partial \theta} \left(\sin \theta \frac{\partial}{\partial \theta} g(r, \theta, \varphi) \right) + \frac{\partial}{\partial \varphi} \left(\frac{1}{\sin \theta} \frac{\partial}{\partial \varphi} g(r, \theta, \varphi) \right) \right\},$$

$$\tag{10.61}$$

d. h. ausdifferenziert:

$$\Delta f \circ Q = g_{rr} + \frac{2}{r}\, g_r + \frac{1}{r^2}\, g_{\theta\theta} + \frac{\cot\theta}{r^2}\, g_\theta + \frac{1}{r^2\sin^2\theta}\, g_{\varphi\varphi}\,. \qquad (10.62)$$

Ergänzungen zu §10

Die Sätze über implizite und inverse Funktionen sind von so ausgesprochen fundamentaler Bedeutung, dass sie auf jeden Fall noch einige zusätzliche Kommentare verdienen. Ähnliches gilt für die Frage der Existenz von Potenzialen und Vektorpotenzialen. Hier beginnt eine lange und sehr spannende Geschichte, die bis in die höchsten Höhen der mathematischen Abstraktion und in die tiefsten Tiefen der physikalischen Grundlagenforschung führt, und wir werden dies in 10.25 und 10.26 noch etwas näher erläutern. Im Übrigen wollen wir unser Versprechen einlösen, elementare Beweise für die Teile c und e von Satz 10.18 anzugeben.

10.24 Nochmals implizite und inverse Funktionen. Zunächst einmal sollte man sich darüber im Klaren sein, dass die beiden Sätze (Thm. 10.2 und Thm. 10.4) eng miteinander verwandt sind, d. h. dass sich leicht Einer aus dem Anderen herleiten lässt. Nehmen wir etwa an, der Satz über implizite Funktionen sei bekannt, und betrachten wir ein Gleichungssystem

$$y = F(x)$$

(mit gegebenem y und gesuchtem x), für das bei Punkten x_0, $y_0 = F(x_0)$ die Voraussetzungen des Satzes über inverse Funktionen erfüllt sind. Dann betrachtet man

$$G(x, y) := F(x) - y$$

und stellt sofort fest, dass $G(x_0, y_0) = 0$ ist sowie $\nabla_x G(x_0, y_0) = JF(x_0)$. Also kann man den Satz über implizite Funktionen auf G anwenden – allerdings mit vertauschten Rollen von x und y – und erhält lokal die eindeutige Funktion Φ, die in der Nähe von (x_0, y_0) die Gleichung $F(\Phi(y)) - y = G(\Phi(y), y) = 0$ löst. Sie ist offenbar die gesuchte lokale Umkehrfunktion von F.

Nun nehmen wir an, der Satz über inverse Funktionen sei bekannt, und betrachten ein Gleichungssystem der Form (10.10) unter den Voraussetzungen von Thm. 10.4. Im Raum $\mathbb{R}^{n+m}$ definieren wir dann eine C^1-Abbildung F durch

$$F(x, y) := (x, G(x, y)) \qquad (x \in \mathbb{R}^n,\ y \in \mathbb{R}^m)$$

und stellen fest, dass $F(x_0, y_0) = (x_0, 0)$ und dass die JACOBI-Matrix von F die Block-Dreiecksgestalt

$$JF(x, y) = \begin{pmatrix} E_n & 0 \\ \nabla_x G(x, y) & \nabla_y G(x, y) \end{pmatrix}$$

hat (vgl. 5.30). Also ist det $JF(x_0, y_0) = \det \nabla_y G(x_0, y_0) \neq 0$, und der Satz über inverse Funktionen liefert uns eine lokale Umkehrfunktion H von F in einer Umgebung von $(x_0, 0) \in \mathbb{R}^n \times \mathbb{R}^m$. Diese spalten wir in der Form $H = (A, B)$ in zwei Komponenten auf, schreiben statt $(x, y) = H(\xi, \eta)$ also

$$x = A(\xi, \eta), \qquad y = B(\xi, \eta) .$$

Die Beziehung $F(H(\xi, \eta)) = (\xi, \eta)$ bedeutet nach Definition von F dann

$$A(\xi, \eta) = \xi$$
$$G(A(\xi, \eta), B(\xi, \eta)) = \eta ,$$

und das ist gültig für ξ in der Nähe von x_0 und η in der Nähe von 0. Für solche ξ, η ist also $y = B(\xi, \eta)$ die eindeutige Lösung der Gleichung $G(\xi, y) = \eta$, für die y nahe bei y_0 liegt. Eigentlich interessieren wir uns aber nur für $\eta = 0$, und daher betrachten wir $\Phi(x) := B(x, 0)$. Offenbar ist $y = \Phi(x)$ für x nahe bei x_0 die eindeutige Lösung von (10.10), für die y nahe bei y_0 liegt, also die gesuchte implizite Funktion.

Es genügt daher, einen der beiden Sätze zu beweisen. Wir wollen das, wie gesagt, hier nicht tun, können uns aber mit Hilfe der TAYLOR-Formel die Sätze zumindest plausibel machen. Betrachten wir z. B. die Situation aus Thm. 10.2. Die TAYLOR-Formel (9.58) (in der vektorwertigen Version) für $m = 1$ lautet dann

$$F(x) = F(x_0) + DF(x_0)(x - x_0) + R(x - x_0)$$

mit $R(x - x_0) = o(\|x - x_0\|)$ für $x \to x_0$. Zu gegebenem y in der Nähe von y_0 soll nun die Gleichung

$$F(x) = y \tag{10.63}$$

in einer Umgebung von x_0 eindeutig gelöst werden. Diese Gleichung ist äquivalent zu

$$y - y_0 = DF(x_0)(x - x_0) + R(x - x_0) . \tag{10.64}$$

Nun ist $DF(x_0)$ nach Voraussetzung invertierbar. Wegen $R(x - x_0) = o(\|x - x_0\|)$ ist das Restglied $R(x - x_0)$ also gegenüber dem ersten Term auf der rechten Seite von (10.64) vernachlässigbar, solange man sich auf x-Werte in der Nähe von x_0 beschränkt. Vernachlässigen wir es, so erhalten wir die Näherungsgleichung

$$y - y_0 = DF(x_0)(x - x_0) , \tag{10.65}$$

die sich selbstverständlich eindeutig nach x auflösen lässt durch

$$x = x_0 + DF(x_0)^{-1}(y - y_0) .$$

Das ist natürlich kein echter Beweis. Tatsächlich liefert aber eine Variante dieser Argumentation, bei der der Mittelwertsatz zu Hilfe genommen wird, die lokale Injektivität von F bei x_0. Um jedoch zu gegebenem y wirklich eine

Lösung von (10.63) zu finden, muss man das tun, was bei den sog. *Existenz-sätzen* der mathematischen Analysis meistens getan wird: Man beschafft sich durch eine – manchmal recht einfallsreiche – Konstruktion eine Folge von Näherungslösungen, d. h. eine Folge (x_k), für die gilt:

$$\lim_{k \to \infty} F(x_k) = y \,.$$

Dann zeigt man, dass diese Folge konvergiert oder dass sie zumindest eine konvergente Teilfolge besitzt. Wegen der Stetigkeit von F ist der Grenzwert $x = \lim_{k \to \infty} x_k$ nun die gesuchte Lösung von (10.63).

10.25 Kurvenintegrale und Homotopie von Wegen. In einem beliebigen Gebiet $\Omega \subseteq \mathbb{R}^n$ betrachten wir ein Vektorfeld $K \in C^1(\Omega, \mathbb{R}^n)$, das die Integrabilitätsbedingungen erfüllt, sowie eine C^2-Funktion $H : [a, b] \times [0, 1] \longrightarrow \Omega$. Für jedes $s \in [0, 1]$ haben wir dann eine Kurve

$$\Gamma_s : \ x = F_s(t) := H(t, s)\,, \qquad a \le t \le b\,,$$

und wir können uns H als eine innerhalb von Ω erfolgende *Deformation* der Kurve Γ_0 in die Kurve Γ_1 vorstellen. Wir interessieren uns dafür, wie sich Kurvenintegrale über K während solch einer Deformation verhalten. Wie im Beweis von Satz 10.15 dürfen wir aufgrund von Satz 15.6b die Differenziation nach dem Parameter s unter dem Integralzeichen durchführen. Außerdem besagen die Integrabilitätsbedingungen, dass die JACOBI-Matrix $JK(x)$ *symmetrisch* ist, also $JK(x)^T = JK(x)$ und daher

$$\langle JK(x)\boldsymbol{h}_1 \mid \boldsymbol{h}_2 \rangle = \langle \boldsymbol{h}_1 \mid JK(x)\boldsymbol{h}_2 \rangle = \langle JK(x)\boldsymbol{h}_2 \mid \boldsymbol{h}_1 \rangle$$

für alle $x \in \Omega$ und beliebige Vektoren $\boldsymbol{h}_1, \boldsymbol{h}_2 \in \mathbb{R}^n$. Das ergibt (wenn wir noch die Produktregel (9.5) und den Satz von H. A. SCHWARZ beachten):

$$\frac{\mathrm{d}}{\mathrm{d}s} \oint_{\Gamma_s} K = \frac{\mathrm{d}}{\mathrm{d}s} \int_a^b K(H(t, s)) \cdot \frac{\partial H}{\partial t}(t, s)\, \mathrm{d}t$$

$$= \int_a^b \frac{\partial}{\partial s} \left\langle K(H(t, s)) \,\middle|\, \frac{\partial H}{\partial t}(t, s) \right\rangle \mathrm{d}t$$

$$= \int_a^b \left[\left\langle JK(H(t, s)) \frac{\partial H}{\partial s}(t, s) \,\middle|\, \frac{\partial H}{\partial t}(t, s) \right\rangle + \right.$$

$$\left. + \left\langle K(H(t, s)) \,\middle|\, \frac{\partial^2 H}{\partial s \partial t}(t, s) \right\rangle \right] \mathrm{d}t$$

$$= \int_a^b \left[\left\langle JK(H(t, s)) \frac{\partial H}{\partial t}(t, s) \,\middle|\, \frac{\partial H}{\partial s}(t, s) \right\rangle + \right.$$

$$\left. + \left\langle K(H(t, s)) \,\middle|\, \frac{\partial^2 H}{\partial t \partial s}(t, s) \right\rangle \right] \mathrm{d}t$$

$$= \int_a^b \frac{\mathrm{d}}{\mathrm{d}t} \left\langle K(H(t,s)) \,\bigg|\, \frac{\partial H}{\partial s}(t,s) \right\rangle \, \mathrm{d}t$$

$$= \left\langle K(H(b,s)) \,\bigg|\, \frac{\partial H}{\partial s}(b,s) \right\rangle - \left\langle K(H(a,s)) \,\bigg|\, \frac{\partial H}{\partial s}(a,s) \right\rangle \, .$$

Aber der letzte Ausdruck verschwindet in den folgenden beiden Fällen:

$$H(a,s) =: P \quad \text{konstant}, \quad H(b,s) =: Q \quad \text{konstant für} \quad 0 \leq s \leq 1 \quad (10.66)$$

oder

$$H(a,s) = H(b,s) \qquad s \in [0,1] \, . \tag{10.67}$$

In diesen beiden Fällen bleibt das Kurvenintegral also bei der Deformation konstant. Im ersten Fall sind alle Γ_s Kurven vom Punkt P zum Punkt Q, und im zweiten Fall sind sie alle *geschlossene* Kurven.

Dieses Resultat gilt auch, wenn man von H nur *Stetigkeit* fordert. (Zum Beweis nutzt man die Tatsache aus, dass sich eine stetige Funktion H beliebig genau durch C^2-Funktionen approximieren lässt. Aber hierauf wollen wir nicht näher eingehen.) Man definiert:

Definition. *Seien*

$$\Gamma_i : \ x = F_i(t) \, , \qquad a \leq t \leq b \, , \qquad\qquad i = 0, 1$$

zwei Kurven in Ω.

a. *Beide Kurven mögen vom Punkt* $P \in \Omega$ *zum Punkt* $Q \in \Omega$ *führen. Sie heißen* homotop *in* Ω *(als Kurven von* P *nach* Q*), wenn es eine stetige Funktion* $H : [a,b] \times [0,1] \to \Omega$ *gibt, für die*

$$H(t,0) = F_0(t) \, , \qquad H(t,1) = F_1(t) \qquad\qquad \forall\, t \in [a,b] \tag{10.68}$$

sowie (10.66) gilt.

b. *Sind beide Kurven geschlossen, so heißen sie* homotop *in* Ω *(als geschlossene Kurven), wenn es eine stetige Funktion* $H : [a,b] \times [0,1] \to \Omega$ *gibt, für die (10.68) und (10.67) gelten.*

In beiden Fällen bezeichnet man H *als* Homotopie *von* Γ_0 *nach* Γ_1.

Die obigen Überlegungen ergeben nun den

Satz. *Seien* Γ_0, Γ_1 *zwei stückweise glatte Kurven im Gebiet* Ω*, und sei* $K : \Omega \to \mathbb{R}^n$ *ein* C^1*-Vektorfeld, das die Integrabilitätsbedingungen erfüllt. Dann ist*

$$\oint_{\Gamma_0} K = \oint_{\Gamma_1} K \, ,$$

falls eine der beiden folgenden Voraussetzungen erfüllt ist:

(i) Γ_0, Γ_1 *sind (in* Ω*) homotope Kurven von einem festen Punkt* $P \in \Omega$ *zu einem festen Punkt* $Q \in \Omega$*, oder*

(ii) Γ_0, Γ_1 *sind (in* Ω*) homotope geschlossene Kurven.*

Ist Ω einfach zusammenhängend, so ist jede geschlossene Kurve in Ω homotop zu einer konstanten Kurve, also verschwinden die Kurvenintegrale über geschlossene Kurven, und nach Satz 10.12 hat daher jedes Vektorfeld, das die Integrabilitätsbedingungen erfüllt, auch ein Potenzial. Wir erhalten also Satz 10.15 a als Spezialfall. Aber auch für nicht einfach zusammenhängende Gebiete hat unser Satz interessante Konsequenzen, die zeigen, dass bei Vektorfeldern mit Integrabilitätsbedingung die Werte der Kurvenintegrale wesentlich mehr mit der allgemeinen Gestalt von Ω zu tun haben als mit dem genauen Verlauf der Kurven oder des Feldes. Dazu ein

Beispiel: Es sei $\Omega := \mathbb{R}^2 \setminus \{(0,0)\}$ wie in Beispiel 10.13, und wir betrachten für $m \in \mathbb{Z}$ die Kurven

$$C_m : \begin{pmatrix} x \\ y \end{pmatrix} = \begin{pmatrix} \cos mt \\ \sin mt \end{pmatrix}, \qquad 0 \le t \le 2\pi .$$

Das Feld $K \in C^1(\Omega, \mathbb{R}^2)$ erfülle die Integrabilitätsbedingungen. Setzen wir

$$q := \frac{1}{2\pi} \oint_{C_1} K ,$$

so sehen wir nach leichter Rechnung (vgl. Aufg. 10.14), dass $\oint_{C_m} K = 2\pi m q$.
Man kann beweisen, dass *jede* geschlossene Kurve $\Gamma \subseteq \Omega$ in Ω homotop zu einer der C_m ist. Anschaulich beschreibt m, wie oft sich Γ um den Nullpunkt herumwindet (im Gegenuhrzeigersinn für $m > 0$, im Uhrzeigersinn für $m < 0$ und überhaupt nicht für $m = 0$) und deshalb nennt man m die *Windungszahl* von Γ in Bezug auf den Nullpunkt. Unser Satz ergibt also für m die Integralformel

$$mq = \frac{1}{2\pi} \oint_\Gamma K .$$

Speziell für das Feld W aus Beispiel 10.13 ist $q = 1$, also $m = (1/2\pi) \oint_\Gamma W$. Das Feld $K - qW$ ergibt daher das Kurvenintegral 0 für jeden geschlossenen Weg, d. h. die Kurvenintegrale dieses Feldes sind wegunabhängig. Satz 10.12 zeigt also, dass $K - qW$ konservativ ist. Die Vektorfelder in Ω, die die Integrabilitätsbedingungen erfüllen, unterscheiden sich also von den konservativen Feldern in Ω nur durch skalare Vielfache von W, und dies reflektiert die Tatsache, dass sich Ω nur um einen einzigen Punkt von einem einfach zusammenhängenden Gebiet unterscheidet.

Bemerkung: Ähnliche Überlegungen kann man auch für Vektorpotenziale anstellen, wobei allerdings *Flächen* statt Kurven die entscheidende Rolle spielen (vgl. Ergänzung 12.14). Es handelt sich hier um die allerersten Anfangsgründe eines Zweiges der Mathematik, den man als *Differenzialtopologie* bezeichnet und der versucht, mit Methoden der Differenzial- und Integralrechnung die globale Gestalt von geometrischen Gebilden (vor allem von *Mannigfaltig-keiten*) zu erkennen und zu klassifizieren. Eine gute elementare Einführung in dieses faszinierende Gebiet ist das Buch [15], in dem man auch Beweise für alle hier unbewiesenen Behauptungen findet. Differenzialtopologie gehört vielleicht nicht gerade zum täglichen Brot des durchschnittlichen Physikers, doch in der Grundlagenforschung (Kosmologie, Quantengravitation, String-Theorien, einheitliche Feldtheorien usw.) finden tiefgehende Resultate und Methoden aus diesem Gebiet neuerdings immer wieder Verwendung.

10.26 Lokale und globale Potenziale. Sei wieder $\Omega \subseteq \mathbb{R}^n$ ein beliebiges Gebiet und $K \in C^1(\Omega, \mathbb{R}^n)$ ein Vektorfeld, das die Integrabilitätsbedingungen erfüllt. Man kann Ω mit konvexen Teilgebieten $\Omega_1, \Omega_2, \ldots$ überdecken (im Extremfall legt man um jeden Punkt $P \in \Omega$ eine Kugel, die ganz in Ω enthalten ist, aber es geht in Wirklichkeit auch mit weniger Teilgebieten). Nach Satz 10.15a hat K in jedem Teilgebiet Ω_i ein Potenzial φ_i. Man sagt daher, K sei *lokal konservativ*. Teilweise werden die Ω_i sich überlappen, und auf solch einem nichtleeren Durchschnitt $\Omega_i \cap \Omega_j$ $(i \neq j)$ hat man die beiden Potenziale φ_i und φ_j. Nach Korollar 10.11 unterscheiden sie sich um eine additive Konstante $c_{ij} = \varphi_j - \varphi_i$. Aber man darf die Potenziale um eine additive Konstante abändern („Umeichung") und kann daher versuchen, diese Konstanten so zu adjustieren, dass alle $c_{ij} = 0$ werden. Gelingt dies, so hat man ein Potenzial φ für K, das in jedem Ω_i mit dem dort gegebenen φ_i übereinstimmt. Wenn K nicht konservativ ist, so kann dieses Vorhaben natürlich nicht gelingen, und man wird immer irgendeine Diskrepanz übrig behalten, egal, wie man eicht. In dieser Diskrepanz („nichttriviale erste Kohomologie") manifestiert sich die Abweichung von Ω vom einfach zusammenhängenden Typ.

Beispiel: (vgl. auch Aufg. 10.12) Kehren wir noch einmal zu dem Beispiel aus der vorigen Ergänzung zurück und betrachten wir eine geschlossene Kurve $\Gamma \subseteq \Omega$, die sich einmal um den Nullpunkt herumwindet. Wir können sie mit einer Kette von Kreisen $\Omega_1, \Omega_2, \ldots, \Omega_s$ überdecken, bei der jeder Kreis sich nur mit seinen beiden unmittelbaren Nachbarn überlappt und bei der die einzelnen Überlappungsbereiche untereinander disjunkt sind (vgl. Abb. 10.2). Der kürzeren Formulierung halber setzen wir noch $\Omega_{s+1} := \Omega_1$. Dann wählen wir Punkte $P_i \in \Omega_i \cap \Omega_{i+1}$, $1 \leq i \leq s$, die nacheinander durchlaufen werden, also $P_i = F(t_i)$, $i = 1, \ldots, s$, wobei

$$a < t_1 < t_2 < \cdots < t_s \leq b$$

für eine geeignete Parameterdarstellung $X = F(t)$, $a \leq t \leq b$ der Kurve Γ. Nun sei wieder K ein C^1-Vektorfeld mit Integrabilitätsbedingungen in Ω, und wir wählen beliebige Potenziale φ_i für K in den konvexen Teilgebieten Ω_i, $i = 1, \ldots, s$, ferner $\varphi_{s+1} := \varphi_1$. Schließlich definieren wir Konstanten $c_i := \varphi_{i+1} - \varphi_i$ für $1 \leq i \leq s$ (die Konstanten $\varphi_j - \varphi_i$ treten ja nur dann auf, wenn $\Omega_j \cap \Omega_i \neq \emptyset$). Der Teil der Kurve, der von P_i nach P_{i+1} führt, verläuft

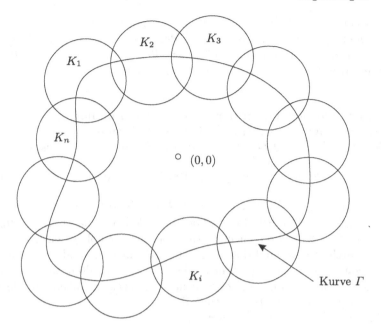

Abb. 10.2.

nun ganz in Ω_i, und deshalb können wir das Kurvenintegral mittels (10.32) folgendermaßen berechnen:

$$2\pi q = \oint_\Gamma K = \sum_{i=1}^s \int_{P_i}^{P_{i+1}} K$$
$$= \sum_{i=1}^s \left(\varphi_i(P_{i+1}) - \varphi_i(P_i)\right) \ .$$

Wenn wir diese Summe nun etwas anders klammern, nämlich immer zwei Terme zusammenfassen, in denen ein und derselbe Punkt vorkommt, so ergibt sich

$$2\pi q = \sum_{i=1}^s \left(\varphi_i(P_{i+1}) - \varphi_{i+1}(P_{i+1})\right) = -\sum_{i=1}^s c_i \ .$$

Die Differenzen $c_1, \ldots, c_s$ ergeben also immer die Summe $-2\pi q$, und im Falle $q \neq 0$ können sie daher nicht zum Verschwinden gebracht werden. Diese Summe ist die „Diskrepanz", von der oben immer die Rede war.

Bemerkung: Im Falle der Vektorpotenziale kann man ähnliche Überlegungen anstellen, wobei allerdings diesmal dreifache Überlappungen $\Omega_i \cap \Omega_j \cap \Omega_k \neq \emptyset$ betrachtet werden müssen („zweite Kohomologie"). Die Verallgemeinerung auf beliebige Dimension führt zur sog. DE RHAM'*schen Kohomologietheorie,* einem wichtigen Werkzeug der Differenzialtopologie (vgl. vorige Ergänzung). Hierfür genügen aber die Feldoperatoren der klassischen Vektoranalysis nicht mehr. Man muss vielmehr den Kalkül der *alternierenden Differenzialformen* einführen, wie er z. B. in [25] oder [15] beschrieben ist.

10.27 Zur Transformation der Divergenz auf orthogonale (krummlinige) Koordinaten. Unser Ziel ist, Satz 10.18c zu beweisen.
Sei also $Q : G \longrightarrow \Omega$ ($\Omega, G \subseteq \mathbb{R}^n$ offen) ein C^2-Diffeomorphismus mit

$$\boldsymbol{b}_j(u) \cdot \boldsymbol{b}_k(u) = N_k^2(u)\delta_{jk} \qquad (1 \leq j, k \leq n,\, u \in G)\,, \tag{10.69}$$

wobei $\boldsymbol{b}_k(u) := \frac{\partial}{\partial u_k} Q(u)$ und $N_k(u) := \|\boldsymbol{b}_k(u)\|$ (Norm $\|\cdot\|$ und Skalarprodukt $\cdot$ euklidisch!). Q führt also in Ω orthogonale Koordinaten $u_1, \ldots, u_n$ ein, die in G laufen. Wir schreiben $x = Q(u)$, aber die nachfolgenden Rechnungen handeln durchweg von Funktionen, die auf G definiert sind, also von Funktionen der Variablen u. Um die Formeln übersichtlich zu halten, werden wir das Argument u von jetzt an aber konsequent unterdrücken. Außerdem schreiben wir kurz ∂_j für die partielle Ableitung $\partial/\partial u_j$.
Differenzieren von (10.69) liefert

$$\partial_i \boldsymbol{b}_j \cdot \boldsymbol{b}_k + \boldsymbol{b}_j \cdot \partial_i \boldsymbol{b}_k = 0 \qquad \forall\, i, j, k,\, j \neq k\,, \tag{10.70}$$

$$\partial_i N_j = N_j^{-1} \boldsymbol{b}_j \cdot \partial_i \boldsymbol{b}_j\,. \tag{10.71}$$

Aber $\partial_i \boldsymbol{b}_j = \partial_i \partial_j Q = \partial_j \partial_i Q = \partial_j \boldsymbol{b}_i$. Mittels (10.70) (mit j statt i) folgt daher aus (10.71) für $i \neq j$:

$$\partial_i N_j = -N_j^{-1} \partial_j^2 Q \cdot \boldsymbol{b}_i\,. \tag{10.72}$$

Sei nun $F \in C^1(\Omega, \mathbb{R}^n)$, $\boldsymbol{w} := F \circ Q$. Mit $D := N_1 \cdots N_n$ gilt dann, wie wir gleich zeigen werden:

$$\operatorname{div} F \circ Q = \frac{1}{D} \sum_j \partial_j \left(D N_j^{-2} \boldsymbol{w} \cdot \boldsymbol{b}_j \right)\,, \tag{10.73}$$

und unter Beachtung von 10.18a folgt daraus sofort 10.18 c.
Zum Beweis von (10.73) zeigen wir zunächst:

$$\sum_j \partial_j (D N_j^{-2} \boldsymbol{b}_j) = 0\,. \tag{10.74}$$

Beweis.

$$D N_j^{-2} = N_1 \cdots N_{j-1} N_j^{-1} N_{j+1} \cdots N_n$$

und

$$\partial_j N_j^{-1} = -N_j^{-2} \partial_j N_j \overset{(10.71)}{=} -N_j^{-3} \boldsymbol{b}_j \cdot \partial_j \boldsymbol{b}_j\,,$$

also nach der Produktregel

$$\partial_j(DN_j^{-2}) \stackrel{(10.72)}{=} -\sum_k DN_j^{-2}N_k^{-2}\boldsymbol{b}_j \cdot \partial_k\boldsymbol{b}_k - DN_j^{-4}\boldsymbol{b}_j \cdot \partial_j\boldsymbol{b}_j$$

$$= -D\sum_{k=1}^n N_j^{-2}N_k^{-2}\boldsymbol{b}_j \cdot \partial_k\boldsymbol{b}_k$$

sowie

$$\partial_j\boldsymbol{b}_j \stackrel{(10.46)}{=} \sum_{k=1}^n N_k^{-2}(\partial_j^2 Q \cdot \boldsymbol{b}_k)\boldsymbol{b}_k \,,$$

also

$$\sum_j \partial_j(DN_j^{-2}\boldsymbol{b}_j) = D\sum_j N_j^{-2}\partial_j\boldsymbol{b}_j + \sum_j \left[\partial_j(DN_j^{-2})\right]\boldsymbol{b}_j$$
$$= D\sum_{j,k} N_j^{-2}N_k^{-2}(\partial_j^2 Q \cdot \boldsymbol{b}_k)\boldsymbol{b}_k - D\sum_{j,k} N_j^{-2}N_k^{-2}(\partial_k^2 Q \cdot \boldsymbol{b}_j)\boldsymbol{b}_j$$
$$= 0 \,.$$

(Man vertausche j mit k in einem der beiden Terme!) $\implies$ (10.74).

Nun seien $g \in C^1(\Omega)$ und $\boldsymbol{v} \in \mathbb{R}^n$. Auch die konstanten Vektorfelder auf Ω und G mit dem Wert $\boldsymbol{v}$ bezeichnen wir mit $\boldsymbol{v}$. Für $\boldsymbol{w} := g\boldsymbol{v}$ ergibt sich

$$\frac{1}{D}\sum_j \partial_j(DN_j^{-2}\boldsymbol{w} \cdot \boldsymbol{b}_j) = \frac{1}{D}\sum_j \partial_j(DN_j^{-2}(g \circ Q)\boldsymbol{v} \cdot \boldsymbol{b}_j)$$

$$\stackrel{(10.74)}{=} \frac{1}{D}\sum_j DN_j^{-2}(\boldsymbol{v} \cdot \boldsymbol{b}_j)\partial_j(g \circ Q)$$

$$\stackrel{(10.47)}{=} \sum_j N_j^{-2}((\nabla g \circ Q) \cdot \partial_j Q)(\boldsymbol{v} \cdot \boldsymbol{b}_j)$$

$$= (\nabla g \circ Q) \cdot \sum_j N_j^{-2}(\boldsymbol{v} \cdot \boldsymbol{b}_j)\boldsymbol{b}_j$$

$$\stackrel{(10.46)}{=} (\nabla g \circ Q) \cdot \boldsymbol{v} \,,$$

also

$$(\nabla g \circ Q) \cdot \boldsymbol{v} = \frac{1}{D}\sum_j \partial_j(DN_j^{-2}((g \circ Q)\boldsymbol{v} \cdot \boldsymbol{b}_j)) \,. \tag{10.75}$$

Schließlich betrachte $\boldsymbol{w} \in C^1(\Omega; \mathbb{R}^n)$, also $\boldsymbol{w} = \sum_k w_k e_k$ mit $w_1, \ldots, w_n \in C^1(\Omega)$. Aus (10.75) folgt dann wegen $\sum_k(\nabla w_k \circ Q) \cdot e_k = \text{div}\,\boldsymbol{w} \circ Q$ die Behauptung (10.73).

10.28 Transformation der Rotation auf orthogonale (krummlinige) Koordinaten. Zunächst einige vorbereitende Betrachtungen über Vektorprodukt und Rotation, die auch für sich interessant sind:

Lemma. *Ist R eine orthogonale 3×3-Matrix, so gilt für beliebige Vektoren $\boldsymbol{v}, \boldsymbol{w} \in \mathbb{R}^3$*

$$\boldsymbol{R}\boldsymbol{v} \times \boldsymbol{R}\boldsymbol{w} = (\det R)R(\boldsymbol{v} \times \boldsymbol{w}) \, .$$

Beweis. Dass R orthogonal ist, bedeutet $R^{-1} = R^T$. Wir verwenden außerdem die Formel (6.26) über das Spatprodukt sowie den Determinanten-Multiplikationssatz (Theorem 5.21). Danach haben wir für beliebiges $\boldsymbol{x} \in \mathbb{R}^3$, $\boldsymbol{y} := R^{-1}\boldsymbol{x}$:

$$\begin{aligned}
\langle \boldsymbol{x} | R\boldsymbol{v} \times R\boldsymbol{w} \rangle &= \langle R\boldsymbol{y} | R\boldsymbol{v} \times R\boldsymbol{w} \rangle \\
&= \det(R\boldsymbol{y}, R\boldsymbol{v}, R\boldsymbol{w}) \\
&= \det R \det(\boldsymbol{y}, \boldsymbol{v}, \boldsymbol{w}) \\
&= \det R \langle R^T \boldsymbol{x} | \boldsymbol{v} \times \boldsymbol{w} \rangle \\
&= \det R \langle \boldsymbol{x} | R(\boldsymbol{v} \times \boldsymbol{w}) \rangle \, .
\end{aligned}$$

Also ist

$$\langle \boldsymbol{x} | R\boldsymbol{v} \times R\boldsymbol{w} - (\det R)R(\boldsymbol{v} \times \boldsymbol{w}) \rangle = 0$$

für alle $\boldsymbol{x} \in \mathbb{R}^3$, speziell auch für $\boldsymbol{x} = R\boldsymbol{v} \times R\boldsymbol{w} - (\det R)R(\boldsymbol{v} \times \boldsymbol{w})$. Es folgt $\| R\boldsymbol{v} \times R\boldsymbol{w} - (\det R)R(\boldsymbol{v} \times \boldsymbol{w}) \|^2 = 0$ und somit die Behauptung. $\qquad \square$

Nun sei $(\boldsymbol{a}_1, \boldsymbol{a}_2, \boldsymbol{a}_3)$ eine Orthonormalbasis von $\mathbb{R}^3$ und R die orthogonale Matrix mit den Spalten $\boldsymbol{a}_1, \boldsymbol{a}_2, \boldsymbol{a}_3$. Dann ist

$$\boldsymbol{a}_j = R\boldsymbol{e}_j \qquad\qquad (j = 1, 2, 3) \, ,$$

also nach dem Lemma $\boldsymbol{a}_1 \times \boldsymbol{a}_2 = (\det R)\boldsymbol{a}_3$. Die Vektoren $\boldsymbol{a}_1, \boldsymbol{a}_2, \boldsymbol{a}_3$ bilden also genau dann ein *Rechtssystem* in dem in Satz 10.18e. definierten Sinne, wenn $\det R = +1$ ist, wenn also R eine *Drehung* ist (vgl. die Sätze 7.21 und 7.23). In diesem Falle zeigt das Lemma, dass für beliebige Vektoren $\boldsymbol{v}, \boldsymbol{w}$

$$R\boldsymbol{v} \times R\boldsymbol{w} = R(\boldsymbol{v} \times \boldsymbol{w}) \qquad\qquad (10.76)$$

gilt, d. h. das Vektorprodukt ist *rotationsinvariant*. Insbesondere haben wir für Rechtssysteme

$$\boldsymbol{a}_1 \times \boldsymbol{a}_2 = \boldsymbol{a}_3 \, , \qquad \boldsymbol{a}_3 \times \boldsymbol{a}_1 = \boldsymbol{a}_2 \, , \qquad \boldsymbol{a}_2 \times \boldsymbol{a}_3 = \boldsymbol{a}_1 \, .$$

Mit den Rechenregeln (6.27), (6.28) für das Vektorprodukt folgt daraus

$$\boldsymbol{a}_i \times \boldsymbol{a}_j = \sum_{k=1}^{3} \varepsilon_{ijk} \boldsymbol{a}_k \qquad\qquad (i, j = 1, 2, 3) \, , \qquad (10.77)$$

wobei wir den in 6.19 definierten ε-Tensor benutzen.

Dies zeigt uns, wie wir die Rotation eines Vektorfeldes in gedrehten Koordinaten berechnen können:

Satz. *Für jede Rechts-Orthonormalbasis* $(\boldsymbol{a}_1, \boldsymbol{a}_2, \boldsymbol{a}_3)$ *gilt (in formaler Schreibweise):*

$$\operatorname{rot} \boldsymbol{w} = \begin{vmatrix} \boldsymbol{a}_1 & \delta_1 & w_1 \\ \boldsymbol{a}_2 & \delta_2 & w_2 \\ \boldsymbol{a}_3 & \delta_3 & w_3 \end{vmatrix}$$

$\forall\, \boldsymbol{w} \in C^1(\Omega, \mathbb{R}^3)$. *Dabei ist* $w_k := \boldsymbol{w} \cdot \boldsymbol{a}_k$ *und* δ_k *die Richtungsableitung längs* $\boldsymbol{a}_k$, *also* $\delta_k f = \mathrm{d}f(\boldsymbol{a}_k) = \nabla f \cdot \boldsymbol{a}_k$ $(1 \le k \le 3)$.

Beweis. Nach Satz 6.15a ist $\boldsymbol{w} = w_1 \boldsymbol{a}_1 + w_2 \boldsymbol{a}_2 + w_3 \boldsymbol{a}_3$. Fassen wir die $\boldsymbol{a}_j$ als konstante Vektorfelder auf, so ist natürlich $\operatorname{rot} \boldsymbol{a}_j \equiv 0$. Daher ergibt Satz 10.8d

$$\operatorname{rot}(w_j \boldsymbol{a}_j) = \nabla w_j \times \boldsymbol{a}_j \,.$$

Anwendung von 6.15a auf die Vektoren ∇w_j ergibt

$$\operatorname{rot}(w_j \boldsymbol{a}_j) \;=\; \left(\sum_{i=1}^3 \delta_i w_j \boldsymbol{a}_i \right) \times \boldsymbol{a}_j$$
$$\overset{(10.77)}{=} \sum_{i,k} \varepsilon_{ijk} \delta_i w_j \boldsymbol{a}_k \,.$$

Aufsummieren dieser Terme für $j = 1, 2, 3$ ergibt die Behauptung. $\qquad\square$

Wir wollen Satz 10.18e beweisen und betrachten also speziell für $n = 3$ eine orthogonale Koordinatentransformation $Q : G \to \Omega$ wie in 10.27. Die Vektoren $\boldsymbol{b}_1, \boldsymbol{b}_2, \boldsymbol{b}_3$ mögen ein Rechtssystem bilden, d. h. es soll $\boldsymbol{b}_3 = \lambda(\boldsymbol{b}_1 \times \boldsymbol{b}_2)$ sein mit einem $\lambda > 0$. Dann gilt für $\boldsymbol{w} \in C^1(\Omega; \mathbb{R}^3)$, $\widetilde{\boldsymbol{w}} := \boldsymbol{w} \circ Q$

$$\operatorname{rot} \boldsymbol{w} \circ Q = \big[(\partial_2 \widetilde{\boldsymbol{w}} \cdot \boldsymbol{b}_3 - \partial_3 \widetilde{\boldsymbol{w}} \cdot \boldsymbol{b}_2) \boldsymbol{b}_1 +$$

$$+ (\partial_3 \widetilde{\boldsymbol{w}} \cdot \boldsymbol{b}_1 - \partial_1 \widetilde{\boldsymbol{w}} \cdot \boldsymbol{b}_3) \boldsymbol{b}_2 + \tag{10.78}$$

$$+ (\partial_1 \widetilde{\boldsymbol{w}} \cdot \boldsymbol{b}_2 - \partial_2 \widetilde{\boldsymbol{w}} \cdot \boldsymbol{b}_1) \boldsymbol{b}_3 \big] (N_1 N_2 N_3)^{-1} \,,$$

wobei $\partial/\partial u_j$ durch ∂_j abgekürzt wurde. Hieraus folgt (10.45) sofort durch Vergleich mit (10.39).

Um (10.78) zu beweisen, betrachten wir ein beliebiges $\bar{u} \in G$. Dann bilden offenbar die $\boldsymbol{a}_1, \boldsymbol{a}_2, \boldsymbol{a}_3$ mit $\boldsymbol{a}_k := \bar{N}_k^{-1} \boldsymbol{b}_k(\bar{u})$ eine Rechts-Orthonormalbasis $(\bar{N}_k := N_k(\bar{u}))$, also gilt nach obigem Satz an jeder Stelle $x \in \Omega$:

$$\operatorname{rot} \boldsymbol{w} = \begin{vmatrix} \bar{N}_1^{-1} \boldsymbol{b}_1(\bar{u}) & \delta_1 & \bar{N}_1^{-1} \boldsymbol{b}_1(\bar{u}) \cdot \boldsymbol{w} \\ \bar{N}_2^{-1} \boldsymbol{b}_2(\bar{u}) & \delta_2 & \bar{N}_2^{-1} \boldsymbol{b}_2(\bar{u}) \cdot \boldsymbol{w} \\ \bar{N}_3^{-1} \boldsymbol{b}_3(\bar{u}) & \delta_3 & \bar{N}_3^{-1} \boldsymbol{b}_3(\bar{u}) \cdot \boldsymbol{w} \end{vmatrix}$$

mit

$$\delta_j(\boldsymbol{w} \cdot \bar{N}_k^{-1}\boldsymbol{b}_k(\bar{u})) = \mathrm{d}(\bar{N}_k^{-1}\boldsymbol{b}_k(\bar{u}) \cdot \boldsymbol{w})\,(\bar{N}_j^{-1}\boldsymbol{b}_j(\bar{u}))$$

$$= \bar{N}_k^{-1}\bar{N}_j^{-1}\boldsymbol{b}_k(\bar{u}) \cdot \mathrm{d}\boldsymbol{w}\,(\boldsymbol{b}_j(\bar{u}))\,.$$

Die Kettenregel ergibt $\partial_j \widetilde{\boldsymbol{w}}(u) = \mathrm{d}\boldsymbol{w}_{Q(u)}(\boldsymbol{b}_j(u))$ in ganz G. Speziell für $\bar{x} := Q(\bar{u})$ ergibt sich also

$$\delta_j(\boldsymbol{w}(\bar{x}) \cdot \bar{N}_k^{-1}\boldsymbol{b}_k(\bar{u})) = \bar{N}_k^{-1}\bar{N}_j^{-1}\partial_j \widetilde{\boldsymbol{w}}(\bar{u}) \cdot \boldsymbol{b}_k(\bar{u})\,,$$

also

$$\mathrm{rot}\,\boldsymbol{w}(\bar{x}) = \begin{vmatrix} \bar{N}_1^{-1}\boldsymbol{b}_1(\bar{u}) & \bar{N}_1^{-1}\partial_1 & \bar{N}_1^{-1}\widetilde{\boldsymbol{w}} \cdot \boldsymbol{b}_1(\bar{u}) \\ \bar{N}_2^{-1}\boldsymbol{b}_2(\bar{u}) & \bar{N}_2^{-1}\partial_2 & \bar{N}_2^{-1}\widetilde{\boldsymbol{w}} \cdot \boldsymbol{b}_2(\bar{u}) \\ \bar{N}_3^{-1}\boldsymbol{b}_3(\bar{u}) & \bar{N}_3^{-1}\partial_3 & \bar{N}_3^{-1}\widetilde{\boldsymbol{w}} \cdot \boldsymbol{b}_3(\bar{u}) \end{vmatrix}(\bar{u})$$

$$= \left(\bar{N}_1\bar{N}_2\bar{N}_3\right)^{-1} \begin{vmatrix} \boldsymbol{b}_1(\bar{u}) & \partial_1 & \widetilde{\boldsymbol{w}} \cdot \boldsymbol{b}_1(\bar{u}) \\ \boldsymbol{b}_2(\bar{u}) & \partial_2 & \widetilde{\boldsymbol{w}} \cdot \boldsymbol{b}_2(\bar{u}) \\ \boldsymbol{b}_3(\bar{u}) & \partial_3 & \widetilde{\boldsymbol{w}} \cdot \boldsymbol{b}_3(\bar{u}) \end{vmatrix}(\bar{u})\,.$$

(Hier ist wieder $\partial_k = \partial/\partial u_k$ und $\widetilde{\boldsymbol{w}} \in C^1(G, \mathbb{R}^3)$, also sind die formalen Determinanten Funktionen von $u \in G$.) Es ergibt sich also (10.78) bei $u = \bar{u}$. Aber $\bar{u} \in G$ war beliebig, also ist (10.78) bewiesen.

Aufgaben zu §10

10.1. Sei

$$F(x,y) = \begin{pmatrix} f_1(x,y) \\ f_2(x,y) \end{pmatrix} = \begin{pmatrix} \mathrm{e}^x \cos y \\ \mathrm{e}^x \sin y \end{pmatrix}\,, \quad (x,y) \in \mathbb{R}^2$$

als C^1-Abbildung $F : \mathbb{R}^2 \longrightarrow \mathbb{R}^2$ gegeben.

a. Man bestimme den Wertebereich $R(F)$ von F und zeige, dass jeder Streifen

$$S(y_0) = \{(x,y)|x \in \mathbb{R}\,, \ |y - y_0| < \pi\}$$

auf ganz $R(F)$ abgebildet wird.

b. Man zeige, dass

$$\det(JF)(x,y) \neq 0 \qquad \text{für alle } (x,y) \in \mathbb{R}^2\,,$$

obwohl F nicht injektiv ist.

c. Man bestimme für $U = \{(x,y)|\,x > 0\,, \ 0 < y < \pi/2\}$ eine lokale Umkehrfunktion $G(u,v)$ von $F|_U$. Ferner bestimme man die JACOBI-Matrix von G.

10.2. Man zeige, dass die Gleichung

$$x^4 + 2x \cos y + \sin z = 0$$

in einer Umgebung von $(x, y, z) = (0, 0, 0)$ nach z aufgelöst werden kann und bestimme $z_x(0, 0)$, $z_y(0, 0)$.

10.3. Man bestimme diejenigen Paare (x, y), (x, u), (x, v), (y, u), (y, v), (u, v), nach denen das Gleichungssystem

$$f(x, y, u, v) := 3x^2 - y^3 + u^3 + v^2 = 4$$
$$g(x, y, u, v) := 2x^2 - y^3 + u^2 - v = 1$$

in der Nähe des Punktes $(x_0, y_0, u_0, v_0) = (1, 1, 1, 1)$ auflösbar ist. Bestimme die JACOBI-Matrix der Auflösungen.

10.4. Sei $\Omega \subseteq \mathbb{R}^n$ ein Gebiet. Eine Funktion $f : \Omega \longrightarrow \mathbb{R}$ heißt homogen vom Grade α, wenn

$$f(tx_1, \ldots, tx_n) = t^\alpha f(x_1, \ldots, x_n)$$

für $x \in \Omega$, $t > 0$, sodass $tx \in \Omega$. Man beweise:

a. *Satz von* EULER: Ist $f \in C^1(\Omega)$, so gilt

$$\operatorname{grad} f(x) \cdot x = \alpha \, f(x)$$

genau dann, wenn f homogen vom Grade α ist. (*Hinweis:* Betrachte für festes $x \in \Omega$ die Hilfsfunktion $g(t) := t^{-\alpha} f(tx)$.)

b. Ist $\Omega \subseteq \mathbb{R}^2$ und $f \in C^2(\Omega)$ homogen vom Grade 2, so gilt

$$x^2 f_{xx} + 2xy \, f_{xy} + y^2 f_{yy} = 2f \, .$$

10.5. Sei $f : \mathbb{R} \longrightarrow \mathbb{R}$ eine C^1-Funktion.

a. Für

$$g(u, v) = u^2 f\left(\frac{u}{v}\right)$$

berechne man

$$u g_u(u, v) + v g_v(u, v) \, .$$

b. Für

$$g(x, y, z) = f\left(\left(\frac{x - y + z}{x + y - z}\right)^n\right), \quad n \in \mathbb{N}$$

berechne man

$$x g_x + y g_y + z g_z \, .$$

10.6. Wir setzen $r = r(x) := \|x\|$ wie in Aufg. 9.17. Man berechne Δr^α in $\Omega := \mathbb{R}^n \setminus \{0\}$ für beliebige $\alpha \in \mathbb{R}$. Für welche α ist r^α harmonisch?

10.7. Sei $A \in \mathbb{R}_{n \times n}$ eine feste Matrix, $b \in \mathbb{R}^n$ ein fester Vektor. Sei φ ein C^1-Skalarfeld, F ein C^1-Vektorfeld auf $\mathbb{R}^n$. Man zeige:

a. $\psi(x) := \varphi(Ax + b) \quad \Longrightarrow \quad \nabla \psi(x) = A^T \nabla \varphi(Ax + b)$.

b. Für reguläres A gilt: $G(x) := A^{-1}F(Ax + b) \quad \Longrightarrow \quad \operatorname{div} G(x) = \operatorname{div} F(Ax + b)$. (*Hinweis:* Die Divergenz ist die Spur der JACOBI-Matrix.)

c. Für eine orthogonale Matrix A und $\varphi \in C^2$, $\psi(x) := \varphi(Ax)$ ist

$$\Delta \psi(x) = (\Delta \varphi)(Ax) .$$

(Man sagt, der LAPLACE-Operator ist *invariant* gegenüber orthogonalen Transformationen, insbesondere *drehinvariant*.)

10.8. Man vervollständige den Beweis von Satz 10.8 und überzeuge sich, dass die Teile a und c auch für beliebige Dimension n gelten. Ferner beweise man

$$\Delta(\varphi \psi) = \varphi \Delta \psi + 2 \nabla \varphi \cdot \nabla \psi + \psi \Delta \varphi$$

für C^2-Funktionen φ, ψ von n Variablen sowie

$$\operatorname{rot}(F \times G) = (\operatorname{div} G)F - (\operatorname{div} F)G + (\mathrm{d}F)G - (\mathrm{d}G)F$$

für C^1-Vektorfelder F, G in $\mathbb{R}^3$.

10.9. Sei $\Omega \subseteq \mathbb{R}^n$ ein Gebiet und $F : \Omega \to \mathbb{R}^n$ ein C^1-Vektorfeld. Man zeige: Für jede beliebige Basis $\{b_1, \ldots, b_n\}$ ist

$$\operatorname{div} F = \sum_{k=1}^{n} \frac{\partial f_k}{\partial \xi_k} ,$$

wobei die Funktionen $f_1, \ldots, f_n$ festgelegt sind durch

$$F(\xi_1 b_1 + \ldots + \xi_n b_n) = \sum_{k=1}^{n} f_k(\xi_1, \ldots, \xi_n) b_k .$$

(*Hinweis:* Man kann Aufg. 10.7b verwenden oder auch die Rechenregeln für die Divergenz, ins. Regel c aus Satz 10.8 für beliebige Dimension n.)

10.10. Wir betrachten ein Gebiet $\Omega \subseteq \mathbb{R}^n$, ein C^1-Vektorfeld F (bzw. ein C^1-Skalarfeld φ) auf Ω und eine Orthonormalbasis $b_1, \ldots, b_n$ von $\mathbb{R}^n$. Die Koordinaten bezüglich dieser Basis bezeichnen wir mit $\xi_1, \ldots, \xi_n$, und $\partial F/\partial \xi_k$ bzw. $\partial \varphi/\partial \xi_k$ bezeichnet die entsprechende *Richtungsableitung* in Richtung b_k (vgl. Aufg. 9.16) Man zeige:

$$\operatorname{grad} \varphi = \sum_{j=1}^{n} b_j \frac{\partial \varphi}{\partial \xi_j} , \tag{10.79}$$

$$\operatorname{div} F = \sum_{j=1}^{n} b_j \cdot \frac{\partial F}{\partial \xi_j} , \tag{10.80}$$

$$\operatorname{rot} F = \sum_{j=1}^{3} b_j \times \frac{\partial F}{\partial \xi_j} . \tag{10.81}$$

Bei der letzten Gleichung ist natürlich $n = 3$ vorausgesetzt, und außerdem soll $\{b_1, b_2, b_3\}$ eine Rechts-Orthogolnalbasis sein, d. h. $b_1 \times b_2 = b_3$. (Wer das zu schwierig findet, beweise es wenigstens für die Standardbasis.)

10.11. Für die folgenden Vektorfelder bestimme man ein skalares Potenzial, falls ein solches existiert. Dabei wähle man den Definitionsbereich des Potenzials so groß wie möglich:

a. $F(x,y) = \begin{pmatrix} xy\cos(xy) + \sin(xy) \\ x^2\cos(xy) \end{pmatrix}.$

b. $F(x,y,z) = \begin{pmatrix} y\sin z \\ x\sin z \\ xy\cos z \end{pmatrix}.$

c. $F(x,y) = \left(x - \dfrac{y}{x^2 + y^2}, \; y + \dfrac{x}{x^2 + y^2} \right)^T.$

10.12. Wir betrachten das Gebiet Ω und das Vektorfeld W aus Beispiel 10.13. Man zeige, dass die unten angegebenen Funktionen φ_i in den angegebenen Teilgebieten Ω_i $(i = 1,2,3,4)$ Potenziale von W sind. Man interpretiere jedes $\varphi_i(x,y)$ als Winkel zwischen dem Ortsvektor $X = (x,y)^T$ und einer festen Achse, und man ermittle die konstanten Differenzen $\varphi_2 - \varphi_1, \varphi_3 - \varphi_2, \varphi_4 - \varphi_3, \varphi_1 - \varphi_4$ in den entsprechenden Überlappungsgebieten.

$$\begin{aligned}
\Omega_1 &= \{(x,y) \mid x > 0\}, & \varphi_1(x,y) &= \arctan(y/x), \\
\Omega_2 &= \{(x,y) \mid y > 0\}, & \varphi_2(x,y) &= -\arctan(x/y), \\
\Omega_3 &= \{(x,y) \mid x < 0\}, & \varphi_3(x,y) &= \arctan(y/x), \\
\Omega_4 &= \{(x,y) \mid y < 0\}, & \varphi_4(x,y) &= -\arctan(x/y).
\end{aligned}$$

Wie immer ist der Arcustangens so zu verstehen, dass seine Werte in $]-\pi/2, \pi/2[$ liegen.

10.13. Man berechne die folgenden Kurvenintegrale. Dabei nutze man Wegunabhängigkeit aus, wo immer möglich:

a.

$$\oint_\Gamma 2e^{x^2 - y^2} \left(x\sin y^2 \, \mathrm{d}x + y\cos y^2 \, \mathrm{d}y \right)$$

entlang $\Gamma : \dfrac{x^2}{4} + \dfrac{y^2}{5} = 1,$

b.

$$\oint_\Gamma (2xy^3 - y^2\cos x) \, \mathrm{d}x + (1 - 2y\sin x + 3x^2 y^2) \, \mathrm{d}y$$

entlang der Parabel $\Gamma : 2x = \pi y^2$ von $(0,0)$ nach $\left(\dfrac{\pi}{2}, 1 \right).$

10.14. Durch $x = F(t)$, $a \leq t \leq b$ sei im Gebiet $\Omega \subseteq \mathbb{R}^n$ eine glatte geschlossene Kurve gegeben. Für $m \in \mathbb{Z}$ definieren wir neue geschlossene Kurven Γ_m durch

$$\Gamma_m : \quad x = \widetilde{F}(mt), \qquad a \leq t \leq b,$$

wobei $\widetilde{F}$ die eindeutige stetige periodische Fortsetzung von F auf ganz $\mathbb{R}$ mit der Periode $b - a$ ist (vgl. Aufg. 3.1b) Man zeige, dass für jedes stetige Vektorfeld K in Ω

$$\oint_{\Gamma_m} K = m \oint_{\Gamma} K \qquad \forall\, m \in \mathbb{Z}\,.$$

10.15. Man berechne das Kurvenintegral

$$\oint_{\Gamma} (2x - y + z)\,\mathrm{d}x + (x + y - z^2)\,\mathrm{d}y + (3x - 2y + 4z)\,\mathrm{d}z$$

entlang eines Kreises vom Radius 3 um $(0,0)$ in der (x,y)-Ebene.

10.16. a. Für die ebenen Polarkoordinaten

$$x = r \cos\varphi\,, \qquad y = r \sin\varphi$$

zeichne man die Kurven, auf denen r bzw. φ konstant sind. Man weise nach, dass es sich um orthogonale Koordinaten handelt und berechne die Maßstabsfaktoren sowie die orthonormalen Basisvektoren e_r, e_φ.
b. Man zeige, dass die in Polarkoordinaten (r, φ) gegebene Funktion

$$g(r, \varphi) = r^n \sin n\varphi$$

eine Lösung der Potenzialgleichung $\Delta g = 0$ ist. (Zunächst überlege man sich, was diese Aussage genau bedeutet!)

10.17. Sei $Q : G \to \Omega$ eine orthogonale Koordinatentransformation in $\mathbb{R}^n$ mit den Maßstabsfaktoren $N_1, \ldots, N_n$. Wir schreiben wieder $x = Q(u)$. Man zeige:

$$\left| \frac{\partial(x_1, \ldots, x_n)}{\partial(u_1, \ldots, u_n)} \right| = N_1 N_2 \cdots N_n\,.$$

(*Hinweis:* Betrachte das Matrizenprodukt $JQ(u)^T JQ(u)$.)

11

Integration im $\mathbb{R}^n$

In der Physik ist man von Anfang an vor die Aufgabe gestellt, Funktionen von mehreren Variablen über „Bereiche" zu integrieren, d. h. über Teilmengen des $\mathbb{R}^n$, die geometrisch nicht allzu kompliziert sind. Man denke an Quader, Kugeln, Kegel, Zylinder etc., also an geometrische Gebilde, deren Rand aus endlich vielen glatten Stücken besteht. Wir wollen hier das nötigste Handwerkszeug zu diesem Thema bereitstellen. Gerne würden wir uns dabei auf stetige Funktionen beschränken, doch ist das nicht möglich, denn selbst wenn auf dem Bereich B eine stetige Funktion gegeben ist, so bricht sie doch am Rand von B jäh ab, wodurch Unstetigkeiten entstehen. Die klassische Theorie des RIEMANN'schen Integrals über JORDAN-messbare Mengen, die wir hier behandeln werden, liefert einen Rahmen, in dem diese Problematik ohne allzu großen technischen Aufwand überwunden werden kann. Eine wirklich befriedigende Theorie ergibt jedoch erst das Integral von LEBESGUE, und auch die theoretische Physik kommt heute nicht mehr an dieser modernen Integrationstheorie vorbei. Sie sprengt jedoch den Rahmen dieses Grundkurses, und wir werden an anderer Stelle auf sie zurückkommen (vgl. [14]).

A. Definition des RIEMANN-Integrals

Wir verallgemeinern die Ergebnisse aus Kap. 3 auf höhere Dimensionen. Auf einem Rechteck

$$I = [a_1, b_1] \times [a_2, b_2] \subseteq \mathbb{R}^2$$

sei eine stetige Funktion $f(x, y)$ definiert, sodass der Graph $G(f)$ eine stetige Fläche im $\mathbb{R}^3$ über I ist. Gesucht ist das dreidimensionale Volumen $v_3(\Omega(f))$ des dreidimensionalen Gebietes $\Omega(f)$ zwischen (x, y)-Ebene und Graph $G(f)$ über I. Eine analoge Problematik hat man für beliebige Dimension, d. h. für eine reelle Funktion f, die auf einem n-dimensionalen Intervall (oder n-dimensionalen Quader)

$$I := [a_1, b_1] \times [a_2, b_2] \times \cdots \times [a_n, b_n]$$

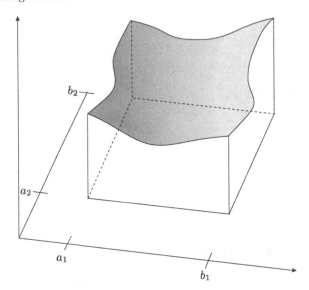

Abb. 11.1. Integral als Volumen

definiert ist. Wir gehen vor wie im eindimensionalen Fall.

Seien dazu $A = (a_1, \ldots, a_n)$, $B = (b_1, \ldots, b_n) \in \mathbb{R}^n$ Punkte. Wir schreiben

$$A < B \quad \Longleftrightarrow \quad a_i < b_i \qquad \text{für alle } i = 1, \ldots, n. \tag{11.1}$$

Dann nennt man

$$I = [A, B] = \{x = (x_1, \ldots, x_n) \in \mathbb{R}^n \mid a_i \leq x_i \leq b_i, \; i = 1, \ldots, n\} \tag{11.2}$$

ein *kompaktes Intervall* im $\mathbb{R}^n$,

$$\overset{\circ}{I} = \,]A, B[\, = \{x \in \mathbb{R}^n \mid a_i < x_i < b_i, \; i = 1, \ldots, n\} \tag{11.3}$$

das *Innere* von I oder ein *offenes Intervall* im $\mathbb{R}^n$,

$$v_n(I) = (b_1 - a_1)(b_2 - a_2) \cdots (b_n - a_n) \tag{11.4}$$

das *n-dimensionale Volumen* von I,

$$\delta(I) = \left(\sum_{i=1}^{n} (b_i - a_i)^2 \right)^{1/2} \tag{11.5}$$

den *Durchmesser* von I.

Definitionen 11.1. *Sei* $I = [A, B] \subseteq \mathbb{R}^n$ *ein kompaktes Intervall.*

a. *Eine Zerlegung* Z *von* I *ist ein System von kompakten Teilintervallen* $J_1, \ldots, J_N \subseteq I$, *sodass*

$$I = \bigcup_{k=1}^{N} J_k \quad \text{und } \overset{\circ}{J_k} \cap \overset{\circ}{J_l} = \emptyset \text{ für } k \neq l. \tag{11.6}$$

b. *Ist* $Z = \{J_1, \ldots, J_N\}$ *eine Zerlegung von* I, *so heißt eine Menge* $S = \{Y_1, \ldots, Y_N\}$ *von Punkten* $Y_k \in J_k$ *eine* Stützstellenmenge *zu* Z. *Schreibe:* (Z, S).

c. *Für eine Zerlegung* Z *nennt man*

$$\delta(Z) := \max_{k=1,\ldots,N} \delta(J_k) \tag{11.7}$$

die Feinheit *der Zerlegung* Z.

Definitionen 11.2. *Sei* $I \subseteq \mathbb{R}^n$ *ein kompaktes Intervall,* $f : I \longrightarrow \mathbb{R}$ *eine beschränkte Funktion. Für eine Zerlegung*

$$Z = \{J_1, \ldots, J_N\}$$

von I *sei*

$$\overline{m}_k(f) = \sup_{x \in J_k} f(x), \quad \underline{m}_k(f) = \inf_{x \in J_k} f(x). \tag{11.8}$$

Dann definiert man:

a. Darboux*'sche* Obersumme *von* f *zu* Z

$$OS(f, Z) = \sum_{k=1}^{N} \overline{m}_k(f) v_n(J_k), \tag{11.9}$$

b. Darboux*'sche* Untersumme *von* f *zu* Z

$$US(f, Z) = \sum_{k=1}^{N} \underline{m}_k(f) v_n(J_k), \tag{11.10}$$

c. Riemann*'sche* Zwischensumme *von* f *zu* (Z, S)

$$RS(f; Z, S) = \sum_{k=1}^{N} f(Y_k) v_n(J_k). \tag{11.11}$$

Wegen

$$\underline{m}_k(f) \leq f(Y_k) \leq \overline{m}_k(f) \qquad \text{für alle } Y_k \in J_k$$

$<$ hat man immer

$$US(f, Z) \leq RS(f; Z, S) \leq OS(f, Z) \qquad (11.12)$$

für jede Zerlegung Z und zugehörige Stützstellenmenge S. Ferner gilt für das gesuchte Volumen $v_{n+1}(\Omega(f))$, falls es überhaupt existiert,

$$US(f, Z) \leq v_{n+1}(\Omega(f)) \leq OS(f, Z) \,,$$

sodass folgende Definition nahe liegend ist.

Definition 11.3. *Sei $I \subseteq \mathbb{R}^n$ ein kompaktes Intervall und sei $f : I \longrightarrow \mathbb{R}$ eine beschränkte Funktion. Dann heißt f (RIEMANN-)integrierbar über I, wenn eine der folgenden äquivalenten Bedingungen erfüllt ist:*

a. Es gibt eine Zahl

$$\alpha \equiv \int_I f \,, \qquad \text{das Integral von } f \text{ über } I,$$

für die gilt: Zu jedem $\varepsilon > 0$ gibt es ein $\delta > 0$, sodass

$$\left| \int_I f - RS(f; Z, S) \right| < \varepsilon \qquad (11.13)$$

für alle Zerlegungen und Stützstellenmengen (Z, S) von I mit Feinheit $\delta(Z) < \delta$.

b. Zu jedem $\varepsilon > 0$ gibt es ein $\delta > 0$, sodass

$$OS(f, Z) - US(f, Z) < \varepsilon \qquad (11.14)$$

für alle Zerlegungen Z von I mit $\delta(Z) < \delta$. In diesem Fall ist

$$\inf_Z OS(f, Z) = \int_I f = \sup_Z US(f, Z) \,. \qquad (11.15)$$

Wir benutzen verschiedene Schreibweisen für das Integral:

$$\int_I f \equiv \int_I d^n x f(x) \equiv \int_I d(x_1, \ldots, x_n) f(x_1, \ldots, x_n) \,.$$

Im Falle $n = 1$ und $I = [a, b]$ schreiben wir auch

$$\int_I f = \int_a^b f = \int_a^b dx f = \int_a^b dx f(x) = \int_a^b f(x) dx \,.$$

B. Eigenschaften des RIEMANN-Integrals

Wir wollen nun Folgerungen aus der Definition ziehen. Zunächst haben wir:

Satz 11.4. *Sei* $I \subseteq \mathbb{R}^n$ *ein kompaktes Intervall und sei* $f : I \longrightarrow \mathbb{R}$ *stetig auf* I. *Dann ist* f *integrierbar über* I. *Kurz: Stetige Funktionen sind integrierbar.*

Beweis. Da I kompakt ist, ist f nach Satz 14.9 *gleichmäßig stetig*[1] auf I. Zu $\varepsilon > 0$ gibt es daher ein $\delta > 0$, sodass

$$|f(Y') - f(Y'')| < \frac{\varepsilon}{v_n(I)} \qquad \text{für alle } Y', Y'' \in I \text{ mit } \|Y' - Y''\| < \delta.$$
(11.16)

Sei nun $\varepsilon > 0$ vorgegeben und $\delta > 0$ gemäß (11.16) bestimmt. Sei $Z = \{J_1, \ldots, J_N\}$ eine Zerlegung von I mit Feinheit $\delta(Z) < \delta$. Dann ist $\delta(J_k) < \delta$ für $k = 1, \ldots, N$. Aus (11.16) folgt daher

$$\overline{m}_k(f) - \underline{m}_k(f) = \sup_{Y', Y'' \in J_k} |f(Y') - f(Y'')| < \frac{\varepsilon}{v_n(I)} .$$
(11.17)

Daraus folgt dann aber:

$$
\begin{aligned}
OS(f, Z) - US(f, Z) &= \sum_{k=1}^{N} \overline{m}_k(f) v_n(J_k) - \sum_{k=1}^{N} \underline{m}_k(f) v_n(J_k) \\
&= \sum_{k=1}^{N} (\overline{m}_k(f) - \underline{m}_k(f)) v_n(J_k) \\
&< \frac{\varepsilon}{v_n(I)} \sum_{k=1}^{N} v_n(J_k) = \varepsilon .
\end{aligned}
$$

$\square$

Bei Funktionen einer Variablen, die bis auf einige Sprungstellen stetig sind, kann man das Integral noch definieren, indem man von Sprungstelle zu Sprungstelle integriert und die Ergebnisse aufsummiert (vgl. Abb. 11.2). Bei Funktionen mehrerer Variablen ist die Situation komplizierter, weil die Unstetigkeitsmengen komplizierte Kurven, Flächen usw. sein können. Man braucht deshalb ein Maß, um die Größe der Unstetigkeitsmengen zu messen.

---

[1] Die Stetigkeit von f in I bedeutet ja, dass man zu jedem $Y_0 \in I$ und jedem $\varepsilon > 0$ eine Zahl $\delta = \delta(\varepsilon, Y_0) > 0$ finden kann, für die gilt:

$$\|Y - Y_0\| < \delta \quad \Longrightarrow \quad |f(Y) - f(Y_0)| < \varepsilon .$$

Gleichmäßige Stetigkeit bedeutet, dass man δ sogar unabhängig von Y_0 wählen kann. Dieser scheinbar geringfügige Unterschied ist für den Beweis hier entscheidend. Wir werden auf solche Details in Kap. 14 näher eingehen.

Definitionen 11.5.

a. Eine Teilmenge $S \subseteq \mathbb{R}^n$ hat das n-dimensionale JORDAN*-Maß 0, wenn es zu jedem $\varepsilon > 0$ endlich viele Intervalle $Q_1, \ldots, Q_N \subseteq \mathbb{R}^n$ gibt, sodass*

$$S \subseteq \bigcup_{k=1}^{N} Q_k \quad und \sum_{k=1}^{N} v_n(Q_k) < \varepsilon. \qquad (11.18)$$

Solche Mengen nennt man auch kurz (n-dimensionale JORDAN*'sche) Nullmengen.*

b. Eine Teilmenge $S \subseteq \mathbb{R}^n$ heißt JORDAN*-messbar, wenn der Rand ∂S das n-dimensionale* JORDAN*-Maß 0 hat.*

Der *Rand* ∂S ist dabei genauso definiert wie in 9.8b für Gebiete. Er ist also die Menge der *Randpunkte* von S, d. h. die Menge der Punkte $P \in \mathbb{R}^n$, sodass für jedes $\varepsilon > 0$

$$\mathcal{U}_\varepsilon(P) \cap S \neq \emptyset, \qquad \mathcal{U}_\varepsilon(P) \cap (\mathbb{R}^n \smallsetminus S) \neq \emptyset \,.$$

Mengen vom JORDAN-Maß 0 sind also relativ „dünn", und JORDAN-messbare Mengen sind solche, deren Rand nicht zu stark ausgefranst ist. Nun kann man folgendes Kriterium formulieren, auf dessen Beweis wir verzichten (vgl. etwa Heuser [19], Abschnitte 199, 201, 202).

Satz 11.6. *Sei $I \subseteq \mathbb{R}^n$ ein kompaktes Intervall, sei $f : I \longrightarrow \mathbb{R}$ eine beschränkte Funktion, und sei*

$$U = \{x \in I \mid f \text{ unstetig in } X\}$$

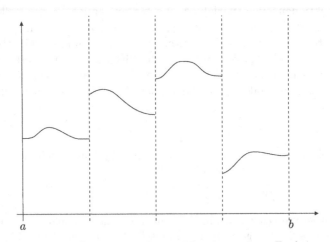

Abb. 11.2. Integration einer stückweise stetigen Funktion

die Unstetigkeitsmenge von f. Dann gilt:

f ist RIEMANN-*integrierbar über I, wenn U das n-dimensionale* JORDAN-*Maß 0 hat.*

Bisher haben wir nur Integrale über Intervalle definiert. Für $n = 1$ reicht dies auch aus. Für $n > 1$ muss man aber auch über krummlinig berandete Mengen integrieren.

Definition 11.7. *Sei $S \subseteq \mathbb{R}^n$ eine beschränkte Menge und $I \subseteq \mathbb{R}^n$ ein kompaktes Intervall mit $S \subseteq I$. Eine beschränkte Funktion $f : S \longrightarrow \mathbb{R}$ heißt integrierbar über S, wenn die Funktion $g : \mathbb{R}^n \longrightarrow \mathbb{R}$ mit*

$$g(x) = \begin{cases} f(x), & \text{für } x \in S \\ 0, & \text{für } x \in \mathbb{R}^n \smallsetminus S \end{cases}$$

integrierbar über I ist, und man setzt

$$\int_S f := \int_I g \, .$$

Dabei kann das kompakte Intervall $I \supseteq S$ ganz beliebig gewählt werden – weder die Existenz des Integrals noch sein Wert hängen von I ab. Die Funktion g wird i. Allg. auf ∂S unstetig sein, selbst wenn f stetig ist. Kombination der Definition 11.5b mit Satz 11.6 liefert dann folgendes Kriterium für die Existenz des Integrals.

Satz 11.8. *Eine beschränkte Funktion $f : S \longrightarrow \mathbb{R}$, $S \subseteq \mathbb{R}^n$, ist integrierbar über S, wenn gilt:*

a. *S ist* JORDAN-*messbar.*
b. *Die Menge U der Unstetigkeitsstellen von f ist eine* JORDAN-*Nullmenge.*

Besonders interessant ist das für die konstante Funktion $f \equiv 1$ auf S. Die entsprechende Funktion g ist dann die sog. *charakteristische Funktion χ_S* der Menge S, definiert durch

$$\chi_S(x) := \begin{cases} 1 & \text{für} \quad x \in S, \\ 0 & \text{für} \quad x \notin S \, . \end{cases} \tag{11.19}$$

Die Unstetigkeitsstellen von χ_S sind genau die Randpunkte von S. Also ist χ_S RIEMANN-integrierbar, wenn S JORDAN-messbar ist. Wir definieren:

Definition 11.9. *Für eine beschränkte messbare Teilmenge $S \subseteq \mathbb{R}^n$ ist das n-dimensionale Volumen (oder der n-dimensionale* JORDAN-*Inhalt) gegeben durch*

$$v_n(S) := \int_S 1 \, \mathrm{d}^n x = \int_I \chi_S \, ,$$

wobei I ein beliebiges kompaktes Intervall ist, das S enthält.

Es ist klar, dass dies für Intervalle mit dem eingangs definierten Volumen übereinstimmt. Messbare Mengen S mit $v_n(S) = 0$ erfüllen die Bedingung, die in Def. 11.5a Mengen „vom JORDAN-Maß 0" definiert, wie man sich leicht anhand der Definition des Integrals klarmacht.

Im folgenden Theorem sind die wichtigsten Eigenschaften des Integrals zusammengefasst:

Theorem 11.10. *Für messbare Mengen S, A, B mit $A \subseteq S$, $B \subseteq S$ und integrierbare Funktionen $f, g : S \longrightarrow \mathbb{R}$ gilt*

a.

$$\int_S (\alpha f + \beta g) = \alpha \int_S f + \beta \int_S g, \qquad \alpha, \beta \in \mathbb{R},$$

d. h. $\int_S$ ist ein lineares Funktional auf dem $\mathbb{R}$-Vektorraum $R(S)$ der integrierbaren Funktionen.

b. Ist $f(x) \leq g(x)$ für alle $x \in S$, so ist

$$\int_S f \leq \int_S g.$$

Ferner gilt

$$\left| \int_S f \right| \leq \int_S |f| \leq \left(\sup_{x \in S} |f(x)| \right) v_n(S). \tag{11.20}$$

c. Ist $S = A \cup B$, so gilt:

$$\int_S f = \int_A f + \int_B f - \int_{A \cap B} f.$$

d. (Mittelwertsatz der Integralrechnung): Ist S zusammenhängend und f stetig, so gibt es ein $x_0 \in S$ mit

$$\int_S f = f(x_0) v_n(S).$$

Beweis. Da das Integral über JORDAN-messbare Mengen durch Integrale über Intervalle definiert ist und das Integral über Intervalle durch RIEMANN'sche Zwischensummen definiert ist, ergeben sich sofort die Eigenschaften a und b. Teil c können wir leicht aus der Linearität folgern, indem wir für Teilmengen $M \subseteq S$ die Funktionen g_M betrachten, die auf M mit f übereinstimmen und außerhalb von M verschwinden. Dann ist nämlich punktweise

$$g_S = g_A + g_B - g_{A \cap B},$$

woraus wegen a die Behauptung folgt. Um d zu beweisen, betrachten wir die Zahlen

$$\underline{M} := \inf_{x \in S} f(x), \qquad \overline{M} := \sup_{x \in S} f(x).$$

Nach Teil b und Definition 11.9 ist dann

$$\underline{M}v_n(S) \leq \int_S f \leq \overline{M}v_n(S) \, .$$

Im Sonderfall $v_n(S) = 0$ ist also $\int_S f = 0$, und die Behauptung ist für beliebiges x_0 korrekt. Im anderen Fall liegt der *Mittelwert* $\dfrac{1}{v_n(S)}\displaystyle\int_S f$ im Intervall $[\underline{M}, \overline{M}]$, und dieses Intervall ist der Wertebereich von f, weil f stetig und S zusammenhängend ist (vgl. Def. 9.8a und den Zwischenwertsatz 2.11). Man findet daher eine Stelle $x_0 \in S$, wo der Wert von f mit dem Mittelwert übereinstimmt. $\qquad\Box$

Bei den Anwendungen ist man oft genötigt, komplizierte Integrationsbereiche aus einfachen zusammenzusetzen. Dieses Vorgehen wird durch den folgenden Satz gerechtfertigt:

Satz 11.11.

a. *Vereinigung und Durchschnitt von endlich vielen* JORDAN-*messbaren Mengen sind ebenfalls* JORDAN-*messbar.*

b. *Sind A, B* JORDAN-*messbar, so gilt*

$$v_n(A \cup B) \leq v_n(A) + v_n(B)$$

sowie

$$A \subseteq B \quad \Longrightarrow \quad v_n(A) \leq v_n(B) \, .$$

c. *Ist S* JORDAN-*messbar in $\mathbb{R}^n$, so ist es auch sein Rand, und dabei ist* $v_n(\partial S) = 0$.

Beweis. a. Folgt sofort aus $\partial(A \cup B) \subseteq \partial A \cup \partial B$ und $\partial(A \cap B) \subseteq \partial A \cup \partial B$.

b. Ergibt sich durch Anwendung von 11.10b auf die charakteristischen Funktionen.

c. $\partial(\partial S) = \partial S$ hat das JORDAN-Maß Null, also ist ∂S gemäß Def. 11.5b JORDAN-messbar. Zu gegebenem $\varepsilon > 0$ können wir Intervalle $Q_1, \dots, Q_N$ wählen, für die (11.18) in Bezug auf ∂S gilt. Mit $Q := Q_1 \cup \cdots \cup Q_N$ haben wir dann nach a, b

$$v_n(\partial S) \leq v_n(Q) \leq \sum_{k=1}^{N} v_n(Q_k) < \varepsilon \, .$$

Da ε beliebig klein gewählt werden kann, folgt hieraus $v_n(\partial S) = 0$. $\qquad\Box$

In der typischen Anwendungssituation haben wir $S = A \cup B$, wobei A, B als JORDAN-messbar bekannt sind und wobei A, B sich nur am Rande überlappen,

d. h. $A \cap B \subseteq \partial A \cup \partial B$. Nach Satz 11.11 sind S und $A \cap B$ dann JORDAN-messbar, und es ist $v_n(A \cap B) = 0$. Ist nun $f : S \longrightarrow \mathbb{R}$ über S integrierbar (z. B. stetig), so ist $\int_{A \cap B} f = 0$ nach (11.20), und somit ergibt 11.10c

$$\int_S f = \int_A f + \int_B f \, . \tag{11.21}$$

C. Iterierte Integrale

Wir wollen nun diskutieren, wie man n-dimensionale Integrale durch eine Folge von eindimensionalen Integrationen berechnen kann.

Beispiel:
   $f(x, y) = xy^2$, definiert auf $Q = [1, 2] \times [2, 3]$.

a. Integriere erst für konstantes x bezüglich y von 2 bis 3 und integriere dann bezüglich x von 1 bis 2:

$$\int_Q f(x, y) \mathrm{d}^2(x, y) = \int_1^2 \mathrm{d}x \int_2^3 \mathrm{d}y (xy^2)$$
$$= \int_1^2 \mathrm{d}x \left[x \frac{y^3}{3} \right]_{y=2}^{y=3} = \int_1^2 \mathrm{d}x \frac{19}{3} x = \left[\frac{19}{6} x^3 \right]_1^2 = \frac{19}{2} \, .$$

b. Integriere erst bezüglich x von 1 bis 2 für konstantes y und integriere dann bezüglich y von 2 bis 3:

$$\int_Q f(x, y) \mathrm{d}^2(x, y) = \int_2^3 \mathrm{d}y \int_1^2 \mathrm{d}x (xy^2)$$
$$= \int_2^3 \mathrm{d}y \left[\frac{x^2 y^2}{2} \right]_{x=1}^{x=2} = \int_2^3 \mathrm{d}y \left(\frac{3}{2} y^2 \right) = \left[\frac{y^3}{2} \right]_2^3 = \frac{19}{2} \, .$$

Inwieweit diese Methode allgemein zum Ergebnis führt, sagt der folgende Satz:

Theorem 11.12 (FUBINI). *Seien $I \subseteq \mathbb{R}^m$, $J \subseteq \mathbb{R}^n$ Intervalle und sei $Q = I \times J \subseteq \mathbb{R}^{m+n}$. Sei ferner $f : Q \longrightarrow \mathbb{R}$, $f = f(x, y)$, $x \in I$, $y \in J$ eine stetige Funktion. Dann gilt*

$$\begin{aligned} &\int_Q f(x, y) \mathrm{d}^{m+n}(x, y) \\ &= \int_I \mathrm{d}^m x \int_J \mathrm{d}^n y f(x, y) = \int_J \mathrm{d}^n y \int_I \mathrm{d}^m x f(x, y) \, . \end{aligned} \tag{11.22}$$

Beweis. Seien

$$Z_x = \{S_1, \ldots, S_M\} \quad \text{eine Zerlegung von } I \subseteq \mathbb{R}^m \, ,$$
$$Z_y = \{T_1, \ldots, T_n\} \quad \text{eine Zerlegung von } J \subseteq \mathbb{R}^n \, .$$

Dann ist

$$Z = \{S_i \times T_j | i = 1, \ldots, M, \; j = 1, \ldots, N\} \quad \text{Zerlegung von } Q.$$

Wir beweisen

$$\int_Q f(x,y)\mathrm{d}(x,y) = \int_I \mathrm{d}x \int_J \mathrm{d}y f(x,y) \equiv \int_I \mathrm{d}x \varphi(x) \tag{11.23}$$

mit der Abkürzung

$$\varphi(x) = \int_J f(x,y)\mathrm{d}y . \tag{11.24}$$

Dazu arbeiten wir mit Ober- und Untersummen:

$$
\begin{aligned}
\int_Q f(x,y)&\mathrm{d}(x,y) - \int_I \varphi(x)\mathrm{d}x \\
&\leq OS(f,Z) - US(\varphi, Z_x) \\
&= OS(f,Z) - \sum_{i=1}^{M} \left(\inf_{x \in S_i} \varphi(x) \right) \cdot v_m(S_i) \\
&= OS(f,Z) - \sum_{i=1}^{M} \left\{ \inf_{x \in S_i} \int_J f(x,y)\mathrm{d}y \right\} v_m(S_i) \\
&\leq OS(f,Z) - \sum_{i=1}^{M} \inf_{x \in S_i} US(f(x,\cdot), Z_y) \cdot v_m(S_i) \\
&= OS(f,Z) - \sum_{i=1}^{M} \inf_{x \in S_i} \left(\sum_{j=1}^{N} \inf_{y \in T_j} f(x,y) v_n(T_j) \right) v_m(S_i) \\
&\leq OS(f,Z) - \sum_{i=1}^{M} \sum_{j=1}^{N} \inf_{x \in S_i} \inf_{y \in T_j} f(x,y) v_n(T_j) v_m(S_i) \\
&= OS(f,Z) - \sum_{i=1}^{M} \sum_{j=1}^{N} \inf_{(x,y) \in S_i \times T_j} f(x,y) v_{m+n}(S_i \times T_j) \\
&= OS(f,Z) - US(f,Z) .
\end{aligned}
$$

Also ist

$$\int_Q f(x,y)\mathrm{d}(x,y) - \int_I \varphi(x)\mathrm{d}x \leq OS(f,Z) - US(f,Z) \tag{11.25}$$

und ganz genauso zeigt man

$$\int_Q f(x,y)\mathrm{d}(x,y) - \int_I \varphi(x)\mathrm{d}x \geq US(f,Z) - OS(f,Z) . \tag{11.26}$$

Insgesamt also:

$$\left| \int_Q f(x,y)\mathrm{d}(x,y) - \int_I \varphi(x)\mathrm{d}x \right| \leq OS(f,Z) - US(f,Z) . \tag{11.27}$$

Da f nach Satz 11.4 integrierbar über Q ist, gibt es zu jedem $\varepsilon > 0$ ein $\delta > 0$, sodass die rechte Seite von (11.27) $< \varepsilon$ wird, wenn die Feinheit von $Z < \delta$ ist.

Also gilt

$$\int_Q f(x,y)\mathrm{d}(x,y) = \int_I \varphi(x)\mathrm{d}x \ .$$

Man kann dieselbe Argumentation auch mit vertauschten Rollen von x und y durchführen und erhält so

$$\int_Q f(x,y)\mathrm{d}(x,y) = \int_J \mathrm{d}y \int_I \mathrm{d}x f(x,y) \equiv \int_J \mathrm{d}y \psi(y) \tag{11.28}$$

mit

$$\psi(y) = \int_I f(x,y)\mathrm{d}x \ . \tag{11.29}$$

Aus (11.23) und (11.28) folgt aber die Behauptung.   □

Durch Induktion folgert man hieraus sofort die Rechenregel, die bei der praktischen Berechnung von Bereichsintegralen meist angewendet wird:

Korollar 11.13. *Ist* $f = f(x_1, \ldots, x_n)$ *stetig auf dem Intervall*

$$Q = [a_1, b_1] \times \cdots \times [a_n, b_n]$$

so gilt

$$\int_Q f \mathrm{d}^n x = \int\limits_{a_1}^{b_1} \mathrm{d}x_1 \int\limits_{a_2}^{b_2} \mathrm{d}x_2 \cdots \int\limits_{a_n}^{b_n} \mathrm{d}x_n f(x_1, \ldots, x_n) \ ,$$

wobei die Reihenfolge der Integrationen beliebig ist.

Anmerkung 11.14. Die Stetigkeit von f wurde beim Satz von FUBINI nur dazu benutzt, sicherzustellen, dass alle auftretenden Integrale existieren. In Wirklichkeit gilt der Satz aber auch unter allgemeineren Voraussetzungen, und das kann zuweilen wichtig sein.

Sei $f : Q = I \times J \longrightarrow \mathbb{R}$ RIEMANN-integrierbar und $\varphi : I \to \mathbb{R}$ durch (11.24) definiert, wobei wir *voraussetzen*, dass die Integrale dort existieren. Dann kann man wieder (11.23) herleiten, und dabei ergibt sich insbesondere die Existenz von $\int_I \varphi(x) \, \mathrm{d}x$. Setzen wir hingegen voraus, dass die Integrale auf der rechten Seite von (11.29) existieren, so ergibt sich analog (11.28) einschließlich der Existenz des Integrals $\int_J \mathrm{d}y \psi(y)$.

Anwendung des Satzes von FUBINI auf charakteristische Funktionen (vgl. (11.19)) ergibt eine klassische Methode zur Volumenberechnung:

Satz 11.15 (*Prinzip von CAVALIERI*). *Seien* $Q \subseteq \mathbb{R}^n$ *und* $I = [a,b] \subseteq \mathbb{R}$ *Intervalle, und sei*

$$A \subseteq Q \times I = \{(x,t)|\ x \in Q, \ a \leq t \leq b\} \subseteq \mathbb{R}^{n+1}$$

eine JORDAN-*messbare Menge. Seien ferner*

$$A_t = \{x \in \mathbb{R}^n \mid (x,t) \in A\} , \quad \text{für } t \in I$$

die „Querschnitte" von A, *und diese seien ebenfalls* JORDAN-*messbar. Dann gilt*

$$v_{n+1}(A) = \int_a^b v_n(A_t) \mathrm{d}t .$$

Beweis. Nach Definition 11.9 und Bemerkung 11.14 gilt:

$$v_{n+1}(A) = \int_{Q \times I} \chi_A = \int_I \mathrm{d}t \int_Q \mathrm{d}x \chi_A(x,t)$$
$$= \int_a^b \mathrm{d}t \left(\int_Q \chi_{A_t} \right) = \int_a^b v_n(A_t) \mathrm{d}t .$$

$\square$

Beispiele:

a. Zweidimensionales Volumen einer Kreisscheibe

$$A_2 = \left\{ (x,y) \in \mathbb{R}^2 \mid x^2 + y^2 \leq R^2 \right\} .$$

Es gilt:

$$v_2(A_2) = \int_{-R}^R 2\sqrt{R^2 - t^2} \mathrm{d}t = \left[t\sqrt{R^2 - t^2} + R^2 \arcsin \frac{t}{R} \right]_{t=-R}^{t=R}$$
$$= R^2 \left(\arcsin(1) - \arcsin(-1) \right) = \pi R^2 .$$

b. Dreidimensionales Volumen einer dreidimensionalen Kugel

$$A_3 = \left\{ (x,y,z) \in \mathbb{R}^3 \mid x^2 + y^2 + z^2 \leq R^2 \right\} .$$

Es gilt:
$$v_3(A_3) = \int_{-R}^R \pi \left(\sqrt{R^2 - t^2} \right)^2 \mathrm{d}t = \int_{-R}^R \pi (R^2 - t^2) \mathrm{d}t$$
$$= \pi \left[R^2 t - \frac{t^3}{3} \right]_{t=-R}^{t=R} = \frac{4}{3} \pi R^3 .$$

c. Vierdimensionales Volumen einer vierdimensionalen Kugel

$$A_4 = \left\{ x \in \mathbb{R}^4 \mid x_1^2 + x_2^2 + x_3^2 + x_4^2 \leq R^2 \right\} .$$

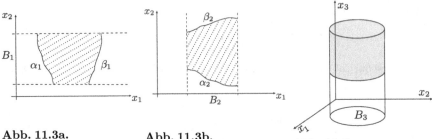

Abb. 11.3a.
x_1-Normalgebiet

Abb. 11.3b.
x_2-Normalgebiet

Abb. 11.3c.
x_3-Normalgebiet in $\mathbb{R}^3$

Es gilt:

$$v_4(A_4) = \int\limits_{-R}^{R} \frac{4}{3}\pi \left(\sqrt{R^2 - t^2}\right)^3 dt = \frac{4}{3}\pi \int\limits_{-R}^{R} (R^2 - t^2)^{3/2} dt$$

$$= \frac{1}{3}\pi \left[t(R^2 - t^2)^{3/2} + \frac{3R^2 t}{2}(R^2 - t^2)^{1/2} + \frac{3R^4}{2}\arcsin\frac{t}{R}\right]_{t=-R}^{t=R}$$

$$= \frac{1}{2}\pi R^4(\arcsin(1) - \arcsin(-1)) = \frac{1}{2}\pi^2 R^4 .$$

Bemerkung: Man kann so fortfahren und durch Induktion das Volumen von Kugeln in beliebiger Dimension berechnen. Ein eleganterer Weg hierzu ist jedoch in Ergänzung 15.19 dargestellt.

Als weitere Anwendung betrachten wir die Integration über sog. *Normalgebiete.* Dazu führen wir folgende Abkürzung ein:

Für $x = (x_1, \ldots, x_n) \in \mathbb{R}^n$ setzen wir

$$x_i' = (x_1, \ldots, x_{i-1}, \ x_{i+1}, \ldots, x_n) \equiv (x_1, \ldots, \widehat{x_i}, \ldots, x_n) \in \mathbb{R}^{n-1}$$

und schreiben: $x = (x_i', x_i)$.

Definition 11.16. *Eine messbare Menge $A \subseteq \mathbb{R}^n$ heißt ein x_i-Normalgebiet, wenn es eine messbare Menge $B_i \subseteq \mathbb{R}^{n-1}$ und stetige Funktionen α_i, β_i : $B_i \longrightarrow \mathbb{R}$ mit $\alpha_i \leq \beta_i$ gibt, sodass*

$$A = \{x = (x_i', x_i) \,|\, x_i' \in B_i, \ \alpha_i(x_i') \leq x_i \leq \beta_i(x_i')\} .$$

Aus dem Satz 11.12 von FUBINI (genau genommen aus Bemg. 11.14) folgt dann sofort

Satz 11.17. *Sei $A \subseteq \mathbb{R}^n$ ein x_i-Normalgebiet und $f : A \longrightarrow \mathbb{R}$ stetig. Dann gilt*

$$\int_A f = \int_{B_i} d^{n-1}x_i' \left(\int\limits_{\alpha_i(x_i')}^{\beta_i(x_i')} f(x_i', x_i) dx_i\right) .$$

Beispiel: $A \subseteq \mathbb{R}^3$ werde berandet von den Flächen

$$x = 0, \quad x = 1, \quad y = 0, \quad z = 0, \quad z = x + y, \quad y = x^2 \,,$$

d. h. 4 Ebenen und einem Parabolzylinder entlang der z-Achse. Dann ist A ein z-Normalgebiet im $\mathbb{R}^3$

$$A = \left\{ (x, y, z) \in \mathbb{R}^3 \mid (x, y) \in B_z \,, \ 0 \leq z \leq x + y \right\} \,,$$

und B_z ist ein x-Normalgebiet im $\mathbb{R}^2$:

$$B_z = \left\{ (x, y) \in \mathbb{R}^2 \mid x \in B_x = [0, 1] \,, \ 0 \leq y \leq x^2 \right\} \,.$$

Sei ferner

$$f(x, y, z) = 2x - y - z \,.$$

Dann berechnen wir das Integral

$$\int_A f = \int_{B_z} \mathrm{d}(x, y) \int_0^{x+y} (2x - y - z)\mathrm{d}z$$

$$= \int_{B_z} \mathrm{d}(x, y) \left[2xz - yz - \frac{z^2}{2} \right]_{z=0}^{z=x+y}$$

$$= \int_{B_z} \mathrm{d}(x, y) \frac{3}{2}(x^2 - y^2)$$

$$= \int_0^1 \mathrm{d}x \int_0^{x^2} \mathrm{d}y \frac{3}{2}(x^2 - y^2)$$

$$= \int_0^1 \mathrm{d}x \left(x^4 - \frac{1}{3}x^6 \right) = \frac{8}{35} \,.$$

D. Die Transformationsformel

Viele mehrdimensionale Integrale lassen sich einfacher berechnen, wenn man anstelle der kartesischen Koordinaten $x_1, \ldots, x_n$ neue Koordinaten, z. B. Polarkoordinaten einführt. Dazu muss man allerdings wissen, wie sich n-dimensionale Integrale unter Koordinatentransformationen verhalten. Wir untersuchen diese Frage zunächst für *affine Transformationen*, d. h. Transformationen der Form

$$y = Ax + \boldsymbol{b} \,,$$

wobei A eine reguläre $n \times n$–Matrix und $\boldsymbol{b} \in \mathbb{R}^n$ ein fester Vektor ist. (Hierbei und im Folgenden ist Ax stets als das Matrizenprodukt zu verstehen, wobei man sich x als Spaltenvektor $(x_1, \ldots, x_n)^T$ zu denken hat.)

Wie der Integrationsbereich sich unter der Transformation ändert, ist oft schwer zu beschreiben, und diese Schwierigkeit umgehen wir, indem wir beschränkte Funktionen betrachten, die auf ganz $\mathbb{R}^n$ definiert sind, aber außerhalb einer beschränkten Menge verschwinden. Wenn für solch eine Funktion $f : \mathbb{R}^n \longrightarrow \mathbb{R}$ das RIEMANN-Integral $\int_I f$ über ein kompaktes Intervall $I \supseteq S_f := \{x \mid f(x) \neq 0\}$ existiert, so existiert es auch für jedes andere derartige Intervall und hat denselben Wert. Wir können also definieren:

Definition 11.18. *Eine Funktion $f : \mathbb{R}^n \to \mathbb{R}$ heißt* RIEMANN-*integrierbar über $\mathbb{R}^n$, wenn sie beschränkt ist, außerhalb einer beschränkten Menge verschwindet, und wenn das Integral*

$$\int f := \int_I f \,, \quad \textit{wobei } I \supseteq \{x \mid f(x) \neq 0\} \,, \qquad (11.30)$$

existiert.

Diese Bezeichnung verwenden wir auch, wenn f zunächst nur auf einer beschränkten Menge $S \subseteq \mathbb{R}^n$ definiert ist. Wir denken uns dann f durch Null auf ganz $\mathbb{R}^n$ fortgesetzt wie in Def. 11.7. Für $A \subseteq S$ haben wir dann offenbar

$$\int_A f = \int f \chi_A \,. \qquad (11.31)$$

Mit diesen Bezeichnungen gilt der bemerkenswerte

Satz 11.19. *Ist A eine reguläre $n \times n$-Matrix, $\boldsymbol{b} \in \mathbb{R}^n$ beliebig, und ist $f : \mathbb{R}^n \to \mathbb{R}$ über $\mathbb{R}^n$ integrierbar, so ist*

$$\int f(A x + \boldsymbol{b}) \, \mathrm{d}^n x = \frac{1}{|\det A|} \int f(y) \, \mathrm{d}^n y \,. \qquad (11.32)$$

(Insbesondere ist der Integrand auf der linken Seite über $\mathbb{R}^n$ integrierbar.)

Bewiesen wird dieser Satz, indem man die Transformation $y = Ax + \boldsymbol{b}$ in mehrere einfache Transformationen (Streckungen und Scherungen) zerlegt, bei denen mittels der Substitutionsregel 3.6 und des Satzes von FUBINI verfolgt werden kann, wie die Transformation das Integral ändert (Einzelheiten in Ergänzung 11.24).

Anmerkung 11.20. Für $n = 1$ ergibt der Satz

$$\int f(ax + b) \, \mathrm{d}x = \frac{1}{|a|} \int f(y) \, \mathrm{d}y \,,$$

was für $a < 0$ im Widerspruch zu 3.6 zu stehen scheint. Diese Diskrepanz rührt davon her, dass wir hier Integrale über *Mengen* betrachten und nicht Integrale zwischen „Grenzen" wie in Kap. 3. Ist $I \subseteq \mathbb{R}$ ein beschränktes Intervall, so ist grundsätzlich

$$\int_I f(x)\,\mathrm{d}x = \int_r^s f(x)\,\mathrm{d}x$$

mit

$$r := \inf I\,, \qquad s := \sup I\,.$$

Im Falle $a < 0$ bewirkt die Substitution, dass die untere Grenze größer ist als die obere. Daher muss man die Grenzen vertauschen, wodurch das entstandene Minuszeichen wieder verschwindet.

Anwendung des Satzes auf charakteristische Funktionen ergibt eine wichtige Formel, durch die sich die Determinante als *Volumen* interpretieren lässt:

Korollar 11.21. *Zu einem Punkt $y_0 \in \mathbb{R}^n$ und n linear unabhängigen Vektoren $a_1, \ldots, a_n \in \mathbb{R}^n$ definiert man das (bei y_0 von diesen Vektoren aufgespannte) Parallelepiped durch*

$$P(y_0; a_1, \ldots, a_n) := \left\{ y_0 + \sum_{j=1}^n \xi_j a_j \,\middle|\, \xi_1, \ldots, \xi_n \in [0,1] \right\}\,.$$

Das Parallelepiped ist Jordan-*messbar, und sein Volumen ist*

$$v_n(P(y_0; a_1, \ldots, a_n)) = |\det(a_1, \ldots, a_n)|\,.$$

Beweis. Es sei A die Matrix aus den Spalten $a_1, \ldots, a_n$. Dann ist $P := P(y_0; a_1, \ldots, a_n)$ das Bild des Würfels $W := [0,1]^n$ unter der Transformation $y = Ax + y_0$. Für die entsprechenden charakteristischen Funktionen gilt daher:

$$\chi_P(y) = \chi_W(A^{-1}y - A^{-1}y_0)\,.$$

Wegen $\det A^{-1} = 1/\det A$ ergibt Satz 11.19 also

$$\begin{aligned} v_n(P) &= \int \chi_P = \int \chi_W(A^{-1}y - A^{-1}y_0)\,\mathrm{d}^n y \\ &= \tfrac{1}{|\det A^{-1}|} \int \chi_W = |\det A|\,v_n(W) = |\det A|\,. \end{aligned}$$

$\square$

Nun betrachten wir den allgemeinen Fall nichtlinearer Transformationen. Dabei beschränken wir uns auf *stetige* Funktionen, die über *kompakte* Mengen integriert werden. Man nennt eine Teilmenge $B \subseteq \mathbb{R}^n$ *kompakt*, wenn sie beschränkt ist und alle ihre Randpunkte enthält. Dieser überaus wichtige Typ von Mengen wird uns in den Kap. 13 und 14 noch näher beschäftigen. Für den Augenblick mag es genügen, festzuhalten, dass stetige Funktionen auf kompakten Mengen beschränkt bleiben, sodass das Integral $\int_B f(x)\,\mathrm{d}^n x$ mit Sicherheit existiert, wenn f stetig und B kompakt und messbar ist.

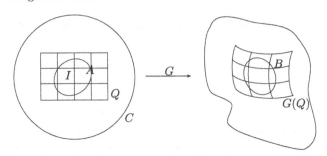

Abb. 11.4. Zum Beweis der Transformationsformel

Sei nun $C \subseteq \mathbb{R}^n$ ein Gebiet und

$$G : C \longrightarrow \mathbb{R}^n, \quad D = G(C)$$

sei ein C^1-Diffeomorphismus, also eine C^1-Abbildung (Koordinatentransformation), welche eine C^1-Inverse

$$G^{-1} : D \longrightarrow \mathbb{R}^n, \quad C = G^{-1}(D)$$

besitzt (vgl. Def. 10.16). Sei nun $f : D \longrightarrow \mathbb{R}$ eine stetige Funktion, $B \subseteq D$ eine kompakte messbare Menge. Dann wollen wir das Integral

$$\int_B f(x) \mathrm{d}^n x$$

ausdrücken durch ein Integral über die Menge $A = G^{-1}(B)$.

Theorem 11.22. *Sei $G : C \longrightarrow \mathbb{R}^n$ eine Koordinatentransformation im $\mathbb{R}^n$, $D = G(C)$ und sei $f : D \longrightarrow \mathbb{R}$ eine stetige Funktion. Dann gilt für jede kompakte messbare Menge $B \subseteq D$, $A = G^{-1}(B) \subseteq C$ die* Transformationsformel

$$\int_B f(X) \mathrm{d}^n x = \int_A f(G(U)) \, |\det(JG(U))| \, \mathrm{d}^n u \,. \tag{11.33}$$

Wir beweisen diesen Satz nicht im Detail, skizzieren aber die wesentliche Idee. Sei $Q \subseteq \mathbb{R}^n$ ein Intervall mit

$$A \subseteq Q \subseteq C \,.$$

Sei $Z = \{I_1, \dots, I_N\}$ eine Zerlegung von Q mit einer zugehörigen Stützstellenmenge $\{u_1, \dots, u_N\}$. Wir betrachten ein Teilintervall I_k mit zugehörigem Punkt u_k. Sei

$$J_k = G(I_k) \,, \quad y_k = G(u_k) \,.$$

Bezeichnen wir mit $v_n(J_k)$ das Volumen des verzerrten Rechtecks, so gilt näherungsweise

$$\int_{J_k} f(x)\mathrm{d}^n x \approx f(y_k)v_n(J_k) \ , \tag{11.34}$$

weil f stetig ist, wobei die Approximation um so besser ist, je feiner die Zerlegung, d.h. je kleiner das Intervall I_k ist. Um eine Approximation für das Volumen $v_n(J_k)$ zu bekommen, schreiben wir für die Koordinatentransformation $G(u)$ in der Umgebung von u_k

$$G(u) \approx G(u_k) + \mathrm{d}G_{u_k}(u - u_k) \ , \tag{11.35}$$

was nichts anderes als eine TAYLOR-Entwicklung 1. Ordnung ist. Ersetzen wir G durch die rechte Seite von (11.35), so bekommen wir mit Korollar 11.21 die folgende Approximation für das Volumen:

$$v_n(J_k) \approx |\det JG(u_k)|\, v_n(I_k) \ . \tag{11.36}$$

Setzen wir dies in (11.34) ein, so folgt

$$\int_{J_k} f(x)\mathrm{d}^n x \approx f(G(u_k))|\det JG(u_k)|\, v_n(I_k) \ . \tag{11.37}$$

Daraus folgt dann, wenn wir über alle Zerlegungsintervalle summieren

$$\int_B f(x)\mathrm{d}^n x \approx \sum_{k=1}^{N} \{f(G(u_k))|\det JG(u_k)|\}\, v_n(I_k) \ . \tag{11.38}$$

Nach Definition 11.2 ist die rechte Seite aber nichts anderes als die RIEMANN-Summe der Funktion

$$h(u) \equiv \{f(G(u))|\det JG(u)| \} \ ,$$

welche das Integral

$$\int_A f(G(u))|\det JG(u)|\,\mathrm{d}^n u$$

nach Definition 11.3 approximiert.

Beispiele:

a. Sei $B \subseteq \mathbb{R}^3$ das Zylinderstück

$$B = \left\{(x,y,z)\,|\, x > 0, \quad y > 0, \quad x^2 + y^2 < 1, \quad 0 < z < 1\right\}$$

und sei $f(x,y,z) = x^2 y$.

Wir führen Zylinderkoordinaten ein

$$X = G(u) : x = r \cos\varphi, \quad y = r \sin\varphi, \quad z = z.$$

Dann wird

$$A = G^{-1}(B) = \left\{ (r, \varphi, z) \mid 0 < r < 1, \quad 0 < \varphi < \frac{\pi}{2}, \quad 0 < z < 1 \right\}$$

und

$$|\det JG| = r, \quad f(G(u)) = r^3 \cos^2\varphi \sin\varphi.$$

Somit liefert die Transformationsformel

$$\int f \mathrm{d}^3 x = \int_0^1 \int_0^{\pi/2} \int_0^1 r^4 \cos^2\varphi \, \sin\varphi \, \mathrm{d}r \, \mathrm{d}\varphi \, \mathrm{d}z = \frac{1}{15}.$$

b. Gesucht ist das Volumen des Kugeloktanten:

$$B = \left\{ (x, y, z) \mid x > 0, \quad y > 0, \quad z > 0, \quad x^2 + y^2 + z^2 < 1 \right\}.$$

Wir führen Kugelkoordinaten ein:

$$X = G(u) : x = r \cos\varphi \sin\theta, \quad y = r \sin\varphi \sin\theta, \quad z = r \cos\theta.$$

Dann wird

$$A = G^{-1}(B) = \left\{ (r, \varphi, \theta) \mid 0 < r < 1, \quad 0 < \varphi < \frac{\pi}{2}, \quad 0 < \theta < \frac{\pi}{2} \right\}$$

und

$$|\det JG(u)| = r^2 \sin\theta.$$

Somit

$$v_3(B) = \int_B \mathrm{d}^3 x = \int_0^{\pi/2} \int_0^{\pi/2} \int_0^1 r^2 \sin\theta \, \mathrm{d}r \, \mathrm{d}\varphi \, \mathrm{d}\theta = \frac{\pi}{6}.$$

Ergänzungen zu §11

Unser Hauptziel ist es, Satz 11.19 zu beweisen, und zwar in voller Allgemeinheit, sodass u. a. auch das Verhalten des Inhalts einer beliebigen JORDAN-messbaren Menge unter affinen Transformationen geklärt ist. Vorher besprechen wir eine moderne Beweistechnik, die es hier und in vielen anderen Beispielen erlaubt, solch einen allgemeinen Fall auf speziellere Situationen zurückzuführen, in denen man bequem rechnen kann. Am Schluss geben wir noch einen kurzen Ausblick, der zumindest ahnen lässt, warum es so wichtig ist, früher oder später die hier besprochene Integrationstheorie durch die Theorie von LEBESGUE zu ersetzen.

11.23 Ein Integrabilitätskriterium mit stetigen Funktionen. Manche wichtigen Formeln der Integrationstheorie gelten für große Klassen von Funktionen (z. B. für alle integrierbaren), obwohl die Zwischenschritte, die man bei ihrem Beweis macht, in dieser Allgemeinheit nicht oder nur schwer zu rechtfertigen sind. Ein Verfahren, das sich in der modernen Analysis sehr bewährt hat, besteht darin, dass man die betreffenden Funktionen durch „gute" (z. B. stetige oder differenzierbare) Funktionen approximiert, die Zwischenschritte für diese guten Funktionen ohne Probleme durchführt und das gewonnene Resultat dann durch einen Grenzübergang auf die allgemeine Funktionenklasse überträgt. Ein Beispiel für dieses Vorgehen werden wir in der nächsten Ergänzung kennen lernen. Hier wollen wir einen Approximationssatz beweisen, der solch ein Vorgehen ermöglicht.

Mit $C_c(\mathbb{R}^n)$ bezeichnen wir den Vektorraum der *stetigen* Funktionen $\varphi : \mathbb{R}^n \to \mathbb{R}$, die außerhalb einer beschränkten Menge verschwinden („stetige Funktionen mit kompaktem Träger"). Sie eignen sich zur Approximation von Funktionen, die im Sinne von Def. 11.18 über $\mathbb{R}^n$ RIEMANN-integrierbar sind, wie der folgende Satz zeigt:

Satz. *Eine Funktion $f : \mathbb{R}^n \to \mathbb{R}$ ist genau dann über $\mathbb{R}^n$ RIEMANN-integrierbar, wenn es zu jedem $\varepsilon > 0$ Funktionen $\varphi, \psi \in C_c(\mathbb{R}^n)$ gibt, für die gilt:*

$$\varphi(x) \le f(x) \le \psi(x) \qquad \forall\, x \in \mathbb{R}^n \qquad (11.39)$$

und

$$\int (\psi - \varphi) < \varepsilon\,. \qquad (11.40)$$

Beweis. (i) Angenommen, die Bedingung aus dem Satz ist für f erfüllt. Wir wählen ein kompaktes Intervall $I \subseteq \mathbb{R}^n$, außerhalb dessen f verschwindet, und verifizieren die Integrierbarkeitsbedingung aus 11.3b. für f auf I. Sei also $\varepsilon > 0$ vorgegeben. Nach Voraussetzung gibt es $\varphi, \psi \in C_c(\mathbb{R}^n)$ mit (11.39) und

$$\int_I (\psi - \varphi) \le \int (\psi - \varphi) < \varepsilon/3\,.$$

Da φ, ψ integrierbar sind, gibt es $\delta > 0$ so, dass wir für jede Zerlegung Z von I mit Feinheit $\delta(Z) < \delta$ Folgendes haben:

$$OS(\psi, Z) - \int_I \psi < \varepsilon/3\,,$$

$$\int_I \varphi - US(\varphi, Z) < \varepsilon/3\,.$$

Zusammen ergibt sich:

$$OS(\psi, Z) - US(\varphi, Z) = OS(\psi, Z) - \int_I \psi$$

$$+ \int_I \psi - \int_I \varphi$$

$$+ \int_I \varphi - US(\varphi, Z)$$

$$< \varepsilon/3 + \varepsilon/3 + \varepsilon/3 = \varepsilon \, .$$

Wegen (11.39) ist aber

$$US(\varphi, Z) \leq US(f, Z) \leq OS(f, Z) \leq OS(\psi, Z)$$

und daher

$$OS(f, Z) - US(f, Z) < \varepsilon$$

für jede Zerlegung mit Feinheit $< \delta$. Nach 11.3b ist f also integrierbar.

(ii) Zur Vorbereitung des zweiten Beweisteils führen wir folgende Bezeichnungen ein: Für $\rho > 0$ und ein Intervall $J = [a, b] \subseteq \mathbb{R}$ setzen wir

$$h(J, \rho; t) := \begin{cases} 1 & \text{für } a \leq t \leq b, \\ \frac{1}{\rho}(t - a + \rho) & \text{für } a - \rho \leq t \leq a, \\ \frac{1}{\rho}(b + \rho - t) & \text{für } b \leq t \leq b + \rho, \\ 0 & \text{für } t \in \mathbb{R} \setminus [a - \rho, b + \rho] \, . \end{cases}$$

Für ein n-dimensionales kompaktes Intervall $J = J_1 \times \cdots \times J_n$, $J_k := [a_k, b_k]$ setzen wir

$$h(J, \rho; x) := \prod_{k=1}^{n} h(J_k, \rho; x_k) \qquad (x = (x_1, \ldots, x_n) \in \mathbb{R}^n) \, .$$

Diese Funktion ist $\equiv 1$ auf J und verschwindet außerhalb des um ρ „verbreiterten" Intervalls $J_\rho := [a_1 - \rho, b_1 + \rho] \times \cdots \times [a_n - \rho, b_n + \rho]$ (vgl. Abb. 11.5). Sie gehört offenbar zu $C_c(\mathbb{R}^n)$.

Ferner haben wir

$$\frac{v_n(J_\rho)}{v_n(J)} = \prod_{k=1}^{n} \frac{b_k - a_k + 2\rho}{b_k - a_k} = \prod_{k=1}^{n} \left(1 + \frac{2\rho}{b_k - a_k}\right) \leq \left(1 + \frac{2\rho}{\mu(J)}\right)^n$$

mit

$$\mu(J) := \min_{1 \leq k \leq n} (b_k - a_k) \, .$$

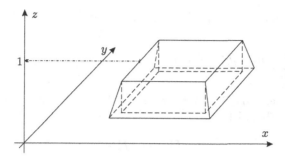

Abb. 11.5. Die Hilfsfunktion h

Nach dem Mittelwertsatz ist $(1+t)^n - 1 \leq nt(1+t)^{n-1}$ für $t \geq 0$, also folgt für $0 \leq \rho \leq \mu(J)/2$

$$\frac{v_n(J_\rho)}{v_n(J)} \leq 1 + n2^n \rho/\mu(J) \,.$$

Offenbar ist $h(J, \rho; \cdot) \leq \chi_{J_\rho}$, also $\int h(J, \rho; x)\, \mathrm{d}^n x \leq v_n(J_\rho)$. Daher ergibt sich schließlich für $0 \leq \rho \leq \mu(J)/2$

$$\int h(J, \rho; x)\, \mathrm{d}^n x \leq \left(1 + \frac{n2^n}{\mu(J)}\rho\right) v_n(J) \,. \tag{11.41}$$

Wir können den Quader J auch auf jeder Seite um ρ schmaler machen, also zu dem Intervall

$$J_{-\rho} := [a_1 + \rho, b_1 - \rho] \times \cdots \times [a_n + \rho, b_n - \rho]$$

übergehen und dazu die Funktion $h(J_{-\rho}, \rho; \cdot) \in C_c(\mathbb{R}^n)$ betrachten, die auf $J_{-\rho}$ konstant 1 ist und außerhalb von J verschwindet. Für sie ergibt sich in analoger Weise

$$\int h(J_{-\rho}, \rho; x)\, \mathrm{d}^n x \geq \left(1 - \frac{2n}{\mu(J)}\rho\right) v_n(J) \tag{11.42}$$

für $0 \leq \rho \leq \mu(J)/2$.

(iii) Nun nehmen wir an, f sei RIEMANN-integrierbar und setzen zunächst zusätzlich voraus, dass $f(x) \geq 0 \quad \forall x$. Wieder wählen wir ein kompaktes Intervall I mit $f \equiv 0$ auf $\mathbb{R}^n \setminus I$. Zu beliebig vorgegebenem $\varepsilon > 0$ gibt es nun eine Zerlegung $Z = \{J^{(1)}, \ldots, J^{(N)}\}$ von I mit

$$OS(f, Z) - US(f, Z) < \varepsilon/3 \,. \tag{11.43}$$

Wir setzen

$$\mu(Z) := \min_{1 \leq k \leq N} \mu(J^{(k)})$$

und definieren für $0 < \rho < \mu(Z)/2$ Funktionen $\varphi_\rho, \psi_\rho \in C_c(\mathbb{R}^n)$ durch

$$\varphi_\rho(x) := \sum_{k=1}^{N} \underline{m}_k(f) h(J_{-\rho}^{(k)}, \rho; x), \qquad \psi_\rho(x) := \sum_{k=1}^{N} \overline{m}_k(f) h(J^{(k)}, \rho; x),$$

wobei die Größen $\underline{m}_k(f)$, $\overline{m}_k(f)$ wie in 11.3 definiert sind. Weil wir $f \geq 0$ vorausgesetzt haben, ist

$$\overline{m}_k(f) \geq \underline{m}_k(f) \geq 0.$$

Mit (11.41) ergibt sich also

$$\int \psi_\rho = \sum_{k=1}^{N} \overline{m}_k(f) \int h(J^{(k)}, \rho; x)\, \mathrm{d}^n x$$

$$\leq \sum_{k=1}^{N} \overline{m}_k(f) \left(1 + \frac{n2^n}{\mu(J^{(k)})}\rho\right) v_n(J^{(k)})$$

$$\leq \left(1 + \frac{n2^n}{\mu(Z)}\rho\right) OS(f, Z)$$

und daher

$$\int \psi_\rho - OS(f, Z) \leq C_1 \rho \tag{11.44}$$

mit einer Konstanten $C_1 := \dfrac{n2^n}{\mu(Z)} OS(f, Z)$, die nicht von ρ abhängt. Ebenso folgert man aus (11.42), dass

$$US(f, Z) - \int \varphi_\rho \leq C_2 \rho \tag{11.45}$$

mit $C_2 := \dfrac{2n}{\mu(Z)} US(f, Z)$, was ebenfalls nicht von ρ abhängt. Addieren wir nun (11.43), (11.44) und (11.45), so bekommen wir

$$\int (\psi_\rho - \varphi_\rho) \leq C_1 \rho + \varepsilon/3 + C_2 \rho,$$

d. h. es gilt (11.40), wenn ρ klein genug gewählt wird.

Es bleibt noch (11.39) für $\varphi = \varphi_\rho$, $\psi = \psi_\rho$ nachzuprüfen, wobei $0 < \rho < \mu(Z)/2$ beliebig sei. Für $x \notin I$ ist $f(x) = \varphi_\rho(x) = 0$ und $\psi_\rho(x) \geq 0$, also (11.39) erfüllt. Ist $x \in I$, so liegt x in (mindestens) einem der Teilintervalle $J^{(k)}$, und dann ist $h(J^{(k)}, \rho; x) = 1$, also $f(x) \leq \overline{m}_k(f) h(J^{(k)}, \rho; x) \leq \psi_\rho(x)$, wie gewünscht. Für die Abschätzung nach unten beachten wir, dass die Teilintervalle $J^{(k)}$ sich nur an den Rändern überlappen (vgl. (11.6) in Def. 11.1a), sodass es zu festem $x \in I$ also höchstens *einen* Index $k = k(x)$ gibt mit $h(J_{-\rho}^{(k)}, \rho; x) > 0$. Dann ist $\varphi_\rho(x) = \underline{m}_k(f) h(J_{-\rho}^{(k)}, \rho; x) \leq \underline{m}_k(f) \leq f(x)$. Liegt hingegen x in keinem der offenen Intervalle $\overset{\circ}{J}{}^{(k)}$, so ist $\varphi_\rho(x) = 0 \leq f(x)$. Somit ist (11.39) in jedem Fall erfüllt.

(iv) Nun lassen wir die Zusatzvoraussetzung $f(x) \geq 0$ fallen. Es sei wieder I ein kompaktes Intervall, auf dessen Komplement f identisch verschwindet, und es sei $\rho_0 > 0$ beliebig gewählt (z. B. $\rho_0 = 1$). Offenbar ist

$$m_0 := \inf_{x \in \mathbb{R}^n} f(x) \leq 0 \,,$$

also

$$g(x) := f(x) - m_0 h(I, \rho_0; x) \geq 0 \,.$$

Die Funktion g ist beschränkt, verschwindet außerhalb von I_{ρ_0} und ist nach Thm. 11.10a und Satz 11.4 über I_{ρ_0} integrierbar. Für g können wir also die in (iii) angegebene Konstruktion durchführen und bekommen zu gegebenem $\varepsilon > 0$ Funktionen $\tilde{\varphi}$, $\tilde{\psi} \in C_c(\mathbb{R}^n)$ mit $\tilde{\varphi}(x) \leq g(x) \leq \tilde{\psi}(x) \; \forall x$ und $\int(\tilde{\psi} - \tilde{\varphi}) < \varepsilon$. Setze

$$\varphi(x) := \tilde{\varphi}(x) + m_0 h(I, \rho_0; x) \,, \qquad \psi(x) := \tilde{\psi}(x) + m_0 h(I, \rho_0; x) \,.$$

Dann erfüllen φ, ψ offenbar (11.39), (11.40) für die gegebene Funktion f. $\quad\square$

11.24 Affine Transformationen. Wir wollen Satz 11.19 beweisen. Dabei betrachten wir zunächst nur Funktionen $f \in C_c(\mathbb{R}^n)$, weil bei diesen der Satz von FUBINI unbeschränkt anwendbar ist. Am Schluss verwenden wir dann den Satz aus 11.23.

Ist $I \subseteq \mathbb{R}^n$ ein kompaktes Intervall, so ist auch $I + \boldsymbol{b} := \{x + \boldsymbol{b} \,|\, x \in I\}$ ein kompaktes Intervall mit denselben Seitenlängen, also mit $v_n(I + \boldsymbol{b}) = v_n(I)$. Die Definition des Integrals mittels RIEMANN'scher Zwischensummen ergibt daher sofort seine *Translationsinvarianz*

$$\int f(x + \boldsymbol{b}) \mathrm{d}^n x = \int f(x) \mathrm{d}^n x \,. \tag{11.46}$$

Also können wir ohne Beschränkung der Allgemeinheit $\boldsymbol{b} = 0$ annehmen. Wir beweisen die Behauptung nun zunächst für den Fall, dass A eine *untere Dreiecksmatrix* ist:

Lemma *Ist $C = (c_{ij})$ eine reguläre untere Dreiecksmatrix, so ist*

$$\int f(Cx) \mathrm{d}^n x = \frac{1}{|\det C|} \int f(y) \mathrm{d}^n y \,.$$

Beweis. Nach Korollar 5.23 ist $\det C = c_{11} c_{22} \cdots c_{nn}$, also haben wir zu zeigen:

$$\int f(Cx) \mathrm{d}^n x = \frac{1}{|c_{11}| \cdot |c_{22}| \cdots |c_{nn}|} \int f(y) \mathrm{d}^n y \,, \tag{11.47}$$

und das tun wir durch Induktion nach n. Für $n = 1$ ist es klar (vgl. Anmerkung 11.20). Setze $x = (x_1, x')$, $y = (y_1, y')$ mit $x', y' \in \mathbb{R}^{n-1}$. Dann ist $y = Cx$ äquivalent zu dem Gleichungssystem

$$y_1 = c_{11}x_1 + C_1 x'$$
$$y' = C'x',$$

wobei $C_1 := (c_{12}, \ldots, c_{1n})$ und C' die $(n-1)$-reihige Dreiecksmatrix

$$\begin{pmatrix} c_{22} & \cdots & c_{2n} \\ \vdots & \ddots & \vdots \\ 0 & \cdots & c_{nn} \end{pmatrix}$$

ist. Mit Thm. 11.12 folgt

$$\int f(Cx)\, \mathrm{d}^n x = \int \mathrm{d}^{n-1}x' \left(\int f(c_{11}x_1 + C_1 x', C'x')\, \mathrm{d}x_1 \right)$$
$$\overset{3.6}{=} \int \mathrm{d}^{n-1}x' \left(\frac{1}{|c_{11}|} \int f(y_1, C'x')\, \mathrm{d}y_1 \right)$$
$$= \frac{1}{|c_{11}|} \int g(C'x')\, \mathrm{d}^{n-1}x'$$

mit

$$g(y') := \int f(y_1, y')\, \mathrm{d}y_1.$$

Man überzeugt sich leicht, dass $g \in C_c(\mathbb{R}^{n-1})$ ist (vgl. 15.6a). Nach Induktionsvoraussetzung ist also

$$\int g(C'x')\, \mathrm{d}^{n-1}x' = \frac{1}{|c_{22}| \cdots |c_{nn}|} \int g(y')\, \mathrm{d}^{n-1}y'.$$

Setzt man dies ein, so hat man (11.47) für n-Variable. $\square$

Eine beliebige $n \times n$-Matrix A lässt sich nach Thm. 5.12 durch endlich viele *elementare Matrixoperationen* (vgl. Abschn. 5B.) in eine untere Dreiecksmatrix (die „gestufte Form") überführen, und dabei ist

$$|\det A| = |\det C| \tag{11.48}$$

nach Thm. 5.19c Wir werden nun die elementaren Matrixoperationen durch Linksmultiplikation mit gewissen Matrizen spezieller Bauart ausdrücken und dann nachprüfen, dass sich die Integrale bei Transformation mit diesen speziellen Matrizen nicht ändern.

(i) Zeilenvertauschungen $V(i,j)$: Für $1 \le i < j \le n$ setzen wir

$$P(i,j) := (E^1, \dots, E^j, \dots, E^i, \dots, E^n) \,,$$

wo die E^k die Spalten der Einheitsmatrix sind. Dass B aus A durch Anwenden der Zeilenvertauschung $V(i,j)$ hervorgeht, bedeutet nun gerade, dass $B = P(i,j)A$ oder, anders ausgedrückt,

$$A = P(i,j)B \,, \tag{11.49}$$

da offenbar $P(i,j) = P(i,j)^{-1}$ ist.

(ii) Ersetzungen $M(i,j,\mu)$: Es sei E_{ij} die Matrix $(\delta_{ik}\delta_{jl})_{k,l=1,\dots,n}$, also diejenige $n \times n$-Matrix, die am Platz (i,j) eine Eins hat und sonst nur Nullen. Ferner sei E die $n \times n$-Einheitsmatrix und

$$Q(i,j,\mu) := E + \mu E_{ji}$$

für $i \ne j$ und $\mu \in \mathbb{R}$. Die Beziehung $B = Q(i,j,\mu)A$ bedeutet dann gerade, dass B aus A durch Anwenden der Ersetzungsoperation $M(i,j,\mu)$ hervorgeht, wie man ohne weiteres nachrechnet. Ebenso leicht rechnet man nach, dass

$$Q(i,j,\mu_1)Q(i,j,\mu_2) = Q(i,j,\mu_1 + \mu_2)$$

und insbesondere

$$Q(i,j,-\mu) = Q(i,j,\mu)^{-1} \,.$$

Also entsteht B aus A durch Anwendung von $M(i,j,\mu)$ genau dann, wenn

$$A = Q(i,j,-\mu)B \,. \tag{11.50}$$

Ist nun M eine beliebige Matrix der Gestalt $P(i,j)$ oder $Q(i,j,\mu)$, so ist

$$\int f(Mx)\, \mathrm{d}^n x = \int f(y)\, \mathrm{d}^n y \,. \tag{11.51}$$

Für $M = P(i,j)$ folgt das direkt aus Korollar 11.13, und für den Fall $M = Q(i,j,\mu)$ beachte man, dass $Q(i,j,\mu)$ eine Dreiecksmatrix mit lauter Einsen auf der Diagonale ist, sodass man Lemma 1 (oder seine Entsprechung für obere Dreiecksmatrizen) verwenden kann.

Die Aussage von Thm. 5.12 bedeutet nun, dass A durch Linksmultiplikation mit Matrizen der Form $P(i,j)$ oder $Q(i,j,\mu)$ in eine untere Dreiecksmatrix C übergeht, wobei (11.48) gilt. Nach (11.49), (11.50) ist dann

$$A = M_1 M_2 \cdots M_N C \,,$$

wobei (11.51) auf jede der speziellen Matrizen $M_1, \ldots, M_N$ anwendbar ist. Es folgt

$$\int f(Ax)\, \mathrm{d}^n x = \int f(Cx)\, \mathrm{d}^n x = \frac{1}{|\det A|} \int f(y)\, \mathrm{d}^n y\,,$$

zusammen mit (11.46) also die Behauptung, jedenfalls für $f \in C_c(\mathbb{R}^n)$.

Nun sei f irgendeine Funktion, die über $\mathbb{R}^n$ RIEMANN-integrierbar ist. Wir wählen eine Nullfolge (ε_m) positiver Zahlen und finden nach dem Satz aus 11.23 Funktionen φ_m, $\psi_m \in C_c(\mathbb{R}^n)$ mit

$$\varphi_m \le f \le \psi_m \tag{11.52}$$

und

$$\int (\psi_m - \varphi_m) < \varepsilon_m\,. \tag{11.53}$$

Wir setzen

$$\Phi_m(x) := \varphi_m(Ax + \boldsymbol{b})\,, \quad F(x) := f(Ax + \boldsymbol{b})\,, \quad \Psi_m(x) := \psi_m(Ax + \boldsymbol{b})$$

und haben dann nach dem bisher Bewiesenen

$$\int (\Psi_m - \Phi_m) = \frac{1}{|\det A|} \int (\psi_m - \varphi_m) < \frac{\varepsilon_m}{|\det A|}$$

sowie $\Phi_m, \Psi_m \in C_c(\mathbb{R}^n)$, $\Phi_m \le F \le \Psi_m$. Der Satz aus 11.23 zeigt daher, dass F integrierbar ist. Aus (11.52), (11.53) und Thm. 11.10a, b ergibt sich aber

$$0 \le \int f - \int \varphi_m \le \int (\psi_m - \varphi_m) < \varepsilon_m \longrightarrow 0 \qquad (m \to \infty)\,,$$

also $\int f = \lim_{m \to \infty} \int \varphi_m$. Völlig analog erkennt man, dass $\int F = \lim_{m \to \infty} \int \Phi_m$. Es folgt

$$\int F = \lim_{m \to \infty} \left(\frac{1}{|\det A|} \int \varphi_m \right) = \frac{1}{|\det A|} \int f\,,$$

also die Behauptung von Satz 11.19 für allgemeines f.

11.25 Ausblick. Die charakteristische Funktion $\chi_{\mathbb{Q}}$ der Menge der rationalen Zahlen, also die Funktion

$$\chi_{\mathbb{Q}}(x) = \begin{cases} 1\,, & \text{falls } x \text{ rational,} \\ 0\,, & \text{falls } x \text{ irrational} \end{cases}$$

ist über kein Intervall $I = [a, b]$ $(a < b)$ RIEMANN-integrierbar. Denn da jedes – noch so kurze – offene Intervall sowohl rationale wie auch irrationale Zahlen enthält, hat jede Untersumme den Wert 0 und jede Obersumme den Wert 1, egal wie fein die Zerlegung ist. In der LEBESGUE'schen Integrationstheorie hingegen ist $\chi_{\mathbb{Q}}$ integrierbar, und das Integral hat den Wert Null.

Man mag sich fragen, ob es wirklich der Mühe wert ist, wegen dieser und ähnlicher skurriler Funktionen, die in der Physik bestimmt nicht vorkommen, mit viel Aufwand eine neue Theorie zu entwickeln. Nun gilt aber die interessante Formel

$$\chi_{\mathbb{Q}}(x) = \lim_{n \to \infty} \lim_{m \to \infty} \left(\cos^2 \pi n! x \right)^m. \tag{11.54}$$

(Der Beweis sei als Übung gestellt.) Dies zeigt, dass man durch Grenzübergänge schneller als man denkt zu solchen scheinbar skurrilen Funktionen gelangen kann und die Funktion $\chi_{\mathbb{Q}}$ ist hier natürlich nur ein Beispiel unter vielen. Der Sinn einer Erweiterung der Integrationstheorie liegt nicht so sehr darin, neue Integrale auszurechnen, sondern eine Klasse von integrierbaren Funktionen zur Verfügung zu stellen, in der man bequem und sorglos mit Grenzübergängen hantieren kann. Dafür ist die Klasse der RIEMANN-integrierbaren Funktionen in der Tat zu klein. Wir werden im Folgenden noch mehrmals auf diesen Punkt zurückkommen.

Aufgaben zu §11

11.1. Es seien $A_1, \ldots, A_s$ beschränkte JORDAN-messbare Teilmengen von $\mathbb{R}^n$. Man beweise: Wenn für eine Zahl $r \in \mathbb{N}$

$$v_n(A_1 \cup A_2 \cup \ldots \cup A_s) < \frac{1}{r} \sum_{j=1}^{s} v_n(A_j)$$

gilt, so gibt es Punkte, die gleichzeitig in mindestens $r + 1$ dieser Mengen liegen. Genauer: Es gibt $j_0, j_1, \ldots, j_r \in \{1, \ldots, s\}$ so, dass die Menge $A_{j_0} \cap A_{j_1} \cap \ldots \cap A_{j_r}$ positiven JORDAN'schen Inhalt hat und insbesondere nicht leer ist. (*Hinweis:* Nimmt man das Gegenteil an, so kann man durch Betrachtung des Integrals von $f := \chi_{A_1} + \cdots + \chi_{A_s}$ die umgekehrte Ungleichung herleiten.)

11.2. Man berechne die folgenden zweidimensionalen Gebietsintegrale:

a.

$$\int_{\Omega} \frac{x^2}{y^2} \, \mathrm{d}(x, y),$$

wobei Ω von den Geraden $y = 1$, $y = x$, $x = 2$ berandet wird.

b.

$$\int_{\Omega} x \, \mathrm{d}(x, y),$$

wobei Ω von den Kurven $y = \ln x$, $y = x - 1$, $y = -1$ berandet wird.

c.

$$\int_{\Omega} \mathrm{d}(x, y),$$

wobei Ω von den Kurven $x = y^2 - 4$ und $x = 3y$ berandet wird.

11.3. a. Für $a > 0$ setzen wir

$$\Sigma_n(a) := \left\{ (x_1, \ldots, x_n) \in \mathbb{R}^n \,\middle|\, x_1 \geq 0, \ldots, x_n \geq 0, \; \sum_{k=1}^{n} x_k \leq a \right\} .$$

Man beweise durch Induktion nach n, dass $v_n(\Sigma_n(a)) = a^n/n!$.

b. Gegeben sei ein Punkt $y \in \mathbb{R}^n$ und eine Basis $\{b_1, \ldots, b_n\}$ von $\mathbb{R}^n$. Das in diesem Punkt von dieser Basis aufgespannte *Simplex* ist die Menge

$$S_n(y; b_1, \ldots, b_n) := \left\{ x = y + \sum_{k=1}^{n} \xi_k b_k \,\middle|\, (\xi_1, \ldots, \xi_n) \in \Sigma_n(1) \right\} .$$

Man zeige:

$$v_n(S_n(y; b_1, \ldots, b_n)) = |\det(b_1, \ldots, b_n)|/n! .$$

Bemerkung: Man nennt $\Sigma_n(1)$ das n-dimensionale *Standardsimplex*.

c. Es seien $z_0, z_1, z_2 \in \mathbb{C}$ die Eckpunkte eines Dreiecks $\triangle$ in der komplexen Ebene. Man zeige, dass der Flächeninhalt von $\triangle$ gegeben ist durch:

$$F = \frac{1}{2} \left| \operatorname{Im} \left(\overline{(z_1 - z_0)}(z_2 - z_0) \right) \right| .$$

11.4. Durch Transformation auf Polarkoordinaten berechne man die folgenden zweidimensionalen Gebietsintegrale:

a.

$$\int_{\Omega} \ln\left(1 + x^2 + y^2\right) \mathrm{d}(x, y) ,$$

wobei Ω im ersten Quadranten das Innere des Einheitskreises ist.

b.

$$\int_{\Omega} \sqrt{\frac{1 - x^2 - y^2}{1 + x^2 + y^2}} \;\mathrm{d}(x, y) ,$$

wobei Ω wie in a. ist.

c.

$$\int_{\Omega} \mathrm{d}(x, y) ,$$

wobei $\Omega \subseteq \mathbb{R}^2$ von der *Lemniskate* $(x^2 + y^2)^2 = 4(x^2 - y^2)$ berandet wird.

d.

$$\int_{\Omega} (x + y)^2 \mathrm{d}(x, y)$$

mit $\Omega := \{(x, y) \mid x^2 + y^2 - x < 0, \; x^2 + y^2 - y > 0, \; y > 0\}$.

11.5. Es sei $0 \le \alpha < \beta \le 2\pi$ und $R : [\alpha, \beta] \to \mathbb{R}$ stetig und positiv. Man zeige, dass der Flächeninhalt der Menge $A := \{(x,y) \mid x = r\cos\varphi,\, y = r\sin\varphi,\, \varphi \in [\alpha, \beta],\, 0 \le r \le R(\varphi)\}$ durch die *Sektorformel*

$$v_2(A) = \frac{1}{2} \int_\alpha^\beta R(\varphi)^2 \mathrm{d}\varphi$$

gegeben ist.

11.6. Man berechne das Volumen der Menge

$$\Omega := \{(x,y,z) \mid 0 < x < b,\, \mathrm{e}^{-2x} > y^2 + z^2\}, \qquad (b > 0 \text{ gegeben}).$$

11.7. Sei $B \subseteq \mathbb{R}^n$ eine beschränkte messbare Teilmenge und $p = (a,h) = (a_1, \ldots, a_n, h) \in \mathbb{R}^{n+1}$ ein Punkt. Unter dem *Kegel* mit Grundfläche B und Spitze p versteht man die Menge

$$C(B,p) := \{((1-t)x + ta, th) \in \mathbb{R}^{n+1} \mid x \in B,\, 0 \le t \le 1\}.$$

Man veranschauliche sich für verschiedene Wahlen von B und p die entsprechenden Kegel im Falle $n = 2$. Man beweise: $v_{n+1}(C(B,p)) = v_n(B)|h| /(n+1)$. (*Hinweis:* Am besten mit dem Prinzip von CAVALIERI.)

11.8. Mit den angegebenen Koordinatentransformationen berechne man die folgenden zweidimensionalen Gebietsintegrale:

a.

$$\int_\Omega (x^2 + y^2)\, \mathrm{d}(x,y),$$

wobei Ω im ersten Quadranten von den Hyperbeln

$$x^2 - y^2 = 1, \quad x^2 - y^2 = 9, \quad xy = 2, \quad xy = 4$$

berandet wird, mit der Transformation: $u = x^2 - y^2$, $v = 2xy$

b.

$$\int_\Omega \mathrm{d}(x,y),$$

wobei Ω im ersten Quadranten von den Kurven

$$xy = 4, \quad xy = 8, \quad xy^3 = 5, \quad xy^3 = 15$$

berandet wird, mit der Transformation: $u = xy$, $v = xy^3$.

c.

$$\int_\Omega y^2 \mathrm{d}(x,y)$$

für $\Omega := \{(x,y) \mid x > 0,\, y > 0,\, 0 < xy < 3,\, x < y < 2x\}$, mit der Transformation $u = xy$, $v = y/x$.

d.
$$\int_\Omega 2\pi(x^2 - y^2)\sin\pi(x-y)^2\mathrm{d}(x,y)$$

wo Ω das Quadrat mit den Ecken $\pm e_1, \pm e_2$ ist. Transformation: $u = x+y$, $v = x - y$.

11.9. Man berechne folgende dreidimensionale Volumenintegrale:

a.
$$\int_\Omega xy\,\mathrm{d}(x,y,z),$$

wobei $\Omega \subseteq \mathbb{R}^3$ oberhalb der (x,y)-Ebene von den Flächen $z = xy$, $x + y = 1$, $z = 0$ berandet wird.

b.
$$\int_\Omega y\cos(x+z)\,\mathrm{d}(x,y,z),$$

wobei $\Omega \subseteq \mathbb{R}^3$ von den Flächen $y = \sqrt{x}$, $y = 0$, $z = 0$, $x+z = \frac{\pi}{2}$ berandet wird.

11.10. Durch Transformation auf Zylinderkoordinaten berechne man die *Trägheitsmomente*
$$I_z = \int_\Omega (x^2 + y^2)\,\mathrm{d}(x,y,z)$$

der folgenden Gebiete $\Omega \subseteq \mathbb{R}^3$ mit Massendichte $\rho = 1$ bezüglich der Rotation um die z-Achse:

a. Ω liegt oberhalb der (x,y)-Ebene und wird berandet von dem Zylinder $x^2 + y^2 = 4$ und dem Paraboloid $z = x^2 + y^2$.

b. Ω wird berandet von dem Paraboloid $z = x^2 + y^2$ und dem Kegel $z = \sqrt{x^2 + y^2}$.

11.11. Man berechne $\int_\Omega xyz\mathrm{d}(x,y,z)$ für $\Omega := \{(x,y,z) \mid x^2 + y^2 < z^2, 0 < z < 1\}$.

11.12. Durch Transformation auf Kugelkoordinaten berechne man das Volumen der folgenden Gebiete $\Omega \subseteq \mathbb{R}^3$:

a. Ω innerhalb der Fläche: $(x^2 + y^2 + z^2)^2 = y$.
b. Ω innerhalb der Fläche: $(x^2 + y^2 + z^2)^2 = x^2 + y^2$.

11.13. Man berechne das Volumen des Gebiets
$$\mathcal{C} = \left\{(x,y,z) \in \mathbb{R}^3 \mid x^2 + y^2 + z^2 < R^2 \text{ und } \left(x - \frac{R}{2}\right)^2 + y^2 < \frac{R^2}{4}\right\},$$

($R > 0$ gegeben).

11.14. Gegeben seien positive Zahlen $a_1, \ldots, a_n$ sowie ein Punkt $x^0 = (x_1^0, \ldots, x_n^0) \in \mathbb{R}^n$. Das *massive Ellipsoid* mit dem Mittelpunkt x^0 und den *Halbachsen* $a_1, \ldots, a_n$ ist die Menge

$$E := \left\{ (x_1, \ldots, x_n) \in \mathbb{R}^n \,\middle|\, \frac{(x_1 - x_1^0)^2}{a_1^2} + \cdots + \frac{(x_n - x_n^0)^2}{a_n^2} \leq 1 \right\}.$$

Man beweise:

$$v_n(E) = \omega_n \prod_{k=1}^{n} a_k,$$

wobei ω_n das Volumen der n-dimensionalen Einheitskugel bezeichnet. (*Hinweis:* E geht aus der Einheitskugel durch eine affine Transformation hervor!) Wie lautet diese Formel speziell für die zweidimensionalen Ellipsen und die dreidimensionalen Ellipsoide? (Vgl. die Beispiele hinter 11.15.)

11.15. Sei $A \in \mathbb{R}_{n \times n}$ eine *orthogonale* Matrix und $b \in \mathbb{R}^n = \mathbb{R}_{n \times 1}$ ein fester Vektor. Man beweise: Für jede (im Sinne von Def. 11.18) RIEMANN-integrierbare Funktion $f : \mathbb{R}^n \to \mathbb{R}$ gilt

$$\int f(Ax + b) \, \mathrm{d}^n x = \int f(y) \, \mathrm{d}^n y.$$

Man folgere daraus auch:

$$v_n(S') = v_n(S)$$

für jede beschränkte JORDAN-messbare Menge $S \subseteq \mathbb{R}^n$, $S' := \{Ax + b \mid x \in S\}$.

Bemerkung: Die Transformationen der Form $y = Ax + b$ mit orthogonalem A nennt man auch *euklidische Bewegungen*.

11.16. Man beweise nacheinander:

a. Ist $1 \leq m < n$, so ist jedes m-dimensionale Intervall $J \subseteq \mathbb{R}^n$ eine n-dimensionale Nullmenge (im Sinne von Def. 11.5a.). Genauer: Ist $I \subseteq \mathbb{R}^m$ ein Intervall, $m < n$, so hat $J = I \times \{0\} \subseteq \mathbb{R}^n$ das n-dimensionale JORDAN-Maß Null.

b. Jede Teilmenge einer n-dimensionalen Nullmenge ist ebenfalls eine n-dimensionale Nullmenge.

c. Eine Teilmenge $W \subseteq \mathbb{R}^n$ wird *affiner Teilraum* genannt, wenn sie einen Punkt b enthält, für den die Vektoren $x - b$ mit $x \in W$ einen Teilvektorraum U von $\mathbb{R}^n$ bilden. (Man überlege sich, dass dies dann auch auf jeden anderen Punkt $b' \in W$ zutrifft, und zwar mit demselben Raum U, sodass es auf die Wahl von b nicht ankommt.) Die *Dimension* von W ist definiert als die *Dimension* von U. Behauptung: Jede beschränkte Teilmenge $S \subseteq \mathbb{R}^n$, die in einem affinen Teilraum W mit $m = \dim W < n$ enthalten ist, hat das n-dimensionale Maß Null. (*Hinweis:* W kann durch eine euklidische Bewegung (vgl. vorige Aufgabe) in $\mathbb{R}^m \times \{0\}$ überführt werden (wieso?).)

11.17. Mit $C_c(\mathbb{R}^n)$ (bzw. $C_c^1(\mathbb{R}^n)$) bezeichnen wir den reellen Vektorraum der stetigen (bzw. der einmal stetig differenzierbaren) Funktionen $f : \mathbb{R}^n \to \mathbb{R}$, die außerhalb einer beschränkten Menge verschwinden (wobei das für verschiedene Funktionen durchaus verschiedene Mengen sein können!). Man beweise, dass durch die nachstehenden Formeln Skalarprodukte auf diesen Räumen gegeben sind:

$$\langle f|g \rangle := \int f(x)g(x)\,\mathrm{d}^n x \qquad \text{für } C_c(\mathbb{R}^n)$$

bzw.

$$\langle f|g \rangle := \int \nabla f(x) \cdot \nabla g(x)\,\mathrm{d}^n x \qquad \text{für } C_c^1(\mathbb{R}^n)\,.$$

Wie sehen die entsprechenden Normen aus?

11.18. Wir betrachten dieselben Funktionenräume wie in der vorigen Aufgabe. Für $p \geq 1$, $f \in C_c(\mathbb{R}^n)$ und $g \in C_c^1(\mathbb{R}^n)$ setzen wir

$$N_p(f) := \left(\int |f(x)|^p\,\mathrm{d}^n x \right)^{1/p},$$

$$N_{p,1}(g) := \left(\int \|\nabla g(x)\|^p\,\mathrm{d}^n x \right)^{1/p},$$

wobei mit $\|\nabla g(x)\|$ die euklidische Norm gemeint ist. Ferner definieren wir „gestreckte" oder „gestauchte" Funktionen f_r, g_r für $r > 0$ durch

$$f_r(x) := f(rx)\,, \qquad g_r(x) := g(rx)\,.$$

Man zeige:

a. $N_p(f_r) = N_p(f) r^\alpha$ und $N_{p,1}(g_r) = N_{p,1}(g) r^\beta$ mit Exponenten α, β, die zwar von n und p, nicht aber von r oder den Funktionen f, g abhängen. Man gebe diese Exponenten explizit an.
b. Der Quotient $N_q(g_r)/N_{p,1}(g_r)$ ist genau dann von r unabhängig, wenn $1/q = 1/p - 1/n$ ist ($p, q \geq 1$).

Bemerkung: Die Größen $N_p(f)$, $N_{p,1}(g)$ sind *Normen* auf den entsprechenden Vektorräumen und spielen in der theoretischen Behandlung vieler partieller Differenzialgleichungen eine wichtige Rolle. Darauf können wir aber nicht näher eingehen.

12

Integralsätze

Bei Funktionen einer reellen Variablen sind Integration und Differenziation durch den Hauptsatz der Differenzial- und Integralrechnung (Thm. 3.4) eng miteinander verknüpft. Solch eine Verbindung gibt es auch für Funktionen mehrerer Variablen, aber ihre allgemeine Formulierung erfordert höhere Mittel und würde den Rahmen dieses Grundkurses sprengen. Gewisse Spezialfälle für zwei und drei Variable jedoch, die als die *Integralsätze* von GREEN, GAUSS und STOKES bekannt sind, sind für die Physik so wichtig, dass wir sie jetzt schon behandeln müssen (Abschn. C., D. und E.). Zuvor müssen wir uns aber noch mit der mathematischen Beschreibung von glatten, aber gekrümmten *Flächen* und *Flächenstücken* im dreidimensionalen Raum vertraut machen, und insbesondere müssen wir uns überlegen, wie man über solche Flächenstücke sinnvoll integrieren kann (Abschn. A., B.).

A. Flächen im $\mathbb{R}^3$

Wir beginnen damit, parametrisierte Flächen im $\mathbb{R}^3$ zu untersuchen. Dazu betrachten wir für ein Gebiet $\Omega \subseteq \mathbb{R}^2$ Abbildungen

$$F = \begin{pmatrix} f \\ g \\ h \end{pmatrix} : \Omega \longrightarrow \mathbb{R}^3 \,, \qquad X = F(u,v) = \begin{pmatrix} f(u,v) \\ g(u,v) \\ h(u,v) \end{pmatrix} \,.$$

Solche Abbildungen deuten wir als *Parameterdarstellungen von Flächen* im $\mathbb{R}^3$

$$S : X = F(u,v)\,, \qquad (u,v) \in \overline{\Omega} = \Omega \cup \partial\Omega \,. \tag{12.1}$$

Wir nehmen an, dass die Parameterdarstellung F differenzierbar in Ω ist. Ist dann $P = F(u,v) \in S$ ein fester Flächenpunkt, $\boldsymbol{a} = (a,b) \in \mathbb{R}^2$ ein Vektor, so ist die Richtungsableitung

$$\mathrm{d}_{(u,v)}F(\boldsymbol{a}) = (JF(u,v))\boldsymbol{a} = a\frac{\partial F}{\partial u}(u,v) + b\frac{\partial F}{\partial v}(u,v) \tag{12.2}$$

ein *Tangentenvektor* an die Fläche S im Punkte P und zwar eine Linearkombination der Vektoren

$$F_u(u,v) = D_1 F(u,v) \,, \qquad F_v(u,v) = D_2 F(u,v) \tag{12.3}$$

die ihrerseits die Spalten der JACOBI-Matrix von F bilden:

$$JF = (F_u, F_v) = \begin{bmatrix} f_u & f_v \\ g_u & g_v \\ h_u & h_v \end{bmatrix} \,. \tag{12.4}$$

Sind die Spalten in jedem Punkt $(u,v) \in \Omega$ linear unabhängig, d. h.

$$\text{rang}\,(JF)(u,v) = 2 \qquad \text{für alle } (u,v) \in \Omega \,, \tag{12.5}$$

so spannen die Vektoren $F_u(u,v)$, $F_v(u,v)$ die Tangentialebene an S im Punkte $P = F(u,v)$ auf. Diese hat die Parameterdarstellung

$$E_P S : X = F(u,v) + s F_u(u,v) + t F_v(u,v) \,, \qquad s,t \in \mathbb{R} \tag{12.6}$$

für festes $(u,v) \in \Omega$. Den zweidimensionalen Teilraum des $\mathbb{R}^3$

$$T_P S := LH(F_u(u,v), F_v(u,v)) \tag{12.7}$$

nennt man den *Tangentialraum von S in P*. Im $\mathbb{R}^3$ steht der Vektor

$$\boldsymbol{n}_P S = F_u(u,v) \times F_v(u,v) \tag{12.8}$$

senkrecht auf der Tangentialebene und heißt daher *Normalenvektor* auf S in P. Wegen (12.5) ist $\boldsymbol{n}_P S \neq 0$. Wir fassen zusammen:

Definitionen 12.1. *Sei $\Omega \subseteq \mathbb{R}^2$ ein Gebiet, $F : \overline{\Omega} \longrightarrow \mathbb{R}^3$ eine C^1-Abbildung mit $\text{rang}\,JF = 2$ in ganz Ω. Dann heißt F eine* Parameterdarstellung *der glatten, regulären Fläche*

$$S : X = F(u,v) \,, \qquad (u,v) \in \overline{\Omega} \quad \text{im } \mathbb{R}^3 \,. \tag{12.9}$$

Jeder Vektor

$$\boldsymbol{t} = a F_u(u_0, v_0) + b F_v(u_0, v_0) \,, \qquad a,b \in \mathbb{R} \tag{12.10}$$

heißt ein Tangentenvektor *an S in $P_0 = F(u_0, v_0)$,*

$$E_{P_0} S : X = F(u_0, v_0) + s F_u(u_0, v_0) + t F_v(u_0, v_0) \tag{12.11}$$

eine Parameterdarstellung der Tangentialebene,

$$\boldsymbol{n}_{P_0} S = F_u(u_0, v_0) \times F_v(u_0, v_0) = (D_x, D_y, D_z)^T_{(u_0, v_0)} \tag{12.12}$$

ein Normalenvektor, *wobei*

$$D_x := \frac{\partial(y,z)}{\partial(u,v)} = \begin{vmatrix} g_u & g_v \\ h_u & h_v \end{vmatrix} \,, \quad D_y := \frac{\partial(z,x)}{\partial(u,v)} = \begin{vmatrix} h_u & h_v \\ f_u & f_v \end{vmatrix} \,,$$

$$D_z := \frac{\partial(x,y)}{\partial(u,v)} = \begin{vmatrix} f_u & f_v \\ g_u & g_v \end{vmatrix} \,. \tag{12.13}$$

Genau wie bei einigen Kurven im $\mathbb{R}^2$, die man in expliziter Form

$$\Gamma : y = f(x), \qquad a \leq x \leq b$$

darstellen kann, gibt es auch Flächen $S \subseteq \mathbb{R}^3$, die man explizit in der Form

$$S : z = f(x,y), \qquad (x,y) \in \overline{\Omega} \subseteq \mathbb{R}^2 \qquad (12.14)$$

beschreiben kann, d. h. als Graph einer C^1-Funktion $f : \overline{\Omega} \longrightarrow \mathbb{R}$. Daraus kann man sofort eine Parameterdarstellung der Form

$$S : X = F(u,v) = \begin{pmatrix} u \\ v \\ f(u,v) \end{pmatrix}, \qquad (u,v) \in \overline{\Omega} \qquad (12.15)$$

gewinnen. Geht man damit in die Definition 12.1, so hat man:

Satz 12.2. *Sei*

$$S : z = f(x,y) \quad mit\ f \in C^1(\Omega) \cap C^0(\overline{\Omega})$$

eine glatte explizite Fläche im $\mathbb{R}^3$. Dann wird die Tangentialebene aufgespannt von den Vektoren

$$\begin{pmatrix} 1 \\ 0 \\ f_x \end{pmatrix}, \quad \begin{pmatrix} 0 \\ 1 \\ f_y \end{pmatrix}$$

und hat daher im Flächenpunkt $P_0 = (x_0, y_0, f(x_0, y_0))$ die explizite Darstellung

$$E_{P_0}S : z = f(x_0, y_0) + f_x(x_0, y_0)(x - x_0) + f_y(x_0, y_0)(y - y_0)$$

für alle $(x,y) \in \mathbb{R}^2$, und den Normalen-Einheitsvektor

$$\boldsymbol{n}_{P_0}S = \frac{1}{\sqrt{1 + f_x^2 + f_y^2}} \begin{pmatrix} -f_x \\ -f_y \\ 1 \end{pmatrix}_{(x_0, y_0)} .$$

Neben der expliziten Darstellung von Kurven $\Gamma \subseteq \mathbb{R}^2$ und Flächen $S \subseteq \mathbb{R}^3$ gibt es noch *implizite Darstellungen*

$$\begin{aligned} \Gamma &: g(x,y) = c, \\ S &: h(x,y,z) = c, \end{aligned} \qquad (12.16)$$

wobei $c \in \mathbb{R}$ eine Konstante ist und $g : \mathbb{R}^2 \longrightarrow \mathbb{R}$, $h : \mathbb{R}^3 \longrightarrow \mathbb{R}$ C^1-Funktionen sind. Die nahe liegendsten Beispiele hierfür sind sicherlich die *Kreislinie* $x^2 + y^2 = r^2$ und die *Sphäre* ($=$ Kugeloberfläche) $x^2 + y^2 + z^2 = r^2$, wobei jedes Mal der Radius r eine gegebene Zahl ist.

Nehmen wir an, Γ und S sind außerdem in Parameterdarstellung gegeben:

$$\begin{aligned}
\Gamma : X &= F(t) \quad = (\varphi(t), \psi(t))^T , \quad a \le t \le b , \\
S : X &= G(u, v) = (\alpha(u, v), \beta(u, v), \gamma(u, v))^T , \quad (u, v) \in \Omega .
\end{aligned} \tag{12.17}$$

Dann gilt

$$\begin{aligned}
g(\varphi(t), \psi(t)) &= c \quad \text{für alle } t \in [a, b] , \\
h(\alpha(u, v), \beta(u, v), \gamma(u, v)) &= c \quad \text{für alle } (u, v) \in \Omega .
\end{aligned} \tag{12.18}$$

Differenzieren wir diese Gleichungen nach t bzw. u, v, so folgt

$$g_x(x, y)\varphi'(t) + g_y(x, y)\psi'(t) = \operatorname{grad} g(x, y) \cdot F'(t) = 0 \tag{12.19}$$

und

$$\begin{aligned}
h_x\alpha_u + h_y\beta_u + h_z\gamma_u &= \operatorname{grad} h \cdot F_u = 0 , \\
h_x\alpha_v + h_y\beta_v + h_z\gamma_v &= \operatorname{grad} h \cdot F_v = 0 .
\end{aligned} \tag{12.20}$$

Aus (12.19) folgt, dass $\operatorname{grad} g(x, y)$ senkrecht auf dem Tangentenvektor $F'(t)$ der Kurve Γ steht und daher ein Normalenvektor auf Γ ist. Aus (12.20) folgt, dass $\operatorname{grad} h$ senkrecht auf den beiden Tangentenvektoren F_u, F_v von S steht und daher ein Normalenvektor auf S ist, weil F_u, F_v die Tangentialebene aufspannen.

Wir fassen zusammen:

Satz 12.3.

a. *Sei* $\Omega \subseteq \mathbb{R}^2$ *ein Gebiet,* $g \in C^1(\Omega)$ *eine gegebene Funktion mit* $\operatorname{grad} g \ne 0$ *in* Ω. *Dann ist*

$$\Gamma : g(x, y) = c$$

eine implizite reguläre Kurve *im* $\mathbb{R}^2$ *mit Normalenvektor*

$$\boldsymbol{n}_{X_0}(\Gamma) = \operatorname{grad} g(x_0, y_0) \quad in \ X_0 = (x_0, y_0) \in \Gamma$$

und impliziter Tangentenlinie

$$T_{X_0}(\Gamma) : g_x(x_0, y_0)(x - x_0) + g_y(x_0, y_0)(y - y_0) = 0 .$$

b. *Sei* $\Omega \subseteq \mathbb{R}^3$ *ein Gebiet,* $g \in C^1(\Omega)$, $\operatorname{grad} g \ne 0$, *eine gegebene Funktion. Dann ist*

$$S : g(x, y, z) = c$$

eine implizite reguläre Fläche *im* $\mathbb{R}^3$ *mit Normalenvektor*

$$\operatorname{grad} g(x_0, y_0, z_0) \quad in \ (x_0, y_0, z_0) \in S$$

und impliziter Tangentialebene

$$T_{X_0}S : \operatorname{grad} g(X_0) \cdot (X - X_0) = 0 .$$

B. Flächenintegrale

Sei

$$S : X = F(u, v), \qquad (u, v) \in I \subseteq \mathbb{R}^2$$

eine glatte, injektiv parametrisierte Fläche im $\mathbb{R}^3$ und es sei $\rho : S \longrightarrow \mathbb{R}$ eine gegebene stetige Funktion, die zum Beispiel die Ladungsdichte auf der Fläche S beschreibt. Wir fragen nach der Gesamtladung auf der Fläche S. Um diese zu bestimmen, gehen wir ähnlich vor wie bei unseren Überlegungen zur Herleitung der Transformationsformel 11.22: Wir machen eine Zerlegung

$$Z = \{I_1, \dots, I_N\}$$

des Parameterintervalls I in Teilintervalle und wählen Stützstellen $(u_j, v_j) \in I_j$. Auf dem Flächenstück

$$S_j = F(I_j)$$

ist die stetige Funktion näherungsweise konstant, wenn die Feinheit der Zerlegung klein ist:

$$\rho(F(u, v)) \approx \rho(F(u_j, v_j)) \qquad \text{für } (u, v) \in I_j \,,$$

und es ist dann

$$\begin{aligned} \text{Ladung}\,(S) &= \textstyle\sum_{j=1}^{N} \text{Ladung}\,(S_j) \\ &\approx \textstyle\sum_{j=1}^{N} \rho(F(u_j, v_j)) \cdot A(S_j) \,, \end{aligned} \tag{12.21}$$

wo $A(S_j)$ den *Flächeninhalt* von S_j bezeichnet. Auf dem kleinen Intervall I_j herrscht gute Übereinstimmung zwischen F und seiner TAYLOR-Entwicklung

$$G(u, v) := F(u_j, v_j) + F_u(u_j, v_j)(u - u_j) + F_v(u_j, v_j)(v - v_j) \,,$$

also ist $A(S_j) \approx A(G(I_j))$, und $G(I_j)$ ist ein Parallelogramm, sodass wir seinen Flächeninhalt durch die Formel aus Anmerkung 6.21 angeben können. Sind δ_j, ε_j die Kantenlängen von I_j, so wird dieses Parallelogramm (an einem geeigneten Punkt, der uns nicht zu interessieren braucht) von den folgenden Vektoren aufgespannt:

$$\boldsymbol{a} := \delta_j F_u(u_j, v_j), \qquad \boldsymbol{b} := \varepsilon_j F_v(u_j, v_j) \,.$$

Daher liefert 6.21:

$$\begin{aligned} A(S_j) &\approx \|\boldsymbol{a} \times \boldsymbol{b}\| \\ &= \|F_u(u_j, v_j) \times F_v(u_j, v_j)\| v_2(I_j) \,, \end{aligned} \tag{12.22}$$

sodass wir mit (12.21) schreiben können

$$\text{Ladung}\,(S) \approx \sum_{j=1}^{N} \rho(F(u_j, v_j)) \, \|F_u(u_j, v_j) \times F_v(u_j, v_j)\| \, v_2(I_j) \,. \tag{12.23}$$

Die rechte Seite ist aber nach Definition 11.3 nichts anderes als die RIEMANN-Summe der Funktion

$$\rho(F(u,v))\,\|F_u(u,v) \times F_v(u,v)\|$$

zur Zerlegung Z.

Diese heuristischen Überlegungen zeigen uns, dass die nachstehende Definition wirklich das liefert, was man sich unter dem Integral der Belegungsdichte ρ über die Fläche S vorstellt.

Definition 12.4. *Sei* $\Omega \subseteq \mathbb{R}^3$ *ein Gebiet,* $\rho : \Omega \longrightarrow \mathbb{R}$ *eine beschränkte integrierbare Funktion. Ist*

$$S : X = F(u,v)\,, \quad (u,v) \in I \subseteq \mathbb{R}^2$$

eine glatte, injektiv parametrisierte Fläche in Ω, *so definiert man als* Flächenintegral *von* ρ *über* S:

$$\iint_S \rho\,\mathrm{d}\sigma := \int_I \rho(F(u,v))\|F_u(u,v) \times F_v(u,v)\|\,\mathrm{d}^2(u,v)\,. \tag{12.24}$$

Die hier betrachteten Flächen werden auch als regulär *bezeichnet.*

Ist

$$S : z = f(x,y)\,, \quad (x,y) \in D \subseteq \mathbb{R}^2$$

eine glatte *explizite* Fläche im $\mathbb{R}^3$, so ist das Flächenintegral von ρ über S

$$\iint_S \rho\,\mathrm{d}\sigma = \int_D \rho(x,y,f(x,y))\sqrt{1 + f_x(x,y)^2 + f_y(x,y)^2}\,\mathrm{d}(x,y)\,. \tag{12.25}$$

Es ist klar, dass (12.25) aus (12.24) folgt, indem man die spezielle Parameterdarstellung (12.15) verwendet. Ist die Belegungsdichte $\rho \equiv 1$ auf S, so liefern uns die Formeln (12.24) und (12.25) gerade den Flächeninhalt von S.

Definitionen 12.5. *Ist*

$$S : X = F(u,v)\,, \quad (u,v) \in I \subseteq \mathbb{R}^2$$

eine glatte, parametrisierte Fläche im $\mathbb{R}^3$, *so ist der* Flächeninhalt *von* S *definiert durch*

$$\begin{aligned} A(S) &= \int_I \|F_u(u,v) \times F_v(u,v)\|\,\mathrm{d}^2(u,v)\\ &= \int_I \sqrt{\|F_u\|^2\,\|F_v\|^2 - (F_u \cdot F_v)^2}\,\mathrm{d}^2(u,v)\,. \end{aligned}$$

Man nennt

$$\mathrm{d}\sigma = \|F_u \times F_v\|\,\mathrm{d}^2(u,v)$$

das skalare Flächenelement,

$$\mathrm{d}\Sigma = (F_u \times F_v)\,\mathrm{d}^2(u,v)$$

das vektorielle Flächenelement *von* S.

Ist

$$S : z = f(x, y), \qquad (x, y) \in D \subseteq \mathbb{R}^2$$

eine glatte *explizite* Fläche im $\mathbb{R}^3$, so ist der Flächeninhalt von S gegeben durch

$$A(S) = \int_D \sqrt{1 + f_x(x, y)^2 + f_y(x, y)^2} \, \mathrm{d}^2(x, y) \,. \qquad (12.26)$$

Sei nun wieder $\Omega \subseteq \mathbb{R}^3$ ein Gebiet,

$$S : X = F(u, v), \qquad (u, v) \in D \subseteq \mathbb{R}^2$$

eine glatte reguläre Fläche im $\mathbb{R}^3$ innerhalb Ω und sei $\boldsymbol{k} : \Omega \longrightarrow \mathbb{R}^3$ ein stetiges Vektorfeld, z. B. das Geschwindigkeitsfeld einer Strömung. Wir interessieren uns für den Fluss Φ durch die Fläche S, d. h. für die Menge an strömender Substanz, die pro Zeiteinheit durch S hindurchtritt. Ist S eine ebene Fläche mit Einheitsnormalenvektor $\boldsymbol{n}$, so ist der Kraftfluss Φ offenbar gegeben durch

$$\Phi = (\boldsymbol{k} \cdot \boldsymbol{n}) \, A(S) \,,$$

wobei klar ist, dass nur die Normalkomponente $\boldsymbol{k} \cdot \boldsymbol{n}$ der Strömung eine Rolle spielt. Wir definieren also:

Definition 12.6. *Sei $\Omega \subseteq \mathbb{R}^3$ ein Gebiet, $\boldsymbol{k} : \Omega \longrightarrow \mathbb{R}^3$ ein stetiges Vektorfeld und S eine reguläre Fläche in Ω. Dann definiert man als* Flächenintegral *von $\boldsymbol{k}$ über S*

$$\iint_S \boldsymbol{k} \cdot \mathrm{d}\Sigma := \iint_S \boldsymbol{k} \cdot \boldsymbol{n} \, \mathrm{d}\sigma \,, \qquad (12.27)$$

wobei die rechte Seite gemäß Definition 12.4 definiert ist.

Im einzelnen bedeutet das: Ist

$$S : X = F(u, v), \qquad (u, v) \in I \subseteq \mathbb{R}^2 \,,$$

so gilt

$$\iint_S \boldsymbol{k} \cdot \mathrm{d}\Sigma = \int_I \boldsymbol{k}(F(u, v)) \cdot (F_u \times F_v) \, \mathrm{d}^2(u, v) \,. \qquad (12.28)$$

C. Der GREEN'sche Satz in der Ebene

Im $\mathbb{R}^2$ stellen wir nun einen Zusammenhang zwischen zweidimensionalen Gebietsintegralen und Kurvenintegralen über den Rand der Gebiete her. In Anlehnung an Definition 11.16 nennen wir ein Gebiet $B \subseteq \mathbb{R}^2$ ein *Normalgebiet*, wenn B sowohl x-normal, d. h.

$$B = \{(x, y) | c \le y \le d, \, \alpha_1(y) \le x \le \alpha_2(y)\}$$

und y-normal, d. h.

$$B = \{(x,y)| a \leq x \leq b, \ \beta_1(x) \leq y \leq \beta_2(x)\}$$

ist. Die Funktionen $\alpha_1, \alpha_2, \beta_1, \beta_2$ sollen dabei stetig und stückweise C^1 sein. Für beliebige Teilmengen $C \subseteq \mathbb{R}^n$ schreiben wir (in Verallgemeinerung von (11.3)) $\overset{\circ}{C} := C \setminus \partial C$ und nennen dies das *Innere* von C. Ein Bereich $A \subseteq \mathbb{R}^2$ heißt GREEN'*scher Bereich*, wenn $A = B_1 \cup \cdots \cup B_m$, wobei $\overset{\circ}{B}_i \cap \overset{\circ}{B}_j = \emptyset$ für $i \neq j$, und wobei die B_i Normalbereiche sind. Dann besteht ∂A aus endlich vielen disjunkten, stückweise glatten geschlossenen Kurven, und man kann über den Rand integrieren, indem man die entsprechenden Kurvenintegrale aufaddiert.

Satz 12.7. *Sei $D \subseteq \mathbb{R}^2$ ein Gebiet und sei*

$$\boldsymbol{k} = \begin{pmatrix} f \\ g \end{pmatrix} : D \longrightarrow \mathbb{R}^2$$

ein C^1-Vektorfeld. Dann gilt für jeden GREEN'schen Bereich $A \subseteq D$

$$\iint\limits_A (g_x(x,y) - f_y(x,y))\,\mathrm{d}^2(x,y) = \oint_{\partial A} f\,\mathrm{d}x + g\,\mathrm{d}y \ .$$

Dabei wird jede der Kurven, aus denen ∂A besteht, so durchlaufen, dass A immer links liegt.

Beweis. Sei zunächst $A \subseteq \mathbb{R}^2$ ein Normalbereich. Dann folgt, wenn wir zunächst

$$A = \{(x,y)| a \leq x \leq b, \quad \beta_1(x) \leq y \leq \beta_2(x)\}$$

ansetzen:

$$-\iint\limits_A f_y\,\mathrm{d}(x,y) = -\int\limits_a^b \int\limits_{\beta_1(x)}^{\beta_2(x)} f_y(x,y)\,\mathrm{d}y\,\mathrm{d}x$$

$$= -\int\limits_a^b \{f(x,\beta_2(x)) - f(x,\beta_1(x))\}\,\mathrm{d}x$$

$$= \int\limits_a^b f(x,\beta_1(x))\,\mathrm{d}x + \int\limits_b^a f(x,\beta_2(x))\,\mathrm{d}x = \oint\limits_{\partial A} f\,\mathrm{d}x \ .$$

(Die Strecken von $(b,\beta_1(b))$ nach $(b,\beta_2(b))$ und von $(a,\beta_2(a))$ nach $(a,\beta_1(a))$ gehören zwar auch zu ∂A, liefern aber keinen Beitrag zu $\oint\limits_{\partial A} f\,\mathrm{d}x$, denn auf diesen Strecken verschwindet die x-Komponente des Tangentenvektors.) Wenn wir hingegen

$$A = \{(x,y)| c \leq y \leq d, \quad \alpha_1(y) \leq x \leq \alpha_2(y)\}$$

ansetzen, so haben wir

$$\iint_B g_x(x,y)\,\mathrm{d}(x,y) = \int_c^d \int_{\alpha_1(y)}^{\alpha_2(y)} g_x(x,y)\,\mathrm{d}x\,\mathrm{d}y$$

$$= \int_c^d g(\alpha_2(y),y)\,\mathrm{d}y + \int_d^c g(\alpha_1(y),y)\,\mathrm{d}y = \oint_{\partial A} g\,\mathrm{d}y\,.$$

(Diesmal liefern Strecken parallel zur x-Achse, die zu ∂A gehören, keinen Beitrag zum Kurvenintegral.) Addition der Gleichungen liefert die Behauptung für den Fall eines Normalgebietes.

Ist nun

$$A = B_1 \cup \cdots \cup B_m$$

ein GREEN'scher Bereich, B_i Normalgebiet, so folgt

$$\int_A (g_x - f_y) = \sum_{i=1}^m \int_{B_i} (g_x - f_y) = \sum_{i=1}^m \oint_{\partial B_i} f\,\mathrm{d}x + g\,\mathrm{d}y$$

$$= \oint_{\partial A} f\,\mathrm{d}x + g\,\mathrm{d}y\,,$$

weil alle innerhalb A gelegenen Randkurven der B_i zweimal in entgegengesetzter Richtung durchlaufen werden und daher keinen Beitrag liefern.   □

D. Integralsatz von GAUSS

In diesem Abschnitt wollen wir 12.7 auf den $\mathbb{R}^3$ ausdehnen. Wie in Abschnitt C. führen wir zuvor folgende Bezeichnungen ein:

Definitionen 12.8. *Ein* Normalgebiet $B \subseteq \mathbb{R}^3$ *ist ein Gebiet, das* x-normal, *d. h.*

$$B : (y,z) \in D_x \subseteq \mathbb{R}^2\,, \quad \alpha_1(y,z) \le x \le \alpha_2(y,z)\,,$$

y-normal, *d. h.*

$$B : (x,z) \in D_y \subseteq \mathbb{R}^2\,, \quad \beta_1(x,z) \le y \le \beta_2(y,z)\,,$$

z-normal, *d. h.*

$$B : (x,y) \in D_z \subseteq \mathbb{R}^2\,, \quad \gamma_1(x,y) \le z \le \gamma_2(x,y)$$

ist. Die Funktionen $\alpha_i, \beta_i, \gamma_i$ $(i = 1,2)$ *sollen dabei stetig und stückweise* C^1 *sein. Ein* GREEN'scher Bereich $A \subseteq \mathbb{R}^3$ *ist ein beschränktes Gebiet, das in endlich viele Normalgebiete zerlegt werden kann. Der Rand* ∂A *besteht dann aus endlich vielen glatten parametrisierbaren Flächen* $S_1, \ldots, S_m$, *die sich höchstens an ihren Rändern überlappen, und für eine stetige Funktion* $\rho : \partial A \longrightarrow \mathbb{R}$ *setzen wir dann*

$$\oint_{\partial A} \rho\,\mathrm{d}\sigma := \sum_{j=1}^m \oint_{S_j} \rho\,\mathrm{d}\sigma\,.$$

Damit können wir beweisen:

Theorem 12.9 (Integralsatz von GAUSS). *Sei $\Omega \subseteq \mathbb{R}^3$ ein Gebiet und sei*

$$\boldsymbol{k} = \begin{pmatrix} k_1 \\ k_2 \\ k_3 \end{pmatrix} : \Omega \longrightarrow \mathbb{R}^3$$

ein C^1-Vektorfeld. Dann gilt für jeden GREEN'schen Bereich $A \subseteq \Omega$:

$$\iiint\limits_{A} \frac{\partial k_i}{\partial x_i} \, \mathrm{d}^3 X = \iint\limits_{\partial A} k_i \, n_i \, \mathrm{d}\sigma \qquad (12.29)$$

für $i = 1, 2, 3$, wobei $\boldsymbol{n} = (n_1, n_2, n_3)^T$ die äußere Einheitsnormale auf ∂A ist. Insbesondere gilt

$$\iiint\limits_{A} \operatorname{div} \boldsymbol{k} \, \mathrm{d}^3 x = \iint\limits_{\partial A} \boldsymbol{k} \cdot \mathrm{d}\Sigma \, . \qquad (12.30)$$

Beweis. Der *Divergenzsatz* (12.30) folgt aus (12.29) durch Addition. Es genügt (12.29) für ein Normalgebiet B zu beweisen, denn ist

$$A = B_1 \cup \cdots \cup B_m$$

ein GREEN'scher Bereich und ist (12.29) bereits für Normalgebiete B_j bewiesen, so folgt:

$$\int\limits_{A} \frac{\partial k_i}{\partial x_i} \, \mathrm{d}^3 x = \sum_{j} \int\limits_{B_j} \frac{\partial k_i}{\partial x_i} \, \mathrm{d}^3 x$$

$$= \sum_{j=1}^{m} \oint\limits_{\partial B_j} k_i \cdot n_i \, \mathrm{d}\sigma = \oint\limits_{\partial A} k_i \cdot n_i \, \mathrm{d}\sigma \, ,$$

weil die Flächenintegrale über die inneren Randflächen von B_j sich gegenseitig kompensieren.

Da ein Normalgebiet x, y, z-normal ist, genügt es, (12.29) für $i = 3$ und ein z-Normalgebiet zu zeigen, d. h.

$$\iiint\limits_{B} h_z(x, y, z) \, \mathrm{d}^3(x, y, z) = \iint\limits_{\partial B} h \, n_3 \, \mathrm{d}\sigma \, , \qquad (12.31)$$

wobei wir $h \equiv k_3$ gesetzt haben. Wegen

$$B = \{(x, y, z) \mid (x, y) \in D, \quad \gamma_1(x, y) \le z \le \gamma_2(x, y)\}$$

mit stetigen Funktionen $\gamma_1, \gamma_2 : D \longrightarrow \mathbb{R}$ folgt aus Satz 11.17 für das Volumenintegral auf der linken Seite von (12.31)

$$\int\limits_{B} h_z \, \mathrm{d}^3 x = \iint\limits_{D} \left\{ \int\limits_{\gamma_1(x,y)}^{\gamma_2(x,y)} h_z(x, y, z) \, \mathrm{d}z \right\} \mathrm{d}^2(x, y)$$

$$= \iint\limits_{D} \{h(x, y, \gamma_2(x, y)) - h(x, y, \gamma_1(x, y))\} \, \mathrm{d}^2(x, y) \, . \qquad (12.32)$$

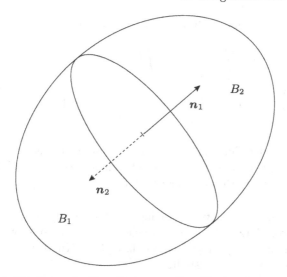

Abb. 12.1. Die Integrale über die inneren Randflächen kompensieren sich

Um das Oberflächenintegral auf der rechten Seite von (12.31) auszurechnen, schreiben wir

$$\partial B = S_1 \cup S_2 \cup M$$

mit

$$S_j := \{(x,y,z)|(x,y) \in D, \ z = \gamma_j(x,y)\}, \quad j = 1,2,$$

$$M := \{(x,y,z)|(x,y) \in \partial D, \ \gamma_1(x,y) \le z \le \gamma_2(x,y)\}$$

und beachten, dass das Integral über M verschwindet, weil dort $n_3 \equiv 0$ ist. Für „Boden" und „Dach" des Gebietes wählen wir die expliziten Darstellungen

$$S_1 : z = \gamma_1(x,y), \quad (x,y) \in D$$

mit dem äußeren Normaleneinheitsvektor

$$n = \frac{1}{\sqrt{1 + \gamma_{1,x}^2 + \gamma_{1,y}^2}} \begin{pmatrix} \gamma_{1,x} \\ \gamma_{1,y} \\ -1 \end{pmatrix}$$

und dem Flächenelement $d\sigma = \sqrt{1 + \gamma_{1,x}^2 + \gamma_{1,y}^2}\, d(x,y)$ bzw.

$$S_2 : z = \gamma_2(x,y), \quad (x,y) \in D$$

mit dem äußeren Normaleneinheitsvektor

$$n = \frac{1}{\sqrt{1 + \gamma_{2,x}^2 + \gamma_{2,y}^2}} \begin{pmatrix} \gamma_{2,x} \\ \gamma_{2,y} \\ 1 \end{pmatrix}$$

und dem Flächenelement $d\sigma = \sqrt{1 + \gamma_{2,x}^2 + \gamma_{2,y}^2}\, d(x,y)$.

Setzen wir dies gemäß Definition 12.4 ein, so bekommen wir

$$\iint\limits_{\partial B} hn_3 \, \mathrm{d}\sigma = \iint\limits_{S_1} hn_3 \, \mathrm{d}\sigma + \iint\limits_{S_2} hn_3 \, \mathrm{d}\sigma$$

$$= \iint\limits_{D} \{h(x, y, \gamma_2(x, y)) - h(x, y, \gamma_1(x, y))\} \, \mathrm{d}^2(x, y) . \qquad (12.33)$$

Dabei haben wir der Einfachheit halber angenommen, dass γ_1, γ_2 überall C^1 sind. Im allgemeinen Fall können wir die Flächenintegrale aus glatten Stücken zusammensetzen und erhalten wieder (12.31). □

Für die Ebene gilt ein völlig analoger Satz, der eigentlich nur eine Umformulierung von Satz 12.7 ist. Wir machen uns zunächst klar, wie man eine stetige skalare Funktion ρ über eine reguläre glatte Kurve $\Gamma \subseteq \mathbb{R}^n$ integrieren kann: Für eine Parameterdarstellung

$$\Gamma : X = \gamma(s) , \qquad a \leq s \leq b \qquad (12.34)$$

setzen wir

$$\int_\Gamma \rho \, \mathrm{d}\sigma := \int_a^b \rho(\gamma(s)) \, \|\gamma'(s)\| \, \mathrm{d}s \qquad (12.35)$$

und rechnen mittels (9.7) nach, dass dies nicht von der gewählten Parameterdarstellung abhängt. Genau wie beim Flächenintegral kann man sich klar machen, dass $\int_\Gamma \rho \, \mathrm{d}\sigma$ die Gesamtladung oder Gesamtmasse ergibt, wenn $\rho(x)$ die Belegungsdichte von Ladung oder Masse entlang der Kurve Γ wiedergibt. Nun gilt:

Satz 12.10 (GAUSS'scher Integralsatz für die Ebene). *Sei $D \subseteq \mathbb{R}^2$ ein Gebiet und sei*

$$\boldsymbol{k} = \begin{pmatrix} f \\ g \end{pmatrix} : D \longrightarrow \mathbb{R}^2$$

ein C^1-Vektorfeld. Dann gilt für jeden GREEN'schen Bereich $A \subseteq D$:

$$\iint\limits_{A} \mathrm{div} \, \boldsymbol{k} \, \mathrm{d}^2(x, y) = \int\limits_{\partial A} \boldsymbol{k} \cdot \boldsymbol{n} \, \mathrm{d}\sigma , \qquad (12.36)$$

wobei $\boldsymbol{n} = (n_1, n_2)^T$ die äußere Einheitsnormale auf ∂A ist.

Beweis. Die Matrix

$$R := \begin{pmatrix} 0 & -1 \\ 1 & 0 \end{pmatrix}$$

bewirkt eine Drehung um den Winkel $\pi/2$ entgegen dem Uhrzeigersinn. Für das so gedrehte Vektorfeld $R\boldsymbol{k} = (-g, f)^T$ ergibt Satz 12.7

$$\oint_{\partial A} R\boldsymbol{k} = \iint_A \left(f_x + g_y \right) \mathrm{d}^2(x,y) = \iint_A \operatorname{div}\boldsymbol{k}\, \mathrm{d}^2(x,y)\,. \qquad (12.37)$$

Betrachten wir nun eine der Kurven Γ, aus denen ∂A besteht. Sie sei gemäß (12.34) parametrisiert, und zwar so, dass beim Durchlaufen von Γ der Bereich A zur Linken liegt. Dann ist

$$\boldsymbol{n}(\gamma(s)) := R^{-1} \frac{\gamma'(s)}{\|\gamma'(s)\|}$$

der äußere Normaleneinheitsvektor auf A im Punkt $P = \gamma(s) \in \Gamma$. Die Matrix R ist orthogonal, d. h. $R^T = R^{-1}$, also

$$R\boldsymbol{k}(\gamma(s)) \cdot \gamma'(s) = \boldsymbol{k}(\gamma(s)) \cdot R^{-1}\gamma'(s) = \boldsymbol{k}(\gamma(s)) \cdot \boldsymbol{n}(\gamma(s))\|\gamma'(s)\|$$

für alle s. Die Definitionen (10.28) und (12.35) ergeben daher

$$\oint_\Gamma R\boldsymbol{k} = \int_a^b R\boldsymbol{k}(\gamma(s)) \cdot \gamma'(s)\, \mathrm{d}s = \int_\Gamma \boldsymbol{k} \cdot \boldsymbol{n}\, \mathrm{d}\sigma\,.$$

Mit (12.37) folgt nun die Behauptung.   □

Wichtige Folgerungen aus dem Gauss'schen Satz sind die beiden Green'schen Formeln.

Satz 12.11. *Sei $\Omega \subseteq \mathbb{R}^n$, $n = 2, 3$ ein Gebiet.*

a. *Ist $u \in C^2(\Omega)$, $v \in C^1(\Omega)$ so gilt für jeden Green'schen Bereich $B \subseteq \Omega$ die erste Green'sche Formel*

$$\int_B (v\Delta u + \nabla v \cdot \nabla u)\, \mathrm{d}^n x = \oint_{\partial B} v\frac{\partial u}{\partial \boldsymbol{n}}\, \mathrm{d}\sigma\,. \qquad (12.38)$$

b. *Sind $u, v \in C^2(\Omega)$, so gilt für jeden Green'schen Bereich $B \subseteq \Omega$ die zweite Green'sche Formel*

$$\int_B (u\Delta v - v\Delta u)\, \mathrm{d}^n x = \oint_{\partial B} \left(u\frac{\partial v}{\partial \boldsymbol{n}} - v\frac{\partial u}{\partial \boldsymbol{n}} \right) \mathrm{d}\sigma\,. \qquad (12.39)$$

Dabei bezeichnet $\partial/\partial \boldsymbol{n}$ die Normalableitung, d. h. die Richtungsableitung in Richtung der äußeren Normalen:

$$\frac{\partial}{\partial \boldsymbol{n}} := \boldsymbol{n} \cdot \nabla\,.$$

Beweis.

a. Wir setzen im Gauss'schen Satz (12.30) bzw. (12.36)

$$\boldsymbol{k} := v \operatorname{grad} u\,.$$

Dann ist

$$\operatorname{div}\boldsymbol{k} = \nabla \cdot (v\nabla u) = \nabla v \cdot \nabla u + v\Delta u\,.$$

Einsetzen in (12.30) bzw. (12.36) liefert (12.38).

b. Vertauscht man in (12.38) u mit v, so bekommt man

$$\int\limits_B (u\Delta v + \nabla u \cdot \nabla v)\, \mathrm{d}^n x = \oint\limits_{\partial B} u\frac{\partial v}{\partial \boldsymbol{n}}\, \mathrm{d}\sigma \ . \tag{12.40}$$

Subtraktion (12.40) – (12.38) liefert dann gerade (12.39).

$\square$

E. Integralsatz von STOKES

Genau wie der GAUSS'sche Satz ist auch der Satz von STOKES eine dreidimensionale Verallgemeinerung des GREEN'schen Satzes 12.7

$$\iint\limits_D (g_v - f_u)\, \mathrm{d}^2(u,v) = \oint\limits_{\partial D} f\, \mathrm{d}u + g\, \mathrm{d}v \ . \tag{12.41}$$

Betrachten wir nämlich die Fläche

$$S : X \equiv \begin{pmatrix} x \\ y \\ z \end{pmatrix} := F(u,v) = \begin{pmatrix} u \\ v \\ 0 \end{pmatrix} \ , \quad (u,v) \in D \ ,$$

d. h. ein ebenes Stück der (x,y)-Ebene und ein C^1-Vektorfeld $\boldsymbol{k} = (f,g,h)^T$ im $\mathbb{R}^3$, so können wir, da der Normalenvektor auf D von der Form

$$\boldsymbol{n} = (0,0,n_3)^T = (0,0,\pm 1)^T$$

und der Tangentenvektor an S von der Form

$$\boldsymbol{t} = (t_1, t_2, 0)^T$$

sind, Gleichung (12.41) in der Form

$$\pm \iint\limits_D \operatorname{rot} \boldsymbol{k} \cdot \mathrm{d}\Sigma = \oint\limits_{\partial D} \boldsymbol{k} \tag{12.42}$$

schreiben. Dabei können wir uns auf das Pluszeichen festlegen, indem wir $\boldsymbol{n} = (0,0,1)^T$ wählen und ∂D gemäß der „Rechte-Hand-Regel" durchlaufen. Diese Formel gilt auch für Flächen im $\mathbb{R}^3$:

Satz 12.12 (*Satz von* STOKES). *Sei $\Omega \subseteq \mathbb{R}^3$ ein Gebiet, S eine stückweise glatte orientierte Fläche in Ω mit positiv orientierter, stückweise glatter Randkurve ∂S. Dann gilt für ein C^1-Vektorfeld $\boldsymbol{k} : \Omega \longrightarrow \mathbb{R}^3$:*

$$\iint\limits_S \operatorname{rot} \boldsymbol{k} \cdot \mathrm{d}\Sigma = \oint\limits_{\partial S} \boldsymbol{k} \ . \tag{12.43}$$

Bemerkung: Dass S *orientiert* ist, bedeutet, dass ein stetiges Einheits-Normalenvektorfeld $n : S \longrightarrow \mathbb{R}^3$ gewählt ist. Der Vektor $n(x)$ darf also nicht plötzlich umkippen, während x die Fläche durchläuft. Offenbar gibt es nur zwei Möglichkeiten für die Funktion $n : S \longrightarrow \mathbb{R}^3$, und jede definiert eine *Orientierung* von S. Ist eine Orientierung gewählt, so ergibt sich der richtige Durchlaufungssinn für ∂S nach der „Rechte-Hand-Regel", und diesen bezeichnen wir als die *positive Orientierung* der Randkurve. Etwas mathematischer ausgedrückt, heißt das: Man wählt eine Parameterdarstellung $F : D \to S$, für die

$$F_u \times F_v = \|F_u \times F_v\| n$$

überall auf S. Dann wählt man eine Parameterdarstellung G von ∂D, bei der ∂D so durchlaufen wird, dass D immer links liegt. Die Parameterdarstellung $H := F \circ G$ gibt dann den positiven Durchlaufungssinn von ∂S an.

Beweis. Der Beweis wird mit sehr viel Rechnung geführt, deren einzelne Schritte wir nur skizzieren. Wir nehmen o. B. d. A. an, dass

$$S : X = F(u, v), \qquad (u, v) \in D \subseteq \mathbb{R}^2$$

als glatte Fläche gegeben ist. Ferner sei

$$\partial D : U = G(t), \qquad a \leq t \leq b$$

die glatte JORDAN-Randkurve des Parameterbereiches D und damit

$$\partial S : X = H(t) := F(G(t)), \qquad a \leq t \leq b$$

die glatte Parametrisierung von ∂S.

a. Wir rechnen zunächst das auf der linken Seite von (12.43) stehende Flächenintegral aus. Wegen

$$\operatorname{rot} \boldsymbol{k} = \begin{pmatrix} \partial_2 k_3 - \partial_3 k_2 \\ \partial_3 k_1 - \partial_1 k_3 \\ \partial_1 k_2 - \partial_2 k_1 \end{pmatrix}, \quad \mathrm{d}\Sigma = \begin{pmatrix} f_u^2 f_v^3 - f_u^3 f_v^2 \\ f_u^3 f_v^1 - f_u^1 f_v^3 \\ f_u^1 f_v^2 - f_u^2 f_v^1 \end{pmatrix} \mathrm{d}^2(u, v)$$

bekommen wir, wenn wir auf die Definitionsgleichung in Definition 12.6 zurückgehen, folgenden Ausdruck:

$$\iint_S \operatorname{rot} \boldsymbol{k} \cdot \mathrm{d}\Sigma = \iint_D \sum_{j=1}^3 \sum_{l \neq j} \partial_j k_l \left(f_v^j f_u^l - f_u^j f_v^l \right) \mathrm{d}^2(u, v), \qquad (12.44)$$

wie man sofort ausrechnet.

b. Für das Kurvenintegral auf der rechten Seite von (12.43) ergibt sich andererseits

$$\oint_{\partial S} \boldsymbol{k} = \int_a^b \boldsymbol{k}(H(t)) \cdot H'(t) \, dt$$

$$= \int_a^b \boldsymbol{k}(H(t)) \cdot (F_u \cdot g_1'(t) + F_v \cdot g_2'(t)) \, dt$$

$$= \oint_{\partial D} \boldsymbol{k}(F(u,v)) \cdot F_u(u,v) \, du + \boldsymbol{k}(F(u,v)) \cdot F_v(u,v) \, dv$$

nach der Kettenregel und der Definition des Kurvenintegrals.
Setzen wir nun

$$f(u,v) := \boldsymbol{k}(F(u,v)) \cdot F_u(u,v) = \sum_l k_l(F(u,v)) f_u^l(u,v),$$

$$g(u,v) := \boldsymbol{k}(F(u,v)) \cdot F_v(u,v) = \sum_l k_l(F(u,v)) f_v^l(u,v)$$

in den GREEN'schen Satz ein, so folgt

$$\oint_{-\partial S} \boldsymbol{k} = \iint_D (g_u - f_v) \, d^2(u,v) \, .$$

Nun ist aber nach der Kettenregel

$$f_v = \frac{\partial}{\partial v} \sum_l k_l(F(u,v)) f_u^l(u,v)$$

$$= \sum_l \left[k_l \cdot f_{uv}^l + \sum_j \partial_j k_l \cdot f_v^j f_v^l \right],$$

$$g_u = \frac{\partial}{\partial u} \sum_l k_l(F(u,v)) f_v^l(u,v)$$

$$= \sum_l \left[k_l \cdot f_{vu}^l + \sum_j \partial_j k_l \cdot f_v^j f_u^l \right] \, .$$

Setzen wir diese Ausdrücke in

$$\iint_D (g_u - f_v) \, d^2(u,v)$$

ein, so bekommen wir genau die rechte Seite von (12.44).

Ergänzungen zu §12

Ziel der Ergänzungen hier ist es, mithilfe der Integralsätze die Bedeutung
der Feldoperationen grad, div, rot besser zu verstehen. Für das Verständnis
und die korrekte Anwendung der Integralsätze ist außerdem der Begriff der
Orientierung wesentlich, den wir deshalb am Schluss gründlich diskutieren.

12.13 Bedeutung von Divergenz und Rotation. Die anschauliche und physikalische Bedeutung von Divergenz und Rotation eines Vektorfelds werden erst im Lichte der Integralsätze wirklich deutlich. Betrachten wir z. B. ein C^1-Vektorfeld $\boldsymbol{K} : \Omega \longrightarrow \mathbb{R}^n$ auf einer offenen Teilmenge $\Omega \subseteq \mathbb{R}^n$ $(n = 2, 3)$, einen festen Punkt $a \in \Omega$ und eine Folge (B_k) von zusammenhängenden GREEN'schen Bereichen, die sich sozusagen auf den Punkt a zusammenziehen. Damit ist gemeint, dass

$$a \in B_k \subseteq \mathcal{U}_{\varepsilon_k}(a) \subseteq \Omega \qquad \forall k \, ,$$

wobei (ε_k) eine Nullfolge positiver Zahlen ist. Nach dem Mittelwertsatz der Integralrechnung (Thm. 11.10d.) gibt es dann Punkte $x_k \in B_k$ mit

$$\int_{B_k} \operatorname{div} \boldsymbol{K} = \operatorname{div} \boldsymbol{K}(x_k) v_n(B_k) \, .$$

Wegen $x_k \in B_k \subseteq \mathcal{U}_{\varepsilon_k}(a)$ ist $a = \lim_{k \to \infty} x_k$. Da div $\boldsymbol{K}$ stetig ist, folgt hieraus

$$\lim_{k \to \infty} \frac{1}{v_n(B_k)} \int_{B_k} \operatorname{div} \boldsymbol{K} = \operatorname{div} \boldsymbol{K}(a) \, .$$

Der GAUSS'sche Integralsatz ergibt nun

$$\operatorname{div} \boldsymbol{K}(a) = \lim_{k \to \infty} \frac{1}{v_n(B_k)} \iint_{\partial B_k} \boldsymbol{K} \cdot \mathrm{d}\Sigma \, . \tag{12.45}$$

Fassen wir nun $\boldsymbol{K}$ als das Geschwindigkeitsfeld einer Strömung auf (wie in der kurzen Betrachtung vor Def. 12.6), so ist $\iint_{\partial B_k} f \cdot \mathrm{d}\Sigma$ die Gesamtmenge der Substanz, die pro Zeiteinheit durch die Oberfläche des kleinen, den Punkt a einschließenden Bereichs B_k nach außen strömt. Daher ist div $\boldsymbol{K}(a)$ die *Quellstärke* der Strömung im Punkt a (bzw. die *Sickerstärke*, wenn sie negativ ist).

Die nahe liegendste Wahl für die B_k sind natürlich Kugeln $B_\varepsilon(a)$. Dafür ergibt sich, etwa für $n = 3$:

$$\operatorname{div} \boldsymbol{K}(a) = \lim_{\varepsilon \to 0} \frac{3}{4\pi\varepsilon^3} \iint_{\partial B_\varepsilon(a)} \boldsymbol{K}(x) \cdot \frac{x - a}{\|x - a\|} \, \mathrm{d}\sigma \, . \tag{12.46}$$

Um für die Rotation eine ähnliche Überlegung anzustellen, betrachten wir eine Rechts-Orthonormalbasis $(\boldsymbol{u}, \boldsymbol{v}, \boldsymbol{w})$ des $\mathbb{R}^3$, d. h. es ist $\boldsymbol{u} \times \boldsymbol{v} = \boldsymbol{w}$ (vgl. 10.18e, 10.28). Damit bilden wir Kreisscheiben S_ε um den Punkt a in der Ebene senkrecht zu $\boldsymbol{w}$, also

$$S_\varepsilon := \{a + s\boldsymbol{u} + t\boldsymbol{v} \,|\, s^2 + t^2 < \varepsilon^2\}$$

und parametrisieren die Ränder $\Gamma_\varepsilon := \partial S_\varepsilon$ etwa durch

$$\Gamma_\varepsilon : \boldsymbol{x} = a + \varepsilon\boldsymbol{u} \cos\varphi + \varepsilon\boldsymbol{v} \sin\varphi \, , \qquad 0 \leq \varphi \leq 2\pi \, .$$

Es ist leicht zu sehen (Übung!), dass

$$\boldsymbol{w} \cdot \operatorname{rot} \boldsymbol{K}(a) = \lim_{\varepsilon \to 0} \frac{1}{\pi \varepsilon^2} \iint\limits_{S_\varepsilon} \operatorname{rot} \boldsymbol{K}(x) \cdot \boldsymbol{w} \, \mathrm{d}\sigma \, ,$$

und nun ergibt der Integralsatz von STOKES:

$$\boldsymbol{w} \cdot \operatorname{rot} \boldsymbol{K}(a) = \lim_{\varepsilon \to 0} \frac{1}{\pi \varepsilon^2} \oint\limits_{\Gamma_\varepsilon} \boldsymbol{K} \, . \tag{12.47}$$

Gemäß seiner Definition berücksichtigt das Kurvenintegral auf der rechten Seite nur die *tangentiale* Komponente von $\boldsymbol{K}$ entlang des Kreises Γ_ε. Die Komponente von rot $\boldsymbol{K}(a)$ in $\boldsymbol{w}$-Richtung misst daher die Stärke, mit der $\boldsymbol{K}$ beim Durchlaufen eines kleinen Kreises in der Ebene senkrecht zu $\boldsymbol{w}$ um a herumwirbelt.

12.14 Vektorpotenziale und Satz von STOKES. Der STOKES´sche Integralsatz liefert einen Test für die Existenz eines Vektorpotenzials:

Satz. *Sei* $\boldsymbol{B} : \Omega \longrightarrow \mathbb{R}^3$ *ein stetiges Vektorfeld auf dem Gebiet* $\Omega \subseteq \mathbb{R}^3$. *Wenn* $\boldsymbol{B}$ *auf ganz* Ω *ein Vektorpotenzial besitzt, so ist*

$$\iint\limits_{S} \boldsymbol{B} \cdot \boldsymbol{n} \, \mathrm{d}\sigma = 0$$

für alle Sphären $S \subseteq \Omega$, *d. h. für alle Flächen der Form*

$$S = \{(x, y, z) \,|\, (x - a)^2 + (y - b)^2 + (z - c)^2 = r^2\}$$

mit gegebenem $r > 0$ *und gegebenem Punkt* $P = (a, b, c) \in \mathbb{R}^3$. *(Ob der Punkt* P *in* Ω *liegt, ist dabei unerheblich!)*

Beweis. Wir zerlegen die gegebene Sphäre in obere und untere Halbsphäre, schreiben also $S = \overline{S^+} \cup \overline{S^-}$ mit

$$S^\pm := \{(x, y, z) \in S \,|\, \pm(z - c) > 0\} \, .$$

Der Äquator

$$\Gamma := \{(x, y, z) \in S \,|\, z = c\}$$

ist dann sowohl ∂S^+ als auch ∂S^-. Für $\boldsymbol{n}$ wählen wir den äußeren Normalen-Einheitsvektor an die Kugel $B_r(P)$, deren Rand S bildet. Die hierdurch bestimmten Orientierungen von S^+, S^- erzeugen auf Γ entgegengesetzten Durchlaufungssinn. Das ist anschaulich klar, kann aber auch exakt nachgerechnet werden, indem man z. B. die folgenden Parameterdarstellungen für $S^\pm$ wählt:

$$S^{\pm}: \quad F^{\pm}(x,y) := \begin{pmatrix} x \\ y \\ c \pm w(x,y) \end{pmatrix}, \qquad (x-a)^2 + (y-b)^2 < r^2$$

mit $w(x,y) := \sqrt{r^2 - (x-a)^2 - (y-b)^2}$. Auf S^+ zeigt $\boldsymbol{n}$ dann in die gleiche Richtung wie $F_x^+ \times F_y^+$, und auf S^- zeigt $\boldsymbol{n}$ in die Richtung von $F_y^- \times F_x^-$, was man durch Nachrechnen sofort bestätigt.

Nun nehmen wir an, es sei $\boldsymbol{B} = \operatorname{rot} \boldsymbol{A}$ mit einem C^1-Vektorpotenzial $\boldsymbol{A} : \Omega \longrightarrow \mathbb{R}^3$. Dann sagt uns Satz 12.12, dass

$$\iint\limits_{S} \boldsymbol{B} \cdot \boldsymbol{n} \, d\sigma = \iint\limits_{S^+} \boldsymbol{B} \cdot \boldsymbol{n} \, d\sigma + \iint\limits_{S^-} \boldsymbol{B} \cdot \boldsymbol{n} \, d\sigma = \oint_{\Gamma} \boldsymbol{A} - \oint_{\Gamma} \boldsymbol{A} = 0 \, .$$

$\square$

Als Beispiel betrachten wir das quellenfreie Vektorfeld

$$\boldsymbol{B}(X) := r^{-3} X \, , \qquad X = (x,y,z) \in \Omega := \mathbb{R}^3 \setminus \{0\}$$

mit $r := \|X\| = \sqrt{x^2 + y^2 + z^2}$. Dass $\operatorname{div} \boldsymbol{B} \equiv 0$ ist, kann man in kartesischen Koordinaten direkt nachrechnen, aber am praktischsten ist es, zu Kugelkoordinaten überzugehen: Wegen $\boldsymbol{e}_r = X/r$ ist $\boldsymbol{B} = r^{-2} \boldsymbol{e}_r$, also nach Satz 10.21b

$$(\operatorname{div} \boldsymbol{B})(Q(r,\theta,\varphi)) = \frac{1}{r^2 \sin\theta} \frac{\partial}{\partial r} \left(r^2 \sin\theta \cdot r^{-2} \right) = 0 \, .$$

Nun sei $S = S_R(0)$ die Sphäre mit Radius R um den Nullpunkt. Für $X \in S$ haben wir dann $\boldsymbol{B}(X) \cdot \boldsymbol{n}(X) = R^{-3} X \cdot R^{-1} X = R^{-4} \|X\|^2 = R^{-2}$, also

$$\iint\limits_{S} \boldsymbol{B} \cdot \boldsymbol{n} \, d\sigma = R^{-2} A(S) = 4\pi \neq 0 \, .$$

Somit hat $\boldsymbol{B}$ auf Ω kein Vektorpotenzial, obwohl $\boldsymbol{B}$ quellenfrei und Ω einfachzusammenhängend ist (vgl. Def. 10.12a). Das Beispiel hat eine gewisse Ähnlichkeit mit Beispiel 10.13, doch ist jetzt sozusagen alles eine Dimension höher. Insbesondere sind es hier nicht Kurven, die die globale Existenz des Vektorpotenzials verhindern, sondern zweidimensionale Objekte wie die betrachteten Sphären.

12.15 Ein Wort zur Orientierung. Beim Begriff der *Orientierung* haben wir uns bisher vor einer allgemeinen und präzisen mathematischen Definition gedrückt und stattdessen immer nur erläutert, was sie in der konkreten Situation bedeutet, in der wir sie gerade gebraucht haben. Für alle diejenigen, die das unbefriedigend finden, folgen hier ein paar Antworten:

(i) Zwei Basen eines endlichdimensionalen reellen Vektorraums V nennt man *gleich orientiert*, wenn die Basistransformation, die die eine in die andere überführt, positive Determinante hat. Andernfalls nennt man sie *entgegenge-setzt orientiert*. (Hier muss man Basen als n-Tupel von Vektoren auffassen, nicht als Mengen!) Sind $\mathfrak{B}_1$, $\mathfrak{B}_2$ zwei entgegengesetzt orientierte Basen von V und ist $\mathfrak{B}$ irgendeine weitere Basis, so ist $\mathfrak{B}$ entweder mit $\mathfrak{B}_1$ oder mit $\mathfrak{B}_2$ gleich orientiert, weil es für das Vorzeichen der Determinante nur zwei Möglichkeiten gibt (genauer Beweis als Übung!). Daher gestattet V genau zwei Orientierungen, die durch die Basen $\mathfrak{B}_1$, $\mathfrak{B}_2$ repräsentiert werden und die zunächst völlig gleichberechtigt sind. Oft hat der Vektorraum jedoch eine „Vorzugsbasis", und die durch sie gegebene Orientierung nennt man dann *positiv*, die andere *negativ*. Insbesondere ist dies in $V = \mathbb{R}^n$ der Fall, wo man der Standardbasis $(e_1, \ldots, e_n)$ den Vorzug gibt. Die positiv (bzw. negativ) orientierten Basen des $\mathbb{R}^n$ sind also die Basen $(b_1, \ldots, b_n)$ mit $\det(b_1, \ldots, b_n) > 0$ (bzw. < 0).

Was wir uns in 10.28 im Anschluss an das Lemma überlegt haben, lässt sich in dieser Terminologie folgendermaßen ausdrücken: Eine Orthonormalbasis (a_1, a_2, a_3) von $\mathbb{R}^3$ ist ein Rechtssystem (d. h. $a_1 \times a_2 = a_3$) genau dann, wenn sie positiv orientiert ist. Sie folgt dann also dem positiven „Schraubsinn", der durch die „Rechte-Hand-Regel" gegeben ist. Eine Basis (b_1, b_2) von $\mathbb{R}^2$ ist positiv orientiert, wenn b_1 durch eine Drehung *im Gegenuhrzeigersinn* in die Richtung von b_2 gedreht werden kann.

Was aber hat der mathematische Begriff der Orientierung mit so außer-mathematischen Gegebenheiten zu tun wie dem Lauf des Uhrzeigers oder der Anatomie der menschlichen Hand? Nun, die Verbindung rührt einzig und alleine davon her, dass wir Konventionen für das Zeichnen von Achsenkreuzen haben, die so fest eingebürgert sind, dass sie selbstverständlich erscheinen: Bei einem ebenen Achsenkreuz zeigt die positive x-Achse nach rechts, die positive y-Achse nach oben, und bei einem räumlichen Achsenkreuz zeigt die positive x-Achse nach rechts, die positive y-Achse nach hinten und die positive z-Achse nach oben. Würde man zwei Achsen vertauschen oder bei einer Achse die Richtung ändern (z. B. auf der x-Achse die positiven Zahlen links von der Null auftragen), so würde der bisher als positiv geltende Dreh- bzw. Schraub-sinn plötzlich der negativen Orientierung entsprechen.

(ii) Aber nicht nur Vektorräume werden orientiert, sondern auch Kurven und Flächen, allgemeiner *Mannigfaltigkeiten*. Um dies näher zu erläutern, be-trachten wir einen Diffeomorphismus $Q : G \to \Omega$, wobei G, Ω Gebiete in $\mathbb{R}^n$ sind. Dann ist $\det JQ(u) \neq 0 \quad \forall u \in G$, also muss die JACOBI-Determinante nach dem Zwischenwertsatz in G konstantes Vorzeichen haben. Wir nennen Q *orientierungserhaltend*, wenn dieses Vorzeichen positiv ist, andernfalls *ori-entierungsumkehrend*. Im Falle $n = 1$, wo also G, Ω Intervalle in $\mathbb{R}$ sind, sind die orientierungserhaltenden (bzw. die orientierungsumkehrenden) Dif-feomorphismen gerade die monoton wachsenden (bzw. die monoton fallenden) C^1-Funktionen, deren Ableitung keine Nullstelle hat.

Kurven haben wir in Abschn. 9A. dadurch orientiert, dass wir gesagt ha-ben, zwei Parameterdarstellungen vermitteln dieselbe Orientierung, wenn die

Parametertransformation, die die eine in die andere überführt, monoton wachsend ist. Genauso macht man es bei Flächen (und auch bei höherdimensionalen Mannigfaltigkeiten – vgl. Kap. 21): Es sei $S \subseteq \mathbb{R}^3$ ein Flächenstück, das wir durch zwei *injektive* Parameterdarstellungen

$$S : X = F_i(s,t), \qquad (s,t) \in \Omega_i \subseteq \mathbb{R}^2$$

angeben können ($i = 1, 2$). Wie man sich leicht überlegt, ist dann $F_2 = F_1 \circ Q$ mit einem Diffeomorphismus („Parametertransformation") $Q : \Omega_2 \to \Omega_1$. Wir sagen, F_1 und F_2 vermitteln *dieselbe* Orientierung auf S, wenn Q orientierungserhaltend ist. Andernfalls vermitteln sie *verschiedene* Orientierungen. So erhält S zwei mögliche Orientierungen, die man als Klassen von Parameterdarstellungen auffassen kann. Sie entsprechen aber auch den zwei Möglichkeiten für ein Einheits-Normalenvektorfeld $\boldsymbol{n}$ auf S. Setzt man nämlich

$$\boldsymbol{n}_i := \frac{\frac{\partial F_i}{\partial s} \times \frac{\partial F_i}{\partial t}}{\left\| \frac{\partial F_i}{\partial s} \times \frac{\partial F_i}{\partial t} \right\|} \, ,$$

so ist

$$\boldsymbol{n}_2 = \boldsymbol{n}_1 \quad \Longleftrightarrow \quad \det JQ > 0 \, ,$$
$$\boldsymbol{n}_2 = -\boldsymbol{n}_1 \quad \Longleftrightarrow \quad \det JQ < 0 \, ,$$

wie man leicht beweisen kann (notfalls durch stures Nachrechnen!).

Im Allgemeinen muss man aber eine Fläche in der Form $S = S_1 \cup \ldots \cup S_m$ aus kleineren Stücken zusammensetzen, die sich injektiv parametrisieren lassen. Eine Orientierung von S ist dann ein Satz von Orientierungen der einzelnen S_i, die auf den Überlappungen kompatibel sind in dem Sinne, dass S_i und S_j auf $S_i \cap S_j$ dieselbe Orientierung erzeugen. Damit entspricht eine Orientierung von S wieder einem auf ganz S definierten und stetigen Einheits-Normalenvektorfeld. So haben wir in der vorhergehenden Ergänzung die Sphären durch die äußere Einheitsnormale orientiert, und das kann man immer machen, wenn S der Rand eines GREEN'schen Bereichs ist. Es gibt aber auch Flächen, die nicht orientierbar sind, z. B. das berühmte MÖBIUS-Band.

$$M : F(\varphi,t) := \begin{pmatrix} (R + t\cos\varphi/2)\cos\varphi \\ (R + t\cos\varphi/2)\sin\varphi \\ t\sin\varphi/2 \end{pmatrix} , \qquad |\varphi| \le \pi, \; |t| \le 1 \, ,$$

Abb. 12.2. MÖBIUS-Band

wobei $R > 1$ gegeben ist. Man sieht anschaulich ein, dass es auf M kein stetiges Einheits-Normalenfeld geben kann, und man kann das auch mithilfe des Zwischenwertsatzes exakt beweisen (vgl. etwa [11], p. 244f.)

Aufgaben zu §12

12.1. Man berechne den Flächeninhalt der Torusfläche

$$T : x = F(u,v) = \begin{bmatrix} (a + b \cos v) \cos u \\ (a + b \cos v) \sin u \\ b \sin v \end{bmatrix} , \quad \begin{array}{l} a > b > 0 , \\ 0 \leq u , \, v \leq 2\pi . \end{array}$$

12.2. Die Sphäre $x^2 + y^2 + z^2 = 1$ soll durch zwei parallele Ebenen in drei Stücke mit gleichem Flächeninhalt geschnitten werden Wie ist dies zu bewerkstelligen?

12.3. Man beweise, dass der Flächeninhalt gegen euklidische Bewegungen invariant ist. Genauer: Ist $S \subseteq \mathbb{R}^3$ eine glatte parametrisierte Fläche und $y = Ax + b$ eine euklidische Bewegung im $\mathbb{R}^3$ (vgl. Aufg. 11.15), so ist $A(S') = A(S)$ für $S' := \{Ax + b \mid x \in S\}$.

Außerdem beweise man: Für $S' := \{\lambda x \mid x \in S\}$ ist $A(S') = \lambda^2 A(S)$ für jedes $\lambda \neq 0$.

12.4. Man beweise, dass die Oberfläche, die auf einer Kugel vom Radius R von einem Kreiskegel mit Winkel δ ausgeschnitten wird, $2\pi R^2(1 - \cos \delta)$ ist. Die Spitze des Kegels soll dabei mit dem Kugelmittelpunkt zusammenfallen.

12.5. a. Sei $z = f(x)$, $0 < a \leq x \leq b$, differenzierbar und sei $f(x) \geq 0$ auf $[a, b]$. Durch Rotation des Graphen von f um die z-Achse entsteht eine Rotationsfläche S. Man zeige

$$A(S) = 2\pi \int_a^b x\sqrt{1 + f'(x)} \, \mathrm{d}x .$$

b. Als Anwendung löse man Aufg. 12.1 erneut. Ferner berechne man den Flächeninhalt der Rotationsfläche, die durch Rotation der Funktionsgraphen von $z = \ln(x + \sqrt{x^2 - 1})$ und $z = -\ln(x + \sqrt{x^2 - 1})$ um die z-Achse entsteht, wobei $x \in [1, (e + e^{-1})/2]$ ist.

c. Sei f wie in Teil a. gegeben. Durch Rotation des Graphen von f um die x-Achse entsteht die Fläche

$$\tilde{S} = \{(x, y, z) \mid y^2 + z^2 = f(x)^2\} .$$

Man beweise:

$$A(\tilde{S}) = 2\pi \int_a^b f(x)\sqrt{1 + f'(x)^2} \, \mathrm{d}x .$$

12.6. Man berechne das skalare Flächenintegral .

$$\iint\limits_{S} x \, d\sigma \, ,$$

wobei

a. S die Fläche des Paraboloids $z = 2 - (x^2 + y^2)$ oberhalb der (x, y)-Ebene ist,

b. S das Stück der Sphäre $x^2 + y^2 + z^2 = 1$, $x \geq 0$, $y \geq 0$, $z \geq 0$ ist.

12.7. a. Man beweise, dass der Flächeninhalt eines GREEN'schen Bereichs B in der Ebene gegeben ist durch

$$v_2(B) = \oint_{\partial B} x \, dy = -\oint_{\partial B} y \, dx = \frac{1}{2} \oint_{\partial B} x \, dy - y \, dx \, . \qquad (12.48)$$

b. Mittels a berechne man den Inhalt $v_2(B_n)$ des Gebietes $B_n \subseteq \mathbb{R}^2$ innerhalb der Kurve

$$\frac{\sqrt[n]{x^2}}{a^2} + \frac{\sqrt[n]{y^2}}{b^2} = 1$$

für $n = 1, 2, 3, \ldots$ (*Hinweis:* Wer das Problem für allgemeines n lösen möchte, greife auf Rekursionsformeln wie die aus Aufg. 3.12a zurück.)

12.8. Sei $\Omega \subseteq \mathbb{R}^3$ ein Gebiet und seien $f, g : \Omega \longrightarrow \mathbb{R}$ C^1-Funktionen. Sei $B \subseteq \mathbb{R}^3$ ein Normalbereich mit $\overline{B} \subseteq \Omega$, sodass

$$g(x) = 0 \qquad \text{für } x \in \partial B.$$

Man zeige:

$$\int\limits_{B} \frac{\partial f(x)}{\partial x_i} \, g(x) \, d^3 x = -\int\limits_{B} f(x) \frac{\partial g(x)}{\partial x_i} \, d^3 x \, , \qquad i = 1, 2, 3 \, .$$

12.9. a. Es seien $\varphi : \mathbb{R}^3 \to \mathbb{R}$ ein C^1-Skalarfeld und $\boldsymbol{K} : \mathbb{R}^3 \to \mathbb{R}^3$ ein C^1-Vektorfeld sowie $B \subseteq \mathbb{R}^3$ ein GREEN'scher Bereich. Man zeige

$$\int_{B} \operatorname{grad} \varphi \boldsymbol{K} \cdot d^3 x = \oint_{\partial B} \varphi \cdot \boldsymbol{K} d\Sigma - \int_{B} \varphi \operatorname{div} \boldsymbol{K} \, d^3 x \, .$$

b. Es sei $B \subseteq \mathbb{R}^3$ ein GREEN'scher Bereich. Man beweise die Vektorgleichung

$$\oint_{\partial B} \|x\|^5 \, d\Sigma = \int_{B} 5 \|x\|^3 x \, d^3 x \, .$$

12.10. Man zeige: Für das Volumen eines GREEN'schen Bereichs $B \subseteq \mathbb{R}^3$ gilt

$$v_3(B) = \frac{1}{3} \iint\limits_{\partial B} (\boldsymbol{x} - \boldsymbol{a}) \cdot d\Sigma \, , \qquad (12.49)$$

wobei $\boldsymbol{a} \in \mathbb{R}^3$ ein beliebiger Punkt ist.

12.11. Sei $c > 0$ und $A \subseteq \mathbb{R}^3$ ein GREEN'scher Bereich mit dem äußeren Normaleneinheitsvektor $\boldsymbol{n} = (n_1, n_2, n_3)^T$ auf ∂A. Sei $\{e_1, e_2, e_3\}$ die Standardbasis des (x, y, z)-Raums, und sei

$$\boldsymbol{K} = (K_1, K_2, K_3)^T := \iint\limits_{\partial A} cz\boldsymbol{n} \, d\sigma \, ,$$

wobei dieses vektorwertige Integral komponentenweise aufzufassen ist. Man wende den GAUSS'schen Integralsatz auf die Vektorfelder

$$\boldsymbol{F}_i(x, y, z) := cz\boldsymbol{e}_i \, , \qquad (i = 1, 2, 3)$$

an und beweise so das *Archimedische Prinzip*

$$K_1 = K_2 = 0 \, , \quad K_3 = cv_3(A) \, .$$

Bemerkung: Für die physikalische Interpretation stelle man sich A als einen festen Körper der konstanten Dichte ρ vor, der in eine Flüssigkeit eingetaucht ist. Die Flüssigkeitsoberfläche liege bei $z = 0$, sodass alle bei den Integralen vorkommenden z-Werte negativ sind. Man nehme $c = \rho g$, wo g die Erdanziehung ist.

12.12. Gegeben seien eine Rechts-ONB $\{a_1, a_2, a_3\}$ von $\mathbb{R}^3$ (also $a_3 = a_1 \times a_2$) und eine Zahl $\omega \geq 0$. Die Drehbewegung um die Achse a_3 mit der konstanten Winkelgeschwindigkeit ω wird dann beschrieben durch die Schar $\mathcal{R}_t$, $t \in \mathbb{R}$ von linearen Abbildungen $\mathcal{R}_t : \mathbb{R}^3 \longrightarrow \mathbb{R}^3$ mit

$$\mathcal{R}_t(\boldsymbol{a}_1) = \boldsymbol{a}_1 \cos\omega t + \boldsymbol{a}_2 \sin\omega t \, ,$$
$$\mathcal{R}_t(\boldsymbol{a}_2) = -\boldsymbol{a}_1 \sin\omega t + \boldsymbol{a}_2 \cos\omega t \, ,$$
$$\mathcal{R}_t(\boldsymbol{a}_3) = \boldsymbol{a}_3 \, .$$

Das Vektorfeld $\boldsymbol{K}$ sei auf $\mathbb{R}^3$ definiert durch

$$\boldsymbol{K}(x) := \left(\frac{\partial}{\partial t} \mathcal{R}_t(x) \right)\Bigg|_{t=0} \, .$$

a. Man berechne $\boldsymbol{K}(x)$ und rot $\boldsymbol{K}(x)$ explizit.

b. Nun sei S ein GREEN'scher Bereich in der $x - y$-Ebene. Man zeige:

$$\oint_{\partial S} \boldsymbol{K} = 2\omega a_{33} A(S) \, .$$

Dabei wird der Rand von S so durchlaufen, dass S zur Linken liegt, und a_{33} bezeichnet die z-Komponente des Vektors $\boldsymbol{a}_3$.

Teil IV

Grenzprozesse

13

Konvergenz

In den ersten zwölf Kapiteln dieses Buches haben wir uns bemüht, möglichst schnell alle diejenigen Rechenmethoden zu entwickeln, die man als Physiker von Anfang an benötigt. Was die theoretischen Grundlagen betrifft, sind wir dabei manchmal auf recht dünnem Eis gegangen, und gewisse Themen wie z. B. die Theorie der unendlichen Reihen oder die Frage, wann man Grenzprozesse vertauschen darf, haben wir ganz außer Acht gelassen. Es gibt also einiges nachzuholen und das soll in diesem und den nächsten beiden Kapiteln geschehen.

Zunächst (Abschn. A.–C.) befassen wir uns mit dem Begriff der Konvergenz und etlichen damit zusammenhängenden Begriffen im Kontext allgemeiner *metrischer Räume*. Wie schon bei Gruppen, Körpern und Vektorräumen, handelt es sich auch beim Begriff des metrischen Raums darum, dass mittels eines Axiomensystems viele verschiedene Situationen unter einen Hut gebracht werden, sodass alles, was für metrische Räume definiert und bewiesen werden kann, in jeder dieser Situationen zur Verfügung steht.

In den Abschn. D. und E. beginnen wir dann die Untersuchung der *unendlichen Reihen* – ein Thema, das uns im weiteren Verlauf noch öfters beschäftigen wird.

A. Metrische Räume

Um einen Begriff wie Konvergenz einzuführen, benötigt man eine Abstandsfunktion.

Definition 13.1. *Eine Menge $M \neq \emptyset$ heißt ein* metrischer Raum, *wenn eine* Metrik (*= Abstandsfunktion*) $d : M \times M \longrightarrow \mathbb{R}$ gegeben ist, sodass für alle $x, y, z \in M$

(M1) $d(x, y) \geq 0$ und $d(x, y) = 0 \iff x = y$,

(M2) $d(x, y) = d(y, x)$,

(M3) $d(x, z) \leq d(x, y) + d(y, z)$ *(Dreiecksungleichung)* .

Wir schreiben (M, d) für den metrischen Raum M mit der Abstandsfunktion d.

Beispiele:

(1) $\mathbb{R}$ mit *Betragsmetrik*   : $d(x, y) = |x - y|$

(2) $\mathbb{C}$ mit *Betragsmetrik*   : $d(z, w) = |z - w|$

(3) $\mathbb{R}^n$ mit *euklidischer Metrik* : $d_2(x, y) = \left(\sum_{i=1}^{n} (x_i - y_i)^2 \right)^{1/2}$

(4) $\mathbb{R}^n$ mit *Summenmetrik*   : $d_1(x, y) = \sum_{i=1}^{n} |x_i - y_i|$

(5) $\mathbb{R}^n$ mit *Maximummetrik*   : $d_\infty(x, y) = \max_{1 \leq i \leq n} |x_i - y_i|$.

Ein normierter linearer Raum X mit *Normmetrik* $d(x, y) = \|x-y\|$ ist stets ein metrischer Raum, und alle obigen Beispiele sind Spezialfälle hiervon. Wann immer wir es mit einem normierten Raum (insbes. mit einem Prähilbertraum) zu tun haben, betrachten wir ihn in diesem Sinne als metrischen Raum. Außerdem ist natürlich jede Teilmenge eines metrischen Raumes selbst ein metrischer Raum (mit derselben Metrik). So lässt sich alles, was wir im Folgenden für metrische Räume definieren und beweisen werden, sofort auf beliebige normierte und Prähilberträume sowie auf deren Teilmengen anwenden.

Definitionen 13.2. *Sei (M, d) ein metrischer Raum.*

a. *Für ein $x_0 \in M$ und ein $\varepsilon > 0$ heißt*

$$U_\varepsilon(x_0) = \{x \in M \,|\, d(x_0, x) < \varepsilon\} \tag{13.1}$$

die ε-Umgebung von x_0.

b. *Ein Punkt x_0 heißt* innerer Punkt *der Menge $A \subseteq M$, wenn es ein $\varepsilon > 0$ gibt mit $U_\varepsilon(x_0) \subseteq A$. Der Punkt $x_0 \in M$ berührt A (oder ist ein* Berührpunkt *von A), wenn*

$$U_\varepsilon(x_0) \cap A \neq \emptyset \qquad \forall \varepsilon > 0 \,.$$

Ein Randpunkt *von A ist einer, der sowohl A als auch $M \setminus A$ berührt. Die Menge aller Randpunkte von A heißt der* Rand ∂A *von A, und $\overline{A} := A \cup \partial A$ (= Menge der Berührpunkte von A) heißt der* Abschluss *von A. Die Menge $\overset{\circ}{A} := A \setminus \partial A$ (= Menge der inneren Punkte) heißt das* Innere *von A.*

c. *Eine Teilmenge $A \subseteq M$ heißt* offen, *wenn jeder Punkt von A auch innerer Punkt von A ist. $B \subseteq M$ heißt* abgeschlossen, *wenn $M \setminus B$ offen ist. $B \subseteq M$ heißt* beschränkt, *wenn es ein $x_0 \in M$ und ein $R > 0$ gibt, sodass $B \subseteq U_R(x_0)$.*

d. *$x_0 \in A$ heißt* isolierter Punkt *von A, wenn x_0 für genügend kleines $\delta > 0$ der einzige Punkt von $A \cap U_\delta(x_0)$ ist. Ein Berührpunkt von A, der kein isolierter Punkt von A ist, heißt* Häufungspunkt *von A.*

Einige dieser Vokabeln hatten wir in Def. 9.8 schon für den $\mathbb{R}^n$ eingeführt, und es handelt sich hier um direkte Verallgemeinerungen der dort getroffenen Definitionen.

Die wichtigsten Eigenschaften sind in folgendem Satz zusammengestellt:

Satz 13.3.

a. *Die Vereinigung beliebig vieler offener Mengen ist offen.*
b. *Der Durchschnitt endlich vieler offener Mengen ist offen.*
c. *A ist offen $\iff A \cap \partial A = \emptyset$.*
d. *A ist abgeschlossen $\iff \partial A \subseteq A \iff A = \overline{A}$.*

Beweis.

a. Seien V_i, $i \in I$, offen und sei $V = \bigcup_i V_i$.
   Dann: $x \in V \implies x \in V_i$ für ein $i \implies \exists \varepsilon > 0 : U_\varepsilon(x) \subseteq V_i \implies U_\varepsilon(x) \subseteq V$.
   Also ist V offen.
b. Seien $V_1, \ldots, V_n$ offen, $V = \bigcap_{i=1}^n V_i$.
   Dann: $x \in V \implies x \in V_i \; \forall i = 1, \ldots, n \implies \exists \varepsilon_i > 0 : U_{\varepsilon_i}(x) \subseteq V_i \implies U_\varepsilon(x) \subseteq V_i \quad \forall i$ für $\varepsilon = \min\{\varepsilon_1, \ldots, \varepsilon_n\} \implies U_\varepsilon(x) \subseteq V$. Also ist V offen.
c. Nach Definition sind die inneren Punkte von A genau diejenigen, die die Menge $M \setminus A$ nicht berühren. Also: A offen $\implies$ kein Punkt von A berührt $M \setminus A \implies$ kein Punkt von A gehört zu ∂A. Umgekehrt: Ist $A \cap \partial A = \emptyset$ und $x_0 \in A$ beliebig, so ist x_0 Berührpunkt von A, aber kein Randpunkt, also kein Berührpunkt von $M \setminus A$. Daher ist x_0 innerer Punkt, wie gewünscht.
d. Nach Definition ist $\partial A = \partial(M \setminus A)$. Also folgt die Behauptung durch Anwenden des vorigen Teils auf die Menge $M \setminus A$.

$\square$

B. Konvergenz von Folgen

Eine *Folge* (x_n) in einem metrischen Raum (M, d) ist eine Vorschrift, die jedem $n \in \mathbb{N}$ ein Element $x_n \in M$ zuordnet. Gegenüber den in Kap. 2 eingeführten Zahlenfolgen handelt es sich also um nichts Neues, außer dass die Folgenglieder x_n jetzt Punkte unseres allgemeinen metrischen Raums M sind. Auch die mit Folgen verbundenen Begriffe werden ohne wesentliche Änderung auf die allgemeinere Situation übertragen – man ersetzt einfach die vertrauten Abstände $|x - y|$ durch die auf M gegebene Abstandsfunktion $d(x, y)$:

Definitionen 13.4.

a. *Eine Folge (x_n) in (M, d) heißt* beschränkt, *wenn es ein $x_0 \in M$ und eine Konstante $C > 0$ gibt mit*

$$d(x_0, x_n) \leq C \qquad \text{für alle } n \in \mathbb{N}, \tag{13.2}$$

d. h. wenn die Menge $\{x_n | n \in \mathbb{N}\}$ beschränkt ist.

b. *Eine Folge (x_n) in (M, d) heißt* konvergent *gegen $x_0 \in M$ (mit* Limes *oder* Grenzwert *x_0), geschrieben*

$$\lim_{n \longrightarrow \infty} x_n = x_0 \qquad \text{oder } x_n \longrightarrow x_0 \text{ für } n \longrightarrow \infty \,,$$

wenn es zu jedem $\varepsilon > 0$ ein $n_0 \in \mathbb{N}$ gibt, sodass

$$d(x_0, x_n) < \varepsilon \quad \forall n \geq n_0 \tag{13.3}$$

oder äquivalent

$$x_n \in U_\varepsilon(x_0) \quad \forall n \geq n_0 \,.$$

Mit anderen Worten, wir haben:

$$x_0 = \lim_{n \to \infty} x_n \quad \Longleftrightarrow \quad \lim_{n \to \infty} d(x_n, x_0) = 0 \,. \tag{13.4}$$

c. *Eine Folge (x_n) in (M, d) heißt eine* CAUCHY-*Folge, wenn es zu jedem $\varepsilon > 0$ ein $n_0 \in \mathbb{N}$ gibt, sodass*

$$d(x_n, x_m) < \varepsilon \quad \forall n, m \geq n_0 \,. \tag{13.5}$$

Satz 13.5.

a. *Jede konvergente Folge ist eine* CAUCHY-*Folge.*
b. *Jede* CAUCHY-*Folge, und damit jede konvergente Folge ist beschränkt.*

Beweis.

a. Gelte $x_n \longrightarrow x_0$, d. h. zu jedem $\varepsilon > 0$ gibt es ein $n_0 \in \mathbb{N}$ mit $d(x_0, x_n) < \varepsilon/2 \quad \forall n \geq n_0$. Aus der Dreiecksungleichung (M 3) in Definition 13.1 folgt dann für $n, m \geq n_0$

$$d(x_n, x_m) \leq d(x_n, x_0) + d(x_0, x_m) < \varepsilon \,.$$

b. Sei (x_n) eine CAUCHY-Folge. Zu $\varepsilon = 1$ gibt es dann ein $n_0 \in \mathbb{N}$ mit

$$d(x_{n_0}, x_m) < 1 \qquad \forall m \geq n_0 \,.$$

Setzen wir

$$d_0 = \max_{k=1,\dots,n_0} d\left(x_{n_0}, x_k\right) \quad \text{und } C = \max\left\{d_0, 1\right\},$$

so folgt

$$d(x_{n_0}, x_m) \leq C \quad \text{für alle } m \in \mathbb{N}.$$

□

Zwar ist nach Satz 13.5a jede konvergente Folge eine CAUCHY-Folge, doch gilt das Umgekehrte i. Allg. nicht. Daher definiert man:

Definitionen 13.6.

a. *Ein metrischer Raum* (M, d) *heißt* vollständig, *wenn in* M *jede* CAUCHY-*Folge konvergiert.*

b. *Ein vollständiger normierter linearer Raum (bzw. Prähilbertraum) heißt* BANACH-*Raum (bzw.* HILBERT-*Raum). (Wie immer, ist hier die Norm-metrik zugrundegelegt.)*

Mithilfe konvergenter Folgen kann man den Abschluss einer Teilmenge $A \subseteq M$ beschreiben:

Satz 13.7. $x_0 \in M$ *ist Berührpunkt von* $A \subseteq M$ $\iff$ $x_0 = \lim_{n\to\infty} x_n$ *für*
eine Folge (x_n) *von Punkten* $x_n \in A$.

Beweis. Sei $x_0 = \lim_{n\to\infty} x_n$, wobei $x_n \in A$ für alle n. Ist $\varepsilon > 0$ gegeben, so ist $x_n \in A \cap U_\varepsilon(x_0)$ für alle genügend großen n, insbesondere x_0 also ein Berührpunkt von A. Ist umgekehrt $x_0 \in \overline{A}$ ein Berührpunkt, so finden wir zu jedem $n \in \mathbb{N}$ einen Punkt $x_n \in A \cap U_{1/n}(x_0)$. Dann ist offenbar $x_0 = \lim_{n\to\infty} x_n$.   □

Für Folgen in einem normierten linearen Raum, z. B. im $\mathbb{R}^n$ oder $\mathbb{C}^n$ usw. können wir Rechenoperationen ausführen, wie wir es von Zahlenfolgen gewöhnt sind:

Satz 13.8. *Sei* V *ein normierter linearer Raum über* $\mathbb{K}$, $\lambda \in \mathbb{K}$, *und seien* $x_n \longrightarrow x_0$, $y_n \longrightarrow y_0$ *konvergente Folgen in* V. *Dann gilt:*

a. $\|x_n\| \longrightarrow \|x_0\|$,
b. $\lambda x_n \longrightarrow \lambda x_0$,
c. $x_n + y_n \longrightarrow x_0 + y_0$.
d. *Ist* $x_0 \neq 0$ *so gibt es ein* $n_0 \in \mathbb{N} : x_n \neq 0 \quad \forall n \geq n_0$.
e. $\langle x_n | y_n \rangle \longrightarrow \langle x_0 | y_0 \rangle$, *falls* V *ein Prähilbertraum.*

Beweis.

a. Folgt aus: $\left| \|x_n\| - \|x_0\| \right| \leq \|x_n - x_0\|$.

b. Folgt aus: $\|\lambda x_n - \lambda x_0\| = |\lambda| \|x_n - x_0\|$.

c. Folgt aus: $\|(x_n + y_n) - (x_0 + y_0)\| \leq \|x_n - x_0\| + \|y_n - y_0\|$.

d. Folgt sofort aus Teil a und Satz 2.2c.

e. Nach Satz 13.5b sind konvergente Folgen beschränkt, d. h. es gibt eine Konstante $C \geq 0$ mit

$$\|x_n\| \leq C \quad \text{und} \quad \|y_n\| \leq C \quad \forall\, n \in \mathbb{N}\,.$$

Mit Dreiecksungleichung und der SCHWARZ'schen Ungleichung aus Satz 6.11 folgt dann

$$|\langle x_n | y_n \rangle - \langle x_0 | y_0 \rangle| = |\langle x_n | y_n - y_0 \rangle + \langle x_n - x_0 | y_0 \rangle|$$

$$\leq \|x_n\|\,\|y_n - y_0\| + \|y_0\|\,\|x_n - x_0\|$$

$$\leq C(\|y_n - y_0\| + \|x_n - x_0\|)\,,$$

woraus die Behauptung folgt.

$\square$

Anmerkung 13.9. Hat man auf einem Vektorraum V zwei verschiedene Normen $\|\cdot\|$ und $\|\cdot\|'$, so ergeben die entsprechenden Normmetriken, genau genommen, zwei verschiedene metrische Räume. Häufig lässt sich aber jede der beiden Normen durch ein Vielfaches der anderen Norm abschätzen, und in diesem Fall spielt es für die Analysis keine Rolle, welche der beiden man zugrundelegt. Genauer: Man sagt, die beiden Normen seien *äquivalent*, wenn es Konstanten $c_1 \geq c_0 > 0$ gibt so, dass gilt:

$$c_0 \|x\|' \leq \|x\| \leq c_1 \|x\|' \qquad \forall\, x \in V\,. \tag{13.6}$$

In diesem Fall gilt für Folgen (x_n) in V

$$x_n \longrightarrow x_0 \ \text{bzgl.} \ \|\cdot\|' \quad \Longleftrightarrow \quad x_n \longrightarrow x_0 \ \text{bzgl.} \ \|\cdot\|\,,$$

(x_n) CAUCHY-Folge bzgl. $\|\cdot\|'$ $\quad \Longleftrightarrow \quad$ (x_n) CAUCHY-Folge bzgl. $\|\cdot\|\,,$

wie man sofort nachrechnet. Ebenso leicht prüft man nach, dass für Punkte $x_0 \in V$ und Teilmengen $A \subseteq V$ gilt:

x_0 innerer Punkt (bzw. Randpunkt bzw. Berührpunkt) von A bzgl. $\|\cdot\|'$

$\Longleftrightarrow$ x_0 innerer Punkt (bzw. Randpunkt bzw. Berührpunkt) von A bzgl. $\|\cdot\|\,,$

A offen (bzw. abgeschlossen) bzgl. $\|\cdot\|'$

$\Longleftrightarrow$ A offen (bzw. abgeschlossen) bzgl. $\|\cdot\|$

und ebenso für alle in diesem Kapitel behandelten Begriffe. Deshalb ist der Übergang zu einer äquivalenten Norm für Konvergenzbetrachtungen unerheblich.

Dass wir uns mit der Äquivalenz von Normen befassen, liegt vor allem an dem folgenden Beispiel:

Beispiele 13.10. Die im Anschluss an Thm. 6.12 auf $V = \mathbb{R}^N$ eingeführten Normen $\| \cdot \|_1, \| \cdot \|_2$ und $\| \cdot \|_\infty$ sind alle äquivalent. Betrachte nämlich $x = (x^1, \ldots, x^N) \in \mathbb{R}^N$. Für Zahlen $p_1, \ldots, p_N \geq 0$ gilt offenbar

$$\max_{1 \leq k \leq N} p_k \leq \sum_{k=1}^N p_k \leq N \left(\max_{1 \leq k \leq N} p_k \right).$$

Verwenden wir dies mit $p_k := |x^k|$, so ergibt sich

$$\|x\|_\infty \leq \|x\|_1 \leq N\|x\|_\infty. \tag{13.7}$$

Verwenden wir es mit $p_k := |x^k|^2$ und ziehen anschließend die Wurzel, so ergibt sich

$$\|x\|_\infty \leq \|x\|_2 \leq \sqrt{N}\|x\|_\infty. \tag{13.8}$$

Zusammen folgt z. B.

$$\frac{1}{N}\|x\|_1 \leq \|x\|_2 \leq \sqrt{N}\|x\|_1. \tag{13.9}$$

Diese Konstanten sind zwar nicht optimal (vgl. Ergänzung 13.26), aber sie genügen für unsere Zwecke.

Die am Beginn dieses Kapitels aufgeführten Beispiele (3) – (5) von metrischen Räumen führen also alle zu demselben Konvergenzbegriff, nämlich zur *komponentenweisen Konvergenz*: Sind $x_n = (x_n^1, x_n^2, \ldots, x_n^N) \in \mathbb{R}^N$ $(n = 0, 1, 2, \ldots)$, so sagen wir, die Folge (x_n) konvergiere *komponentenweise* gegen x_0, wenn gilt:

$$x_0^k = \lim_{n \to \infty} x_n^k \quad \text{für } k = 1, \ldots, N. \tag{13.10}$$

Nun haben wir:

$$\lim_{n \to \infty} \|x_n - x_0\|_\infty = 0 \implies (13.10) \text{ gilt}$$
$$\implies \lim_{n \to \infty} \|x_n - x_0\|_1 = 0 \implies \lim_{n \to \infty} \|x_n - x_0\|_\infty = 0.$$

Daher ist die komponentenweise Konvergenz in $\mathbb{R}^N$ (und damit auch in $\mathbb{C}^N = \mathbb{R}^{2N}$) äquivalent zur Konvergenz bzgl. einer der drei hier betrachteten Normen. *Bemerkung:* In Wirklichkeit ist sie sogar äquivalent zur Konvergenz bzgl. *irgendeiner* Norm auf $\mathbb{R}^N$, denn auf $\mathbb{R}^N$ sind *alle* Normen zueinander äquivalent (vgl. Ergänzung 14.23).

C. Kompaktheit und Vollständigkeit

Wir sind – vor allem in Kap. 11 – schon öfters auf kompakte Teilmengen von $\mathbb{R}^n$ und ihre besonderen Eigenschaften gestoßen. Jetzt ist es an der Zeit, die fundamentalen Begriffe von Vollständigkeit und Kompaktheit etwas näher zu untersuchen. Dazu müssen wir uns zunächst mit *Teilfolgen* beschäftigen:

Definition 13.11. *Sei* (a_n) *eine Folge in* (M, d). *Wird aus* $\mathbb{N}$ *eine unendliche Folge* $n_1 < n_2 < n_3 < \cdots$ *ausgewählt, so heißt die Folge* (b_k) *mit* $b_k := a_{n_k}$ *eine* Teilfolge *von* (a_n).

Satz 13.12.

   a. Ist (a_n) *konvergent mit* $a_n \longrightarrow a_0$, *so ist jede Teilfolge* (b_k) *konvergent mit* $b_k \longrightarrow a_0$.

   b. Ist (a_n) *eine* CAUCHY-*Folge und konvergiert eine Teilfolge* (b_k) *gegen* b_0, *so gilt* $a_n \longrightarrow b_0$.

Beweis.

   a. Sei $b_k = a_{n_k}$ mit $n_1 < n_2 < \cdots$. Nach Voraussetzung gibt es zu $\varepsilon > 0$ ein $n_0 \in \mathbb{N}$ mit: $d(a_0, a_n) < \varepsilon \; \forall n \geq n_0$. Zu n_0 gibt es ein $k_0 \in \mathbb{N}$ mit $n_k > n_0$ für alle $k \geq k_0$. Daher

$$d(a_0, b_k) = d(a_0, a_{n_k}) < \varepsilon \qquad \text{für alle } k \geq k_0 \, .$$

   b. Zu $\varepsilon > 0$ gibt es nach Voraussetzung $n_0, k_0 \in \mathbb{N}$ mit $d(a_n, a_m) < \varepsilon$ $\forall n, m \geq n_0$, $d(b_0, a_{n_k}) < \varepsilon \; \forall k \geq k_0$. Für alle $n \geq \max(n_0, n_{k_0})$ gilt daher

$$d(b_0, a_n) \leq d(b_0, a_{n_{k_0}}) + d(a_{n_{k_0}}, a_n) < 2\varepsilon \, .$$

$\square$

Definition 13.13. *In einem metrischen Raum* (M, d) *heißt eine Teilmenge* $K \subseteq M$ kompakt, *wenn jede Folge* (x_n) *aus* K *eine konvergente Teilfolge* (x_{n_k}) *enthält mit* $x_{n_k} \longrightarrow x_0 \in K$.

Satz 13.14. *Jede kompakte Teilmenge eines metrischen Raums ist beschränkt und abgeschlossen.*

Beweis. Sei K kompakte Teilmenge des metrischen Raums (M, d). Die Grenzwerte aller Folgen aus K sind gerade die Berührpunkte von K und diese liegen nach Definition 13.13 sämtlich in K. Also ist K abgeschlossen nach Satz 13.3d. Wähle $x_0 \in M$ beliebig. Wäre K nicht beschränkt, so könnte man eine Folge (x_n) in K mit $d(x_0, x_n) \geq n$ finden, und solch eine Folge enthält offenbar keine beschränkte und damit erst recht keine konvergente Teilfolge. $\square$

Betrachten wir speziell die Situation in $\mathbb{R}^n$ (und damit auch in $\mathbb{C}^n = \mathbb{R}^{2n}$).

Theorem 13.15 (BOLZANO-WEIERSTRASS). *Im* $\mathbb{R}^n$ *(bzw.* $\mathbb{C}^n$*) sind genau die beschränkten abgeschlossenen Mengen kompakt. Insbesondere gilt: Jede beschränkte Folge im* $\mathbb{R}^n$ *enthält eine konvergente Teilfolge, und jede beschränkte unendliche Teilmenge von* $\mathbb{R}^n$ *besitzt (mindestens) einen Häufungspunkt.*

Bemerkung: Wir brauchen uns bei diesem Satz nicht auf eine Norm oder Metrik auf $\mathbb{R}^n$ festzulegen. Die Gründe hierfür wurden in Beispiel 13.10 erläutert.

Beweis. Wegen Satz 13.14 brauchen wir nur noch zu zeigen, dass eine beschränkte abgeschlossene Teilmenge $K \subseteq \mathbb{R}^n$ kompakt ist. Wir werden in Ergänzung 13.27 zeigen, dass jede beschränkte Folge in $\mathbb{R}^n$ eine konvergente Teilfolge besitzt. Ist nun (x_n) eine Folge in der beschränkten abgeschlossenen Menge K, so hat sie also eine konvergente Teilfolge, etwa

$$x_{n_k} \longrightarrow x_0 \in \mathbb{R}^n \quad \text{für} \quad k \longrightarrow \infty \,.$$

Nach Satz 13.7 ist dann $x_0 \in \overline{K}$. Aber K ist abgeschlossen, d. h. $K = \overline{K}$ und damit $x_0 \in K$. Die Bedingung aus Def. 13.13 ist somit für K erfüllt. Um für eine beschränkte unendliche Menge $A \subseteq \mathbb{R}^n$ die Existenz eines Häufungspunktes nachzuweisen, wählen wir aus A eine Folge (x_n) aus, bei der für $n \neq m$ stets $x_n \neq x_m$ ist. Der Grenzwert einer konvergenten Teilfolge von (x_n) ist dann offensichtlich ein Häufungspunkt von A. $\qquad\square$

Satz 13.16 (CAUCHY-Kriterium). *Im $\mathbb{R}^n$ (bzw. $\mathbb{C}^n$) ist jede* CAUCHY-*Folge konvergent, d. h. $\mathbb{R}^n$ (bzw. $\mathbb{C}^n$) ist vollständig.*

Beweis. Eine CAUCHY-Folge (x_m) im $\mathbb{R}^n$ ist nach Satz 13.5b eine beschränkte Folge. Diese enthält nach Satz 13.15 eine konvergente Teilfolge. Nach Satz 13.12b konvergiert dann aber die ganze Folge (x_m). $\qquad\square$

D. Konvergenz von unendlichen Reihen

Sei $(a_n)_{n \in \mathbb{N}}$ eine Folge in $\mathbb{R}$ oder $\mathbb{C}$. Daraus bilden wir die Folge $(S_n)_{n \in \mathbb{N}}$ mit

$$S_n = \sum_{k=1}^{\infty} a_k = a_1 + \cdots + a_n \tag{13.11}$$

und bezeichnen die Folge (S_n) als die *unendliche Reihe* $\sum_{k=1}^{\infty} a_k$ mit dem n-ten Glied a_n und der n-ten Partialsumme S_n.

Definitionen 13.17.

a. *Eine unendliche Reihe $\sum_k a_k$ heißt* konvergent, *wenn*

$$S := \lim_{n \to \infty} S_n = \lim_{n \to \infty} \sum_{k=1}^{n} a_k =: \sum_{k=1}^{\infty} a_k \tag{13.12}$$

existiert. S heißt Grenzwert *oder* Summe der Reihe. *Nicht konvergente Reihen heißen* divergent.

b. *Die Reihe $\sum_k a_k$ heißt* absolut konvergent, *wenn die Reihe $\sum_{k=1}^{\infty} |a_k|$ konvergiert. Sie heißt* unbedingt konvergent, *wenn jede Umordnung der Summanden dieselbe Summe liefert. Konvergente, aber nicht unbedingt konvergente Reihen heißen* bedingt konvergent.

Beispiele 13.18.

a. *Geometrische Reihe.*
Für $q \in \mathbb{C}$ mit $|q| < 1$ ist

$$\sum_{k=0}^{\infty} q^k = \frac{1}{1-q} \, ,$$

denn nach Satz 1.11b ist

$$S_n = \sum_{k=0}^{n} q^k = \frac{1 - q^{n+1}}{1-q} \longrightarrow \frac{1}{1-q}$$

wegen $q^{n+1} \longrightarrow 0$ für $|q| < 1$ nach 2.3 c.

b. Es gilt: $\sum\limits_{n=1}^{\infty} \frac{1}{n(n+1)} = 1$, denn

$$\frac{1}{n(n+1)} = \frac{1}{n} - \frac{1}{n+1} \quad \text{und daher}$$

$$S_n = \left(1 - \frac{1}{2}\right) + \left(\frac{1}{2} - \frac{1}{3}\right) + \cdots + \left(\frac{1}{n} - \frac{1}{n+1}\right) = 1 - \frac{1}{n+1} \longrightarrow 1 \, .$$

c. Die *harmonische Reihe* $\sum\limits_{n=1}^{\infty} \frac{1}{n}$ ist divergent, denn

$$S_1 = 1 > \frac{3}{4} \, , \; S_4 - S_1 = \frac{1}{2} + \frac{1}{3} + \frac{1}{4} > \frac{3}{4} \, ,$$

$$S_{16} - S_4 = \frac{1}{5} + \cdots + \frac{1}{16} > \frac{3}{4} \, , \ldots$$

Also

$$S_{4^k} = (S_{4^k} - S_{4^{k-1}}) + \cdots + (S_4 - S_1) + S_1 > (k+1)\frac{3}{4} \longrightarrow +\infty \, .$$

Die folgenden Aussagen sind dann aufgrund der Definitionen und der entsprechenden Eigenschaften von Zahlenfolgen klar:

Satz 13.19.

a. *Eine konvergente Reihe bleibt konvergent, wenn man endlich viele Summanden abändert, hinzufügt oder weglässt.*

b. *Linearkombinationen konvergenter Reihen sind konvergent, d. h. sind $\sum\limits_{k} a_k$ und $\sum\limits_{k} b_k$ beide konvergent, so gilt*

$$\sum_{k=1}^{\infty} (\alpha a_k + \beta b_k) = \alpha \sum_{k=1}^{\infty} a_k + \beta \sum_{k=1}^{\infty} b_k \, , \qquad \alpha, \beta \in \mathbb{C} \, .$$

c. CAUCHY-*Kriterium: Die Reihe* $\sum_k a_k$ *ist genau dann konvergent, wenn es zu jedem* $\varepsilon > 0$ *ein* $n_0 \in \mathbb{N}$ *gibt, sodass*

$$\left| \sum_{k=m+1}^{n} a_k \right| < \varepsilon \qquad \text{für alle } n > m \geq n_0 \,. \qquad (13.13)$$

d. Für eine konvergente Reihe $\sum_k a_k$ *gilt:*

$$\lim_{n \to \infty} a_n = 0 \qquad \text{und} \qquad \lim_{n \to \infty} r_n = \lim_{n \to \infty} \sum_{k=n+1}^{\infty} a_k = 0 \,. \qquad (13.14)$$

e. Jede absolut konvergente Reihe ist konvergent.
f. Eine Reihe $\sum_k a_k$ *ist genau dann absolut konvergent, wenn die Folge* $(\widehat{S}_n)$ *mit*

$$\widehat{S}_n = \sum_{k=1}^{n} |a_k|$$

beschränkt ist.

Beweis.

a. Ist klar. Man beachte jedoch, dass sich die Summe ändert, wenn man Summanden verändert.
b. Folgt aus Satz 13.12b, c.
c. Folgt aus Definition 13.4c und Satz 13.16, denn eine CAUCHY-Folge (S_n) in $\mathbb{K}$ ist konvergent, und (S_n) ist eine CAUCHY-Folge, wenn es zu $\varepsilon > 0$ ein $n_0 \in \mathbb{N}$ gibt, sodass

$$|S_n - S_m| = \left| \sum_{k=m+1}^{n} a_k \right| < \varepsilon \qquad \forall \, n > m \geq n_0 \,.$$

d. Setzt man in (13.13) $n = m + 1$, so folgt

$$|a_{m+1}| < \varepsilon \qquad \forall \, m > n_0 \,,$$

d. h. $a_m \longrightarrow 0$. Gleichung (13.14) folgt aus (13.13) für $n \longrightarrow \infty$.
e. Folgt aus dem CAUCHY-Kriterium und

$$\left| \sum_{k=m+1}^{n} a_k \right| \leq \sum_{k=m+1}^{n} |a_k| \,.$$

f. Folgt aus Satz 2.4, weil $(\widehat{S}_n)$ eine monoton wachsende Folge ist.

$\square$

Satz 13.20 (LEIBNIZ-Kriterium). *Sind* $a_n > 0$, $n \in \mathbb{N}$, *so ist die* alternierende Reihe

$$\sum_{n=0}^{\infty} (-1)^n a_n = a_0 - a_1 + a_2 - a_3 + \cdots$$

konvergent, falls

$$a_n \geq a_{n+1} \ \forall n \quad und \quad \lim_{n \to \infty} a_n = 0 \,.$$

Beweis. Aus der Monotonie der Summanden folgt

$$S_{2n+2} - S_{2n} \quad = a_{2n+2} - a_{2n+1} \leq 0 \,,$$
$$S_{2n+3} - S_{2n+1} = -a_{2n+3} + a_{2n+2} \geq 0$$

und daher

$$S_1 \leq S_{2n+1} = S_{2n} - a_{2n+1} \leq S_{2n} \leq S_0 = a_0 \,,$$

d. h. (S_{2n}) ist monoton fallend und nach unten beschränkt, (S_{2n+1}) ist monoton wachsend und nach oben beschränkt. Daher sind beide Partialsummenfolgen konvergent nach Satz 2.4. Wegen

$$S_{2n+1} - S_{2n} = -a_{2n+1} \longrightarrow 0$$

haben sie denselben Grenzwert S.   □

Beispiel: Die alternierende Reihe $\sum_{n=1}^{\infty} \frac{(-1)^n}{n}$ ist nach Satz 13.20 konvergent, aber nach 13.18c nicht absolut konvergent.

Die Wichtigkeit der absoluten Konvergenz rührt davon her, dass man mit absolut konvergenten Reihen im Prinzip so umgehen kann, als ob es endliche Summen wären. Dies ist in den nächsten beiden Sätzen durch konkrete Rechenregeln ausgedrückt. Bei Reihen, die konvergent, aber nicht absolut konvergent sind, ist jedoch wirklich Vorsicht geboten, denn bei einer solchen Reihe kann man durch Umordnen der Glieder erreichen, dass sie divergiert oder dass sie gegen eine beliebige andere Zahl als Summe konvergiert („RIEMANN'scher Umordnungssatz").

Satz 13.21. *Jede absolut konvergente Reihe ist unbedingt konvergent.*

Satz 13.22 (CAUCHY-Produktformel). *Sind*

$$\sum_{k=0}^{\infty} a_k = \alpha \quad und \quad \sum_{k=0}^{\infty} b_k = \beta$$

absolut konvergent, so gilt

$$\alpha\beta = \left(\sum_{k=0}^{\infty} a_k \right) \cdot \left(\sum_{k=0}^{\infty} b_k \right) = \sum_{n=0}^{\infty} \left(\sum_{m=0}^{n} a_m b_{n-m} \right) \,.$$

Die Beweise dieser beiden Sätze sind etwas knifflig und werden in den Ergänzungen geführt. Die CAUCHY'sche Produktformel ist jedoch sehr plausibel, wenn man sich vorstellt, dass man nach Auflösen der Klammern lauter Summanden der Form $a_j b_k$ aufzuaddieren hat ($j, k = 0, 1, 2, \ldots$). Für jede natürliche Zahl n fasst man nun alle Summanden zusammen, für die $j + k = n$ ist.

E. Konvergenzkriterien

Wir wollen nun einige Tests auf absolute Konvergenz herleiten. Sie beruhen alle darauf, dass man die zu untersuchende Reihe gliedweise mit einer Reihe vergleicht, deren Konvergenzverhalten bekannt ist („Vergleichskriterien"). Da es aber für die Frage der Konvergenz auf endlich viele Summanden nicht ankommt, kann man bei diesen Vergleichen endlich viele Ausnahmen zulassen. Wir sagen im Folgenden, eine Aussage gelte *für fast alle* $n \in \mathbb{N}$, wenn sie für alle bis auf endlich viele n gilt.

Satz 13.23 (*Majorantenkriterium*). *Sei* $\sum\limits_{n=1}^{\infty} a_n$, $a_n \in \mathbb{C}$ *eine gegebene Reihe.*

a. *Gibt es eine konvergente Reihe* $\sum\limits_{n=1}^{\infty} c_n$ *mit nichtnegativen Gliedern* $c_n \geq 0$, *sodass*

$$|a_n| \leq c_n \qquad \text{für fast alle } n \in \mathbb{N}, \tag{13.15}$$

so ist $\sum\limits_{n=1}^{\infty} a_n$ *absolut konvergent, und* $\sum\limits_{n=1}^{\infty} c_n$ *heißt eine* konvergente Majorante *für* $\sum\limits_{n=1}^{\infty} a_n$.

b. *Gibt es eine divergente Reihe* $\sum\limits_{n=1}^{\infty} d_n$ *mit nichtnegativen Gliedern* $d_n \geq 0$, *sodass*

$$|a_n| \geq d_n \qquad \text{für fast alle } n \in \mathbb{N}, \tag{13.16}$$

so ist $\sum\limits_{n=1}^{\infty} a_n$ *nicht absolut konvergent, und* $\sum\limits_{n=1}^{\infty} d_n$ *heißt eine* divergente Minorante *für* $\sum\limits_{n=1}^{\infty} a_n$.

Beweis.

a. Nach Voraussetzung gibt es n_0 so, dass (13.15) für alle $n \geq n_0$ erfüllt ist. Wegen

$$\widehat{S}_n := \sum_{k=1}^{n} |a_k| \leq \sum_{k=1}^{n_0-1} |a_k| + \sum_{k=n_0}^{n} c_k \qquad \text{für alle } n \geq n_0$$

ist $(\widehat{S}_n)$ beschränkt, und die Behauptung folgt aus Satz 13.19 f.

b. Jetzt gibt es n_0 so, dass (13.16) für alle $n \geq n_0$ erfüllt ist. Wegen

$$\widehat{S}_n = \sum_{j=1}^{n} |a_j| \geq \sum_{j=1}^{n_0-1} |a_j| + \sum_{j=n_0}^{n} d_j \longrightarrow \infty \quad \text{für } n \longrightarrow \infty$$

ist $(\widehat{S}_n)$ unbeschränkt, und die Behauptung folgt wieder aus 13.19 f.

$\square$

Beispiele:

a. $\sum_{n=1}^{\infty} \dfrac{1}{n^2}$ ist konvergent, denn $\sum_{n=2}^{\infty} \dfrac{1}{n(n-1)}$ ist eine konvergente Majorante

für $\sum_{n=1}^{\infty} \dfrac{1}{n^2}$.

b. $\sum_{n=1}^{\infty} \dfrac{1}{\sqrt{n}}$ ist divergent, denn $\sum_{n=1}^{\infty} \dfrac{1}{n}$ ist eine divergente Minorante.

Wählt man in Satz 13.23a $c_n = |q|^n$ für $|q| < 1$, so bekommt man mit 13.18a den Teil a des folgenden Satzes. Teil b ergibt sich sofort aus Satz 13.19d.

Satz 13.24 (*Wurzelkriterium*). *Sei* $\sum_{n=1}^{\infty} a_n$, $a_n \in \mathbb{K}$, *eine Reihe.*

a. *Gibt es eine Konstante q mit $0 < q < 1$, sodass*

$$\sqrt[n]{|a_n|} \leq q \quad \text{für fast alle } n \in \mathbb{N}, \tag{13.17}$$

so ist $\sum_{n=1}^{\infty} a_n$ *absolut konvergent.*

b. *Gilt*

$$\sqrt[n]{|a_n|} \geq 1 \quad \text{für fast alle } n \in \mathbb{N}, \tag{13.18}$$

so ist $\sum_{n=1}^{\infty} a_n$ *divergent.*

Bemerkung: Es genügt nicht: $\sqrt[n]{|a_n|} < 1$ zu überprüfen, denn es ist $\sqrt[n]{\frac{1}{n}} < 1$ für alle $n \in \mathbb{N}$, aber $\sum_{n=1}^{\infty} \frac{1}{n}$ divergent, $\sqrt[n]{\frac{1}{n^2}} < 1$ für alle $n \in \mathbb{N}$, aber $\sum_{n=1}^{\infty} \frac{1}{n^2}$ konvergent.

Nutzt man die geometrische Reihe auf etwas andere Weise als Vergleichsreihe, so bekommt man:

Satz 13.25 (*Quotientenkriterium*). *Sei* $\sum_{n} a_n$ *eine Reihe mit $a_n \neq 0$ für fast alle n.*

a. Gibt es dann ein $q \in \mathbb{R}$ mit $0 < q < 1$, sodass

$$\frac{|a_{n+1}|}{|a_n|} \leq q \quad \text{für fast alle } n \in \mathbb{N}, \tag{13.19}$$

so ist $\sum\limits_n a_n$ absolut konvergent.

b. Gilt dagegen

$$\frac{|a_{n+1}|}{|a_n|} \geq 1 \quad \text{für fast alle } n \in \mathbb{N}, \tag{13.20}$$

so ist $\sum\limits_n a_n$ nicht konvergent.

Beweis.

a. Angenommen, (13.19) gilt für $n \geq n_0$. Dann ist

$$|a_{n_0+1}| \leq |a_{n_0}| q,$$
$$|a_{n_0+2}| \leq |a_{n_0+1}| q \leq |a_{n_0}| q^2,$$

usw. Durch Induktion folgt allgemein für $n \geq n_0$:

$$|a_n| \leq |a_{n_0}| q^{n-n_0} = K q^n$$

mit $K := |a_{n_0}| q^{-n_0} > 0$. Also ist die Reihe

$$\sum_{n=0}^{\infty} K q^n = K \sum_{n=0}^{\infty} q^n = \frac{K}{1-q}$$

eine konvergente Majorante.

b. Folgt wieder direkt aus 13.19d. $\qquad\square$

Ergänzungen zu §13

Eine Vertiefung der allgemeinen Theorie der metrischen Räume wäre für die mathematische Analysis von zentraler Bedeutung, soll hier jedoch unterbleiben. In dem Umfang, in dem sie für die Bedürfnisse der theoretischen Physik eine Rolle spielt, soll sie in dem geplanten Fortsetzungsband [14] stattfinden. Hier geben wir einen kleinen Einblick in die Kunst des *Abschätzens*, holen den Beweis des Satzes von BOLZANO-WEIERSTRASS nach und entwickeln eine neue Sichtweise der absolut konvergenten Reihen, die es uns leicht machen wird, die Sätze 13.21 und 13.22 zu beweisen.

13.26 Normenvergleich. Der Vergleich von $\|\cdot\|_1$ und $\|\cdot\|_2$ in (13.9) ist nicht optimal, denn es gilt sogar

$$\|x\|_2 \leq \|x\|_1 \leq \sqrt{N}\|x\|_2 \qquad \forall x \in \mathbb{R}^N. \tag{13.21}$$

Für $x = 0$ ist das klar. Für $x \neq 0$ setze $\alpha := \|x\|_1 = |x_1| + \cdots + |x_N|$. Dann ist $|x_k/\alpha| \leq 1$, also $|x_k/\alpha|^2 \leq |x_k/\alpha|$ für alle k, und somit

$$\frac{1}{\alpha^2}\|x\|_2^2 = \sum_{k=1}^{N} \left|\frac{x_k}{\alpha}\right|^2 \leq \sum_{k=1}^{N} \left|\frac{x_k}{\alpha}\right| = \frac{1}{\alpha}\|x\|_1 = 1 \,.$$

Hieraus folgt $\|x\|_2 \leq \alpha$, also die erste Ungleichung in (13.21). Die zweite folgt, wenn man die SCHWARZ'sche Ungleichung für das euklidische Skalarprodukt, also

$$\left|\sum_{k=1}^{N} y_k z_k\right| \leq \|y\|_2 \cdot \|z\|_2$$

mit den speziellen Vektoren $y := (1, 1, \ldots, 1)$ und $z := (|x_1|, |x_2|, \ldots, |x_N|)$ anwendet und beachtet, dass $\|y\|_2 = \sqrt{N}$ und $\|z\|_2 = \|x\|_2$ ist.

Abschätzung (13.21) ist *scharf*, d. h. sie kann nicht verbessert werden. Für den Vektor $e_1 = (1, 0, \ldots, 0)$ ergibt sich nämlich $\|e_1\|_2 = 1 = \|e_1\|_1$, und für den gerade betrachteten Vektor y hat man Gleichheit in der zweiten Ungleichung.

Für unsere Zwecke ist natürlich (13.9) gut genug, aber in der mathematischen Analysis ist es oft entscheidend, möglichst genaue Abschätzungen zu haben, und sehr viel Intelligenz und Raffinesse wird in trickreiche Beweise dafür investiert. Unsere Herleitung von (13.21) war ein bescheidenes Beispiel hiervon.

13.27 Beweis des Satzes von BOLZANO-WEIERSTRASS. Im Beweis von Thm. 13.15 wurden Sie für die Kernaussage, dass jede beschränkte Folge in $\mathbb{R}^N$ eine konvergente Teilfolge besitzt, auf diese Ergänzung vertröstet. Hier also ein Beweis:

(i) Zunächst betrachten wir nur den Fall $N = 1$. Sei also (x_n) eine beschränkte Folge reeller Zahlen, etwa

$$a \leq x_n \leq b \qquad \forall n \,.$$

Wir setzen

$$y_m := \inf\{x_n | n \geq m\} \quad \text{für} \quad m \in \mathbb{N} \,.$$

Das ist möglich, weil die Folge (x_n) nach unten beschränkt ist, und es ergibt sich eine monoton wachsende Folge (y_m), die durch b nach oben beschränkt ist. Nach Satz 2.4 konvergiert sie also gegen ihr Supremum s. Wir konstruieren jetzt durch Induktion eine Teilfolge (x_{n_k}) mit

$$|x_{n_k} - s| < 1/k \tag{13.22}$$

für alle k. Es ist klar, dass dann $s = \lim_{k \to \infty} x_{n_k}$ ist.

$\underline{k = 1}$: Wegen $s = \lim_{m \to \infty} y_m$ gibt es m_1 mit $0 \leq s - y_{m_1} < 1/2$. Nach Definition der y_m gibt es dann $n_1 \geq m_1$ mit $0 \leq x_{n_1} - y_{m_1} < 1/2$. Mit der Dreiecksungleichung folgt $|s - x_{n_1}| < 1/2 + 1/2 = 1$, wie gewünscht.

$k - 1 \mapsto k$: Seien $x_{n_1}, \ldots, x_{n_{k-1}}$ schon konstruiert. Wegen $s = \lim_{m \to \infty} y_m$ gibt es $m_k > n_{k-1}$ mit $0 \le s - y_{m_k} < 1/(2k)$. Nach Definition der y_m gibt es dann $n_k \ge m_k$ mit $0 \le x_{n_k} - y_{m_k} < 1/(2k)$. Mit der Dreiecksungleichung folgt $|s - x_{n_k}| < 1/(2k) + 1/(2k) = 1/k$, wie gewünscht, und wir haben auch $n_k > n_{k-1}$. Wir erhalten also wirklich eine Teilfolge, für die (13.22) gilt, und unsere Aussage ist für $N = 1$ bewiesen.

(ii) Den allgemeinen Fall folgern wir durch Induktion nach der Dimension N. Den Induktionsanfang haben wir schon unter (i) erledigt. Sei die Aussage also für die Dimension $N - 1$ bekannt, und sei (x_n) eine beschränkte Folge in $\mathbb{R}^N$. Wir verwenden auf $\mathbb{R}^N$ die Maximumsnorm $\| \cdot \|_\infty$, und wir schreiben

$$x_n = (x_n^1, \ldots, x_n^N) = (x_n', x_n^N)$$

mit $x_n' = (x_n^1, \ldots, x_n^{N-1}) \in \mathbb{R}^{N-1}$. Dann ist (x_n') eine beschränkte Folge in $\mathbb{R}^{N-1}$, hat nach Induktionsvoraussetzung also eine konvergente Teilfolge (x_{n_k}'). Die Folge $(x_{n_k}^N)_{k=1,2,\ldots}$ ist eine beschränkte Folge in $\mathbb{R}$, hat nach (i) also ihrerseits eine konvergente Teilfolge $(x_{n_{k_j}}^N)_{j=1,2,\ldots}$. Eine Teilfolge einer konvergenten Folge konvergiert aber nach Satz 13.12a ebenfalls (gegen denselben Grenzwert). Also ist auch die Folge $(x_{n_{k_j}}')_{j=1,2,\ldots}$ in $\mathbb{R}^{N-1}$ konvergent. Da die Konvergenz in $\mathbb{R}^N$ aber komponentenweise ist (vgl. 13.10), folgt hieraus, dass $(x_{n_{k_j}})_{j=1,2,\ldots}$ eine konvergente Teilfolge von (x_n) ist. Damit ist der Induktionsschritt vollzogen.   □

13.28 Bedingt konvergente Reihen. Da die Addition schließlich das Kommutativgesetz erfüllt, wird man sich fragen, was bei der Umordnung bedingt konvergenter Reihen eigentlich schiefgeht. Wir demonstrieren das an einem Beispiel:

Es sei (a_n) eine monoton fallende Nullfolge positiver Zahlen, für die die Reihe $\sum_{n=0}^\infty a_n$ divergiert (also z. B. $a_n = 1/(n+1)$). Nach dem LEIBNIZ-Kriterium ist dann die Reihe $\sum_{n=0}^\infty (-1)^n a_n$ konvergent. Wir werden diese Reihe jetzt so umordnen, dass sie gegen $+\infty$ divergiert. Dazu setze

$$T_n := \sum_{k=0}^n a_{2k}, \qquad U_n := \sum_{k=0}^n a_{2k+1}.$$

Die Folgen (T_n), (U_n) sind monoton wachsend und nach oben unbeschränkt. Wäre z. B. $\tau := \sup_{n \ge 0} T_n < \infty$, so wäre wegen der Monotonie von (a_k) stets $U_n \le T_n \le \tau$, also wären alle Partialsummen von $\sum_k a_k$ durch 2τ nach oben beschränkt, und die Reihe könnte nicht divergieren. Weil (T_n) also monoton und unbeschränkt wächst, gibt es eine streng monoton wachsende Folge $0 = m_0 < m_1 < m_2 < \ldots$ von natürlichen Zahlen, für die gilt:

$$\sum_{k=m_j}^{m_{j+1}-1} a_{2k} \ge 1 + a_1 \qquad \forall j$$

und somit

$$\sum_{k=m_j}^{m_{j+1}-1} a_{2k} - a_{2j+1} \geq 1 + a_1 - a_{2j+1} \geq 1 \qquad \forall j \,. \tag{13.23}$$

Wir ordnen nun die alternierende Reihe folgendermaßen um: Zuerst kommen die Summanden $a_0, a_2, \ldots, a_{2(m_1-1)}$, dann kommt $-a_1$, dann die Summanden $a_{2m_1}, \ldots, a_{2(m_2-1)}$ mit lauter geraden Indizes, dann $-a_3$, dann das nächste Paket gerader Indizes von $k = 2m_2$ bis $k = 2(m_3 - 1)$, dann $-a_5$ usw. Man macht sich mittels (13.23) leicht klar, dass die Partialsummen der so umgeordneten Reihe den Limes $+\infty$ haben.

Das Prinzip dabei ist natürlich, dass die geraden Indizes zu großen Paketen zusammengefasst werden, während die ungeraden Indizes nur ab und zu an die Reihe kommen. Bei einer endlichen Indexmenge wäre solch eine Umordnung nicht möglich, da die Anzahlen gerader und ungerader Indizes ja gleich sein müssten. Bei der *unendlichen* Indexmenge $\mathbb{N}$ kommt aber jeder ungerade Index irgendwann an die Reihe, obwohl die geraden so unfair bevorzugt werden. – Natürlich kann man auch die Rollen der geraden und ungeraden Indizes vertauschen und erhält dann eine Umordnung, bei der die Reihe nach $-\infty$ divergiert. Verteilt man die geraden und ungeraden Indizes etwas sorgfältiger, so kann man Konvergenz gegen eine beliebig vorgegebene reelle Zahl erreichen. Ein systematischer Ausbau dieser Gedankengänge führt schließlich zum schon erwähnten RIEMANN'schen Umordnungssatz.

13.29 Umordnung und absolute Konvergenz. Die klassischen Beweise von Sätzen wie 13.21 und 13.22 sind recht unübersichtlich. Wir geben hier eine moderne Behandlung der Umordnungsfragen, die von der LEBESGUE'schen Integrationstheorie inspiriert ist und die wesentlich besser erkennen lässt, was eigentlich vorgeht.

Sei I eine beliebige Indexmenge und $(a_i)_{i \in I}$ eine gegebene Familie reeller oder komplexer Zahlen, d. h. für jeden Index $i \in I$ ist eine Zahl a_i gegeben. Für eine endliche Teilmenge $H = \{i_1, i_2, \ldots, i_m\} \subseteq I$ definiert man

$$\sum_{i \in H} a_i := \sum_{\ell=1}^{m} a_{i_\ell} \,. \tag{13.24}$$

Der Wert dieser Summe hängt natürlich nur von H ab, nicht aber von der Reihenfolge, in der die Summanden a_{i_ℓ} aufgeschrieben sind. Für den Spezialfall $I = \mathbb{N}$, $H = \{1, 2, \ldots, n\}$ erhalten wir wieder die Partialsummen der Reihe $\sum_i a_i$, aber wir betrachten nun eben ganz beliebige endliche Summen, die sich aus den a_i zusammenstellen lassen.

Der Umgang mit solchen Familien ist wesentlich einfacher, wenn man sich auf reelle Zahlen eines festen Vorzeichens beschränkt. Dies tun wir in einem ersten Schritt und dehnen die Betrachtung später auf beliebige reelle und dann auf komplexe Zahlen aus.

(i) Sei also jetzt $p_i \geq 0 \quad \forall i$. Wir setzen

$$\sigma := \sup\left\{ \sum_{i \in H} p_i \;\middle|\; H \subseteq I \text{ endlich} \right\} . \tag{13.25}$$

Dabei ist das Supremum als $+\infty$ zu verstehen, wenn die rechts stehende Menge nicht nach oben beschränkt ist. Ferner nennen wir eine aufsteigende Folge

$$H_1 \subseteq H_2 \subseteq \ldots \subseteq I$$

von Teilmengen eine *Ausschöpfung* von I, wenn $I = \bigcup_{m=1}^{\infty} H_m$, wenn also jeder Index $i \in I$ in einer der Mengen H_m vorkommt. Dann gilt:

Lemma. *Für jede Ausschöpfung $(H_m)_{m \in \mathbb{N}}$ von I durch endliche Teilmengen ist*

$$\sigma = \sup_{m \in \mathbb{N}} \sum_{i \in H_m} p_i = \lim_{m \to \infty} \sum_{i \in H_m} p_i . \tag{13.26}$$

Beweis. Setze $\sigma_m := \sum_{i \in H_m} p_i$. Wegen $H_m \subseteq H_{m+1}$ und $p_i \geq 0$ ist (σ_m) eine monoton wachsende Folge. Also folgt das zweite Gleichheitszeichen in (13.26) für den Fall $\sigma < \infty$ aus Satz 2.4. Im Fall $\sigma = \infty$ folgt es aus der trivialen Tatsache, dass eine monoton wachsende Folge reeller Zahlen genau dann nach oben unbeschränkt ist, wenn sie den Grenzwert $+\infty$ hat. Wir haben also nur das erste Gleichheitszeichen nachzuweisen und betrachten dazu den Fall $\sigma < \infty$ (der andere Fall geht analog!) Für alle m ist $\sigma_m \leq \sigma$, da die H_m spezielle endliche Teilmengen sind. Also ist $\tau := \sup_m \sigma_m \leq \sigma$. Sei andererseits ein beliebiges $\varepsilon > 0$ gegeben. Nach Definition von σ gibt es dann ein endliches $H \subseteq I$ mit $\sum_{i \in H} p_i > \sigma - \varepsilon$. Weil die H_m eine Ausschöpfung bilden, ist $H \subseteq H_m$, sobald m groß genug ist. Für solch ein m folgt

$$\tau \geq \sigma_m \geq \sum_{i \in H} p_i > \sigma - \varepsilon .$$

Daher muss $\sigma = \tau$ sein. $\qquad\qquad\qquad\qquad\qquad\qquad\qquad\qquad\qquad\qquad\square$

(ii) Nun betrachten wir beliebige reelle Zahlen a_i $(i \in I)$ und setzen

$$a_i^+ := \max(a_i, 0) , \qquad a_i^- := -\min(a_i, 0) . \tag{13.27}$$

Die $a_i^{\pm}$ sind ≥ 0, und man prüft ohne weiteres nach, dass

$$a_i = a_i^+ - a_i^- , \qquad |a_i| = a_i^+ + a_i^- \tag{13.28}$$

und insbesondere $0 \leq a_i^{\pm} \leq |a_i|$. Der entscheidende Gedanke ist nun, Reihen mit reellen Gliedern mittels (13.28) aus solchen mit nichtnegativen Gliedern zusammenzusetzen, und das wird gutgehen, solange dabei keine Terme der Form $\infty - \infty$ auftreten. Was das Auftreten dieser üblen Terme verhindert, ist die folgende Eigenschaft:

Definition. *Eine Familie* $(a_i)_{i \in I}$ *heißt* absolut summierbar, *wenn*

$$\hat{\sigma} := \sup \left\{ \sum_{i \in H} |a_i| \,\middle|\, H \subseteq I \text{ endlich} \right\} < \infty \,.$$

Satz. *Sei* $(a_i)_{i \in I}$ *eine Familie reeller oder komplexer Zahlen.*

a. *Wenn für eine Ausschöpfung* $(H_m)_{m \in \mathbb{N}}$ *von* I *durch endliche Teilmengen die Menge der Zahlen*

$$\widehat{s}_m := \sum_{i \in H_m} |a_i|$$

beschränkt ist, so ist die Familie (a_i) *absolut summierbar.*

b. *Ist die Familie* (a_i) *absolut summierbar, so existiert für jede Ausschöpfung* (G_m) *von* I *durch endliche Teilmengen der Grenzwert*

$$s = \lim_{m \to \infty} \sum_{i \in G_m} a_i \,,$$

und der Wert von s *ist von der gewählten Ausschöpfung unabhängig. Im Falle* $I = \mathbb{N}$ *ist insbesondere die Reihe* $\sum_i a_i$ *konvergent mit der Summe* s.

Beweis. Zunächst betrachten wir den Fall $a_i \in \mathbb{R}$ $\forall i \in I$. Die Größen $\sigma^{\pm} \in [0, \infty]$ seien durch (13.25) definiert, wobei $p_i := a_i^{\pm}$ gesetzt wird.

a. Nach dem obigen Lemma, angewandt auf die Familie der $p_i := |a_i|$, ist $\hat{\sigma} < \infty$, also haben wir absolute Summierbarkeit.

b. Ist $\hat{\sigma} < \infty$, so auch $\sigma^{\pm} < \infty$ wegen $a_i^{\pm} \leq |a_i|$. Anwendung des Lemmas auf $p_i := a_i^{\pm}$ ergibt für die beliebige Ausschöpfung (G_m) nun

$$\sigma^{\pm} = \lim_{m \to \infty} \sum_{i \in G_m} a_i^{\pm} \,,$$

also auch

$$\sigma^+ - \sigma^- = \lim_{m \to \infty} \sum_{i \in G_m} a_i \,.$$

Daher existiert der Limes und hat den Wert $s = \sigma^+ - \sigma^-$ unabhängig von der gewählten Ausschöpfung.

Für Familien komplexer Zahlen machen wir eine Zerlegung in Real- und Imaginärteil, schreiben also $a_i = b_i + ic_i$ mit $b_i := \operatorname{Re} a_i$, $c_i := \operatorname{Im} a_i$. Wegen

$$|b_i|, \ |c_i| \ \leq \ |a_i| \ \leq \ |b_i| + |c_i|$$

folgen dann beide Aussagen sofort aus den entsprechenden Aussagen für Familien reeller Zahlen.   □

Beweis von Satz 13.21:
Wir betrachten $I = \mathbb{N}$, also eine Reihe $\sum_i a_i$. Eine *Umordnung* der Indizes ist einfach eine bijektive Abbildung $\pi : \mathbb{N} \to \mathbb{N}$, und die umgeordnete Reihe ist $\sum_i a_{\pi(i)}$. Die Partialsummen der Reihe $\sum_i a_i$ entsprechen der Ausschöpfung von $\mathbb{N}$ durch die Mengen

$$H_m := \{1, 2, \ldots, m\}\,.$$

Absolute Konvergenz der Reihe impliziert nach Teil a des obigen Satzes also die absolute Summierbarkeit. Ferner ist $\pi(i) \in H_m \iff i \in \pi^{-1}(H_m)$, also entsprechen die Partialsummen der umgeordneten Reihe $\sum_i a_{\pi(i)}$ der Ausschöpfung durch die Mengen $\pi^{-1}(H_m)$. Teil b des Satzes ergibt daher

$$\sum_{i=1}^{\infty} a_{\pi(i)} = s = \sum_{i=1}^{\infty} a_i\,,$$

womit Satz 13.21 bewiesen ist.   □

Beweis von Satz 13.22:
Wir betrachten zwei absolut konvergente Reihen $\sum_{j=0}^{\infty} a_j$, $\sum_{k=0}^{\infty} b_k$ mit den Summen α bzw. β wie in Satz 13.22. Da wir die Indizes im Moment von Null ab laufen lassen, entsprechen die Partialsummen jetzt der Ausschöpfung von $\mathbb{N}_0 := \mathbb{N} \cup \{0\}$ durch die endlichen Mengen

$$G_m := \{0, 1, 2, \ldots, m\}\,.$$

Nun ist nach Satz 2.2d.

$$\begin{aligned}
\alpha\beta &= \lim_{m \to \infty} \left(\sum_{j=0}^{m} a_j\right)\left(\sum_{k=0}^{m} b_k\right) \\
&= \lim_{m \to \infty} \sum_{j,k=0}^{m} a_j b_k \\
&= \lim_{m \to \infty} \sum_{(j,k) \in Q_m} a_j b_k
\end{aligned}$$

mit $Q_m := G_m \times G_m$, und eine analoge Umrechnung ist möglich für das Produkt der beiden Zahlen

$$\hat{\alpha} := \sum_{j=0}^{\infty} |a_j| \quad \text{und} \quad \hat{\beta} := \sum_{k=0}^{\infty} |b_k| \ .$$

Die endlichen Mengen Q_m bilden offenbar eine Ausschöpfung der Indexmenge $I = \mathbb{N}_0 \times \mathbb{N}_0$. Also zeigt Teil a des Satzes, dass die Familie $(a_j b_k)_{(j,k) \in I}$ absolut summierbar ist. Eine weitere Ausschöpfung ist gegeben durch die endlichen Mengen

$$C_m := \{(j,k) \in I | j + k \le M\} \ .$$

Teil b. des Satzes liefert also

$$\alpha\beta = \lim_{m \to \infty} \sum_{(j,k) \in C_m} a_j b_k \ .$$

Für alle $n \ge 1$ ist aber C_n die disjunkte Vereinigung von C_{n-1} und $\{(j,k) \in I | j + k = n\} = \{(n-k,k) \in I | k = 0, 1, \ldots, n\}$. Also ist

$$\sum_{(j,k) \in C_n} a_j b_k = \sum_{(j,k) \in C_{n-1}} a_j b_k + \sum_{k=0}^{n} a_{n-k} b_k \ .$$

Verwenden wir dies für $n = 1, \ldots, m$, so ergibt sich

$$\alpha\beta = \lim_{m \to \infty} \sum_{n=0}^{m} \left(\sum_{k=0}^{n} a_{n-k} b_k \right) \ ,$$

also die CAUCHY'sche Produktformel.

Auf ähnliche Weise kann man mühelos den folgenden wichtigen Satz herleiten:

Theorem 13.30 (Großer Umordnungssatz). *Es sei (a_{jk}) eine doppelt unendliche Matrix reeller oder komplexer Zahlen (d. h. eine Familie mit der Indexmenge $\mathbb{N} \times \mathbb{N}$). Angenommen, für jedes j ist die Reihe $\sum_k a_{jk}$ absolut konvergent, also*

$$\hat{s}_j := \sum_{k=1}^{\infty} |a_{jk}| < \infty \ .$$

Ferner sei die Reihe $\sum_j \hat{s}_j$ absolut konvergent. Dann gilt:

a. Die Familie (a_{jk}) ist absolut summierbar.
b. Auch die Reihen $\sum_j a_{jk}$ $(k \in \mathbb{N})$ sind alle absolut konvergent.
c. Die Summen

$$s_j := \sum_{k=1}^{\infty} a_{jk} \ , \qquad t_k := \sum_{j=1}^{\infty} a_{jk}$$

bilden absolut konvergente Reihen $\sum_j s_j$, $\sum_k t_k$, *und es ist*

$$\sum_{j=1}^{\infty} s_j = \sum_{k=1}^{\infty} t_k,$$

d. h.
$$\sum_{j=1}^{\infty}\left(\sum_{k=1}^{\infty} a_{jk}\right) = \sum_{k=1}^{\infty}\left(\sum_{j=1}^{\infty} a_{jk}\right).$$

Bemerkung: In vielen Lehrbüchern wird betont, dass analoge Aussagen auch für die $|a_{jk}|$ gelten. Das versteht sich aber von selbst, denn mit (a_{jk}) erfüllt ja auch die Familie $(|a_{jk}|)$ die Voraussetzungen des Satzes.

Aufgaben zu §13

13.1. Man beweise: In jedem metrischen Raum (M, d) gilt die *Vierecksunglei-chung*

$$|d(x_1, y_1) - d(x_2, y_2)| \leq d(x_1, x_2) + d(y_1, y_2)$$

für beliebige Punkte $x_1, x_2, y_1, y_2 \in M$. (*Hinweis:* $|s| \leq t$ ist äquivalent zu „$s \leq t$ und $-s \leq t$".)

13.2. Sei V ein normierter linearer Raum mit Norm $\|\cdot\|$. Man zeige:

a. $d(x, y) := \|x - y\|$ definiert eine Metrik auf V.
b. $\big|\|x\| - \|y\|\big| \leq \|x - y\|$ für alle $x, y \in V$.

13.3. Man bestimme $\overset{\circ}{A}$, $\bar{A}$ und ∂A für die folgenden ebenen Mengen:

$$A_1 = \{(x, y) \mid 0 < \|(x, y) - (1, 2)\| \leq 3\},$$
$$A_2 = \{(x, y) \mid \|(x, y) - (1, 2)\| = 3\},$$
$$A_3 = \{(1, 2), (3, 4), (5, 6)\},$$
$$A_4 = \{(1, y) \mid y = 1/k,\ k \in \mathbb{N}\},$$
$$A_5 = \{(x, y) \mid 0 < y < x + 1,\ x > -1\}.$$

Dabei ist eine der Metriken d_1, d_2 oder d_∞ zu Grunde gelegt. Welche dieser Mengen sind offen, welche abgeschlossen?

13.4. Für $S := \{(x, y) \in \mathbb{R}^2 \mid x^2 + y^2 < 1\} \setminus ([0, 1) \times \{0\})$ bestimme und skizziere man

$$\partial S,\quad \overline{S},\quad \overset{\circ}{S},\quad \overline{\overset{\circ}{S}},\quad \partial(\overline{S}).$$

13.5. Sei (x_n) eine CAUCHY-Folge in einem metrischen Raum (M, d). Man zeige:
Es gibt eine Teilfolge (x_{n_k}), sodass

$$d\left(x_{n_k}, x_{n_{k+1}}\right) < \frac{1}{2^k} \qquad \text{für alle } k \in \mathbb{N}.$$

13.6. Sei $(V, \| \cdot \|)$ ein normierter linearer Raum. Man zeige:

a. Der Abschluss $\overline{U}$ eines linearen Teilraums $U \subseteq V$ ist wieder ein linearer Teilraum.

b. Der einzige lineare Teilraum von V, der einen inneren Punkt besitzt, ist V selbst.

13.7. Man bestimme die Summen der folgenden Reihen.

$$\sum_{k=0}^{\infty} \frac{(-1)^k}{2^k}, \quad \sum_{k=0}^{\infty} \frac{1^k + 2^k + 3^k}{4^k},$$

$$\sum_{n=0}^{\infty} \frac{2^{n+1} + 3^n}{6^n}, \quad \sum_{n=1}^{\infty} \left(\frac{1}{n} - \frac{1}{n+2} \right), \quad \sum_{k=1}^{\infty} \frac{1}{4k^2 - 1}.$$

13.8. Mit höheren Mitteln kann man beweisen, dass $\sum_{n=1}^{\infty} n^{-2} = \pi^2/6$ ist. Unter Verwendung dieser Tatsache berechne man die Summen der Reihen

$$\sum_{n=1}^{\infty} \frac{(-1)^{n+1}}{n^2} \quad \text{und} \quad \sum_{n=1}^{\infty} \frac{1}{(2n-1)^2}.$$

13.9. Man untersuche folgende Reihen auf Konvergenz und absolute Konvergenz:

a. $\displaystyle\sum_{n=1}^{\infty} (-1)^{n+1} \frac{n}{n^2 + 1}$,

b. $\displaystyle\sum_{n=1}^{\infty} (-1)^n \frac{n^3}{(n^2 + 1)^{4/3}}$,

c. $\displaystyle\sum_{n=1}^{\infty} (-1)^{n+1} \frac{n}{n^2 + 1}$.

13.10. Man untersuche die folgenden Reihen auf Konvergenz

a. $\displaystyle\sum_{n=1}^{\infty} \frac{n^2}{n^2 + 1}, \quad \sum_{n=1}^{\infty} \frac{(-1)^n}{\sqrt{n}}$,

b. $\displaystyle\sum_{k=1}^{\infty} (-1)^k 2^{1/k}, \quad \sum_{k=0}^{\infty} (-1)^k (\sqrt{k+1} - \sqrt{k}), \quad \sum_{k=1}^{\infty} (-1)^k (2^{1/k} - 2^{1/(k+1)})$,

c. $\displaystyle\sum_{n=1}^{\infty} n^\alpha p^n$, wobei $\alpha > 0, 0 < p < 1$,

d. $\displaystyle\sum_{n=1}^{\infty} \frac{1}{3^n} \left(\frac{n+1}{n} \right)^{n^2}$.

13.11. a. Man untersuche die folgenden Reihen auf Konvergenz.

$$\sum_{n=0}^{\infty} \frac{t^n}{n!}$$

$$1 - \frac{t^2}{2!} + \frac{t^4}{4!} - \ldots + \frac{(-1)^n \, t^{2n}}{(2n)!} + \ldots$$

b. Man untersuche die Reihe

$$\sum_{n=0}^{\infty} (1/2)^{(-1)^n + n}$$

mithilfe der Wurzel- und Quotientenkriterien auf Konvergenz oder Divergenz.

13.12. Man zeige:

a. Für jedes $p > 0$ ist die Reihe $\displaystyle\sum_{n=1}^{\infty} \frac{(n!)^2}{(1+p)^{n^2}}$ konvergent.

b. Für jedes feste $k \in \mathbb{N}$ ist die Reihe

$$\sum_{n=1}^{\infty} \frac{n!}{n^{n-k}}$$

konvergent.

13.13. Man zeige, dass die unendliche Reihe

$$\sum_{n=1}^{\infty} \frac{1}{n^{1+1/n}}$$

divergent ist. (*Hinweis:* Es gilt $\lim_{n \to \infty} \sqrt[n]{n} = 1$ (wieso?).)

13.14. Seien $a_n \neq 0$ und gelte $a_n \longrightarrow a \neq 0$. Man zeige, dass die beiden Reihen

$$\sum_{n=1}^{\infty} |a_{n+1} - a_n| \qquad \text{und} \qquad \sum_{n=1}^{\infty} \left| \frac{1}{a_{n+1}} - \frac{1}{a_n} \right|$$

entweder beide konvergent oder beide divergent sind.

13.15. Man zeige: Wenn $\lim_{n \longrightarrow \infty} a_n = 0$ ist, dann sind die beiden Reihen

$$\sum_{n=1}^{\infty} a_n \qquad \text{und} \qquad \sum_{n=1}^{\infty} (a_{n+1} + a_n)$$

entweder beide konvergent oder beide divergent.

13.16. Sei $c_n > 0$ und $a_n \neq 0$ für alle n, wobei die a_n reell oder komplex sein können. Man zeige: Ist die Reihe $\sum_n c_n$ konvergent und gilt

$$\left| \frac{a_{n+1}}{a_n} \right| \leq \frac{c_{n+1}}{c_n} \qquad \text{für fast alle } n \,,$$

so ist die Reihe $\sum_n a_n$ absolut konvergent. (*Hinweis:* Für $c_n = q^n$ ist dies das Quotientenkriterium. Ein Beweis lässt sich daher durch Verallgemeinern des Beweises des Quotientenkriteriums gewinnen.)

14

Stetigkeit

Wir setzen die im vorigen Kapitel begonnene Vertiefung der Grundlagen nun mit der Betrachtung von *stetigen Abbildungen* zwischen metrischen Räumen fort (Abschn. A.-C.). Spätestens hier müssen auch Konvergenzbegriffe für Folgen und Reihen von Funktionen diskutiert werden, vor allem im Hinblick auf die praktisch sehr wichtige Frage, wann Grenzübergänge miteinander vertauscht werden dürfen. Dies geschieht in den letzten beiden Abschnitten.

A. Definition der Stetigkeit

Wir betrachten Abbildungen zwischen metrischen Räumen. Wieder sind die nachstehend definierten Begriffe eigentlich nichts Neues, sondern direkte Übertragungen der entsprechenden Begriffe aus Kap. 2 auf die jetzt betrachtete allgemeinere Situation.

Definitionen 14.1. *Seien* (M_1, d_1), (M_2, d_2) *metrische Räume,* $D \subseteq M_1$, $f : D \longrightarrow M_2$ *eine Funktion.*

a. f hat in $x_0 \in \overline{D}$ den Limes $y_0 \in M_2$, geschrieben

$$\lim_{x \longrightarrow x_0} f(x) = y_0 \,, \tag{14.1}$$

wenn es zu jedem $\varepsilon > 0$ ein $\delta > 0$ gibt, sodass

$$d_2(f(x), y_0) < \varepsilon \qquad falls \ d_1(x, x_0) < \delta \,. \tag{14.2}$$

b. f heißt stetig *in $x_0 \in D$, wenn $\lim_{x \longrightarrow x_0} f(x) = f(x_0)$. f heißt* stetig *in D, wenn f in jedem $x_0 \in D$ stetig ist.*

Man überzeugt sich leicht, dass der Limes eindeutig bestimmt ist, d. h. es kann nicht zwei verschiedene y_0 geben, die beide die Bedingung aus 14.1a erfüllen. Es kann aber vorkommen, dass $\lim\limits_{x \longrightarrow x_0} f(x) = y_0$ existiert, jedoch $f(x_0) \neq y_0$ ist oder sogar f in x_0 gar nicht definiert ist. Setzt man dann

$$g(x) = \begin{cases} y_0 & \text{für } x = x_0 \,, \\ f(x) & \text{für } x \neq x_0 \,, \end{cases}$$

so wird $g(x)$ stetig in x_0. Man sagt: $f(x)$ wird in x_0 durch den Wert y_0 *stetig ergänzt*.

Satz 14.2 (*Folgenkriterium*). *Eine Funktion* $f : D \longrightarrow M_2$, $D \subseteq M_1$, *ist genau dann stetig in* $x_0 \in D$, *wenn für jede Folge* (x_n) *in* D

$$x_n \longrightarrow x_0 \Longrightarrow f(x_n) \longrightarrow f(x_0) \,. \tag{14.3}$$

Kurz:

$$\lim_{n \longrightarrow \infty} f(x_n) = f\left(\lim_{n \longrightarrow \infty} x_n \right) \,. \tag{14.4}$$

Beweis. (Wörtlich wie Satz 2.7)

a. Sei zunächst f stetig in x_0 im Sinne von Definition 14.1b, d. h. zu $\varepsilon > 0$ existiert ein $\delta > 0$, sodass

$$d_2(f(x), f(x_0)) < \varepsilon \quad \text{falls } d_1(x, x_0) < \delta \,. \tag{14.5}$$

Sei (x_n) eine Folge in D mit $x_n \longrightarrow x_0$. Dann gibt es ein $n_0 \in \mathbb{N}$, sodass

$$d_1(x_n, x_0) < \delta \quad \text{falls } n \geq n_0$$

und daher auch

$$d_2(f(x_n), f(x_0)) < \varepsilon \quad \text{falls } n \geq n_0 \,.$$

Also folgt $f(x_n) \longrightarrow f(x_0)$, wie behauptet.

b. Gelte umgekehrt: $f(x_n) \longrightarrow f(x_0)$ für jede Folge $x_n \longrightarrow x_0$. Wäre f unstetig in x_0, so gäbe es ein $\varepsilon' > 0$ und zu jedem $\delta = \frac{1}{n}$ ein $x_n \in D$, sodass

$$d_1(x_n, x_0) < \frac{1}{n}, \quad \text{aber } d_2(f(x_n), f(x_0)) \geq \varepsilon'$$

im Widerspruch zur Voraussetzung.

$\square$

Satz 14.3. *Die Komposition stetiger Funktionen ist stetig, d. h. sind* (M_i, d_i), $i = 1, 2, 3$, *metrische Räume,* $D_1 \subseteq M_1$, $D_2 \subseteq M_2$, $f : D_1 \longrightarrow M_2$, $g : D_2 \longrightarrow M_3$ *mit* $f(D_1) \subseteq D_2$, *Funktionen. Ist dann* f *stetig in* $x_0 \in D_1$ *und* g *stetig in* $y_0 = f(x_0) \in D_2$, *so ist* $g \circ f : D_1 \longrightarrow M_3$ *stetig in* x_0.

Beweis. (Wörtlich wie Satz 2.8)

Sei (x_n) eine Folge in D_1 mit $x_n \longrightarrow x_0$. Dann gilt

$$y_n := f(x_n) \longrightarrow y_0 := f(x_0) \ , \quad \text{da } f \text{ stetig in } x_0,$$

$$g(y_n) \longrightarrow g(y_0) \qquad , \quad \text{da } g \text{ stetig in } y_0.$$

Also

$$(g \circ f)(x_n) = g(f(x_n)) = g(y_n) \longrightarrow g(y_0) = (g \circ f)(x_0) \ .$$

$\square$

Genau wie bei Satz 2.9 können wir nun das Folgenkriterium verwenden, um Aussagen über stetige Funktionen aus entsprechenden Aussagen über Folgen herzuleiten. Mittels Satz 13.8 und Beispiel 13.10 ergibt sich so:

Satz 14.4. *Sei (M, d) ein metrischer Raum, $D \subseteq M$, $x_0 \in D$. Dann gilt:*

a. *$f = u + \mathrm{i}v : D \longrightarrow \mathbb{C}$ ist stetig in $x_0 \in D$ genau dann, wenn $u, v : D \longrightarrow \mathbb{R}$ stetig in x_0 sind.*

b. *$F = (f_1, \ldots, f_n)^T : D \longrightarrow \mathbb{R}^n$ ist stetig in x_0 genau dann, wenn $f_1, \ldots, f_n : D \longrightarrow \mathbb{R}$ stetig in x_0 sind.*

c. *Ist E ein normierter linearer Raum, $\lambda \in \mathbb{K}$, und sind $f, g : D \longrightarrow E$ stetig in x_0, so sind die Funktionen*

$$f + g \ , \quad \lambda f \ , \quad \|f\|$$

stetig in x_0. Ebenso die Funktion $\langle f | g \rangle$, wenn E sogar ein Prähilbertraum ist.

d. *Ist E ein normierter linearer Raum und ist $f : D \longrightarrow E$ stetig in x_0 mit $f(x_0) \neq 0$, so gibt es ein $\delta > 0$ sodass $f(x) \neq 0$ für alle $x \in D$ mit $d(x, x_0) < \delta$.*

e. *Ist $\mathbb{K} = \mathbb{R}$ oder $\mathbb{C}$ und sind $f, g : D \longrightarrow \mathbb{K}$ stetig in x_0, so sind*

$$f \cdot g \quad \text{und } \frac{f}{g} \ , \ \text{falls } g(x_0) \neq 0$$

stetig in x_0.

Bemerkung: Bisher (schon ab Kap. 8) hatten wir die Stetigkeit vektorwertiger Funktionen immer komponentenweise definiert. Teil b des obigen Satzes zeigt, dass $F = (f_1, \ldots, f_n)^T$ genau dann in x_0 komponentenweise stetig ist, wenn F als Abbildung des metrischen Raums M in den metrischen Raum $\mathbb{R}^n$ (mit irgendeiner Normmetrik) stetig ist. Unser jetziger Stetigkeitsbegriff ist also nicht verschieden von dem bisherigen, sondern eine Verallgemeinerung.

B. eitere Eigenschaften stetiger Funktionen

Während wir im vorigen Abschnitt die Stetigkeit in einem einzelnen Punkt betrachtet haben, soll es jetzt um die besonderen Eigenschaften von Abbildungen gehen, die in *jedem* Punkt ihres Definitionsbereichs stetig sind.

Die folgende äquivalente Definition der Stetigkeit ist nützlich:

Satz 14.5. *Eine Abbildung* $f : M_1 \longrightarrow M_2$ *ist genau dann stetig in* M_1, *wenn für jede offene Menge* $V \subseteq M_2$ *das Urbild* $U = f^{-1}(V)$ *offen in* M_1 *ist.*

Beweis.

a. Sei f stetig in M_1, $V \subseteq M_2$ offen, $p \in M_1$ mit $f(p) \in V$. Da V offen ist, gibt es ein $\varepsilon > 0$, sodass

$$\{q \in M_2 \mid d_2(f(p), q) < \varepsilon\} = U_\varepsilon(f(p)) \subseteq V .$$

Da f stetig ist, gibt es ein $\delta > 0$, sodass

$$f(U_\delta(p)) \subseteq U_\varepsilon(f(p)) \subseteq V ,$$

also $U_\delta(p) \subseteq f^{-1}(V)$. Der beliebige Punkt $p \in f^{-1}(V)$ ist also ein innerer Punkt, d. h. $f^{-1}(V)$ ist offen.

b. Sei nun $f^{-1}(V)$ offen für jedes offene $V \subseteq M_2$. Sei $p \in M_1$, $\varepsilon > 0$ und sei $V = \{y \in M_2 \mid d_2(f(p), y) < \varepsilon\} = U_\varepsilon(f(p))$. Dann ist V offen in M_2 und daher $f^{-1}(V)$ offen in M_1. Daher gibt es ein $\delta > 0$, sodass

$$U_\delta(p) = \{x \in M_1 \mid d_1(x, p) < \delta\} \subseteq f^{-1}(V) ,$$

also $f(U_\delta(p)) \subseteq U_\varepsilon(f(p))$. Das bedeutet aber gerade Stetigkeit von f in p. $\square$

Theorem 14.6. *Das stetige Bild kompakter Mengen ist kompakt, d. h. ist* $f : M_1 \longrightarrow M_2$ *stetig und ist* $C \subseteq M_1$ *eine kompakte Menge, so ist* $f(C) \subseteq M_2$ *kompakt.*

Beweis. Sei (y_n) eine Folge in $f(C)$. Dann gibt es $x_n \in C$ mit $f(x_n) = y_n$. Da C kompakt ist, gibt es eine Teilfolge $x_{n_K} \longrightarrow x_0 \in C$. Da f stetig ist, gilt $y_{n_k} := f(x_{n_k}) \longrightarrow f(x_0) = y_0 \in f(C)$. Also enthält (y_n) eine konvergente Teilfolge, d. h. $f(C)$ ist kompakt. $\square$

Als Konsequenz bekommen wir die folgende Verallgemeinerung von Thm. 2.12:

Theorem 14.7 (Satz vom Maximum). *Sei* (M, d) *ein metrischer Raum,* $K \subseteq M$ *kompakt,* $f : M \longrightarrow \mathbb{R}$ *stetig. Dann nimmt* f *auf* K *Maximum und Minimum an, d. h. es gibt* $x_1, x_2 \in K$:

$$f(x_1) = \inf_{x \in K} f(x), \quad f(x_2) = \sup_{x \in K} f(x) .$$

Beweis. Nach Satz 14.6 ist $f(K) \subseteq \mathbb{R}$ kompakt, also nach Satz 13.14 beschränkt und abgeschlossen. Daher existieren $y_1 = \inf f(K)$, $y_2 = \sup f(K)$, und sie gehören zu $f(K)$. Daher gibt es $x_1, x_2 \in K$ mit $y_i = f(x_i)$ $(i = 1, 2)$. $\square$

Satz 14.8. *Sei $f : M_1 \longrightarrow M_2$ stetig und bijektiv, und sei M_1 kompakt. Dann ist die inverse Abbildung $f^{-1} : M_2 \longrightarrow M_1$ ebenfalls stetig.*

Beweis. Nach Satz 14.5 ist f^{-1} genau dann stetig auf M_2, wenn für jede offene Menge $U \subseteq M_1$ das Urbild $(f^{-1})^{-1}(U) \equiv f(U)$ offen in M_2 ist. Sei also $U \subseteq M_1$ offen und damit $M_1 \setminus U$ abgeschlossen und daher kompakt, weil M_1 kompakt ist. Nach Satz 14.6 ist dann $f(M_1 \setminus U)$ kompakt in M_2, d. h. insbesondere abgeschlossen, und daher $M_2 \setminus f(M_1 \setminus U)$ offen. Aber $M_2 \setminus f(M_1 \setminus U) = f(U)$, da f bijektiv ist. $\square$

Die nächste Aussage haben wir schon gebraucht, um die Integrierbarkeit von stetigen Funktionen nachzuweisen (vgl. den Beweis von Satz 11.4):

Satz 14.9. *Sei $f : M_1 \longrightarrow M_2$ stetig und sei M_1 kompakt. Dann ist f gleichmäßig stetig auf M_1, d. h. zu jedem $\varepsilon > 0$ gibt es ein universelles $\delta > 0$ (unabhängig von den $x \in M_1$) mit:*

$$d_2(f(x), f(y)) < \varepsilon, \quad \text{falls } d_1(x, y) < \delta.$$

Beweis. Ist f nicht gleichmäßig stetig, so gibt es ein $\varepsilon' > 0$ und Folgen (x_n), (y_n) in M_1, sodass

$$d_1(x_n, y_n) \longrightarrow 0, \quad \text{aber } d_2(f(x_n), f(y_n)) \geq \varepsilon' \ \forall n. \tag{14.6}$$

Da M kompakt ist, gibt es Teilfolgen $x_{n_k} \longrightarrow x_0$, $y_{n_k} \longrightarrow y_0$. Wegen $d_1(x_{n_k}, y_{n_k}) \longrightarrow 0$ muss $x_0 = y_0$ sein. Die Stetigkeit von f erzwingt dann

$$f(x_{n_k}) \longrightarrow f(x_0) \longleftarrow f(y_{n_k}), \tag{14.7}$$

also $d_2(f(x_{n_k}), f(y_{n_k})) \longrightarrow 0$. Dies ist ein Widerspruch zu (14.6). $\square$

C. Fixpunktsatz von BANACH

Dieser Satz ermöglicht es, bei vielen nicht explizit lösbaren Gleichungen die Existenz einer eindeutigen Lösung zu garantieren und sogar eine Folge von Näherungslösungen zu konstruieren, die gegen die gesuchte Lösung konvergiert.

Sei (M, d) ein metrischer Raum, $A : M \longrightarrow M$ eine stetige Abbildung. Dann betrachten wir Gleichungen der Form

$$A(x) = x.$$

Viele Typen von Gleichungen – auch Differenzialgleichungen, Integralgleichungen usw. – lassen sich nämlich durch geeignete Umformungen auf diese Gestalt bringen.

Definitionen 14.10. *Sei $A : M \longrightarrow M$ eine Abbildung eines metrischen Raumes.*

a. $\bar{x} \in M$ *heißt ein* Fixpunkt *von A, wenn* $A(\bar{x}) = \bar{x}$.

b. *A heißt* kontrahierend, *wenn es ein $q \in \mathbb{R}$, $0 < q < 1$, gibt, sodass*

$$d(A(x),\, A(y)) \;\leq\; qd(x,y) \quad \forall\, x,y \in M \,. \tag{14.8}$$

Kriterien für die Existenz von Fixpunkten nennt man *Fixpunktsätze.*

Theorem 14.11 (Banach'scher Fixpunktsatz). *Sei (M,d) ein vollständiger metrischer Raum, und sei $A : M \longrightarrow M$ eine kontrahierende Abbildung. Dann hat A genau einen Fixpunkt in M.*

Beweis.

a. Wir zeigen zunächst die *Existenz* eines Fixpunktes mit der *Methode der sukzessiven Approximation*: Für einen beliebigen Punkt $x_0 \in M$ definieren wir die Folge

$$x_1 = A(x_0)\,,\; x_2 = A(x_1),\ldots,\; x_{n+1} = A(x_n),\ldots \tag{14.9}$$

Wegen (14.8) gilt dann

$$d(x_n, x_{n+1}) = d(A(x_{n-1}), A(x_n)) \quad \leq qd(x_{n-1}, x_n)$$

$$= qd(A(x_{n-2}), A(x_{n-1}) \leq q^2 d(x_{n-2}, x_{n-1}) \cdots ,$$

also

$$d(x_n, x_{n+1}) \;\leq\; q^n d(x_0, x_1) \,. \tag{14.10}$$

Daraus folgt dann mit der Dreiecksungleichung

$$d(x_n, x_{n+k}) \leq d(x_n, x_{n+1}) + d(x_{n+1}, x_{n+2}) + \cdots + d(x_{n+k-1}, x_{n+k})$$

$$\leq (q^n + q^{n+1} + \cdots + q^{n+k-1})\, d(x_0, x_1)$$

$$= q^n (1 + q + \cdots + q^{k-1})\, d(x_0, x_1)$$

und daher mit Satz 1.11b (endliche geometrische Reihe!)

$$d(x_n, x_{n+k}) \leq q^n \frac{1 - q^k}{1 - q}\, d(x_0, x_1) \,, \tag{14.11}$$

woraus wegen $0 < q < 1$ mit Beispiel 2.3c folgt, dass (x_n) eine Cauchy-Folge ist. Da M vollständig ist, gibt es ein $\bar{x} \in M$, sodass $x_n \longrightarrow \bar{x}$. Kontrahierende Abbildungen sind offensichtlich stetig. Also ergibt das Folgenkriterium (Satz 14.2)

$$A(\bar{x}) = A\left(\lim_{n\to\infty} x_n\right) = \lim_{n\to\infty} A(x_n) = \lim_{n\to\infty} x_{n+1} = \bar{x} \,,$$

d. h. $\bar{x}$ ist ein Fixpunkt.

b. Um die *Eindeutigkeit* zu zeigen, nehmen wir an, es gäbe zwei Fixpunkte, etwa $y, z \in M$, d. h.

$$A(y) = y \quad \text{und} \quad A(z) = z \,.$$

Dann folgt aber aus (14.8)

$$d(y, z) = d(A(y), A(z)) \leq q \, d(y, z) \,,$$

was wegen $0 < q < 1$ nur gelten kann, wenn $d(y, z) = 0$, also $y = z$ ist.

□

D. Funktionenfolgen und -reihen

Wir betrachten nun Folgen (f_n) und Reihen $\sum_n f_n$ von reell- oder komplexwertigen Funktionen mit einem gemeinsamen Definitionsbereich D. Dieser kann ein beliebiger metrischer Raum sein, wird aber i. Allg. eine Teilmenge von $\mathbb{R}^m$ oder $\mathbb{C}^m$ sein ($m \geq 1$). Die Beschränkung auf skalare Funktionen geschieht dabei nur der Einfachheit halber – alles hier Gesagte gilt sinngemäß auch für Folgen bzw. Reihen von Funktionen mit Werten in $\mathbb{R}^N$ oder $\mathbb{C}^N$. Wir schreiben wieder $\mathbb{K}$ für den Skalarbereich $\mathbb{R}$ oder $\mathbb{C}$.

Definitionen 14.12. *Seien $f_n : D \longrightarrow \mathbb{K}$ gegebene Funktionen.*

a. *Die Folge $(f_n)_{n \in \mathbb{N}}$ heißt (auf D) punktweise konvergent gegen eine Funktion $f : D \longrightarrow \mathbb{K}$, wenn*

$$f(x) = \lim_{n \to \infty} f_n(x) \qquad \text{für alle } x \in D \,. \tag{14.12}$$

b. *Die Reihe $\sum\limits_{n=1}^{\infty} f_n(x)$ heißt (auf D) punktweise konvergent gegen $f : D \longrightarrow \mathbb{K}$, wenn die Folge der Partialsummen punktweise auf D gegen $f(x)$ konvergiert.*

Punktweise Konvergenz ist keine allzu gute Eigenschaft, wie folgende Beispiele zeigen:
Beispiele:

a. Die stetigen Funktionen $f_n(x) = x^n$, $0 \leq x \leq 1$, konvergieren punktweise auf $[0, 1]$ gegen die unstetige Funktion

$$f(x) = \begin{cases} 0 & \text{für } 0 \leq x < 1, \\ 1 & \text{für } x = 1 \end{cases}$$

(vgl. Beispiel 2.3c).

b. Die stetigen Funktionen $f_{n,k}(x) := (\cos(k!\pi x))^{2n}$, $0 \leq x \leq 1$, erfüllen auf $[0,1]$ die Beziehung

$$\lim_{k \to \infty} \left(\lim_{n \to \infty} f_{n,k}(x) \right) = \begin{cases} 1, & \text{falls } x \text{ rational} \\ 0, & \text{falls } x \text{ irrational.} \end{cases} \tag{14.13}$$

(Beweis als Übung!) Nach zweimaligem punktweisem Grenzübergang ist also eine nirgends stetige Funktion erreicht.

Will man solche Effekte vermeiden, benötigt man einen stärkeren Konvergenzbegriff:

Definitionen 14.13. *Seien $f, f_n : D \longrightarrow \mathbb{K}$ beschränkte Funktionen auf D $(n \geq 1)$.*

a. Die Folge (f_n) konvergiert gleichmäßig auf D gegen die Funktion $f : D \longrightarrow \mathbb{K}$, geschrieben $f_n \rightrightarrows f$, wenn

$$\lim_{n \to \infty} \left(\sup_{x \in D} |f(x) - f_n(x)| \right) = 0 . \tag{14.14}$$

b. Die Reihe $\sum\limits_{n=1}^{\infty} f_n(x)$ konvergiert gleichmäßig auf D gegen f, wenn die Folge der Partialsummen gleichmäßig gegen f konvergiert.

Bemerkung: Setzt man hier die Definition des Grenzwertes einer Zahlenfolge ein, so ergibt sich die folgende explizite Beschreibung der punktweisen bzw. gleichmäßigen Konvergenz:

- $f_n \longrightarrow f$ auf D bedeutet:
  Zu jedem $\varepsilon > 0$ und jedem $x \in D$ gibt es $n_0 = n_0(\varepsilon, x)$ mit

$$|f(x) - f_n(x)| < \varepsilon \tag{14.15}$$

  für alle $n \geq n_0$.

- $f_n \rightrightarrows f$ auf D bedeutet:
  Zu jedem $\varepsilon > 0$ gibt es ein $n_0 = n_0(\varepsilon)$ so, dass (14.15) für alle $n \geq n_0$ und alle $x \in D$ gilt.

Das Besondere an der gleichmäßigen Konvergenz ist also, dass die Zahl n_0 bei gegebenem $\varepsilon > 0$ *unabhängig von x* gewählt werden kann.

Folgende Aussagen können nun als Übung bewiesen werden:

Satz 14.14. *Seien $f_n : D \longrightarrow \mathbb{K}$ gegebene Funktionen. Dann gilt:*

a. Ist (f_n) auf D gleichmäßig konvergent gegen f, so ist (f_n) auf D punktweise konvergent gegen f.

b. *Ist (f_n) eine* punktweise CAUCHY-Folge *auf D, d. h. für jedes $x \in D$ ist $(f_n(x))_{n \in \mathbb{N}}$ eine* CAUCHY-*Folge in $\mathbb{K}$, so ist (f_n) punktweise konvergent auf D.*

c. *Ist (f_n) eine* gleichmäßige CAUCHY-Folge *auf D, d. h. zu jedem $\varepsilon > 0$ gibt es ein $n_0 = n_0(\varepsilon) \in \mathbb{N}$ (unabhängig von den $x \in D$), sodass*

$$\sup_{x \in D} |f_n(x) - f_m(x)| < \varepsilon \qquad \text{für alle } n, m \geq n_0, \tag{14.16}$$

so ist (f_n) gleichmäßig konvergent auf D.

Die grundlegenden Tatsachen über gleichmäßige Konvergenz formuliert man am bequemsten in der Sprache der normierten linearen Räume (vgl. Abschn. 6B. und 13A.):

Satz 14.15.

a. *Die Menge $\mathcal{B}(D)$ der beschränkten Funktionen $f : D \longrightarrow \mathbb{K}$ bildet bezüglich*

$$\|f\|_\infty := \sup_{x \in D} |f(x)| \tag{14.17}$$

einen normierten linearen Raum.

b. *Sei K ein kompakter metrischer Raum (z. B. eine kompakte Teilmenge von $\mathbb{R}^m$). Die Menge $C^0(K)$ der stetigen Funktionen $f : K \longrightarrow \mathbb{K}$ bildet einen linearen Teilraum von $\mathcal{B}(K)$ und mit (14.17) einen normierten Raum.*

c. *Die Normkonvergenz $\|f_n - f\|_\infty \longrightarrow 0$ in $\mathcal{B}(D)$ bzw. $C^0(K)$ ist gerade die gleichmäßige Konvergenz auf D bzw. auf K.*

d. *$\mathcal{B}(D)$ ist vollständig, also ein* BANACH-*Raum, d. h. insbesondere: Der gleichmäßige Limes beschränkter Funktionen ist beschränkt.*

e. *Der gleichmäßige Limes stetiger Funktionen ist stetig. Insbesondere ist $C^0(K)$ vollständig, also ein* BANACH-*Raum.*

Beweis.

a. Summe und skalare Vielfache von beschränkten Funktionen sind beschränkt, sodass $\mathcal{B}(K)$ ein $\mathbb{R}$-Vektorraum ist. Ferner folgt für $f, g \in \mathcal{B}(K)$, $\alpha \in \mathbb{K}$

$$\|\alpha f\|_\infty = \sup_x |\alpha f(x)| = |\alpha| \sup_x |f(x)| = |\alpha| \, \|f\|_\infty \,,$$

$$\|f + g\|_\infty = \sup_x |f(x) + g(x)| \leq \sup_x (|f(x)| + |g(x)|)$$

$$\leq \sup_x |f(x)| + \sup_x |g(x)| = \|f\|_\infty + \|g\|_\infty \,.$$

Schließlich ist $\|f\|_\infty = 0 \iff |f(x)| = 0 \;\; \forall \, x \in D \iff f \equiv 0$. Durch (14.17) ist also eine Norm definiert, und $\mathcal{B}(K)$ ist ein normierter Raum.

b. Summe und skalare Vielfache von stetigen Funktionen sind stetig nach Satz 14.4c, und nach dem Satz 14.7 vom Maximum ist jede stetige Funktion $f : K \longrightarrow \mathbb{K}$ beschränkt, weil K kompakt ist, d. h. $C^0(K)$ ist ein normierter Unterraum von $\mathcal{B}(K)$.

c. Wegen

$$\|f - f_n\|_\infty = \sup_x |f(x) - f_n(x)|$$

ist die Normkonvergenz die gleichmäßige Konvergenz nach Definition 14.13.

d. Da nach Satz 13.5b jede konvergente Folge beschränkt ist, ist wegen c. der gleichmäßige Limes beschränkter Funktionen eine beschränkte Funktion. Da nach Satz 14.14c gleichmäßige CAUCHY-Folgen gleichmäßig konvergieren, ist $\mathcal{B}(D)$ vollständig.

e. Wegen Satz 14.15d genügt es zu zeigen, dass der gleichmäßige Limes stetiger Funktionen stetig ist. Gelte also

$$f_n \in C^0(D) \qquad \text{mit } f_n \rightrightarrows f \text{ auf } D.$$

Die Metrik auf D bezeichnen wir wieder mit d. Zu $\varepsilon > 0$ gibt es ein $m \in \mathbb{N}$, sodass

$$|f_m(x) - f(x)| < \varepsilon \qquad \text{für alle } x \in D .$$

Sei $x_0 \in D$ fest. Wegen der Stetigkeit von f_m gibt es ein $\delta > 0$ mit

$$|f_m(x) - f_m(x_0)| < \varepsilon \qquad \text{für } d(x, x_0) < \delta.$$

Mit der Dreiecksungleichung folgt dann:

$$|f(x) - f(x_0)| \le |f(x) - f_m(x)| + |f_m(x) - f_m(x_0)| + |f_m(x_0) - f(x_0)| < 3\varepsilon$$

für alle x mit $d(x, x_0) < \delta$, d. h. f ist stetig in x_0.   □

Jetzt geben wir noch ein Kriterium für die gleichmäßige Konvergenz einer Reihe an, das aus dem Majorantenkriterium in Satz 13.23 folgt:

Satz 14.16 (WEIERSTRASS'scher M-Test). *Seien $f_n : D \longrightarrow \mathbb{K}$ Funktionen mit*

$$\|f_n\|_\infty = \sup_{x \in D} |f_n(x)| \le M_n , \quad n \in \mathbb{N}.$$

Ist dann $\displaystyle\sum_{n=1}^\infty M_n$ konvergent, so ist $\displaystyle\sum_{n=1}^\infty f_n(x)$ gleichmäßig konvergent auf K.

Zum Schluss befassen wir uns noch kurz mit der Konvergenz von Folgen von *linearen Abbildungen* $\mathcal{A} : \mathbb{K}^n \longrightarrow \mathbb{K}^m$. Diese beschreiben wir – wie üblich bezüglich der Standardbasen – durch Matrizen. Es ist also $\mathcal{A}(x) = Ax$ das Matrizenprodukt der Matrix $A \in \mathbb{K}_{m \times n}$ mit dem Spaltenvektor $x \in \mathbb{K}_{n \times 1}$. Natürlich ist eine lineare Abbildung $\mathcal{A} \ne 0$ nicht auf ganz $\mathbb{K}^n$ beschränkt, und deshalb ist es nicht sinnvoll, die gleichmäßige Konvergenz von Folgen solcher Abbildungen zu betrachten. An ihre Stelle tritt die *gleichmäßige Konvergenz auf beschränkten Teilmengen*, und auch diese ist durch eine Norm gegeben:

Satz 14.17. *Für zwei beliebige Normen* $\| \cdot \|$ *im* $\mathbb{K}^n$ *bzw.* $\mathbb{K}^m$ *und Matrizen* $A \in \mathbb{K}_{m \times n}$ *ist durch*

$$\|A\| := \sup\{\, \|Ax\| \mid x \in \mathbb{K}^n, \quad \|x\| = 1 \,\} \tag{14.18}$$

eine Norm gegeben, die man als die Operatornorm *von A bezeichnet. Diese Norm hat die folgenden zusätzlichen Eigenschaften:*

a.

$$\|Ax\| \leq \|A\|\,\|x\| \qquad \forall\, A \in \mathbb{K}_{m \times n},\ x \in \mathbb{K}^n. \tag{14.19}$$

b. *Ist auf* $\mathbb{K}^p$ *ebenfalls eine Norm vorgegeben und bilden wir die entsprechende Operatornorm auch für* $\mathbb{K}_{n \times p}$, *so gilt*

$$\|A \cdot B\| \leq \|A\| \cdot \|B\| \qquad \forall\, A \in \mathbb{K}_{m \times n},\, B \in \mathbb{K}_{n \times p}. \tag{14.20}$$

Beweis. Die Normeigenschaften sowie die Abschätzungen (14.19), (14.20) können leicht als Übung nachgerechnet werden. Wir müssen uns nur davon überzeugen, dass die Menge auf der rechten Seite von (14.18) tatsächlich nach oben beschränkt ist. Dazu vergleichen wir die gegebenen Normen auf $\mathbb{K}^n$ und $\mathbb{K}^m$ mit der Maximumsnorm: Wir wissen (vgl. Ergänzung 14.23), dass es Konstanten $c_1, c_2 > 0$ gibt, sodass für alle $x \in \mathbb{K}^n$, $y \in \mathbb{K}^m$ gilt:

$$\|x\|_\infty \leq c_1 \|x\|, \qquad \|y\| \leq c_2 \|y\|_\infty.$$

Sei $A = (a_{jk})$ und $y = Ax$. Für $j = 1, \ldots, m$ haben wir

$$|y_j| \leq \sum_{k=1}^{n} |a_{jk}|\,|x_k|$$

$$\leq \left(\sum_{k=1}^{n} |a_{jk}| \right) \|x\|_\infty$$

$$\leq c(A) c_1 \|x\|$$

mit

$$c(A) := \max_{1 \leq j \leq m} \left(\sum_{k=1}^{n} |a_{jk}| \right).$$

Für $\|x\| = 1$ folgt nun

$$\|Ax\| \leq c_2 \|Ax\|_\infty \leq c_2 c_1 c(A),$$

und somit ist das Supremum in (14.18) tatsächlich endlich. $\qquad \square$

Satz 14.18. *Seien* $A_N = \left(a_{jk}^{(N)} \right) \in \mathbb{K}_{m \times n}$ *Matrizen* ($N = 0, 1, 2, \ldots$), *und seien* $\mathcal{A}_N : \mathbb{K}^n \longrightarrow \mathbb{K}^m$ *die durch sie (bzgl. der Standardbasen) definierten linearen Abbildungen. Auf* $\mathbb{K}^n$, $\mathbb{K}^m$ *seien beliebige Normen vorgegeben, und auf* $\mathbb{K}_{m \times n}$ *werde die entsprechende Operatornorm betrachtet. Folgende drei Aussagen sind äquivalent:*

a. $\lim\limits_{N \to \infty} \|A_0 - A_N\| = 0.$

b. $\mathcal{A}_0(x) = \lim\limits_{N \to \infty} \mathcal{A}_N(x)$ *gleichmäßig auf jeder beschränkten Teilmenge von* $\mathbb{K}^n$.

c. *Für alle Indizes* j, k *ist* $a_{jk}^{(0)} = \lim\limits_{N \to \infty} a_{jk}^{(N)}$.

Beweis.

<u>Zu a $\implies$ b</u>: Ist $S \subseteq \mathbb{K}^n$ beschränkt, etwa $\|x\| \leq \sigma$ $\forall x \in S$, so folgt mit (14.19) für alle $x \in S$:

$$\|\mathcal{A}_0(x) - \mathcal{A}_N(x)\| = \|(A_0 - A_N)x\| \leq \|A_0 - A_N\| \cdot \|x\| \leq \sigma \|A_0 - A_N\|,$$

also die gleichmäßige Konvergenz auf S.

<u>Zu b $\implies$ a</u>: Da $S := \{x \in \mathbb{K}^n \mid \|x\| = 1\}$ beschränkt ist, folgt dies unmittelbar aus der Definition von $\|A_0 - A_N\|$.

<u>Zu a $\iff$ c</u>: Den Raum $\mathbb{K}_{m \times n}$ können wir mit $\mathbb{K}^{mn}$ identifizieren, und deswegen lässt sich die Schlussbemerkung aus Beispiel 13.10 auch auf ihn anwenden. Die Konvergenz im Sinne der Operatornorm ist also gleichbedeutend mit der komponentenweisen Konvergenz der Matrizen.

E. Differenziation und Integration von Folgen und Reihen

In diesem Abschnitt untersuchen wir die Frage, inwieweit man konvergente Funktionenfolgen und -reihen gliedweise integrieren und differenzieren darf.

Satz 14.19. *Sei* $I \subseteq \mathbb{R}^m$ *ein kompaktes Intervall, und seien* $f_n : I \longrightarrow \mathbb{R}$ RIEMANN-*integrierbare Funktionen auf* I ($n \in \mathbb{N}$).

a. *Wenn die Folge* (f_n) *gleichmäßig auf* I *gegen eine Funktion* $f : I \longrightarrow \mathbb{R}$ *konvergiert, so ist* f *ebenfalls* RIEMANN-*integrierbar, und es gilt*

$$\int_I f \, \mathrm{d}^m x = \lim_{n \to \infty} \int_I f_n \, \mathrm{d}^m x. \tag{14.21}$$

b. *Wenn die Reihe* $\sum_n f_n(x)$ *gleichmäßig auf* I *gegen eine Funktion* $g : I \longrightarrow \mathbb{R}$ *konvergiert, so ist* g *ebenfalls* RIEMANN-*integrierbar, und*

$$\int_I g \, \mathrm{d}^m x = \sum_{n=1}^{\infty} \int_I f_n \, \mathrm{d}^m x. \tag{14.22}$$

Beweis.

a. Wir drücken die RIEMANN-Integrierbarkeit durch die in 11.3b gegebene Bedingung aus. Sei also $\varepsilon > 0$ beliebig vorgegeben. Aus den Definitionen folgt leicht, dass für jede Zerlegung Z von I gilt:

$$OS(f, Z) \le OS(f_n, Z) + \|f - f_n\|_\infty v_m(I) \,,$$
$$US(f, Z) \ge US(f_n, Z) - \|f - f_n\|_\infty v_m(I) \,,$$

also

$$OS(f, Z) - US(f, Z) \le OS(f_n, Z) - US(f_n, Z) + 2v_m(I)\|f - f_n\|_\infty \,.$$

Wegen $f_n \rightrightarrows f$ können wir n_0 wählen, für das $\|f - f_{n_0}\|_\infty < \varepsilon/(4v_m(I))$ ist. Nach Voraussetzung ist f_{n_0} integrierbar, also gibt es $\delta > 0$ so, dass $OS(f_{n_0}, Z) - US(f_{n_0}, Z) < \varepsilon/2$ ist für jede Zerlegung Z mit Feinheit $< \delta$. Für jede solche Zerlegung ergibt sich dann

$$OS(f, Z) - US(f, Z) \le \frac{\varepsilon}{2} + 2v_m(I)\frac{\varepsilon}{4v_m(I)} = \varepsilon \,.$$

Also ist f nach 11.3b integrierbar. Mit (11.20) ergibt sich nun

$$\left| \int_I f \, \mathrm{d}^m x - \int_I f_n \, \mathrm{d}^m x \right| \le \int_I |f - f_n| \, \mathrm{d}^m x \le \|f - f_n\|_\infty v_m(I) \longrightarrow 0$$

für $n \to \infty$. Daraus folgt (14.21).

b. Folgt sofort, indem man Teil a auf die Partialsummen anwendet.   □

Anmerkung 14.20. Es sei (f_n) eine Folge RIEMANN-integrierbarer Funktionen, die *punktweise* auf I gegen eine RIEMANN-integrierbare Funktion f konvergiert. Dann gilt (14.21) schon unter der Voraussetzung, dass die Normen $\|f_n\|_\infty$ beschränkt bleiben, alsodass es eine reelle Konstante M gibt so, dass

$$|f_n(x)| \le M \qquad \forall\, x \in I, \, n \in \mathbb{N} \,.$$

Dies mit elementaren Mitteln zu beweisen, ist zwar recht schwierig, doch ergibt sich die Aussage sofort aus der LEBESGUE'schen Integrationstheorie, und wir führen sie wegen ihrer großen praktischen Nützlichkeit hier an.

Will man gliedweise differenzieren, so muss man ähnliche Voraussetzungen an die *Ableitungen* machen:

Satz 14.21. *Seien $f_n : [a, b] \longrightarrow \mathbb{R}$ stetig differenzierbar.*

a. Es gelte

$$f_n \longrightarrow f \quad und \quad f_n' \longrightarrow g$$

punktweise auf $[a, b]$. Dabei soll g stetig sein, und die Normen $\|f_n'\|_\infty$ sollen beschränkt bleiben (was insbesondere dann erfüllt ist, wenn $f_n' \rightrightarrows g$!) Dann ist $f \in C^1([a, b])$ und für alle $x \in [a, b]$ gilt

$$f'(x) = \frac{\mathrm{d}}{\mathrm{d}x}\left(\lim_{n \to \infty} f_n(x) \right) = g(x) = \lim_{n \to \infty} f_n'(x) \,.$$

b. Gilt

$$f(x) = \sum_{n=1}^{\infty} f_n(x) \quad punktweise,$$

$$g(x) = \sum_{n=1}^{\infty} f_n'(x) \qquad gleichmäßig$$

auf $[a, b]$. *so ist* $f \in C^1$, *und für alle* $x \in [a, b]$ *gilt*

$$f'(x) = \frac{\mathrm{d}}{\mathrm{d}x} \sum_{n=1}^{\infty} f_n(x) = g(x) = \sum_{n=1}^{\infty} f_n'(x) \, .$$

Beweis. Es genügt wieder, die Behauptung für Folgen zu beweisen. Nach Thm. 3.4 ist $f_n(x) - f_n(a) = \int_a^x f_n'(t) \, \mathrm{d}t$ für alle n. Es folgt dann mit Anmerkung 14.20 (im Falle gleichmäßiger Konvergenz der f_n' kann man auch Satz 14.19 verwenden):

$$f(x) - f(a) = \lim_{n \to \infty} (f_n(x) - f_n(a))$$

$$= \lim_{n \to \infty} \int_a^x f_n'(t) \mathrm{d}t = \int_a^x \lim_{n \to \infty} f_n'(t) \mathrm{d}t = \int_a^x g(t) \mathrm{d}t \, ,$$

d. h. nach Satz 3.3b, dass $f \in C^1([a, b])$ und

$$f'(x) = g(x) \qquad \forall \, x$$

gilt. □

Durch mehrfache Anwendung dieses Satzes kann man leicht die folgende wichtige Tatsache beweisen:

Satz 14.22. *Der* $\mathbb{R}$-*Vektorraum* $C^s([a, b])$, $s \geq 1$, *ist mit*

$$\|f\|_{\infty, s} = \max_{0 \leq k \leq s} \sup_{x \in [a, b]} |f^{(k)}(x)|$$

ein BANACH-*Raum.*

Ergänzungen zu §14

Wir wollen den Satz von der Äquivalenz aller Normen auf $\mathbb{K}^n$ beweisen, der in Beispiel 13.10 erwähnt und im Zusammenhang mit der Operatornorm auch nutzbringend verwendet wurde. Außerdem zeigen wir an einem möglichst einfachen Beispiel, wie der BANACH'sche Fixpunktsatz in der Analysis typischerweise ausgenutzt wird.

14.23 Die Äquivalenz aller Normen auf $\mathbb{R}^n$. Am Schluss von Beispiel 13.10 haben wir bemerkt, dass auf $\mathbb{R}^n$ alle Normen zueinander äquivalent sind, und dass sie alle die komponentenweise Konvergenz erzeugen. Um dies zu beweisen, genügt es, zu zeigen, dass eine beliebige Norm $\| \cdot \|$ zur Maximumsnorm $\| \cdot \|_\infty$ äquivalent ist. Denn zwei beliebige Normen sind dann beide zu $\| \cdot \|_\infty$ äquivalent und damit auch untereinander äquivalent.

Für unsere beliebige Norm $\| \cdot \|$ und die Standardbasis $\{e_1, \ldots, e_n\}$ von $\mathbb{R}^n$ haben wir

$$\|x\| = \left\| \sum_{k=1}^n x_k e_k \right\| \leq \sum_{k=1}^n |x_k| \cdot \|e_k\| \leq \left(\max_{1 \leq k \leq n} |x_k| \right) \sum_{k=1}^n \|e_k\| \,,$$

also

$$\|x\| \leq c_1 \|x\|_\infty \qquad \forall\, x \qquad\qquad (14.23)$$

mit $c_1 := \|e_1\| + \ldots + \|e_n\| < \infty$.

Für Normen gilt stets $|\, \|x\| - \|y\|\, | \leq \|x - y\|$, wie man leicht aus der Dreiecksungleichung folgert. Daher ergibt (14.23)

$$|\, \|x\| - \|y\|\, | \leq c_1 \|x - y\|_\infty$$

und somit die *Stetigkeit* der Norm $\| \cdot \|$, die ja eine reellwertige Funktion auf dem metrischen Raum $(\mathbb{R}^n, d_\infty)$ ist. (Dabei ist d_∞ die Normmetrik zur Maximumsnorm.) Die Menge

$$S := \{x \in \mathbb{R}^n \mid \|x\|_\infty = 1\}$$

ist offenbar beschränkt und abgeschlossen in $\mathbb{R}^n$, nach Theorem 13.15 also kompakt. Nach Theorem 14.7 nimmt die Normfunktion daher auf S ihr Minimum an, d. h. es gibt $v \in S$ mit

$$c_0 := \min_{x \in S} \|x\| = \|v\| \,.$$

Wir haben $v \in S \implies \|v\|_\infty = 1 \implies v \neq 0 \implies \|v\| > 0$, also $c_0 > 0$. Aber es gilt:

$$\|x\| \geq c_0 \|x\|_\infty \qquad \forall\, x \,. \qquad\qquad (14.24)$$

Für $x = 0$ ist das klar, und für $x \neq 0$ beachten wir, dass $y := x/\|x\|_\infty \in S$, also $\|y\| \geq c_0$. Durch Multiplizieren mit $\|x\|_\infty$ folgt (14.24). Zusammen ergeben die Abschätzungen (14.23), (14.24) die zu beweisende Normäquivalenz.

14.24 Eine Anwendung des BANACH'schen Fixpunktsatzes. Wir betrachten nichtlineare Gleichungssysteme der Form

$$x_1 - f_1(x_1, \ldots, x_n) = b_1$$

$$\cdots\cdots\cdots\cdots\cdots\cdots\cdots\cdots\cdots$$

$$x_n - f_n(x_1, \ldots, x_n) = b_n$$

mit gegebenen C^1-Funktionen $f_1, \ldots, f_n : \mathbb{R}^n \longrightarrow \mathbb{R}$ und gegebenen reellen Zahlen $b_1, \ldots, b_n$. Mit $F := (f_1, \ldots, f_n)$, $X := (x_1, \ldots, x_n)$ und $B := (b_1, \ldots, b_n)$ können wir solch ein Gleichungssystem in der vektoriellen Kurzform

$$X - F(X) = B \tag{14.25}$$

anschreiben. Wir nehmen an, dass die Funktionen $f_1, \ldots, f_n$ nicht sehr stark schwanken. Genauer setzen wir voraus:

(V)   Für eine gewisse Zahl q mit $0 \leq q < 1$ ist

$$\sum_{k=1}^{n} \left| \frac{\partial f_j}{\partial x_k}(x) \right| \leq q \tag{14.26}$$

für alle $x \in \mathbb{R}^n$ und $j = 1, \ldots, n$.

Satz. *Ist Voraussetzung (V) erfüllt, so hat Gl. (14.25) für jedes $B \in \mathbb{R}^n$ eine eindeutige Lösung. Diese ergibt sich als Grenzwert einer Folge (X_ν) mit*

$$X_{\nu+1} = F(X_\nu) + B \qquad \text{für} \qquad \nu \in \mathbb{N}_0$$

und beliebigem Startwert $X_0 \in \mathbb{R}^n$.

Beweis. Mit der Normmetrik d_∞ zur Maximumsnorm ist $\mathbb{R}^n$ ein vollständiger metrischer Raum, wie wir aus 13.16 wissen. Wir definieren $A : \mathbb{R}^n \longrightarrow \mathbb{R}^n$ durch

$$A(X) := F(X) + B$$

und haben dann nur zu zeigen, dass A kontrahierend ist, denn Gl. (14.25) ist ja offensichtlich zur Fixpunktgleichung $A(X) = X$ äquivalent.

Betrachten wir also zwei beliebige Punkte $X = (x_1, \ldots, x_n)$, $Y = (y_1, \ldots, y_n)$ in $\mathbb{R}^n$. Nach dem Mittelwertsatz der Differenzialrechnung (vgl. (9.40)) haben wir dann für $j = 1, \ldots, n$

$$f_j(X) - f_j(Y) = \sum_{k=1}^{n} \frac{\partial f_j}{\partial x_k}(Z_j)\,(x_k - y_k)$$

mit einem Zwischenpunkt Z_j auf der Verbindungsstrecke von X nach Y. Mit (14.26) folgt hieraus

$$|f_j(X) - f_j(Y)| \leq \sum_{k=1}^{n} \left| \frac{\partial f_j}{\partial x_k}(Z_j) \right| |x_k - y_k| \leq q\|X - Y\|_\infty$$

und weiter

$$\|A(X) - A(Y)\|_\infty = \|F(X) - F(Y)\|_\infty \leq q\|X - Y\|_\infty \,,$$

was wir zeigen wollten.   □

Bemerkung: Eine technische Verfeinerung dieser Schlussweise führt zu einem Beweis des Satzes über inverse Funktionen (vgl. Ergänzung 10.24).

Aufgaben zu §14

14.1. Man untersuche, welchen Grenzwert die Funktion

$$f(x,y) = \frac{x^2 - y^2}{x^2 + y^2}, \quad (x,y) \neq (0,0)$$

für $(x,y) \longrightarrow (0,0)$ hat, und zwar

a. längs der Geraden $y = \alpha x$,
b. längs der Parabel $y = \beta x^2$,
c. längs der Parabel $y^2 = \gamma x$.

Wie steht es mit der Existenz des Limes $\displaystyle\lim_{(x,y)\longrightarrow(0,0)} f(x,y)$ (im Sinne der Definition 14.1a) ?

14.2. Sei (M,d) ein metrischer Raum. Für eine Teilmenge $A \subseteq M$ definieren wir den *Abstand* eines Punktes x von A durch

$$\alpha_A(x) \equiv \text{dist}\,(x,A) := \inf_{y \in A} d(x,y)\,.$$

Man beweise nacheinander:

a. $|\alpha_A(x_1) - \alpha_A(x_2)| \leq d(x_1,x_2)$ für alle $x_1, x_2 \in M$.
b. $\alpha_A : M \to \mathbb{R}$ ist stetig (sogar gleichmäßig stetig!).
c. $\alpha_A(x) = 0 \iff x \in \overline{A}$.
d. Ist A abgeschlossen und $K \subseteq M$ kompakt mit $A \cap K = \emptyset$, so haben A und K positive Distanz, d.h.

$$\text{dist}(K,A) := \inf_{x \in K,\, y \in A} d(x,y) \; > \; 0\,.$$

(*Hinweis:* Man wende Thm. 14.7 auf α_A an.)

14.3. Sei $f(x,y)$ in einer Umgebung von $(0,0)$ im $\mathbb{R}^2$ definiert, und sei

$$g(r,\varphi) = f(r\cos\varphi,\, r\sin\varphi), \quad r^2 = x^2 + y^2\,.$$

Dann existiert $\displaystyle\lim_{(x,y)\longrightarrow(0,0)} f(x,y)$ genau dann, wenn die auf $[0,2\pi]$ definierten Funktionen $g_r(\varphi) := g(r,\varphi)$ für $r \longrightarrow 0$ gleichmäßig gegen eine konstante Funktion konvergieren. Man beweise dieses Kriterium und wende es an auf die Funktionen

a.

$$f(x,y) = \frac{x^2 - y^2}{x^2 + y^2}, \quad (x,y) \neq (0,0)\,,$$

b.

$$f(x,y) = \frac{x^2 y^2}{x^2 + y^2}, \quad (x,y) \neq (0,0)\,.$$

14.4. Sei

$$M = \{x \in \mathbb{R} \mid x \geq 1\}$$

mit der Betragsmetrik versehen und so als metrischer Raum aufgefasst. Man zeige:

a. Die Abbildung $f : M \longrightarrow M$ mit

$$f(x) = \frac{1}{x} + \frac{x}{2}, \quad x \in M$$

ist kontrahierend und hat den eindeutigen Fixpunkt $x_0 = \sqrt{2}$.

b. Die Abbildung $g : M \longrightarrow M$ mit

$$g(x) = \frac{1}{x} + x, \quad x \in M$$

erfüllt die Ungleichung

$$d(g(y), g(x)) < d(y, x) \quad \text{für alle } x, y \in M \text{ mit } x \neq y,$$

besitzt jedoch keinen Fixpunkt. (*Hinweis:* Für die Ungleichung hilft der Mittelwertsatz!)

14.5. Man beweise Gl. (14.13).

Hinweise: Zuerst überlege man sich Folgendes:

(i) Ist $x \in \mathbb{Q}$, so ist $\cos^2 k! \pi x = 1$ für alle genügend großen k.

(ii) Ist $x \notin \mathbb{Q}$, so ist $\cos^2 k! \pi x < 1$ für alle k.

14.6. Sei

$$f_n(x) = \begin{cases} -n^3 x^4 + \frac{1}{n} & \text{für} \quad |x| \leq \frac{1}{n}, \\ 0 & \text{für} \quad |x| > \frac{1}{n}, \end{cases} \quad n \in \mathbb{N}.$$

Man zeige, dass die Folge (f_n) gleichmäßig auf $[-1, 1]$ konvergiert. Man bestimme die Grenzfunktion f.

14.7. Für die Folge (f_n) mit

$$f_n(x) = 2^{-n} e^{n x^2}$$

bestimme man möglichst große Intervalle $[a, b] \subseteq \mathbb{R}$, auf denen die Konvergenz gleichmäßig ist.

14.8. Auf $I := [0, \infty[$ seien Funktionen f_n definiert durch $f_n(x) := x^n e^{-n\beta x}$ ($\beta > 0$ gegeben). Man berechne die Normen $\|f_n\|_\infty$. Dann folgere man:

$$f_n \rightrightarrows 0 \quad \Longleftrightarrow \quad \beta > 1/e.$$

14.9. Sei

$$f_n(x) = \frac{x^n}{1 + x^n}, \quad x \geq 0, \ n \in \mathbb{N}.$$

a. Man bestimme den punktweisen Limes von (f_n), $x \geq 0$.

b. Man zeige, dass die Folge (f_n) auf den Intervallen

$$[0, c] \qquad \text{für } 0 < c < 1,$$
$$[b, +\infty[\qquad \text{für } b > 1,$$

gleichmäßig konvergiert.

c. Man zeige, dass auf $[1, +\infty[$ keine gleichmäßige Konvergenz vorliegt.

14.10. Man zeige die gleichmäßige Konvergenz der folgenden Reihen und berechne die Summe:

a. $\displaystyle\sum_{n=0}^{\infty} \frac{1}{x^n(1+x)^n}$ auf $[a, \infty[$ mit $a > 1$,

b. $\displaystyle\sum_{n=0}^{\infty} \frac{(1-x)^n}{3^n}$ auf $[0, 2]$.

14.11. Sei $f(x)$, $0 \leq x \leq 1$, definiert durch

$$f(x) = \sum_{n=1}^{\infty} \frac{1}{(x+n)^2}.$$

Man zeige, dass f stetig auf $[0, 1]$ ist, und dass

$$\int_0^1 f(x)\,\mathrm{d}x = 1.$$

14.12. Sei

$$f_n(x) = nx(1-x)^n, \quad 0 \leq x \leq 1, \quad n \in \mathbb{N}.$$

Man zeige:

a. Der punktweise Limes der Folge auf $[0, 1]$ ist stetig, obwohl die Konvergenz nicht gleichmäßig ist.

b. Die Folge darf gliedweise integriert werden.

14.13. Für $0 \leq x \leq 1$ und $n \in \mathbb{N}$ setzen wir

$$f_n(x) := \begin{cases} n \sin n\pi x, & \text{wenn } x \leq 1/n, \\ 0 & \text{sonst.} \end{cases}$$

Man beweise: $f_n(x) \to 0$ punktweise, aber die Integrale $\displaystyle\int_0^1 f_n(x)\,\mathrm{d}x$ gehen nicht nach Null.

14.14. Man gebe eine Folge (f_n) von differenzierbaren Funktionen an, die gleichmäßig gegen Null konvergiert, für die aber die Folge (f_n') der Ableitungen noch nicht einmal punktweise konvergent ist. (*Hinweis:* Man denke an hochfrequente Schwingungen mit kleiner Amplitude.)

15

Uneigentliche Integrale und Integrale mit Parameter

Die in Kap. 13 begonnene Vertiefung der reellen Analysis findet nun ihren vorläufigen Abschluss mit der Diskussion des Einflusses diverser Grenzprozesse auf Integrale. Wieder steht dabei die Frage der *Vertauschbarkeit von Grenzprozessen* im Vordergrund.

A. Uneigentliche Integrale in $\mathbb{R}$

In den Anwendungen benötigt man Integrale über unbeschränkte Intervalle und auch über unbeschränkte Integranden.

Definitionen 15.1.

a. *Sei* $f : \mathbb{R} \longrightarrow \mathbb{R}$ *stetig,* $a, c \in \mathbb{R}$. *Dann definiert man die* uneigentlichen Integrale

$$\int_a^\infty f(x)\mathrm{d}x := \lim_{b \longrightarrow +\infty} \int_a^b f(x)\mathrm{d}x \ , \tag{15.1}$$

$$\int_{-\infty}^c f(x)\mathrm{d}x := \lim_{b \longrightarrow -\infty} \int_b^c f(x)\mathrm{d}x \ , \tag{15.2}$$

$$\int_{-\infty}^{+\infty} f(x)\mathrm{d}x := \int_{-\infty}^c f(x)\mathrm{d}x + \int_c^\infty f(x)\mathrm{d}x \ , \tag{15.3}$$

falls die jeweiligen Grenzwerte existieren. (Der Wert der rechten Seite von (15.3) hängt nicht von dem gewählten Punkt c ab, wie man mittels 3.2a leicht nachrechnet.)

b. *Sei* $a < c < b$ *und sei* $f : [a, b] \setminus \{c\} \longrightarrow \mathbb{R}$ *stetig. Dann definiert man die uneigentlichen Integrale*

$$\int_a^{c-} f(x)\mathrm{d}x := \lim_{t \longrightarrow c-0} \int_a^t f(x)\mathrm{d}x \,, \tag{15.4}$$

$$\int_{c+}^b f(x)\mathrm{d}x := \lim_{t \longrightarrow c+0} \int_t^b f(x)\mathrm{d}x \,, \tag{15.5}$$

$$\int_a^b f(x)\mathrm{d}x := \int_a^{c-} f(x)\mathrm{d}x + \int_{c+}^b f(x)\mathrm{d}x \,, \tag{15.6}$$

falls die jeweiligen Grenzwerte existieren.

Beispiele:

a.

$$\int_0^\infty \mathrm{e}^{-x}\mathrm{d}\,x = \lim_{b \longrightarrow \infty} \int_0^b \mathrm{e}^{-x}\mathrm{d}x = \lim_{b \longrightarrow \infty} \left(1 - \mathrm{e}^{-b}\right) = 1 \,.$$

b.

$$\int_0^\infty \cos x \,\mathrm{d}x = \lim_{b \longrightarrow \infty} \int_0^b \cos x \,\mathrm{d}x = \lim_{b \longrightarrow \infty} \sin b \qquad \text{existiert nicht.}$$

c.

$$\int_1^\infty \frac{\mathrm{d}x}{x^\alpha} = \lim_{b \longrightarrow \infty} \int_1^b \frac{\mathrm{d}x}{x^\alpha} = \lim_{b \longrightarrow \infty} \begin{cases} \frac{b^{1-\alpha}}{1-\alpha} - \frac{1}{1-\alpha} & ,\alpha \neq 1 \\ \ln b & ,\alpha = 1 \,. \end{cases}$$

Also:

$$\int_1^\infty \frac{\mathrm{d}x}{x^\alpha} = \begin{cases} \frac{1}{\alpha-1} & \text{für } \alpha > 1 \,, \\ \text{divergent} & \text{für } \alpha \leq 1 \,. \end{cases}$$

d.

$$\int_{0+}^1 \frac{\mathrm{d}x}{x^\alpha} = \lim_{t \longrightarrow 0+} \int_t^1 \frac{\mathrm{d}x}{x^\alpha} = \lim_{t \longrightarrow 0+} \begin{cases} \frac{1}{1-\alpha} - \frac{t^{1-\alpha}}{1-\alpha} & ,\alpha \neq 1 \,, \\ -\ln t & ,\alpha = 1 \,. \end{cases}$$

Also:

$$\int_0^1 \frac{\mathrm{d}x}{x^\alpha} = \begin{cases} \frac{1}{1-\alpha} & \text{für } \alpha < 1 \,, \\ \text{divergent} & \text{für } \alpha \geq 1 \,. \end{cases}$$

e. Das uneigentliche Integral

$$\int_{0+}^\infty \frac{\mathrm{d}x}{x^\alpha} = \int_{0+}^1 \frac{\mathrm{d}x}{x^\alpha} + \int_1^\infty \frac{\mathrm{d}x}{x^\alpha}$$

ist also für kein $\alpha \in \mathbb{R}$ existent.

Wir formulieren im Folgenden alle Definitionen und Sätze für Integrale vom Typ $\int\limits_{c}^{+\infty}$ und $\int\limits_{a}^{c-0}$. Sie gelten dann entsprechend für die beiden anderen Integraltypen. Aus der Grenzwertdefinition und dem CAUCHY-Kriterium in Satz 13.16 bekommen wir zunächst:

Satz 15.2 (CAUCHY-Kriterium).

a. *Für eine stetige Funktion $f : [a, \infty[\longrightarrow \mathbb{R}$ existiert das uneigentliche Integral $\int\limits_{a}^{\infty} f(x)\mathrm{d}x$ genau dann, wenn es zu jedem $\varepsilon > 0$ ein $b_0 > a$ gibt, sodass*

$$\left| \int\limits_{b_1}^{b_2} f(x)\mathrm{d}x \right| < \varepsilon \qquad \text{für alle } b_2 > b_1 \geq b_0.$$

b. *Für eine stetige Funktion $f : [a, b[\longrightarrow \mathbb{R}$ existiert das uneigentliche Integral $\int\limits_{a}^{b-0} f(x)\mathrm{d}x$ genau dann, wenn es zu jedem $\varepsilon > 0$ ein c_0, $a < c_0 < b$ gibt, sodass*

$$\left| \int\limits_{c_1}^{c_2} f(x)\mathrm{d}x \right| < \varepsilon \qquad \text{für alle } c_0 \leq c_1 < c_2 < b.$$

Wie bei unendlichen Reihen hat man auch bei uneigentlichen Integralen den Begriff der *absoluten Konvergenz*.

Definition 15.3. *Man nennt eines der uneigentlichen Integrale*

$$\int\limits_{a}^{+\infty} f(x)\mathrm{d}x\,, \qquad \int\limits_{-\infty}^{a} f(x)\mathrm{d}x\,, \qquad \int\limits_{a}^{b-0} f(x)\mathrm{d}x\,, \qquad \int\limits_{a+0}^{b} f(x)\mathrm{d}x$$

absolut konvergent *und f absolut integrierbar* über das jeweilige Intervall, *wenn das zugehörige Integral*

$$\int\limits_{a}^{+\infty} |f(x)|\,\mathrm{d}x\,, \qquad \int\limits_{-\infty}^{a} |f(x)|\,\mathrm{d}x\,, \qquad \int\limits_{a}^{b-0} |f(x)|\,\mathrm{d}x\,, \qquad \int\limits_{a+0}^{b} |f(x)|\,\mathrm{d}x$$

konvergiert.

Aus dem CAUCHY-Kriterium in Satz 15.2 und Satz 3.2e folgt dann sofort:

Satz 15.4. *Ein absolut konvergentes uneigentliches Integral ist konvergent.*

Umgekehrt zeigt das Beispiel (Aufg. 15.4)

$$\int\limits_0^\infty \frac{\sin x}{x}$$

ein konvergentes, aber nicht absolut konvergentes Integral.

Bei unendlichen Reihen haben wir in Satz 13.19d gezeigt: Ist $\sum\limits_{n=1}^\infty a_n$ konvergent, so gilt $\lim\limits_{n\longrightarrow\infty} a_n = 0$. Bei uneigentlichen Integralen ist die Situation anders: Aus $\int\limits_a^\infty |f(x)|\mathrm{d}x < \infty$ folgt i. Allg. nicht $\lim\limits_{x\longrightarrow\infty} f(x) = 0$. In den Übungen wird dazu ein Beispiel konstruiert.

Jedoch überträgt sich das Majorantenkriterium aus Satz 13.23 auf uneigentliche Integrale.

Satz 15.5 (*Majoranten–Minoranten-Kriterium*). *Sei $a < b \le +\infty$ und $f, g, h : [a, b[\longrightarrow \mathbb{R}$ stetig mit*

$$0 \le h(x) \le |f(x)| \le g(x) \qquad \text{für } a \le x < b.$$

Dann gilt

$$\int\limits_a^{b-0} |f(x)|\,\mathrm{d}x \begin{cases} \text{konvergent,} & \text{falls } \int\limits_a^{b-0} g(x)\mathrm{d}x \quad \text{konvergent} \\[2mm] \text{divergent,} & \text{falls } \int\limits_a^{b-0} h(x)\mathrm{d}x \quad \text{divergent} \end{cases}$$

Der Beweis folgt aus Satz 3.2d und dem CAUCHY-Kriterium in Satz 15.2.

B. Parameterabhängige Integrale

Wenn man bei Funktionen mehrerer Variabler nur über einige, aber nicht über alle Variablen integriert, so hängt der Wert des Integrals natürlich noch von den restlichen Variablen ab, ist also eine Funktion von diesen restlichen Variablen. Man bezeichnet die Variablen, über die nicht integriert wird, oft als „Parameter"und wir wollen die Abhängigkeit der Integrale von diesen Parametern nun untersuchen. Hauptsächlich geht es dabei um die Frage, wann man Grenzprozesse bei den Parametern mit der Integration vertauschen darf. Schon beim Beweis von Satz 10.15 war eine solche Vertauschung der wesentliche Schritt gewesen.

Sei also $I \subseteq \mathbb{R}^n$ ein kompaktes n-dimensionales Intervall, und sei $\emptyset \ne J \subseteq \mathbb{R}^m$ eine beliebige Teilmenge. Ist nun auf $Q := I \times J \subseteq \mathbb{R}^{n+m}$ eine stetige reelle Funktion f gegeben, so können wir die Funktion

$$\varphi(\xi_1, \ldots, \xi_m) := \int_I f(x_1, \ldots, x_n, \xi_1, \ldots, \xi_m)\, \mathrm{d}^n(x_1, \ldots, x_n) \qquad (15.7)$$

oder kürzer:

$$\varphi(\xi) := \int_I f(x,\xi)\,\mathrm{d}^n x\,, \qquad\qquad \xi \in J$$

bilden. Dieses Integral hängt also von den reellen Parametern $\xi_1,\ldots,\xi_m$ ab, die man aber auch zu einem einzigen (vektoriellen) Parameter $\xi = (\xi_1,\ldots,\xi_m)$ zusammenfassen kann.

Satz 15.6. *Für ein kompaktes Intervall $I \subseteq \mathbb{R}^n$ und eine nichtleere Teilmenge $J \subseteq \mathbb{R}^m$ sei $Q := I \times J \subseteq \mathbb{R}^{n+m}$, und sei $f : Q \longrightarrow \mathbb{R}$ eine gegebene Funktion. Dann gilt:*

a. *Ist f stetig auf Q, so ist das durch (15.7) gegebene „partielle Integral" φ stetig auf J.*

b. *Es sei speziell $m = 1$, $J \subseteq \mathbb{R}$ ein Intervall. Auf Q existiere die partielle Ableitung $f_\xi = \frac{\partial f}{\partial \xi}$, und die Funktionen f und f_ξ seien auf ganz Q stetig. Dann ist $\varphi \in C^1(J)$, und für alle $\xi \in J$ gilt*

$$\varphi'(\xi) \equiv \frac{\mathrm{d}}{\mathrm{d}\xi} \int_I f(x,\xi)\mathrm{d}^n x = \int_I \frac{\partial}{\partial \xi} f(x,\xi)\mathrm{d}^n x\,. \tag{15.8}$$

Beweis.

a. Wir verwenden das Folgenkriterium (Satz 14.2). Seien also $\xi_0, \xi_1, \xi_2, \ldots \in J$, wobei $\xi_0 = \lim_{k\to\infty} \xi_k$. Man überzeugt sich leicht, dass die Menge

$$K := \{(x,\xi_k) \mid x \in I\,, k \in \mathbb{N}_0\}$$

kompakt ist. Durch Einschränken von f auf K erhält man also nach Satz 14.9 eine *gleichmäßig stetige* Funktion. Daher haben wir *gleichmäßige* Konvergenz

$$g_k(x) := f(x,\xi_k) \longrightarrow g_0(x) := f(x,\xi_0)$$

auf I, wie man aus den Definitionen abliest. Satz 14.19a ergibt also

$$\varphi(\xi_0) = \int_I g_0(x)\,\mathrm{d}^n x = \lim_{k\to\infty} \int_I g_k(x)\,\mathrm{d}^n x = \lim_{k\to\infty} \varphi(\xi_k)\,,$$

wie gewünscht.

b. Die Funktion

$$\psi(\xi) := \int_I f_\xi(x,\xi)\,\mathrm{d}^n x$$

ist nach Teil a stetig. Wähle $\alpha \in J$ fest. Die Theoreme 11.12 und 3.4 ergeben also für alle $\tau \in J$:

$$\int_\alpha^\tau \psi(\xi)\,\mathrm{d}\xi = \int_I \mathrm{d}^n x \int_\alpha^\tau f_\xi(x,\xi)\,\mathrm{d}\xi$$

$$= \int_I (f(x,\tau) - f(x,\alpha))\,\mathrm{d}^n x$$

$$= \varphi(\tau) - \varphi(\alpha)\,,$$

also $\varphi(\tau) = \varphi(\alpha) + \int_\alpha^\tau \psi(\xi)\,\mathrm{d}\xi$. Nach Thm. 3.4 ist somit $\varphi \in C^1(J)$ und $\varphi'(\tau) = \psi(\tau)$, was gerade (15.8) bedeutet.   □

Wir wollen dies jetzt auf uneigentliche Integrale ausdehnen. Sei dazu

$$S = \{(x,\xi) \mid a \le x < +\infty,\ \xi \in J\} \subseteq \mathbb{R}^{m+1} \tag{15.9}$$

mit einer nichtleeren Teilmenge $J \subseteq \mathbb{R}^m$ (typischerweise einem Intervall $J \subseteq \mathbb{R}$), und sei $f : S \longrightarrow \mathbb{R}$ stetig. Dann betrachten wir Integrale der Form

$$\int_a^\infty f(x,\xi)\mathrm{d}x := \varphi(\xi)\,. \tag{15.10}$$

Definitionen 15.7. *Sei* $f : S \longrightarrow \mathbb{R}$ *eine gegebene Funktion. Eine* integrierbare Majorante *für* f *ist eine Funktion* $g : [a,\infty[$, *für die das uneigentliche Integral* $\int_a^\infty g(x)\,\mathrm{d}x$ *existiert und für die gilt:*

$$|f(x,\xi)| \le g(x) \qquad \forall\,(x,\xi) \in S\,.$$

Nehmen wir an, f sei stetig und besitze eine integrierbare Majorante g. Sei $b_n \longrightarrow \infty$ eine Zahlenfolge in $[a,\infty[$. Nach Satz 15.6a ist dann jede der Funktionen

$$\varphi_n(\xi) := \int_a^{b_n} f(x,\xi)\mathrm{d}x \tag{15.11}$$

stetig. Nach dem Majorantenkriterium (Satz 15.5) existiert für jedes $\xi \in J$ das uneigentliche Integral (15.10). Aber dieses ist der gleichmäßige Limes der $\varphi_n(\xi)$, denn

$$|\varphi(\xi) - \varphi_n(\xi)| \le \int_{b_n}^\infty |f(x,\xi)|\,\mathrm{d}x$$

$$\le \int_{b_n}^\infty g(x)\,\mathrm{d}x$$

$$= \int_a^\infty g(x)\,\mathrm{d}x - \int_a^{b_n} g(x)\,\mathrm{d}x \longrightarrow 0 \qquad \text{für} \quad n \to \infty\,.$$

Nach Satz 14.15e ist damit auch die Grenzfunktion $\varphi(\xi)$ stetig.

Nehmen wir zusätzlich an, J wäre ein eindimensionales Intervall und f_ξ wäre vorhanden und ebenfalls stetig. Außerdem setzen wir voraus, dass es für $f_\xi(x, \xi)$ eine integrierbare Majorante $h : [a, \infty[\longrightarrow [0, \infty[$ gibt. Die Folge

$$\psi_n(\xi) := \int\limits_a^{b_n} f_\xi(x, \xi) dx$$

ist dann wieder gleichmäßig konvergent gegen $\psi(\xi) := \int\limits_a^\infty f(x, \xi) dx$ auf J. Nach Satz 15.6b ist jedes $\psi_n \in C^1(J)$ und es gilt

$$\psi_n(\xi) = \varphi_n'(\xi) = \int\limits_a^{b_n} f_\xi(x, \xi) dx \ .$$

Nach Satz 14.21 ist dann $\psi \in C^1(J)$ und $\psi = \varphi'$. Wir fassen zusammen:

Satz 15.8. *Sei $f(x, \xi)$ stetig auf $S = [a, +\infty[\times J$.*

a. *Hat f auf $J \subseteq \mathbb{R}^m$ eine integrierbare Majorante, so ist das uneigentliche Integral*

$$\varphi(\xi) = \int\limits_a^\infty f(x, \xi) dx$$

stetig auf J.

b. *Ist zusätzlich J ein Intervall in $\mathbb{R}$, hat f eine stetige partielle Ableitung $f_\xi(x, \xi)$ und besitzen f und f_ξ integrierbare Majoranten, so ist $\varphi \in C^1(J)$, und seine Ableitung ist das uneigentliche Integral*

$$\psi(\xi) = \int\limits_a^\infty f_\xi(x, \xi) dx \ ,$$

d. h. es gilt

$$\varphi'(\xi) \equiv \frac{d}{d\xi} \int\limits_a^\infty f(x, \xi) dx = \int\limits_a^\infty \frac{\partial}{\partial \xi} f(x, \xi) dx = \psi(\xi) \ . \tag{15.12}$$

C. Mehrdimensionale uneigentliche Integrale

Auch Funktionen mehrerer Variabler müssen oft in Situationen integriert werden, wo der Definitions- oder der Wertebereich unbeschränkt ist. Wegen der großen Vielfalt der möglichen Formen der Definitionsbereiche und der

Funktionsverläufe ist hier aber nur eine Diskussion von *absolut konvergenten* uneigentlichen Integralen sinnvoll. In der modernen Integrationstheorie von LEBESGUE wird gar nicht zwischen eigentlichen und absolut konvergenten uneigentlichen Integralen unterschieden, sondern gewissermaßen alles auf einen Schlag erledigt. Wir borgen uns aus dieser Theorie einige Ideen, mit deren Hilfe wir ohne großen Aufwand absolut konvergente uneigentliche Integrale für Funktionen in $\mathbb{R}^n$ einführen und diskutieren können.
Sei

$$B_R(x_0) = \{x \in \mathbb{R}^n \mid \|x - x_0\| \le R\} \tag{15.13}$$

eine Kugel mit Radius R um $x_0 \in \mathbb{R}^n$ (in Bezug auf die euklidische Norm). Eine (möglicherweise unbeschränkte) Teilmenge $G \subseteq \mathbb{R}^n$ soll JORDAN-*messbar* genannt werden, wenn für jedes $R > 0$ die Menge $\partial G \cap B_R(0)$ eine JORDAN'sche Nullmenge ist (vgl. die Definitionen in 11.5).

Definitionen 15.9. *Sei $G \subseteq \mathbb{R}^n$ eine JORDAN-messbare Teilmenge.*

a. *Für eine nichtnegative stetige Funktion $g : G \longrightarrow [0, \infty[$ definieren wir das Integral durch*

$$\int_G g(x)\, \mathrm{d}^n x$$

$$:= \sup \left\{ \int_K g(x)\, \mathrm{d}^n x \;\middle|\; K \subseteq G \text{ kompakt und JORDAN-messbar} \right\},$$

wobei das Supremum als $+\infty$ aufzufassen ist, wenn die Menge auf der rechten Seite nach oben unbeschränkt ist.

b. *Für jede reellwertige Funktion $f : G \longrightarrow \mathbb{R}$ definieren wir den* positiven *(bzw. negativen) Teil f^+ (bzw. f^-) durch*

$$f^+(x) := \max(f(x), 0) = \frac{1}{2}(|f(x)| + f(x))\,, \tag{15.14}$$

$$f^-(x) := -\min(f(x), 0) = \frac{1}{2}(|f(x)| - f(x))\,. \tag{15.15}$$

c. *Eine stetige reelle Funktion $f : G \longrightarrow \mathbb{R}$ heißt* absolut integrierbar *über G, wenn*

$$\int_G |f(x)|\, \mathrm{d}^n x < \infty$$

im Sinne von Teil a. In diesem Falle definiert man ihr Integral durch

$$\int_G f\, \mathrm{d}^n x := \int_G f^+\, \mathrm{d}^n x - \int_G f^-\, \mathrm{d}^n x\,. \tag{15.16}$$

d. *Eine* Ausschöpfung *von G ist eine aufsteigende Folge*

$$K_1 \subseteq K_2 \subseteq \ldots \subseteq K_m \subseteq K_{m+1} \subseteq \ldots \subseteq G$$

von kompakten JORDAN-messbaren Teilmengen von G mit der Eigenschaft, dass jede kompakte Teilmenge von G in einer der K_m enthalten ist.

Für Teil c sollte man beachten, dass die Stetigkeit von f auch die Stetigkeit von f^+, f^- nach sich zieht. Außerdem ergeben die Definitionen sofort $f^\pm \geq 0$ sowie

$$f = f^+ - f^-, \qquad |f| = f^+ + f^- \tag{15.17}$$

und insbesondere $0 \leq f^\pm \leq |f|$. Daher ist die Bedingung $\int_G |f| \, \mathrm{d}^n x < \infty$ äquivalent zu

$$\int_G f^+ \, \mathrm{d}^n x < \infty \quad \text{und} \quad \int_G f^- \, \mathrm{d}^n x < \infty \, .$$

Absolute Integrierbarkeit von f sorgt also dafür, dass auf der rechten Seite von (15.16) nicht $\infty - \infty$, sondern die Differenz zweier reeller Zahlen steht.

Für den Umgang mit den so definierten uneigentlichen Integralen ist der folgende Satz entscheidend:

Satz 15.10. *Sei $G \subseteq \mathbb{R}^n$ eine* JORDAN-*messbare Teilmenge, und sei $f : G \longrightarrow \mathbb{R}$ stetig.*

a. *f ist absolut integrierbar über G, wenn es eine Ausschöpfung (K_m) von G gibt, für die die Folge $\left(\int_{K_m} |f| \, \mathrm{d}^n x \right)$ beschränkt ist.*

b. *Wenn f absolut integrierbar über G ist, so gilt für jede Ausschöpfung (L_m) von G*

$$\int_G f(x) \, \mathrm{d}^n x = \lim_{m \to \infty} \int_{L_m} f(x) \, \mathrm{d}^n x \tag{15.18}$$

und analog für $|f|$ statt f.

Der Beweis ist leicht und kann als Übung geführt werden (vgl. auch den Beweis des Satzes in Ergänzung 13.29).

Die Darstellung des Integrals in der Form (15.18) zeigt, dass sich die Rechenregeln aus Thm. 11.10 auf Integrale von absolut integrierbaren Funktionen übertragen. Satz 15.10 ermöglicht es außerdem, konkrete uneigentliche Integrale zu berechnen oder zumindest abzuschätzen. Im Folgenden tun wir dies für gewisse wichtige Spezialfälle, in denen *Kugeln* benutzt werden, um geeignete Ausschöpfungen anzugeben. Wir wollen dabei die Transformationsformel aus Satz 11.22 benutzen, um Integrale über Kugeln und Kugelschalen abzuschätzen. Wir beschränken uns bei den genauen Rechnungen auf die Dimensionen $n = 2, 3$, formulieren die Sätze jedoch für beliebiges n. Sei $B_R(X_0)$ durch (15.13) gegeben, und sei $f : B_R(X_0) \longrightarrow \mathbb{R}$ eine stetige Funktion.

(I) Im Falle $n = 2$ können wir schreiben, wenn wir Polarkoordinaten um X_0 einführen

$$X = X_0 + r\omega := \begin{pmatrix} x_0 \\ y_0 \end{pmatrix} + r \begin{pmatrix} \cos\varphi \\ \sin\varphi \end{pmatrix}, \quad \omega = \begin{pmatrix} \cos\varphi \\ \sin\varphi \end{pmatrix}, \tag{15.19}$$

wobei $\|\omega\| = 1$ ist, sodass wir ω als einen Punkt auf der Einheitssphäre $S_1(0)$ auffassen können. Aus der Transformationsformel in Satz 11.22 folgt dann

$$\int_{B_R(X_0)} f(X)\mathrm{d}^2x = \int_0^R \int_0^{2\pi} f(X_0 + r\omega)r\,\mathrm{d}\varphi\,\mathrm{d}r$$

$$\equiv \int_0^R \oint_{\|\omega\|=1} f(X_0 + .r\omega)r\,\mathrm{d}\omega\,\mathrm{d}r \ . \tag{15.20}$$

(II) Im Falle $n = 3$ können wir schreiben, wenn wir Kugelkoordinaten um X_0 einführen

$$X = X_0 + r\omega = \begin{bmatrix} x_0 \\ y_0 \\ z_0 \end{bmatrix} + r\begin{bmatrix} \cos\varphi\,\sin\theta \\ \sin\varphi\,\sin\theta \\ \cos\theta \end{bmatrix}, \ \omega = \begin{bmatrix} \cos\varphi\,\sin\theta \\ \sin\varphi\,\sin\theta \\ \cos\theta \end{bmatrix}, \tag{15.21}$$

wobei wieder $\|\omega\| = 1$, d. h. $\omega \in S_1(0)$ ist. Wieder folgt mit der Transformationsformel in Satz 11.22

$$\int_{B_R(X_0)} f(X)\mathrm{d}^3x = \int_0^R \int_0^{\pi} \int_0^{2\pi} f(X_0 + r\omega)r^2 \sin\theta\,\mathrm{d}\varphi\,\mathrm{d}\theta\,\mathrm{d}r$$

$$\equiv \int_0^R \oint_{\|\omega\|=1} f(X_0 + r\omega)r^2\,\mathrm{d}\omega\,\mathrm{d}r \ , \tag{15.22}$$

wobei wir mit

$$\mathrm{d}\omega := \begin{cases} \mathrm{d}\varphi, & n = 2 \\ \sin\theta\,\mathrm{d}\varphi\,\mathrm{d}\theta, & n = 3 \end{cases} \tag{15.23}$$

das skalare *Bogen- bzw. Flächenelement auf der Einheitssphäre* $S_1(0)$ bezeichnen (vgl. 9.7 und 12.5). Es ist dann noch

$$\omega_n := \int_{S_1(0)} \mathrm{d}\omega = \begin{cases} 2\pi, & n = 2 \\ 4\pi, & n = 3 \end{cases} \tag{15.24}$$

die *Bogenlänge des Einheitskreises* bzw. der *Flächeninhalt der Einheitssphäre*. Jetzt nehmen wir an, dass $f(X)$ *rotationssymmetrisch* bezüglich X_0 ist, d. h. es gibt eine stetige Funktion $\varphi : [0, R] \longrightarrow \mathbb{R}$, sodass

$$f(X) = \varphi(\|X - X_0\|) \qquad \text{für } X \in B_R(X_0), \tag{15.25}$$

und daher ist

$$f(X_0 + r\omega) = \varphi(r) \tag{15.26}$$

wegen $\|\omega\| = 1$.

Auch für höhere Dimensionen kann man derartige Umrechnungen vornehmen, wobei die Kunst hauptsächlich darin besteht, das Flächenelement $\mathrm{d}\omega$ zu definieren. (Vgl. Kap. 22, insbes. Satz 22.11.) Außerdem kann man die Kugeln auch durch *Kugelschalen*

$$S_{R,\rho}(x_0) := \{x \in \mathbb{R}^n \mid \rho \leq \|x - x_0\| \leq R\} \qquad (0 \leq \rho < R) \qquad (15.27)$$

ersetzen. So erhält man:

Satz 15.11. *Für eine stetige Funktion* $f : S_{R,\rho}(x_0) \longrightarrow \mathbb{R}$ *gilt*

$$\int_{S_{R,\rho}(x_0)} f(x)\mathrm{d}^n x = \int_\rho^R \oint_{\|\omega\|=1} r^{n-1} f(x_0 + r\omega)\,\mathrm{d}\omega\,\mathrm{d}r \ . \qquad (15.28)$$

Ist insbesondere $f(x) = \varphi(\|x - x_0\|)$, *so gilt*

$$\int_{S_{R,\rho}(x_0)} f(x)\mathrm{d}^n x = \omega_n \int_\rho^R r^{n-1} \varphi(r)\mathrm{d}r \qquad (15.29)$$

mit festen Zahlen $\omega_n > 0$, *die man als den* $n-1$-*dimensionalen Flächeninhalt von* $S_1(0) \subseteq \mathbb{R}^n$ *interpretieren kann.*

Diesen Satz wenden wir an, um die Existenz des Integrals einer Funktion zu untersuchen, die in einem beschränkten Gebiet eine Singularität hat.

Satz 15.12. *Sei* $\Omega \subseteq \mathbb{R}^n$ *ein beschränktes* JORDAN-*messbares Gebiet,* $x_0 \in \Omega$ *ein Punkt und* $f : \overline{\Omega} \setminus \{x_0\} \longrightarrow \mathbb{R}$ *eine stetige Funktion. Ferner gebe es ein* $\varepsilon_0 > 0$ *und Konstanten* $M \geq 0$, $p \in \mathbb{R}$, *sodass*

$$|f(x)| \leq \frac{M}{\|x - x_0\|^p} \qquad \text{für } 0 < \|x - x_0\| < \varepsilon_0 \ . \qquad (15.30)$$

Dann ist f *absolut integrierbar über* Ω, *falls* $p < n$, *und es gilt*

$$\int_\Omega f(x)\mathrm{d}^n x = \lim_{\varepsilon \longrightarrow 0} \int_{\Omega \setminus B_\varepsilon(x_0)} f(x)\,\mathrm{d}^n x \ . \qquad (15.31)$$

Beweis. Wir wählen eine monoton fallende Nullfolge $\varepsilon_0 > \varepsilon_1 > \varepsilon_2 > \dots$ positiver Zahlen und setzen

$$K_m := \overline{\Omega} \setminus U_{\varepsilon_m}(x_0) \qquad (m \in \mathbb{N}_0) \ ,$$

wobei $U_\varepsilon(x_0) := \{x \mid \|x - x_0\| < \varepsilon\}$ ist. Diese K_m bilden eine Ausschöpfung von $G := \overline{\Omega} \setminus \{x_0\}$, und wir folgern die Behauptungen mittels dieser Ausschöpfung aus Satz 15.10. Dazu schreiben wir

$$\int_{K_m} |f|\,\mathrm{d}^n x = \int_{K_0} |f|\,\mathrm{d}^n x + \int_{B_{\varepsilon_0(x_0)} \setminus U_{\varepsilon_m}(x_0)} |f|\,\mathrm{d}^n x \ .$$

Es genügt also, das Integral über $B_{\varepsilon_0}(x_0) \setminus U_\varepsilon(x_0) = S_{\varepsilon_0, \varepsilon}(x_0)$ zu betrachten. Aus (15.28), (15.29) in Satz 15.11 und der Abschätzung (15.30) folgt dann

$$
\int\limits_{B_{\varepsilon_0}(x_0) \setminus U_\varepsilon(x_0)} |f(x)| \, \mathrm{d}^n x = \int\limits_\varepsilon^{\varepsilon_0} \int\limits_{\|\Omega\|=1} r^{n-1} |f(x_0 + r\omega)| \, \mathrm{d}\omega \, \mathrm{d}r
$$

$$
\leq \int\limits_\varepsilon^{\varepsilon_0} r^{n-1} \frac{M}{r^p} \, \mathrm{d}\omega \, \mathrm{d}r = \frac{M\omega_n}{n-p} \left(\varepsilon_0^{n-p} - \varepsilon^{n-p} \right) ,
$$

sodass die Integrale für $\varepsilon \longrightarrow 0$ beschränkt bleiben, wenn $p < n$ ist. □

Als Nächstes betrachten wir das Integral über einen unbeschränkten Bereich:

Satz 15.13. *Sei $\Omega \subseteq \mathbb{R}^n$ ein unbeschränktes* JORDAN-*messbares Gebiet und sei $f : \overline{\Omega} \longrightarrow \mathbb{R}$ eine stetige Funktion. Ferner gebe es Konstanten $R_0 > 0$, $M \geq 0$, $p \in \mathbb{R}$, sodass*

$$
|f(x)| \leq \frac{M}{\|x\|^p} \qquad \text{für alle } x \in \Omega \text{ mit } \|x\| > R_0. \tag{15.32}
$$

Dann ist f absolut integrierbar über Ω, falls $p > n$, und es gilt

$$
\int\limits_\Omega f(x) \, \mathrm{d}^n x = \lim_{R \longrightarrow \infty} \int\limits_{\Omega \cap B_R(0)} f(x) \, \mathrm{d}^n x . \tag{15.33}
$$

Beweis. Für jede monoton wachsende und nach $+\infty$ divergierende Folge $R_0 < R_1 < R_2 < \ldots$ erhält man eine Ausschöpfung von $G := \overline{\Omega}$ durch

$$
K_m := G \cap B_{R_m}(0) \qquad (m \in \mathbb{N}_0) .
$$

Die Behauptungen folgen also aus Satz 15.10, wenn wir zeigen können, dass die Integrale

$$
\int\limits_{K_m} |f| \, \mathrm{d}^n x = \int\limits_{K_0} |f| \, \mathrm{d}^n x + \int\limits_{G \cap S_{R_m, R_0}(0)} |f| \, \mathrm{d}^n x
$$

für $m \to \infty$ beschränkt bleiben. Aber nach (15.32) und Satz 15.11 haben wir für alle $R \geq R_0$:

$$
\int\limits_{G \cap S_{R, R_0}(0)} |f| \, \mathrm{d}^n x \leq \int\limits_{S_{R, R_0}(0)} \frac{M}{\|x\|^p} \, \mathrm{d}^n x
$$

$$
= M\omega_n \int_{R_0}^R \frac{r^{n-1}}{r^p} \, \mathrm{d}r = \frac{M\omega_n}{n-p}(R^{n-p} - R_0^{n-p}) ,
$$

und das bleibt beschränkt für $R \to \infty$, wenn $p > n$ ist. □

Als eine Anwendung für mehrdimensionale uneigentliche Integrale zeigen wir noch:

Satz 15.14.

$$\int\limits_0^\infty e^{-x^2}\, dx = \frac{\sqrt{\pi}}{2}.$$

Beweis. Dieses Integral kann nicht elementar berechnet werden, weil e^{-x^2} keine elementare Stammfunktion hat. Die Idee ist die folgende Zurückführung des Integrals

$$J := \int\limits_{-\infty}^\infty e^{-x^2}\, dx$$

auf ein zweidimensionales Integral: Man kann die Ebene $\mathbb{R}^2$ sowohl durch Quadrate $Q_R := [-R, R] \times [-R, R]$ als auch durch Kreisscheiben $B_R(0)$ ausschöpfen. Das ergibt:

$$
\begin{aligned}
J^2 &= \lim_{R\to\infty} \left(\int_{-R}^R e^{-x^2}\, dx \right)^2 \\
&= \lim_{R\to\infty} \left[\left(\int_{-R}^R e^{-x^2}\, dx \right) \cdot \left(\int_{-R}^R e^{-y^2}\, dy \right) \right] \\
&\overset{11.13}{=} \lim_{R\to\infty} \int_{Q_R} e^{-x^2-y^2}\, d^2(x,y) \overset{15.10}{=} \int_{\mathbb{R}^2} e^{-x^2-y^2}\, d^2(x,y) \\
&\overset{15.10}{=} \lim_{R\to\infty} \int_{B_R(0)} e^{-x^2-y^2}\, d^2(x,y) \overset{(15.20)}{=} \lim_{R\to\infty} \int_0^R \int_0^{2\pi} e^{-r^2} r\, d\varphi dr \\
&= \lim_{R\to\infty} 2\pi \int_0^R e^{-r^2} r dr = \pi\,,
\end{aligned}
$$

wobei zuletzt die Substitution $s = r^2$ verwendet wurde. Also $J = \sqrt{\pi}$, und daraus folgt die Behauptung weil e^{-x^2} eine gerade Funktion ist.   □

D. Die EULER'sche Gammafunktion

Als eine weitere Anwendung betrachten wir das parameterabhängige uneigentliche Integral

$$\Gamma(x) := \int\limits_0^\infty e^{-t} t^{x-1}\, dt \tag{15.34}$$

für $x > 0$, das in der Mathematik und ihren Anwendungen an den verschiedensten Stellen auftaucht.

Satz 15.15.

   a. Für alle $x > 0$ existiert die EULER'sche Gammafunktion (15.34) und stellt eine C^∞-Funktion dar, d.h. sie ist beliebig oft differenzierbar.

b. Die Γ-Funktion erfüllt die Funktionalgleichung

$$\Gamma(x+1) = x\Gamma(x) \,. \tag{15.35}$$

c. Ferner gilt

$$\Gamma(1) = 1 \,, \quad \Gamma(n+1) = n! \quad \text{für } n = 0, 1, 2, \ldots, \tag{15.36}$$

$$\Gamma\left(\frac{1}{2}\right) = \sqrt{\pi} \,, \quad \Gamma\left(n+\frac{1}{2}\right) = \frac{1 \cdot 3 \cdot 5 \ldots (2n-1)}{2^n} \sqrt{\pi} \,, \quad n = 0, 1, \ldots \tag{15.37}$$

Beweis.

a. Für die uneigentlichen Integrale, die durch Differentiation nach x unter dem Integralzeichen entstehen, lassen sich mittels der bekannten Asymptotik von Exponentialfunktion und Logarithmus leicht integrierbare Majoranten finden. Satz 15.8 b liefert dann die Behauptungen. (Details in Ergänzung 15.18.)

b. Mit partieller Integration folgt

$$\Gamma(x+1) = \int\limits_0^\infty e^{-t} t^x \, dt = \left[-e^{-t} t^x\right]_0^{+\infty} + x \int\limits_0^\infty e^{-t} t^{x-1} \, dt = x\Gamma(x) \,.$$

c. Wegen

$$\Gamma(1) = \int\limits_0^\infty e^{-t} \, dt = 1$$

folgt (15.36) aus (15.35) durch Induktion. Wegen

$$\Gamma\left(\tfrac{1}{2}\right) = \int\limits_0^\infty e^{-t} t^{-1/2} \, dt = \int\limits_0^\infty e^{-s^2} s^{-1} \cdot 2s \, ds$$

$$= 2 \int\limits_0^\infty e^{-s^2} \, ds = 2\frac{\sqrt{\pi}}{2} \qquad \text{nach 15.14}$$

folgt (15.37) aus (15.35) mit Induktion.

$\square$

Ergänzungen zu §15

Wir überzeugen uns an zwei wichtigen Beispielen von der Nützlichkeit uneigentlicher Integrale. Außerdem wird ein spezielles uneigentliches Integral berechnet und der Einsatz von Satz 15.8 wird durch den ausführlichen Beweis von Satz 15.15a illustriert. Am Schluss berechnen wir Volumen und Oberfläche von Kugeln in beliebig hoher Dimension. Diese Größen sind von fundamentaler Bedeutung für die statistische Mechanik.

15.16 Das Integralkriterium für Reihen. Mittels uneigentlicher Integrale lässt sich ein sehr brauchbares Konvergenzkriterium für unendliche Reihen formulieren:

Satz. *Sei* $f : [1, \infty[\longrightarrow [0, \infty[$ *eine monoton fallende, stetige und nichtnegative Funktion. Dann ist*

$$\sum_{n=1}^{\infty} f(n) \quad konvergent \quad \Longleftrightarrow \quad \int_1^{\infty} f(x)\, \mathrm{d}x \quad konvergent.$$

Beweis. Wegen $f(x) \geq 0$ ist die Stammfunktion $\varphi(t) := \int_1^t f(x)\, \mathrm{d}x$ monoton wachsend, und daher ist das uneigentliche Integral genau dann konvergent, wenn $\varphi(t)$ für $t \longrightarrow \infty$ beschränkt bleibt. Ebenso sind die Partialsummen $s_n := \sum_{k=1}^n f(k)$ monoton wachsend, also ist die Reihe genau dann konvergent, wenn die Folge (s_n) beschränkt ist. Aus $k \leq x \leq k+1$ folgt aber nach Voraussetzung $f(k) \geq f(x) \geq f(k+1)$. Schreiben wir also

$$\varphi(n) = \sum_{k=1}^{n-1} \int_k^{k+1} f(x)\, \mathrm{d}x \, ,$$

so können wir die einzelnen Integrale in dieser Summe nach oben und unten abschätzen. Das ergibt:

$$s_{n-1} \geq \varphi(n) \geq \sum_{k=1}^{n-1} f(k+1) = s_n - f(1) \, .$$

Für $n \leq x \leq n+1$ ist also $s_n - f(1) \leq \varphi(x) \leq s_n$. Also ist die Beschränktheit der Funktion φ äquivalent zur Beschränktheit der Folge (s_n). $\square$

Beispiel: Die Reihe $\zeta(s) := \sum_{n=1}^{\infty} \dfrac{1}{n^s}$ ist für $s = 1$ divergent, aber für jedes $s > 1$ konvergent. Mittels des obigen Integralkriteriums sieht man das sofort, denn die entsprechenden Integrale $\int x^{-s}\, \mathrm{d}x$ lassen sich ja explizit berechnen.

15.17 $\displaystyle\int_0^{\infty} \frac{\sin x}{x}\, \mathrm{d}x = \frac{\pi}{2}.$ In Aufg. 15.4 zeigen wir einen einfachen Weg auf, die Konvergenz des uneigentlichen Integrals $\int_0^{\infty} \frac{\sin x}{x}\, \mathrm{d}x$ nachzuweisen. Mit etwas mehr Aufwand und Raffinesse kann man seinen Wert sogar genau berechnen. Dazu betrachten wir für festes $b > 0$ die Hilfsfunktion

$$h(t) := \int_0^b \mathrm{e}^{-tx} \frac{\sin x}{x}\, \mathrm{d}x \qquad (t \geq 0)\, ,$$

wobei $x^{-1} \sin x$ in $x = 0$ stetig ergänzt ist. Nach 15.6b ist $h \in C^1([0, \infty[)$ und

$$g(t) := -h'(t) = \int_0^b \mathrm{e}^{-tx} \sin x\, \mathrm{d}x \, .$$

Dieses Integral lässt sich aber explizit berechnen. Zweimalige Produktintegration ergibt nämlich:

$$g(t) = 1 - e^{-tb} \cos b - t e^{-tb} \sin b - t^2 g(t) \,,$$

also

$$g(t) = \frac{1}{1 + t^2} (1 - e^{-tb}(\cos b + t \sin b)) \,. \qquad (15.38)$$

Außerdem haben wir

$$\lim_{t \to \infty} h(t) = 0 \,. \qquad (15.39)$$

Dies ergibt sich sofort aus einer etwas allgemeineren Version der Anmerkung 14.20, aus der hervorgeht, dass der eine Ausnahmepunkt $x = 0$, wo der Integrand für $t \longrightarrow \infty$ nicht nach Null geht, eigentlich keine Rolle spielt. Wer nicht mit derartigen unbewiesenen Behauptungen operieren will, kann es folgendermaßen direkt einsehen: Es ist $|\sin x| = |\int_0^x \cos \xi \, \mathrm{d}\xi| \leq \int_0^x |\cos \xi| \, \mathrm{d}\xi \leq |x|$, also

$$\begin{aligned}
|h(t)| &\leq \int_0^b e^{-tx} \left| \frac{\sin x}{x} \right| \mathrm{d}x \leq \int_0^b e^{-tx} \, \mathrm{d}x \\
&= \frac{1 - e^{-bt}}{t} < \frac{1}{t} \longrightarrow 0 \quad \text{für} \quad t \to \infty
\end{aligned}$$

und somit gilt (15.39).

Aus (15.38), (15.39) ergibt sich:

$$\begin{aligned}
\int_0^b \frac{\sin x}{x} \, \mathrm{d}x &= h(0) = \lim_{t \to \infty} [h(0) - h(t)] = \lim_{t \to \infty} \int_0^t g(s) \, \mathrm{d}s \\
&= \int_0^\infty \frac{\mathrm{d}s}{1 + s^2} - \int_0^\infty \frac{e^{-bs}(\cos b + s \sin b)}{1 + s^2} \, \mathrm{d}s \,.
\end{aligned}$$

Das erste Integral ist bekannt, denn

$$\int_0^\infty \frac{\mathrm{d}s}{1 + s^2} = \arctan x \big|_0^\infty = \frac{\pi}{2} \,,$$

und das zweite Integral kürzen wir mit $F(b)$ ab. Es konvergiert absolut aufgrund der folgenden Abschätzung:

$$\left| \frac{e^{-bs}(\cos b + s \sin b)}{1 + s^2} \right| \leq e^{-bs} \frac{1 + s}{1 + s^2} \leq C e^{-bs}$$

mit einer Konstanten $C > 0$. (Hier ist zu beachten, dass die Funktion $\frac{1+s}{1+s^2}$ für $s \to \infty$ gegen Null geht, also für $0 \leq s < \infty$ beschränkt bleibt.) Die Abschätzung zeigt auch

$$|F(b)| \leq C \int_0^\infty e^{-bs} \, \mathrm{d}s = C/b \longrightarrow 0 \quad \text{für} \quad b \to \infty \,.$$

Damit können wir in der Gleichung

$$\int_0^b \frac{\sin x}{x}\,dx = \frac{\pi}{2} - F(b)$$

den Grenzübergang $b \to \infty$ vornehmen und erhalten die behauptete Beziehung

$$\int_0^\infty \frac{\sin x}{x}\,dx = \frac{\pi}{2}\,.$$

15.18 Existenz und Differenzierbarkeit der Gammafunktion. Um Satz 15.15a zu beweisen, wählen wir $0 < a < b < \infty$ beliebig und weisen nach, dass $\Gamma(x)$ auf dem Intervall $]a, b[$ existiert und C^∞ ist. Dazu betrachten wir die Integrale

$$\Gamma_1(x) := \int_0^1 e^{-t}t^{x-1}\,dt\,, \qquad \Gamma_2(x) := \int_1^\infty e^{-t}t^{x-1}\,dt$$

getrennt und wenden mehrfach Satz 15.8b bzw. dessen Variante für das Intervall $]0, 1]$ statt $[1, \infty[$ an. Differentiation des Integranden nach dem Parameter x ergibt für $m = 0, 1, 2, \ldots$

$$\frac{d^m}{dx^m}\left(t^{x-1}e^{-t}\right) = e^{-t}t^{x-1}\left(\ln t\right)^m =: h_m(t, x)\,.$$

Für $0 < t \le 1$, $a \le x \le b$ lässt sich dies wie folgt abschätzen:

$$|h_m(t, x)| \le t^{a-1}|\ln t|^m \le C_1 t^{\frac{a}{2}-1}$$

mit einer Konstanten $C_1 > 0$, denn für $m \ge 1$ ist nach Satz 2.33b.

$$\lim_{t \to 0+} t^{a/2}(\ln t)^m = \lim_{t \to 0+}\left(t^{\frac{a}{2m}}\ln t\right)^m = \lim_{s \to \infty}\left[-\frac{\ln s}{s^{\frac{a}{2m}}}\right]^m = 0\,,$$

also ist diese Funktion auf $]0, 1]$ beschränkt. Mit $C_1 t^{\frac{a}{2}-1}$ haben wir also eine integrierbare Majorante für das uneigentliche Integral

$$\int_0^1 h_m(t, x)\,dt$$

auf $[a, b]$ gefunden, und die entsprechende Variante von Satz 15.8b. zeigt, dass Γ_1 auf diesem Intervall existiert und aus C^∞ ist.

Für $t \ge 1$ und $a \le x \le b$ schätzen wir ab:

$$0 \le h_m(t, x) \le e^{-t}t^{b-1}(\ln t)^m = \left(e^{-t}t^{b+m+1}\right) \cdot \left(\frac{\ln t}{t}\right)^m \cdot t^{-2} \le C_2 t^{-2}$$

mit einer Konstanten $C_2 > 0$, denn nach 2.32b und 2.33b ist

$$\lim_{t \to \infty} e^{-t}t^{b+m+1} = 0 = \lim_{t \to \infty}\left(t^{-1}\ln t\right)^m\,,$$

und damit ist das Produkt dieser Funktionen auf $[1, \infty[$ beschränkt. Das uneigentliche Integral $\int_1^\infty h_m(t, x)\,dt$ hat also für $a \le x \le b$ die integrierbare Majorante $C_2 t^{-2}$. Satz 15.8b zeigt nun, dass Γ_2 auf $[a, b]$ definiert und C^∞ ist.

15.19 Volumen und Oberfläche der n-dimensionalen Kugel. Anwendung von (15.29) auf die konstante Funktion $f \equiv 1$ liefert

$$\int_{B_R(x_0)} \mathrm{d}^n x = \omega_n \int_0^R r^{n-1} \, \mathrm{d}r = \frac{\omega_n}{n} R^n \; .$$

Für das Volumen einer n-dimensionalen Kugel ergibt sich also

$$v_n(B_R(x_0)) = \frac{\omega_n}{n} R^n \; . \tag{15.40}$$

Es müssen also die Zahlen ω_n berechnet werden, die man als die Oberfläche der $(n-1)$-dimensionalen Einheitssphäre interpretieren kann (vgl. Kap. 22). Zu diesem Zweck berechnen wir das Integral

$$\int_{\mathbb{R}^n} \exp(-\|x\|^2) \, \mathrm{d}^n x$$

auf zwei Arten, indem wir den $\mathbb{R}^n$ einmal mit Würfeln $Q_R = [-R, R]^n$ und einmal mit Kugeln $B_R(0)$ ausschöpfen. Die Rechnung verläuft genauso wie die im Beweis von Satz 15.14 und ergibt:

$$\left(\int_{-\infty}^\infty \mathrm{e}^{-\xi^2} \, \mathrm{d}\xi \right)^n = \frac{\omega_n}{2} \int_0^\infty \mathrm{e}^{-s} s^{\frac{n}{2}-1} \, \mathrm{d}s \; .$$

Nach Satz 15.14 und der Definition der Gammafunktion heißt das

$$\pi^{n/2} = \frac{\omega_n}{2} \Gamma(n/2) \; ,$$

also

$$\omega_n = \frac{2\pi^{n/2}}{\Gamma(n/2)} \; . \tag{15.41}$$

Man kann die Gammafunktion explizit auswerten, wenn man zwischen geraden und ungeraden n unterscheidet. Mittels (15.36), (15.37) ergibt sich:

$$\omega_{2m} = \frac{2\pi^m}{(m-1)!} \; , \qquad \omega_{2m+1} = \frac{2\pi^m}{\prod_{k=1}^m \left(k - \frac{1}{2}\right)} \; . \tag{15.42}$$

Aufgaben zu §15

15.1. Man untersuche die folgenden uneigentlichen Integrale auf Konvergenz:

a. $\displaystyle\int_0^\infty x^2 \mathrm{e}^{-x} \, \mathrm{d}x$.

b. $\displaystyle\int_0^1 \frac{\mathrm{d}x}{\mathrm{e}^x - \cos x}$.

15.2. Sei $f(x) \geq 0$ und stetig für $x \geq 0$. Man zeige:

a. Wenn $\lim\limits_{x \longrightarrow \infty} x^p f(x) = L$ ist, so gilt:

$$\text{Für } p > 1 \text{ und } L < +\infty \text{ ist } \int\limits_a^\infty f(x)\,\mathrm{d}x \text{ konvergent.}$$

$$\text{Für } p \leq 1 \text{ und } L > 0 \text{ ist } \int\limits_a^\infty f(x)\,\mathrm{d}x \text{ divergent.}$$

b. Wenn $\lim\limits_{x \longrightarrow a+0} (x - a)^p f(x) = L$ ist, so gilt:

$$\text{Für } p < 1 \text{ und } L < +\infty \text{ ist } \int\limits_{a+}^b f(x)\,\mathrm{d}x \text{ konvergent.}$$

$$\text{Für } p \geq 1 \text{ und } L > 0 \text{ ist } \int\limits_{a+}^b f(x)\,\mathrm{d}x \text{ divergent.}$$

15.3. Mithilfe der Kriterien in Aufg. 15.2 untersuche man folgende Integrale auf Konvergenz:

a.

$$\int\limits_{1+}^2 \frac{\mathrm{d}x}{(x+1)\sqrt{x^2-1}} \quad \text{und} \quad \int\limits_2^\infty \frac{\mathrm{d}x}{(x+1)\sqrt{x^2-1}} \,.$$

b.

$$\int\limits_2^\infty \frac{x}{\sqrt{x^3-1}}\,\mathrm{d}x \quad \text{und} \quad \int\limits_{1+}^2 \frac{x}{\sqrt{x^3-1}}\,\mathrm{d}x \,.$$

15.4.   a. Man zeige, dass für alle $n \in \mathbb{N}$ gilt:

$$\int_\pi^{n\pi} \left| \frac{\sin x}{x} \right| \,\mathrm{d}x \geq \frac{2}{\pi} \sum_{k=1}^{n-1} \frac{1}{k}$$

und folgere, dass das uneigentliche Integral $\int_0^\infty \frac{\sin x}{x}\,\mathrm{d}x$ nicht absolut konvergent ist.

b. Man zeige, dass das uneigentliche Integral $\int_0^\infty \frac{1 - \cos x}{x^2}\,\mathrm{d}x$ absolut konvergent ist. (Der Integrand ist bei $x = 0$ stetig zu ergänzen!)

c. Mittels Produktintegration folgere man aus b (ohne Ergänzung 15.17 zu benutzen!), dass das uneigentliche Integral $\int_0^\infty \frac{\sin x}{x}\,\mathrm{d}x$ konvergent ist.

15.5. Mithilfe des Integralkriteriums in 15.16 untersuche man die Konvergenz der unendlichen Reihen $\sum\limits_{n=2}^{\infty} \dfrac{1}{n\big(\ln n\big)^{s}}$ in Abhängigkeit von $s > 0$.

15.6. Man zeige:

$$\int_{0}^{\infty} \frac{1 - \cos x}{x^2}\, \mathrm{d}x = \frac{\pi}{2}\ .$$

Man greife dazu auf Ergänzung 15.17 zurück.

15.7. Für jedes $p > 0$ definieren wir eine Funktion $J_p : \mathbb{R} \to \mathbb{R}$ durch

$$J_p(x) := \int_{0}^{\pi/2} \sin^{2p} t\ \sin(x\cos t)\, \mathrm{d}t\ .$$

a. Man beweise, dass $J_p \in C^{\infty}(\mathbb{R})$ und berechne die erste und die zweite Ableitung.

b. Man beweise:

$$J_p'(x) = \frac{1}{2p+1}(1 - xJ_{p+1}(x)) \quad \text{und} \quad J_p''(x) = J_{p+1}(x) - J_p(x)\ .$$

c. Man folgere, dass $y = J_p(x)$ eine Lösung der folgenden Differenzialgleichung ist:

$$y'' + \frac{2p+1}{x}y' + y = \frac{1}{x}\ .$$

15.8. Die Funktion

$$f(t) := \int_{0}^{1} \ln(x^2 + t^2)\mathrm{d}x$$

ist in $]0, \infty[$ differenzierbar. Man zeige dies und berechne die Ableitung.

15.9. a. Die Funktion $f : \mathbb{R}^2 \to \mathbb{R}$ sei definiert durch

$$f(x,y) := \begin{cases} \frac{x-y}{(x+y)^3}\,, & \text{falls } x, y \in [0,1]\,, \quad x + y > 0, \\ 0 & \text{sonst.} \end{cases}$$

Man zeige, dass die Doppelintegrale (iterierte Integrale)

$$\int_{-\infty}^{\infty} \left(\int_{-\infty}^{\infty} f(x,y)\mathrm{d}y \right)\mathrm{d}x \quad \text{und} \quad \int_{-\infty}^{\infty} \left(\int_{-\infty}^{\infty} f(x,y)\mathrm{d}x \right)\mathrm{d}y$$

existieren und berechne diese. Was bedeutet das Ergebnis in Bezug auf den Satz von FUBINI?

b. Man beweise: Ist $f : \mathbb{R}^2 \longrightarrow \mathbb{R}$ absolut integrierbar, so existieren auch die beiden iterierten Integrale, und es gilt

$$\int_{-\infty}^{\infty} \left(\int_{-\infty}^{\infty} f(x,y)dy \right) dx = \int_{\mathbb{R}^2} f(x,y)\, d(x,y)$$

$$= \int_{-\infty}^{\infty} \left(\int_{-\infty}^{\infty} f(x,y)dx \right) dy \; .$$

(*Hinweis:* Man verwende Satz 15.10 und eine Ausschöpfung durch Quadrate.)

15.10. Man berechne die nachstehenden Integrale und zeige dabei auch durch geeignete Ausschöpfungen, dass absolute Integrierbarkeit vorliegt:

a. $\displaystyle\int_{B_R(0)} \frac{d(x,y)}{\sqrt{x^2+y^2}}$.

b. $\displaystyle\int_0^\infty \int_0^\infty e^{-(x^2+2xy\cos\alpha+y^2)}d(x,y)$ für $0 < \alpha < \pi$.
(*Hinweis:* Transformation $x = u$, $y = uv$.)

c. $\displaystyle\int_\Omega \left(\frac{1}{\sqrt{x^2+y^2}} + \frac{1}{z} \right) d(x,y,z)$ mit
$\Omega := \{(x,y,z) \mid 0 < x^2+y^2+z^2 < 1,\, 0 < x^2+y^2 < z^2,\, z > 0\}$.
(*Hinweis:* Kugelkoordinaten!)

15.11. Mit Hilfe der Gammafunktion zeige man:

a. $\displaystyle\int_0^\infty \sqrt{x}\, e^{-x^3}\, dx = \frac{\sqrt{\pi}}{3}$.

b. $\displaystyle\int_0^\infty 3^{-4x^2}\, dx = \frac{\sqrt{\pi}}{4\ln 3}$.

c. $\displaystyle\int_0^1 \frac{dx}{\sqrt{-\ln x}} = \sqrt{\pi}$.

15.12. Man zeige:

a. Für $s > 0$, $a > 0$ gilt:

$$\int_0^\infty x^{s-1} e^{-ax} dx = \frac{1}{a^s} \Gamma(s) \; .$$

b. Für $s > 1$ gilt:

$$\int_0^\infty \frac{e^{-x}}{1 - e^{-x}} x^{s-1} dx = \Gamma(s)\zeta(s) \; ,$$

wobei $\zeta(s)$ die am Schluss von Ergänzung 15.16 definierte *Zeta-Funktion* bezeichnet. (Hier sollte man sich eventuell mit der Bestätigung der Formel durch formale Rechnung zufrieden geben. Die dabei durchgeführte Vertauschung von Grenzprozessen lässt sich rechtfertigen, indem man die Integrale zunächst über Intervalle der Form $[\delta,\, b]$ erstreckt und dann $\delta \to 0+$, $b \to \infty$ schickt. Das lohnt aber kaum die Mühe, denn mit der Theorie von LEBESGUE ist die Rechtfertigung ganz problemlos.)

Literaturverzeichnis

1. T. M. Apostol: *Mathematical Analysis – A Modern Approach To Advanced Calculus* (Addison–Wesley, Reading, Mass. 1969)
2. V. I. Arnold: *Ordinary Differential Equations*, 3. Aufl. (Springer, Berlin Heidelberg 1992)
3. A. Beutelspacher: *Lineare Algebra*, 6. Aufl. (Vieweg, Wiesbaden 2003)
4. F. Brauer, J. A. Nohel: *Ordinary Differential Equations. A First Course* (Benjamin, New York 1969)
5. M. Braun: *Differential Equations with Applications* (Springer, New York 1978)
6. I. N. Bronstein: *Taschenbuch der Mathematik*, 6. Aufl. (Frankfurt a. M. 2005)
7. G. Fischer: *Lineare Algebra*, 15. Aufl. (Vieweg, Wiesbaden 2005)
8. H. Fischer, H. Kaul: *Mathematik für Physiker 1: Grundkurs*, 5. Aufl. (Teubner, Stuttgart 2005)
9. O. Forster: *Analysis 1*, 8. Aufl. (Vieweg, Braunschweig-Wiesbaden 2006)
10. O. Forster: *Analysis 2*, 6. Aufl. (Vieweg, Braunschweig-Wiesbaden 2005)
11. O. Forster: *Analysis 3*, 3. Aufl. (Vieweg, Braunschweig-Wiesbaden 1992)
12. P. Furlan: *Das gelbe Rechenbuch*, (Furlan-Verlag, Dortmund 1995)
13. F. R. Gantmacher: *Matrizenrechnung*, 2 Bde. (VEB Deutscher Verlag der Wissenschaften, Berlin 1958/59)
14. K.-H. Goldhorn, H.-P. Heinz: *Moderne mathematische Methoden der Physik*, (Springer, in Vorbereitung)
15. V. Guillemin, A. Pollack: *Differential Topology*, (Prentice–Hall, Englewood Cliffs, N. J. 1974)
16. P. R. Halmos: *Finite Dimensional Vector Spaces*, 2. Aufl. (van Nostrand, Princeton, N. J. 1958)
17. G. H. Hardy: *The Integration Of Functions Of A Single Variable*, 2nd edn. (Cambridge University Press, Cambridge 1958)
18. H. Heuser: *Lehrbuch der Analysis – Teil 1*, 4. Aufl. (B. G. Teubner, Stuttgart 1986)
19. H. Heuser: *Lehrbuch der Analysis – Teil 2*, 4. Aufl. (B. G. Teubner, Stuttgart 1988)
20. M. W. Hirsch, S. Smale: *Differential Equations, Dynamical Systems And Linear Algebra*, (Academic Press, New York 1974)
21. B. Huppert: *Angewandte lineare Algebra*, (de Gruyter, Berlin 1990)
22. B. Huppert, W. Willems: *Lineare Algebra*, (Teubner, Wiesbaden 2006)

23. E. L. Ince: *Integration gewöhnlicher Differentialgleichungen*, (BI, Mannheim 1965)

24. K. Jänich: *Mathematik 1. Geschrieben für Physiker*, 2. Aufl. (Springer 2005)

25. K. Jänich: *Mathematik 2. Geschrieben für Physiker*, (Springer 2002)

26. E. Kamke: *Differentialgleichungen: Lösungsmethoden und Lösungen I*, (Akadem. Verlagsges., Wiesbaden 1959)

27. H. Kerner, W. v. Wahl: *Mathematik für Physiker*, (Springer, Berlin 2006)

28. K. Königsberger: *Analysis I*, 6. Aufl. (Springer, Berlin 2004)

29. K. Königsberger: *Analysis II*, 5. Aufl. (Springer, Berlin 2004)

30. Ch. B. Lang, N. Pucker: *Mathematische Methoden in der Physik*, 2. Aufl. (Spektrum Akademischer Verlag, München 2005)

31. C.D. Meyer: *Matrix Analysis And Applied Linear Algebra* (SIAM, Philadelphia 2000)

32. P. J. Olver: *Applications Of Lie Groups To Differential Equations*, (Springer, New York 1986)

33. J. F. Ritt: *Integration in finite terms*, (Columbia Univ. Press, New York 1948)

34. S. Roman: Amer. Math. Monthly **87**, 805 (1980)

35. W. Rudin: *Analysis* (München, Oldenbourgh 1998)

36. G. F. Simmons: *Differential Equations With Applications And Historical Notes* Differential Equations With Applications And Historical Notes (McGraw–Hill, New York 1972)

37. W. Walter: *Analysis I*, 5. Aufl. (Springer, Berlin 1999)

38. W. Walter: *Analysis II*, 2. Aufl. (Springer, Berlin 1990)

39. W. Walter: *Gewöhnliche Differentialgleichungen – Eine Einführung*, 7. Aufl. (Springer, Berlin 2000)

Sachverzeichnis